Physik lernen mit Excel und Visual Basic

Dieter Mergel

Physik lernen mit Excel und Visual Basic

Anwendungen auf Teilchen, Wellen, Felder und Zufallsprozesse

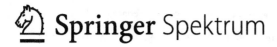 Springer Spektrum

Dieter Mergel
Fakultät für Physik
Universität Duisburg-Essen
Essen, Nordrhein-Westfalen, Deutschland

ISBN 978-3-662-57512-3   ISBN 978-3-662-57513-0   (eBook)
https://doi.org/10.1007/978-3-662-57513-0

Die Deutsche Nationalbibliothek verzeichnet diese Publikation in der Deutschen Nationalbibliografie;
detaillierte bibliografische Daten sind im Internet über http://dnb.d-nb.de abrufbar.

Springer Spektrum
© Springer-Verlag GmbH Deutschland, ein Teil von Springer Nature 2018

Springer Spektrum ist ein Imprint der eingetragenen Gesellschaft Springer-Verlag GmbH, DE und ist
ein Teil von Springer Nature
Die Anschrift der Gesellschaft ist: Heidelberger Platz 3, 14197 Berlin, Germany

Vorwort

Lieber Leser,

Sie finden hier ein Arbeitsbuch mit Übungen, die Sie allein oder in einer Gruppe durchführen können, ähnlich wie bei den Versuchen im Physikalischen Praktikum. Sie sollten mit dem Stoff der ersten beiden Jahre einer universitären Physikausbildung vertraut sein oder dabei sein, sich damit vertraut zu machen. Spezielle Kenntnisse in Mathematik oder Theoretischer Physik benötigen Sie zunächst nicht. Mit den Übungen sollen Sie Physik lernen und Erfahrung in Tabellenkalkulation und numerischer Simulation gewinnen, die Ihnen in Forschung und Beruf nützlich sein kann. Die vorgeschlagenen Lösungen werden so detailliert erläutert, dass sie direkt implementiert werden können. Im Laufe des Kurses werden Sie aber immer stärker ermutigt, nach gestuften Lernhilfen eigene Lösungen zu finden, gemäß der Besenregel:

Ψ *So geht's, aber du kannst es genauso gut oder vielleicht sogar besser.*

Ihr Autor hat sich in seiner universitären und industriellen Forschung mit Angewandter Physik und einige Jahre mit Informatik befasst und war an der Universität Duisburg-Essen in der Lehrerausbildung engagiert, in Kursen zu EXCEL und in integrierten Vorlesungen zu den Grundlagen der Physik, in denen Experimentalphysik und Theoretische Physik als Einheit betrachtet werden sollen. Dabei hat er die Überzeugung gewonnen, dass es möglich und sinnvoll ist, Physik, Mathematik und Informatik didaktisch als Einheit zu betrachten, die von der Oberstufe weiterführender Schulen durch das Studium hindurch gelehrt werden kann. Mit diesem Buch soll ein Schritt in diese Richtung gemacht werden, mit Übungen zu Teilchen, Wellen, Feldern und statistischer Physik. EXCEL ist dafür gut geeignet, weil es kostengünstig und weit verbreitet ist und in jeder Version bereits eine Entwicklungsumgebung für die Programmiersprache Visual Basic enthält.

Dieses Buch ist eine Fortsetzung des Buches „Physik mit Excel und Visual Basic" desselben Autors. Ein solcher Titel führt manchmal zu der falschen Vorstellung, es würden lediglich Formeln aus Tabellenwerken in Arbeitsblätter übertragen und Zahlenwerte in Zellen eingesetzt. Ziel der Übungen in beiden Büchern ist es aber, Tabellenrechnungen so zu strukturieren, dass sie physikalischen Konzepten entsprechen. Diesem Band haben wir deshalb den programmatischen Titel „Physik lernen und verstehen mit EXCEL und Visual Basic gegeben". VBA-Routinen

übernehmen dabei Teile der Rechnung, variieren Versuchsparameter der Tabellenrechnung und protokollieren die Ergebnisse, die in aussagekräftigen Diagrammen
dargestellt und physikalisch gedeutet werden sollen.

Es werden im Wesentlichen die Tabellentechniken und numerischen Verfahren
des ersten Bandes angewandt. Zellenformeln werden mathematisch formuliert,
das heißt mit Namen, die Variablen, Vektoren und Matrizen bezeichnen. Es werden wiederum benutzerdefinierte Tabellenfunktionen entwickelt, die die Tabellenrechnungen von Routineaufgaben entlasten. Níchtlineare Regression mit der
SOLVER-Funktion wird eingesetzt, um Variationsaufgaben zu lösen, z. B. optische
Strahlengänge nach dem Fermat'schen Prinzip zu ermitteln. Die in Band I eingesetzten Generatoren von eindimensionalen Zufallszahlen werden auf zwei und
drei Dimensionen erweitert, sodass Monte-Carlo-Rechnungen in ein, zwei oder
drei Dimensionen durchgeführt werden können, z. B. für die Beugung von Wellen
an geometrischen Blenden und Elektronenverteilungen. Die Verfahren des ersten
Bandes zur Lösung der Newton'schen Bewegungsgleichung werden auf eindimensionale Schwingungen, Bewegungen in der Ebene und die Schrödinger-Gleichung
angewandt. Neue Techniken werden eingeführt, um zweidimensionale partielle
Differentialgleichungen zu lösen.

Drei Charaktere, der nachdenkliche und fragende *Tim,* der pragmatische *Alac*
und der Tutor/die Tutorin *Mag* besprechen Verfahren und Fallstricke der Implementation, decken physikalische Denkfehler auf und diskutieren übergeordnete
wissenschaftstheoretische Fragen. Sie lassen dabei Entdeckergeist und Abenteuer-
lust erkennen und füllen den Anspruch „lernen und verstehen" mit Leben.

Duisburg/Aachen   Dieter Mergel
im Dezember 2017

Inhaltsverzeichnis

Einleitung

1

*Denken und Wissen sollten immer gleichen Schritt halten. Das
Wissen bleibt sonst tot und unfruchtbar.*

(Wilhelm von Humboldt 1767–1835)

1.1   Tim, Alac, Mag kommen wieder zusammen

Einsatz von Tabellenrechnungen in Schule und Betrieb

▶ **Mag** Welche Erfahrungen haben Sie denn nach Abschluss des vorigen Kurses
gemacht?

▶ **Tim** Ich habe ein Schulpraktikum in einer Oberschule absolviert.

▶ **Alac** Ich habe ein Praktikum in einer Firma gemacht, in der viele Ingenieure
aller Fachrichtungen arbeiten. EXCEL wird viel eingesetzt.

▶ **Tim** Alles besser als bei uns?

▶ **Alac** Im Gegenteil. Der Tabellenaufbau ist meist chaotisch. Ich konnte punkten
mit strukturierten Tabellen mit Namen für Konstanten und Variablen in Spalten
und Reihen. Auf der anderen Seite gab es in der Firma einen Nerd, der Formulare
erstellen konnte, die ähnlich den Dialogen für Standardfunktionen in EXCEL waren.

▶ **Mag** Das geht über unser Ziel hinaus. Wir verändern die Parameter direkt in der
Tabelle, lesen die Ergebnisse in anderen Zellen ab und speichern sie an einer anderen Stelle. Für uns ist die Wechselwirkung von Tabellenrechnungen mit Makros
wichtiger.

© Springer-Verlag GmbH Deutschland, ein Teil von Springer Nature 2018
D. Mergel, *Physik lernen mit Excel und Visual Basic,*
https://doi.org/10.1007/978-3-662-57513-0_1

▶ **Alac** Werden wir mehr Steuerelemente einsetzen?

▶ **Mag** Nein, weiterhin nur *Schaltknöpfe,* mit denen man Routinen auslösen kann, und *Schieberegler* als ACTIVEX-STEUERELEMENTE, mit denen Parameter kontinuierlich geändert werden können. In Kap. 14 werden wir Dialogformulare mit Steuerelementen kennenlernen. Damit kann man Benutzer bequemer durch unsere Berechnungen führen.

▶ **Alac** Wie bist du denn mit EXCEL in der Schule angekommen?

▶ **Tim** Gut. Es gibt einen Arbeitskreis, in dem schon viel mit EXCEL gemacht wird, aber bruchstückhaft und nicht so richtig physikalisch. Dort habe ich gezeigt, wie man Schieberegler einsetzt und Diagramme dynamisch hält. Diese spielerischen Elemente haben den Schülern gut gefallen.

▶ **Alac** Und was sagen die Lehrer?

▶ **Tim** Die sind noch immer ratlos wegen der neuen Richtlinien. Die Schüler sollen ja keine Fakten mehr lernen, sondern Kompetenzen aufbauen.

▶ **Mag** Da sind wir mit unserem Kurs ja gerade richtig. Wir vermitteln Kompetenzen in moderner Datenverarbeitung. Aber ohne ein Grundgerüst an Wissen geht es auch bei uns nicht. Wir verfolgen das Konzept, wenige Konstrukte in Tabellen und VBA-Routinen vielfach einzusetzen und sie in den Übungen weiterzuentwickeln.

Makros und benutzerdefinierte Funktionen

▶ **Mag** Konnten Sie Ihre Programmierkenntnisse in VISUAL BASIC anbringen?

▶ **Tim** Klar. Die meisten Lehrer waren überrascht, dass auch in der billigsten Version von EXCEL ein VBA-Editor integriert ist. Einige computerbegeisterte Schüler haben sich sofort auf die Programmierung gestürzt.

▶ **Alac** Kann ich gut verstehen. Aber viele trauen sich einfach nicht ran.

▶ **Tim** Den eher zurückhaltenden Schülern konnte ich durch den systematischen Aufbau, den wir gelernt haben, mit den wenigen Konstrukten FOR, IF, SUB, die immer wieder eingesetzt werden, so viel Vertrauen einflößen, dass sie jetzt auch keine Scheu mehr haben, zu programmieren.

▶ **Mag** Das ist ein Ziel unseres Kurses für den Schulbetrieb: Die Studierenden auf Lehramt so zu schulen, dass sie imstande sind, dem Normalschüler die Scheu zu nehmen und ihn zu befähigen, sinnvoll zu programmieren. Alac, konnten Sie denn in der Firma Ihre Makrokenntnisse anbringen?

▶ **Alac** Absolut. Makros, die mit Tabellen wechselwirken, haben großen Eindruck gemacht. Den meisten Mitarbeitern war genau wie den Lehrern gar nicht klar, dass in jeder EXCEL-Version ein VBA-Editor integriert ist. Der holländische Co-Chef der Firma beklagte sich über deutsche Studierende, die bei Bewerbungen ihre Softwarekenntnisse übertreiben, aber nicht in der Lage sind, eine ordentliche Tabellenrechnung zu erstellen. Mit meinen Kenntnissen war ich erstmal der King.

▶ **Mag** So soll es sein. Unser Kurs soll durchgehend von der Oberstufe einer weiterführenden Schule bis ins Berufsleben nützlich sein.

▶ **Tim** Wie sieht es mit dem Nutzen für das Studium aus?

▶ **Mag** In diesem Teil II des Kurses wagen wir uns weit in das Gebiet der mathematischen Physik vor, das in den Theorievorlesungen der ersten drei Studienjahre bearbeitet wird.

Nichtlineare Regression mit SOLVER

▶ **Alac** Solver konnte ich auch für Anpassungen von Trendlinien an Messdaten anbringen. Dafür gab es in der Firma benutzerfreundliche Spezialprogramme, die auch häufig genutzt wurden. Einmal sollte jedoch eine asymmetrische Funktion angepasst werden, die im Programm nicht vorgesehen war. Da bin ich dann mit einer „handgemachten" EXCEL-Lösung eingesprungen.

▶ **Mag** Wie sah es mit dem Verständnis der Ingenieure für die Ergebnisse der Anpassungen von Trendlinien aus?

▶ **Alac** Die wurden meist mit dem Kommentar akzeptiert: „Das hat die Software so ausgegeben."

▶ **Tim** Da sind wir doch besser für die hinterhältigen Fallen der nichtlinearen Regression sensibilisiert.

▶ **Mag** Auch in diesem Buch finden Sie Beispiele, in der die SOLVER-Funktion falsch eingesetzt wird. In der Ingenieursmathematik spielen Finite-Elemente-Rechnungen eine große Rolle, die nach ähnlichen Prinzipien arbeiten wie Solver. Sie sind für unsere Tabellenrechnungen zu kompliziert. Wir werden aber SOLVER für weitergehende Aufgaben einsetzen und Zirkelschlüsse in den Tabellenformeln zulassen, die iterativ aufgelöst werden, z. B. für zweidimensionale partielle Differentialgleichungen nach Laplace und Poisson.

Zufallszahlen und Statistik

▶ **Tim** In der Schule gab es ein großes Drama um Statistik. Die meisten Lehrer machen am liebsten einen großen Bogen um das Thema oder handeln es schnell und lieblos ab, obwohl es auf dem Lehrplan steht.

▶ **Mag** Statistik ist bei der ersten Begegnung spröde, aber sie ist die wichtigste mathematische Disziplin für gesellschaftliche Diskussionen. In Abschn. 14.6 werden wir den in den Gesellschaftswissenschaften so wichtigen Vierfeldertest mit unseren Verfahren nachbilden. Wir fassen den Zufall als *physikalisches* Konzept auf, z. B. in Kap. 9, um statistische Verteilungen aus simulierten Experimenten zu erhalten und bei den stochastischen Bewegungen in Kap. 10.

1.2   Didaktisches Konzept

Von unten nach oben

Das Hauptziel dieses Kurses ist es, Kompetenz in Tabellentechnik und Programmierung zu vermitteln, die ab der Oberstufe weiterführender Schulen, während des Physikstudiums und in Forschung und Beruf nützlich ist.

In den Übungen behandeln wir Stoff der ersten vier Semester des Physikstudiums. Dieses Buch soll den Leser beim Physiklernen unterstützen und im fortgeschrittenen Umgang mit Tabellentechniken schulen, die Excel und VBA für technische und wissenschaftliche Aufgaben in Forschung und Beruf geeignet machen. In den Übungen wird der physikalische Kontext nur knapp dargestellt. Es wird möglichst wenig Stoff aus der Physik explizit wiederholt, da dieser in Standardlehrbüchern schon gut dargestellt wird. Wir arbeiten uns von unten nach oben hinauf.

Unten heißt: Wir beschreiben die Welt durch Modelle, die sich durchdenken lassen und für die es manchmal schon analytische Lösungen gibt. Dieses Buch enthält Arbeitsanweisungen zu den Übungen, die sich am besten wie in einem physikalischen Praktikum zu zweit bearbeiten lassen. Alle Lösungen können prinzipiell abgeschrieben werden, was aber nicht die beste Lernmethode ist. Die Studierenden sollen die Übungen nachvollziehen und dann selbständig implementieren. Die vorgeschlagenen Lösungen sind nicht immer optimal, sodass der fortgeschrittene Leser eigene, eventuell verbesserte Varianten entwickeln sollte.

Oben heißt: Wir fragen nach der Gültigkeit der Ergebnisse, die oftmals Fragen aufwerfen und Anlass, zu Diskussionen geben. Das können allgemein wissenschaftstheoretische Probleme sein (verifizieren oder falsifizieren?) oder solche, die in wissenschaftlichen Arbeitsgruppen eine Rolle spielen (Haben wir Fehler gemacht? Wann kann man mit seinen Ergebnissen zufrieden sein?).

Oft verlangt die Deutung der Ergebnisse Kenntnisse der analytischen Theorie, die wir aber nur in Einzelfällen logisch ableiten. Wir hoffen, dass insgesamt die Neugierde auf theoretische Physik geweckt wird.

Schönheitswettbewerb und Prüfungen
In diesem Band werden keine zusätzlichen Übungsaufgaben gestellt. In Prüfungen sollen Abbildungen erläutert werden, die physikalisch lehrreich und auch grafisch ansprechend sind. In jedem Kapitel wählen Alac, Tim und Mag dafür ein oder zwei Abbildungen für einen Schönheitswettbewerb aus und kennzeichnen sie mit einem $\mathfrak{B}$ (Fraktur-*B*) für „Bild" oder „Beauty". Die Studierenden sollen nach Abschluss der einzelnen Übungen und in Prüfungen den physikalischen Hintergrund der Diagramme diskutieren und die Programmtechniken darlegen, mit denen die zugehörigen Aufgaben gelöst werden.

In Kap. 15 diskutieren unsere Protagonisten noch einmal alle ausgewählten Bilder im Zusammenhang und schlagen Sieger in vier inhaltlichen und vier programmtechnischen Sparten vor.

1.3   Numerische Techniken

Ψ *So geht's, aber du kannst es vielleicht noch besser.*

Es werden in jeder Übung vollständige Lösungen dargestellt, die zur Not abgeschrieben werden können. Sie aber nicht immer optimal. Insbesondere können die VBA-Programme nach den Softwareregeln professioneller Anwender ergänzt und die Tabellenrechnungen mit Dialogformularen gesteuert werden.

Sechs Techniken werden eingesetzt, die EXCEL und VBA fit machen zur Lösung physikalischer Aufgaben. Sie können mithilfe von Band I ausführlich geübt werden und sollen in diesem Band weiterentwickelt werden.

Tabellenaufbau
Zellenbereiche sollen mit Namen versehen werden, sodass die *Tabellenformeln mathematisch* geschrieben werden, insbesondere auch *Matrixformeln* eingesetzt werden können. Manche Berechnungen werden parallel in mehreren Tabellenblättern (Rechenknechte) durchgeführt und von einem Masterblatt aus gesteuert. Im *Masterblatt* werden die Parameter der Aufgabe festgelegt und die Ergebnisse der Rechenknechte protokolliert und grafisch dargestellt. Bei Veränderung der Parameter sollen sich die Abbildungen sofort anpassen.

Differentialgleichungen, gewöhnliche und partielle
Wir setzen bevorzugt das Verfahren „Fortschritt mit Vorausschau" ein, um gewöhnliche Differentialgleichungen mit vorgegebenen Anfangsbedingungen zu lösen, z. B. die Newton'schen Bewegungsgleichungen, die Schrödinger-Gleichung und eine Gleichung für elektrische Feldlinien. Das Standardverfahren Runge-Kutta vierter Ordnung wird nicht in der Tabelle umgesetzt, sondern in benutzerdefinierten Tabellenfunktionen.

Zweidimensionale partielle Differentialgleichungen werden in Kap. 5 behandelt. Die zwei Dimensionen können die (x, y)-Koordinaten einer Ebene sein (Laplace- und Poisson-Gleichung) oder Ort x und Zeit t für eindimensionale

Wärmeleitung und Wellenbewegung. Die benötigten Techniken sind für uns neu; sie werden in Band I nicht behandelt.

Variationsrechnung

Wir setzen die SOLVER-Funktion in Kap. 7 ein, um klassische Aufgaben der Variationsrechnung zu lösen, z. B. das *Brachistochronenproblem*. In mehreren Aufgaben optimieren wir die *Lagrange-Funktion*, z. B. für die Zeitkurve der Schwingung und für Planetenbahnen, um Zeitverläufe und Bahnkurven zu bestimmen. Die SOLVER-Funktion kann bis zu 255 Variablen variieren, um den Wert einer Zielzelle, die mit den Variablen über Formeln verbunden ist, zu optimieren. In Kap. 8 werden optische Strahlen gemäß dem Fermat'schen Prinzip optimiert. Das elektrochemische Potential μ wird in Abschn. 13.5 für Elektronen in Metallen und in Abschn. 13.6 für Elektronen und Löcher in Halbleitern mit SOLVER bestimmt.

Zufallszahlen und Zufallsprozesse

Wir entwickeln *Tabellenformeln* als Generatoren für zwei- und dreidimensionale Zufallszahlen, die für *Monte-Carlo-Simulationen* eingesetzt werden können. Sie beruhen auf der Tabellenfunktion ZUFALLSZAHL(), die zufällig gleichverteilt Zahlen im Bereich [0, 1) zurückgibt, die dann durch andere Funktionen wie gewünscht verteilt werden.

Beispiele: Gleichmäßig in einer Kreisscheibe oder in einer Kugel verteilte Zufallszahlen; normalverteilte und Cauchy-Lorentz-verteilte Radien für kreissymmetrische Verteilungen in der Ebene.

In Kap. 9 und 10 ist der Zufall ein physikalischen Konzept. Dort erzeugen physikalisch begründete Regeln Zufallsprozesse bzw. steuern stochastische Bewegungen.

VBA-Routinen und Funktionen

Wir setzen häufig *Protokollroutinen* ein, mit denen Daten aus Tabellen gelesen und in Tabellen geschrieben werden, sowie gelegentlich (z. B. in Abschn. 6.4) *Formelroutinen,* mit denen Formelwerke in Tabellen programmiert werden. Die Programmstrukturen FOR, SUB und IF erlauben es, Standardaufgaben zu lösen und logische Verzweigungen einzubauen, die in Tabellenform nur schwer umzusetzen sind. Außerdem entwickeln wir *benutzerdefinierte Tabellenfunktionen* als Rechenknechte, mit denen der Tabellenaufbau übersichtlich gehalten werden kann.

Statistische Tests

In diesem Band haben wir es oft mit empirischen Verteilungen zu tun (Kap. 9 bis 12). Sie werden mit dem Chi^2-Test mit theoretischen Verteilungen verglichen, dessen Anwendung weiter geübt werden soll, weil man bei der praktischen Anwendung in viele Fallen tappen kann. Bei richtiger Anwendung des Chi^2-Tests sind die Ergebnisse zwischen 0 und 1 gleichverteilt, und der Erwartungswert ist 0,5. Das kann überprüft mit einer Protokollroutine überprüft werden, die das Zufallsexperiment mehrfach wiederholt und die Ergebnisse des Chi^2-Tests niederschreibt. Zu schlechte, aber auch zu gute Ergebnisse deuten auf Fehler in den Modellen oder in ihrer Umsetzung in die Tabellenrechnung hin. In Abschn. 14.6 werden die Eigenschaften des Chi^2-Tests zusammengefasst.

1.4   Physikalische Themen

Teilchen

Wir behandeln die *Newton'schen Bewegungsgleichungen* für eindimensionale Schwingungen (Kap. 2) und Bewegungen in der Ebene (Kap. 3). Bei den Schwingungen wird insbesondere untersucht, wie scheinbar komplizierte Bewegungsformen durch Linearkombination einfacher Schwingungen entstehen. Für die Bewegungen in der Ebene wird untersucht, unter welchen Bedingungen der Drehimpuls erhalten bleibt und wann geschlossene Bahnen entstehen. Bei Drehimpuls- und Energieerhaltung kann eine Differentialgleichung für die Polarkoordinate r aufgestellt und ebenfalls mit unseren einfachen Verfahren gelöst werden.

Wellen

Wir lösen die partielle Differentialgleichung für die *eindimensionale Wellengleichung* (Abschn. 5.5), wenden das Verfahren „Fortschritt mit Vorausschau" auf die *Schrödinger-Gleichung* an (Kap. 4), z. B. für das anharmonische Morse-Potential, welches die Schwingungen von Molekülen beschreibt. Aufgaben der *Wellenoptik* werden durch Addition von komplexen Amplituden (Zeigerdiagramm) und mit Monte-Carlo-Verfahren bearbeitet (Kap. 12).

Felder

Wir lösen die *Laplace- und Poisson-Gleichung* mit Randbedingungen und berechnen statische elektrische und magnetische Felder für Anordnungen von Punktladungen bzw. Stromfäden als Summe von elementaren Feldern (Abschn. 5.2 und 5.3). In Kap. 6 werden elektrische und magnetische Felder durch Formeln mit Punktladungen bzw. Stromfadenelementen berechnet. Die Felder werden durch Äquipotentiallinien, Feldlinien und mit *Feldrichtungsvektoren* dargestellt. Die Bilder mit Feldrichtungsvektoren werden mit Gipskristallbildern von elektrischen Feldern und Eisenfeilbildern von Magnetfeldern verglichen.

Zufallsprozesse und statistische Physik

Wir erzeugen Verteilungen aus *statistischen Experimenten* mit physikalischem Hintergrund (Kap. 9). Als Zufallsfunktion soll nur die Gleichverteilung mit ZUFALLSZAHL() eingesetzt werden. Alles Weitere soll durch die Nachbildung eines Prozesses in der Tabelle oder in einer VBA-Routine zustande kommen.

Stochastische Bewegungen werden von Makros gesteuert, die zufällig Teilchen aussuchen und sie zufällig unter den vorgegebenen Bedingungen springen lassen (Kap. 10). In Monte-Carlo-Rechnungen werden Integrale durch Summen über eine repräsentative Auswahl von Punkten im Integrationsgebiet ersetzt (Kap. 11).

Aufgaben der *statistischen Mechanik* werden buchhalterisch behandelt (Kap. 13). In mehreren Spalten wird der Zustandsraum nachgebildet, meist als repräsentative Auswahl mit Zufallsgeneratoren. Die Energie der Zustände und damit dann die Wahrscheinlichkeit der Zustände und verschiedene Eigenschaften des Ensembles werden berechnet. Sowohl klassische (ideales Gas) als auch quantenmechanische (harmonischer Oszillator) Aufgaben werden behandelt. In fortgeschrittenen Abschnitten werden das Debye-Modell der Wärmekapazität von Festkörpern sowie die Besetzungsstatistik von Metallen und Halbleitern nachgebildet.

1.5 Nomenklatur und physikalische Einheiten

Γ-Aufbau einer Tabelle
In Abb. 1.1 (T) wird beispielhaft eine Tabelle im typischen Γ-Aufbau gezeigt, an der die Nomenklatur erläutert werden soll. Als Γ („Gamma") bezeichnen wir die Striche oberhalb C13:G13 und links von C13:C173.

Oberhalb Γ:

- werden im Bereich C2:C5 die Parameter der Aufgabe definiert,
- erhalten diese Zellen die Namen in B2:B5, mit denen sie in Formeln aufgerufen werden können,
- werden in der Zelle E4 (mit der Formel in E5) die wichtigsten Parameter in einen Text integriert, der z. B. als Legende in eine Abbildung übernommen werden kann.

Links von Γ:

- stehen in B13:B173 die Werte für die unabhängige Variable *t*.

Unterhalb Γ:

- werden Werte aus den Parametern und der unabhängigen Variablen berechnet,
- enthält der Bereich C13:G173 fünf Spaltenvektoren der Länge 171 mit den Namen in Zeile 12,
- enthält die Zeile 11 in schräger Ausrichtung und kursiv den Text der Formeln, die in den fett gedruckten Zellen der jeweiligen selben Spalte stehen. Wenn keine Zelle fett gedruckt ist, dann gilt die Formel für die gesamte Spalte.

	A	B	C	D	E	F	G	H
1	**Vorgaben**							
2	Amplitude der Schwingung	**A**	1,80		**x.sh**		0	
3	Schwingungsdauer des Pendels	**T.P**	1,20					
4	Periodendauer der Drehbewegung	**T.T**	9,00		**T.P=1,2; T.T=9**			
5	Zeitintervall der Berechnung	**dt**	0,0173		="T.P="&T.P&"; T.T="&T.T			
6	**Daraus berechnet**							
7	Kreisfrequenz Pendel	**w.P**	5,24	=2*PI()/T.P				
8	Kreisfrequenz Teller	**w.T**	-0,70	=-2*PI()/T.T				
9								
10			**Pendel**	**Spur Pendel**		**Spur Stift**		
11		=B13+dt	=A*COS(w.P*t)+x.sh	=x.P*COS(w.T*t)	=x.P*SIN(w.T*t)	=A*COS(w.T*t)	=A*SIN(w.T*t)	
12		**t**	**x.P**	**x.T**	**y.T**	**x.St**	**y.St**	
13		0,0000	1,80	1,80	0,00	1,80	0,00	
14		**0,0173**	1,79	1,79	-0,02	1,80	-0,02	
173		2,7680	-0,63	0,22	0,59	-0,64	-1,68	

Abb. 1.1 (T) Typischer Γ-Aufbau einer Tabelle, hier zur Berechnung der Spur eines foucaultschen Pendels; die Zeilen 15 bis 172 sind ausgeblendet

Nomenklatur

Wenn im Text auf EXCEL-typische Begriffe verwiesen wird, z. B. Funktionsnamen, dann werden sie in Kapitälchen gesetzt; Beispiele: WENN(BEDINGUNG; DANN; SONST). Namen, die von uns vergeben wurden, werden im Text kursiv gedruckt, z. B. *f*, *d*. In der Tabelle werden häufig Namen verwendet, die einen Trennpunkt enthalten, z. B. „T.ext" oder „x.p". Die zugehörigen Variablen werden im Text mit Tiefstellungen angesprochen, also als T_{ext} und x_p.

Tabellenformeln werden in der Form A3 = [=A4 * d] angegeben. Das bedeutet, dass in der Zelle A3 der Text in der zweiten Klammer steht, der in diesem Fall eine Formel angibt, weil er mit einem Gleichheitszeichen anfängt. Eine Formel in einer Zelle wird im Text mit z. B. A6 = [=−f * x + $B$1] zitiert. Der Ausdruck in rechteckigen Klammern entspricht buchstabengetreu dem Eintrag in der Zelle.

Drei Typen von Abbildungen

Es werden drei Typen von Abbildungen unterschieden, von denen zwei in ihrer Bezeichnung durch die Nachsätze (T) für Tabellen, z. B. Abb. 1.2 (T), und (P) für den Code von Programmen, z. B. Abb. 1.2 (P), gekennzeichnet sind. Abbildungen ohne Nachsatz sind Strichzeichnungen oder Screenshots.

Ψ Besenregeln

In Band I werden viele etwas schräg formulierte „Besenregeln" aufgestellt, um Merksätze prägnant zu formulieren. Sie werden auch in diesem Band mit einem ψ am Anfang markiert.

Physikalische Einheiten

In vielen Übungen werden die Parameter nicht mit physikalischen Einheiten angegeben und Naturkonstanten werden zu eins gesetzt. Das ist möglich, wenn es auf die funktionalen Zusammenhänge ankommt, die auch ohne wirklichkeitsnahe Zahlen in den richtigen Einheiten herausgearbeitet werden können.

Manchmal werden die Ergebnisse normalisiert, sodass sie die Dimension eins erhalten, z. B., wenn die Entropie als Vielfaches der Boltzmann-Konstante k_B oder Längen als Vielfaches des Bohr'schen Radius' a_0 angegeben werden. Oftmals werden SI-Einheiten zum Schluss der Übung in Diskussionen oder Fragen (mit Antworten in Fußnoten) nachträglich eingeführt oder Naturkonstanten wie Elektronenladung e oder Permittivität ϵ_0 des Vakuums in die Ergebnisse

```
1 Sub Protoc()                  Range("C4") = T               8
2 r2 = 16                       Cells(r2, 10) = T             9
3 Cells(r2, 10) = "T"           Cells(r2, 11) = Range("D173") 10
4 Cells(r2, 11) = "x.T"         Cells(r2, 12) = Range("E173") 11
5 Cells(r2, 12) = "y.T"         r2 = r2 + 1                   12
6 r2 = r2 + 1                   Next T                        13
7 For T = 1 To 9                End Sub                       14
```

Abb. 1.2 (P) Protokollroutine, verändert die Periodendauer der Drehbewegung in Abb. 1.1 (T) und protokolliert x_T und y_T bei der größten Zeit

eingerechnet, z. B. um Energien in eV zu erhalten. In einigen Fällen wird von vornherein „realistisch" gerechnet, um Ergebnisse zu erhalten, die mit Literaturwerten verglichen werden sollen, z. B. Energieniveaus von Wasserstoffatomen.

1.6   Programmiertechniken

Dieses Buch gibt keine systematische Einführung in Programmiertechniken. Die wichtigsten VBA-Konstrukte kommen jedoch in den verschiedenen Übungen vor. Sie werden in Tab. 1.1 gelistet, so wie sie in typischen Lehrbüchern für VBA mit EXCEL systematisch abgehandelt werden. In der dritten Spalte wird auf die Abbildungen mit Programmcode verwiesen, in denen sie vorkommen.

Tab. 1.1 Programmierelemente von Visual Basic

VBA	Erläuterung	Kommt in Abb. x.x (P) vor
Const	Kann in DIM(…) verwendet werden	10.14
Datentypen von Variablen (Namensvorsatz)		
INTEGER/LONG (*int/lng*)	2 Byte/4 Byte ganze Zahlen	10.1; 10.9
SINGLE/DOUBLE (*sng/db*l)	4 Byte/8 Byte Dezimalzahlen	6.9; 6.15; 10.9
STRING (*str*)	10 Byte (+) Text	
VARIANT (*var*)	>=16 Byte, Datentyp nicht explizit festgelegt	
BOOLEAN (*bln*)	2 Byte Wahr/Falsch	10.9
BYTE/DATE/OBJECT	1 Byte/8 Byte/4 Byte	
OPTION EXPLICIT	Jede Variable muss deklariert werden	
Datenfelder		
DIM(3;3)	(4 × 4)-Datenfeld; Datenfelder	10.14
Gültigkeitsbereich von Variablen		
DIM im Deklarationsteil	Innerhalb des Moduls	4.10; 6.5; 10.1; 10.14
DIM in Prozedur	Innerhalb der Prozedur	10.9
PRIVATE	Nur innerhalb des Moduls	14.36
PUBLIC	Projektweit in mehreren Dateien	10.9
STATIC	Werte bleiben erhalten	10.9

(Fortsetzung)

Tab. 1.1 (Fortsetzung)

VBA	Erläuterung	Kommt in Abb. x.x (P) vor
Operatoren		
Arithmetische	+, −, *, /, ^	
	MOD (modulo)	
Logische	NOT, AND, OR, XOR	10.25
Vergleichende	<, >, =, <=, >=	10.26; 10.27
Verkettend	&	
Schleifen		
FOR … TO … STEP … NEXT		6.27 step; 5.12; 3.30 step
DO … LOOP WHILE		10.15; 9.10
FOR EACH … IN … NEXT	Für Objekte	
Verzweigungen		
IF … THEN … ELSE		10.27; 10.17; 9.19
SELECT CASE		Band I, 4.46

Deklaration von Variablen

In professionellen Software-Produkten wird empfohlen, die Typen von allen Variablen explizit zu deklarieren. Wenn man in einen Modul OPTION EXPLICIT hineinschreibt, dann wird die Deklaration vom VBA-Editor erzwungen. Die Variablennamen sollen mit einem dreibuchstabigen Namensvorsatz, der den Datentyp angibt, versehen werden. In der Routine RNDM in Abschn. 10.3.3 werden diese Regeln systematisch angewandt. Die meisten Variablen in unseren Programmen werden nicht explizit erklärt und sind deshalb vom Typ VARIANT, weil der Code dann kürzer wird. Ihre Namen enthalten auch nicht die empfohlenen Vorsätze. Wir schreiben x statt *dblx* und n statt *intn*, weil sich der Code dann leichter lesen lässt.

Wichtige Programmierkonstrukte

In Tab. 1.2 werden einige Programmierkonstrukte mit Querverweisen aufgelistet, die wir in den Übungen wiederholt einsetzen.

Objektorientiertes Programmieren

Wir setzen in unseren Programmen hauptsächlich die klassischen Programmkonstrukte Schleifen und logische Abfragen ein und arbeiten mit numerischen Variablen. VBA ist darüber hinaus eine *objektorientierte Sprache*. In entsprechenden Anweisungen werden *Objekte* benannt, z. B. Dateien, Zellbereiche, Diagramme; ihre *Eigenschaften* werden abgefragt oder verändert und *Methoden* auf sie angewandt, z. B. Kopieren. Es können mit ihnen *Ereignisse* stattfinden, z. B. können sie aktiviert werden. Für uns ist es wichtig, zu wissen, wie Daten von einem Bereich einer Datei in einen Bereich einer anderen Datei übertragen

Tab. 1.2 Wichtige Programmierkonstrukte

Konstruktion	Erläuterung	Kommt in Abb. x.x (P) vor
Geschachtelte Schleifen	Schleifen innerhalb übergeordneter Schleifenr	6.36 (4-fach); 6.9; 6.35
Ψ *In den Schleifen weiterzählen*	Ein Laufindex ist unabhängig von Schleifenindizes	6.27
Protokollroutinen	Variieren Parameter in Tabellenrechnungen	6.6
Formelroutinen	Schreiben Formeln in Zellen	14.37
Benutzerdefinierte Funktionen	Werden in Zellen eingesetzt	2.45; 4.11
WORKBOOKS(…); SHEETS(…); RANGE(…)	Bereiche in anderen Dateien und Tabellenblättern werden angesprochen	6.9; 6.31; 14.37
Application.Calculation = xlCalculationManual/ xlCalculationAutomatic	Automatische Tabellenrechnung wird ausgeschaltet/eingeschaltet	2.36; 14.37

werden. Das wird in Abschn. 14.8 im Kap. 14 „Mathematische Ergänzungen" besprochen.

Dialogformulare

Wir ändern Parameter unserer Tabellenrechnungen typischerweise von Hand direkt in den Zellen, mit Schiebereglern in den Tabellen oder aus einer Protokollroutine heraus. In professionellen Anwendungen werden dazu meist Dialogformulare eingesetzt. Wir erläutern die Grundlage solcher Formulare in Abschn. 14.2 (Strecken, Drehen, Schieben eines Quadrats) und in Abschn. 14.7 (Chi^2-Test, Vierfeldertatel).

Eindimensionale Schwingungen

2

Wir untersuchen für eindimensionale Masse-Feder-Systeme, wie ihre Schwingungen bei verschiedenen Arten der Reibung abklingen und wie der anscheinend chaotische Einschwingvorgang von erzwungenen Schwingungen als lineare Überlagerung der stationären Schwingung mit einer gedämpften Eigenschwingung zustande kommt. Wir bestimmen die Schwingungsformen gekoppelter Pendel und betrachten die Schwingung in einem Morse-Potential, welches zu einem nichtlinearen, unsymmetrischen Kraftgesetz führt. Die Kurven sollen mit viel mehr Punkten berechnet als grafisch dargestellt werden, und zwar durch Verteilung der Aufgaben auf mehrere Tabellen oder durch Einsatz von VBA-Routinen und benutzerdefinierten Funktionen.

2.1 Einleitung: Feder- und Reibungskräfte

Federkraft

Die Bewegung eines Oszillators ist durch seine Masse m und eine von der Auslenkung abhängige rücktreibende Kraft $F_F(x)$ gekennzeichnet. Ein harmonischer Oszillator gehorcht einem linearen Kraftgesetz mit einer Federkonstanten f_0:

$$F_F(x) = -f_0 \cdot x \quad [f_0] = \frac{N}{m} \tag{2.1}$$

Wir werden dieses Kraftgesetz in den meisten Übungen einsetzen.

Die rücktreibende Kraft kann aber auch nichtlinear sein, z. B. proportional zur p-ten Potenz von $|x|$:

$$F_F = -\text{sgn}(x) \cdot |x|^p \cdot f_p \quad [f_p] = \frac{N}{m^p} \tag{2.2}$$

© Springer-Verlag GmbH Deutschland, ein Teil von Springer Nature 2018
D. Mergel, *Physik lernen mit Excel und Visual Basic*,
https://doi.org/10.1007/978-3-662-57513-0_2

Der Term $-sgn(x)$ sorgt dafür, dass die Federkraft die Masse für jeden Wert von m zur Ruhelage zurücktreibt. Die zugehörige Tabellenfunktion in EXCEL lautet VORZEICHEN(). Die Bewegung einer Kugel, die zwischen harten Wänden elastische Stöße erfährt, lässt sich mit großen m simulieren.

Die Schwingung von Molekülen wird oft mit dem *Morse-Potential* beschrieben, Abschn. 2.6. Die daraus abgeleitete Kraft ist nichtlinear und auch noch unsymmetrisch. Wenn sich die Atome aus der Ruhelage aufeinander zu bewegen, dann ist die rücktreibende Kraft stärker als wenn sie sich voneinander entfernen. Wir vergleichen später in Kap. 4 die klassische Molekülschwingung mit einer quantenmechanischen Lösung für dasselbe Potential.

Reibung

Eine Bewegung wird im Allgemeinen durch Reibung gebremst. Die Reibungskraft hängt meist nach einer Potenzfunktion von der Geschwindigkeit ab:

$$F_R = -\mathrm{sgn}(v) \cdot |v|^n \cdot \alpha_R \quad [\alpha_r] = \frac{N s^n}{m^n} \tag{2.3}$$

Die Reibungskraft ist der Richtung der Geschwindigkeit entgegengesetzt und dem Betrage nach von der n-ten Potenz des Betrages der Geschwindigkeit abhängig. Dabei haben drei Fälle eine physikalische Bedeutung:

- $n=0$: geschwindigkeitsunabhängig, trockene Reibung, Festkörper auf Festkörper,
- $n=1$: geschwindigkeitsproportional, viskose Reibung, langsame Bewegung durch ein Fluid,
- $n=2$: proportional zum Quadrat der Geschwindigkeit, Newton'sche Reibung, schnelle Bewegung durch ein Fluid.

In Band I haben wir die trockene Reibung bereits beim Bungee-Sprung in Abschn. 10.6 und die Newton'sche Reibung ($n=2$) beim Stratosphärensprung in Abschn. 10.4 von Band I eingesetzt.

Erzwungene Schwingungen

Wenn der Oszillator mit einer zweiten Feder an einen Stempel gekoppelt wird, der sich gemäß $x_e = x_e(t)$ bewegt, dann muss das Kraftgesetz um einen Term erweitert werden:

$$F_F(\mathrm{x}) = -f_0 \cdot x - (x - x_e) \cdot k_0 \quad [k_0] = \frac{N}{m} \tag{2.4}$$

wobei k_0 die Federkonstante für die Kopplung ist. Wir setzen hier ohne Beschränkung der Allgemeinheit voraus, dass die Koppelfeder bei $x=0$ nicht ausgelenkt ist. Die äußere Auslenkung kann grundsätzlich beliebig sein; wir untersuchen aber nur die Fälle sinusförmige und sprunghafte Auslenkung.

Gekoppelte Pendel

In einem typischen Vorlesungsversuch werden zwei Pendel durch eine Feder verbunden. Wir untersuchen die Schwingungen eines solchen Systems, indem wir die Pendel als harmonische Oszillatoren auffassen. Wenn zwei harmonische Oszillatoren mit einer Feder aneinandergekoppelt werden, dann erhält man ein System aus zwei Gleichungen für die Kräfte F_l und F_r auf den linken bzw. rechten Oszillator:

$$F_l = -f_l \cdot x_l + k_{lr}(x_l - x_r)$$
$$F_r = -f_r \cdot x_r - k_{lr}(x_l - x_r) \tag{2.5}$$

Dabei sind f_l und f_r die Federkonstanten des linken bzw. rechten Oszillators, und k_{lr} ist die Federkonstante der Koppelfeder.

EXCEL-Technik: Genauer rechnen als grafisch darstellen

In diesem Kapitel werden wir die Berechnung der Bewegung und die Darstellung der Kurven voneinander trennen, z. B. dadurch, dass die Berechnung

- in ein Tabellenblatt mit vielen Stützstellen verlagert wird,
- vollständig in einer VBA-Routine abläuft oder
- in einer benutzerdefinierten Tabellenfunktion durchgeführt wird.

In jedem Fall wird nur ein Teil der Ergebnisse in ein Masterblatt übertragen und grafisch dargestellt. So kann man die Genauigkeit der Rechnung erhöhen, ohne dass die Abbildungen mit unsinnig vielen Daten belastet werden.

Als numerisches Verfahren wählen wir „Fortschritt mit Vorausschau".

Der fortgeschrittene Leser kann

- sich einen allgemeinen Tabellenaufbau überlegen, in dem die benötigten Kraftgesetze Sonderfälle sind,
- in der Tabellenrechnung das Halbschrittverfahren statt „Fortschritt mit Vorausschau" und
- in den VBA-Routinen das Runge-Kutta-Verfahren vierter Ordnung einsetzen.

In der ersten Übung werden wir ein Lock-in-Verfahren entwickeln, mit dem die Periodendauer der verschiedenen Schwingungen ermittelt werden kann.

2.2   Lock-in-Verfahren

Wir entwickeln ein Verfahren, mit dem die Periodendauer von Schwingungen bestimmt werden kann. Es bildet die Funktion eines Lock-in-Verstärkers der Messtechnik nach. Wir setzen Schieberegler mit *zugeordneten Makros* ein, außerdem eine *Protokollroutine,* die die Ergebnisse von nacheinander durchgeführten Experimenten in einer Tabelle ablegt.

Lock-in-Funktion

In Abb. 2.1a sehen Sie eine reine und eine verrauschte Sinusfunktion. Die verrauschte Funktion soll ein stationäres Signal darstellen, dessen Kenngrößen *Periodendauer* und *Nullpunktsphase* bestimmt werden sollen. Der reine Sinus soll unsere Lock-in-Funktion sein. Die entsprechenden Kenngrößen des reinen Sinus sollen veränderlich sein und so gewählt werden, dass sie mit denen des Signals übereinstimmen. Das kann ein menschlicher Beobachter bequem erreichen, wenn er ein Oszilloskopbild ähnlich der Abb. 2.1a vor Augen hat.

Wir wollen in dieser Übung die Vorgehensweise eines Lock-in-Integrators der Messtechnik nachbilden, der keinen direkten intelligenten Blick auf ein Oszilloskopbild hat. Dazu müssen wir, als Maß für die Übereinstimmung der Parametersätze, eine Zielfunktion definieren, die optimiert werden soll.

In Abb. 2.1a teilen die senkrechten Striche Bereiche ab, in denen das Produkt der beiden Funktionen das Vorzeichen wechselt. Wenn die Nullstellen der beiden Funktionen übereinstimmen, und das tun sie nur, wenn die beiden Periodendauern und Nullpunktsphasen genau gleich sind, dann ist ihr Produkt im gesamten Bereiche positiv und wird maximal. Das Produkt der beiden Funktionen soll also als unsere Zielfunktion maximiert werden.

Für das Skalarprodukt von zwei Funktionen steht uns die Tabellenfunktion Summenprodukt(a;b) zur Verfügung. Die Vektoren *a* und *b* sind im Tabellenaufbau von Abb. 2.2 (T) die Spaltenvektoren mit den Namen *Signal* und *lock.in*.

Parameteränderung durch Schieberegler und Solver

Wir setzen zwei Schieberegler ein, die mit den Zellen F1 und F3 verknüpft sind und dadurch die Periodendauer und den Zeitversatz der Lock-in-Funktion in den Zellen E2 und E4 verändern können. Das Skalarprodukt *Int* der beiden Funktionen *Signal* und *lock.in* steht in Zelle E7 und wird in der Abb. 2.1b als Funktion der laufenden

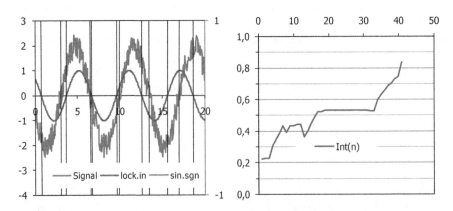

Abb. 2.1 **a** (links) Verrauschte Signalfunktion und Lock-in-Funktion (ein Sinus), deren Nullstellen zusammenfallen sollen. **b** (rechts) Skalarprodukt der beiden Funktionen aus a als Funktion von vierzig nacheinander erfolgten Einstellungen von Periodendauer und Zeitversatz der Lock-in-Funktion mit dem Ziel der Maximierung des Skalarprodukts

	A	B	C	D	E	F	G	H	I	J
1	Amplitude	**A.s**	2			12086			◀ ▮ ▶	
2	Periodendauer	**T.s**	7		**T.l**	6,043	=F1/2000			
3						18263			◀ ▮ ▶	
4	Zeitversatz	**t0.s**	3		**t0.l**	3,653	=F3/5000			
5	Rauschniveau	**A.n**	1					Start Solver	Protocol	
6		**dt**	0,05							
7					**Int**	0,51	=SUMMENPRODUKT(Signal;lock.in)/500			
8	0,4561197058686	=B10+dt	=A.s*SIN$(2*PI()*(t-t0.s)/T.s)$ =sin+A.n*(Rs-0,5)	=SIN$(2*PI()*(t-t0.l)/T.l)$					=JETZT()	
9	**Rs**	**t**	**sin**	**Signal**	**lock.in**		**Int(n)**			
10	0,59	0,00	-0,87	-0,78	0,61	1	0,33	25.11.2017 21:35		
11	**0,46**	**0,05**	-0,95	-0,99	0,57	2	0,33			
50	0,91	**2,00**	-1,56	-1,16	-0,99	41	0,51			
410	0,26	20,00	0,87	0,63	-0,96					
411	0,11									

Abb. 2.2 (T) Spalte A: Rs = feste Zufallszahl zwischen 0 und 1; Spalte C: Sinusfunktion mit den in C1:C4 vorgewählten Parametern; Spalte D: verrauschtes Signal; Spalte E: Sinus als Lock-in-Funktion mit den Parametern T_1 und t_{0l}. „Start Solver" und „Protocol" in H6:I6 sind Schaltflächen, die die Routinen *Solve*_CLICK (Abb. 2.3 (P)) bzw. *Protocol*_CLICK (Abb. 2.5 (P)) auslösen

```
1 Sub ShiftData()                          Private Sub ShiftT0_Change()        12
2 For r = 11 To 50                           Cells(4, 6) = "=F3/5000"          13
3   Cells(r - 1, 8) = Cells(r, 8)            ShiftData                         14
4 Next r                                     End Sub                           15
5 Cells(50, 8) = Cells(7, 5) 'new optimum                                      16
6 End Sub                                   Private Sub Solve_Click()          17
7                                            Solverok SetCell:="$E$7", MaxMinVal:=1, _   18
8 Private Sub Period_Change()                  ValueOf:="0", ByChange:="$F$2,$F$4"       19
9 Cells(2, 6) = "=F1/2000"                   SolverSolve 'Solver is triggered   20
10 ShiftData                                 ShiftData                         21
11 End Sub                                   End Sub                           22
```

Abb. 2.3 (P) *ShiftData* verschiebt die Daten für Abb. 2.1b. *Period_Change* und *ShiftT0_Change* beschreiben die Zelle F2 bzw. F4 immer dann mit einer Formel, wenn der Schieberegler PERIOD (in I1:J1) oder SHIFTT0 (in i3:J3 von Abb. 2.2 (T)) verändert wird

Einstellung n (jeweils eine Einstellung von Phase und Frequenz der Lock-in-Funktion) wiedergegeben. Mit den Schiebereglern sind Subroutinen verknüpft, die die Daten für *Int(n)* verschieben, sodass der aktuelle Wert immer den Index 41 erhält. Die Werte für $n = 1$ bis $n = 40$ in Spalte H zeigen die Vorgeschichte der Optimierung.

Wir erhöhen zunächst *Int* durch Variation der beiden Parameter T_1 und t_{01} mit den Schiebereglern und zum Abschluss mit der SOLVER-Funktion, die mit dem Schaltknopf „Start Solver" in H5 ausgelöst wird.

Die SOLVER-Funktion variiert die Werte in E2 und E4 (Zeile 19 in Abb. 2.3 (P)). Dadurch werden die Formeln in diesen Zellen gelöscht. Beim nächsten Betätigen der Schieberegler sollen die Formeln aber wieder hergestellt sein, damit wir die Parameter interaktiv verändern können. Das geschieht durch VBA-Makros, die aufgerufen werden, sobald der zugehörige Schieber bewegt wird. Einem Schieberegler wird schon bei der Erstellung von vornherein eine leere VBA-Routine zugeordnet, die wir dann mit dem gewünschten Code füllen können, z. B. mit dem für *Period*_CHANGE und *ShiftT0*_CHANGE in Abb. 2.3 (P).

Fragen

zu Abb. 2.3 (P):

In welchem Zahlenbereich können die Parameter der Schieberegler aufgrund der Formeln in den Makros verändert werden?[1]

Wie lauten die Anweisungen in den Zeilen 5, 9 und 13, wenn die Zellen mit RANGE angesprochen werden?[2]

Welche Namen haben die Schieberegler in Abb. 2.2 (T)?[3]

▶ **Alac** Sind die Makros wirklich nötig? Wenn wir die SOLVER-Funktion die mit den Schiebereglern verbundenen Zellen E1 und E3 verändern lassen, statt (wie in Abb. 2.3 (P)) die daraus mit Formeln abgeleiteten Werte in E2 und E4, dann müssen die Formeln in E2 und E4 doch nicht immer wieder neu geschrieben werden.

▶ **Tim** Ist das wieder nur eine didaktische Maßnahme, um uns ans Programmieren zu gewöhnen?

▶ **Mag** Diesmal nicht. Der Nachteil der von Alac vorgeschlagenen Variante ist, dass jede Iteration von SOLVER die Datenreihe *Int*(n) in unserer Abb. 2.1b verändert.

▶ **Alac** Inwiefern?

▶ **Mag** Wenn die Inhalte der mit den Schiebereglern verbundenen Zellen E1 oder E3 geändert werden, dann wird der neue Wert immer auch in die internen Speicher der Schieberegler übernommen.

▶ **Alac** Aha, der Schieberegler wird dadurch verändert und löst seine Routine aus, was die Rechenzeit für SOLVER stark erhöhen würde.

▶ **Tim** Eine andere Frage: Wir haben das Rauschen als Zufallszahlen eingesetzt, die sich während der Lock-in-Optimierung nicht ändern. Das entspricht doch nicht der Wirklichkeit.

---

[1]Der Zahlenbereich eines Schiebereglers geht von 0 bis 32.767. In E2 wird durch 2000 und in E4 durch 5000 geteilt, die Periodendauer kann also von 0 bis 16,38 und der Zeitversatz von 0 bis 6,553 eingestellt werden.

[2]CELLS(50, 8) → RANGE(„H50"); CELLS(7, 5) → RANGE(„E7"); CELLS(2, 5) → RANGE(„E2"); CELLS(4, 5) → RANGE(„H4").

[3]„Period" und „ShiftT0", wie aus den Namen der Subroutinen mit _CHANGE in Abb. 2.3 (P) abgelesen werden kann.

▶ **Alac** Ich habe das ausprobiert. Wenn ich das Rauschen zeitlich veränderlich gestalte, indem ich in Spalte A von Abb. 2.2 (T) die Tabellenfunktion ZUFALLSZAHL() eingebe, statt eine festgehaltene Zahl, dann schwankt $Int(n)$ so stark, dass ich gar kein Optimum finden kann.

▶ **Mag** Das ist auch bei tatsächlichen Lock-in-Verstärkern der Fall. Das Schwanken wird geringer, wenn viel mehr Perioden ins Integral eingehen, verschwindet aber nicht. SOLVER ist von vornherein nicht auf solche zufälligen Veränderungen des zu optimierenden Signals eingestellt. Um trotzdem in der Praxis zügig zurecht zu kommen, kann man die Kriterien für das Ende der SOLVER-Optimierung abschwächen.

▶ **Alac** Ich weiß, „Maximale Anzahl der Iterationen" und „Kleinste Änderung zwischen aufeinanderfolgenden Iterationsschritten" als Abbruchkriterien.

Halbautomatisches Messprotokoll

▶ **Mag** Unsere Übung soll ein Laborexperiment nachbilden. Wir schreiben deshalb die Ergebnisse unserer Optimierung in eine Tabelle, bevor wir die nächste „gemessene" Funktion mit anderen Werten von Periodendauer T_1 und Verschiebung t_{01} des Zeitnullpunkts analysieren.

▶ **Alac** Unser Ergebnis ist die ermittelte Periodendauer. Wir kopieren Ruckzuck mit einigen Mausklicks den Wert aus der zugehörigen Zelle E2 in einen anderen Bereich der Tabelle, immer schön übersichtlich untereinander, natürlich mit WERTE KOPIEREN, und fertig.

▶ **Mag** Sie sollen das nicht von Hand machen, sondern von einer Routine erledigen lassen, die dem Tabellenblatt „calc" außer 1) der Periodendauer noch 2) Datum und Zeit der letzten Tabellenänderung, 3) den experimentell ermittelten Zeitversatz und 4) die Signalintensität entnimmt und alle Daten in eine Tabelle in einem anderen Tabellenblatt, im Beispiel mit Namen „Results", niederschreibt, so wie in Abb. 2.4 (T). Diese Routine soll durch einen Schaltknopf („Protocol" in Abb. 2.2 (T)) in der Tabelle ausgelöst werden.

▶ **Alac** So eine Prozedur gefällt mir gut. Man überlegt sich zu Beginn der Messreihe einmal gründlich das Protokoll und erledigt die Routineaufgaben durch Knopfdruck. Das ist tatsächlich besser als händisch zu kopieren. Flüchtigkeitsfehler nach nächtelangen Messreihen gibt es dann nicht mehr. Meine Lösung steht in Abb. 2.5 (P).

	A	B	C	D
1	Measuring log			
2		9 *next free row*		
3	Date	Period [s]	zero shift [s]	signal intensity
4	14.12.2013 11:25	5,97	3,69	0,46
5	14.12.2013 11:29	5,01	2,99	0,96
6	14.12.2013 11:30	8,93	3,11	0,44
7	14.12.2013 11:33	2,00	2,99	0,41
8	14.12.2013 11:35	2,50	2,99	0,40
9				

Abb. 2.4 (T) Protokoll einer Reihe von Ergebnissen aus dem Tabellenblatt „calc"; die Tabelle steht im Blatt „Results". Zur Identifikation der Probe dienen hier das Datum und die Zeit der letzten Veränderung in „calc" (steht in Zelle I10 von Abb. 2.2 (T)). In A2 steht die Adresse der nächsten freien Reihe. Diese Zelle muss immer eine natürliche Zahl enthalten, sonst weiß Sub *Protocol*_Click in Abb. 2.5 (P) nicht, in welche Zeile geschrieben werden soll

```
 1 Private Sub Protocol_Click()                                          Chr(10) & " shift [s]"                    13
 2 Datumx = Cells(10, 9) 'I10                        Sheets("Results").Cells(Rowx, 4) = "signal" & _              14
 3 Periodx = Cells(2, 6) 'F2                                             Chr(10) & "intensity"                    15
 4 shiftx = Cells(4, 6) 'F4                           Else                                                        16
 5 intensx = Cells(7, 5) 'signal intensity               Sheets("Results").Cells(Rowx, 1) = Datumx               17
 6 Rowx = Sheets("Results").Cells(2, 1) 'A2              Sheets("Results").Cells(Rowx, 2) = Periodx               18
 7 'next free row                                        Sheets("Results").Cells(Rowx, 3) = shiftx                19
 8 If Rowx = Empty Then                                  Sheets("Results").Cells(Rowx, 4) = intensx               20
 9     Rowx = 3                                       End If                                                      21
10 Sheets("Results").Cells(Rowx, 1) = "Date"          Sheets("Results").Cells(2, 1) = Rowx + 1                   22
11 Sheets("Results").Cells(Rowx, 2) = "Period [s]"    'Pointer to next free row                                  23
12 Sheets("Results").Cells(Rowx, 3) = "zero" & _      End Sub                                                     24
```

Abb. 2.5 (P) Sub *Protocol*_Click sammelt verschiedene Daten aus dem aktuellen Tabellenblatt und schreibt sie in eine Zeile im Blatt „Results". Chr(10) bewirkt einen Zeilenvorschub in der Zelle. Eine Routine *_Click() wird ausgelöst, wenn der zugehörige Schalter (hier „Protocol" in Abb. 2.2 (T)) betätigt (angeklickt) wird

2.3   Eigenschwingungen eines harmonischen Oszillators mit Reibung

Überblick

Wir behandeln ein schwingendes Masse-Feder-System und führen außer der Federkraft verschiedene Reibungskräfte ein, die proportional zu $|v|^n$ mit $n = 0$, 1 oder 2 sind, sowie eine Haftreibungskraft, die wirkt, wenn der Körper in Ruhe ist; außerdem in einer Übung zum Schluss eine Antriebskraft beim Nulldurchgang, die den Oszillator entdämpfen soll.

Das Abklingverhalten der Schwingung hängt von der Art der Reibung (viskos, trocken oder newtonsch) ab. Die Eigenfrequenz des Oszillators wird nur durch viskose (geschwindigkeitsproportionale) Reibung verändert.

Gleitreibung

▶ **Mag** Wie wirkt sich Reibung auf die Schwingung eines Masse-Feder-Systems aus?

▶ **Alac** Das weiß ich noch aus dem Anfängerpraktikum: Die Amplitude nimmt ab und die Frequenz wird geringer.

▶ **Mag** Gilt das allgemein?

▶ **Tim** Bei Reibung entsteht Wärme, dem System wird Energie entzogen. Die Amplitude muss also immer abnehmen.

▶ **Mag** Richtig. Was ist mit der Frequenz der Eigenschwingung?

▶ **Alac** Die Frequenz haben wir im Praktikum genau gemessen. Sie wird mit zunehmender Stärke der Reibung immer kleiner. Wir haben sogar eine echte Fehlerrechnung gemacht: Das Ergebnis war signifikant.

▶ **Mag** Die Aussage gilt zunächst nur für die Art der Reibung, die im Versuch angesetzt war.

▶ **Alac** Wie immer: Reibungskraft proportional zur Geschwindigkeit.

▶ **Mag** Das ist nur ein Spezialfall. Was ist denn, wenn die Reibungskraft unabhängig von v ist oder proportional zu v^2?

▶ **Alac** Darüber wurde nichts gesagt. Das ist aber kein Problem, mit EXCEL kriegen wir das raus.

2.3.1 Bewegungsgleichung

Die Bewegungsgleichung für einen gedämpften harmonischen Oszillator wird in den meisten Lehrbüchern der Physik folgendermaßen angegeben:

$$m_0 \ddot{x} = -f_0 x - d_0 \dot{x} \tag{2.6}$$

$$\ddot{x} = -\frac{f_0}{m_0} \cdot x - \frac{d_0}{m_0} \cdot \dot{x} = -f_m \cdot x - d_m \cdot \dot{x} \tag{2.7}$$

Dabei sind m_0, f_0 und d_0 die Masse, die Federkonstante und die Reibungskonstante des Oszillators. Die Masse wird durch zwei Kräfte beschleunigt: Die Federkraft, die der Auslenkung x entgegengesetzt proportional ist und die Reibungskraft, die der Geschwindigkeit $\dot{x}$ entgegengesetzt ist. Wir führen neue Parameter $f_m = f_0/m$ und $d_m = d/m$ ein, so dass die Masse nicht mehr explizit in der Formel und dann auch nicht in der Tabellenrechnung vorkommt. Die physikalischen Einheiten der Parameter in Gl. 2.6 und 2.7 sind:

$$[f_0] = \frac{N}{m}, \; [d_0] = \frac{Ns}{m}, \; [f_m] = \frac{N}{m \cdot kg} = \frac{1}{s^2}, \; [d_m] = \frac{1}{s} \qquad (2.8)$$

Reibungskraft

In Gl. 2.6 wird der Betrag der Reibungskraft proportional zur Geschwindigkeit angesetzt (viskose Reibung). Diese Gesetzmäßigkeit gilt z. B. für die induktive Reibung, die in Praktikumsversuchen untersucht wird. Sie hat als Ergebnis eine analytische Lösung: Exponentiell abklingende Kosinusschwingungen. In der Praxis treten allerdings häufig auch andere Arten von Reibungskräften auf, z. B. die trockene Reibungskraft, die unabhängig von der Geschwindigkeit ist oder die Newton'sche Reibungskraft, die proportional zum Quadrat der Geschwindigkeit ist.

Wir wollen in dieser Aufgabe die Bewegungsgleichung für alle drei Arten der Reibung integrieren. Als Verfahren wählen wir „Integration mit Vorausschau", welches in Kap. 10 von Band I erläutert wird. Ein mögliches Kalkulationsmodell finden Sie in Abb. 2.6 (T). Alternativ kann auch das ebenfalls in Band I erläuterte Runge-Kutta-Verfahren vierter Ordnung verwendet werden, das mit weniger Rechenschritten zur selben Präzision gelangt, als Tabellenkalkulation aber aufwendiger zu implementieren ist. Wenn dieses Verfahren bevorzugt wird, dann empfiehlt es sich, eine benutzerdefinierten Tabellenfunktion einzusetzen.

Tabellenaufbau für Fortschritt mit Vorausschau

Abb. 2.6 (T) zeigt das Kalkulationsmodell, das wir als Beispiel gewählt haben. Die fünf Zellen im Bereich B1:B5 werden mit den links danebenstehenden Namen versehen; außer der Federkonstante f_0 und der Dämpfungskonstante d_0 sind das der Abstand dt zwischen benachbarten Stützpunkten der Lösungsfunktion sowie die Anfangsbedingungen $x_0 = x(t=0)$ und $v_0 = v(t=0)$.

	A	B	C	D	E	F	G	H
1	**f.m**	1,00 1/s²		Federkonstante			Legende	
2	**d.m**	0,10 1/s		Dämpfungskonstante			f.m=1; d.m=0,1	
3	**dt**	0,10 s		Zeitintervall				
4	**x.0**	1,00 m		Anfangsauslenkung				
5	**v.0**	0,00 m/s		Anfangsgeschwindigkeit				
6								
7	=A9+dt	=B9+(C9+F9)/2*dt	=C9+(D9+G9)/2*dt	=-f.m*x-d.m*v	=x+x.t*dt+x.tt*dt^2/2	=x+v*dt	=-f.m*x.p-d.m*v.p	
8	**t**	**x**	**v**	**a**	**x.p**	**v.p**	**a.p**	
9	0	1,00	0,00	-1,00	1,00	-0,10	-0,99	
10	**0,1**	**1,00**	**-0,10**	-0,99	0,99	-0,20	-0,97	
609	60	-0,05	0,02	0,05	-0,05	0,02	0,04	

Abb. 2.6 (T) Integration der Bewegungsgleichung; x, v, a: Auslenkung, erste Ableitung (Geschwindigkeit) und zweite Ableitung (Beschleunigung) der Auslenkung; x_p, v_p, a_p: voraussichtliche Werte am Ende des aktuellen Intervalls

> **Fragen**
> Deuten Sie die Formel in D7 von Abb. 2.6 (T)![4]

Die Formeln in den fett markierten Zellen werden in schräger Ausrichtung in Reihe 7 wiedergegeben. In der Reihe für den Zeitpunkt t wird (in Spalte D) die Beschleunigung $\ddot{x}$ gemäß Gl. 2.7 aus x und $\dot{x}$ berechnet und dann abgeschätzt, wie Ort x_p (Spalte E), Geschwindigkeit v_{pt} (Spalte F) und daraus berechnet die Beschleunigung a_p (Spalte G) voraussichtlich am Ende des Intervalls aussehen. In der darauffolgenden Zeile werden aus dem Mittelwert der anfänglichen Beschleunigung und der für das Ende des Intervalls prognostizierten Beschleunigung dann Ort und Geschwindigkeit zum folgenden Zeitpunkt $t + dt$ berechnet.

Die Formeln für x und x_t hängen von den Werten in der vorhergehenden Zeile ab, also z. B. in Zeile 10 von den Werten in Zeile 9. Der Ort zu Beginn des neuen Zeitintervalls wird in Spalte B gemäß

$$x_{n+1} = x_n + v_n \cdot \Delta t + \frac{1}{2} \cdot \frac{a_n + a_{pn}}{2} \cdot \Delta t^2 \tag{2.9}$$

berechnet. Die Geschwindigkeit zu Beginn des neuen Zeitintervalls wird in Spalte C berechnet.

> **Fragen**
> Gl. 2.9 berechnet den Fortschritt von x_n auf x_{n+1} anders als bisher. Wie lautet die bisher eingesetzte Formel?[5]
> Wie leiten sich die physikalischen Einheiten in [C1:C2] ab?[6]

2.3.2   Dämpfung durch viskose Reibung

Berechnung des Schwingungsverlaufs
Bei viskoser Reibung wirkt eine Kraft proportional zur Geschwindigkeit. In Gl. 2.7 gibt es zwei unabhängige Kenngrößen: $f_m = f_0/m_0$ und $d_m = d_0/m_0$, die wir in den folgenden Tabellenkalkulationen einsetzen.

Die Newton'sche Bewegungsgleichung soll mit einer Tabellenkalkulation gelöst werden (Abb. 2.6 (T)). Eine typische Lösung sehen Sie in Abb. 2.7a.

---

[4]Beschleunigung durch die Federkraft gebremst durch Reibung proportional zur Geschwindigkeit.

[5]Bisher wurde der Fortschritt mit $x_{n+1} = x_n + (v_n + v_p)/2dt$ berechnet. Der Unterschied ist nur gering.

[6]Siehe Gl. 2.8.

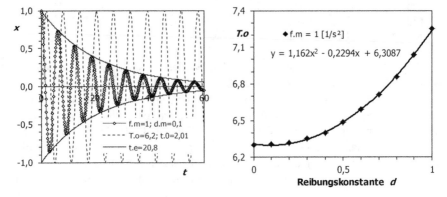

Abb. 2.7 **a** (links) Exponentiell abklingende Schwingung bei geschwindigkeitsproportionaler Reibung. Zur Bestimmung der Periodendauer T_0 wird das Produkt der Schwingungskurve und einer Kosinusfunktion maximiert. Die Exponentialfunktion wird durch Variation der Abklingzeit per Augenmaß angepasst. **b** (rechts) Bei der viskosen (geschwindigkeitsproportionalen) Reibung verlängert sich die Schwingungsdauer mit zunehmender Stärke der Reibung. Die Messpunkte werden durch eine Parabel beschrieben

Aufgabe

Berechnen Sie die Schwingung für verschiedene Parametersätze und vergleichen Sie das Ergebnis mit Ihrer Erwartung! Parameter: $d_m = 0$; 0,1; 0,2 1/s; $dt = 0,1$; 0,05; 0,2 s; $(x_0, v_0) = (1,0)$ oder $(0,1)$; $f_m = 1$; 2; 4 1/s².

Bestimmung der Periodendauer

In der Abb. 2.7a sieht man den Zeitverlauf für eine Schwingung mit $f_m = 1$ 1/s² und $d_m = 0,1$ 1/s. Von solchen Kurven wollen wir die Periodendauer T_0 und den Zeitversatz t_0 bei $t = 0$ bestimmen. Dazu bieten sich mehrere Möglichkeiten an: Wir können mit dem Verfahren aus Abschn. 5.9 von Band I (Nichtlineare Regression) ein Produkt einer Sinusfunktion und einer Exponentialfunktion an die simulierten Daten anpassen, denn das entspricht der bekannten analytischen Lösung. Wir erhalten dann außer der Periodendauer auch noch die Abklingkonstante. Wir können aber auch mit einem Lock-in-Verfahren die Periodendauer bestimmen, so wie es in Abschn. 2.2 dargelegt wird, und eine Exponentialfunktion per Augenmaß als Einhüllende an die Kurve anlegen. Dieser Weg wird beispielhaft hier gewählt.

Aufgabe

Bestimmen Sie die Periodendauer und die Abklingkonstante für eine Variation der Reibungskonstanten von $d_m = 0$ 1/s bis $d_m = 1$ 1/s!

Die Periodendauer für eine Variation der Reibungskonstanten von $d_m = 0$ bis $d_m = 1$ wird in Abb. 2.7b dargestellt. Die Schwingungsdauer nimmt also mit zunehmender Reibung zu. Die Messpunkte werden durch eine parabolische Trendlinie beschrieben.

Aufgabe

Vergleichen Sie die Formel für die Trendlinie mit den unten wiedergegebenen Formeln aus der Literatur!

$$x(t) = A \cdot \exp(-\delta t) \cdot \cos(\omega_d t + \phi_0)$$

$$\omega_d^2 = \omega_0^2 - \delta^2$$

$$\omega_0^2 = \frac{f_0}{m_0} \tag{2.10}$$

$$\delta^2 = \frac{d_0^2}{4m_0^2}$$

Die Formeln in Gl. 2.10 enthalten die Kreisfrequenz ω der gedämpften Schwingung und nicht die Periodendauer, die wir bisher berechnet haben.

Fragen

Entspricht der oben berechnete Verlauf $T = a + b \cdot d^2$ für die Periodendauer der theoretischen Erwartung? Brechen Sie die Taylorentwicklung für eine Wurzel nach dem ersten Glied ab![7]

2.3.3   Dämpfung durch trockene Reibung

Bei der trockenen Reibung wirkt eine Kraft unabhängig vom Betrag der Geschwindigkeit, solange dieser größer als null ist, also solange der Körper sich bewegt. Der Reibungsverlust (eine Energie) ist proportional zur zurückgelegten Strecke. Wir können den Reibungsterm in der Newton'schen Bewegungsgleichung dann einfach durch eine konstante, der Geschwindigkeit entgegengesetzte Beschleunigung ersetzen.

Wir verallgemeinern zunächst die Gleichung für die Reibungskraft, bzw. die zugehörige Beschleunigung a_r in unserer Tabellenkalkulation:

$$a_r = -d \cdot |v|^n \cdot \text{sgn}(v) \tag{2.11}$$

Die trockene Reibung ist der Spezialfall für $n = 0$. Für $n = 1$ erhalten wir wieder die bereits besprochene geschwindigkeitsproportionale Reibung. Für die Newton'sche Reibung setzen wir in Abschn. 2.3.4 $n = 2$. Die Tabellenformel für die Gesamtbeschleunigung x_{tt} in einer Tabellenrechnung (z. B. in Spalte D der Abb. 2.6 (T)) lautet jetzt folgendermaßen:

$$= -f^* x - d^* \text{ABS}(x.t)^\wedge n.d^* \text{VORZEICHEN}(x.t) \tag{2.12}$$

wobei x und x_t die aktuelle Auslenkung und die aktuelle Geschwindigkeit sind.

---

[7]Wir entwickeln: $T \propto \frac{1}{\omega_d} = \sqrt{\frac{1}{\omega_0^2 - \delta^2}} \approx \frac{1}{\omega_0} \cdot \left(1 + \frac{1}{2}\left(\frac{\delta}{\omega}\right)^2\right) = a + b \cdot d^2.$

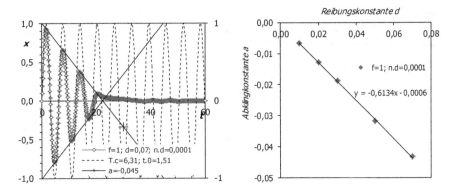

Abb. 2.8 **a** (links) Linear abklingende Schwingung bei trockener Reibung; die Abkling-konstante ist der Betrag der Steigung der einhüllenden Geraden. **b** (rechts) Abklingkonstante a als Funktion der Reibungskonstanten d für die trockene Reibung

Für $n = 0$ ist die Reibungskraft unabhängig vom Betrag der Geschwindigkeit, aber ihrer Richtung immer entgegengesetzt. Eine Lösung für diesen Fall sehen Sie in Abb. 2.8a.

Die Amplitude der Schwingung nimmt linear mit der Zeit ab. Die Steigung der einhüllenden Geraden bezeichnen wir als Abklingkonstante a; $a = -\mathrm{d}A/\mathrm{d}t$. Sie hängt linear von der Reibungskonstante d_0 ab (Abb. 2.8b).

In der Wirklichkeit tritt zusätzlich zur Gleitreibung noch eine Haftreibung auf. Wenn die wirkende Kraft kleiner als die Haftreibungskraft ist, dann kommt der Körper zum Stehen. Im Diagramm oben ist das nicht der Fall. Für $t > 20$ kriecht der Körper (unrealistischer Weise) in die Nulllage. Im wirklichen Experiment bleibt der Körper im letzten Umkehrpunkt (Geschwindigkeit $= 0$) liegen, weil die Federkraft die Haftreibungskraft nicht mehr überwindet.

Fragen

Hängt die Schwingungsdauer von der Reibungskonstante d ab?[8]

Wie können Sie an geeigneter Stelle in der Formel für a eine WENN-Abfrage einfügen, um die Haftreibung zu berücksichtigen?[9]

Haftreibung

▶ **Tim** In der WENN-Abfrage, mit der Haftreibung berücksichtigt werden soll, wird zur Bedingung gemacht, dass der Absolutbetrag der Geschwindigkeit kleiner als eine kritische Größe sein soll.

---

[8]Nein, die Schwingungsdauer ist unabhängig von der Reibungskonstante.

[9]Beschleunigung $a = $ WENN(UND(ABS(v) < v.crit; ABS(x) < x.crit); 0; …).

▶ **Alac** Klappt gut. Der Körper bleibt irgendwann liegen.

▶ **Tim** Die Haftreibung wird aber doch nur wirksam, wenn die Geschwindigkeit tatsächlich null ist.

▶ **Mag** Sie haben Recht, die Haftreibung wirkt definitionsgemäß nur auf einen ruhenden Körper.

▶ **Alac** Dann fordern wir einfach als Bedingung $\text{ABS}(v) = 0$.

▶ **Mag** Diese Bedingung wird nie erfüllt, weil in den numerischen Rechnungen das Ergebnis nie exakt null wird.

▶ **Tim** Deshalb also die Bedingung $\text{ABS}(v) < v_{\text{crit}}$; v_{crit} kann ja ziemlich klein sein.

▶ **Mag** Genau! Welchen Sinn hat die zusätzliche Abfrage $\text{ABS}(x) < x_{\text{crit}}$, dass also die Auslenkung kleiner als ein kritischer Wert sein soll?

▶ **Tim** Die Kraft $f \cdot x$ durch die Feder soll kleiner als die Haftreibungskraft sein.

▶ **Alac** Mit den zwei Bedingungen in der WENN-Abfrage haben wir unsere Simulation dann sehr gut an die physikalische Wirklichkeit angepasst.

▶ **Mag** Vorsicht mit dem Begriff „Wirklichkeit". Haftreibung und Gleitreibung sind physikalische Konzepte, dem Geiste entsprungen, um die Wirklichkeit zu verstehen. Das tatsächliche Experiment kann auch anders verlaufen. Mit der WENN-Abfrage haben wir unsere Simulation sehr gut an das physikalische Modell angepasst.

2.3.4 Dämpfung Newton'sche Reibung

Bei der Newton'schen Reibung wirkt eine Kraft proportional zu v^2. Wir nutzen dasselbe Kalkulationsmodell wie unter Abschn. 2.3.3 und haben lediglich die Potenz für die Geschwindigkeitsabhängigkeit der Dämpfung in Gl. 2.11 auf $n = 2$ zu setzen ($n_{\text{d}} = 2$ in der Tabelle). Eine Lösung sehen Sie in Abb. 2.9.

Bei hohen Geschwindigkeiten klingt die Amplitude schnell ab, bei niedrigen Geschwindigkeiten relativ dazu nur langsam.

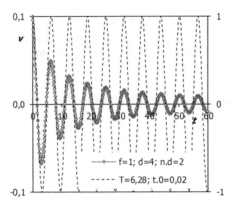

Abb. 2.9 Schwingungsverlauf bei Newton'scher Reibung (proportional zum Quadrat der Geschwindigkeit); die Schwingungsdauer wird mit einem Lock-in-Verfahren bestimmt

Fragen

Hängt die Schwingungsdauer von der Reibungskonstante ab? Führen Sie die Simulation mit verschiedenen Werten der Reibungskonstante durch![10]

▶ **Wichtig**

Bei gedämpften Schwingungen nimmt für alle Arten der Reibung die Amplitude im Laufe der Zeit ab.

Die Frequenz ändert sich aber nur bei der geschwindigkeits-proportionalen viskosen Reibung.

2.3.5 Entdämpfung eines Oszillators

Bei den Schwingungen eines Oszillators wird durch Reibung Energie an die Umgebung abgegeben. Wenn man vermeiden will, dass die Bewegung zur Ruhe kommt, muss dem Oszillator periodisch Energie zugeführt werden. Das geschieht z. B. beim Uhrenpendel durch Steigrad und Anker. Wir simulieren diesen Vorgang dadurch, dass wir beim Nulldurchgang eine zusätzliche Kraft wirken lassen, die zu einer zusätzlichen Beschleunigung führt.

Zusätzliche Beschleunigung beim Nulldurchgang

Wenn der Betrag der Auslenkung kleiner als ein kritischer Wert x_a ist, $|x| < x_a$, dann soll zusätzlich zur Beschleunigung durch die Federkraft eine äußere Beschleunigung a_a in Richtung der aktuellen Geschwindigkeit wirken. Wir führen

---

[10]Es zeigt sich, dass die Schwingungsdauer unabhängig von der Reibungskonstante ist.

dazu in den Zellen, in denen die Auslenkung x berechnet wird, einen zusätzlichen additiven Term

$$x = \ldots + sgn(v)\frac{a_a^2}{2}dt$$

ein. Der Wert der zusätzlichen Beschleunigung a_a muss in der Tabelle geeignet gewählt werden. Die Implementierung in der Tabelle geschieht mit der Tabellen-funktion WENN(BEDINGUNG; DANN; SONST):

$$x = \ldots + \text{WENN}\big(\text{ABS}(x.p) < x.a; \text{VORZEICHEN}(v)^{*}a.a^{*}dt^{\wedge}2/2; 0\big) \quad (2.13)$$

In den Zellen, in denen die Geschwindigkeit neu berechnet wird, wird entsprechend der Term +sgn(v)*a.a*dt eingeführt:

$$v = \ldots + \text{WENN}\big(\text{ABS}(x.p) < x.a; \text{VORZEICHEN}(v.p)^{*}a.a^{*}dt; 0\big) \quad (2.14)$$

Beachten Sie das +, welches anzeigt, dass die bestehenden Formeln in den Spalten D und G der Abb. 2.6 (T) additiv ergänzt werden sollen. Durch die Berücksichtigung des Vorzeichens der Geschwindigkeit wird dafür gesorgt, dass die zusätzliche Beschleunigung a_a die Geschwindigkeit immer erhöht.

Ein Beispiel für die Bewegung eines entdämpften Pendels sieht man in Abb. 2.10a.

Mittleres Auslenkungsquadrat

Nach einem anfänglichen Einschwingvorgang schwingt der Oszillator mit konstanter Amplitude. Die Abhängigkeit des mittleren Auslenkungsquadrates $\langle x^2 \rangle$ der stationären Lösung von der zusätzlichen Beschleunigung a_a wird in Abb. 2.10b für verschiedene Reibungskonstanten dargestellt.

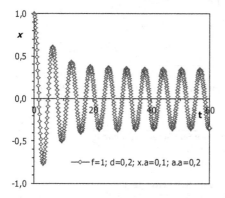
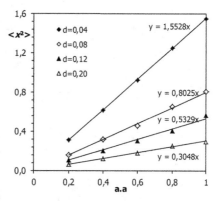

Abb. 2.10 a (links) Entdämpfte Schwingung. Wenn die Auslenkung kleiner als x_a wird, wirkt eine zusätzliche Beschleunigung a_a. **b** (rechts) Mittleres Auslenkungsquadrat (das ist proportional zur elastischen Energie) des entdämpften Oszillators als Funktion der zusätzlichen äußeren Beschleunigung a_a für verschiedene Reibungskonstanten d

Das Auslenkungsquadrat ist proportional zur potentiellen Energie des harmonischen Oszillators. Beim harmonischen Oszillator sind mittlere kinetische Energie und mittlere potentielle Energie gleich groß, sodass $\langle x^2 \rangle$ proportional zur Gesamtenergie ist.

Das mittlere Auslenkungsquadrat wird im aktuellen Kalkulationsmodell mit der Tabellenformel

$$=\text{QUADRATESUMME}(X)/609$$

also im gesamten Intervall $t = 0$ bis 60 berechnet. Dadurch entstehen zwei Fehler:

1. Die anfängliche, noch nicht stationäre Schwingung geht in die Mittelung ein. Dieser Fehler kann behoben werden, indem wir mehrfach die Auslenkung und die Geschwindigkeit am Ende der Tabelle zu neuen Anfangsbedingungen am Anfang der Tabelle machen, wie es in Abschn. 2.4 ausführlich erläutert wird.
2. Es wird nicht über ein Vielfaches der halben Periodendauer gemittelt. Das kann in unserer Simulation dadurch behoben werden, dass die Länge des Zeitintervalls dt so verändert wird, dass genau ein Vielfaches der halben Periodendauer in den vorgewählten Zeitbereich passt.

2.3.6 Sinus zur Anpassung an die stationäre Schwingung

Einen Tabellenaufbau, mit dem die Kenngrößen der Sinusfunktion gewählt werden, sodass der Sinus mit der stationären Schwingung übereinstimmt, finden Sie in Abb. 2.11. Die mit den Schiebereglern verbundenen Routinen stehen in Abb. 2.12 (P).

	H	I	J	K	L	M	N
1		620	*T.o*	6,20	*=I1/100*		
2		701	*t.0*	2,01	*=(I2-500)/100*		
3		100	*A.e*	1,00	*=I3/100*		
4		416	*t.e*	20,80	*=I4/20*		
5		*="T.o="&RUNDEN(T.o;2)&"; t.0="& RUNDEN(t.0;2)*					
6		*T.o=6,2; t.0=2,01*			*t.e=20,8*		

Abb. 2.11 (T) Schieberegler, mit denen die Kenngrößen einer Sinusfunktion eingestellt werden

```
1 Private Sub Scroll_To_Change()      Private Sub Scroll_Ae_Change()      8
2 Cells(1, 11).Formula = "=I1/100"     Cells(3, 11).Formula = "=I3/100"    9
3 End Sub                              End Sub                             10
4                                                                          11
5 Private Sub Scroll_t0_Change()       Private Sub Scroll_te_Change()     12
6 Cells(2, 11).Formula = "=(I2-500)/100"   Cells(4, 11).Formula = "=I4/20"  13
7 End Sub                              End Sub                             14
```

Abb. 2.12 (P) Routinen, die mit den Schiebereglern in Abb. 2.11 (T) verbunden sind. Diese Art der Routinen wird in Abschn. 14.2.2 erläutert

2.4 Einschwingvorgang und stationäre Lösung der erzwungenen Schwingung

Wir berechnen die erzwungen Schwingung eines bereits schwingenden Systems, wenn zu einem bestimmten Zeitpunkt der Treiber einsetzt. Wir erhalten die stationäre Lösung, die sich nach langer Zeit einstellt, indem die letzten Werte von t, x und v einer Tabellenrechnung wiederholt zu neuen Anfangsbedingungen derselben Tabellenrechnung gemacht werden, bis der Einschwingvorgang abgeklungen ist. Wir subtrahieren die stationäre Schwingung vom Einschwingvorgang und erhalten eine gedämpfte Eigenschwingung. Der Einschwingvorgang einer erzwungenen Schwingung ist also die Überlagerung der stationären Lösung mit einer gedämpften Eigenschwingung.

2.4.1 Einsatz einer äußeren Erregung

Die Kurve in Abb. 2.13a gibt die Auslenkung eines harmonischen Oszillators wieder, der für $t < 10$ mit seiner Eigenfrequenz (Periodendauer $T_{eig} = 5{,}2$) schwingt und für $t \geq 10$ der Wirkung einer äußeren sinusförmigen Kraft (Periodendauer $T_{ext} = 3$) ausgesetzt wird.

Der erfahrene Experimentator erkennt das augenscheinlich chaotische Verhalten eines schwach gedämpften Masse-Feder-Systems wieder, wenn plötzlich die äußere Erregung eingeschaltet wird. Ein solches Verhalten soll in dieser Übung untersucht werden. Das vorgeschlagene Kalkulationsmodell wird in Abb. 2.14 (T) als Ganzes dargestellt.

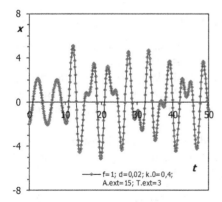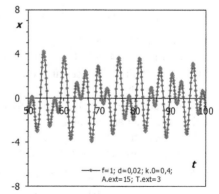

Abb. 2.13 a (links) Ein Masse-Feder-System schwingt frei bis $t = t_0$, hier bis $t_0 = 10$, und erfährt dann eine harmonische Erregung, Zeitabschnitt $t = 0$ bis 50. **b** (rechts) Zeit, Ort und Geschwindigkeit am Ende der ersten Tabellenrechnung ($t = 50$) wurden als Anfangsbedingungen an den Anfang der Tabelle kopiert (INHALT EINFÜGEN), sodass die Schwingung im zweiten Zeitabschnitt $t = 50$ bis 100 berechnet wird

	A	B	C	D	E	F	G	H	I
1	A.ext	15,00	Amplitude						
2	T.ext	3,00	Schwingungsdauer			f	1,00	Federkonstante	
3	t.0	10,00	Einsatz der äußeren Erregung			d	0,02	Dämpfungskonstante	
4	_2pi	6,28	=2*PI()			k.0	0,40	Koppelfeder	
5									
6	dt	0,10		f=1; d=0,02; k.0=0,4; A.ext=15; T.ext=3					
7	=A10+dt	=WENN(t<10;0;A.ext*SIN(_2pi*(t-t.0)/T.ext))	=C10+D10*dt+(E10+H10)*dt^2/4	=D10+(E10+H10)*dt/2	=-f*x-d*v-(x-x.e)*k.0	=x+v*dt+a*dt^2/2	=v+a*dt	=-f*x.p-d*v.p-(x.p-x.e)*k.0	
8	0		-2,00	1,00					
9	t	x.e	x	v	a	x.p	v.p	a.p	
10	50,0	12,99	-0,77	-0,71	6,28	-0,80	-0,08	6,32	
11	50,1	11,15	-0,80	-0,08	5,59	-0,78	0,48	5,55	
510	100,0	0,00	-1,05	-3,37	1,54	-1,38	-3,22	1,99	

Abb. 2.14 (T) Berechnung einer erzwungenen Schwingung. Das Modell für die Eigenschwingung wurde um die Spalte B erweitert, in der die Auslenkung x_{ext} durch eine treibende Maschine steht. In A8:D8 stehen die Anfangsbedingungen für $t = 0$, in A10:D10 der Zustand für $t = 50$. Für die Berechnung der Bewegung im nächsten Zeitabschnitt werden die Werte in A510:D510 nach A10:D10 kopiert, sodass sie zu neuen Anfangsbedingungen werden

Wir haben zunächst unsere aus Abschn. 2.3 bekannte Tabellenkalkulation um eine Spalte erweitert, in der wir eine von außen vorgegebene Auslenkung $x_e(t)$ angeben:

$$x_e(t) = A_{ext} \cdot \sin\left(2\pi \frac{t - t_0}{T_{ext}}\right) \quad \text{für} \quad t \geq t_0, \text{ sonst} = x_e(t) = 0 \quad (2.15)$$

Die entsprechende Tabellenformel verwendet in Zelle B10 die Funktion WENN(BEDINGUNG; DANN; SONST):

$$[\text{B10}] = \left[= \text{WENN}\left(t < t.0; \ 0; \ A.ext*\text{SIN}\left(\_2Pi*(t - t.0)/T.ext\right)\right)\right] \quad (2.16)$$

Die Parameter A_{ext}, _2pi, T_{ext}, t_0 werden in den Zellen B1:B4 festgelegt und mit den Namen in A1:A4 versehen. _2Pi ist eine Konstante 2π), die in B4 berechnet wird, B4 = [=2*Pi()]. Die Zeit und die externe Auslenkung werden in den Spalten A und B der Abb. 2.14 (T) unabhängig von den Ergebnissen in anderen Spalten von vornherein berechnet. Der Unterstrich bei _2Pi ist nötig, weil ein Name nicht mit einer Ziffer anfangen kann.

Wir koppeln diese Auslenkung über eine Feder mit der Koppelkonstante k_0 an die Auslenkung x_1 des Pendels und schaffen dadurch eine zusätzliche Beschleunigung. Die gesamte Beschleunigung berechnet sich dann in Spalte E gemäß:

$$[\text{E10}] = \left[= -f*x - d*v - (x - x_e)*k.0\right] \quad (2.17)$$

Die vorausgeschaute Beschleunigung in Spalte H wird sinngemäß abgeändert.

25 **Sub Shift()**	x1 = Cells(510, 3)	32
26 *'The time progresses. The values in row 510*	v1 = Cells(510, 4)	33
27 *'become the new initial conditions.*	Cells(10, 1) = t1	34
28 *'During rewriting, the calculation of the*	Cells(10, 3) = x1	35
29 *'spreadsheet is deactivated.*	Cells(10, 4) = v1	36
30 Application.Calculation = xlCalculationManual	Application.Calculation = xlCalculationAutomatic	37
31 t1 = Cells(510, 1)	End Sub	38

Abb. 2.15 (P) SUB *Shift:* Die Werte von t_1, x_1 und v_1 in Zeile 510 werden zu neuen Anfangs-bedingungen in Zeile 10 gemacht. Während der Datenübertragung muss die Tabellenrechnung ausgeschaltet werden

---

Fragen

Greift die Koppelfeder links oder rechts am Pendel an?[11]

Die Formel in H11 von Abb. 2.14 (T) steht in H7. Es wird die externe Aus-lenkung x_e für den Anfang des Intervalls eingesetzt. Wäre es nicht besser, die externe Auslenkung für das Ende des Intervalls einzusetzen?[12]

Die Anfangsbedingungen für $t = 0$ stehen in A8, C8 und D8 und müssen vor Beginn der Berechnung in A10, C10 und D10 übertragen werden.

Endwerte werden neue Anfangswerte

Unser Kalkulationsmodell berechnet die Bewegung für 501 Stützpunkte im Abstand $dt = 0{,}1$, umfasst also einen Zeitraum von 50 Zeiteinheiten. Wir nutzen dieselbe Tabellenkalkulation auch für die Bewegung in der Zeitspanne von $t = 50$ bis 100 und so fort bis zum Intervall 600 bis 650. Wir bewerkstelligen das mit einer VBA-Prozedur, SUB SHIFT() in Abb. 2.15 (P), die Werte von t, x und v aus Zeile 510 in die Zeile 10 einträgt, also Auslenkung und Geschwindigkeit zu Ende des Berechnungszeitraumes zu neuen Anfangsbedingungen macht. Nach ein-maliger Anwendung dieser Prozedur wird der zeitliche Verlauf von ursprünglich $t = 0$ bis 50 für den Bereich $t = 50$ bis 100 fortgesetzt. Das ist der Zustand der Tabellenrechnung in Abb. 2.14 (T). Der entsprechende Schwingungsverlauf wird in Abb. 2.13b dargestellt.

---

[11]Wenn x_e größer als null ist, dann zieht die Koppelfeder nach rechts. Die Koppelfeder setzt also rechts am Pendel an.

[12]Ja, a_p soll ja die Beschleunigung am Ende des Intervalls vorausschauen. Statt x_e müsste dann B12 stehen, was aber nicht so elegant aussieht. Da alle Voraussagen aber nur Näherungen sind, muss in jedem Fall geprüft werden, ob die Intervalllänge dt hinreichend klein ist.

1 **Sub Forward()**	r2 = r2 + 1	13
2 Cells(2, 6) = 0.1 '*dt*	Next r	14
3 Cells(10, 1) = 0 ' *t = 0*	For n = 1 To 10	15
4 Cells(8, 3) = 1 '*x(0) = 1*	Shift	16
5 Cells(8, 4) = 0 '*v(0) = 0*	For r = 10 To 510 Step 10	17
6 Range("N10:O600").ClearContents	'*Every 10th node is monitored.*	18
7 r2 = 10	Cells(r2, 14) = Cells(r, 1)	19
8 For r = 10 To 510 Step 10	Cells(r2, 15) = Cells(r, 3)	20
9 '*Every 10th node is monitored.*	r2 = r2 + 1	21
10 Cells(r2, 14) = Cells(r, 1)	Next r	22
11 Cells(r2, 15) = Cells(r, 3)	Next n	23
12	End Sub	24

Abb. 2.16 (P) Sub *Forward:* Sub *Shift* wird zehnmal aufgerufen, und jeder zehnte Datenpunkt wird in den Spalten 14 und 15 (N und O in der Tabelle) gespeichert

Fragen

Welche Werte werden in A10, C10 und D10 von Abb. 2.14 (T) für den Zeitabschnitt 100 bis 150 s stehen?[13]

Während der Übertragung der Daten in Sub *Shift* (Abb. 2.15 (P)) wird die automatische Berechnung der Tabelle ausgeschaltet. Warum?[14]

Routinen

Die Subroutine Shift in Abb. 2.15 (P) macht die Werte von t_1, x_1 und v_1 in Zeile 510 zu neuen Anfangsbedingungen in Zeile 10.

Vor diesem Transfer muss die automatische Berechnung der Tabelle ausgeschaltet werden, da sonst mit dem Eintrag der neuen Anfangszeit die treibende Kraft schon neu berechnet und der folgende Übertrag von x schon nicht mehr der Endzeit der aktuellen Zeitspanne entsprechen würde. Nachdem t, x, v übertragen worden sind, wird die automatische Berechnung wieder eingeschaltet.

In einem übergeordneten Hauptprogramm *Forward* wird *Shift*() als Unterroutine zehnmal aufgerufen und jeder zehnte Stützpunkt wird in einem anderen Bereich der Tabelle protokolliert, der dann in einem Diagramm dargestellt wird, Abb. 2.16 (P). Dieses Vorgehen sichert eine genaue Berechnung der Bewegung, ohne die grafische Darstellung mit unnötig vielen Punkten zu belasten.

2.4.2 Stationäre Schwingung

Langzeitschwingung

Um die Schwingung in einem längeren Zeitabschnitt in einem Diagramm darzustellen, sind nicht alle Werte an den berechneten Stützstellen nötig. Wir können

---

[13]Zeit $t = 100$, $x = -1{,}16$; $v = -3{,}18$.

[14]Bei automatischer Berechnung würde die Tabelle schon neu berechnet werden, nachdem die Zeit kopiert wurde, sodass ein falscher Werte für den Ort übertragen würde. Das würde wiederum eine neue Berechnung auslösen, sodass eine neue Geschwindigkeit übertragen würde.

eine Auswahl an Punkten treffen. Das geschieht in dem Hauptprogramm FORWARD (Abb. 2.16 (P)), in dem SUB SHIFT() als Unterroutine zehnmal aufgerufen und jeder zehnte Stützpunkt aus den Spalten A und C wird in einem anderen Teil der Tabelle protokolliert wird. Diese reduzierte Datenmenge wird im Langzeitdiagramm der Abb. 2.17 dargestellt.

Die Berechnung reicht von $t = 0$ bis $t = 650$ und beruht auf 6500 Stützpunkten, von denen aber nur jeder zehnte dargestellt wird. Die Auswahl der Punkte geschieht auf die übliche Weise mit der Auswahlroutine in Abb. 2.16 (P).

Stationäre Schwingung
In Abb. 2.17 ändert sich ab $t = 300$ die Amplitude nicht mehr. Die Schwingung ist stationär geworden. In Abb. 2.18a wird der Stand der Tabellenrechnung in A10:H510 für $t = 500$ bis 550 als Kurve mit Datenpunkten wiedergegeben. Wir erkennen eine Sinusfunktion, die aussieht wie im Versuch „erzwungene Schwingung" im physikalischen Praktikum. Das System schwingt mit der Periodendauer T_{ext} der Erregungsfunktion.

Wir wollen eine Sinuskurve durch die Datenpunkte legen, die dann rückwärtig bis $t = t_0$, dem Zeitpunkt, an dem die äußere Kraft ansetzt, extrapoliert wird. Dazu

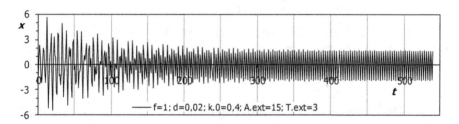

Abb. 2.17 Langzeitdiagramm über 650 Zeiteinheiten ($t = 0$ bis 650)

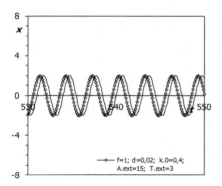

	J	K	L
4	**A.st**	1,99928	
5	**t.st**	410,543	
6	A.st=2; t.st=410,54		
7	=A.st*SIN(_2pi*(t-t.st)/T.ext)		=QUADRATESUMME(K10:K510)
8	x.st	**2543,5**	
9	**sin**	**x(t)-x.st(t)**	
10	1,63	-1,80	=WENN(t> t.0;x-sin;x)
510	-1,81	1,18	

Abb. 2.18 a (links) Simulierte Bewegung am Ende der Berechnung (Datenpunkte) und eine Schwingung mit der Frequenz des Erregers (Kurve). **b** (rechts, T) Berechnung der Abweichung $x(t) - x_{st}(t)$ zwischen der Sinuskurve x_{st} in Spalte J und der simulierten Auslenkung $x(t)$ aus Abb. 2.14 (T) für $t = 600$ bis 650

müssen wir nur noch den Zeitversatz t_{st} und die Amplitude A_{st} der stationären Schwingung bestimmen. Wir definieren in Spalte J der Tabelle Abb. 2.18b (T) eine Sinusfunktion:

$$x_{st}(t) = A_{st} \cdot \sin \left(2\pi \frac{t - t_{st}}{T_{ext}} \right) \qquad (2.18)$$

Sie wird ebenfalls in Abb. 2.18a dargestellt (durchgezogene Kurve), gibt den simulierten Verlauf aber noch nicht richtig wieder.

Die Parameter für diese Funktion werden in J4:K5 gesetzt und müssen so verändert werden, dass die beiden Kurven in Abb. 2.18a übereinstimmen. Das geht gut von Hand mit Schiebereglern oder automatisch mit der SOLVER-Funktion. In Abschn. 2.3.6 haben wir die Lösung mit Schiebereglern dargestellt. Jetzt entscheiden wir uns für das automatische Verfahren.

Die Sinusfunktion $x_{st}(t)$ soll bezüglich Amplitude A_{st} und Zeitversatz t_{st} mit der SOLVER-Methode an die Datenpunkte der Simulation angepasst werden. Dazu wird in Spalte K von Abb. 2.18b (T) Punkt für Punkt ihre Abweichung von der durch Simulation ermittelten stationären erzwungenen Schwingung berechnet. In K8 werden die Quadrate dieser Differenz aufsummiert:

$$K8 = [=\text{QUADRATESUMME}(K10:K510)]$$

K8 ist dann die Zielzelle, deren Wert mit der SOLVER-Methode durch Variation der Parameter t_{st} und A_{st} minimiert wird, sodass die Sinusfunktion durch die durch Simulation gewonnenen Datenpunkte geht.

2.4.3   Deutung des Einschwingvorgangs

Übertragung der stationären Schwingung auf den Anfangsbereich
Wir setzen die ursprünglichen Anfangswerte, $t = 0$ und $x(t = 0)$ aus C8 und $x'(t = 0)$ aus D8, in Zeile 10 der Tabelle, Abb. 2.13 (T), ein und erhalten in Abb. 2.19a wieder die Datenpunkte der Abb. 2.13a. Außerdem wird in Abb. 2.19a ab $t = 10$ der stationäre Sinus x_{st} mit den angepassten Parametern A_{st} und t_{st} aus Abb. 2.18a in das Diagramm eingetragen.

Wir ziehen für $t > 10$ die stationäre Lösung x_{st} vom Einschwingvorgang ab und erhalten das klare Diagramm in Abb. 2.19b. Die Differenzkurve entspricht einer gedämpften Eigenschwingung. Sie hat eine andere Amplitude und einen anderen Zeitversatz als die Eigenschwingung vor $t = 10$.

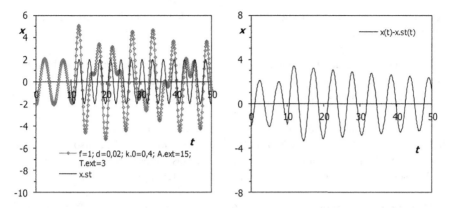

Abb. 2.19 𝔅 **a** (links) Einschwingvorgang (Datenpunkte wie in Abb. 2.13a) und die rückwärtige Verlängerung der erzwungenen stationären Schwingung (x_{st}, durchgezogene Kurve) bis
zum Einsetzen der externen Kraft. **b** (rechts) Einschwingvorgang minus stationäre Schwingung

---

Fragen

Wie entsteht die anscheinend chaotische Schwingung nach Einschalten der
äußeren Erregung?[15]

▶ **Alac** Der Einschwingvorgang ist ja ein ziemliches Gezappel. Das erinnert mich
an Vorlesungsversuche, bei denen der Assistent vergeblich versucht, Phasenverschiebungen bei der erzwungenen Schwingung vorzuführen.

▶ **Tim** Ich erinnere mich auch. Aber das wilde Gezappel können wir ja jetzt deuten, als Summe zweier einfacher Funktionen, der stationären Lösung und einer
gedämpften Eigenschwingung.

▶ **Mag** Auf mathematisch heißt das: Die allgemeine Lösung einer inhomogenen
linearen Differentialgleichung mit konstanten Koeffizienten ist die Superposition (Überlagerung) einer beliebigen partikulären Lösung der inhomogenen
Differentialgleichung (hier: stationäre Schwingung) und der allgemeinen Lösung
der zugehörigen homogenen Differentialgleichung. In unserem Fall ist also die
erzwungene Schwingung die Überlagerung der stationären Schwingung mit der
Eigenschwingung mit den frei wählbaren Parametern Amplitude und Phase.

▶ **Alac** Wieso kommen bei unserer einfachen Tabellenrechnung so komplizierte
theoretische Aussagen raus?

▶ **Mag** Die „komplizierten Theorien" folgen aus der Newton'schen Bewegungsgleichung. Sie kommen bei unserer numerischen Berechnung ohne theoretische

---

[15]Lesen Sie das Gespräch im folgenden Abschnitt!

Ableitung heraus, weil wir die Prinzipien von Newton direkt in eine Tabellen-rechnung übertragen haben.

▶ **Mag** Wir wissen aus Lehrbüchern, dass Amplitude, Periodendauer und Phasen-verschiebung einer erzwungenen Schwingung durch die erregende Funktion fest-gelegt sind. Wie sieht es mit der Eigenschwingung aus?

▶ **Tim** Periodendauer und Dämpfungskonstante der Eigenschwingung sind eben-falls festgelegt, durch die vorgewählten Parameter *m, k und d*, also durch die Masse, die Feder- und Dämpfungskonstante des Masse-Feder-Systems.
   Müssen dann alle Einschwingvorgänge eines Systems gleich aussehen?

▶ **Mag** Nein, die Amplitude und der Zeitversatz, proportional zur Phase ϕ, der Eigenschwingung für $t \geq t_0$ sind noch nicht festgelegt. Sie werden bei analytischen Lösungen so gewählt, dass Auslenkung und Geschwindigkeit zum Zeitpunkt t_0 des Einsatzes der äußeren Erregung stetig sind.

▶ **Tim** Stetigkeit haben wir in unserer Simulation gar nicht gefordert.

▶ **Mag** Nein, das ist auch nicht explizit nötig. Die Stetigkeit ist eine Folge der Differentialgleichung und steckt in der Simulation implizit drin.

▶ **Tim** Abb. 2.19 ist ja wohl ein Superkandidat für den Schönheitswettbewerb 𝕭. Was am Anfang so chaotisch schien, wird am Ende klar.

▶ **Alac** Die Aufgabe dazu ist auch programmtechnisch interessant. Die Ergeb-nisse am Ende der Tabellenrechnung werden wieder an den Anfang gestellt und damit schreitet die Zeit fort. Eine tolle Zusammenarbeit von Tabellenrechnung und VBA-Routine.

▶ **Mag** Und als Endergebnis wird sehr schön die lineare Superposition gezeigt, die im gesamten Kapitel eine große Rolle spielt. Das lässt sich gut in einer Prü-fung diskutieren.

Fragen

Wie hängen Zeitversatz t_v und Phasenverschiebung ϕ zusammen, z. B. bei Schwingungen, die mit dem Kosinus beschrieben werden?[16]
   Welche physikalischen Einheiten haben Frequenz f_s und Kreisfrequenz ω_s, wenn die zugehörige Periodendauer mit $T_s = 50$ s angegeben wird?[17]

---

[16]$\phi = 2\pi t_v / T$,   mit $\phi =$ Phasenverschiebung, $t_v =$ Zeitversatz   und $T =$ Periodendauer. $\cos(\omega t + \phi) = \cos(2\pi(t - t_v)/T)$

[17]Die Periodendauer wird hier in s angegeben. Die Frequenz f_s wird deshalb in Hz und die Kreis-frequenz ω_s in 1/s angegeben.

2.5 Resonanzkurve der erzwungenen Schwingung

Ein harmonischer Oszillator mit geschwindigkeitsproportionaler Reibungskraft wird durch eine äußere Kraft zu erzwungenen Schwingungen angeregt. Wir berechnen die Energie der stationären Schwingung und tragen sie als Funktion der anregenden Frequenz auf. Es entstehen Resonanzkurven, deren Maximum sich mit zunehmender Stärke der Reibung von der Eigenfrequenz des Oszillators zu niedrigeren Frequenzen verschiebt. Die Schwingungsformen sind Überlagerungen der gedämpften Eigenschwingung mit der erzwungenen Schwingung.

Der harmonische Oszillator aus Abschn. 2.3 soll durch eine äußere periodisch wirkende Kraft zu erzwungenen Schwingungen angeregt werden. Zusätzlich zu der rücktreibenden Kraft, die auf den schwingenden Körper wirkt, muss wie in Abschn. 2.4 ein Kraftterm eingeführt werden, der die Feder berücksichtigt, die die Masse mit einer äußeren Erregung verknüpft. Die Gesamtkraft, bei einer Masse 1, wird dann:

$$F = -f_0 \cdot x - d \cdot v - (x - x_e) \cdot f_c \qquad (2.19)$$

mit der Federkonstante f_0, der Reibungskonstante d und der Federkonstante f_c der Koppelfeder.

Rechenmodell
Zur Berechnung der Schwingungen verwenden wir ein Kalkulationsmodell ähnlich dem in Abschn. 2.4 (Tabellenausschnitt in Abb. 2.20 (T)).

In der Tabelle von Abb. 2.20 (T) wurde eine Spalte B für die Erregerfunktion

$$x_e(t) = A_e \cdot \sin\left(\frac{2\pi t}{T_e}\right)$$

eingetragen, die im Gegensatz zu Abschn. 2.4 bereits von Anfang an ab der Reihe 7 ($t = 0$) gelten soll.

Fragen
Warum kann in der Formel in H5 von Abb. 2.20 (T), die für die Zelle H7 gilt, mit (x_p – B8) ein Vorgriff auf die nächste Reihe, also auf den Beginn des nächsten Zeitabschnitts, gemacht werden?[18]

---

[18]Es soll die Beschleunigung am Ende des aktuellen Zeitabschnitts vorhergesagt werden. In B8 steht die Auslenkung der erregten Kraft zu Beginn des folgenden Zeitabschnitts, der auch das Ende des aktuellen Zeitabschnitts ist. Die erregende Kraft ist unabhängig von der Auslenkung der getriebenen Masse und kann deshalb im Voraus exakt berechnet werden.

	A	B	C	D	E	F	G	H	I	J	K
1	**A.e**	1,00	Amplitude		**f**		1,00	Federkonstante			
2	**T.e**	8,80	Periodendauer		**d**		0,02	Dämpfungskonstante			
3	**dt**	0,10			**k.c**		0,40	Koppelfeder			
4		Legende: x.e; T.e=8,8							97,62	=SUMME(E)	
5	=A7+dt	=A.e*SIN(2*PI()*t/T.e)	=C7+(D7+G7)/2*dt	=D7+(E7+H7)/2*dt	=-f*x-d*v-(x-x.e)*k.c	=x+v*dt+a/2*dt^2	=v+a*dt	=-f*xp-d*vp-(xp-B8)*k.c	=f/2*x^2+v^2/2		
6	t	x.e	x	v	a	xp	vp	ap	E		
7	0,00	0,00	0,00	1,00	-0,02	0,10	1,00	**-0,13**	0,50		
8	**0,10**	0,07	**0,10**	**0,99**	-0,13	0,20	0,98	-0,24	0,50		
507	50,00	-0,91	-0,24	-0,50	-0,01	-0,29	-0,50	0,42	0,16		

Abb. 2.20 (T) Erzwungene Schwingung; x_e: Auslenkung der äußeren Erregung; x, v: Auslenkung und Geschwindigkeit des angetriebenen Körpers, als Anfangsbedingung in C7 und D7 vorzugeben oder aus der vorhergehenden Zeile zu berechnen; x_p, v_p, a_p sind für das Ende des aktuellen Zeitabschnitts vorhergesagte Werte von Ort, Geschwindigkeit und Beschleunigung; E: Energie des Oszillators zum aktuellen Zeitpunkt

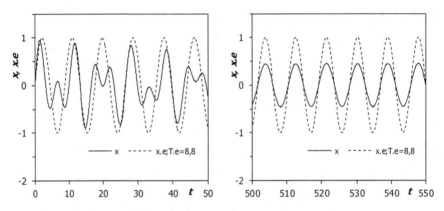

Abb. 2.21 **a** (links) Der Oszillator beginnt zu schwingen, unter dem periodischen Antrieb einer äußeren Kraft mit der Periodendauer $T_e = 8,8$; $d = 0,02$. **b** (rechts) Stationärer Zustand der Schwingung im Zeitabschnitt $t = 500$ bis 550

Erzwungene Schwingungen unterhalb und oberhalb der Eigenfrequenz

Das Schwingung für eine Periodendauer der Erregerfunktion von $T_e = 8,8$ $(=1,4 \cdot T_0)$ sieht man in Abb. 2.21a.

Die Schwingung für spätere Zeitabschnitte wird berechnet, indem mehrfach die Werte von t, x und v am Ende des berechneten Zeitabschnitts in Zeile 507 als neue Anfangsbedingungen in Reihe 7 eingetragen werden. Die zugehörige Routine finden Sie in Abb. 2.25 (P). Die Ergebnisse eines Laufs der Routine sehen Sie in Abb. 2.21b.

Bei $t = 0$ ist der angetriebene Oszillator in Ruhe, $x(0) = 0$, $v(0) = 0$, und fängt dann an, sich einzuschwingen, Abb. 2.21a. In einem späteren Zeitabschnitt, von $t = 500$ bis 550, hat die Schwingung einen stationären Zustand erreicht,

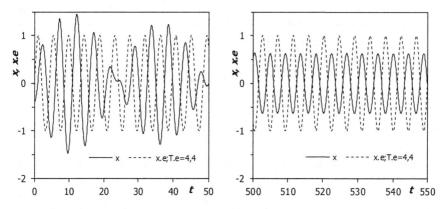

Abb. 2.22 a (links) Wie Abb. 2.21a, aber für $T_e = 4{,}4$. **b** (rechts) Stationärer Zustand der Schwingung in a

Abb. 2.21b. Die angetriebene Schwingung ist fast genau in Phase mit der Erregerschwingung. Das ist typisch für erzwungene Schwingungen mit Frequenzen weit unterhalb der Eigenfrequenz des Oszillators.

Die Schwingung für eine Periodendauer von $T_e = 4{,}4$ $(=0{,}7 \cdot T_0)$ sieht man in Abb. 2.22.

In der Einschwingphase, Abb. 2.22a, beobachtet man eine Schwebung mit einer Schwebungsfrequenz von $f_s = 1/T = 1/50$. Im stationären Zustand, Abb. 2.22b, ist die angetriebene Schwingung in Gegenphase zur anregenden Schwingung. Das ist typisch für eine erzwungene Schwingung mit einer Frequenz weit oberhalb der Eigenfrequenz des Oszillators.

▶ **Mag** Lassen Sie uns noch einmal den Tabellenaufbau der Abb. 2.20 (T) diskutieren. Welche Parameter werden vorgegeben?

▶ **Alac** Die Periodendauer T_e der Anregung. Das ist schon mal super, weil man die im $x(t)$-Diagramm auch sofort wiedererkennt. Wenn nötig, kann man daraus die Kreisfrequenz berechnen: $\omega_e = 2\pi f = 2\pi/T_e = 1{,}43$.

▶ **Tim** Die Federkonstante des Oszillators haben wir mit f bezeichnet. Das ist weniger gut, denn der Buchstabe f steht meistens für eine Frequenz.

▶ **Alac** Falls wir die Aufgabe noch einmal überarbeiten sollten, könnten wir das ja ändern. Dazu besteht aber kein Bedarf, denn es kam ja alles prima raus. Die Eigenfrequenz ist jedenfalls $\omega_0 = \sqrt{f/m}$. Die Masse ist nicht explizit definiert, kommt aber auch in den Formeln für die Beschleunigung nicht vor. Kein Problem, sie wurde wie so oft zu 1 gesetzt. Die Federkonstante ist $f = 1$ und damit $\omega_0 = \sqrt{1} = 1$.

	A	B	C	D	E	F	G	H	I	J
2	Koppelfeder	Externe Amplitude	Federkonstante	Kreisfrequenz			Schwebung			
3	k.c	A.e	f	w.emp				T	w	
4	0	0	1	0,997			Extern	4,4	1,428	=2*PI()/H4
5	0	0	1,4	1,180			Schweb	50	0,126	=2*PI()/H5
6	0,4	0	1	1,178			w.Sw.th		0,122	=(I4-D7)/2
7		w.theo	1,4	1,183	=Wurzel(C7)					

Abb. 2.23 (T) Kreisfrequenzen ω für verschiedene Parameter, der Federkonstante f des Oszillators und der Federkonstante k_c der Ankopplung des Treibers an den Oszillator; in G:J wird die Schwebungsfrequenz berichtet (I5) und berechnet (I6)

▶ **Mag** Überprüfen Sie noch einmal die Periodendauer der Schwebung in Abb. 2.22a und vergleichen Sie diese mit dem theoretischen Wert.

▶ **Alac** Experimentell: $T_s \approx 50$, also $f_s = 0,02$ und $\omega_s = 0,126$.

▶ **Tim** Theoretisch erhalten wir die Schwebungsfrequenz mit Ψ $Cos + Cos = Mittelwert\ mal\ halbe\ Differenz$.[19] Die Schwebungsfrequenz sollte also den Wert der halben Differenz zwischen ω_e und ω_0 haben. Das ist 0,215, fast doppelt so groß wie der experimentelle Wert $\omega_s = 0,126$.

▶ **Alac** Irgendetwas ist schiefgelaufen. Der Unterschied ist zu groß, um mit numerischen Ungenauigkeiten erklärt zu werden.

▶ **Mag** Stimmt denn die Eigenfrequenz?

▶ **Tim** Das können wir vielleicht mit unserer Simulation überprüfen.

▶ **Alac** Kein Problem. Wir setzen ganz einfach die Amplitude der Anregung zu null. Dann haben wir keinen äußeren Antrieb und erhalten die Eigenschwingung des Oszillators.

▶ **Tim** Und damit eine Kreisfrequenz $\omega_0 = 1,18$, fast 20 % größer als nach Formel! Die Formel ist vielleicht nur eine Idealisierung.

▶ **Mag** Die Formel stimmt für unser Modell, aber der Wert der Federkonstante wurde falsch eingesetzt. Die Koppelfeder übt zusätzlich zur Feder des Oszillators eine rücktreibende Kraft aus. Wenn man das berücksichtigt, dann stimmt der Wert der Schwebungsfrequenz aus der Simulation mit der Formel überein. Die Ergebnisse unserer Experimente werden in Abb. 2.23 (T) zusammengefasst.

---

[19]Siehe dazu auch Band I, Abschn. 2.3.4 Summenformel für den Kosinus.

▶ **Alac** Super! Unsere Simulation wird genauso ausgewertet wie ein Praktikums-versuch.

Resonanzkurve für die zugeführte Leistung im Oszillator
Die für eine vorgegebene Erregerfrequenz auf das Masse-Feder-System über-tragene Energie

$$E(t) = \frac{f}{2}x(t)^2 + \frac{m}{2}v(t)^2 \tag{2.20}$$

soll berechnet werden.

Wir variieren die Periodendauer T_e der Erregerfunktion und damit die Erreger-frequenz in einer Protokollschleife und protokollieren die im System gespeicherte Energie.

In Gl. 2.20 taucht explizit die Zeit auf. Wir wollen aber den Mittelwert der Energie über einen Zeitraum bestimmen, der einem Vielfachen der Periodendauer entspricht. Da wir die Periodendauer der äußeren Anregung kennen, können wir eine Rechteckfunktion konstruieren, die ein Vielfaches der Periodendauer breit ist und gut in den berechneten Zeitabschnitt passt. Wenn wir $x(t)$ und $v(t)$ mit dieser Rechteckfunktion multiplizieren bevor wir die Summen der Quadrate bilden und dann die Summe durch die Länge des Rechtecks teilen, erhalten wir die mittlere zugeführte Leistung korrekt.

Das Ergebnis für verschiedene Dämpfungskonstanten d sieht man in Abb. 2.24b in doppeltlogarithmischer Auftragung.

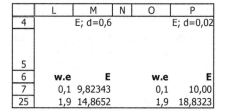
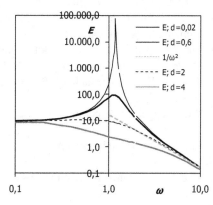

Abb. 2.24 a (links, T) Spalten L und M: Ergebnis der ersten Schleife in Sᴜʙ *FrequencyScan* in Abb. 2.25 (P), Zeilen 3 bis 5: die Ergebnisse eines früheren Laufs von *FrequencyScan* für eine andere Reibungskonstante d wurden in den Spalten O und P protokolliert. **b** (rechts) Resonanz-kurven der im getriebenen Oszillator gespeicherten Energie E für verschiedene Reibungs-konstanten d als Funktion der Kreisfrequenz $\omega = 2\pi / T$; doppeltlogarithmische Auftragung

1 **Sub FrequencyScan()**	Call Osci(omega, r2)　　　　8
2 r2 = 7	Next omega　　　　9
3 For omega = 0.1 To 2 Step 0.1	r2 = r2 + 1　　　　10
4 　Call Osci(omega, r2)	For omega = 1.1 To 1.3 Step 0.02　　　　11
5 Next omega	Call Osci(omega, r2)　　　　12
6 r2 = r2 + 1	Next omega　　　　13
7 For omega = 2 To 10 Step 1	End Sub　　　　14

Abb. 2.25 (P) Routinen für die Bestimmung der Energie der erzwungenen Schwingung; die Frequenzen werden in drei Schleifen mit unterschiedlichem Frequenzabstand durchgefahren

▶ **Wichtig**
Wenn man Ergebnisse über einer linearen Achse auftragen möchte, dann wählt man konstante Abstände der x-Werte: $x_{n+1} = x_n + \Delta x$.
　Wenn sie auf einer logarithmischen Achse gleiche Abstände haben sollen, dann müssen die Abstände exponentiell erhöht werden: $x_{n+1} = a \cdot x_n$.

Fragen

Die Auftragung in Abb. 2.24b ist doppeltlogarithmisch. Alternativ zu SUB *FrequencyScan* in Abb. 2.25 (P) kann man deshalb die Frequenzen vorteilhaft so wählen, dass sie im logarithmischen Maßstab äquidistant sind. Wie geht dann ω_n aus ω_1 hervor?[20]

Ergebnisse der Simulation
- Die der stationären Schwingung zugeführte Leistung ist für Frequenzen weit unterhalb der Resonanzfrequenz unabhängig von der Frequenz der Erregung.
- Für Frequenzen oberhalb der Resonanzfrequenz sinkt sie mit $1/\omega^2$.
- Das Maximum der Resonanz verschiebt sich mit zunehmender Dämpfung zu kleineren Frequenzen.
- Für $d = 2$ weist die Resonanzkurve kein Maximum mehr auf. Dieser Fall wird als aperiodischer Grenzfall bezeichnet. Er tritt theoretisch bei $d^2 = 4mf$ auf, in unserem Fall also tatsächlich für $d = 2\sqrt{f} = 2$.

▶ **Mag** Hängen die Ergebnisse von der Art der Reibung ab?

▶ **Tim** Darüber habe ich in den Lehrbüchern nichts gefunden.

▶ **Alac** Super! Dann probieren wir es einfach aus.

Routinen
Die Frequenzen für Abb. 2.24 werden in SUB *FrequencyScan* (Abb. 2.25 (P)) in drei Schleifen durchgefahren, von $\omega = 0{,}1$ bis 2 in Schritten von 0,1 und von

---

[20] $\omega_n = = \omega_1 \cdot a^{(n-1)}$; $a = \text{const.}$

16 **Sub Osci(omega, r2)**	Call TransferEndToBeg	22
17 Te = 2 * 3.14159 / omega	Cells(r2, 12) = omega	23
18 Cells(2, 2) = Te	Cells(r2, 13) = Cells(4, 9) *'Energy*	24
19 Cells(7, 1) = 0 *'start time*	r2 = r2 + 1	25
20 Cells(7, 3) = 0 *'x(0)*	End Sub	26
21 Cells(7, 4) = 0 *'v(0)*		27

Abb. 2.26   (P) Sub *Osci* verändert die Tabelle nach der Vorgabe in Sub *FrequencyScan*

28 **Sub TransferEndToBeg()**	Cells(7, 1) = t	34
29 For rep = 1 To 10	Cells(7, 3) = x	35
30 t = Cells(507, 1)	Cells(7, 4) = v	36
31 x = Cells(507, 3)	Application.Calculation = xlCalculationAutomatic	37
32 v = Cells(507, 4)	Next rep	38
33 Application.Calculation = xlCalculationManual	End Sub	39

Abb. 2.27   (P) Sub *TransferEndToBeg* setzt die Werte von t, x und v am Ende des aktuellen Zeit-abschnitts als Anfangswerte für eine Neuberechnung der Tabelle ein

$\omega = 2$ bis 10 in weiten Schritten von 1. Die mittlere Schleife stuft die Frequenz im Bereich der Resonanz in feinen Schritten von 0,02 ab.

In jeder Schleife von Sub *FrequencyScan* wird Sub *Osci* (Abb. 2.26 (P)) aufgerufen, die die Anfangsbedingungen nach der Vorgabe in Sub *FrequencyScan* in die Tabelle einsetzt und die Ergebnisse der Tabellenrechnung protokolliert, nachdem sie Sub *TransferEndToBeg* aufgerufen hat.

Sub *TransferEndToBeg* (Abb. 2.27 (P)) setzt die Werte von t, x und v am Ende des aktuellen Zeitabschnitts als Anfangswerte für eine Neuberechnung der Tabelle ein. In Zeile 33 wird die automatische Berechnung ausgeschaltet, weil sonst nach den Zeilen 34 und 35 die Tabelle unnötigerweise neu berechnet würde. Mit automatischer Berechnung würden zwar keine falschen Daten für x und v übertragen werden, weil die unveränderten Werte bereits in den Zeilen 30 bis 32 eingelesen wurden aber der Programmablauf würde verzögert.

Diskussion über physikalische Einheiten

▶ **Tim** Wir haben doch schon in der Unterstufe des Gymnasiums gelernt, dass man alle Werte von physikalischen Messungen mit Einheiten angeben muss. In dieser Übung werden aber alle Werte von Parametern ohne physikalische Einheiten angegeben.

▶ **Alac** Wir rechnen ja auch und messen nicht.

▶ **Mag** Sie haben beide recht. Da wir ein Modell aufstellen, sind wir in der Wahl der Größe und Einheit der Parameter frei. Die Ergebnisse hängen aber von der Wahl der Einheiten ab. Wenn wir als Zeiteinheit für dt, t_0 und T_{ext} die Sekunde wählen und die Federkonstante f in N/m angeben, dann werden die Größen x, v und a ebenfalls in Si-Einheiten m, m/s und m/s^2 berechnet.

▶ Alle Schwingungen linearer Systeme sind Überlagerungen einfacher Schwingungen. Der Einschwingvorgang einer erzwungenen Schwingung ist eine Summe der Eigenschwingung mit der stationären erzwungenen Schwingung. Die Schwingungen gekoppelter Pendel sind Summen der beiden Eigenschwingungen.

2.6 Oszillation im Morse-Potential

Wir berechnen die unsymmetrischen Schwingungen von zweiatomigen Molekülen in einem Morse-Potential. Die Kraft wird in einer benutzerdefinierten Tabellenfunktion berechnet. Wir bestimmen die Häufigkeitsverteilung der Abstände der beiden Moleküle, die später in Kap. 4 mit der Aufenthaltswahrscheinlichkeit einer quantenmechanischen Rechnung verglichen werden soll.

Potential und Kraftgesetz für ein zweiatomiges Molekül
Die Schwingungen eines zweiatomigen Moleküls werden oft mit einem Morse-Potential $V(R)$ mit den drei Parametern Dissoziationsenergie D_e, Gleichgewichtsabstand R_0 und Krümmungsfaktor a beschrieben.

$$V(R) = D_e(1 - \exp(-a(R - R_0)))^2 \tag{2.21}$$

Die Kraft gewinnt man durch Ableitung nach dem Abstand R der Moleküle:

$$F(R) = -\frac{dV(R)}{dR} = -2D_e(1 - \exp(-a(R - R_0))) \cdot (a \cdot \exp(-a(R - R_0))) \tag{2.22}$$

Potential und Kraft werden für $D_e = 10$, $R_0 = 2$ und $a = 1$ in Abb. 2.28a dargestellt.

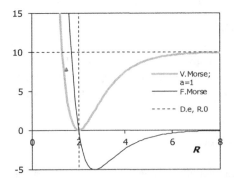

1 **Global De, a, R0**	1
2	2
3 **Sub init()**	3
4 De = Sheets("calc").Cells(1, 2)	4
5 a = Sheets("calc").Cells(2, 2)	5
6 R0 = Sheets("calc").Cells(1, 4)	6
7 End Sub	7
8	8
9 **Function FMorse(R)**	9
10 ex = Exp(-a * (R - R0))	10
11 FMorse = -2 * a * De * (1 - ex) * ex	11
12 End Function	12

Abb. 2.28 a (links) Morse-Potential und daraus abgeleitete Kraft; D_e (horizontale gestrichelte Gerade) und R_0 (senkrechte gestrichelte Gerade) sind die Dissoziationsenergie und der Gleichgewichtsabstand. **b** (P, rechts) Benutzerdefinierte Tabellenfunktion $FMorse(R)$; in Zeile 1 werden die globalen Variablen D_e, a und R_0 deklariert, auf die von allen Unterprogrammen aus zugegriffen werden kann. Sub *init* legt die Parameter für die Rechnung und greift dazu auf die Tabelle in Abb. 2.29 (T) zu

Das Potential ist unsymmetrisch. Die Atome stoßen sich stark ab, wenn sie einander sehr nahekommen. Wenn sie sich voneinander entfernen, dann wird die Federkraft immer schwächer und verschwindet für $R \to \infty$. Im Gleichgewichtsabstand R_0 ist das Potential minimal, und die Kraft verschwindet.

Kraft als Tabellenfunktion
Wir behandeln die Bewegung der Atome unter der Wirkung dieser Kraft im Rahmen der klassischen Mechanik mit unserem Verfahren „Fortschritt mit Vorausschau". Eine mögliche Tabellenkalkulation sehen Sie in Abb. 2.29 (T). Die Masse wird zu 1 gesetzt, sodass die Beschleunigung dem Betrage nach gleich der Kraft ist.

Wir berechnen die Kraft durch das Morse-Potential mit einer benutzerdefinierten Tabellenfunktion (Abb. 2.28b (P)). Benutzerdefinierte Tabellenfunktionen müssen in einen MODUL eingetragen werden, nicht in das VBA-Blatt für eine Tabelle. Die Parameter müssen mit der Prozedur *init* aus der Tabelle in Abb. 2.29 (T) eingelesen werden, bevor *FMorse* zum ersten Mal mit den aktuellen Parametern aufgerufen wird und stehen dann als globale Parameter bei jedem Aufruf der Funktion *FMorse* zur Verfügung.

Immer ganze Periodendauern
Die Breite des Zeitintervalls dt soll so gewählt werden, dass die Bewegung genau in einem Vielfachen der Periodendauer berechnet wird, weil dies für die Berechnung von Mittelwerten wichtig ist. Dazu können wir die SOLVER-Funktion einsetzen. In C3 und C4 der Tabelle von Abb. 2.29 (T) wird die Differenz zwischen den ersten und letzten Werten von R und v bestimmt. Eine dieser Differenzen wird durch Variation von dt minimiert.

	A	B	C	D	E	F	G	H
1	**D.e**	10,00						
2	**a.M**	1,00						
3	**R.0**	2,00	0,00	=(C10-C410)^2				
4	**dt**	0,0071	0,00	=(B10-B410)^2				
5								
6				**2,01**	=MITTELWERT(R.M)			
7			**0,00**	=MITTELWERT(v)				
8	=A10+dt	=B10+(D10+G10)/2*dt	=C10+(B10+B11)/2*dt	=FMorse(C11)	=v+a*dt	=R.M+vn*dt	=FMorse(F11)	
9	**t**	**v**	**R.M**	**a**	**vn**	**Rn**	**an**	
10	0,000	0,00	2,10	-1,72	-0,01	2,10	-1,72	
11	**0,007**	-0,01	2,10	**-1,72**	-0,02	2,10	**-1,72**	
410	2,823	0,0000	2,1000	-1,72	-0,01	2,10	-1,72	

Abb. 2.29 (T) Integration der Bewegungsgleichung für die Molekülschwingung mit „Fortschritt mit Vorausschau"; die Beschleunigungen a und a_n in den Spalten D und G werden mit der benutzerdefinierten Tabellenfunktion *FMorse(R)* berechnet. Das Argument von *FMORSE* muss eine Zelle sein, es kann nicht der mit x benannte Spaltenbereich sein

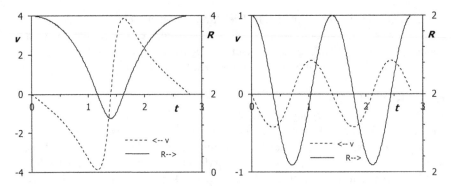

Abb. 2.30 a (links) Auslenkung R und Geschwindigkeit v für $R_{max} = 4$. **b** (rechts) Wie a, aber für kleineres R_{max}; die x-Achse schneidet die Achsen bei $v = 0$ (linke Achse) und bei $R = R_0$ (rechte Achse)

Fragen zu Abb. 2.29 (T):

Welches ist der zu verändernde Parameter beim Einsatz der SOLVER-Funktion zur Optimierung der Länge des Zeitabschnitts, in dem die Schwingung berechnet wird?[21]

Sollte man die Differenz der Auslenkungen oder die Differenz der Geschwindigkeiten zu Beginn und zum Ende des Berechnungsbereichs minimieren?[22]

Größenordnungen für Moleküle sind $D_e = 10$ eV und $R_0 = 2$ nm. Wie groß ist dann a_m?[23]

Woher kennt die Funktion *FMorse(R)* in D11 die Parameter a, D_e und R_0 des Morse-Potentials?[24]

Die Ergebnisse für zwei verschiedene maximale Auslenkungen R_{max} sehen Sie in Abb. 2.30a und b.

Anharmonische Schwingung

Die Schwingung ist nicht harmonisch. Das Molekül schwingt viel weiter nach außen aus als nach innen, weniger ausgeprägt für kleine Auslenkungen aus der Ruhelage,

---

[21]Der zu verändernde Parameter ist die Länge des elementaren Zeitabschnitts dt.

[22]Man sollte die Differenz der Geschwindigkeiten minimieren, da bei der Wahl $v(0) = 0$ ihre Steigung zu Beginn und am Ende des gewünschten Zeitabschnitts groß ist und sich der Wert bei kleinen Veränderungen von R stark ändert. Die Auslenkung ist nicht geeignet, denn sie hat ein Maximum am Anfang und am gewünschten Ende des Zeitabschnitts, welches sich bei kleinen Veränderungen von R nur wenig ändert.

[23]Das Argument der Exponentialfunktion muss dimensionslos sein. Also gilt $a_m = 1/\text{nm} = 10^9/\text{m}$.

[24]Die Werte für diese Parameter müssen zu Beginn der Tabellenrechnung mit der Routine *Init* (Abb. 2.28b (P)) in globale Parameter eingelesen werden.

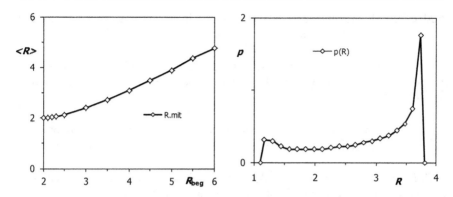

Abb. 2.31 a (links) Mittlerer Abstand $R_{mit} = \langle R \rangle$ als Funktion der Anfangsauslenkung R_{beg} bei $v_{beg} = 0$. **b** (rechts) Häufigkeitsverteilung der Atomabstände für $R_{beg} = 4$

wie man durch Vergleich von Abb. 2.30a und b erkennt. Der mittlere Abstand $\langle R \rangle$ ist größer als der Gleichgewichtsabstand $R_0 = 2$ (Abb. 2.31a). Beim Durchgang durch die Nulllage ist die Geschwindigkeit am größten (Abb. 2.30a und b).

Aufenthaltswahrscheinlichkeit
Wir bestimmen noch die Häufigkeit, mit der die verschiedenen Abstände R auftreten. Die Matrixfunktion Häufigkeit wird in Abschn. 7.3.3 in Band I beschrieben. Im konkreten Beispiel der Abb. 2.31b wurden 21 Intervallgrenzen im gleichen Abstand zwischen dem Minimum und dem Maximum der 401 Werte von R vorgegeben. Es ergeben sich Maxima im Bereich der Umkehrpunkte.

Man kann die Darstellung der Häufigkeit verbessern, indem man die Intervallgrenzen so wählt, dass in jedes Intervall etwa gleich viele Punkte fallen.

Fragen
Wie sind die Anfangsbedingungen bei $t = 0$ für R und v in Abb. 2.30b?[25]
Wie kann in Abb. 2.31a bei einem anfänglichen Abstand $R_{beg} = 2$ der mittlere Abstand R_{mit} genauso groß sein?[26]
Wie kann man die Fläche unter der Kurve in Abb. 2.31b berechnen?[27]

In Abschn. 4.4 wird das Problem quantenmechanisch behandelt. Es wird ebenfalls die Verteilung der Abstände berechnet und mit der hier berechneten verglichen. Sie sieht ähnlich aus wie Abb. 2.31b, so viel sei hier schon einmal verraten.

---

[25] $R = 2{,}1$; $v = 0$, abzulesen auf den senkrechten Achsen in Abb. 2.30b.

[26] Es wurde als Anfangsabstand R_{beg} der Gleichgewichtsabstand R_0 gewählt.

[27] Fläche = Summe über (Häufigkeiten) × (Breite der Intervalle).

▶ **Alac** Von Programmtechnischen her finde ich es gut, dass mal wieder eine benutzerdefinierte Tabellenfunktion eingesetzt wird.

▶ **Tim** Ja, für die umfangreiche Formel für die Kraft. Abgesehen davon haben wir das Schema für die Integration der Newton'schen Bewegungsgleichung ja beibehalten.

▶ **Alac** Das gefällt mir. Ein allgemeines Rechenschema für einen Typ von Aufgaben ist immer gut.

▶ **Tim** Wozu sollen wir denn die Aufenthaltswahrscheinlichkeit ausrechnen? Die Bahnkurve enthält doch insgesamt viel mehr Information, den genauen zeitlichen Verlauf des Systems und außerdem die Aufenthaltswahrscheinlichkeit implizit.

▶ **Mag** Nun, wir haben herausbekommen, dass die Abstände bei der Umkehrung des Verlaufs am häufigsten vorkommen.

▶ **Alac** Klar, weil die Geschwindigkeit dort verschwindet.

▶ **Mag** Dann berechnen Sie noch einmal die Aufenthaltswahrscheinlichkeit für eine Energie von $E = 9,898$ eV.

▶ **Alac** Kein Problem. Dazu müssen wir die Anfangsauslenkung ausrechnen und die Anfangsgeschwindigkeit zu null setzen.

▶ **Tim** Die Abstände bei der Umkehr der Bewegung kommen doch immer am häufigsten vor. Das gilt ja wohl für jede Schwingung, unabhängig von der Amplitude. Warum haben Sie uns dann die Energie auf drei Stellen hinter dem Komma genau angegeben? Sie sind doch sonst nicht so pingelig?

▶ **Mag** Weil ich weiß, was bei der quantenmechanischen Berechnung desselben Problems herauskommt (Abschn. 4.4). Und da gibt es dann sehr scharfe Energien, die man im klassischen Fall mit der Anfangsauslenkung einstellen kann.

▶ **Tim** Dann vergleichen wir wohl auch die quantenmechanische Aufenthaltswahrscheinlichkeit mit der klassisch berechneten?

▶ **Mag** Ja, genau für dieselben Energien. Und im stationären quantenmechanischen Fall gibt es keinen zeitlichen Verlauf.

▶ **Tim** Nur Aufenthaltswahrscheinlichkeiten, schon klar.

2.7   Zwei gekoppelte Pendel

Überblick
Wir untersuchen die Schwingungen von zwei Pendeln, die über eine Feder miteinander gekoppelt sind. Jedes Pendel wird als harmonischer Oszillator modelliert. Die Aufgabe soll mit drei Verfahren gelöst werden:

1. Berechnung der Schwingungsformen mit Tabellenkalkulation, wobei die Rechnung in separaten Tabellenblättern durchgeführt und nur eine Auswahl der berechneten Punkte der Schwingungskurve in das Masterblatt übertragen und dort abgebildet werden soll,
2. Berechnung der Schwingungsformen mit einer VBA-Routine,
3. Einsatz einer benutzerdefinierten Tabellenfunktion.

Jede Schwingung zweier gleicher gekoppelter Pendel ist eine Linearkombination von zwei Eigenschwingungen.

2.7.1   Bewegungsgleichung

Wir untersuchen die Schwingungen von zwei Pendeln, die über eine Feder miteinander gekoppelt sind (Abb. 2.32).

Jedes Pendel wird als harmonischer Oszillator modelliert. Die Kraft auf ein Pendel wird durch drei Kenngrößen gegeben:

- Federkonstante des Pendels (Stärke f_i),
- Dämpfung des Pendels (Dämpfungskonstante d_i),
- Federkonstante der Koppelfeder (Stärke f_c).

In die Rechnungen gehen eigentlich die Größen f_i/m_i und d_i/m_i ein. Wir setzen die Massen beider Pendel ohne Einschränkung der Allgemeinheit eins, sodass wir die f_i, die jetzt als Federkonstante pro Masseneinheit gedeutet werden, in die Bewegungsgleichung einsetzen können.

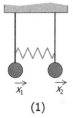  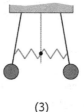 

(1)   (2)   (3)   (4)

Abb. 2.32 Zwei mit einer Feder gekoppelte Pendel; (**1**) in Ruhe, (**2**) gleichsinnig ausgelenkt, (**3**) gegensinnig ausgelenkt, (**4**) einseitig ausgelenkt; bei gleich großer gegensinniger Auslenkung (**3**) schwingen die Pendel so, als sei die Koppelfeder in der Mitte fixiert

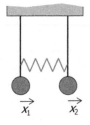

	A	B	C	D	E
1			Oszi 1		Oszi 2
2	Federkonst.	f.1	0,25	f.2	0,25
3	Dämpfungskonst.	d.1	0	d.2	0
4	x(0)	x.10	1	x.20	-1
5	v(0)	v.10	0	v.20	0
6	Koppelfeder	f.c	0,2	dt	0,1

Abb. 2.33 a (links) Definition der Auslenkungen x_1 und x_2. **b** (rechts, T) Kenngrößen der Tabellenrechnung in einem Masterblatt

Die drei Kenngrößen sowie die Anfangsbedingungen und der zeitliche Abstand dt zwischen zwei Stützpunkten werden in einem Blatt „master" vorgegeben (Abb. 2.33 (T)).

Fragen

Fragen zu Abb. 2.33 (T):

Welche Dimension haben die f_i nach obiger Auffassung?[28]

Welche Einheiten haben die Federkonstanten f_1 und f_2 in Abb. 2.33b (T), wenn die Längen in dm (Dezimeter) und die Zeit in Zehntelsekunden angegeben werden?[29]

Wie groß ist die Stärke der Koppelfeder im Vergleich zu den Federkonstanten der Pendel?[30]

Werden die beiden Pendel gleich oder entgegengesetzt gleich ausgelenkt?[31]

Die Bewegungsgleichungen lauten:

$$a_1 = -f_1 \cdot x_1 - d_1 v_1 + f_c \cdot (x_2 - x_1) \tag{2.23}$$

$$a_2 = -f_2 \cdot x_2 - d_2 v_2 - f_c \cdot (x_2 - x_1) \tag{2.24}$$

Es wird zunächst angenommen, dass die Federkonstanten für beide Pendel gleich sind und dass keine Reibung auftritt.

Die Aufgabe soll mit drei Verfahren gelöst werden:

- mit einer Tabellenkalkulation, wobei die Rechnung in zwei separaten Tabellenblättern durchgeführt wird und nur eine Auswahl der berechneten Punkte der

---

[28]f_i: Federkonstante pro Masseneinheit, Dimension: (N/m)/kg.

[29]Die Federkonstanten haben die Einheit N/dm/kg = kg·m/s^2/(m/10)/kg = 10/s^2 = 10/(10·Zehntel-sekunde)^2 = 1000/(Zehntelsekunde)^2.

[30]$f_c/f_1 = 0,2/0,25 = 0,8$.

[31]Die Pendel werden entgegengesetzt gleich ausgelenkt: $x_{10} = 1$; $x_{20} = -1$.

Schwingungskurve in das Masterblatt übertragen und dort abgebildet werden sollen, Abschn. 2.7.2,

- mit einer VBA-Routine, Abschn. 2.7.3 und
- mit einer benutzerdefinierten Tabellenfunktion, Abschn. 2.7.4.

2.7.2 Tabellenrechnung in drei Blättern

Drei Blätter: „Master", „x.1" und „x.2"
Wir legen für jedes Pendel ein eigenes Tabellenblatt an, genannt „x.1" und „x.2", in denen die Bewegungsgleichung in 800 Intervallen integriert wird (Abb. 2.34 (T) für „x.1").

Die beiden Blätter (im Beispiel „x.1" und „x.2") sollen gleich strukturiert sein, sodass sie sich durch Kopieren vervielfältigen lassen. Sie sind genauso gestaltet wie die bisher verwendeten Kalkulationsmodelle für einen einzelnen harmonischen Oszillator, jedoch muss für den dritten Term von Gl. 2.23 und 2.24, der die Kopplung der beiden Pendel durch eine Feder beschreibt, auf das jeweils andere Tabellenblatt zugegriffen werden. Die Tabellenformeln für die Beschleunigung lauten dann, ohne Berücksichtigung einer Reibung:

$$\text{a.1} = -\text{f.1}^*\text{x.1} + \text{f.c}^*(\text{x.2} - \text{x.1}) \qquad a_1 = -f_1 x_1 + f_c(x_2 - x_1)$$
$$\text{a.2} = -\text{f.2}^*\text{x.2} - \text{f.c}^*(\text{x.2} - \text{x.1}) \ldots\ldots a_2 = -f_2 x_2 - f_c(x_2 - x_1)$$

Die Spaltenvektoren x_1 und x_2 werden in ihren jeweiligen Tabellenblättern definiert und können in allen Tabellenblättern unter diesen Namen aufgerufen werden. Dadurch dass die Blätter „x.1" und „x.2" gleich strukturiert sind, ist sichergestellt, dass der Aufruf von x_2 im Blatt „x.1" sich auf denselben Zeitpunkt bezieht.

Eine Auswahl der berechneten Punkte wird in das Masterblatt übertragen, in Abb. 2.35 (T) jeder vierte. Dort wird dann die Summe und die Differenz der beiden Auslenkungen bestimmt, außerdem die elastische Energie der Koppelfeder und die Gesamtenergie.

Formelroutine

	A	B	C	D	E	F	G	H	I	J	K
2	=A4+dt	=B4+(D4+G4)/2*dt	=C4+(B4+B5)/2*dt	=f.c*(x.2-x.1) =-f.1*x.1+f.c*(x.2-x.1)	=v.1+a.1*dt	=x.1+v.1*dt+a.1/2*dt^2	=-f.1*x.1p+f.c*(x.2p-x.1p)		=1/2*v.1^2+f.1/2*x.1^2		
3	t	v.1	x.1	a.1	v.1p	x.1p	a.1p		E.1		
4	0	0,00	1,00	-1,20	-0,12	0,99	-1,19		0,500		
5	0,1	-0,12	0,99	-1,19	-0,24	0,98	-1,17		0,501		
804	80	0,32	0,39	-0,57	0,26	0,41	-0,60		0,125		

Abb. 2.34 (T) Blatt „x.1", Berechnung der Bewegung des linken Pendels in 800 Intervallen. In den Spalten B und C stehen die Werte für die Geschwindigkeit und den Ort zu Beginn des jeweiligen Zeitintervalls, in den Spalten E und F stehen die vorausgeschauten Werte für diese Größen am Ende des Intervalls. In Spalte I wird die Energie des schwingenden Pendels berechnet

	G	H	I	J	K	L	M	N	O
1	x.1; f.1=0,25		x.2; f.2=0,25						
2		1	-1						
3	t	x.1	x.2	x.1+x.2	x.1-x.2	E.1	E.2	E.c	E.ges
4	0	2,00	-2	0,00	4,00	0,13	0,13	0,40	0,65
5	0,4	1,95	-1,95	0,00	3,90	0,15	0,15	0,36	0,65
204	80	0,94	-0,94	0,00	1,88	0,32	0,32	0,00	0,65

Abb. 2.35 (T) Ins Masterblatt wird jeder vierte berechnete Punkt (Werte für t, x_1, x_2, E_1 und E_2) übertragen. In den Spalten J und K werden die Summe und die Differenz der beiden Auslenkungen berechnet. In den Spalten N und Q wird die Energie der Koppelfeder E_c und die Gesamtenergie E_{ges} berechnet

```
1 Sub Cop()                                          Cells(r2, 8) = "=x.1!C" & r & "+$H$2" 'x.1        9
2 Range("G4:I1000").ClearContents                    Cells(r2, 9) = "=x.2!C" & r & "+$I$2" 'x.2        10
3 Range("L4:M1000").ClearContents                    Cells(r2, 12) = "=x.1!I" & r 'E.1                 11
4 r2 = 4                                             Cells(r2, 13) = "=x.2!I" & r 'E.2                 12
5 Application.Calculation = xlCalculationManual      r2 = r2 + 1                                       13
6 For r = 4 To 804 Step 4                            Next r                                            14
7   Cells(r2, 7) = "=x.1!A" & r 't                   Application.Calculation = xlCalculationAutomatic  15
8                                                    End Sub                                           16
```

Abb. 2.36 (P) Formelroutine, die eine Auswahl der berechneten Punkte ins Masterblatt schreibt

	G	H	I	J	K
1		="x.1; f.1="&f.1	="x.2; f.2="&f.2		
2		1	=-H2		
3	t	x.1	x.2	x.1+x.2	x.1-x.2
4	=x.1!A4	=x.1!C4+$H$2	=x.2!C4+$I$2	=H4+I4	=H4-I4
5	=x.1!A8	=x.1!C8+$H$2	=x.2!C8+$I$2	=H5+I5	=H5-I5

	L	M	N	O
3	E.1	E.2	E.c	E.ges
4	=x.1!I4	=x.2!I4	=f.c/2*(K4-$H$2+$I$2)^2	=L4+M4+N4
5	=x.1!I8	=x.2!I8	=f.c/2*(K5-$H$2+$I$2)^2	=L5+M5+N5

Abb. 2.37 (T) Formeln der Abb. 2.35 (T)

Die Formeln in Abb. 2.35 werden mit einer Formelroutine geschrieben (Abb. 2.36 (P)).

Die Formeln der Abb. 2.35 (T) sind in Abb. 2.37 (T) zu sehen.

Gleiche Pendel
Die beiden Pendel sollen dieselbe Federkonstante haben. Wir untersuchen die Schwingungsformen (siehe Abb. 2.32)

- für gleiche Anfangsauslenkung der beiden Pendel (2),
- für entgegengesetzt gleiche Auslenkung der beiden Pendel (3) und
- wenn anfangs nur ein Pendel ausgelenkt wird (4).

Die Anfangsgeschwindigkeiten sollen dabei immer gleich null sein.

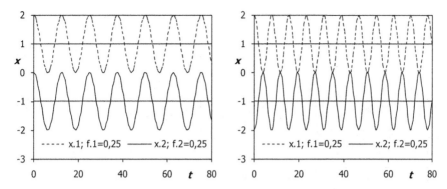

Abb. 2.38 **a** (links) Die beiden gleichen Pendel wurden um denselben Betrag in die gleiche Richtung ausgelenkt. **b** (rechts) Die beiden gleichen Pendel wurden um denselben Betrag in entgegengesetzte Richtungen ausgelenkt

Die Ergebnisse für gleiche (2) und entgegengesetzt gleiche (3) Auslenkung werden in Abb. 2.38a bzw. b wiedergegeben.

Wenn beide Pendel anfangs um denselben Betrag in dieselbe Richtung ausgelenkt werden, dann schwingen sie parallel, und die Koppelfeder wird niemals ausgelenkt (siehe Abb. 2.32 (2)). Die Kreisfrequenz ergibt sich dann als $\omega_{eq} = \sqrt{f}$, also $\omega_{eq} = 0{,}5$ für $f_1 = f_2 = 0{,}25$. Der Buchstabe f steht hier für die Federkonstante. Die sechsfache Periodendauer $6 \cdot 2\pi / \omega_{eq}$ entspricht dann 75,4 Zeiteinheiten, was mit Abb. 2.38a übereinstimmt.

Wenn beide Pendel anfangs um denselben Betrag in entgegengesetzte Richtungen ausgelenkt werden, dann bewegt sich die Mitte der Koppelfeder niemals (siehe Abb. 2.32 (3)). Die wirksame Federlänge halbiert sich und die Federkonstante verdoppelt sich. Die wirksame Federkonstante für ein Pendel ist dann $f_{eff} = f_i + 2f_c$. Daraus folgt eine zehnfache Periodendauer von 77,9, was mit Abb. 2.38b übereinstimmt.

Wenn bei $t = 0$ nur ein Pendel ausgelenkt wird, dann entsteht die typische Schwebung (Abb. 2.39a).

Zunächst hat Pendel x_1 die größere Auslenkung, die aber innerhalb von etwa 17 Zeiteinheiten auf x_2 übertragen wird und dann nach 34 Zeiteinheiten zu x_1 zurückkommt. Die Schwebungsfrequenz (genauer gesagt: die Frequenz der Einhüllenden) ist theoretisch $(f_1 - f_2)/2$, woraus sich in unserem Fall eine Periodendauer von 68,6 Zeiteinheiten ergibt, was mit Abb. 2.39a übereinstimmt.

Summe $x_1 + x_2$ und Differenz $x_1 - x_2$ der beiden Schwebungen sind reine Sinusfunktionen (Abb. 2.39b); es sind die Eigenschwingungen. Das gilt für jegliche anfängliche Auslenkung und anfängliche Geschwindigkeit.

Linearkombinationen aus Eigenschwingungen

▶ **Tim** Wir haben also für beide Fälle der Ausgangsauslenkung herausbekommen, dass die beobachtete Schwingung des Doppelpendels eine Linearkombination der beiden Eigenschwingungen ist.

Kann man dann umgekehrt schließen, dass das für jede Schwingung des Doppelpendels gilt?

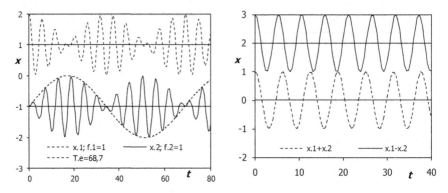

Abb. 2.39 a (links) Wenn anfangs nur eines der gleichen Pendel ausgelenkt wird, dann entsteht eine Schwebung. **b** (rechts) Summe und Differenz der Auslenkungen in a

▶ **Mag** Aus unseren Simulationen kann man das nicht schließen.

▶ **Alac** Wir könnten aber eine Reihe von Versuchen machen, um unsere Vermutung zu bekräftigen.

▶ **Mag** Unsere Vermutung können wir so erhärten. Für einen Beweis muss man aber mathematisch argumentieren, im Rahmen der Theorie der gewöhnlichen Differentialgleichungen.

Fragen
Erläutern Sie die Kurven in Abb. 2.39a und b mit dem Kosinussatz, der in Übung 2.3.4 „Summenformel für den Kosinus" von Band I erläutert wird![32]

Ungleiche Pendel
Wenn die Federkonstanten der beiden Pendel und somit deren Resonanzfrequenzen nicht gleich sind, dann ist die Übertragung der Auslenkung von einem auf das andere Pendel stark vermindert (Abb. 2.40a und b).

Energiebilanz

▶ **Mag** Lassen Sie uns die Energiebilanz unseres Doppelpendels aufstellen.

▶ **Tim** Dann sollen wir herausbekommen, was wir theoretisch schon wissen, dass nämlich die Summe aus potentieller und kinetischer Energie konstant ist.

▶ **Mag** So etwa. Wie stellen wir das tabellentechnisch denn an?

---

[32]Die Schwebung ist eine Summe der beiden Eigenschwingungen; ψ Cos + Cos = *Mittelwert mal halbe Differenz*, vollständig $\cos(x) + \cos(y) = 2 \cdot \cos\big((x+y)/2\big) \cdot \cos\big((x-y)/2\big)$, Band I, Abschn. 2.3.4

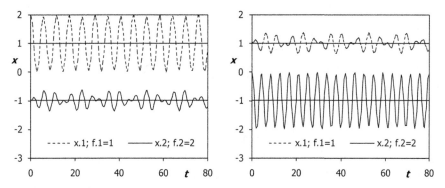

Abb. 2.40 a (links) Verschiedene Federkonstanten; anfangs wird nur das linke Pendel x_1 ausgelenkt. **b** (rechts) Wie a, aber anfangs wird nur das rechte Pendel x_2 ausgelenkt

Abb. 2.41 Summe $E_1 + E_2$
der Energien der Bewegung
der beiden Pendel in
Abb. 2.39a

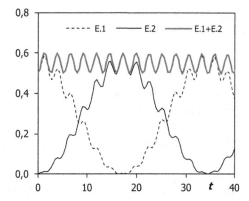

▶ **Alac** Wir berechnen einfach die kinetische und die potentielle Energie des linken und des rechten Pendels im Tabellenblatt „x.1" und „x.2" und addieren die vier Terme im Masterblatt.

▶ **Mag** Die so berechnete Summe $E_1 + E_2$ der Energien wird in Abb. 2.41 wiedergegeben.

▶ **Tim** Nanu, die Energie ist ja gar nicht konstant, sondern schwankt mit relativ hoher Frequenz. Sie muss aber konstant bleiben, nach allem was wir gelernt haben. Haben wir vielleicht einen Programmierfehler gemacht?

▶ **Mag** Das habe ich überprüft. Alle Rechnungen sind richtig.

▶ **Tim** Haben wir vielleicht eine Energieform nicht berücksichtigt?

▶ **Mag** Sie sind auf der richtigen Fährte. Die *elastische Energie der Koppelfeder* muss zur Gesamtenergie addiert werden. Die Energie des Gesamtsystems ist die

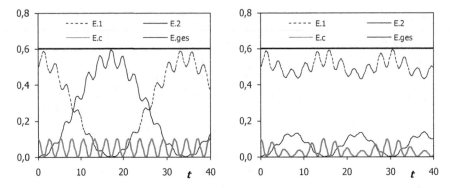

Abb. 2.42 **a** (links) Energiebilanz der Schwingung aus Abb. 2.39a; E_c: elastische Energie der Koppelfeder. **b** (rechts) Energiebilanz einer Schwingung von zwei ungleichen Pendel

Summe aus den Energien der beiden Pendel (kinetische und potentielle) und der elastischen Energie der Koppelfeder.

Die vollständige Energiebilanz für die Schwingung der Abb. 2.39a wird in Abb. 2.42a wiedergegeben. Die Energie wandert vollständig zwischen den beiden Pendeln hin und her. Die elastische Energie der Koppelfeder oszilliert mit einer höheren Frequenz.

▶ **Tim** Die Gesamtenergie bleibt dabei konstant.

▶ **Mag** Das muss natürlich so sein. Dass wir die Energieerhaltung mit unserer Simulation auch wiederfinden, ist ein Hinweis darauf, dass keine Programmierfehler gemacht wurden und dass die Zeitabstände zwischen den Stützstellen klein genug sind.

Die Energiebilanz für zwei ungleiche Pendel sehen Sie in Abb. 2.42b. Es wird nur ein Teil der Energie ausgetauscht, weil die beiden Pendel unterschiedliche Eigenfrequenzen haben.

Fragen

Wie groß sind die Anfangsauslenkungen und die Anfangsgeschwindigkeiten in Abb. 2.40a und b?[33]

Wird in Abb. 2.42b die Energiebilanz der Schwingung in Abb. 2.40a oder b wiedergegeben?[34]

---

[33]Abb. 2.40a: $x_1(0) = 2$ entsprechend einer Auslenkung 1 aus der Ruhelage; $v_1(0) = 0$; $x_2(0) = 0$; $v_2(0) = 0$. Abb. 2.40b: $x_1(0) = 0$; $v_1(0) = 0$; $x_2(0) = 0$, entsprechend einer Auslenkung 1 aus der Ruhelage; $v_2(0) = 0$.

[34]Die Energie E_1 ist immer größer als die Energie E_2. Das entspricht der Abb. 2.42b.

1 **Sub DoublePend()**	c = ccalc 14
2 f1 = Cells(2, 3): f2 = Cells(2, 5)	For n = 0 To Nsteps 15
3 d1 = Cells(3, 3): d2 = Cells(3, 5)	If c = ccalc Then *'output of current data* 16
4 t = 0	Cells(r, 7) = t 17
5 x1 = Cells(4, 3): x2 = Cells(4, 5)	Cells(r, 8) = x1 + x1zero 18
6 x1zero = Cells(2, 8): x2zero = Cells(2, 9)	Cells(r, 9) = x2 + x2zero 19
7 v1 = Cells(5, 3): v2 = Cells(5, 5)	Cells(r, 12) = f1 * x1 ^ 2 / 2 + v1 ^ 2 / 2 *'E1* 20
8 fc = Cells(6, 3): dt = Cells(6, 5)	Cells(r, 13) = f2 * x2 ^ 2 / 2 + v2 ^ 2 / 2 *'E2* 21
9 ccalc = 4	r = r + 1 22
10 dtc = dt	c = 0 23
11 r = 4	End If 24
12 Nsteps = 401 * ccalc	t = t + dtc 25
13 Application.Calculation = xlCalculationManual	

Abb. 2.43 (P) Hauptprogramm *DoublePend;* in Zeile 2 bis 8 werden die Kenngrößen der Aufgabe aus dem Masterblatt eingelesen. In den Zeilen 9 bis 12 werden die Anzahl der verborgenen Rechnungen *ccalc,* der Abstand zwischen Stützpunkten *dtc,* die erste Zeile für die Ausgabe, $r = 4$, und die Anzahl der Rechenschritte festgelegt. In den Zeilen 17 bis 23 werden die Daten in die Tabelle ausgegeben, immer nach *ccalc* internen Schritten. Weitere Programmzeilen in Abb. 2.44 (P)

Wodurch kommen in Abb. 2.42a die beiden Periodizitäten zustande?[35]

Mit welcher Frequenz pendelt die Energie zwischen den beiden Pendeln hin und her?[36]

Mit welcher Frequenz schwankt die Energie der Koppelfeder?[37]

2.7.3 Berechnung durch eine VBA-Routine

Die Rechnungen in den beiden Tabellenblättern „x.1" und „x.2" in Abschn. 2.7.2 sollen vollständig in einer VBA-Prozedur ausgeführt werden und die Ergebnisse, nämlich x_1, x_2, E_1 und E_2, in die entsprechenden Spalten des Masterblattes der Abb. 2.35 (T) eingetragen werden. Eine mögliche Lösung steht in Abb. 2.43 (P) und 2.44 (P).

---

[35]Die kleinere Frequenz (größere Schwingungsdauer) beschreibt den Energieaustausch zwischen den Pendeln, die größere Frequenz (kleinere Schwingungsdauer) den Energieaustausch der Pendel mit der Koppelfeder.

[36]Die Energie wird periodisch mit $(f_1 - f_2)$, der doppelten Frequenz der Einhüllenden zwischen den beiden Pendeln, ausgetauscht.

[37]Die Energie der Koppelfeder schwankt periodisch mit $(f_1 + f_2)/2$.

26	*'accelerations are calculated*	*'step from t(n) to t(n+1)*	41
27	a1 = -(x1 - x2) * fc *'due to coupling*	x1 = x1 + v1 * dtc *' progress with initial velocity*	42
28	a2 = -a1 *'actio = reactio*	x2 = x2 + v2 * dtc	43
29	a1 = a1 - f1 * x1 - d1 * v1	*'progress due to average acceleration*	44
30	a2 = a2 - f2 * x2 - d2 * v2	*'in the interval*	45
31	*'forecast of velocities and positions*	x1 = x1 + (a1 + a1n) / 4 * (dtc ^ 2)	46
32	v1n = v1 + a1 * dtc	x2 = x2 + (a2 + a2n) / 4 * (dtc ^ 2)	47
33	x1n = x1 + (v1 + v1n) / 2 * dtc	c = c + 1	48
34	v2n = v2 + a2 * dtc	*'Velocity at the end of the interval*	49
35	x2n = x2 + (v2 + v2n) / 2 * dtc	v1 = v1 + (a1 + a1n) / 2 * dtc	50
36	v2n = v2 + a2 * dtc / ccalc	v2 = v2 + (a2 + a2n) / 2 * dtc	51
37	a1n = -(x1n - x2n) * fc	Next n	52
38	a2n = -a1n	Application.Calculation = xlCalculationAutomatic	53
39	a1n = a1n - f1 * x1n - d1 * v1n	**End Sub**	54
40	a2n = a2n - f2 * x2n - d2 * v2n		55

Abb. 2.44 (P) Fortsetzung von Abb. 2.43 (P); Fortschritt mit Vorausschau

Fragen

Wie viele Tabellenzeilen werden durch SUB *DoublePend* Abb. 2.43 (P) und 2.44 (P) beschrieben? An wie vielen Zeitpunkten wird die Schwingung berechnet?[38]
   Wie muss der Programmcode verändert werden, wenn der Fortschritt mit Runge-Kutta vierter Ordnung berechnet werden soll?[39]
Welche Größe wird in Zeile 38 von Abb. 2.44 (P) berechnet?[40]

2.7.4 Einsatz einer benutzerdefinierten Funktion

Die in Abschn. 2.7.3 vorgestellte VBA-Routine entlastet die Tabelle von vielen Rechnungen, hat aber den Nachteil, dass sie bei einer Veränderung der Anfangsbedingungen erneut gestartet werden muss, um die neue Bewegungsform zu berechnen. Dieser Nachteil kann beim Einsatz einer benutzerdefinierten Tabellenfunktion vermieden werden. Dazu arbeiten wir die bisher eingesetzte *Routine* in eine *Function* DOUBLEPEND um (Abb. 2.45 (P)). Den Einsatz in der Tabelle sieht man in Abb. 2.46 (T).

---

[38]SUB *DoublePend* beschreibt 401 Tabellenzeilen (erkennbar aus den Programmzeilen 12, 14, 23 und 48), berechnet aber an *Nsteps* = 401 × *ccalc* Zeitpunkten, *ccalc* = 4 (Zeile 9).

[39]Sehen Sie dazu bei Bedarf in Kap. 10 von Band I nach.

[40]In Zeile 38 wird die vorausgeschaute Beschleunigung am Ende des Intervalls berechnet.

19 **Dim** f1, f2, fc, d1, d2	For n = 1 To ccalc 33
20 **Dim** dt, ccalc, dtc	*'accelerations are calculated* 34
21	*'progress with forecast*
22 **Sub GetConst()**	
23 f1 = Cells(2, 3): f2 = Cells(2, 5)	v2 = v2 + (a2 + a2n) / 2 * dtc 59
24 d1 = Cells(3, 3): d2 = Cells(3, 5)	t = t + dtc 60
25 fc = Cells(6, 3): dt = Cells(6, 5)	Next n 61
26 ccalc = 4	DP(0) = t 62
27 dtc = dt / ccalc	DP(1) = x1 63
28 **End Sub**	DP(2) = x2 64
29	DP(3) = v1 65
30 **Function DoublePend(t, x1, x2, v1, v2)**	DP(4) = v2 66
31 Dim DP(4)	DoublePend = DP 67
32	**End Function** 68

Abb. 2.45 (P) Benutzerdefinierte Tabellenfunktion *DoublePend* zur Berechnung der Bewegung eines Doppelpendels: Eingabevariablen: t, x_1, x_2, v_1, v_2; Ausgabe derselben Variablen zu einem Zeitpunkt $t+dt$; die Konstanten der Bewegung müssen mit SUB *GetConst* in die globalen Variablen f_1 bis dt_c eingelesen werden. Zeilen 34 bis 59 sind identisch mit den Zeilen 26 bis 51 von Abb. 2.44 (P). Zur Erinnerung: Die Funktion muss in einem MODULBLATT definiert werden (EIN-FÜGEN/MODUL im VBA-Editor)

	F	G	H	I	J	K	L	M	N	O	P	Q	R
1													
2	GetConst	=DoublePend(G4;H4;I4;J4;K4)											
3		**t**	**x.1**	**x.2**	**v.1**	**v.2**		**x.1+x.2**	**x.1-x.2**	**E.1**	**E.2**	**E.c**	**E.ges**
4		0	1,00	-1	0	0		0,00	2,00	0,50	0,50	0,40	1,40
5	Activate	**0,2**	**0,97**	**-0,97**	**-0,28**	**0,28**		0,00	1,94	0,51	0,51	0,38	1,40
6		0,4	0,89	-0,89	-0,54	0,54		0,00	1,78	0,54	0,54	0,32	1,40
404		80	0,93	-0,93	-0,44	0,44		0,00	1,85	0,53	0,53	0,34	1,40

Abb. 2.46 (T) Die Spalten G bis K werden ab Zeile 5 von der Funktion *DoublePend* berechnet. Die Differenz und die Summe der Auslenkungen sowie die Energien der beiden Pendel E_1 und E_2 und der Koppelfeder E_c werden in den Spalten M bis Q mit Tabellenformeln berechnet

---

Fragen

Wie viele Schritte der Länge dt_c werden innerhalb der Funktion *DoublePend* in Abb. 2.45 (P) gemacht, bevor das Ergebnis ausgegeben wird?[41]

Welche Funktion hat der Schaltknopf „Activate" in Abb. 2.46 (T)?[42]

Wie viele Elemente werden mit DIM DP(4) bereitgestellt?[43]

---

[41]Vier Schritte der Länge *dtc* (Zeile 27), bestimmt durch den globalen Parameter *ccalc* = 4 (Zeile 26).

[42]Lesen Sie bis zum Schluss dieses Abschnitts!

[43]DP(4) hat die fünf Elemente DP(0),..., DP(4).

Die Funktion hat als Eingabeparameter die aktuellen Werte für t, x_1, v_1, x_2 und v_2 und berechnet daraus in mehreren Schritten die entsprechenden Werte für das Ende des Zeitintervalls dt. Im aktuellen Beispiel gilt $c_{calc}=4$, sodass der Fortschritt mit Vorausschau für 4 Schritte mit d$t_c=$d$t/4$ innerhalb der Funktion berechnet wird, bevor die Werte wieder ausgegeben werden.

In der Funktion muss ein Feld mit einer Länge definiert werden, die der Anzahl der auszugebenden Werte entspricht. Hier wurde das mit DIM *DP(4)* (Zeile 31) getan. Dem Funktionsnamen muss dann dieses Feld nach Beendigung der Berechnung zugeordnet werden: *DoublePend=DP* (Zeile 67).

Unsere Tabellenfunktion ist eine Matrixfunktion, das heißt, sie beschreibt mehrere Zellen. Es müssen zunächst fünf Zellen aktiviert werden, dann muss die Funktion in die erste Zelle eingeschrieben und die Aktion mit dem Befehl STRG SHIFT RETURN abgeschlossen werden. So werden alle fünf aktivierten Zellen korrekt beschrieben. Ein einfaches RETURN beschreibt nur die erste aktivierte Zelle.

Wenn in die fünf Zellen die Matrixformel richtig eingeschrieben wurde, dann kann sie durch „Ziehen" oder Doppelklick auf den Henkel der fünf aktivierten Zellen kopiert werden.

Die Tabellenrechnung reagiert auf jede Änderung der Anfangsbedingungen unmittelbar. Wenn die Konstanten des Problems, also die f_i, die d_i oder dt geändert werden, dann müssen die Routinen *GetConst* und *Activate* einmal nacheinander ablaufen. *GetConst* liest die Konstanten in die globalen Parameter der Abb. 2.45 (P) ein. *Activate* ändert vorübergehend die Anfangsbedingungen, damit *Double-Pend* „merkt", dass neu gerechnet werden muss.

Bewegungen in einer Ebene

3

Wir integrieren die Newton'schen Gleichungen für die Bewegung eines Körpers in einem Kraftfeld (mit zwei Koordinaten x und y) oder von zwei Körpern mit zentral wirkender Kraft zwischen ihnen (mit vier Koordinaten x_1, y_1, x_2, y_2). Die Beschleunigungen für die einzelnen Komponenten kommen durch eine Kraft zustande, die allgemein von allen Ortskoordinaten und den zugehörigen Geschwindigkeiten abhängen kann. In den einzelnen Aufgaben treten Schwerkraft und andere Zentralkräfte auf, die proportional zu verschiedenen Potenzen des Abstandes sind, sowie Lorentz-Kraft und Reibungskraft, die von der Geschwindigkeit abhängen. Wir untersuchen insbesondere, unter welchen Voraussetzungen der Drehimpuls des Systems erhalten bleibt. Es werden Grundkenntnisse der Vektorrechnung benötigt.

3.1 Einleitung: Zentralkräfte und geschwindigkeitsabhängige Kräfte

In diesem Kapitel sollen Bewegungen in der xy-Ebene mit verschiedenen Kraftgesetzen berechnet werden. Es soll dabei untersucht werden, unter welchen Bedingungen der Drehimpuls erhalten bleibt. Wenn der Drehimpuls eine Erhaltungsgröße ist, lässt sich eine eindimensionale gewöhnliche Differentialgleichung für den Abstand r des Körpers zum Kraftzentrum aufstellen und mit unseren Verfahren lösen.

© Springer-Verlag GmbH Deutschland, ein Teil von Springer Nature 2018
D. Mergel, *Physik lernen mit Excel und Visual Basic*,
https://doi.org/10.1007/978-3-662-57513-0_3

3.1.1 Drehimpuls

Der Drehimpuls eines Massepunktes der Masse m wird mithilfe des Kreuzprodukts von Ortsvektor und Geschwindigkeit berechnet:

$$L = m \cdot \vec{r} \times \vec{v}$$

Er ist abhängig von der Wahl des Nullpunktes des Koordinatensystems. Für das Kreuzprodukt gilt:

$$\vec{a} \times \vec{b} = \begin{bmatrix} a_2b_3 - a_3b_2 \\ a_3b_1 - a_1b_3 \\ a_1b_2 - a_2b_1 \end{bmatrix} \tag{3.1}$$

Für Bewegungen in der xy-Ebene ist nur die z-Komponente des Drehimpulses

$$L_z = m \cdot \left(xv_y - yv_x \right) \tag{3.2}$$

von Null verschieden (dritte Reihe in Gl. (3.1)). Der Ortsvektor (x,y) wird auf den Ursprung des Laborsystems, für das Zwei-Körper-Problem auch auf den Ursprung des Schwerpunktsystems, bezogen.

3.1.2 Kräfte

In den Aufgaben lassen wir folgende Kräfte wirken:

• Schwerkraft, nur in senkrechter Richtung, konstant
• isotrope Federkraft, nur abhängig vom Abstand zum Kraftzentrum
• anisotrope Federkraft, auch abhängig vom Winkel,
• Kraft durch ein anisotropes Oszillatorpotential,
• Reibungskraft, der Geschwindigkeit entgegengerichtet,
• Lorentz-Kraft, geschwindigkeitsabhängig, senkrecht zur Geschwindigkeit und
• Zentralkräfte zwischen zwei Körpern, proportional zu einer Potenz des Abstandes.

Die *Reibungskraft* wird allgemein dem Betrage nach proportional zu einer Potenz m des Betrags der Geschwindigkeit angesetzt:

$$F_R(v) = a \cdot |v|^m, m = 0, 1, 2 \tag{3.3}$$

und dann in Komponenten zerlegt:

$$F_{Rx} = F_R(v) \cdot \frac{-v_x}{v} \text{ und } F_{Ry} = F_R(v) \cdot \frac{-v_y}{v} \tag{3.4}$$

Dabei wird durch die Vorzeichen berücksichtigt, dass die Reibungskraft der Geschwindigkeit entgegengesetzt wirkt.

Die *Lorentz-Kraft* $\vec{F_L} = q \cdot \left(\vec{v} \times \vec{B} \right)$ auf einen Körper mit Ladung q durch ein Magnetfeld senkrecht zur xy-Ebene wird berechnet nach:

$$\vec{F}_L \left(x, y, v_x, v_y \right) = q \cdot \left(v_y B_z(x,y); -v_x B_z(x,y) \right) \tag{3.5}$$

Die *Zentralkraft* zwischen zwei Körpern wird allgemein als n-te Potenz des Abstandes r_{12} angesetzt:

$$F(r_{12}) = f_r \cdot r_{12}^n \tag{3.6}$$

Dazu muss zunächst der Abstand r_{12} der beiden Körper ausgerechnet werden:

$$r_{12} = \sqrt{(x_1 - x_2)^2 + (y_1 - y_2)^2}$$

und schließlich die Kraft in die Komponenten zerlegt werden:

$$F_x(x,y) = F(r_{12}) \cdot \frac{(x_1 - x_2)}{r_{12}} \text{ und } F_y(x,y) = F(r_{12}) \cdot \frac{y_1 - y_2}{r_{12}} \tag{3.7}$$

Fragen

Wie berechnet man die x- und y-Komponenten einer Kraft, die nur vom Abstand r zum Koordinatenursprung abhängt?[1]

Welche Potenz ist in Gl. 3.6 für zwei Körper anzusetzen, die sich aufgrund ihrer Schwerkraft anziehen und welche, wenn sie durch eine Feder miteinander verbunden sind?[2]

3.1.3 Tabellentechnik

Die Integration der Bewegungsgleichung ist möglich, wenn die Anfangsbedingungen $x_i(0)$ und $v_i(0)$ zu einem Zeitpunkt, hier $t = 0$, vorgegeben werden. Die Beschleunigungen werden aus der Kraft berechnet, die allgemein von allen Ortskoordinaten und den zugehörigen Geschwindigkeiten abhängen kann. Für die Bewegung eines Massenpunktes in einem zentralen Kraftfeld sind zwei Koordinaten (x, y) zu berechnen.

Für die Beschreibung der Zwei-Körper-Bewegung werden vier Koordinaten (x_1, y_1, x_2, y_2) gebraucht, die in zwei Tabellenblättern „m.1" und „m.2", je für einen Körper, berechnet werden. Ein weiteres Tabellenblatt „F.12" wird angelegt, um die Kraft aus den vier Koordinaten zu berechnen. Es werden in jeder Tabelle spaltenweise Namen vergeben, die in der gesamten Datei aufgerufen werden können, sodass das Formelwerk mathematisch mit Variablennamen geschrieben werden kann und übersichtlich bleibt.

Wir berechnen die Bahn mit dem Verfahren „Integration mit Vorausschau" auf ausreichend vielen Stützpunkten (z. B. 1600) mit hinreichend kleinen Zeitabständen, stellen sie grafisch aber nur auf einer Auswahl der berechneten Stützpunkte dar. Für diese Auswahl führen wir ein weiteres Tabellenblatt ein, das

---

[1] $F_{rx} = F_r(r) \cdot \frac{x}{r}$; $F_{ry} = F_r(r) \cdot \frac{y}{r}$.

[2] Massenanziehung $n = -2$, $F \propto 1/r^2$; schwingende Hantel: $n = 1$, $F \propto r$.

Masterblatt, in dem auch die Parameter des Problems definiert werden. Die anderen Blätter dienen dann als „Rechenknechte", die dem Meister zuarbeiten.

Fortgeschrittene Studierende können die Berechnung so durchführen, dass jede Koordinate in einem eigenen Tabellenblatt integriert wird. Die Tabellenblätter sind dabei so zu strukturieren, dass sie durch Kopieren und Anpassung von Variablennamen vervielfältigt werden können.

3.2   Ballistische Kurve

Wenn Luftreibung berücksichtigt wird fällt die Bahnkurve eines schiefen Wurfes steiler ab als eine Wurfparabel,. Die Reichweite des Wurfgeschosses vermindert sich mit zunehmender Stärke der Reibung. Die Geschwindigkeit im Sinkflug nähert sich einem konstanten Wert, der durch das Gleichgewicht von Reibungskraft und Schwerkraft bestimmt wird. Die senkrechte und waagrechte Bewegung sind nicht unabhängig voneinander, weil die Reibungskraft vom Betrag der Geschwindigkeit abhängt.

Problemstellung und Ergebnisse

In einer Übung in Band I, Abschn. 6.2, konnten wir die Bahnkurve eines schiefen Wurfes kinematisch berechnen. Sie entstand durch die Überlagerung einer von der Erdbeschleunigung *gleichmäßig beschleunigten senkrechten* Bewegung und einer *gleichförmigen horizontalen Bewegung*. Wenn auf das Wurfgeschoss eine Luftreibungskraft wirkt, dann sind die Bewegungen in x- und in y- Richtung nicht mehr unabhängig voneinander, weil die Reibungskraft und damit die Beschleunigung vom Betrag der Geschwindigkeit abhängen.

Wir setzen die Reibungskraft proportional zum Quadrat der Geschwindigkeit an:

$$F_r = c \cdot v^2 \tag{3.8}$$

und erhalten für die Komponenten der Beschleunigung:

$$a_x = -\frac{c}{m} \cdot v^2 \cdot \left(\frac{v_x}{v}\right) = -\frac{c}{m} \cdot v_x \cdot v \tag{3.9}$$

$$a_y = -\frac{c}{m} \cdot v^2 \cdot \left(\frac{v_y}{v}\right) - g = -\frac{c}{m} v_y \cdot v - g$$

wobei mit v der Betrag der Geschwindigkeit gemeint ist. Um diese Abhängigkeit sichtbar zu machen, führen wir in der Tabellenrechnung eine zusätzliche Spalte für v ein. In Abb. 3.4 (T) ist das die Spalte G.

In Abb. 3.1 werden Bahnkurven für verschiedene Werte des Reibungskoeffizienten c/m dargestellt.

Luftreibung vermindert die Reichweite und lässt das Wurfgeschoss nach dem Höhepunkt der Bahnkurve steiler als parabolisch fallen. Die Anfangsrichtung

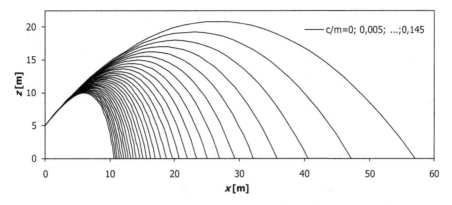

Abb. 3.1 Bahnkurven eines Wurfgeschosses bei verschiedenen Werten des Reibungskoeffizienten c/m, bei einem Abwurfwinkel von 50° und einer Anfangsgeschwindigkeit von $v_0 = 23$ m/s. Die Abwurfhöhe ist 5 m

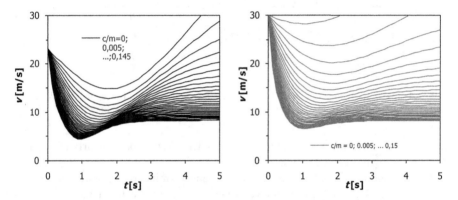

Abb. 3.2   a (links) Bahngeschwindigkeit auf den Kurven der Abb. 3.1 (Abwurfwinkel 50°) als Funktion der Zeit bei verschiedenen Werten des Reibungskoeffizienten c/m. **b** (rechts) Bahngeschwindigkeit eines Wurfgeschosses als Funktion der Zeit bei verschiedenen Werten des Reibungskoeffizienten c/m; Abwurfwinkel 20°; Abwurfgeschwindigkeit 30 m/s

der Bahnkurve wird durch Reibung nur wenig beeinflusst, im Gegensatz zur Geschwindigkeit auf den Bahnkurven, die in Abb. 3.2a wiedergegeben wird.

Fragen

zu Abb. 3.2:
    Welche Kurve gehört zu welchen Werten?[3]

---

[3]Je höher die Endgeschwindigkeit (bei $t = 5$ s), desto geringer ist die Dämpfung.

	A	B	C	D	E	F	G	H	I	J
1	Abwurfhöhe	h	5 m		dt	0,0125				
2	Abwurfwinkel	a	50 °		vx.0	14,78 m/s		=v.0*COS(a/180*PI())		
3	Abwurfgeschwindigkeit	v.0	23 m/s		vy.0	17,62 m/s		=v.0*SIN(a/180*PI())		
4	Reibungskonst./Masse	c.m	0,1							
5	Erdbeschleunigung	g	9,81 m/s²		c.m=0,1; v.0=23; a=50°					

Abb. 3.3 (T) Kenngrößen und Anfangsbedingungen zur Berechnung des schiefen Wurfes mit Reibung; Fortsetzung nach unten in Abb. 3.4 (T)

	B	C	D	E	F	G	H	I	J
7	=B9+dt	=C9+(H9+P9)/2*dt	=D9+(I9+Q9)/2*dt	=E9+(C9+C10)/2*dt	=F9+(D9+D10)/2*dt	=WURZEL(vx^2+vy^2)	=-c.m*vx*v	=-c.m*vy*v-g	
8	t	vx	vy	x	y	v	ax	ay	
9	0,00	28,19	10,26	0,00	5,00	30,00	-122,63	-54,44	
10	0,01	26,74	9,61	0,34	5,12	28,42	-110,18	-49,42	
409	5,00	0,06	-8,22	16,02	-24,46	8,22	-0,07	0,00	

	K	L	M	N	O	P	Q	R
7	=vx+ax*dt	=vy+ay*dt	=x+(vx+vx.p)/2*dt	=y+(vy+vy.p)/2*dt	=WURZEL(vx.p^2+vy.p^2)	=-c.m*vx.p*v.p	=-c.m*vy.p*v.p-g	
8	vx.p	vy.p	x.p	y.p	v.p	ax.p	ay.p	
9	14,36	16,99	0,18	5,22	22,24	-31,94	-47,60	

Abb. 3.4 (T) Fortsetzung von Abb. 3.3 (T); Tabellenrechnung für „Bewegung mit Vorausschau"; der Betrag der Geschwindigkeit v wird in den Spalten G und O berechnet

In Abb. 3.2b wird die Geschwindigkeit für andere Werte von Abwurfwinkel und Abwurfgeschwindigkeit gezeigt.

Die Bahngeschwindigkeit wird durch Reibung vermindert. Sie wird am höchsten Punkt der Bahn minimal und vergrößert sich zunächst beim Fallen wieder infolge der Erdbeschleunigung, nähert sich aber nach einiger Zeit einem stationären Wert für den schließlich fast senkrechten Fall, vgl. auch Band I, Abschn. 10.3 „Fallen aus großer Höhe".

Aufgabe

Überprüfen Sie mit einer Ergänzung der Tabellenrechnung die Aussage: „Der Drehimpuls bleibt beim schrägen Wurf ohne Reibung erhalten, mit Reibung nimmt er ständig ab".

Tabellenrechnung

In Abb. 3.3 (T) und Abb. 3.4 (T) wird die Tabellenrechnung wiedergegeben, mit der die Kurven in Abb. 3.2 gewonnen werden.

Fragen

Deuten Sie die Formeln in den Zellen H7 und I7 von Abb. 3.4 (T)![4]
Wie groß ist die Abwurfgeschwindigkeit in Abb. 3.2b?[5]

3.3   Oszillator mit winkelabhängiger Zentralkraft

Die Bahnkurve eines Massepunktes, auf den eine winkelabhängige Federkraft wirkt, ist nicht geschlossen. Die Energie bleibt erhalten. Der auf das
Kraftzentrum bezogene Drehimpuls bleibt erhalten, obwohl sich die Hauptrichtung der Bahnkurve dreht.

3.3.1   Winkelabhängige Federkonstante

▶ **Mag** Auf eine Masse m wirke eine Federkraft mit winkelabhängiger Federkonstante gemäß

$$F(r) = -[c_0 + c_1 \cdot \sin(\phi)] \cdot r \tag{3.10}$$

mit $r = \sqrt{x^2 + y^2}$ und $\phi = arctan2(x; y)$

Was erwarten Sie bei dieser Kraft? Bleiben Drehimpuls und Energie erhalten?

▶ **Tim** Der Drehimpuls bleibt sicherlich gleich. Es tritt ja kein Drehmoment auf,
weil die Kraft immer auf das Zentrum gerichtet ist.

▶ **Mag** Wie sieht es mit der Energieerhaltung aus?

▶ **Tim** Dazu müsste ich wissen, ob sich die Kraft von einem Potential ableiten
lässt. Dann bleibt die Energie auf alle Fälle erhalten.

▶ **Mag** Gute Idee. Erinnern Sie sich an ein Kriterium für die Existenz eines
Potentials?

▶ **Tim** Umlaufintegrale über die Kraft müssen immer null ergeben.

---

[4]In H7 und I7 von Abb. 3.4 (T) wird die Beschleunigung als Vektor in der xy-Ebene berechnet.
In x-Richtung wirkt nur die Reibungskraft proportional v^2 (durch $v_x \cdot v$ und $v_y \cdot v$) und der
Geschwindigkeit entgegengesetzt. In y-Richtung wirkt zusätzlich die Erdbeschleunigung nach
unten, vgl. Gl. 3.9.

[5]Die Abwurfgeschwindigkeit in Abb. 3.2 b ist 30 m/s (bei $t = 0$).

▶ **Mag** Richtig. Wir werden Umlaufintegrale in Abschn. 14.6 berechnen. Ich verrate schon mal, dass Umlaufintegrale über diese Kraft meist nicht verschwinden.

▶ **Tim** Dann wird die Energie wohl nicht erhalten bleiben.

▶ **Mag** Berechnen wir erstmal die Energie auf verschiedenen Bahnen, bevor wir solche Umkehrschlüsse ziehen!

▶ **Tim** Kann denn die Energie auf Bahnen konstant bleiben, auch wenn die Kraft nicht von einem Potential abgeleitet werden kann?

▶ **Mag** Warten wir es ab!

▶ **Tim** Gibt es eine solche Federkraft in Wirklichkeit?

▶ **Mag** Ich weiß es nicht, aber mathematisch ist sie möglich.

In der Tabellenrechnung führen wir zusätzliche Spalten für r und ϕ ein, aus denen die zum betrachteten Zeitpunkt wirkende Kraft und die Beschleunigungen a_x und a_y in beiden Richtungen berechnet werden können:

$$a_x = F(r) \cdot \left(\frac{x}{r}\right) \text{ und } a_y = F(r) \cdot \left(\frac{y}{r}\right) \tag{3.11}$$

Die Masse wird dabei zu $m = 1$ festgesetzt.

Fragen
Warum kann man ohne Beschränkung der Allgemeinheit die Masse des Körpers zu 1 setzen?[6]

Tabellenrechnung
In Abb. 3.5 (T) wird die Bahn in einer Tabelle berechnet. Es könnte übersichtlicher sein, die Berechnung auf drei Tabellen für x, y sowie r, ϕ und F_r zu verteilen. Alle Formeln in den Spalten F bis T könnten dann so bleiben, weil ein Name, der in einem Tabellenblatt definiert wird, in allen anderen Tabellenblättern gilt, wenn dort nicht noch einmal derselbe Name vergeben wird.

3.3.2 Ellipsenähnliche Bahnen

Eine Bahnkurve für eine isotrope Federkraft ($c_1 = 0$) sieht man in Abb. 3.6a. Der Massenpunkt läuft auf einer geschlossenen Ellipse um, deren Mittelpunkt mit dem Ursprung der Federkraft zusammenfällt.

---

[6]Wenn die Masse des Körpers konstant ist, dann kann sie in den Vorfaktor des Kraftgesetzes integriert werden, welches dann zu einem Gesetz für die Beschleunigung wird.

	A	B	C	D	E	F	G	H	I	J	K
6	=A8+dt	=B8+(D8+N8)/2*dt	=C8+(E8+O8)/2*dt	=D8+(I8+S8)/2*dt	=E8+(J8+T8)/2*dt	=WURZEL(x^2+y^2)	=ARCTAN2(x;y)	=-(c.0+c.1*SIN(phi))*r.	=F.r/m*x/r.	=F.r/m*y/r.	
7	t	x	y	vx	vy	r.	phi	F.r	ax	ay	
8	0	1	1	-0,367	-0,167	1,41	0,79	-1,41	-1,00	-1,00	
9	0,00	1,00	1,00	-0,37	-0,17	1,41	0,79	-1,41	-1,00	-1,00	
1608	6,400	0,950	0,974	-0,481	-0,283	1,36	0,80	-1,36	-0,95	-0,97	

	L	M	N	O	P	Q	R	S	T	U
6	=x+vx*dt	=y+vy*dt	=vx+ax*dt	=vy+ay*dt	=WURZEL(x.2^2+y.2^2)	=ARCTAN2(x.2;y.2)	=-(c.0+c.1*SIN(phi.2))*r.2	=F.r.2/m*x.2/r.2	=F.r.2/m*y.2/r.2	
7	x.2	y.2	vx.2	vy.2	r.2	phi.2	F.r.2	ax.2	ay.2	

Abb. 3.5 (T) Berechnung der Bewegung eines Oszillators mit anisotroper Federkonstante; zur Berechnung der Kraft in den Spalten H und R werden zusätzliche Spalten für Radius (F und P) und Winkel (G und Q) der Position des Massepunktes eingeführt. Die Variablen mit Index 2 sind vorausgeschaute Werte

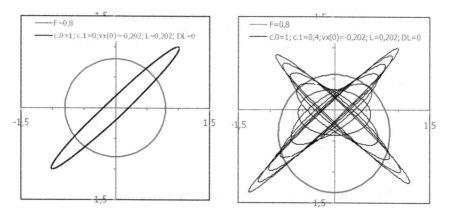

Abb. 3.6 a (links) Elliptische Bahnkurve eines harmonischen Oszillators ($c_1 = 0$); grauer Kreis: Ort mit der Kraft –0,8. b (rechts) Bahnkurve bei anisotroper Federkraft ($c_1 > 0$); grauer Kreis: Ort mit der Kraft –0,8

Bei anisotroper Federkraft ($c_1 > 0$) sind Teilstücke der Bahn ellipsenähnlich, die Bahnkurve ist aber nicht geschlossen (Abb. 3.6b). Die Hauptrichtung der Bahnkurve dreht sich im Laufe der Zeit über den gesamten Winkelbereich.

Fragen

Mit welcher Tabellentechnik bestimmt man die Koordinaten der Kurven konstanter Kraft in Abb. 3.6?[7]

---

[7]Man gibt einen Kreis in Polarkoordinaten vor und variiert mit SOLVER die Radiuskoordinate, sodass die vorgegebene Kraft erreicht wird.

	V	W	X	Y	Z	AA
3		L=0,199; DL=0				
4	MW	0,1991	0,9372	0,4428	1,38	
5	Stabw	0,0000	0,4351	0,4284	0,01	
6		$=x*vy-y*vx$	$=m/2*(vx^2+vy^2)$	$=(c.0+c.1*SIN(phi))/2*r.^2$		
				$=E.kin+E.pot$		
7		**L**	**E.kin**	**E.pot**	**E.ges**	

Abb. 3.7 (T) Berechnung des Drehimpulses L und der Energie E; in den Zeilen 4 und 5 werden Mittelwert bzw. Standardabweichung des Drehimpulses und verschiedener Energien berechnet

3.3.3 Energie und Drehimpuls bleiben erhalten

Wir berechnen zu jedem Zeitpunkt die Werte des Drehimpulses und der Energie (siehe Abb. 3.7 (T)).

Die Energie bleibt für alle Werte von c_0 und c_1 erhalten. Die kinetische und die potentielle Energie sind jede für sich nicht konstant, wohl aber ihre Summe. Der Drehimpuls bleibt für alle Werte von c_0 und c_1 erhalten, mit Schwankungen kleiner als 1 ‰, da kein Drehmoment wirkt, weil die Kraft immer auf das Zentrum gerichtet ist.

Fragen

Wodurch sind die Richtungen gekennzeichnet, in denen die Ausschläge des Massepunktes in Abb. 3.6b größer sind?[8]

Wie groß sind die Schwankungen der Gesamtenergie in Abb. 3.7 (T)? Sind sie klein genug, um die Aussage „$E =$ const." zu rechtfertigen?[9]

3.4 Oszillator in anisotropem Potential

Das Kraftfeld eines Potentials $U(x, y) = ax^2 + by^2$ enthält Querkomponenten, sodass auf den Körper ein Drehmoment wirkt und der Drehimpuls nicht erhalten bleibt. Die Bahnkurve wechselt periodisch den Durchlaufsinn (linksherum, rechtsherum). Die Energie bleibt erhalten.

---

[8]Die Ausschläge in Richtungen mit kleiner Federkonstante sind größer.

[9]Die Standardabweichung ist 0,01 bei einem Mittelwert von 1,38. Die Schwankungen sind also kleiner als 1 %. Um der Frage weiter nachzugehen, sollte man die numerische Genauigkeit erhöhen und sehen, ob die Schwankungen kleiner werden.

3.4.1 Kraftfeld

Wir betrachten einen Oszillator, der sich in einem anisotropen Potential

$$U(x,y) = ax^2 + by^2 \qquad (3.12)$$

mit den daraus abgeleiteten Kräften

$$F_x = -2a \cdot x \text{ und } F_y = -2a \cdot y \qquad (3.13)$$

bewegt. Das Kraftfeld eines solchen Oszillators wird in Abb. 3.8a für $a=1$ und $b=2$ wiedergegeben. Die Kräfte werden als gerichtete Strecken dargestellt, die an Rasterpunkten in der Ebene ihren Anfang nehmen und deren Länge proportional zum Betrag der jeweiligen Kraft ist. Die Koordinaten der Strecken werden mit der Routine in Abb. 3.10 (P) und Abb. 3.11 (P) in die Tabelle eingetragen.

Es ist deutlich zu sehen, dass nicht alle Kraftvektoren auf das Zentrum zeigen. Wir zerlegen deshalb die Kräfte in eine Radialkomponente und eine Querkomponente wie in Abb. 3.8b.

Radialkomponente und Querkomponente der Kraft
Den Betrag der Radialkomponente $\vec{F_r}$ erhalten wir aus dem *Skalarprodukt* der Kraft mit dem normalisierten Ortsvektor:

$$F_r = \frac{xF_x + yF_y}{r} \text{ mit } r = \sqrt{x^2 + y^2} \qquad (3.14)$$

Für die Darstellung in einem Diagramm wie in Abb. 3.9a zerlegen wir die Radialkraft in ihre x- und y-Komponente:

$$F_{rx} = F_r\left(\frac{x}{r}\right) \text{ und } F_{ry} = F_r\left(\frac{y}{r}\right) \qquad (3.15)$$

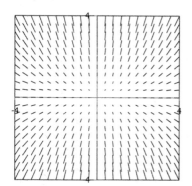 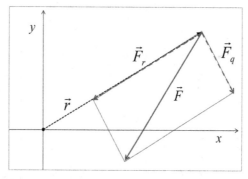

Abb. 3.8 **a** (links) Kraftfeld für ein Oszillatorpotential mit $a=1$ und $b=2$; die Gitterpunkte haben einen Abstand von 0,4 auf der x- und auf der y-Achse. **b** (rechts) Zerlegung einer Kraft in Radial- und Querkomponente

Die Querkomponente $\vec{F_q}$ erhalten wir, indem wir die Radialkraft von der Gesamtkraft *vektoriell* abziehen:

$$F_{qx} = F_x - F_{rx} \text{ und } F_{qy} = F_y - F_{ry} \qquad (3.16)$$

Sie wird in Abb. 3.9b dargestellt. Durch das anisotrope Potential wirken Drehmomente auf den Oszillator, sodass wir nicht erwarten können, dass der Drehimpuls erhalten bleibt.

Strecken, die die Kraft angeben

Die gerichteten Strecken in den Abbildungen in diesem Abschnitt werden durch Anfangspunkt (das ist ein Punkt auf einem 21×21 Gitter) und Endpunkt definiert. Die Tabelleneinträge sind also von der Form:

x	y
$x + F_x \cdot \text{scal}$	$y + F_y \cdot \text{scal}$

Die Koordinaten für die einzelnen Strecken müssen durch Leerzeilen voneinander getrennt werden, damit sie im Diagramm auch tatsächlich als vereinzelte Strecken dargestellt werden.

Ψ *Leere Zeilen trennen Kurven.*

Mit dem Skalierungsfaktor *scal* werden die Längen der gerichteten Strecken in den Diagrammen so eingestellt, dass sie gut ins Bild passen. Die Koordinaten der Strecken sollen in der beschriebenen Form durch eine Routine in ein Tabellenblatt eingetragen werden, die die Gleichungen möglichst getreu nachbildet, in einem Gebiet der Größe $x = -4$ bis 4 und $y = -4$ bis 4 (21×21 Punkte). Ein Beispiel wird in Abb. 3.10 (P) und Abb. 3.11 (P) gegeben. Alle Koordinaten werden innerhalb der Routine berechnet, und nur die Ergebnisse werden in die Tabelle ausgegeben.

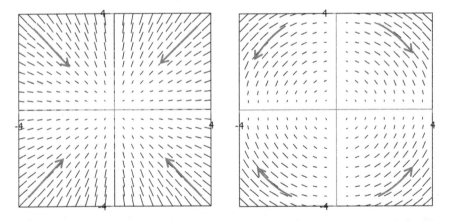

Abb. 3.9 a (links) Radialkomponente der Kraft aus Abb. 3.8a. **b** (rechts) Querkomponente der Kraft aus Abb. 3.8b; es wirken Drehmomente deren Drehsinn durch die grauen Pfeile angegeben wird

```
 1 Sub AnisOsz2()                              For y = -4 To 4.2 Step 0.4            10
 2 'Scaling factors for vectors                r = Sqr(x ^ 2 + y ^ 2)               11
 3 scal = 0.03                                 Fx = -2 * a * x                      12
 4 scalr = 0.03                                Fy = -2 * b * y                      13
 5 scalq = 0.1                                 Fr = (x * Fx + y * Fy) / r           14
 6 a = 1 'Spring constant in x direction       Frx = x / r * Fr                     15
 7 b = 2 'Spring constant in y direction       Fry = y / r * Fr                     16
 8 r2 = 5 'Running index for output row        Fqx = Fx - Frx                       17
 9 For x = -4 To 4.2 Step 0.4                   Fqy = Fy - Fry                       18
```

Abb. 3.10 (P) Routine zur Erzeugung der gerichteten Strecken, die das Feld des anharmonischen Potentials in Abb. 3.8a, 3.9a und b darstellen; Fortsetzung in Abb. 3.11 (P)

```
19  'Scan point                               Cells(r2, 4) = x + Frx * scalr        28
20  Cells(r2, 1) = x: Cells(r2, 2) = y        Cells(r2, 5) = y + Fry * scalr        29
21  Cells(r2, 4) = x: Cells(r2, 5) = y        'Transverse force at scan point       30
22  Cells(r2, 7) = x: Cells(r2, 8) = y        Cells(r2, 7) = x + Fqx * scalq        31
23  r2 = r2 + 1                               Cells(r2, 8) = y + Fqy * scalq        32
24  'Total force at scan point                r2 = r2 + 2                           33
25  Cells(r2, 1) = x + Fx * scal              Next y                                34
26  Cells(r2, 2) = y + Fy * scal              Next x                                35
27  'Radial force at scan point               End Sub                               36
```

Abb. 3.11 (P) Fortsetzung von Abb. 3.10 (P)

Fragen

zu Abb. 3.10 (P) und 3.11 (P)

Wie viele Rasterpunkte werden durch die Routine AɴɪsOsᴢ2 ɪɴ Abb. 3.10 (P) ᴜɴᴅ Abb. 3.11 (P) berechnet?[10]

In welches Tabellenblatt wird geschrieben?[11]

In welchen Tabellenbereich werden die Koordinaten der Strecken ausgegeben?[12]

Welche Programmzeilen Z12 bis Z18 in Abb. 3.10 (P) entsprechen Gl. 3.13 bis 3.16?[13]

---

[10]Zeilen 9 und 10 in Abb. 3.10 (P): Jede der beiden Schleifen wird 21-mal durchlaufen, also ist die Zahl der Rasterpunkte: $21 \times 21 = 441$.

[11]Jedem Tabellenblatt ist ein Blatt im VBA-Editor zugeordnet. Zelladressen in VBA-Routinen beziehen sich auf das zugehörige Tabellenblatt, wenn nicht ausdrücklich ein anderes Tabellenblatt angesprochen wird, wie z. B. in Abb. 4.7 (P).

[12]Ab Reihe 5 (Programmzeile 8) in die Spalten A und B (Gesamtkraft, Zeilen 25, 26), D und E (Radialkraft), G und H (Querkraft).

[13]Programmzeile Z12 und Z13 = Gl. 3.13; Z14 = Gl. 3.14; Z15 und Z16 Gl. 3.15; Z17 und Z18 = Gl. 3.16.

	A	B	C	D	E	F	G	H	I	J
1		Masse	**m**	1,00						
2		Federkonst. x	**a**	1,00						
3		Federkonst. y	**b**	1,10		a=1; b=1,1; c=0; n.1=1				
4		Reibungskonst.	**c.0**	0,00		DL=0,53; DE=0,01				
5		Reibung prop. $v^{n.1}$	**n.1**	1,00						
6		Zeitintervall	**dt**	0,10						
7	=A9+dt	=B9+(D9+J9)/2*dt	=C9+(E9+K9)/2*dt	=D9+(G9+O9)/2*dt	=E9+(H9+P9)/2*dt	=WURZEL(vx^2+vy^2)	=-a*x-c.0*vx*v^(n.1-1)	=-b*y-c.0*vy*v^(n.1-1)	=m*(x*vy-y*vx)	
8	**t**	**x**	**y**	**vx**	**vy**	**v**	**ax**	**ay**	**L.z**	
9	0,00	0,80	0,75	0,50	-0,20	0,54	-0,80	-0,83	-0,54	
10	**0,10**	**0,85**	**0,73**	**0,42**	**-0,28**	0,50	-0,85	-0,80	-0,54	
1608	159,90	-0,49	-0,20	-0,78	0,76	1,09	0,49	0,22	-0,53	

	J	K	L	M	N	O	P	Q
7	=vx+ax*dt	=vy+ay*dt	=WURZEL(vx.p^2+vy.p^2)	=x+vx.p*dt	=y+vy.p*dt	=-a*x.p-c.0*vx.p*v.p^(n.1-1)	=-b*y.p-c.0*vy.p*v.p^(n.1-1)	
8	**vx.p**	**vy.p**	**v.p**	**x.p**	**y.p**	**ax.p**	**ay.p**	

Abb. 3.12 (T) Tabellenaufbau für die Berechnung der Bahnkurven mit dem Verfahren „Fortschritt mit Vorausschau" unter Berücksichtigung von Reibung

3.4.2 Bahnkurven

Tabellenorganisation
In Abb. 3.12 (T) wird ein Tabellenaufbau für die Berechnung der Bahnkurven mit dem Verfahren „Integration mit Vorausschau" unter Berücksichtigung von Reibung vorgestellt.

Fragen
zu Abb. 3.12 (T)

In welchen Einheiten werden die Kreisfrequenzen ω_x und ω_y angegeben, wenn alle Parameter in Abb. 3.12 (T) in SI-Einheiten angegeben werden?[14]

Wie lautet die Formel in G7 in mathematischer Schreibweise? Welche Bedeutung hat der erste Term und welche der zweite?[15]

Welche Bedeutung hat die Formel in C7, die für C10 gilt?[16]

In Abb. 3.13a sieht man drei Umläufe eines Massenpunktes in einem Potential mit $a=1$ und $b=1,1$. Ein einzelner Umlauf ist ellipsenähnlich; die Bahnkurve ist

---

[14]$[m] = \mathrm{kg}$; $[a] = [b] = \mathrm{N/m} = \mathrm{kg/s^2}$; $[\omega] = \sqrt{(a/m)} = 1/\mathrm{s}$.

[15]$a_x = -a \cdot x - c_0 \cdot v_x \cdot v^{n_1-1}$; der erste Term beschreibt die Federkraft, der zweite Term die geschwindigkeitsabhängige Reibungskraft.

[16]Die Formel in D7 berechnet die y-Koordinate zur Zeit $t=0,10$ mit dem Verfahren „Fortschritt mit Vorausschau".

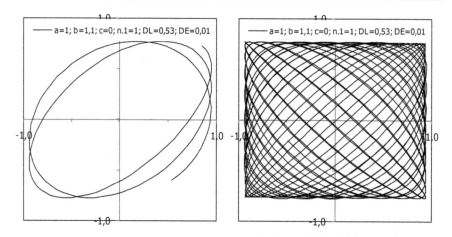

Abb. 3.13   a (links) Drei Umläufe eines Massenpunktes in einem anisotropen Potential; keine Reibung. **b** (rechts) Die Bahnkurve füllt über lange Zeiten betrachtet ein Rechteck

aber nicht geschlossen. Im Laufe der Zeit dreht sich die Hauptachse und füllt ein Rechteck (Abb. 3.13b).

Ohne Reibung sind die Bewegungen in x- und y-Richtung unabhängig voneinander. Die Bewegungsgleichungen entsprechen für jede Komponente einem harmonischen Oszillator, sodass $x(t)$ und $y(t)$ durch Sinusfunktionen mit den Parametern Amplitude A, Kreisfrequenz ω und Nullphase ϕ beschrieben werden. Die Frequenzen folgen aus den beiden Federkonstanten und der Masse:

$$\omega_x = \sqrt{\frac{2a}{m}} \text{ und } \omega_y = \sqrt{\frac{2b}{m}} \tag{3.17}$$

▶ **Tim** Die Frequenzen stehen also von vornherein fest.

▶ **Mag** Welche Parameter der Lösungen sind dann noch frei?

▶ **Tim** Die vier Werte A_x, A_y, ϕ_x und ϕ_y

▶ **Mag** Und die werden in analytischen Rechnungen durch die vier Anfangsbedingungen $x(0)$, $y(0)$, $v_x(0)$ und $v_y(0)$ festgelegt.

▶ **Mag** Die Bewegung eines Körpers in einem anisotropen Oszillatorpotential lässt sich als Überlagerung von einer Schwingung in x-Richtung mit der Kreisfrequenz ω_1 und einer Schwingung in y-Richtung mit der Kreisfrequenz ω_2 auffassen. Wie berechnen Sie Amplituden und Phasenverschiebungen der beiden Kosinusfunktionen, die die Bewegung beschreiben, abhängig von den Anfangsbedingungen?

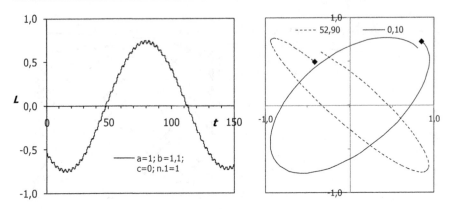

Abb. 3.14 a (links) Drehimpuls als Funktion der Zeit. **b** (rechts) Ellipsenähnliche Umläufe mit unterschiedlichem Umlaufssinn; die Anfangspunkte der Bahn sind markiert

▶ **Tim** Das mache ich analytisch, indem ich ein System mit vier Gleichungen aufstelle.

▶ **Alac** Ich mach das lieber tabellentechnisch mit nichtlinearer Regression, indem ich die Amplituden und Phasenverschiebungen als anpassbare Parameter in die SOLVER-Funktion einsetze.

▶ **Mag** Beides ist gut. Vergleichen Sie dann ihre Ergebnisse!

3.4.3 Drehimpuls

Der Drehimpuls, wiedergegeben in Abb. 3.14a, bleibt nicht erhalten. Das ist zu erwarten, weil gemäß Abb. 3.9b ein Drehmoment wirkt.

Es treten kurzzeitige Schwankungen des Drehimpulses auf, wenn die Bahnkurve die Geraden $x = 0$ und $y = 0$ schneidet, weil dann das Drehmoment die Richtung wechselt. Auf größerer Zeitskala ändert der Drehimpuls periodisch sein Vorzeichen, die Bahnkurve wechselt den Umlaufssinn (Abb. 3.14b).

Fragen

Bei welchen Zeiten ändert die Bahn in Abb. 3.14a ihren Drehsinn? Wodurch kommen die kurzzeitigen Schwankungen des Drehimpulses zustande?[17]

---

[17]Der *Drehsinn der Bahn* wird durch das Vorzeichen des Drehimpulses gegeben. Er ändert sich nach Abb. 3.14 a bei $t \approx 48$ und $t \approx 112$. Die kurzzeitigen Schwankungen kommen zustande, wenn die Bahn die x- oder y-Achse schneidet, weil sich dort nach Abb. 3.9 b der *Drehsinn des Drehimpulses* ändert.

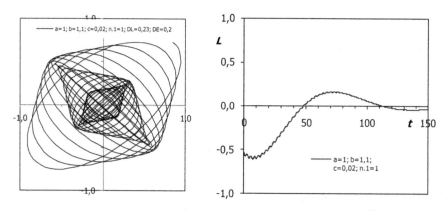

Abb. 3.15 a (links) Bahnkurven eines anisotropen Oszillators, wenn eine Reibungskraft wirkt ($c = 0{,}02$). **b** (rechts) Drehimpuls für die Bahnkurve in a

Bahnkurven bei Reibung

Wenn eine Reibungskraft wirkt, dann schrumpfen die Bahnkurven (Abb. 3.15a), und der Drehimpuls wird langfristig immer kleiner (Abb. 3.15b). Die Bewegungen in x- und y-Richtung sind nicht mehr entkoppelt, weil die Reibungskraft vom Betrag der Geschwindigkeit abhängt.

3.5 Bewegung in einem inhomogenen Magnetfeld

Ein geladenes Teilchen bewegt sich in einem Magnetfeld auf Bahnen, die sich um die Magnetfeldlinien krümmen. In einem homogenen Magnetfeld entstehen Kreisbahnen. Der Drehimpuls bleibt nur erhalten, wenn er auf den Mittelpunkt der Kreisbahn bezogen wird.

Lorentz-Kraft

Die Kraft auf ein geladenes Teilchen der Masse m und der Ladung q, das sich in der xy-Ebene in einem Magnetfeld $\vec{B}$ senkrecht zu dieser Ebene bewegt sowie die daraus resultierenden Beschleunigungen werden gegeben durch:

$$\vec{F}_{\mathrm{L}} = q \cdot \left(\vec{v} \times \vec{B}\right) = q \cdot \left(v_y B_z;\, -v_x B_z\right)$$

$$a_x = \frac{q}{m} \cdot \left(v_y B_z\right) \text{ und } a_y = \frac{q}{m} \cdot \left(-v_x B_z\right) \tag{3.18}$$

Die Kraft wirkt in der xy-Ebene und dort senkrecht zu $(v_x,\, v_y)$. Es gilt eine Vorzeichenregel, die man sich folgendermaßen merken kann:

▶ Ψ *Elektronen (negativ geladen) drehen rechts um $\vec{B}$.*

Magnetfeld

In der betrachteten Ebene herrsche ein von x und y abhängiges Magnetfeld senkrecht zur Ebene. Sein Betrag soll nur vom Abstand r vom Nullpunkt abhängen und mit der Periode r_0 kosinusförmig verlaufen:

$$B_z = B_0 \cos\left(2\pi\left(\frac{r}{r_0}\right)\right) \tag{3.19}$$

In Abb. 3.16a ist $r_0 = 1$, sodass die Orte verschwindenden Magnetfeldes Kreise mit $r = 0{,}25;\ 0{,}75;\ 1{,}25 \dots$ sind.

Bahnkurven und Drehimpuls

Der Drehimpuls bezogen auf einen Referenzpunkt (x_R, y_R) wird berechnet zu:

$$\vec{L} = m \cdot (\vec{r} \times \vec{v})$$

$$L_z = m \cdot \left((x - x_R) \cdot v_y - (y - y_R) \cdot v_x\right) \tag{3.12}$$

$$= m \cdot \left((x v_y - y v_x) - (x_R v_y - y_{R v_x})\right)$$

Ein geladenes Teilchen mit Anfangswerten des Ortes und der Geschwindigkeit, die in der Unterschrift zu Abb. 3.16a angegeben werden, läuft auf einer gewundenen Bahn um den Kreis mit $r_0 = 0{,}75$ und $B(r_0) = 0$. Die Energie bleibt erhalten, der Drehimpuls nicht. Die Anfangswerte für r_0 und v wurden hier so gewählt, dass eine geschlossene Kurve zustande kommt. Im Allgemeinen ist das nicht der Fall.

Setzen wir den Radius auf $r_0 = 100.000$, dann ist das Magnetfeld im dargestellten Bereich praktisch homogen, und es ergibt sich eine Kreisbahn mit konstantem Betrag der Geschwindigkeit und konstanter Energie (Abb. 3.16b). Der

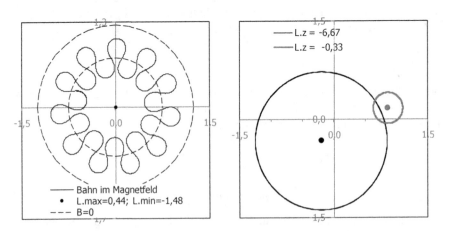

Abb. 3.16 a (links) Bahn im inhomogenen Magnetfeld, Gl. 3.19 mit $r_0 = 0{,}75$; Anfangswerte: $x(0) = -0{,}5$; $y(0) = 0$; $v_x(0) = 1$; $v_y(0) = 1$; die Werte wurden so gewählt, dass eine geschlossene Bahn entsteht. **b** (rechts) Kreisbahnen im homogenen Magnetfeld

Drehimpuls bezogen auf einen beliebigen Ursprung ist nicht konstant. Er bleibt nur erhalten, wenn er auf den Mittelpunkt der Kreisbahn bezogen wird, der natürlich von den gewählten Anfangsbedingungen abhängt.

3.6 Keplerproblem

In dieser Übung behandeln wir die Bewegung eines Massepunktes in der *xy*-Ebene unter der Wirkung der Gravitation, also in einem Zentralfeld, bei dem die potentielle Energie umgekehrt proportional zu *r*, die Kraft somit umgekehrt proportional zu r^2 ist. Die Bewegungsgleichung wird zunächst in kartesischen Koordinaten integriert. Die Tabellenrechnung wird so aufgebaut, dass sie leicht für andere Zentralfelder eingesetzt werden kann. Wir erstellen und lösen dann die Bewegungsgleichung für die radiale Komponente der Bewegung bei vorgegebenem Drehimpuls. Das Potential für die Radialbewegung wird in Kap. 4 für die Berechnung der radialen Komponente der quantenmechanischen Zustandsfunktion eines Elektrons im Wasserstoffatom von Wasserstoffatomen eingesetzt.

3.6.1 Integration in kartesischen Koordinaten

Das Gravitationspotential lautet:

$$E_{\text{pot}} = -\frac{G \cdot m}{r} \tag{3.21}$$

wobei *m* die Masse des betrachteten Körpers und *r* der Abstand zum Gravitationszentrum sind.

Für die Kraft F_G und die Beschleunigung *a* längs der Verbindungslinie zum Gravitationszentrum gilt:

$$F_G = -\frac{Gm}{r^2} \text{ bzw } a = -\frac{G}{r^2} \tag{3.22}$$

Die Bewegung verläuft in der xy-Ebene, sodass sich die kinetische Energie in kartesischen Koordinaten berechnet wie

$$E_{\text{kin}} = \frac{m}{2} \cdot \left(v_x^2 + v_y^2 \right) \tag{3.23}$$

	A	B	C	D	E	F	G	H	I
1	m	2,00							
2	G	100,00				r.max	9,00	=MAX(r.)	
3	dt	0,010				r.min	1,98	=MIN(r.)	
4			(x.c; y.c)						
5	=A7+dt	=B7+(D7+P7)/2*dt	=C7+(E7+Q7)/2*dt	=D7+(I7+N7)/2*dt	=E7+(J7+O7)/2*dt	=WURZEL(x^2+y^2)	=-G/r.^2	=a.r*x/r.	=a.r*y/r
6	t	x	y	vx	vy	r.	a.r	ax	ay
7	0,0	9,00	0,00	0,00	2,00	9,00	-1,23	-1,23	0,00
8	0,0	9,00	0,02	-0,01	2,00	9,00	-1,23	-1,23	0,00
1607	16,0	8,99	-0,35	0,20	1,99	8,99	-1,24	-1,24	0,05

Abb. 3.17 (T) Integration der Bewegungsgleichung in der Ebene mit dem Verfahren „Fortschritt mit Vorausschau"; in den Spalten F und G werden der Abstand r. des Massepunktes zum Ursprung und die sich daraus ergebende Beschleunigung a_r berechnet. In den Spalten H und I wird die Beschleunigung in ihre x- und y-Komponenten, a_x und a_y, zerlegt. In B7:E7 stehen die Anfangsbedingungen. Fortsetzung folgt in Abb. 3.18 (T).

	J	K	L	M	N	O	P	Q	R
5	=x+vx*dt	=y+vy*dt	=WURZEL(x.p^2+y.p^2)	=-G/r.p^2	=a.rp*x.p/r.p	=a.rp*y.p/r.p	=vx+ax*dt	=vy+ay*dt	
6	x.p	y.p	r.p	a.rp	ax.p	ay.p	vx.p	vy.p	
7	9,00	0,02	9,00	-1,23	-1,23	0,00	-0,01	2,00	
8	9,00	0,04	9,00	-1,23	-1,23	-0,01	-0,02	2,00	
1607	8,99	-0,33	9,00	-1,24	-1,24	0,05	0,19	2,00	

Abb. 3.18 (T) Fortsetzung von Abb. 3.17 (T); „vorausgeschaute" Werte für den Ort (x_p, y_p), den Abstand r_p und die Beschleunigung a_{rp}; dann zerlegt in die Beschleunigungen in x- und y-Richtung woraus danach die vorausgeschauten Geschwindigkeiten (v_{xp}, v_{yp}) berechnet werden

Die Integration der Bewegungsgleichung in kartesischen Koordinaten wird beispielhaft in Abb. 3.17 (T) und 3.18 (T) durchgeführt.

Fragen

zu Abb. 3.17 (T)

Die Gravitationskonstante ist $G = 6,67 \times 10^{-11}$ m^3/kg/s^2. Wie groß ist dann die Masse im Zentrum?[18]

In welchen Einheiten wird die Zeit gemessen, wenn die Masse des kreisenden Körpers in Tonnen und die Abstände in 10.000 km angegeben werden?[19]

---

[18] $m_Z = \frac{100}{G} = 1,5 \times 10^{12}$ kg $= 1,5 \times 10^9$ to.

[19] $[Kraft] = [m \cdot a] = $ kg $\cdot$ m/s$^2 = (10^{-3}$ to $\cdot 10^{-7}$ m$)/(10^{-5}$ s$)^2$, die Zeit wird also in 10^5 s gemessen.

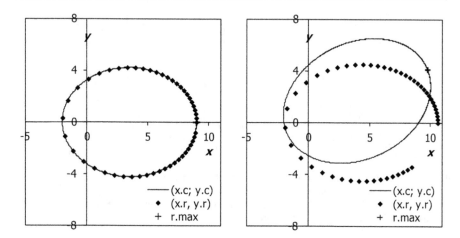

Abb. 3.19 **a** (links) Geschlossene Kurve: Bahnkurve für die Anfangsbedingungen der Abb. 3.17 (T), berechnet im kartesischen Koordinatensystem; die einzelnen Datenpunkte ◆ wurden in Polarkoordinaten in Abb. 3.22 (T) und 3.23 (T) berechnet. **b** (rechts) Wie a, aber für die Anfangsbedingungen $(x; y) = (9; 0)$ und $(v_x; v_y) = (1,5; 2)$; der Ort mit dem größten Abstand zum Zentrum wird durch ein Kreuz markiert. Die Kurven lassen sich durch Drehung um den Nullpunkt deckungsgleich machen

Fragen

zu Gl. 3.22 und 3.22:

Welche physikalische Einheit hat die Gravitationskonstante G im SI-System?[20]

zu Abb. 3.17 (T)

Welches sind die Anfangsbedingungen? Wie groß ist der Drehimpuls des Masseteilchens?[21]

Wie müssen die Formeln in B8:E8 der Abb. 3.17 (T) verändert werden, wenn das Halbschrittverfahren eingesetzt werden soll?[22]

Wie erhält man den Winkel, unter dem der maximale Abstand r_{max} beobachtet wird?[23]

Die Bahnkurve für die Anfangsbedingungen der Abb. 3.17 (T) sieht man in Abb. 3.19a. In Abb. 3.19b wird die Bahnkurve für andere Anfangsbedingungen dargestellt. Gegenüber Abb. 3.19a wurde (statt $v_x = 0$) $v_x = 1,5$ gesetzt.

---

[20]$[G] = [a \cdot r^2] = m^3/s^2$.

[21]Anfangsbedingungen: $(x; y) = (9; 0)$ und $(v_x; v_y) = (0; 2)$; Drehimpuls $\vec{L} = m \cdot \vec{r} \times \vec{v}$; hier: $L = m \cdot x \cdot v_y = 2 \cdot 9 \cdot 2 = 36$ in der Einheit [Masse][Länge][Geschwindigkeit].

[22]Siehe Abb. 3.21 (T)!

[23]Man sucht den maximalen Wert von r in der Tabelle, dazu x_{max} und y_{max} und bestimmt $\alpha_{max} = \arctan2(x_{max}, y_{max})$.

	S	T	U	V	W	X	Y	Z	AA
2	E.tot		-18,22	=MITTELWERT(E)			0,01	=STABW(E)	
3	L.		36,00	=MITTELWERT(L.z)			0,00	=STABW(L.z)	
4									
5	$=m*(vx^2+vy^2)/2$	$=-G*m/r.$	$=E.kin+E.pot$	$=m*(x*vy-y*vx)$	$=m/2*((r.-H6)/dt)^2$	$=L.^2/(2*m*r.^2)$	$=E.zent+E.rot$	$=E.tot-E.zent$	
6	E.kin	E.pot	E	L.z	E.zent	E.rot		U.eff	
7	4,00	-22,22	-18,22	36,00		4,000	0,00		
8	4,00	-22,22	-18,22	36,00	0,00	4,000	0,00	-18,221	
411	82,94	-101,19	-18,25	36,00	0,00	82,941	0,00	-18,224	
1607	4,02	-22,24	-18,22	36,00	0,02	4,006	0,00	-18,238	

Abb. 3.20 (T) Fortsetzung von Abb. 3.18 (T); Spalten S und T: kinetische Energie, berechnet mit kartesischen Koordinaten, und potentielle Energie der Bahn in Abb. 3.19a; Spalte V: Drehimpuls L_z; Spalten W und X: zentrifugale (E_{zent}) und radiale (E_{rot}) kinetische Energie; in Spalte Z wird das effektive radiale Potential U_{eff} berechnet

Bewegungsintegrale

In Abb. 3.20 (T) werden Bewegungsintegrale berechnet: Die Gesamtenergie E in Spalte U, berechnet als Summe der kinetischen (E_{kin}) und der potentiellen (E_{pot}) Energie; der Drehimpuls L_z in Spalte V. Die zugehörigen Standardabweichungen stehen in Spalte Y.

In den Zeilen 2 und 3 werden die Mittelwerte und die Standardabweichungen der Energie und des Drehimpulses berechnet. Die Werte für diese beiden physikalischen Größen sind innerhalb von 1 ‰ konstant. Die Bewegungsintegrale der Energie und des Drehimpulses bleiben *also* bei der Bewegung erhalten.

Fragen

Diskutieren Sie die 1 ‰ und das „also" in obiger Aussage![24]

Wir werden das Keplerproblem in Kap. 9 auch mit Variationsrechnung behandeln.

Halbschrittverfahren

In Abb. 3.21 (T) wird das Halbschrittverfahren angewandt, welches alternativ zu unserem „Fortschritt mit Vorausschau" eingesetzt werden kann.

Aus dem Ort (x, y) wird (in den ausgeblendeten Spalten F bis I) wie in Abb. 3.17 (T) die Beschleunigung (a_x, a_y) berechnet, daraus dann in den Spalten P und Q die Geschwindigkeit in der Mitte des Intervalls und daraus in der nächsten Zeile der Ort am Ende des Intervalls. Der Ort in der Mitte des Zeitintervalls wird mit den Geschwindigkeiten (v_x, v_y) zu Beginn des Intervalls ermittelt, daraus dann (in den ausgeblendeten Spalten L bis O) die Beschleunigung wie in Abb. 3.18 (T)

---

[24]Bei numerischen Rechnungen kommen immer nur ungefähre Werte heraus. Schlussfolgerungen aus den Ergebnissen sind immer nur starke Vermutungen und nie 100 % sicher. Es kann höchstens gesagt werden, dass unsere Rechnungen keinen Grund liefern, an der Schlussfolgerung zu zweifeln.

	A	B	C	D	E	K	L	Q	R	S
5	=A7+dt	=B7+Q7*dt	=C7+R7*dt	=D7+O7*dt	=E7+P7*dt	=x+vx*dt/2	=y+vy*dt/2	=vx+ax*dt/2	=vy+ay*dt/2	
6	t	x	y	vx	vy	x.p	y.p	vx.p	vy.p	
7	0,0	9,00	0,00	-0,50	2,00	9,00	0,01	-0,51	2,00	
8	0,0	8,99	0,02	-0,51	2,00	8,99	0,03	-0,52	2,00	

Abb. 3.21 (T) Integration der Bewegungsgleichung in der Ebene mit dem Halbschrittverfahren; die ausgeblendeten Spalten F bis I und L bis O enthalten dieselben Formeln wie in Abb. 3.17 (T) und 3.18 (T)

und aus dieser Beschleunigung dann in der nächsten Zeile die Geschwindigkeit am Beginn des neuen Intervalls.

3.6.2 *E* und *L* statt *r* und *v* als Anfangsbedingungen

Reichen die Angabe von Drehimpuls und Energie aus, um die Bahn zu berechnen?
Wir werden im nächsten Abschnitt sehen, dass die radiale Beschleunigung a_r im Gravitationspotential $-G/r$ als

$$a_r = -\frac{G}{r^2} + \frac{b}{r^3}, \text{ mit } b = \frac{L^2}{m^2} \qquad (3.24)$$

berechnet wird. Den Term L^2/mr^2 nennt man *Radialpotential*. Kann man mithilfe dieses Potentials die Bahnen rekonstruieren?

Die Gl. 3.24 enthält als unabhängige Variable nur den Radius der Bahn. Durch Differenzieren erhält man dann das Kraftgesetz, natürlich nur für *r*. Mit diesem Kraftgesetz können wir die Newton'sche Bewegungsgleichung für *r* lösen. Radius und radiale Geschwindigkeit zum Zeitpunkt Null müssen als Anfangsbedingungen vorgegeben werden.

Wir erhalten dann den Radius als Funktion der Zeit, $r = r(t)$. Für die genaue Form der Bahn fehlt dann aber noch der Winkel als Funktion der Zeit, $\phi = \phi(t)$; den haben wir nicht.

Hier hilft uns wiederum die Erhaltung des Drehimpulses, anschaulich ausgedrückt durch den Kepler'schen Flächensatz:

Der Fahrstrahl eines Planeten überstreicht in gleichen Zeiten gleiche Flächen.

Der „Fahrstrahl" ist in moderner Notation der Radiusvektor. Es gilt also: $(r^2 \, d\phi)/2 =$ const., oder mit unserer Kenntnis der Drehimpulserhaltung: $d\phi = L/(mr^2) \cdot dt$. Wenn also $r(t)$ bekannt ist, dann kann der Winkel ϕ durch Integration über d*t* gewonnen werden.

▶ **Tim** Wir müssen also nur noch die Anfangswerte von *r* und $\dot{r}$ vorgeben, um die vollständige Bahn zu erhalten.

▶ **Alac** Die können wir beliebig wählen.

▶ **Mag** Wenn wir aber dieselbe Bahn herausbekommen wollen wie bei der Simulation mit kartesischen Koordinaten?

▶ **Alac** Dann wählen wir als Anfangsbedingung den maximalen oder minimalen Radius der in kartesischen Koordinaten berechneten Bahn.

▶ **Mag** Fehlt noch die Radialgeschwindigkeit am Startpunkt.

▶ **Alac** Die setzen wir zu null, weil die Bahn an den Extrempunkten keine Komponente in Richtung des Kraftzentrums hat.

Mag Das ist richtig. Wir wollen aber zunächst einen anderen Weg wählen, bei dem wir von der Erhaltung der Energie ausgehen.

▶ **Tim** Soll die Bahn dann nur mit der Kenntnis der Werte von Energie und Drehimpuls berechnet werden?

▶ **Mag** Im Wesentlichen ja. Wir setzen die Energie des Körpers fest, bestimmen mit dem radialen Potential, das durch den Drehimpuls bestimmt ist, den Radius, der zu dieser Energie gehört, und setzen diesen Radius als Anfangsbedingung ein.

▶ **Tim** Welcher Wert ist für die radiale Geschwindigkeit einzusetzen?

▶ **Alac** Die Geschwindigkeit verschwindet, weil die kinetische Energie null ist.

▶ **Mag** Überlegen Sie noch einmal genauer. Welcher Anteil der Energie verschwindet in den Umkehrpunkten der Bahn?

▶ **Tim** Die *radiale* kinetische Energie.

▶ **Mag** Genau. Die kinetische Energie längs der Bahn ist immer größer als null, wenn der Drehimpuls größer als null ist. Das Ergebnis unserer Überlegung ist also: Die radiale Geschwindigkeit verschwindet in den Umkehrpunkten der Bahn. Und das ist alles, was wir für die Lösung der radialen Differentialgleichung brauchen.

Warum *E* und *L* statt *r* und *v* als Anfangsbedingung?

▶ **Tim** Selbst bei Wahl von L und E als Ausgangspunkt unserer Rechnung kommen wir über den Umweg der Energie der Bahn dann doch wieder zu Anfangsbedingungen für r und $\dot{r}$. Ist das nicht unnötig umständlich? Wir haben die Bahn doch schon in kartesischen Koordinaten herausbekommen. Was soll der Umweg uns bringen?

▶ **Mag** Er bringt uns keinen Vorteil für die numerischen Berechnungen im Rahmen der klassischen Mechanik, ist aber ein logisches Bindeglied zum nächsten Kapitel, in dem wir die Schrödingergleichung numerisch lösen. *Das effektive radiale Potential für ein Wasserstoffatom hat dieselbe Form wie dasjenige für die Planetenbewegung.*

▶ **Tim** Das heißt also: *Wenn L und E vorgegeben werden, dann können sowohl die klassische Bahn als auch die quantenmechanische Zustandsfunktion berechnet werden.*

3.6.3 Integration in Polarkoordinaten

Effektives radiales Potential
Die kinetische Energie des Massepunktes auf der Bahn lässt sich mit Polarkoordinaten (r, ϕ) in einen radialen und einen zentrifugalen Anteil zerlegen:

$$E_{\text{kin}} = \frac{m}{2}\left(\frac{\mathrm{d}\vec{r}}{\mathrm{d}t}\right)^2 = \frac{m}{2}\left(\frac{\mathrm{d}r}{\mathrm{d}t}\right)^2 + \frac{m}{2}\left(r \cdot \frac{\mathrm{d}\phi}{\mathrm{d}t}\right)^2 = E_{\text{rad}} + E_{\text{zent}} \quad (3.25)$$

Der Drehimpuls ist in Polarkoordinaten:

$$L = m \cdot r^2 \cdot \frac{\mathrm{d}\phi}{\mathrm{d}t} \quad (3.26)$$

sodass sich die *zentrifugale kinetische Energie* als

$$E_{\text{zent}} = \frac{L^2}{2mr^2} \quad (3.27)$$

schreiben lässt, da der Betrag L des Drehimpulses im Gravitationsfeld als konstant vorausgesetzt wird.

Die Gesamtenergie setzt sich zusammen als:

$$E = U(r) + E_{\text{zent}} + E_{\text{rot}} = U(r) + \frac{L^2}{2mr^2} + \frac{m}{2} \cdot \left(\frac{\mathrm{d}r}{\mathrm{d}t}\right)^2 \quad (3.28)$$

Die *Zentrifugalenergie* E_{zent} hängt nur von r ab, nicht von der Geschwindigkeit des Teilchens. Sie lässt sich deshalb mit dem Gravitationspotential zu einem effektiven Potential zusammenfassen:

$$U_{\text{eff}}(r) = -\frac{mG}{r} + \frac{L^2}{2mr^2} \quad (3.29)$$

Daraus lässt sich eine *eindimensionale Bewegungsgleichung* für r mit einer radialen Beschleunigung

$$a_{\text{r}} = -\frac{\mathrm{d}U_{\text{eff}}}{\mathrm{d}r} = -\frac{G}{r^2} + \frac{b}{r^3} \quad (3.30)$$

mit $b = L^2/m^2$ und der Gravitationskonstante G ableiten.

	A	B	C	D	E	F	G	H
1								
2	b	324,01	=L.^2/m^2					
3								
4			=r.max	=0				
5			=B6+(C6+F6)/2*dt	=C6+(D6+G6)/2*dt	=-G*r.r^-2+b*r.r^-3	=r.r+v.r*dt	=v.r+a.r*dt	=-G*r.rn^-2+b*r.rn^-3
6	t	r.r	v.r	a.r	r.rn	v.rn	a.rn	
7	0,000	9,00	0,00	-0,79	9,00	-0,01	-0,79	
8	0,010	9,00	-0,01	-0,79	9,00	-0,02	-0,79	
107	0,990	8,60	-0,81	-0,84	8,59	-0,82	-0,84	
1607	15,990	8,99	0,13	-0,79	8,99	0,12	-0,79	

Abb. 3.22 (T) Integration der Bewegungsgleichung für r

Abb. 3.23 (T) Fortsetzung von Abb. 3.22 (T); Berechnung des Winkels ϕ der Bahnkurve aus dem Abstand r_r zum Nullpunkt; in den Spalten N und O werden aus den 1601 berechneten Punkten 101 Punkte für die Darstellung in Abb. 3.19a ausgewählt

	I	J	K	L	M	N	O
3							(x.r, y.r)
4						=K6	=L6
5	=L./(m*r.r^2)*dt	=J7+dphi	=r.r*COS(phi)	=r.r*SIN(phi)		=K23	=L23
6	dphi	phi	x.r	y.r		x.sel	y.sel
7	0,00	0,00	9,00	0,00		9,00	0,00
8	0,00	0,00	9,00	0,02		8,99	0,32
107	0,00	0,23	8,38	1,95		8,99	-0,34
1607	0,00	12,53	8,99	-0,34			

Tabellenaufbau

Eine Tabellenrechnung zur Integration der Bewegungsgleichung für r steht in Abb. 3.22 (T).

Als Anfangsbedingungen werden der maximale Abstand r_{max} der Bahnkurve aus Abb. 3.17 (T) und die Geschwindigkeit $v_r = 0$ gewählt. Dadurch wird erreicht, dass die Energie und der Drehimpuls dieselben sind wie bei der Berechnung in kartesischen Koordinaten.

Aus Gl. 3.26 lässt sich eine Differentialgleichung für den Winkel ϕ, ableiten:

$$d\phi = \frac{L}{mr^2} \cdot dt \tag{3.31}$$

die in Abb. 3.23 (T) auf einfache Art integriert wird.

Fragen

Formen Sie Gl. 3.31 um, sodass sie dem Kepler'schen Flächensatz entspricht![25]

---

[25]Vom Fahrstrahl überstrichene Fläche: $\frac{r^2 d\phi}{2} = \left(\frac{L}{2}\right) \cdot dt$.

Aus den in Abb. 3.23 (T) berechneten 1601 Punkten werden in den Spalten N und O 101 Punkte ausgewählt und in Abb. 3.19a eingetragen. Sie liegen genau auf der in kartesischen Koordinaten berechneten Kurve. Die Formeln in N7:O107 werden mit einer Routine ähnlich wie in Abb. 3.31 (P) in Abschn. 3.7.1 eingeschrieben.

Die Integration über r wurde auch für die Anfangsbedingungen der Abb. 3.19b durchgeführt. Die durch die ausgewählten Punkte beschriebene Bahn in Abb. 3.19b hat dieselbe Form wie die mit kartesischen Koordinaten berechnete, jedoch mit einem anderen Winkel gegen die Achsen. Die Formen der Bahn sind identisch, weil die Bewegungen dieselbe Energie und denselben Drehimpuls besitzen.

3.6.4 Effektives Potential für die Radialbewegung

Das effektive Potential für die Radialbewegung, U_{eff} nach Gl. 3.29, wird in Abb. 3.24a für $L = 36$, der Wert, der in Abb. 3.20 (T) erhalten wurde, dargestellt.

Die Gesamtenergie von $-18,22$ (aus Abb. 3.20 (T) entnommen) wird durch den waagrechten Strich wiedergegeben. Die Punkte minimalen und maximalen Abstandes zum Nullpunkt, r_{min} und r_{max} in Abb. 3.17 (T), werden in Abb. 3.24a durch Rauten gekennzeichnet. In diesen Punkten steckt die gesamte Energie im effektiven Potential, sodass für die radiale kinetische Energie nichts übrig bleibt. Der Bahnpunkt mit r_{max} wird in Abb. 3.19b mit einem Kreuz gezeichnet.

Der Abstand r zum Nullpunkt wird in Abb. 3.24b als Funktion der Zeit eingetragen. Die waagrechte Linie bezeichnet den Abstand mit der kleinstmöglichen Energie. Die Funktion $r(t)$ sieht wie eine unsymmetrische Schwingung aus, vergleichbar der Oszillation im Morsepotential, Abschn. 10.6.

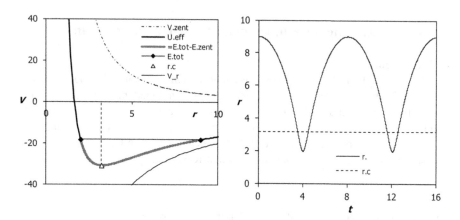

Abb. 3.24 **a** (links) Effektives Potential U_{eff} für die Radialbewegung mit $L = 36$, als Summe aus Gravitationspotential V_r und Zentrifugalpotential V_{zent}; die waagrechte Linie gibt die Gesamtenergie für die Anfangsbedingungen in Abb. 3.22 (T) and **b** (rechts) Abstand r zum Nullpunkt als Funktion der Zeit t für die Bahnkurve der Abb. 3.19b, berechnet mit Polarkoordinaten; die senkrechte Linie entspricht dem Radius mit der kleinstmöglichen Energie

Fragen

zu Abb. 3.24

Welche Bahnform entsteht, wenn die Gesamtenergie gleich dem Minimum des effektiven Potentials in Abb. 3.24a ist?[26]

Wie kann die in Polarkoordinaten berechnete Bahnkurve in Abb. 3.24b gedreht werden, sodass Sie auf der mit kartesischen Koordinaten berechneten liegt?[27]

▶ **Tim** In Abb. 3.23 hätten wir noch die Information $L = 36$ in der Legende unterbringen sollen.

▶ **Alac** Einfach mit Ψ „*Text*" & *Variable*, wie in Abschn. 2.2.2 von Band I erläutert.

3.7 Zwei-Körper-System mit Gravitationswechselwirkung

In dieser Übung behandeln wir die Bewegung zweier Körpern, die über die Schwerkraft miteinander wechselwirken, beispielhaft für alle Probleme der Bewegung von zwei Körpern, die eine Kraft aufeinander ausüben, die nur vom Abstand r der beiden Körper abhängt und längs der Verbindungslinie wirkt. Die Kraft soll allgemein $F(r) = F_r \cdot r^n$ sein. Für Gravitationsanziehung gilt: der Vorfaktor F_r ist negativ und $n = -2$. Die Tabellenrechnung wird so aufgebaut, dass für andere Kraftgesetze nur die beiden Parameter F_r und n verändert werden müssen.

3.7.1 Berechnung der Bahnen in kartesischen Koordinaten

Tabellentechnik

Wir berechnen die Bahnen für zwei Massen m_1 und m_2, zwischen denen eine Kraft längs der Verbindungsachse wirkt, in zwei getrennten Tabellenblättern „m.1" und „m.2" mit hinreichender Genauigkeit in 1601 Zeitschritten, von denen dann 50 Punkte in ein Masterblatt „master" übertragen und grafisch dargestellt werden.

In einem weiteren Tabellenblatt „F.12", welches Daten mit „m.1" und „m.2" austauscht, wird zunächst aus den kartesischen Koordinaten der Abstand zwischen

---

[26]Es entsteht eine Kreisbahn, weil die radiale kinetische Energie verschwindet und die gesamte kinetische Energie in der Winkelbewegung steckt.

[27]Dazu darf der Anfangswinkel bei der Berechnung von ϕ in Abb. 3.23 (T) nicht bei Null liegen, sondern muss dem Winkel des Punktes mit dem maximalen Radius in Abb. 3.19b (T) entsprechen.

den beiden Massen und daraus dann der Betrag der Kraft berechnet, aus der wiederum die Komponenten in x- und y-Richtung ermittelt werden, die in die Rechnungen für die beiden Massen eingehen. In diesem Tabellenblatt wird auch die Bahn des Schwerpunktes berechnet, und es werden die Koordinaten von m_1 und m_2 ins Schwerpunktsystem transformiert.

Kraftgesetz und Anfangsbedingungen
Das Kraftgesetz für eine Zentralkraft wird proportional zu einer Potenz des Abstandes angesetzt:

$$F(r) = F_r \cdot r^n \qquad (3.32)$$

wobei F_r und n frei wählbare Parameter sind.

Im Masterblatt, Abb. 3.25 (T), werden die Parameter des Problems vorgewählt, also Vorfaktor und Potenz des Kraftgesetzes, die Massen der beiden Körper sowie ihre Anfangsorte und die Anfangsgeschwindigkeiten bei $t=0$. Für die Gravitationswechselwirkung gilt: $F_r<0$ und $n=-2$. Als Parameter wurden $F_r=-40$ und $n=-2$ gewählt.

Bahnkurven für Gravitationswechselwirkung
Eine Auswahl der Koordinaten der Bahnkurven (50 Punkte in B8:F57 von Abb. 3.25 (T)) wird aus den Blättern „m.1" und „m.2" übernommen, in denen die Bewegungsgleichung auf 1600 Punkten „mit Vorausschau" integriert wird. Eine Auswahl der Werte für den Drehimpuls im Schwerpunktsystem wird aus dem Tabellenblatt „F.12" übernommen (Abb. 3.26 (T)).

Fragen
zu Abb. 3.25 (T)

	A	B	C	D	E	F	G	H	I	J	K
1	Masse	**m.1**	1	**m.2**	4		Potenz des Kraftgesetzes		**n**		-2
2	Ort bei t = 0	**x1.0**	10	**x2.0**	20		Vorfaktor des Kr.ges.		**F.r**		-40
3		**y1.0**	10	**y2.0**	10		Zeitintervall		**dt**		0,025
4	Geschw.	**vx.10**	0,93	**vx.20**	0						
5	bei t=0	**vy.10**	1,87	**vy.20**	0						

	B	C	D	E	F	G	H	I	J	K	L	M	N
6	0,36	=m.1!B35	=m.1!I35	=m.2!B35	=m.2!I35		=(x.1s*m.1+x.2s*m.2)/(m.1+m.2)	=(y.1s*m.1+y.2s*m.2)/(m.1+m.2)	=x.1s-x.SP	=y.1s-y.SP	=x.2s-x.SP	=y.2s-y.SP	
7	t	x.1s	y.1s	x.2s	y.2s		x.SP	y.SP	x.1s.SP	y.1s.SP	x.2s.SP	y.2s.SP	
8	0	10,00	10,00	20,00	10,00		18,00	10,00	-8,00	0,00	2,00	0,00	
9	0,8	10,88	11,49	19,97	10,00		18,15	10,30	-7,27	1,19	1,82	-0,30	
57	39,2	19,76	16,01	26,67	26,82		25,29	24,66	-5,53	-8,65	1,38	2,16	

Abb. 3.25 (T) Masterblatt „master"; Definition der Parameter in A1:L5; Koordinaten der Bahnkurven im Laborsystem in B8:F57 (50 Punkte, aus den Tabellenblättern „m.1" und „m.2" übertragen), Koordinaten des Schwerpunktes in H8:I57; Bahnkoordinaten im Schwerpunktsystem in J8:M57

	O	P	Q	R	S	T	U	V	W
1			SP; vSP.x=0,19; vSP.y=0,37				m.1=1		
2			n=-2; F.r=-40; L=-14,96				m.2=4		
3			**vSP.x**	**vSP.y**					
4	=MITTELWERT(v.Sp.x)		0,186	0,374	=MITTELWERT(v.Sp.y)				
5	=STABW(v.Sp.x)		6,8E-15	5,2E-15	=STABW(v.Sp.y)				
6			=F.12!T38	=(x.SP-H8)/(t-B8) =(I9-I8)/(t-B8)			=INDIREKT("J"&$T$8) =INDIREKT("M"&$T$8)		
7			**L.SP**	**v.Sp.x**	**v.Sp.y**		**x.a**	**y.a**	
8			-14,96			32	**-8,28**	-5,77	
9			**-14,96**	**0,19**	**0,37**		2,07	**1,44**	
57			-14,96	0,19	0,37				

Abb. 3.26 (T) Fortsetzung von Abb. 3.25 (T); L_{SP}: Drehimpuls im Schwerpunktsystem; Geschwindigkeit des Schwerpunktes in den Spalten Q und R; in U8:V9 werden die Koordinaten der beiden Massen zu einem bestimmten Zeitpunkt kopiert, aus einer Zeile (hier 32) der Spalten J, K, L, M

Welche Art von Argument steht in der Tabellenfunktion INDIREKT?[28]

Aus welcher Zelle in Abb. 3.25 (T) wird der Wert in Zelle U8 von Abb. 3.26 (T) kopiert?[29]

Aus welcher Zelle in Abb. 3.25 (T) wird der Wert in Zelle V9 von Abb. 3.26 (T) kopiert?[30]

Die Bahnkurven für die Parameter in Abb. 3.25 (T), also für zwei Körper, die sich infolge Schwerkraft anziehen, sieht man in Abb. 3.27a (im Laborsystem) und in Abb. 3.27b (im Schwerpunktsystem). Die Bahnkurven im Schwerpunktsystem sind Ellipsen mit einem gemeinsamen Brennpunkt im Schwerpunkt.

▶ **Tim** Ich nominiere Abb. 3.27 für den Schönheitswettbewerb 𝔅. Die Bewegung im Laborsystem sieht so schwungvoll aus, als hätte sie ein Künstler mit Elan gezeichnet. Im Schwerpunktsystem bleiben dann nur zwei Ellipsen übrig. Das ist doch große Physik.

▶ **Alac** Einverstanden. Die beiden Ellipsen mit gemeinsamem Brennpunkt sehen viel eleganter aus als die beiden Ellipsenbahnen der Bewegung des harmonischen Oszillators mit gemeinsamem Mittelpunkt später in Abb. 3.40b.

▶ **Tim** Aber wie beweisen wir denn, dass die Bahnen im Schwerpunktsystem Ellipsen sind?

▶ **Alac** Ganz einfach mit SOLVER.

---

[28]Das Argument von INDIREKT ist eine Zelladresse.

[29]Der Wert wird aus Zelle J32 kopiert.

[30]Der Wert wird aus Zelle M32 kopiert.

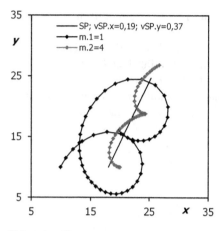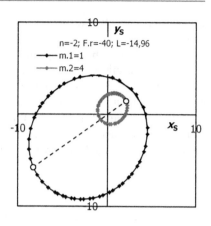

Abb. 3.27 ℬ **a** (links) Bahnkurven zweier Körper mit Gravitationswechselwirkumg im Laborsystem, Parameter wie in Abb. 3.25 (T), also für Massen $m_1 = 1$ und $m_2 = 4$; die Gerade beschreibt die Bahn des Schwerpunktes. **b** (rechts) Bahnkurven aus a im Schwerpunktsystem

▶ **Mag** Ganz so einfach geht das nicht. Wir werden in Abschn. 7.6 im Kap. Variationsrechnung die Punkte auf den Bahnen durch Verzerrungen und Verschiebungen auf den Einheitskreis transformieren und aus den Transformationsparametern die Parameter der Ellipse bestimmen.

▶ **Alac** Variationsrechnung setzt ganz bestimmt SOLVER ein.

Fragen

zu Abb. 3.26 (T)

In Abb. 3.26 (T) werden die die Geschwindigkeiten des Schwerpunktes als Mittelwerte berechnet. An welchen Zellen erkennen Sie, dass sie von der Zeit unabhängig sind?[31]

Welchen Variablennamen könnten Sie statt der Zelladresse „I9" in der Formel in Zelle R6 von Abb. 3.26 (T) einsetzen?[32]

Wie sähen die Bahnkurven für Massen $m_1 = 1$ und $m_2 = 20.000$ aus, verglichen mit Abb. 3.27b?[33]

---

[31]Die Geschwindigkeit des Schwerpunkts kann als konstant betrachtet werden, weil die Standardabweichungen der Geschwindigkeiten des Schwerpunktes in Q5:R5 von Abb. 3.26 (T) sehr klein sind.

[32]Statt I9 kann man x.sp einsetzen: (x.sp−I8)/(t−B8). Damit wäre die Bedeutung $\Delta x / \Delta t$ klarer.

[33]Qualitativ genauso wie in Abb. 3.27b; der Radius der Bahn der schwereren Masse m_2 wäre aber nach dem Hebelgesetz für den Schwerpunkt 20.000-mal kleiner als derjenige von m_1. Die Bahn der schwereren Masse läge, verglichen mit der Bahn der leichteren Masse, praktisch immer im Nullpunkt.

Integration der Bewegungsgleichung im Laborsystem durch „Rechenknechte"

Die Newton'schen Bewegungsgleichungen im Laborsystem werden in drei Tabellenblättern mit je 1600 Zeilen integriert. In den Tabellenblättern „m.1" und „m.2" wie in Abb. 3.28 (T) und 3.29 (T) werden die Koordinaten für die Massenpunkte m_1 bzw. m_2 mit dem Verfahren „Integration mit Vorausschau" berechnet. Um die Beschleunigung zu bestimmen, wird auf das Tabellenblatt „F.12" (Abb. 3.30 (T)) zugegriffen, in dem der aktuelle Abstand zwischen den beiden Massen und daraus die Kraft zwischen ihnen berechnet wird.

	B	C	D	E	F	G	H
4	=B6+(C6+F6)/2*dt	=C6+(D6+G6)/2*dt	=F.12x/m.1	=x.1+vx.1*dt	=vx.1+ax.1*dt	=F.12px/m.1	
5	x.1	vx.1	ax.1	x.1p	vx.1p	ax.1p	
6	10,00	0,93	0,40	10,03	0,94	0,40	
7	10,03	0,94	0,40	10,06	0,95	0,40	
1605	28,05	-0,52	-0,24	28,04	-0,53	-0,24	

	I	J	K	L	M	N	O	P	Q
4	=I6+(J6+M6)/2*dt	=J6+(K6+N6)/2*dt	=F.12y/m.1	=y.1+vy.1*dt	=vy.1+ay.1*dt	=F.12py/m.1			=m.1*(x.1*vy.1-y.1*vx.1)[1]
5	y.1	vy.1	ay.1	y.1p	vy.1p	ay.1p		L.1	
6	10,00	1,87	0,00	10,06	1,87	0,00		9,40	
7	10,06	1,87	0,00	10,11	1,87	0,00		9,28	
1605	2,55	-1,84	0,23	2,50	-1,83	0,23		-50,24	

Abb. 3.28 (T) Tabellenblatt „m.1"; Integration der Bewegungsgleichung mit „Vorausschau" für m_1 im Laborsystem; die Kraft wird im Tabellenblatt „F.12" berechnet. Spalten B:G für x_1, vx_1 und ax_1, Spalten I bis N für x_2, vx_2 und ax_2. Spalte P: Drehimpuls. Die Beschleunigungen ax_1, ax_{1p}, ay_1 und ay_{1p} werden aus den Kräften im Tabellenblatt „F.12" in Abb. 3.30 (T) berechnet

	B	C	D	E	F	G	H
4	=B6+(C6+F6)/2*dt	=C6+(D6+G6)/2*dt	=-F.12x/m.2	=x.2+vx.2*dt	=vx.2+ax.2*dt	=-F.12px/m.2	
5	x.2	vx.2	ax.2	x.2p	vx.2p	ax.2p	
6	20,00	0,00	0,00	20,00	0,00	0,00	
7	20,00	0,00	0,00	20,00	0,00	0,00	
1605	20,00	0,00	0,00	20,00	0,00	0,00	

	I	J	K	L	M	N	O	P	Q
4	=I6+(J6+M6)/2*dt	=J6+(K6+N6)/2*dt	=-F.12y/m.2	=y.2+vy.2*dt	=vy.2+ay.2*dt	=-F.12py/m.2			=m.2*(x.2*vy.2-y.2*vx.2)[2]
5	y.2	vy.2	ay.2	y.2p	vy.2p	ay.2p		L.2	
6	10,00	0,00	0,00	10,00	0,00	0,00		0,00	
7	10,00	0,00	0,00	10,00	0,00	0,00		0,12	
1605	10,00	0,00	0,00	10,00	0,00	0,00		59,64	

Abb. 3.29 (T) Tabellenblatt „m.2"; wie Abb. 3.28 (T), aber für m_2

	A	B	C	D	E	F	G	H	I	J	K
4		=WURZEL((x.1-x.2)^2+(y.1-y.2)^2)	=F.r*r.12^n	=F.12*(x.1-x.2)/r.12	=F.12*(y.1-y.2)/r.12		=WURZEL((x.1p-x.2p)^2+(y.1p-y.2p)^2)	=F.r*r.12p^n	=F.12p*(x.1p-x.2p)/r.12p	=F.12p*(y.1p-y.2p)/r.12p	
5	t	r.12	F.12	F.12x	F.12y		r.12p	F.12p	F.12px	F.12py	
6	0,000	10,00	-0,40	0,40	0,00		9,98	-0,40	0,40	0,00	
1605	39,975	12,93	-0,24	0,15	0,19		12,93	-0,24	0,15	0,19	

Abb. 3.30 (T) Tabellenblatt „F.12"; berechnet wird der Abstand r_{12} von m_1 und m_2 aus den Koordinaten x_1 und y_1 aus den Tabellenblättern „m.1" (Abb. 3.28 (T)) und x_2 und y_2 aus „m.2" (Abb. 3.29 (T)) sowie die Kraft F_{12} als Funktion von r_{12} mit den Kraftkomponenten F_{12x} und F_{12y} in x- und y- Richtung

```
 1 Sub Selection()                              Cells(r2, 3) = "=m.1!B" & r1 'x.1              10
 2 dt = Cells(3, 11)                            Cells(r2, 4) = "=m.1!I" & r1 'y.1              11
 3 t = 0                                        Cells(r2, 5) = "=m.2!B" & r1 'x.2              12
 4 r2 = 8                                       Cells(r2, 6) = "=m.2!I" & r1 'y.2              13
 5 st = 32                                      t = t + st * dt                                14
 6 Range("B8:F800").ClearContents               r2 = r2 + 1                                    15
 7 Application.Calculation = xlCalculationManual Next r1                                        16
 8 For r1 = 6 To 1605 Step st                   Application.Calculation = xlCalculationAutomatic 17
 9   Cells(r2, 2) = t                           End Sub                                        18
```

Abb. 3.31 (P) Formelroutine im VBA-Blatt „master", deren Formeln eine Auswahl von Daten (Koordinaten der Bewegung der beiden Massen) aus den Tabellenblättern „m.1" und „m.2" in das aktuelle Tabellenblatt übernehmen

Fragen

Wie groß ist der gesamte Drehimpuls am Anfang und wie groß am Ende der Bahn?[34]

Die Drehimpulse L_1 und L_2 der einzelnen Massen ändern sich mit der Zeit, wie man in den Spalten P der Abb. 3.28 (T) und 3.29 (T) sieht. Der Gesamtdrehimpuls $L_1 + L_2$ des Systems bleibt aber erhalten; er ist immer 9,40.

Bahnkurven im Masterblatt

Jeder 32te der 1600 berechneten Punkte wird in das Masterblatt übertragen, wie man an den Formeln in C6:F6 in Abb. 3.25 (T) erkennt, die mit einer Formelroutine (Abb. 3.31 (P)) eingeschrieben werden. Diese Auswahl von jeweils 50 Punkten wird in Abb. 3.27 als Bahnkurven dargestellt.

---

[34]$L = L_1 + L_2$. Anfang der Bahn, P6 in Abb. 3.28 (T) und 3.29 (T), $L = 9,40 - 0,00 = 9,40$; Ende der Bahn P1605, $L = 32,63 - 23,23 = 9,40$.

	L	M	N	O	P	Q	R	S	T	U	V	W
2		vx.SP	0,186	=(m.1*vx.10+m.2*vx.20)/(m.1+m.2)								
3		vy.SP	0,374	=(m.1*vy.10+m.2*vy.20)/(m.1+m.2)								
4	=(x.1*m.1+x.2*m.2)/(m.1+m.2)	=(y.1*m.1+y.2*m.2)/(m.1+m.2)	=x.1-x.SP	=y.1-y.SP	=x.2-x.SP	=y.2-y.SP	=m.1*(x1.SP*(vy.1-vy.SP)-y1.SP*(vx.1-vx.SP))	=m.2*(x2.SP*(vy.2-vy.SP)-y2.SP*(vx.2-vx.SP))	=L.1SP+L.2SP			
5	x.SP	y.SP	x1.SP	y1.SP	x2.SP	y2.SP	L.1SP	L.2SP	L.SP			
6	18,00	10,00	-8,00	0,00	2,00	0,00	-11,97	-2,99	-14,96			
1605	25,44	24,95	-6,31	-8,19	1,58	2,05	-11,97	-2,99	-14,96			

Abb. 3.32 (T) Fortsetzung von Abb. 3.30 (T); berechnet werden die Koordinaten des Schwerpunktes (x_{SP}, y_{SP}) und die Bahnkoordinaten im Schwerpunktsystem sowie die Drehimpulse L (Spalten R bis T) im Schwerpunktsystem

---

Fragen

Betrachten Sie Zeile 12 in Abb. 3.31 (P). Welche Formeln werden in welche Zellen eingeschrieben, für die ersten drei Läufe der Schleife „r1 = 6 To ..."?[35]

Transformation ins Schwerpunktsystem

Die Koordinaten des Schwerpunktes sind die gewichteten Mittelwerte der Koordinaten der einzelnen Massenpunkte:

$$x_{SP} = \frac{m_1 x_1 + m_2 x_2}{m_1 + m_2} \qquad (3.33)$$

Fragen

Welches sind die Gewichte im gewichteten Mittelwert für die Schwerpunktkoordinaten?[36]

In den Tabellenblättern in Abb. 3.32 (T) und 3.33 (T) werden die Drehimpulse dreimal berechnet. Ist das notwendig oder vorteilhaft?[37]

Die Koordinaten der beiden Massenpunkte werden dann mit den Formeln

$$x_{1,2SP} = x_{1,2} - x_{SP} \text{ und } y_{1,2SP} = y_{1,2} - y_{SP} \qquad (3.34)$$

ins Schwerpunktsystem transformiert (Abb. 3.32 (T)).

Im Schwerpunktsystem sind die individuellen Drehimpulse L_{1SP} und L_{2SP} der beiden Massen jeder für sich konstant (Abb. 3.32 (T)). Der Drehimpuls im

---

[35]Die Formeln werden in das Tabellenblatt „master" geschrieben, weil die Formelroutine im zugehörigen VBA-Blatt steht. Es gilt für die ersten drei Läufe der Schleife „r1 = 6 To 1605 step st" mit st = 32 (Zeile 5): E8 = [=m.2!B6]; E9 = [= m.2!B38]; E10 = [=m.2!B70].

[36]Die Gewichte für die Schwerpunktkoordinaten sind die Massen.

[37]Es reicht, wenn die Drehimpulse einmal in „master", Abb. 3.25 (T), für 50 Punkte berechnet werden. Sie werden aus den Koordinaten und den Geschwindigkeiten ermittelt, die in den genauen Rechnungen für 1600 Zeitabschnitte berechnet wurden und ergeben somit genau dieselben Werte.

	B	C	D	E	F	G
6	$=B8+32*dt$	$=m.1!C38-\dfrac{vSP.x}{}$	$=m.1!J38-\dfrac{vSP.y}{}$	$=m.2!C38-\dfrac{vSP.x}{}$	$=m.2!J38-vSP.y$	
7	**t.v**	**vx.1SP**	**vy.1SP**	**vx.2SP**	**vy.2SP**	
8	0	0,74	1,50	-0,19	-0,37	
9	0,8	1,09	1,47	-0,27	-0,37	
57	39,2	-1,06	0,51	0,26	-0,13	

	H	I	J	K	L	M	N	O
3				**E.tot**				**L**
4	=MITTELWERT(E.SP)			-2,26			-14,96	=MITTELWERT(L.SP)
5	=STABW(E.SP)			1E-04			2E-05	=STABW(L.SP)
6	$=m.1*(vx.1SP^2+vy.1SP^2)/2$	$=m.2*(vx.2SP^2+vy.2SP^2)/2$	$=F.r/r.12s$	$=Ek.1+Ek.2+V.12$	$=m.1*(x.1s.SP*vy.1SP-y.1s.SP*vx.1SP)$	$=m.2*(x.2s.SP*vy.2SP-y.2s.SP*vx.2SP)$	$=L.1.SP+L.2.SP$	
7	**Ek.1**	**Ek.2**	**V.12**	**E.SP**	**L.1.SP**	**L.2.SP**	**L.SP**	
8	1,40	0,35	-4,00	-2,26	-11,97	-2,99	-14,96	
9	1,67	0,42	-4,34	-2,26	-11,97	-2,99	-14,96	
57	0,69	0,17	-3,12	-2,26	-11,97	-2,99	-14,96	

Abb. 3.33 (T) Tabellenblatt „veloc"; berechnet werden die Geschwindigkeiten von m_1 und m_2 im Schwerpunktsystem (die Geschwindigkeit des Schwerpunktes (vSP.x; vSP.y) wird aus dem Masterblatt übernommen), die kinetischen Energien E_k im Schwerpunktsystem, das Potential V_{12} und die Gesamtenergie E_{Sp} sowie in den Spalten L bis N die Drehimpulse (noch einmal wie in Abb. 3.32 (T))

Laborsystem ist die Summe der beiden Drehimpulse im Schwerpunktsystem und des Drehimpulses des Schwerpunktes im Laborsystem.

Im Masterblatt werden die Koordinaten des Schwerpunktes und damit die Koordinaten der beiden Bahnkurven im Schwerpunktsystem noch einmal für die Auswahl von 50 Punkten berechnet (Spalten H bis M in Abb. 3.25 (T)). Die Bahnkurven im Schwerpunktsystem werden in Abb. 3.27b dargestellt. Es sind zwei geschlossene Ellipsen, deren einer Brennpunkt im Nullpunkt des Koordinatensystems (dem Schwerpunkt des Systems) liegt.

Die Geschwindigkeiten im Schwerpunktsystem werden im Tabellenblatt der Abb. 3.33 (T) berechnet; daraus dann die kinetischen Energien E_{k1} und E_{k2} und, unter Verwendung der Ortskoordinaten aus Abb. 3.25 (T), die Drehimpulse L_1^{SP} und L_2^{SP} der beiden Massen.

Die Gesamtenergie E_{SP} sowie die individuellen Drehimpulse L_1^{SP} und L_2^{SP} sind Konstanten der Bewegung.

Fragen

Welche Rechnungen in Abb. 3.33 (T) rechtfertigen die Aussage: *Die Gesamtenergie E_{SP} sowie die individuellen Drehimpulse L_1^{SP} und L_2^{SP} sind Konstanten der Bewegung?*[38]

---

[38]Die Werte für die Energie und die Drehimpulse werden als Mittelwerte berechnet (Zellen K4 und N4 in Abb. 3.33 (T), und werden als konstant betrachtet, falls deren Standardabweichungen (in K5 und N5) hinreichend klein sind.

	P	Q	R	S	T	U	V	W	X	Y	Z	AA
6	=E.rot+V.12-E.tot	=L^2/(2*m.1*m.2/(m.1+m.2)*r.12s^2)		=F.12!B38	=m.2/(m.1+m.2)*r.12s	=m.1/(m.1+m.2)*r.12s	=vx.1SP*x.1s.SP/r1.s+vy.1SP*y.1s.SP/r1.s	=vx.2SP*x.2s.SP/r2.s+vy.2SP*y.2s.SP/r2.s	=m.1/2*v.1r^2	=m.2*v.2r^2/2	=-(ER.1+ER.2)	
7	E.rot	V(r)		r.12s	r1.s	r2.s	v.1r	v.2r	ER.1	ER.2	T(r)	
8	1,40	-0,35		10,00	8,00	2,00	-0,74	-0,19	2,8E-01	6,9E-02	-3,5E-01	
9	1,65	-0,44		9,21	7,37	1,84	-0,84	-0,21	3,5E-01	8,8E-02	-4,4E-01	
57	0,85	-0,01		12,84	10,27	2,57	0,14	0,03	9,7E-03	2,4E-03	-1,2E-02	

Abb. 3.34 (T) Fortsetzung von Abb. 3.33 (T); Berechnung radialer Größen wie der Rotationsenergie $T_{rot}(r_{12})$ und des radialen Potentials $V(r)$, des Abstands der Massen zum Schwerpunkt
r_{1s} und r_{2s}, der radialen Geschwindigkeiten v_{1r} und v_{2r}, der kinetischen Energien der Radialbewegung in den Spalten X bis Z

3.7.2 Radiale Bewegungsgleichung

In diesem Abschnitt zerlegen wir die kinetische Energie der Bewegung zweier
Körper in einen Rotationsanteil und einen radialen Anteil. Da der Drehimpuls
erhalten bleibt, hängt der Rotationsanteil der kinetischen Energie genau wie das
Potential nur vom Abstand r_{12} der beiden Massen ab und kann mit diesem zu
einem Zentrifugalpotential zusammengefasst werden. Aus dem Zentrifugalpotential wird eine radiale Kraft abgeleitet, mit der sich r_{12} als Funktion der Zeit
mit unserem üblichen Verfahren integrieren lässt.

> **Fragen**
> Gegeben seien die Massen m_1 und m_2 und ihr Abstand r_{12}. Wie groß ist der
> Abstand der Massen zum Schwerpunkt?[39]

Rotationsenergie und Zentrifugalpotential
Die *Rotationsenergie* wird mit folgender Formel berechnet:

$$T_{rot} = \frac{L^2}{2I} \tag{3.35}$$

mit dem Gesamtdrehimpuls L und dem Trägheitsmoment I, für das gilt:

$$I = \frac{m_1 m_2}{m_1 + m : 2} \cdot r_{12}^2 \tag{3.36}$$

In Abb. 3.34 (T) wird der Abstand r_{12s} in Spalte S aus dem Tabellenblatt F.12 übernommen. Damit wird dann T_{rot} in Spalte P gemäß Gl. 3.35 und 3.36 berechnet.

T_{rot} hängt nur vom Abstand r_{12} der Massen ab und nicht von den c Potential
$V_{12}(r_{12})$ zum *Zentrifugalpotential* V_{rad} zusammengefasst werden, welches dann
auch nur von r_{12} abhängt:

$$V_{rad}(r_{12}) = T_{rot} + V_{12}(r_{12})$$

---

[39]Es gilt das Hebelgesetz: $m_1 r_1 = m_2 r_2$ und $r_1 + r_2 = r_{12}$. Daraus folgt: $r_1 = r_{12} \cdot m_2 / (m_1 + m_2)$.

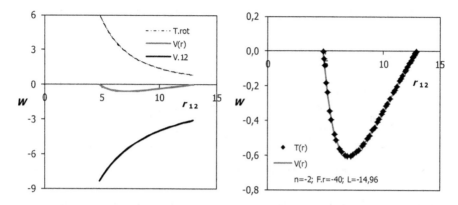

Abb. 3.35 a (links) Grafische Darstellung von radialen Größen aus Abb. 3.34 (T): Rotationsenergie T_{rot}; Potential V_{12}; radiales Potential $V(r) = V_{12} + T_{rot} - E_{ges}$. **b** (rechts) Radiales Potential $V(r)$ gemäß Formel (durchgezogene Kurve) und numerisch ermittelte radiale kinetische Energien $T(r)$ (Datenpunkte ◆)

In Spalte Q von Abb. 3.34 (T) wird $V_{rad} - E_{ges}$ berechnet.

In Abb. 3.35a werden T_{rot} als gestrichelte und das Potential $V_{12}(r_{12})$ als feine Linie dargestellt.

Zentrifugalenergie und Energieerhaltung

Die radiale kinetische Energie *(Zentrifugalenergie)* T_{R1} und T_{R2} der beiden Massen wird aus den radialen Geschwindigkeiten v_{1r} und v_{2r} der beiden Massen berechnet. Dazu wird das Skalarprodukt der Geschwindigkeiten v_x und v_y in kartesischen Koordinaten mit dem Einheitsvektor in radialer Richtung, z. B. für die Masse 1 gebildet:

$$\left[\frac{x_{1s}\,SP}{r_{1s}}; \frac{y_{1s}\,SP}{r_{1s}}\right] \tag{3.37}$$

Dies wird in den Spalten V und W von Abb. 3.34 (T) durchgeführt.

Die radialen kinetischen Energien T_{R1} und T_{R2} berechnen sich in den Spalten X und Y dann als:

$$T_{Ri} = \frac{m}{2} v_{ri}^2 \tag{3.38}$$

und werden in Spalte Z zu T_{rad} addiert

Es gilt Energieerhaltung:

$$T_{rot}(r_{12}) + T_{rad} + V_{12}(r_{12}) = E_{ges} \tag{3.39}$$

Die Summe der Rotationsenergie, der radialen kinetischen Energie und der potentiellen Energie ist gleich der Gesamtenergie. Daraus folgt für die radiale (zentrifugale) kinetische Energie:

$$-T_{rad}(r_{12}) = T_{rot}(r_{12}) + V_{12}(r_{12}) - E_{ges} \tag{3.40}$$

	A	B	C	D	E	F	G	H
2	a.R	40,00						
3	b.R	174,836						
4	dt	0,0260						
8	=A10+dt	=B10+(D10+G10)/2*dt	=C10+(B10+B11)/2*dt $=-a.R*R.M^{\wedge}-2+2*b.R*R.M^{\wedge}-3$		$=v+a*dt$	$=R.M+vn*dt$	$=-a.R*Rn^{\wedge}-2+2*b.R*Rn^{\wedge}-3$	
9	t	v	R.M	a	vn	Rn	an	
10	0,000	0,00	6,0184	0,50	0,01	6,02	0,50	
11	0,026	0,01	6,02	0,50	0,03	6,02	0,50	
1610	41,600	0,9271	10,0484	-0,05	0,93	10,07	-0,05	

Abb. 3.36 (T) Integration der radialen Differentialgleichung „mit Vorausschau"

Der Term auf der rechten Seite der Gleichung wird in Abb. 3.35a als dicke schwarze Linie eingetragen. Er wird in Abb. 3.35b übernommen, in die auch die berechneten Werte von $-T_{\text{rad}}$ eingetragen werden. Die beiden Datenreihen stimmen überein, was nach Gl. 3.40 zu erwarten ist.

Radiale Bewegungsgleichung
Das Zentrifugalpotential für eine Masse in einem $1/r$-Potential lässt sich schreiben als:

$$V(r) = -ar^{-1} + br^{-2} \tag{3.41}$$

mit $b = L^2 / (2mr^2)$. Daraus berechnet sich die Kraft als $F(r) = -dV(r)/dr$:

$$F(r) = -a \cdot r^{-2} + 2b \cdot r^{-3} \tag{3.42}$$

Wir wollen die radiale Differentialgleichung

$$\frac{dv(r)}{dt} = \frac{F(r)}{m} \tag{3.43}$$

mit dem Verfahren „Integration mit Vorausschau" lösen. Dazu nutzen wir einen Tabellenaufbau wie in Abb. 3.36 (T).

Die Werte für die Parameter a_R, b_R und die Anfangsbedingungen in B10:C10 übernehmen wir aus einer Rechnung wie in Abschn. 3.7.1, aber mit Massen $m_1 = 1$ und $m_2 = 20.000$ (Abb. 3.37).

Die Abb. 3.38a stellt das Zentrifugalpotential (mit „PotL" bezeichnet) und die daraus abgeleitete radiale Kraft F_R dar, die in Gl. 3.43 eingeht. In Abb. 3.38b werden die Ergebnisse $R_M = f(t)$ der Lösung der radialen Differentialgleichung mit denen der Rechnung gemäß Abschn. 3.7.1 verglichen, wobei Letztere um die Zeit t_{min} verschoben wurde, damit für beide Rechnungen dieselbe Zeitskala gilt.

	A	B	C	D	E	F	G	H	I	J	K
1	**L**	-18,70		**m.red**	1,00	=m.1*m.2/(m.1+m.2)		**R.min**	6,018	**t.min**	5,34
2	**m.1**	1,00		**a**	-40	=F.r		**R.max**	15,970	**t.max**	23,43
3	**m.2**	20000		**b**	174,837	=L^2/2/m.red					

Abb. 3.37 (T) Parameter und Anfangsbedingungen für die Lösung der radialen Differential-gleichung in Abb. 3.36 (T), übertragen aus einem Tabellenblatt „F.12" wie in Abb. 3.30 (T)

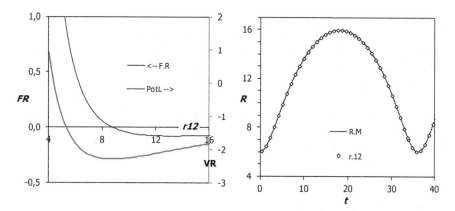

Abb. 3.38 a (links) Zentrifugalpotential „PotL" und daraus abgeleitete Kraft F_R für die Parameter in Abb. 3.37 (T). **b** (rechts) Abstand zum Nullpunkt als Funktion der Zeit, berechnet wie in Abschn. 3.6.1 (Abb. 3.17 (T)), Abb. 3.35b (r12) und als Lösung der radialen Differential-gleichung (R_M aus Abb. 3.36 (T))

Fragen

In Abb. 3.37 (T) werden zwei Zeiten berichtet, t_{min} und t_{max}. Warum wurde für die Zeitverschiebung in Abb. 3.38b t_{min} genommen?[40]

3.8 Bewegung zweier Körper mit beliebiger Potenz der Wechselwirkung

Wir berechnen die Bewegung von zwei Körpern, zwischen denen eine entfernungsabhängige Zentralkraft proportional zu r^n wirkt. Der Gesamtdrehimpuls bleibt konstant, bezogen auf jeden Ursprung des Koordinatensystems. Im Schwerpunktsystem bleibt der Drehimpuls jedes Teilchens für sich erhalten.

---

[40]Für die Zeitverschiebung wurde t_{min} genommen, weil als Anfangsbedingung für den Ort R_{min} genommen wurde.

	A	B	C	D	E	F	G	H	I	J	K
1	Masse	**m.1**	1	**m.2**	4	Potenz des Kraftgesetzes			**n**		1
2	Ort bei t = 0	**x1.0**	-30	**x2.0**	0	Vorfaktor des Kr.ges.			**F.r**		-0,4
3		**y1.0**	-10	**y2.0**	20	Zeitintervall			**dt**		0,01
4	Geschw.	**vx.10**	-2	**vx.20**	2						
5	bei t=0	**vy.10**	0	**vy.20**	-2						

Abb. 3.39 (T) Parameter für die Bewegung in Abb. 3.40a

Einfach umlaufende Bahnen im Schwerpunktsystem ergeben sich nur für $n = -2$ (Schwerkraft) und $n = 1$ (Federkraft). Wir lernen viel Physik mit den bekannten Tabellentechniken.

Wir setzen den Tabellenaufbau aus Abschn. 1.6 ein, in dem die Bewegung von zwei Körpern untersucht wird, zwischen denen die Gravitationswechselwirkung herrscht. Für andere Kraftgesetze müssen lediglich die Potenz und der Vorfaktor verändert werden.

3.8.1 Federkraft, $n = 1$

Wir betrachten die Bewegung von zwei Massen, die durch eine elastische Feder verbunden sind. Der Betrag der Kraft ist also von der Form:

$$F(r) = -F_r \cdot r^1$$

Ein Beispiel mit den Parametern aus Abb. 3.39 (T) wird in Abb. 3.40a gegeben.

Der Drehimpuls im Laborsystem ist konstant mit $L = -180$.

In Abb. 3.40b werden die Bahnkurven im Schwerpunktsystem dargestellt. Es sind Ellipsen, deren Mittelpunkte im Nullpunkt liegen. Der Drehimpuls im Schwerpunktsystem ist ebenfalls konstant, hat aber mit $L = -144$ einen anderen Wert als im Laborsystem. Der Drehimpuls im Laborsystem ist die Summe der Drehimpulse im Schwerpunktsystem und des Drehimpulses des Schwerpunktes im Laborsystem.

Die Koordinaten des Schwerpunktes sind gewichtete Mittelwerte der Koordinaten der Körper. Die Geschwindigkeit des Schwerpunktes ist der gewichtete Mittelwert der Geschwindigkeit der Körper.

Fragen

zu Abb. 3.40b

Welches sind die Gewichte in den gewichteten Mittelwerten für die Ortskoordinaten und die Geschwindigkeiten des Schwerpunktes?[41]

---

[41]Die Gewichte sind die Massen.

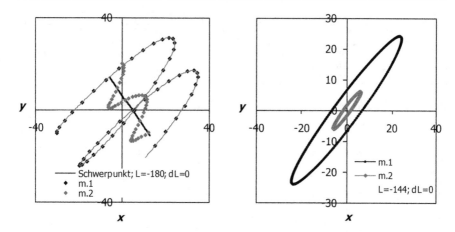

Abb. 3.40 a (links) Bewegung von zwei Körpern, dargestellt im Laborsystem, die durch eine Federkraft verbunden sind. **b** (rechts) Die Bewegung von a im Schwerpunktsystem

Welcher Punkt der Verbindungsgerade der beiden Massen in Abb. 3.40b bleibt für jeden Zeitpunkt gleich?[42]

Warum schwingen die Massen in Abb. 3.40b nicht durch den Nullpunkt?[43]

3.8.2 Schwingende Hantel

Wir betrachten die Bewegung eines zweiatomigen Moleküls im Rahmen der klassischen Mechanik in harmonischer Näherung. Das Molekül wird dabei als Hantel betrachtet, bei der die beiden Massen mit einer Feder verbunden sind, deren Gleichgewichtsabstand (dort Federkraft $= 0$) bei $r_0 > 0$ liegt. Das Kraftgesetz lautet also:

$$F(r) = -c \cdot (r - r_0) \tag{3.44}$$

Die Bahnkurven bei Wahl der Parameter in Abb. 3.41 (T) werden in Abb. 3.42 a im Schwerpunktsystem dargestellt.

Die Bahnkurven im Schwerpunktsystem in Abb. 3.42a und b bilden keine geschlossenen Kurven. In Abb. 3.43 wird der Abstand der beiden Massenpunkte als Funktion der Zeit dargestellt.

---

[42]Die Verbindungsgerade der beiden Massen geht immer durch den Schwerpunkt, auch in Abb. 3.40a.

[43]Wenn die Masse sich im Nullpunkt befindet, dann ist der Drehimpuls gleich null. Das widerspricht aber den Anfangsbedingungen, nach denen für $L = -180$ gilt.

	A	B	C	D	E	F	G	H	I	J	K
1	Masse	**m.1**	1	**m.2**	2	Potenz des Kraftgesetzes			**n**	1
2	Ort bei t = 0	**x1.0**	0	**x2.0**	30	Vorfaktor des Kr.ges.			**F.r**	-1
3		**y1.0**	15	**y2.0**	8	Zeitintervall			**dt**	0,005
4	Geschw.	**vx.10**	1,0614	**vx.20**	0				**r.0**	10
5	bei t=0	**vy.10**	20	**vy.20**	0		0,35	6,67		

Abb. 3.41   (T) Parameter für eine schwingende Hantel, für die Bahnkurven in Abb. 3.42a

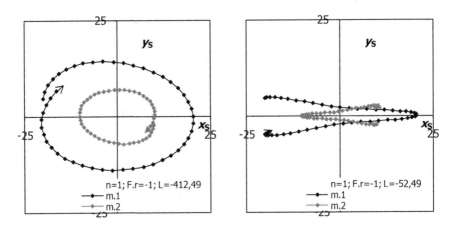

Abb. 3.42 **a** (links) Bahnkurven für eine schwingende Hantel im Schwerpunktsystem mit den Parametern aus Abb. 3.41 (T). **b** (rechts) Wie a, aber mit $vy_{10} = 2$

Abb. 3.43 Abstand der beiden Massenpunkte als Funktion der Zeit für die Bahnkurven der Abb. 3.42a und b

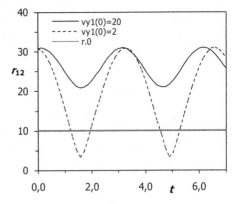

zu Abb. 3.43

Warum ist die Schwingung nicht sinusförmig?[44]

Drehimpulspotential

Die Hantel schwingt zwischen einem kleinsten und einem größten Abstand, im Allgemeinen aber nicht harmonisch, wie man in Abb. 3.43 für $v_{y1}(0) = 2$ deutlich sieht. Das liegt daran, dass der Drehimpuls bei der Bewegung erhalten bleibt. Die Hantel bewegt sich in einem Potential, welches die Summe aus dem Oszillatorpotential und dem Drehimpulspotential ist. Das Drehimpulspotential ergibt sich wie in Abschn. 3.7.2 aus der Energie eines rotierenden Körpers:

$W_{\text{rot}} = \frac{L^2}{2I}$ mit dem Drehimpuls L und dem Trägheitsmoment $I = \frac{m_1 m_2}{m_1 + m_2} \cdot r_{12}^2$
(reduzierte Masse × Abstand zum Quadrat).

Dies gilt für alle Bewegungen zweier Körper, zwischen denen eine Zentralkraft herrscht.

3.8.3 Andere Potenzen des Kraftgesetzes

▶ **Mag** Wir können in unserer Tabellenrechnung beliebige Potenzen für das Kraftgesetz annehmen, erhalten dabei aber Bahnkurven, die im Allgemeinen nicht geschlossen sind. Der Drehimpuls bleibt aber immer erhalten. Wir geben zwei Beispiele, eines für $n = 2$ und das andere für $n = -1$.

▶ **Tim** Gibt es so etwas in der Wirklichkeit?

▶ **Mag** Ist mir nicht bekannt.

▶ **Tim** Warum sollen wir dann mit solchen Kraftgesetzen rechnen?

▶ **Mag** Um zu sehen, dass die geschlossenen Bahnen bei Schwerkraft und bei Federkraft eine Ausnahme sind.

Stärker anziehend als ein harmonischer Oszillator: $n = 2$

Wenn wir $n = 2$ annehmen, erhalten wir Bahnkurven, die nicht geschlossen sind, aber etwa symmetrisch den Schwerpunkt umkreisen (Abb. 3.44, 3.45b), ähnlich den Ellipsenbahnen der schwingenden Hantel in Abschn. 3.8.1.

---

[44]Der Drehimpuls bleibt bei dieser Bewegung erhalten. Das radiale Potential enthält das Drehimpulspotential und ist dadurch unsymmetrisch. Lesen Sie weiter!

	A	B	C	D	E	F	G	H	I	J	K
1	Masse	m.1	1	m.2	2	Potenz des Kraftgesetzes				n	2
2	Ort bei t = 0	x1.0	0	x2.0	12	Vorfaktor des Kr.ges.				F.r	-1
3		y1.0	15	y2.0	8	Zeitintervall				dt	0,001
4	Geschw.	vx.10	39,176	vx.20	0						
5	bei t=0	vy.10	20	vy.20	0			13,06	6,67		

Abb. 3.44 (T) Kenngrößen für die Bahnkurven in Abb. 3.45a

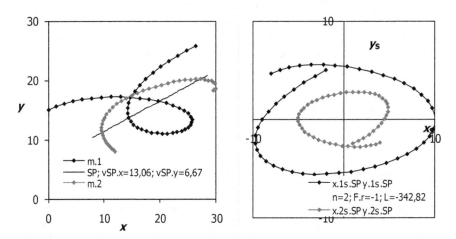

Abb. 3.45 a (links) Bewegung von zwei Körpern, die einer Zentralkraft unterliegen, die mit der Potenz 2 vom Abstand abhängt. **b** (rechts) Die Bahnkurven von a im Schwerpunktsystem

	A	B	C	D	E	F	G	H	I	J	K
1	Masse	m.1	4	m.2	2	Potenz des Kraftgesetzes				n	-1
2	Ort bei t = 0	x1.0	0	x2.0	15	Vorfaktor des Kr.ges.				F.r	-0,1
3		y1.0	30	y2.0	10	Zeitintervall				dt	0,5
4	Geschw.	vx.10	0,1468	vx.20	0						
5	bei t=0	vy.10	0	vy.20	0						

Abb. 3.46 (T) Parameter für ein Zwei-Körper-Problem mit der Potenz des Kraftgesetzes $n = -1$

Schwächer anziehend als die Gravitationskraft: $n = -1$

Auch wenn wir $n = -1$ annehmen, erhalten wir Bahnkurven, die im Schwerpunktsystem nicht geschlossen sind (Abb. 3.47b). Die Körper umkreisen den Schwerpunkt mit unterschiedlichen Ausschlägen in verschiedene Richtungen, in dieser Hinsicht ähnlich den Keplerellipsen in Abschn. 1.5.

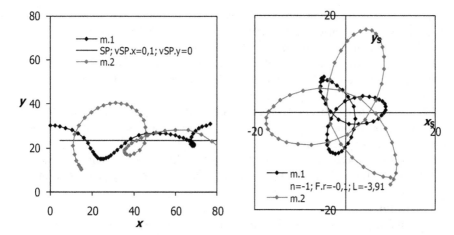

Abb. 3.47 a (links) Bewegung von zwei Massen mit den Parametern aus Abb. 3.46 (T) im Laborsystem. **b** (rechts) Bahnkurven von a im Schwerpunktsystem

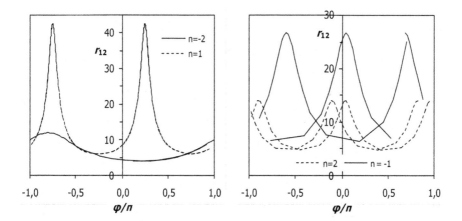

Abb. 3.48 a (links) Abstand der beiden Körper als Funktion des Winkels im Schwerpunktsystem für $n = -2$ (Schwerkraft) und für $n = 1$ (Federkraft). **b** (rechts) Wie a, aber für $n = -1$ und $n = 2$

3.8.4 Abstand als Funktion des Winkels

In Abb. 3.48 a und b wird der Abstand von zwei Körpern, zwischen denen Zentralkräfte mit Potenzen $n = -2$ (Abschn. 3.7) und 1 (Abschn. 3.8.1 sowie $n = 2$ und $n = -1$ (Abschn. 3.8.3) herrschen, als Funktion des Winkels im Schwerpunktsystem wiedergegeben.

In Abb. 3.48a erhält man für jeden Winkel einen eindeutigen Radius, aber nicht für jeden Radius einen eindeutigen Winkel. Das sind die Kennzeichen für eine geschlossene Bahn, die mehrfach durchlaufen wird.

Für $n = -2$ ändert sich der Winkel zwischen kleinstem und größtem Abstand der beiden Körper um π. Die Bahnkurven sind Keplerellipsen, deren einer Brennpunkt im Schwerpunkt des Systems liegt.

Für $n = 1$ ändert sich der Winkel zwischen kleinstem und größtem Abstand der beiden Körper um $\pi/2$. Die Bahnkurven sind Ellipsen, deren Mittelpunkt im Schwerpunkt des Systems liegt.

Für die Kraftgesetze mit $n = -1$ und $n = 2$ (Abb. 3.48b) gibt es keine eindeutige Zuordnung des Radius' zum Winkel, weil die Bahnkurven nicht geschlossen sind.

▶ **Wichtig**

Wenn Zentralkräfte wirken, dann kreisen die Körper umeinander. Geschlossene Bahnen und zwar Ellipsen entstehen aber nur für bestimmte Potenzen des Kraftgesetzes, für $n = -1$ (Gravitation) und $n = 2$ (harmonischer Oszillator).

Ψ *Die Keplerellipsen mit gemeinsamem Brennpunkt sind schöner.*

Schrödinger-Gleichung

4

Die eindimensionale zeitunabhängige Schrödinger-Gleichung ist eine gewöhnliche Differentialgleichung. Sie entspricht der klassischen Wellengleichung und lässt sich als Anfangswertproblem lösen. Die Anfangswerte lassen sich definieren, wenn das Potential spiegelsymmetrisch ist (Kastenpotential, harmonischer Oszillator) oder an einer Stelle gegen unendlich strebt (Radialteil der Wasserstofffunktionen, Morse-Potential für Molekülschwingungen). Die Krümmung der Wellenfunktion hängt nur von der kinetischen Energie $(E - V(x))$ des betrachteten Teilchens ab. Aus den für verschiedene Energien berechneten Wellenfunktionen werden diejenigen als Eigenfunktionen ausgewählt, die sich normieren lassen.

4.1 Einleitung: Eigenschaften der Schrödinger-Gleichung und ihrer Lösungen

Ψ *Wir reden von Teilchen und rechnen mit Wellen.*

Zustandsdichten vs. Bahnen
In diesem Kapitel werden wir die eindimensionale stationäre Schrödinger-Gleichung mit den Methoden lösen, die wir für die Integration der Newton'schen Bewegungsgleichung kennengelernt haben. Die Lösungen haben aber eine andere Bedeutung. Die Lösungen der Newton'schen Bewegungsgleichung sind Ortskurven als *Funktion der Zeit,* die von Körpern durchlaufen werden. Die Eigenlösungen der zeitunabhängigen Schrödinger-Gleichung sind *Funktionen des Ortes;* ihr Quadrat gibt die zeitunabhängige Wahrscheinlichkeitsdichte für den Aufenthalt eines Teilchens an.

© Springer-Verlag GmbH Deutschland, ein Teil von Springer Nature 2018
D. Mergel, *Physik lernen mit Excel und Visual Basic,*
https://doi.org/10.1007/978-3-662-57513-0_4

Zeitunabhängige Schrödinger-Gleichung für ein Elektron
Die eindimensionale zeitunabhängige Schrödinger-Gleichung lautet:

$$-\frac{\hbar^2}{2m} \cdot \left(\frac{d^2}{dx^2} \varphi(x) \right) + V(x) \cdot (\varphi(x)) = E \cdot \varphi(x) \tag{4.1}$$

Sie lässt sich umformen in:

$$\frac{\varphi''(x)}{\varphi(x)} = -\frac{E - V(x)}{\hbar^2/2m_e} \text{ oder } \frac{\varphi''(x)}{\varphi(x)} = -k(x)^2 \text{ mit } \varphi'' = \frac{d^2}{dx^2} \varphi(x) \tag{4.2}$$

Dabei wurde die Beziehung für die kinetische Energie eines Elektrons, aufgefasst als eindimensionale Welle, eingesetzt:

$$E_{kin} = \frac{\hbar^2 k^2}{2m_e} = E - V(x) \tag{4.3}$$

in der k die Wellenzahl ist. Sie besagt: Kinetische Energie = Gesamtenergie − potentielle Energie.

Schrödinger-Gleichung sieht wie Schwingungsgleichung aus
Die Schrödinger-Gleichung stellt eine ortsabhängige Beziehung zwischen der zweiten Ableitung einer Funktion und der Funktion selbst her. Der Ausdruck auf der rechten Seite von Gl. 4.2 und damit k und die lokale Wellenlänge $2\pi/k$ stehen unabhängig von jeder Berechnung von $\varphi(x)$ von vornherein fest, wenn das Potential $V(x)$ als Funktion des Ortes bekannt ist und ein Energiewert E festgelegt wird.

Die Gleichung Gl. 4.2 entspricht mathematisch formal der Schwingungsgleichung eines Oszillators mit auslenkungsabhängiger Federkonstante:

$$\ddot{x}(t) = -f(x(t)) \cdot x(t). \tag{4.4}$$

allerdings mit x statt t als unabhängiger Variable. Wir können also die Schrödinger-Gleichung mit denselben numerischen Verfahren wie die Newton'sche Bewegungsgleichung lösen. Wenn die Werte von x und $\dot{x}$ am Beginn des Integrationsbereiches zu einer Zeit t_0 bekannt sind, dann lässt sich die Bahnkurve $x(t)$ bis in unendliche Zeiten fortsetzen. Genauso lässt sich die Funktion $\varphi(x)$ bis zu unendlich entfernten Orten fortsetzen, wenn φ und φ' an einem Ort x_0 bekannt sind.

Wellenfunktionen sind noch keine Zustandsfunktionen
Funktionen, die die Schrödinger-Gleichung lösen, bezeichnen wir im Folgenden als *Wellenfunktionen*. *Zustandsfunktionen* hingegen sind Wellenfunktionen, die zusätzlich einer quantenmechanischen Normierungsbedingung genügen. Für gebundene Zustände gilt, dass sie auf 1 normierbar sein müssen:

$$\int_{-\infty}^{\infty} \varphi^2(x) dx = 1 \tag{4.5}$$

Das kann man nur für bestimmte, diskrete Energien erreichen, die *Eigenwerte* genannt werden. Die zugehörigen Funktionen heißen *Eigenfunktionen*.

Krümmung der Wellenfunktion

Ein Ausschnitt aus einer Wellenfunktion $\varphi(x)$ für eine Potentialbarriere zwischen $x = -0{,}5$ und $x = 0{,}5$ wird in Abb. 4.1a wiedergegeben.

Die Skalierung der Achsen in Abb. 4.1a wurde so gewählt, dass die übliche Darstellung erreicht wird: Der Nullpunkt der (mittleren senkrechten) Achse für die Zustandsfunktion $\varphi(x)$ ist gleich der Energie dieses Zustandes auf der (rechten) Achse für das Potential $V(x)$.

Abb. 4.1b zeigt die wellenförmige Lösung für ein ortsunabhängiges Potential. Der Zustand ist nicht gebunden, und seine Funktion kann nicht gemäß Gl. 4.5 normiert werden. Solche Zustände werden durch komplexe Zustandsfunktionen beschrieben und als Elektronenstrom gedeutet.

Die Eigenfunktionen für gebundene Zustände werden nach der Anzahl ihrer Knoten klassifiziert. Ein Knoten ist ein Nulldurchgang einer Funktion.

Aussagen über die Krümmung von $\varphi(x)$
Aus Gl. 4.2. und Abb. 4.1a ersieht man:

- Für $E > V(x)$ (klassisch „erlaubter Bereich") ist die Funktion $\varphi(x)$ zur x-Achse hin gekrümmt. Eine typische Lösung ist eine Sinusfunktion $\varphi(x) = A \cdot \sin(k \cdot (x - x_0))$ oder eine entsprechende Kosinusfunktion.
- Für $E < V(x)$ (klassisch „verbotener Bereich") ist die Eigenfunktion von der x-Achse weg gekrümmt; typische Lösung: Exponentialfunktion $\varphi(x) = A \cdot \exp(-\alpha x)$ oder $\varphi(x) = A \cdot \exp(\alpha x)$
- An den Stellen mit $E = V(x)$ (klassischer „Umkehrpunkt") verschwindet die Krümmung von $\varphi(x)$. Die Kurvenstücke gehen stetig differenzierbar ineinander über.

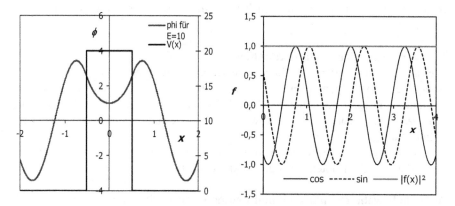

Abb. 4.1   a (links) Ausschnitt aus einer Zustandsfunktion eines gebundenen Teilchens an einer Potentialbarriere im Bereich $x = -0{,}5$ bis $x = 0{,}5$; für $\varphi(x)$ gilt die mittlere y-Achse, für das Potential $V(x)$ die rechte y-Achse. Der Nullpunkt der φ-Achse wurde auf den Energiewert $E = 10$ der Energieachse gelegt, der der Energie des Zustandes $\varphi(x)$ entspricht. **b** (rechts) Eine komplexe wellenförmige Lösung für ein ortsunabhängiges Potential; Real- und Imaginärteil sowie Betragsquadrat

Für konstantes Potential ist die Lösung eine komplexe Exponentialfunktion mit beliebiger Phasenlage (Abb. 4.1b):

$$\varphi(x) = \exp\left(ik(x - x_0)\right) = \cos\left(k(x - x_0)\right) + i \cdot \sin(k(x - x_0)) \qquad (4.6)$$

Ihr Betragsquadrat hat an jedem Ort den Betrag 1 und wird als konstanter Elektronenstrom gedeutet.

Bekannte Anfangswertbedingungen

Für manche Potentiale sind die Werte der Wellenfunktion und ihrer ersten Ableitung an einer Stelle tatsächlich von vornherein bekannt:

- Für Potentiale, die zu einem Ort x_0 symmetrisch sind, gibt es zwei Typen von Lösungen: Symmetrische mit $\varphi(x_0) = 0$ und $\varphi'(x) \neq 0$ und antisymmetrische mit $\varphi(x_0) \neq 0$ und $\varphi'(x) = 0$. Beispiele sind der Potentialtopf, der harmonische Oszillator und durch gleichartige Wände eingesperrte Teilchen.
- Für Potentiale, die an einer Stelle sprunghaft unendlich groß werden, verschwindet die Zustandsfunktion und es gilt: $\varphi(x) = 0$ und $\varphi'(x) \neq 0$. Das gilt näherungsweise für das Potential eines zweiatomigen Moleküls.
- Für kugelsymmetrische Potentiale ist die Drehimpulsbarriere proportional zu $l(l+1)/r^2$, wobei l die Drehimpulsquantenzahl ist. Sie erzwingt, wenn $l > 0$, ein bestimmtes Verhältnis der Radialwellenfunktion $u(r)$ zu ihrer Ableitung, wenn r gegen null strebt (Gl. 4.7). Beispiele für kugelsymmetrische Potentiale sind die Radialwellenfunktionen des Wasserstoff-Atoms und des isotropen harmonischen Oszillators.

$$u(r) = \frac{u'(r)r}{l + 1} \qquad (4.7)$$

In den folgenden Übungen werden Zustandsfunktionen für derartige Potentiale berechnet.

Normierbarkeit der Zustandsfunktion

Die als Lösungen der Schrödinger-Gleichung berechneten Wellenfunktionen divergieren im Allgemeinen und können nicht normiert werden, weil ihr bestimmtes Integral unendlich groß wird. Es sind somit keine Eigenfunktionen. Wir variieren deshalb den vorgewählten Energiewert systematisch, bis wir normierbare Lösungen finden.

Als Endergebnis der Rechnungen tragen wir dann die Eigenwerte der Energie gegen die Zahl der Knoten der Eigenfunktionen auf.

Aufenthaltswahrscheinlichkeit und Erwartungswert des Ortes

Die Dichte der Aufenthaltswahrscheinlichkeit wird durch das Betragsquadrat der Eigenfunktion eines gebundenen Zustandes gegeben, $\rho(x) = |\varphi(x)|^2$. Der Erwartungswert des Ortes des Teilchens wird als *gewichteter Mittelwert* berechnet, bei dem die Aufenthaltswahrscheinlichkeiten $p(x)\mathrm{d}x$ die Gewichte sind.

$$\langle x \rangle = \sum x \cdot p(x) \mathrm{d}x \qquad (4.8)$$

In unseren numerischen Rechnungen geht die Summe über alle Stützstellen und $\mathrm{d}x$ ist die Breite der Intervalle (Abstand zwischen den Stützstellen). In der Tabellenrechnung wird der gewichtete Mittelwert mit dem Skalarprodukt zweier Spaltenvektoren x und p berechnet: SUMMENPRODUKT$(x;p) * \mathrm{d}x$.

Tabellenorganisation
Wir können einen Tabellenaufbau zusammen mit einer Protokollroutine für alle Aufgaben verwenden, müssen lediglich jeweils das richtige Potential $V(x)$ einsetzen. Gelegentlich unterstützen wir die Tabellenrechnung durch benutzerdefinierte Funktionen für kompliziertere Potentiale und für das Fortschritt-Verfahren, um die Tabellenrechnung übersichtlicher zu machen.

▶   Die Schrödinger-Gleichung ist eine Wellengleichung. Die zweite Ableitung ϕ'' der Zustandsfunktion ist proportional zur Zustandsfunktion ϕ'. Der Quotient ϕ''/ϕ kann aus $E - V(x)$ (Energie – Potential) berechnet werden, bevor die Differentialgleichung gelöst wird.

4.2   Potentialtopf

Wir entwerfen einen Tabellenaufbau für die numerische Lösung der eindimensionalen Schrödinger-Gleichung am Beispiel eines kastenförmigen Potentialtopfes. Die Schrödinger-Gleichung wird für beliebige Energien als Anfangswertproblem gelöst (shooting-Verfahren). Mit einer Protokollroutine wird ein Energiebereich abgefahren, und die zugehörigen Wellenfunktionen werden berechnet, von denen dann die normierbaren Wellenfunktionen und die zugehörigen Energien als Eigenfunktionen und Eigenwerte ausgewählt werden. Die Eigenwerte der tieferliegenden Energien im Kastenpotential hängen näherungsweise quadratisch von der Knotenzahl ab.

4.2.1   Integration der Schrödinger-Gleichung

Strategie für eine numerische Lösung und die Abbildung der Wellenfunktion
Wir wollen die Schrödinger-Gleichung für Potentiale, die zu $x = 0$ spiegelsymmetrisch sind, numerisch integrieren. Dabei verfolgen wir die Strategie, die in der Einleitung, Abschn. 4.1, dargestellt wurde: Wir berechnen zunächst die Wellenfunktion für eine beliebige Energie, beginnend mit den Anfangsbedingungen bei $x = 0$, und variieren die Energie, bis wir normierbare Wellenfunktionen und somit Eigenfunktionen und Eigenenergien finden.

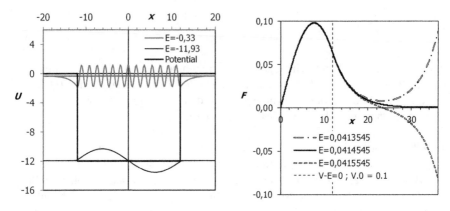

Abb. 4.2 a (links) Die *antisymmetrische* Eigenfunktion mit niedrigster Energie und die *symmetrische* Eigenfunktion mit höchster Energie für einen Potentialtopf der Tiefe 12 (Energieeinheiten) und der Breite 2 × 12 (Längeneinheiten). **b** (rechts) Drei antisymmetrische Wellenfunktionen für einen Potentialtopf der Tiefe 0,1; nur die mittlere der drei Funktionen ist normierbar und somit eine Zustandsfunktion

Als Beispiel wählen wir zunächst einen kastenförmigen Potentialtopf. Die Abb. 4.2a zeigt zwei typische Eigenfunktionen, die antisymmetrische mit der niedrigsten und die symmetrische mit der höchsten Energie.

Fragen
Wie breit ist der Potentialtopf in Abb. 4.2b?[1]

Wir werden die Wellenfunktionen mit dem Verfahren „Fortschritt mit Vorausschau" in einem Tabellenblatt „calc" berechnen und sie dann in einem anderen Tabellenblatt „Master" mit verminderter Punktzahl grafisch darstellen. In Abb. 4.3 (T) wird das Hauptblatt „Master" wiedergegeben, in dem die Parameter der Aufgabe definiert, die Funktionen mit reduzierter Punktzahl dargestellt und die Ergebnisse weiterverarbeitet werden. Die Funktionen selbst werden im Blatt „calc" berechnet. Nur jeder zehnte berechnete Punkt wird übertragen.

Die Energie der Wellenfunktion in B4 wird mit den drei Schiebereglern in D1:G3 und den rechts danebenstehenden verbundenen Zellen eingestellt. E_{min} und E_{max} geben die untere und obere Grenze des Energiebereichs an, in dem die Protokollroutine die Energiewerte durchfahren soll. Die 80 Werte in A11:D90 werden aus 801 im Blatt „calc" berechneten Werten ausgewählt. Die Wellenfunktion wird in den Spalten F und G in den negativen x-Bereich fortgesetzt, mit unterschiedlichem Vorzeichen für symmetrische und antisymmetrische Funktionen.

---

[1]Der Potentialtopf hat die Breite 2 × 12 = 24 Längeneinheiten.

	A	B	C	D	E	F	G	H	I
1	**V.o**	-12,00	◄				►	1037	
2	**x.o**	12,00	◄				►	535	
3		0,04145240	◄				►	746	
4	**E**	-1,62464254	=H1/100+H2/100000+H3/100000000 + V.o						
5	**E.min**	-12,00		**F.0**	0,10				
6	**E.max**	0,00		**dF.0**	0,00		0,27 =1/Int aus "calc"		
9	$=Calc!A25$ $=Calc!C25$			$=Calc!G25$ $=Calc!I25$			$=-A12$ $=F*WENN(F.0=0;-1;1)$		
10	**x**	**F**	**F.²**	**(V(x)-E)**			**-x** **F(-x)**		
11	0,08	0,10	0,00	-10,38			-0,08 0,10		
12	**0,27**	**0,06**	**0,00**	**-10,38**			**-0,27** **0,06**		
90	15,32	-5,03	1,85	1,62			-15,32 -5,03		

Abb. 4.3 (T) Hauptblatt „Master" zur Organisation der Berechnung der Wellenfunktionen im Kastenpotential der halben Breite x_0 und der Tiefe V_0; die ausgeblendeten Zeilen 7 und 8 sind leer

Die Anfangswerte für die Wellenfunktion $F(0)$ und ihre Ableitung $F'(0)$ bei $x = 0$ werden als F_0 bzw. dF_0 in D5:E6 vorgewählt. Die aktuelle Energie E lässt sich mit drei Schiebereglern auf neun Stellen genau einstellen. Es werden weiterhin die Grenzen E_{min} und E_{max} für einen Energiescan mit einer *Protokollroutine* angegeben.

Schieberegler

▶ **Alac** Drei Schiebereglern einzusetzen, um eine Zahl mit neun Stellen einzustellen, das ist clever konstruiert.

▶ **Tim** Wozu denn überhaupt diese Genauigkeit?

▶ **Mag** Die Eigenwerte der Schrödinger-Gleichung, die wir mit unseren Simulationen herausbekommen wollen, sind noch genauer, theoretisch ohne jede Unschärfe.

▶ **Tim** Ich denke, in der Quantenmechanik gilt immer eine Unschärferelation, z. B. $\Delta E \cdot \Delta t \geq \hbar$

▶ **Mag** Das ist richtig. Für die stationären Lösungen gilt aber: $\Delta t = \infty$.

▶ **Tim** Dann kann ΔE auch Null sein.

Die Werte für x, F, F^2 und $V(x) - E$ werden aus dem zweiten Tabellenblatt „calc" übernommen. Die 80×4 Formeln im Bereich A21:D90 werden mit einer *Formelroutine* (in Abb. 4.7 (P)) eingeschrieben. In den Spalten F und G wird die Funktion in den negativen x-Bereich fortgesetzt. Die Wellenfunktion F wird mit -1 multipliziert, wenn sie antisymmetrisch ist, was für $F(0) = 0$ der Fall ist.

	A	B	C	D	E	F	G	H	I
2	-1,52464254	=E							
4	**x.max**								
5	15,45	=1,3*x.o+ E*0,1							
7	**dx**		**Int**				1,00		
8	1,93E-02		4,50	=WURZEL(QUADRATESUMME(F)*dx)					
9	=A11+dx	=(WENN(x<x.o;0;V.o)-E)	=C11+MITTELWERT(D11;E11)*dx	=D11+MITTELWERT(B11*C11;d2F*F)*dx	=dF+d2F*F*dx	=F+(dF+dF.p)/2*dx	=(F/Int)^2		
10	**x**	**d2F**	**F**	**dF**	**dF.p**	**F.p**	**F.²**		**(V(x)-E)**
11	0,00	-10,48	0,10	0,00	-0,02	0,10	0,00		-10,48
12	**0,02**	**-10,48**	**0,10**	**-0,02**	-0,04	0,10	0,00		-10,48
811	15,45	1,52	-6,98	-8,63	-8,83	-7,15	2,41		1,52

Abb. 4.4 (T) Berechnung der Wellenfunktion im Tabellenblatt „calc" als Anfangswertproblem mit der Methode „Integration mit Vorausschau"; der aktuell gewählte Wert der Energie steht in A2; dF_p und F_p sind die für das Ende des aktuellen Intervalls „vorausgeschauten" Werte. Die Konstante x_{max} gibt den maximalen x-Wert an, bis zu dem die aktuelle Wellenfunktion dargestellt werden soll

Fragen

zu Abb. 4.3 (T):

Welches ist wahrscheinlich der Wertebereich (Min, Max im Konfigurationsmenü) der Schieberegler?[2]

Welche Dezimalstellen werden mit den drei Schiebereglern eingestellt?[3]

Wie groß und wie genau ist der durch die drei Schieberegler eingestellte Energiebereich?[4]

Interpretieren Sie die Formel in G9![5]

Welche Formel steht in Zelle A11?[6]

Berechnung von Wellenfunktionen mit beliebiger Energie

Die Funktion F wird im Kalkulationsmodell der Abb. 4.4 (T) für 801 Punkte berechnet, von denen nur jeder zehnte in das Hauptblatt übertragen wird. Es reicht, die Funktionen für $x \geq 0$ zu berechnen. Sie werden im Hauptblatt dann in die negative x-Richtung fortgesetzt.

Die senkrechten Striche in Abb. 4.4 (T) trennen den Bereich für die Berechnung der Wellenfunktion von den von vornherein bekannten Werten in den Spalten A und B und den nachträglich berechneten Werten von F^2 in Spalte G.

---

[2]Wahrscheinlich 0 bis 1000 (besser 999), wie nach dem Stand des Schiebers in Zeile 2 abgeschätzt werden kann.

[3]H1/1000 → 0,00 bis 9,99; H2/100000 → 0,0000 bis 0,0099; H3/10^8 → 0,00000000 bis 0,0000099.

[4]Energiebereich: 0,00000000 bis 9,99999999 in Schritten von 0,00000001.

[5]Wenn $F_0 = 0$ (Kennzeichen für antisymmetrische Funktion), dann wird die an $x = 0$ gespiegelte Funktion $F(-x)$ mit -1 multipliziert.

[6]A11 = *Calc!*A15, da nur jeder zehnte Punkt übertragen wird.

Fragen

zu Abb. 4.4 (T):

Welche Werte stehen in C11 und D11?[7]

Formulieren Sie die Formel in D8 mathematisch![8]

Interpretieren Sie die Formel in G9![9]

Wie lautet wohl die Formel in G7?[10]

Warum ist im Namen $F.^2$ der Punkt nötig?[11]

Der Wert für die aktuelle Energie in Zelle A2 von Abb. 4.4 (T) sowie die Anfangs-werte der Funktion F (in C11) und ihrer ersten Ableitung dF (in D11) bei $x = 0$ werden aus den im Hauptblatt definierten Variablen E, F_0 und dF_0 übernommen. Das ist möglich, weil diese Konstanten nur im Hauptblatt mit Namen versehen wurden, die dann in der gesamten Datei gelten.

Das Verhältnis der Krümmung der Kurve zum Wert der Kurve, $d2F = F''(x)/F(x)$, wird durch das Potential und die Wahl von E gemäß Gl. 4.2. festgelegt und kann von vornherein Ort für Ort in Spalte B berechnet werden. Die „vorausgeschauten" Werte in den Spalten E und F ergeben sich aus Größen in derselben Zeile gemäß:

$dF_p = dF + d^2F * F * dx$, identisch mit:

$$\varphi'_p(x + dx) = \varphi'(x) + \varphi''(x) \cdot \varphi(x) \cdot dx$$

und

$F_p = F + (dF + dF_p)/2 * dx$, identisch mit:

$$\varphi_p(x + dx) = \varphi(x) + \left(\varphi'(x) + \varphi'_p(x + dx)\right) \Big/ 2 \cdot dx$$

Die berechneten Wellenfunktionen werden nachträglich normiert: $F_{norm} = F/Int$, wobei die Konstante Int in Zelle C8 berechnet wird. In Abb. 4.4 (T) ist diese Berechnung (in der ausgeblendeten Spalte J) nicht zu sehen, dafür aber die Berechnung der normierten Zustandsdichte F^2 in Spalte G.

Die Werte von φ ($= F$) und φ' ($= dF$) zu Beginn des neuen Intervalls in den Spalten C und D der Abb. 4.4 (T) werden aus der vorhergehenden Zeile berechnet, genauso wie wir es schon bei der Integration der Newton'schen Bewegungsgleichung angewandt haben („Bewegung mit Vorausschau"). Für rechnerisch effizientere Lösungen kann das Runge-Kutta-Verfahren vierter Ordnung angewendet werden, das aber als Tabellenkalkulation umständlich ist und besser vollständig als VBA-Makro ausgeführt oder in eine benutzerdefinierte Tabellenfunktion verlagert wird.

---

[7]In C11 und D11 werden die Anfangswerte für F_0 und dF_0 aus dem Hauptblatt „main" über-nommen, C11 = [=F.0]; D11 = [=dF.0].

[8]WURZEL.(QUADRATESUMME(F) * dx) = $\sqrt{\sum F^2(x)dx}$

[9]Die berechnete Funktion wird durch den Wert Int in C8 geteilt, sodass die Aufenthaltsdichte $F.^2$ normiert und die integrale Aufenthaltswahrscheinlichkeit zu Eins wird.

[10]G7 = [=SUMME($F.^2$)]

[11]Ohne Punkt wäre der Name identisch mit F2 und würde als Zelladresse gedeutet.

4.2.2 Wellenfunktionen und Eigenlösungen

Das vorgestellte Kalkulationsmodell berechnet für jeden Wert von E eine mit der Schrödinger-Gleichung verträgliche Funktion, deren Anfangswerte $\varphi(x_0)$ und $\varphi'(x_0)$ stimmen und für die Gl. 4.2. an jeder Stelle x erfüllt wird. In Abb. 4.2b sieht man als Beispiel drei antisymmetrische Funktionen. Es wurde im Gegensatz zu Abb. 4.2a ein ziemlich flacher Potentialtopf gewählt, damit die Funktionen weit in den verbotenen Bereich hineinragen. Nur die mittlere dargestellte Funktion konvergiert für $x \to \infty$ gegen null und lässt sich somit normieren. Diese Funktion ist eine *Eigenfunktion,* und der zugehörige Energiewert ist ein *Eigenwert* der Schrödinger-Gleichung. Die anderen beiden Funktionen divergieren, obwohl die zugehörigen Energien nur um etwa 2 Promille von dem Eigenwert abweichen.

In Abb. 4.2b sehen Sie, dass sich die Funktionen im verbotenen Bereich von der x-Achse weg krümmen.

Auswahl der Eigenlösungen, Eigenwerte der Energie
Wir haben gesehen, dass wir für jede vorgewählte Energie E in B4 eine Funktion konstruieren können, die der Schrödinger-Gleichung genügt. Unsere Aufgabe besteht darin, diejenigen Energiewerte zu finden, bei denen das Quadrat der zugehörigen Wellenfunktionen auf 1 normierbar ist. Diese Energien sind dann Eigenwerte der Schrödinger-Gleichung. Wir scannen dazu die Energiewerte mit einer VBA-Prozedur systematisch ab, z. B. in Schritten von $dE = 0,1$ von E_{min} bis E_{max}. Im Tabellenblatt „calc" wird das Integral *Int* in C8 über das Quadrat der Wellenfunktion berechnet. Ins Masterblatt wird sein Kehrwert übertragen und für jede gewählte Energie protokolliert. Das Ergebnis sieht man in Abb. 4.5a.

Die Kurve „*1/Int*" in Abb. 4.5 weist deutliche Maxima auf. Für die zugehörigen Energien ist das Integral über die Funktion also minimal. Wir wählen die energetische Lage der Maxima als Energieeigenwerte des Potentials aus und tragen sie in Abb. 4.5b als Funktion der Knotenzahl auf.

Für ein Kastenpotential mit unendlich hohen Wänden erwartet man, dass die Eigenenergien quadratisch mit der Knotenzahl zunehmen. In Abb. 4.5b ist das nur näherungsweise der Fall, weil die Wände nur endlich hoch sind. Je näher die Eigenwerte der Oberkante des Potentialtopfes kommen, desto stärker weichen sie vom quadratischen Verlauf ab. Für Energien $E > 0$ gibt es keine gebundenen Zustände.

▶ **Aufgabe** Wählen Sie sehr viel höhere Potentialwände als bisher und prüfen Sie, ob die Energieeigenwerte rein quadratisch von der Knotenzahl der zugehörigen Eigenfunktionen abhängen!

Benutzerdefinierte Tabellenfunktion statt Tabellenrechnung
Wir haben in dieser Übung die Berechnung der Funktionen (mit vielen Stützpunkten) und ihre Abbildung (mit wenigen Stützpunkten) voneinander getrennt in zwei verschiedenen Tabellenblättern durchgeführt. Diese Trennung lässt sich auch mit einer benutzerdefinierten Tabellenfunktion durchführen, die die aktuellen Werte aus der Tabelle entnimmt, die Wellenfunktionen mit feinerer x-Einteilung

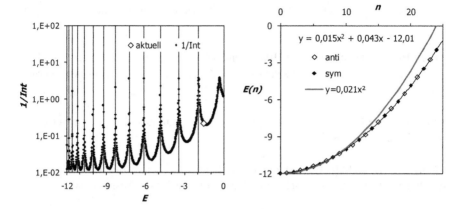

Abb. 4.5 a (links) Kehrwert des Integrals über das Quadrat der antisymmetrischen Wellen-funktionen als Funktion der Energie. **b** (rechts) Eigenwerte $E(n)$ des Potentialkastens der Abb. 4.3 (T) als Funktion der Knotenzahl n; für unendlich hohe Wände wird eine quadratische Abhängigkeit erwartet

berechnet und die Ergebnisse dann wiederum in die Tabelle schreibt. Ein solches Verfahren wird in der nächsten Übung, Abschn. 1.3, vorgestellt.

Unschärfe des Erwartungswertes des Ortes.

▶ **Alac** Der Erwartungswert des Ortes ist nach unseren Rechnungen für alle Eigenfunktionen in der Mitte des Topfes.

▶ **Mag** Das liegt daran, dass das Problem symmetrisch zur Geraden durch die Mitte des Topfes ist.

▶ **Alac** Die Eigenfunktionen fransen immer mehr aus, je näher die Energie der Oberkante des Topfes kommt.

▶ **Tim** Dann wird die Ortsunschärfe immer größer. Wie wird die eigentlich berechnet?

▶ **Mag** Als gewichteten Mittelwert des Abstandes zum Erwartungswert, mit dem Betragsquadrat der Zustandsfunktion.

▶ **Alac** Das lässt sich sicher mit ein paar zusätzlichen Spalten in der Tabelle erledigen.

Schärfe der Eigenwerte

▶ **Alac** Die zugehörigen Funktionen konvergieren zwar noch nicht, was aber durch Veränderung der Energie um weniger als 1 % erreicht werden kann.

▶ **Tim** Die ausgewählten Energieeigenwerte haben also einen Fehler von weniger als 1 %.

▶ **Alac** Es geht noch besser als 1 %, wenn wir die Funktionen, die einer Eigenfunktion am nächsten sind, mit der SOLVER-Methode durch Variation der Energie optimieren.

▶ **Tim** Klar, die Eigenfunktionen sind stationär und damit sind die Eigenwerte der Energie unendlich scharf.

▶ **Mag** Das ist richtig. Das ist die wesentliche Eigenschaft der Eigenlösungen. Aber haben die zusätzlichen Stellen hinter dem Komma eine Aussagekraft?

▶ **Alac** Wenn Sie so fragen, sicherlich nicht. Numerische Rechnungen können auch eine falsche Präzision vorgaukeln. Unsere Rechnung ist ja sowieso nur eine Näherung. Deshalb sollte 1 % Genauigkeit reichen.

▶ **Mag** Richtig. Die Energieeigenwerte sind theoretisch unendlich scharf. Für viele quantenmechanische Probleme können Werte angegeben werden, die mit analytischen Funktionen, z. B. mit unendlichen Reihen beliebig genau berechnet werden können. Diese Präzision erreichen wir mit unseren Simulationen sowieso nicht, sodass wir uns mit 1 % Genauigkeit zufrieden geben können.

▶ **Tim** Es ist trotzdem lehrreich, dass wir bei unseren Simulationen die Schärfe der Energieeigenwerte mit Tabellentechniken immer weiter erhöhen können.

▶ **Mag** Die Werte rücken zwar nicht näher an diejenigen der analytischen Rechnung heran, man erkennt aber, dass sie prinzipiell unendlich scharf sind. Näher an die analytischen Werte kommen wir nur, wenn wir die Näherungsrechnung selbst verbessern, z. B. durch dichter liegende Stützstellen und das Runge-Kutta-Verfahren vierter Ordnung.

4.2.3 Drei nützliche Routinen

In diesem Unterabschnitt sollen drei nützliche Routinen vorgestellt werden:

- die Protokollroutine SUB *ScanE* (Abb. 4.6 (P)), die den Energiebereich abfährt
- die Formelroutine SUB *reduc* (Abb. 4.7 (P)), die Formeln in das Tabellenblatt „Master" schreibt, die eine Auswahl von Daten aus dem Tabellenblatt „calc" übertragen und
- die mit einem Schieberegler verbundene Routine SUB SCROLLBAR_3.CHANGE (Abb. 4.8 (P)).

Analysieren Sie die Routinen und beantworten Sie die Fragen!

```
 1 Sub ScanE()                            dE = (EMax - EMin) / 1000        11
 2 'Varies the energy E and monitors 1/Int   Count = 0                     12
 3 Range("M10:N1010").ClearContents       For E = EMin To EMax + dE Step dE 13
 4 Range("P11:U100").ClearContents          Cells(4, 2) = E                14
 5 Cells(10, 13) = "E"                      Cells(r2, 13) = E              15
 6 Cells(10, 14) = "1/Int"                  Cells(r2, 14) = Cells(7, 4) '1/Int 16
 7 r2 = 11                                  r2 = r2 + 1                    17
 8 EMin = Cells(5, 2)                     Next E                           18
 9 EMax = Cells(6, 2)                     Call MaxPoints 'Where are maxima in the curve? 19
10                                        End Sub                          20
```

Abb. 4.6 (P) Die Protokollroutine *ScanE* fährt den Energiebereich zwischen E_{min} und E_{max} ab. Sie steht im VBA-Blatt „Master"

```
 1 Sub reduc()                            For rw = 10 + xa To 811 - xa Step 10  10
 2 Sheets("Master").Activate                Cells(r, 1) = "=calc!A" & rw        11
 3 r = 10                                   Cells(r, 2) = "=calc!C" & rw        12
 4 Cells(r, 1) = "=Calc!A10" 'x             Cells(r, 3) = "=calc!G" & rw        13
 5 Cells(r, 2) = "=Calc!C10" 'F             Cells(r, 4) = "=calc!I" & rw        14
 6 Cells(r, 3) = "=Calc!G10" 'F.2           r = r + 1                           15
 7 Cells(r, 4) = "=Calc!I10" 'V(x)-E      Next rw                               16
 8 r = r + 1                              End Sub                               17
 9 xa = 5                                                                       18
```

Abb. 4.7 (P) SUB *reduc* schreibt Formeln in das Tabellenblatt „Master" (Abb. 4.3 (T)) und zwar solche, die Werte aus dem Tabellenblatt „calc" (Abb. 4.4 (T)) kopieren

```
 1 Private Sub ScrollBar3_Change()        Sub FormE()                      5
 2 FormE                                  Cells(4, 2) = "=H1/100+H2/100000+ _ 6
 3 End Sub                                            H3/100000000 + V.o"  7
 4                                        End Sub                          8
```

Abb. 4.8 (P) Mit dem Schieberegler 3 in Abb. 4.3 (T) verbundene Routine und die Subroutine *FormE*, die von ihr aufgerufen wird; SUB *FormE* schreibt eine Formel in Zelle B4. Die beiden Programmzeilen 6 und 7 könnten auch direkt in Sub ScrollBar3_Change anstelle der Zeile 2 stehen

Fragen

zur Protokollroutine *ScanE* in Abb. 4.6 (P):

Welche Zellen in Schreibweise „A1" werden in den Zeilen 5, 6, 14 beschrieben?[12]

Aus welchen Zellen übernimmt *ScanE* die Werte für E_{min} und E_{max}?[13]
Wie wird dE ermittelt?[14]
Der Wert welcher Zellen wird protokolliert? In welchen Spalten?[15]

---

[12]CELLS(10,13) = M10; CELLS(10,14) = N10; CELLS(4,2) = B4; CELLS(5,2) = E5; CELLS(6,2) = F5.
[13]Zeile 8: E_{min} = B5; Zeile 9: E_{max} = B6 aus dem Tabellenblatt „Master".
[14]Zeile 11: Es sollen 1000 Werte für E eingesetzt werden. Diese Vorgabe bestimmt den Wert für dE.
[15]Zeile 15: E wird in Spalte 13 (M) protokolliert. Zeile 16: 1/Int wird in Spalte 14 (N) protokolliert.

Fragen

zur Formelroutine *reduc* in Abb. 4.7 (P):

Aus welchem Tabellenblatt werden Daten in welches Tabellenblatt übertragen?[16]

Welche Größen aus welchen Spalten werden übertragen?[17]

Wie viele Schritte führt die Schleife aus?[18]

Welcher Bereich wird beschrieben?[19]

Fragen

zu Formelroutine SCROLLBAR3_CHANGE Abb. 4.8 (P):

In welchem Tabellenbereich welcher Abbildung finden Sie den Schieberegler „ScrollBar_3"?[20]

Wann werden die Prozeduren SUB SCROLLBAR_1, SUB SCROLLBAR_2, SUB SCROLLBAR_3 auf aufgerufen?[21]

Welche Rechenoperation führt SUB *FormE* aus?[22]

4.3   Harmonischer Oszillator

Die Wellenfunktionen eines eindimensionalen harmonischen Oszillators werden in einer Tabelle mit dem Verfahren „Integration mit Vorausschau" berechnet. Der Fortschritt von x auf $x+dx$ wird innerhalb einer benutzerdefinierten Funktion berechnet. Die Energieeigenwerte folgen einer quadratischen Funktion.

In dieser Aufgabe sollen die Eigenwerte und die Eigenfunktionen eines eindimensionalen harmonischen Oszillators berechnet werden. Wir könnten dazu einfach

---

[16]Es werden Daten aus dem Tabellenblatt „calc" in das Tabellenblatt „Master" übertragen. „Master" wird in Zeile 2 aktiviert, so dass sich alle Anweisungen, die mit CELLS anfangen auf dieses Blatt beziehen.

[17]Es werden übertragen: x aus Spalte A, F aus Spalte C, F^2 aus Spalte G und $V(x)–E$ aus Spalte I.

[18]Der Schleifenindex r_a läuft von $10+5 = 15$ in Schritten von 10 bis maximal $811 − 5 = 806$, also nur bis 805 und somit 791-mal.

[19]Es wird der Bereich A10:D90 in „Master" (Abb. 4.3 (T)) beschrieben.

[20]Der Schieberegler steht in Abb. 4.3, Bereich D3:G3.

[21]Die Routinen werden aufgerufen, wenn der zugehörige Schieberegler verändert wird.

[22]SUB *FORME* berechnet den Energiewert aus den drei Zellen, die den drei Schiebereglern zugeordnet sind.

	A	B	C	D	E	F	G
1	**E**	11,45956		Init Parameters			
2	**E.min**	0,00					
3	**E.max**	20,00	1,81E+00	=QUADRATESUMME(C11:C811)			
4	**V.ho**	10,00	5,22E-01	=WURZEL(C3*dx)			
5	**a.2**	0,00	1,00E+00	=QUADRATESUMME(E11:E811)*dx			
6	**x.0**	8,00					
7				**F.0**	**dF.0**		="V(x)-E; E="&E
8	**dx**	0,150		0,20	0,00		V(x)-E; E=11,45956
9	=A11+dx	=Pot(A12)-E	{=Proceed(A11;E;C11;D11)}			=C12/$C$4	
10	**x**	**V(x)-E**	**F(x)**	**F'(x)**	**F(x).norm**	**F²**	
11	0,00	-11,46	0,20	0,00	0,38	0,15	
12	0,15	-11,46	0,17	-0,33	0,33	0,11	
91	12,00	11,04	0,00	0,00	0,00	0,00	

Abb. 4.9 (T) Die Wellenfunktion $F(x)$ und ihre erste Ableitung $F'(x)$ in den Spalten C bzw. D werden mit der benutzerdefinierten Funktion *Proceed* aus Abb. 4.11 (P) berechnet. Das Potential wird mit der benutzerdefinierten Funktion *Pot* aus Abb. 4.10 (P) berechnet

```
1 Dim a1, a2, a3, dx as double        dx = Cells(8, 2) 'dx           8
2                                      End Sub                        9
3 Sub Init()                                                          10
4 a1 = Cells(4, 2) 'V.ho              Function Pot(x)                 11
5 a2 = Cells(5, 2) 'not used          'Init                          12
6 a3 = Cells(6, 2) 'x.0               Pot = a1 * (x / a3) ^ 2         13
7                                      End Function                   14
```

Abb. 4.10 (P) Die Prozedur *Init* liest die drei Parameter des Potentials und dx aus der Tabelle in die globalen Parameter ein. Pot(x) steht für das Potential

den Tabellenaufbau von Abschn. 4.2 übernehmen und nur das Potential verändern, wollen aber die Wellenfunktionen jetzt nicht in einem Tabellenblatt berechnen, sondern in einer benutzerdefinierten Tabellenfunktion.

Benutzerdefinierte Funktion für „Fortschritt mit Vorausschau"
Im Rechenmodell der Abb. 4.9 (T) werden $F(x+dx)$ und $F'(x+dx)$ in den Spalten C und D ab Zeile 12 mit einer benutzerdefinierten FUNCTION *Proceed*(x, E, $F(x)$, $F'(x)$) berechnet.

Als Argumente für *Proceed* werden Werte aus der vorhergehenden Zeile und der vorgegebene Energiewert eingesetzt, siehe die Pfeile in Abb. 4.9 auf die Zelle C12. Das Potential $V(x)$ wird in Spalte B mit der benutzerdefinierten Funktion *Pot*(x) berechnet. Die Funktionen stehen in Abb. 4.10 (P) und 4.11 (P).

```
17 Function Proceed(x, E, F, Fd)          F = F + (Fd + Fd2) * dxn / 2        26
18 Dim prc(1) As Double                   Fd = Fd + (Fdd + Fdd2) * dxn / 2    27
19 nsteps = 10                            x = x + dxn                         28
20 dxn = dx / nsteps                      Next n                              29
21 For n = 1 To nsteps                    prc(0) = F                          30
22   F2 = F + Fd * dxn                     prc(1) = Fd                         31
23   Fdd = (Pot(x) - E) * F               Proceed = prc                       32
24   Fd2 = Fd + Fdd * dxn                 End Function                        33
25   Fdd2 = (Pot(x + dxn) - E) * F2                                           35
```

Abb. 4.11 (P) *Proceed*(x, E, $F(x)$, $F'(x)$) berechnet den Fortschritt von x auf $x + dx$ in zehn Schritten und greift dazu auf die FUNCTION *Pot* aus Abb. 4.10 (P) zu, um das Potential an der Stelle x zu erhalten

---

Fragen

zu SUB *Proceed* in Abb. 4.11 (P):

Woher weiß die Routine, wie viele Fortschritte sie ausrechnen soll, bevor das Ergebnis ausgegeben wird?[23]

Woher kennt die Routine den Wert für dx?[24]

Welche Formel wird in C91:D91 von Abb. 4.9 (T) eingeschrieben?

Unter welchen Namen treten φ und φ' auf?[25]

Welche vier Programmzeilen müssen wie verändert werden, wenn der Fortschritt mit dem Halbschrittverfahren berechnet werden soll?[26]

Die globalen Parameter a_1, a_2 und a_3 in Abb. 4.11 (P) dienen zur Definition des Potentials. Im aktuellen Fall wird in $Pot(x)$ ein harmonisches Potential berechnet. Der globale Parameter dx gibt den Fortschritt auf der x-Achse an. Diese Parameter müssen zu Anfang der Berechnung mit der Subroutine INIT aus der Tabelle eingelesen werden. Das geschieht in Abb. 4.9 (T) mit dem Schaltknopf in D1.

PROCEED ist eine Matrixfunktion. Sie erwartet als Eingabe vier Parameter, die aus vier Zellen in der Tabelle eingesammelt werden, und gibt das Ergebnis, $F(x + dx)$ und $F'(x + dx)$ als 1×2-Matrix aus, im Tabellenausschnitt von Abb. 4.9 (T) z. B. in [C12:D12]. Innerhalb der Funktionsprozedur werden mehrere (hier 10) Iterationsschritte gemacht, jeweils um den Betrag $dx_n = dx/n_{steps}$ mit $n_{steps} = 10$, bevor das Ergebnis ausgegeben wird.

Denken Sie daran: Eine Matrixfunktion muss mit dem Zaubergriff

Ψ *Strg + Hochstellung + Zeilenvorschub*

abgeschlossen werden.

---

[23]Der Endpunkt *nsteps* der Schleife in Zeile 21 wird in Zeile 19 definiert.

[24]Der Wert für dxn wird in Zeile 20 aus dem globalen Parameter dx, der aus der Tabelle eingelesen wird, und der Anzahl der Schritte *nsteps* (Zeile 19) berechnet.

[25]F steht für die Funktion φ, F_d für die erste Ableitung der Funktion.

[26]Zeile 23: F2 = F + Fd * dxn/2; Z25 …27: F = F + Fd2 * dxn; Z28: Fd = Fd + Fdd2 * dxn

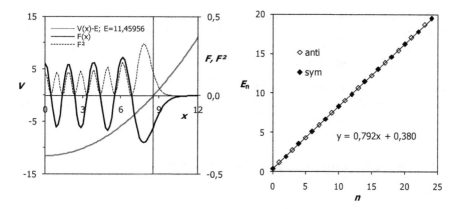

Abb. 4.12 a (links) Eigenfunktion des harmonischen Oszillators mit 2×7 Knoten zum Eigenwert $E = 11{,}45956$ sowie ihr Quadrat. Die senkrechte Linie trennt „erlaubtes" von „verbotenem" Gebiet **b** (rechts) Eigenwerte E_n des harmonischen Oszillators als Funktion der Knotenzahl n der zugehörigen Eigenfunktionen

In der Funktion $P_{OT}(x)$ wird das Potential am Ort x berechnet. In dieser Übung ist es das Potential eines harmonischen Oszillators, welches quadratisch mit der Auslenkung aus der Ruhelage ansteigt. Es wird durch einen Parameter beschrieben, nämlich einen Vorfaktor vor x^2. Wir haben aber eine Beschreibung mit zwei Parametern gewählt, weil sich der Einfluss der beiden Parameter auf den Verlauf des Potentials dann anschaulich besser vorhersehen lässt: V_{ho} streckt die Parabel hauptsächlich in die Höhe, x_0 in die Breite.

Der Einsatz von Funktionen bietet den Vorteil, dass die Tabelle von Berechnungen und Daten entlastet und dadurch übersichtlicher wird. In obigem Beispiel wird die Wellenfunktion für 81 Stützpunkte dargestellt, aber innerhalb der Funktion PROCEED für jeweils zehn Stützpunkte berechnet.

Eigenfunktionen und Eigenwerte

In Abb. 4.12a sehen Sie als Beispiel die Eigenfunktion mit 2×7 Knoten zum Eigenwert $E = 11{,}45596$. Dort wird nicht das Potential $V(x)$ dargestellt, sondern $V(x) - E$, die kinetische Energie, wobei E die Gesamtenergie ist. Die Trennung zwischen „erlaubtem" und „verbotenem" Gebiet ist dann bei x_0 mit $V(x_0) - E = 0$. Die Skalierungen der primären und sekundären vertikalen Achsen werden so gewählt, dass die x-Achsen in der Abbildung übereinanderliegen. Wir sehen, dass die Zustandsdichte an Stellen größer ist, an denen die kinetische Energie, also der Abstand zur Potentialkurve, kleiner ist.

Wir fahren die Energie von E_{min} bis E_{max} mit einer Prozedur wie in Abschn. 4.2.3 durch, bestimmen wiederum die Maxima im Verlauf von $1/Int$, dem Kehrwert des Integrals über das Quadrat der Funktionen, gegen die Energie E, deuten die zu den Maxima gehörenden Energien als Eigenwerte und tragen sie als Funktion der Knotenzahl der zugehörigen Eigenfunktionen auf. Das Ergebnis ist in Abb. 4.12b zu sehen.

Die Trendlinie durch die Punkte in Abb. 4.12b wird durch $E_n = 0{,}792n + 0{,}380$, ungeformt $E_n = 0{,}792$ $(n + 0{,}48)$ beschrieben. Theoretisch wird $E_n = \hbar\omega_0 \cdot (n + 1/2)$ $= 2E_0 \cdot (n + 1/2)$ erwartet. Unsere numerische Simulation kommt der theoretischen Voraussage also ziemlich nahe.

Abklingverhalten im „verbotenen" Bereich
Im „verbotenen" Bereich (Abb. 4.12a für $x > 8{,}5$) klingt die Wellenfunktion stärker als exponentiell ab. Die analytischen Lösungen verhalten sich wie Polynom mal $\exp(-x^2)$.

4.4   Schwingungen zweiatomiger Moleküle

Wir berechnen die Zustandsfunktionen zweiatomiger Moleküle im anharmonischen Morse-Potential und daraus ihre Energieeigenwerte und die Erwartungswerte für den Ort. Wir vergleichen die Dichte der Aufenthaltswahrscheinlichkeit für den höchsten gebundenen Zustand mit derjenigen eines klassischen Teilchens derselben Energie im selben Potential (aus Abschn. 3.6).

Das Morse-Potential $(1 - \exp)^2$
Die Wechselwirkung der beiden Atome in einem zweiatomigen Molekül wird häufig durch das Morse-Potential beschrieben. Es ist von der Form $(1 - \exp)^2$ und enthält die drei Parameter Dissoziationsenergie D_e, sowie im Exponenten Gleichgewichtsabstand r_0 und Breitenfaktor a:

$$V(r) = D_e(1 - \exp(-a(r - r_0)))^2 \qquad (4.9)$$

Um die Verbindung zu den bekannten Formeln für den harmonischen Oszillator herzustellen, entwickeln wir die Exponentialfunktion um $r = r_0$ und erhalten:

$$V(r) = D_e(1 - (1 - a(r - r_0)))^2 = D_e a^2 (r - r_0)^2 \qquad (4.10)$$

Daraus berechnet sich die Federkraft zu:

$$F_F = 2D_e a^2 (r - r_0) \qquad (4.11)$$

und die Schwingungsfrequenz zu:

$$\omega_0^2 = \frac{2D_e a^2}{m} \qquad (4.12)$$

In Abb. 4.13a findet man ein Beispiel für $D_e = 10$ [Energieeinheit], $r_0 = 10$ [Längeneinheit] und $a = 0{,}1$ [1/Längeneinheit].
Die analytische Berechnung der Energieeigenwerte des Morse-Potentials ergibt:

$$E_n = \left(n + \frac{1}{2}\right)\hbar\omega - \left(n + \frac{1}{2}\right)^2 x_e \hbar\omega \text{ mit } x_e = \frac{\hbar^2 \omega^2}{4D_e} \qquad (4.13)$$

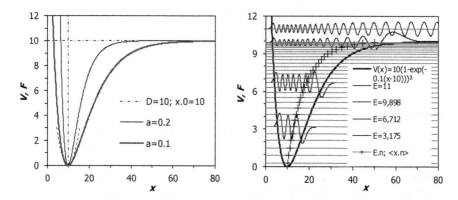

Abb. 4.13 a (links) Morse-Potential für eine Dissoziationsenergie $D_e = 10$, einen Gleichgewichtsabstand $x_0 = 10$ und dem Breitenfaktor $a = 0,1$; die harmonische Entwicklung um den Gleichgewichtsabstand ist ebenfalls eingetragen. **b** (rechts) Drei gebundene Eigenfunktionen und eine ungebundene Funktion für das Morse-Potential aus a; die Erwartungswerte des Ortes werden mit Kreuzen auf den horizontalen Energiegeraden E_n markiert

Die Theorie sagt also voraus:

$$\omega = a\sqrt{\frac{2D_e}{m}} \quad \text{und} \quad x_e = \frac{a}{\sqrt{D_e}} \tag{4.14}$$

Für unsere numerische Berechnung brauchen wir nur die Gl. 4.9. für das Potential.

▶ **Mag** Das Argument in der Exponentialfunktion des Morse-Potentials wird mit $-a(r - r_0)$ angegeben. Statt a könnte man einen anderen Parameter einsetzen, der eine anschaulichere Bedeutung hätte. Welcher wäre das?

▶ **Tim** Statt a könnte man $1/\Delta r$ einsetzen, sodass das Argument $-(r - r_0)/\Delta r$ lautete. In dieser Formel hätte jeder Parameter eine anschauliche Bedeutung: r_0 gibt das Minimum des Potentials an und Δr wäre ein Maß für die Breite. Diese Version ist doch viel schöner!

Anfangsbedingungen für Wellenfunktionen

Die Wellenfunktionen für das Morse-Potential können mit dem aus Abschn. 4.2.1 oder aus Abschn. 4.3 entwickelten Verfahren berechnet werden, wobei lediglich eine andere Funktion für das Potential eingegeben werden muss. Zwei Sätze von angenäherten Anfangsbedingungen sind möglich:

1. Wir lassen das Morse-Potential an einer Stelle x_0 im „verbotenen" Bereich gegen unendlich gehen, sodass die Wellenfunktion dort verschwindet und ihre Steigung endlich ist: $\varphi(x_0) = 0$; $\varphi'(x_0) \neq 0$.
2. Wir berücksichtigen, dass die Wellenfunktion im verbotenen Bereich stärker als exponentiell gegen null geht und setzen an einer Stelle x_0 im verbotenen

Bereich ihre Steigung zu null, aber ihren Wert selbst von null verschieden:
$\varphi(x_0) \neq 0$; $\varphi'(x_0) = 0$.

Wir haben uns in Abb. 4.13b für 1. entschieden. Versuchen Sie aber genauso die zweite Variante.

Eigenlösungen
Als Eigenfunktionen werden wiederum diejenigen aus der Menge der Wellen-funktionen ausgewählt, die kleinere Werte des Integrals der quadrierten Wellen-funktion haben als energetisch benachbarte.

Drei verschiedene gebundene Zustandsfunktionen werden in Abb. 4.13b wiedergegeben, in der außerdem die Lage der Energieeigenwerte als waagrechte Linien und der mittlere Abstand der beiden Atome als mit Kreuzen dargestellt wer-den. Die Energieeigenwerte folgen bei Annäherung an $E = D_e = 10$ in immer kür-zeren Abständen aufeinander. Oberhalb $E = D_e$ tritt kein gebundener Zustand auf.

Für alle gebundenen Zustände wurde der Erwartungswert des Ortes, $\langle x_n \rangle$, berechnet und in das Diagramm eingetragen. Die Erwartungswerte des Ortes wandern immer weiter nach außen. Bei Annäherung von E_n an D_e strebt $\langle x_n \rangle$ nach unendlich.

Die Energieeigenwerte werden in Abb. 4.14a als Funktion von $(n+0,5)$ auf-getragen, damit der Verlauf mit Gl. 4.13. verglichen werden kann. Der Verlauf folgt tatsächlich einem Polynom zweiten Grades.

▶**Aufgabe** Berechnen Sie die Eigenwerte und Eigenfunktionen für das Mor-se-Potential mit verschiedenen Werten der Parameter und überprüfen Sie die Beziehung der Gl. 4.13!

▶**Alac** Die Berechnung der Eigenfunktionen und Eigenwerte im Morse-Potential in Abb. 4.14 ist ja wohl der Hammer. Analytisch könnten wir das nicht bewerk-stelligen. Das zeigt, wie mächtig unsere Tabellenrechnungen sind.

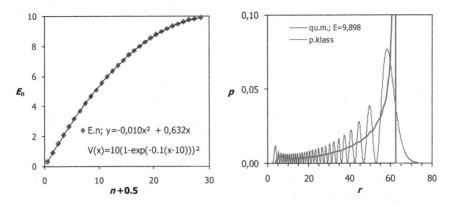

Abb. 4.14 𝕭 **a** (links) Energieeigenwerte E_n für das Morse-Potential als Funktion von $(n+0,5)$; Anpassung mit einem Polynom zweiten Grades. **b** (rechts) Quantenmechanische Aufenthalts-wahrscheinlichkeitsdichte $p(x)$ für den energetisch höchsten gebundenen Zustand, verglichen mit derjenigen eines klassischen Oszillators (gemäß Abschn. 2.6) mit derselben Energie

▶ **Tim** Die Abbildung ist auch physikalisch hoch interessant. Wir können die quantenmechanische mit der klassischen Aufenthaltswahrscheinlichkeit vergleichen. Einmal haben wir sie durch Integration der Newton'schen Bewegungsgleichung erhalten, das andere Mal durch die Bestimmung der quantenmechanischen Eigenfunktionen. Die Aufenthaltswahrscheinlichkeit steigt in beiden Fällen zu den klassischen Umkehrpunkten hin an, wenn die Geschwindigkeit gegen Null geht.

▶ **Alac** Unser Bild ist doppelt so gut wie der Verlauf für den harmonischen Oszillators, der in den meisten Physikbüchern abgebildet wird, weil unsere Werte an den beiden klassischen Umkehrpunkten deutlich verschieden sind. Also: Abb. 4.14 wird für den Schönheitswettbewerb $\mathfrak{B}$ nominiert.

Aufenthaltswahrscheinlichkeit
In Abb. 4.14b wird die Wahrscheinlichkeitsdichte als Funktion des Abstandes r der beiden Atome dargestellt, *quantenmechanisch* berechnet für den höchsten gebundenen Zustand im Potential der Abb. 4.13a und *klassisch* berechnet für dieselbe Energie und dasselbe Potential (Abschn. 2.6). Je näher der Ort x am klassischen Umkehrpunkt, also an der Grenze zwischen erlaubtem und verbotenem Bereich ist, desto höher ist die Wahrscheinlichkeit, das System dort anzutreffen, sowohl quantenmechanisch als auch klassisch.

- Die klassische Wahrscheinlichkeit hat eine Singularität am Umkehrpunkt r_n mit $E = V(r_n)$, weil dort die Geschwindigkeit zu null wird.
- Die quantenmechanische Wahrscheinlichkeitsdichte weist mit den Knotenpunkten deutlich Wellencharakter auf.

Erwartungswert des Ortes
Wir berechnen den Erwartungswert des Ortes als *gewichteten Mittelwert über x*. Das Gewicht ist dabei das Betragsquadrat der Eigenfunktion. Mit den Bezeichnungen in Abb. 4.9 (T) lautet die entsprechende Tabellenformel: SUMMENPRODUKT$(x; F^2)$/SUMME(F^2). Die entspricht einer endlichen Näherung an:

$$\bar{x} = \int_{-\infty}^{\infty} (p(x) \cdot x) \mathrm{d}x \tag{4.15}$$

Die berechneten Werte sind in Abb. 4.13b als Kreuze auf den waagrechten Strichen der Energieeigenwerte eingetragen.

4.5 Radiale Eigenfunktionen des Wasserstoffatoms

Das effektive Potential für den radialen Anteil der Wasserstoff-Wellenfunktionen enthält einen Coulombanteil (proportional zu $-1/r$) und das Zentrifugalpotential (proportional zu $1/r^2$). Es hat dieselbe Form wie dasjenige für die Planetenbewegung. Zustandsfunktionen für verschiedene Drehimpulse können denselben Energieeigenwert haben (Entartung des Energieeigenwerts).

4.5.1 Radiale Schrödinger-Gleichung

Wellenfunktionen des Wasserstoffatoms
Die Schrödinger-Gleichung für das Wasserstoffatom ist dreidimensional.
Das Elektron ist dem Coulombpotential des Kerns ausgesetzt, das nur vom
Abstand des Elektrons zum Kern abhängt, ist also kugelsymmetrisch. Für kugel-
symmetrische Potentiale wird die Schrödinger-Gleichung üblicherweise in
Kugelkoordinaten gelöst. Die Wellenfunktionen können als Produkt einer Radial-
funktion $R(r)$ und einer Winkelfunktion $Y_{lm}(\theta, \phi)$ geschrieben werden:

$$\Phi(r, \theta, \phi) = R(r) \cdot Y_{lm}(\Theta, \phi) \qquad (4.16)$$

Die $Y_{lm}(\theta, \phi)$ sind Kugelflächenfunktionen, die für alle kugelsymmetrischen
Potentiale gleich sind und durch die Drehimpulsquantenzahlen l und m definiert
werden.

Zentrifugalpotential
In der Differentialgleichung für die Radialfunktion $R(r)$ taucht ein Zentrifugalpotential proportional zu $1/r^2$ auf, mit einem Vorfaktor, der von l abhängt:

$$\frac{\hbar^2 l(l+1)}{2mr^2} \qquad (4.17)$$

Das Zentrifugalpotential entspricht der klassischen Rotationsenergie $L^2/2I$, wobei
L der Drehimpuls und I das Trägheitsmoment ist. Das klassische Drehmoment
eines Massepunktes m im Abstand r zur Drehachse ist $I = mr^2$. Der quantenmechanische Ausdruck für das Drehimpulsquadrat *ist* $L^2 = \hbar^2 l(l+1)$ mit der Drehimpulsquantenzahl $l = 0, 1, 2, \ldots$

Radiale Schrödinger-Gleichung
Das effektive Potential in der Schrödinger-Gleichung für die Radialfunktion $R(r)$
ist die Summe aus *Zentrifugalpotential* und *Coulombpotential:*

$$V_{\text{eff}} = \frac{\hbar^2 l(l+1)}{2m} \cdot \frac{1}{r^2} - \frac{e^2}{4\pi \in_0} \cdot \frac{1}{r} \qquad (4.18)$$

Es entspricht mathematisch dem effektiven Potential Gl. 3.25 in Abschn. 3.5.3 für
die radiale Komponente der Planetenbewegung.
    Der Radialanteil der Wellenfunktion wird noch einmal aufgespalten:

$$R(r) = \frac{1}{r} \cdot u(r) \qquad (4.19)$$

Die Radialgleichung für $u(r) = R(r) \cdot r$ lautet dann:

$$\frac{u''(r)}{u(r)} = (l(l+1)) \cdot \frac{1}{r^2} - \left(\frac{e^2/4\pi \in_0}{(\hbar^2/2m_e)}\right) \cdot \frac{1}{r} - \left(\frac{E}{\hbar^2/2m_e}\right) \qquad (4.20)$$

Die Faktoren werden zu:

$$e^2 \Big/ 4\pi\, \epsilon_0 = 2{,}30 \,\times\, 10^{-23} J \cdot m$$

$$\hbar^2 \Big/ 2m_e = 6{,}06 \,\times\, 10^{-39}\, J \cdot m^2 = 3{,}8\ \text{eV} \cdot \mathring{A}^2 \qquad (4.21)$$

$$\frac{e^2 / 4\pi\, \epsilon_0}{\hbar^2 / 2m_e} = 3{,}8\,\frac{1}{\mathring{A}}^2$$

berechnet.

Die ersten beiden Terme auf der rechten Seite der Radialgleichung Gl. 4.20 stellen das effektive Potential dar und können für alle Stützstellen als Funktion von r von vornherein berechnet werden. Der dritte Term enthält die Energie der ins Auge gefassten Wellenfunktion und ist eine Konstante. Die rechte Seite der Gleichung Gl. 4.20. kann somit von vornherein für alle Orte r ausgerechnet werden, ohne dass auch nur ein Wert der Wellenfunktion bekannt ist.

Die radiale Differentialgleichung für $u(r)$, Gl. 4.20, hat genau die Gestalt der eindimensionalen stationären Schrödinger-Gleichung. Wir können also unsere numerischen Verfahren mit Tabellenkalkulation und VBA anwenden; das heißt, wir geben Anfangswerte für u und u' an einem bestimmten Ort vor, wählen eine Energie E und berechnen die Wellenfunktion. Die so erhaltene Wellenfunktion ist im Allgemeinen keine Zustandsfunktion, wenn sie am Rand des Berechnungsgebiets gegen Unendlich geht.

Wir lassen dann mit einer Protokollroutine die Energie durchlaufen und wählen diejenigen Wellenfunktionen als Eigenfunktionen aus, die sich normieren lassen. Die zugehörigen Energien E_n sind Eigenwerte der Energie, wobei n die Anzahl der Knoten der Eigenfunktion ist.

4.5.2   Anfangswerte

Aus theoretischen Überlegungen ist bekannt, dass für $l \geq 1$ und $r \to 0$ gilt: $u(r) \sim r^{l+1}$; das heißt, $u(0) = 0$ und $u'(0) = 0$. Wir müssen also unsere bisher verwendeten Randbedingungen verändern. Wir nutzen dazu die Beziehung $u(r) = u'(r) \times r/(l+1)$ aus, um u und u' für einen kleinen Anfangswert r_0 zu definieren. Alternativ können wir wie in Abschn. 4.4 $u(r_0) = 0$ und $u'(r_0) = 1$ als Anfangswerte einsetzen.

Zur Angabe der Energieeigenwerte in eV müssen die durch unsere Berechnung erhaltenen Werte mit dem Faktor.

$$\frac{\hbar^2 / 2m_e}{e} = \frac{6{,}06 \,\times\, 10^{(-39)}\, Jm^2}{1{,}6 \,\times\, 10^{-19}\, As} = 3{,}79 \,\times\, 10^{-20}\, V \cdot m^2 \qquad (4.22)$$

multipliziert werden, da wir bisher diesen Faktor vor der Berechnung 1 gesetzt haben.

Tab. 4.1 Beziehungen zwischen der Hauptquantenzahl n; der Drehimpulsquantenzahl l und der Anzahl der Knoten im radialen Teil der Wellenfunktion K_n^{rad}

n	l	K_n^{rad}	$l \cdot (l+1)$	n	l	K_n^{rad}	$l \cdot (l+1)$
1	0	0	0	4	1	2	2
2	0	1	0	4	2	1	6
2	**1**	**0**	**2**	4	3	0	12
3	0	2	0	5	0	4	0
3	**1**	**1**	**2**	5	1	3	2
3	**2**	**0**	**6**	5	2	2	6
4	0	3	0	5	3	1	12
				5	4	0	20

Knotenflächen in den Zustandsfunktionen

Die theoretischen Beziehungen zwischen der Hauptquantenzahl n, der Drehimpulsquantenzahl l und der Anzahl der Knoten $K_{n.rad}$ im Radialanteil der Zustandsfunktion des Wasserstoffs werden in der Tabelle in Tab. 4.1 aufgelistet.

Zu jeder Hauptquantenzahl mit $n > 1$ gehören mehrere Drehimpulsquantenzahlen l, die jede für sich ein eigenes Zentrifugalpotential ergeben. Die mit unserer Methode zu lösenden Eigenwertprobleme, also für $l \geq 1$, sind fett gedruckt. Funktionen für s-Zustände ($l = 0$) lassen sich so nicht berechnen.

4.5.3 Lösungen

Wir berechnen für $l = 1$ (2; 3; 4) die Eigenfunktionen und Energieeigenwerte für 0 bis 3 (0 bis 2; 0 bis 1; 0) Knoten. Gemäß der wellenmechanischen Theorie des Wasserstoffatoms hängt die Energie der Eigenfunktionen nur von der Hauptquantenzahl n, das ist die Anzahl der Knoten der Wellenfunktion $\Psi(r, \theta, \phi)$ ab, $n = l + K_{n-}^{rad} + 1$ ab. Wir wollen prüfen, ob unsere Simulation diese Aussage reproduziert.

In Abb. 4.15a und b sehen Sie den Radialteil von zwei Wasserstoff-Wellenfunktionen, die mit unserer Methode ermittelt wurden.

Die beiden Wellenfunktionen haben dieselbe Eigenenergie, entsprechend dem theoretischen Wert $-13{,}6 \text{ eV}/n^2 = -13{,}6 \text{ eV}/5^2 = -0{,}544$ (bis auf < 1 %) bei verschiedenen Werten von l. Unsere Simulation reproduziert also für dieses Beispiel die Aussage, dass die Energieeigenwerte nur von n und nicht von l abhängen.

▶ **Alac** Abb. 4.15 ist meiner Meinung nach auch ein Kandidat für den Schönheitswettbewerb ℬ. Dass zwei so unterschiedlich aussehende Funktionen zum selben Energieeigenwert gehören, ist doch ziemlich verblüffend.

▶ **Tim** Wir lernen die Entartungsregeln für das Wasserstoffatom in der Vorlesung ziemlich gründlich, aber hier erfahren wir die Entartung aus eigener Kraft. Ich bin einverstanden, also ℬ, auch weil die radialen Funktionen so schwungvoll aussehen.

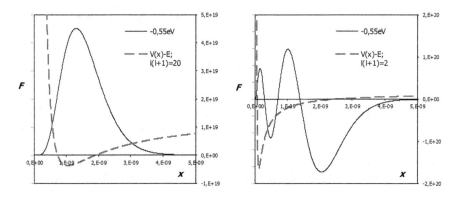

Abb. 4.15 𝔅 **a** (links) Radialer Teil $u(r)$ der Wasserstoffeigenfunktion mit $E = -0,55$ für $l \cdot (l+1) = 20$; das effektive Potential wird als gestrichelte graue Kurve dargestellt. **b** (rechts) Radialer Teil $u(r)$ der Wasserstoffeigenfunktion mit $E = -0,55$, genau wie in a, aber für ein anderes Zentrifugalpotential mit $l \cdot (l+1) = 2$

▶ **Aufgabe:** Überprüfen Sie, ob die Eigenwerte für verschiedene l, aber zum selben n identisch sind!

▶ **Aufgabe:** Überprüfen Sie, ob die Eigenwerte die Bohr'sche Beziehung $E_n = -13.6 \, \text{eV}/n^2$ erfüllen!

4.5.4   Warum so viel Mathematik?

▶ **Tim** Bei dieser Übung müssen wir viel Mathe aus Theoriebüchern übernehmen: Schrödinger-Gleichung in Polarkoordinaten, Separation der Variablen, eine neue Funktion $u(r)$ für den Radialanteil. Diese Mathematik können wir nur erstaunt zur Kenntnis nehmen und nicht kreativ einsetzen.

▶ **Alac** Das entspricht ja nun gar nicht unserem Prinzip, Aufgaben ohne weitere mathematische Ableitungen mit den grundlegenden Gleichungen einfach zu formulieren und numerisch zu lösen.

▶ **Tim** Ja, wir sollten doch ziemlich nah an der eindimensionalen Schrödinger-Gleichung bleiben, in ihrer schönen Form mit klarer Trennung von vorberechnetem (ϕ/ϕ'') und Integration wie üblich mit Fortschritt mit Vorausschau. Was ist der Nutzen, wenn wir von diesem Prinzip abweichen und die Rechnungen komplizierter machen?

▶ **Mag** Wir können mit unserer numerischen Methode Eigenwerte des Wasserstoffatoms berechnen und mit experimentellen Werten aus der Literatur vergleichen. Außerdem gibt es eine dicke Überraschung: Bei zwei ganz unterschiedlichen effektiven Potentialen für verschiedene Drehimpulse bekommen wir

Eigenfunktionen heraus, die unterschiedliche Anzahl an Knoten, aber denselben Energieeigenwert haben.

▶ **Tim** Also umgekehrt formuliert: Für einen Energieeigenwert zwei verschiedene Eigenfunktionen.

▶ **Alac** Das habe ich tatsächlich nicht erwartet. Das ist wohl die berühmte Energieentartung, die wir für die Prüfung immer parat haben müssen.

▶ **Tim** Erstaunlich ist es schon, dass wir die Energieentartung in unserer Übung herausbekommen, ohne die Regeln in die Rechnung einzufügen. Das gebe ich zu.

▶ **Mag** Die Regeln folgen aus der Schrödinger-Gleichung und dem Potential, mathematisch begründet oder eben numerisch nahegelegt, unabhängig voneinander.

▶ **Tim** Nur für das Wasserstoffatom?

▶ **Mag** Nein, die quantenmechanische Energieentartung tritt bei Potentialen auf, in denen die klassischen Bahnen geschlossen sind. Erinnern Sie sich, für welche Potentiale aus Kap. 3 das der Fall ist?

▶ **Tim** Für die Potentiale proportional zu $-1/r$, also aufgrund der Gravitations- oder Coulombkraft und für den zweidimensionalen harmonischen Oszillator, also für das Potential proportional zu r^2.

▶ **Alac** Was sollen wir daraus lernen?

▶ **Mag** Im Rahmen unserer Übungen sollen Sie sich erstmal nur wundern. Passen Sie dann in den Vorlesungen zur Quantenmechanik gut auf!

Partielle Differentialgleichungen

5

In einer Tabellenkalkulation lassen sich sehr gut partielle Differential-gleichungen mit zwei Variablen lösen, die horizontal und vertikal in die Tabelle eingetragen werden Diese beiden Variablen können zwei Raum-dimensionen mit Lösungen $U(x, y)$ sein, wie bei der *Laplace-* und *Poisson-Gleichung,* oder eine Raumdimension und die Zeit mit Lösungen $x(t)$, wie bei der *Wärmeleitungs-* und der *Wellengleichung.* Wir lösen diese partiellen Differentialgleichungen zweiter Ordnung, indem wir die erste und zweite Ableitung in einer einfachen Form diskretisieren.

5.1 Einleitung: Vier Typen von partiellen Differentialgleichungen zweiter Ordnung

▶ Ψ *Partielle Differentialgleichungen werten an jedem Ort Informationen der Nachbarn aus.*
Für die Variable *Zeit* nur zeitlich vorhergehende Informationen.

In einer Tabellenkalkulation lassen sich sehr gut partielle Differentialgleichungen mit zwei Variablen lösen. Diese beiden Variablen können zwei Raumdimensionen mit Lösungen $U(x, y)$ sein oder eine Raumdimension und die Zeit mit Lösungen $x(t)$.

Wir werden differentielle Partialgleichungen zweiter Ordnung behandeln, das heißt, dass zweite Ableitungen des Ortes oder der Zeit vorkommen, die sich bekanntlich als Krümmungen deuten lassen.

Dieses Kapitel baut auf Kap. 12 (Partial differential equations) des Buches E. Joseph Billo, *Excel for Scientists and Engineers* (2007, Wiley ISBN: 978-0-471-38734-3) auf. Dort werden zusätzlich genauere numerische Rezepte vorgestellt, als wir sie hier verwenden. Unser Ziel ist es, mit den einfachsten Verfahren

© Springer-Verlag GmbH Deutschland, ein Teil von Springer Nature 2018
D. Mergel, *Physik lernen mit Excel und Visual Basic,*
https://doi.org/10.1007/978-3-662-57513-0_5

verschiedene physikalische Aufgaben zu berechnen, z. B. auch durch eine gezielte Veränderung der Randbedingungen während der laufenden Berechnung.

Laplace-Gleichung in zwei Dimensionen

Bei der Laplace-Gleichung sind die beiden Variablen x und y die Koordinaten einer Ebene:

$$\frac{\partial^2 U(x,y)}{\partial x^2} + \frac{\partial^2 U(x,y)}{\partial y^2} = 0 \qquad (5.1)$$

Die beiden Krümmungen in x-Richtung und in y-Richtung heben sich auf. Ein typisches Beispiel ist ein Sattelpunkt. Das Problem ist eindeutig definiert, wenn das Potential auf dem Rand des Definitionsgebietes vorgegeben wird.

Das Feld ist der Gradient des Potentials und somit auch eindeutig von den Werten des Potentials am Rande des Berechnungsgebietes bestimmt. Wir erweitern die klassischen Aufgaben, indem wir innere Ränder einbauen, um Potential und Feld zwischen zwei Elektroden zu berechnen.

Poisson-Gleichung in zwei Dimensionen

Bei der Poisson-Gleichung sind die beiden Variablen wie bei der Laplace-Gleichung x und y:

$$\frac{\partial^2 U(x,y)}{\partial x^2} + \frac{\partial^2 U(x,y)}{\partial y^2} = \frac{\rho(x,y)}{\epsilon_0} \qquad (5.2)$$

Vorgegeben sind die Quellen $\rho(x, y)$ im Berechnungsgebiet und die Werte von $U(x, y)$ auf dem Rand des Berechnungsgebietes. Mithilfe der Poisson-Gleichung lassen sich zweidimensionale elektrostatische Potentialverläufe und daraus dann durch Differentiation die elektrische Feldstärke berechnen. Randbedingungen und Ladungsverteilung bestimmen das Feld. Die beiden Krümmungen von U können dasselbe Vorzeichen haben. Die Summe der Krümmungen ist proportional zur Ladungsdichte. Am Ort einer Punktladung entsteht ein Extremum des Potentials.

Wärmeleitungsgleichung in einer Dimension

Bei der Wärmeleitungsgleichung sind die beiden Variablen der Ort x und die Zeit t:

$$\frac{\partial T(x,t)}{\partial t} = c\frac{\partial^2 T(x,t)}{\partial x^2} \qquad (5.3)$$

Die Temperatur $T(x, t)$ an einer bestimmten Stelle x_0 ändert sich, wenn der Temperaturverlauf als Funktion des Ortes gekrümmt ist. Dann sind nämlich Zufluss und Abfluss von Wärme an dieser Stelle nicht gleich, bestimmt durch den Gradienten $\partial T / \partial x$ des Temperaturverlaufs. Die Wärmeleitung verringert die Krümmung des Temperaturverlaufs.

Der Temperaturverlauf $T(x, 0)$ zur Anfangszeit muss vorgegeben werden, außerdem die Temperatur oder der Wärmefluss an den Enden des eindimensionalen

Berechnungsgebietes. Der stationäre Zustand, der sich also zeitlich nicht mehr ändert, wird durch die Temperatur oder den Wärmefluss an den Grenzen bestimmt.

Wellengleichung in einer Dimension

Bei der Wellengleichung in einer Dimension sind die beiden Variablen der Ort x und die Zeit t:

$$\frac{\partial^2 \xi(x,t)}{\partial t^2} = c^2 \frac{\partial^2 \xi(x,t)}{\partial x^2} \tag{5.4}$$

Die zweiten Ableitungen der Auslenkung ξ aus der Ruhelage nach der Zeit und nach dem Ort (die Krümmungen) sind zueinander proportional. Der Proportionalitätsfaktor ist das Quadrat der Wellengeschwindigkeit.

Diskretisierung der partiellen Ableitungen

Für die numerische Berechnung werden die Ableitungen durch endliche Differenzen ersetzt.

$$\frac{\partial F(x)}{\partial x} = \frac{F(x+h) - F(x-h)}{2h} \tag{5.5}$$

$$\frac{\partial^2 F(x)}{\partial x^2} = \left(\frac{F(x+h) - F(x)}{h} - \frac{F(x) - F(x-h)}{h} \right) \cdot \frac{1}{h}$$
$$= \frac{F(x+h) - 2F(x) + F(x-h)}{h^2} \tag{5.6}$$

wobei h der Abstand in x-Richtung zwischen den Stützstellen ist. Zur Vereinfachung der Berechnungen setzen wir $\epsilon_0 = 1$ in Gl. 5.2 und $h = 1$ in Gl. 5.5 und 5.6. Für die allgemeinen Betrachtungen in diesem Kapitel ist das keine Einschränkung. Wenn reale Experimente simuliert werden sollen, dann müssen die tatsächlichen Werte von ϵ_0 und h eingesetzt werden.

5.2 Laplace-Gleichung

Das Potential an einem Ort ist der Mittelwert der Potentiale an den Nachbarorten. Das Potential auf dem Rand muss vorgegeben werden. Die Laplace-Gleichung beschreibt z. B. das elektrostatische Potential in einem Gebiet, welches von einem Rand mit vordefiniertem Potential begrenzt wird. Wir können innere Ränder definieren und so Potential und Feldverläufe zwischen beliebig geformten Elektroden berechnen. Als Musterbeispiel bilden wir den Feldverlauf eines klassischen Vorlesungsversuchs von R.W. Pohl nach.

Für diese Aufgabe müssen iterative Berechnungen erlaubt sein. Achten Sie deshalb darauf, dass Folgendes eingestellt ist: EXCEL-OPTIONEN/FORMELN/ITERATIVE BERECHNUNG AKTIVIEREN.

Tabellenformel

Aus Gl. 5.1 und 5.6 folgt:

$$\frac{\partial^2 U(x)}{\partial x^2} + \frac{\partial^2 U(x)}{\partial y^2} = \frac{U(x+h,y) - 2U(x,y) + U(x-h,y)}{h^2}$$
$$+ \frac{U(x,y+h) - 2U(x,y) + U(x,y-h)}{h^2} = 0 \tag{5.7}$$

$$U(x,y) = \frac{U(x+h,y) - U(x-h,y) + U(x+h,y) - U(x-h,y)}{4h^2} \tag{5.8}$$

Der Wert des Potentials an einer Stelle ist proportional zum Mittelwert des Potentials seiner Nachbarn. Implementiert man diese Gleichung in einer zweidimensionalen Tabelle, dann ergeben sich Zirkelschlüsse, z. B.:

D10 = (**D9** + D11 + C10 + E10)/4 und **D9** = (D8 + **D10** + C9 + C10)/4

Diese Zirkelbezüge lassen sich iterativ dadurch auflösen, dass die Werte so lange verändert werden, bis die Tabelle in sich stimmig ist. Man muss dazu in den EXCEL-Optionen Zirkelbezüge zulassen. Das geschieht über EXCEL-OPTIONEN/FORMELN/ITERATIVE BERECHNUNG AKTIVIEREN (EXCEL 2010).

Wenn die Tabellenrechnung durch eine Formelroutine aufgebaut werden soll, dann lauten die Anweisungen mit relativer Adressierung:

CELLS(.,.).FORMULAR1C1 = "=AVERAGE(R[−1]C,R[1]C,RC[−1],RC[1])"

Die Adresse R[−1]C bedeutet, dass von der aktuellen Zelle in Reihe R und Spalte C aus gesehen die Zelle in derselben Spalte eine Reihe weiter oben adressiert wird.

Wir wollen die Laplace-Gleichung in einem 66×66 großen Zellenbereich lösen, um das Potential zwischen zwei Elektroden zu berechnen. Elektroden sind elektrisch leitende Körper, in denen überall dasselbe Potential herrscht. Als Beispiele wählen wir ein auf einer Seite offenes Viereck und ein Viereck, das auf einer Seite eine kleine Öffnung hat. Diese Figuren bilden innere Ränder, die wir gegenüber dem äußeren Rand mit einem positiveren Potential versehen.

Der Tabellenaufbau für die folgenden Rechnungen steht in Abb. 5.1 (T). Die Zellen, in denen das Elektrodenpotential vorgegeben wird, sind grau eingefärbt.

Potential von offenen Vierecken

In der Tabelle zur iterativen Berechnung des Potentials mit der Laplace-Gleichung werden die Formeln in den Zellen, in denen die Elektroden liegen, durch eine Zahl ersetzt, nämlich den Wert des Potentials der Elektrode. Im aktuellen Fall wird das Potential des äußeren Randes, also des Randes des (64×64)-Gebietes, zu null (in Zelle B1 festgelegt) und das Potential des inneren Randes, also der Figuren,

	A	B	C	D	E	F	G	H	I	J	K	BN	BO	BP
1	1,0	0,0												
3		=$B$1					=MITTELWERT(E5;E7;D6;F6)			=$A$1				
4		0	1	2	3	4	5	6	7	8	9	64	65	
5	0	0,0	0,0	0,0	0,0	0,0	0,0	0,0	0,0	0,0	0,0	0,0	0,0	0
6	1	0,0	0,0	0,0	0,0	0,0	0,0	0,0	0,0	0,0	0,0	0,0	0,0	1
7	2	0,0	0,0	0,0	0,0	0,0	0,0	0,0	0,0	0,0	0,1	0,0	0,0	2
26	21	0,0	0,1	0,2	0,4	0,5	0,6	0,8	1,0	1,0	1,0	0,0	0,0	21
27	22	0,0	0,1	0,3	0,4	0,5	0,7	0,8	1,0	1,0	1,0	0,0	0,0	22
28	23	0,0	0,1	0,3	0,4	0,5	0,7	0,8	1,0	1,0	1,0	0,0	0,0	23
47	42	0,0	0,1	0,3	0,4	0,5	0,7	0,8	1,0	1,0	1,0	0,0	0,0	42
48	43	0,0	0,1	0,3	0,4	0,5	0,7	0,8	1,0	1,0	1,0	0,0	0,0	43
49	44	0,0	0,1	0,2	0,4	0,5	0,6	0,8	1,0	1,0	1,0	0,0	0,0	44
69	64	0,0	0,0	0,0	0,0	0,0	0,0	0,0	0,0	0,0	0,0	0,0	0,0	64
70	65	0,0	0,0	0,0	0,0	0,0	0,0	0,0	0,0	0,0	0,0	0,0	0,0	65
71		0	1	2	3	4	5	6	7	8	9	64	65	

Abb. 5.1 (T) 66 × 66-Gebiet, in dem die Laplace-Gleichung gelöst werden soll; in den grau gefärbten Gebieten wird das Potential aus A1 oder B1 eingesetzt. Alle anderen Zellen enthalten Formeln der Art wie in E3. Diese Bedingungen ergeben das Potential in Abb. 5.2a. Die Spalten L bis BM und die Reihen 8 bis 25 sind ausgeblendet

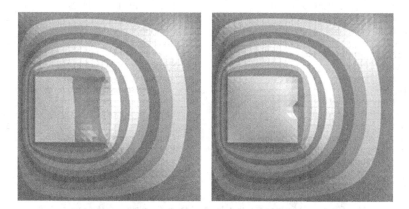

Abb. 5.2 a (links) Höhenverteilung des Potentials eines rechts offenen Vierecks. **b** (rechts) wie a, aber für ein fast geschlossenes Viereck

zu eins (in Zelle A1 festgelegt) gesetzt. Es liegt somit topologisch ein zweifach zusammenhängendes Gebiet vor.

Wir lassen die Iterationen laufen und sehen, wie sich die Zahlen in C5:BN69 fortlaufend ändern, bis schließlich ein stationärer Zustand erreicht ist. Die Höhenlinien des stationären Potentials der beiden Anordnungen werden in Abb. 5.2 dargestellt.

Man sieht, dass sich das Potential durch die offene Seite in das Innere des Vierecks „ausstülpt", weniger stark durch die kleinere Öffnung. Das elektrische Feld dringt durch die kleine Öffnung nur wenig in das fast geschlossene Viereck ein

Feldstärke aus dem Potential berechnen

Das elektrische Feld im Zentrum einer Elementarzelle des (66 × 66)-Rasters wird aus dem Potential mithilfe einer Prozedur, SUB *EField* in Abb. 5.3 (P) bestimmt und fortlaufend in zwei Spalten abgelegt.

Wir berechnen dazu zunächst den Gradienten des Potentials in den beiden Diagonalrichtungen wie in Abb. 5.4.

Die diagonalen Felder E_1 und E_2 gelten für die Mitte des Quadrats gemäß den Gleichungen:

$$E_1 \left(\frac{x_{n+1} + x_{n+0}}{2} ; \frac{y_{n+1} + y_{n+0}}{2} \right) = \frac{U(x_{n+1}, y_{n+1}) - U(x_{n+0}, y_{n+0})}{\sqrt{2}h} \quad (5.9)$$

$$E_2 \left(\frac{x_{n+1} + x_{n+0}}{2} ; \frac{y_{n+1} + y_{n+0}}{2} \right) = \frac{U(x_{n+1}, y_{n+0}) - U(x_{n+0}, y_{n+1})}{\sqrt{2}h}$$

```
1  Private Sub EField_Click()                          E1y = E1x                                    22
2  Application.Calculation = xlManual                  E2x = (U10 - U01) / Sqr(2)                   23
3  Scal = 0.9 'Length of E-vectors                     E2y = E2x                                    24
4  ScalRnd = 0.02 'Scale of additive random field       'Fields in x- and y-direction               25
5  r = 3                                               Ex = E1x - E2x + 0.5 * (Rnd - 0.5) * ScalRnd 26
6  Range("A:B").ClearContents                          Ey = E1y + E2y + 0.5 * (Rnd - 0.5) * ScalRnd 27
7  Cells(1, 1) = "x"                                    E = Sqr(Ex ^ 2 + Ey ^ 2)                     28
8  Cells(1, 2) = "y"                                     'Output of the field direction              29
9  For rx = 2 To 66                                     'The field strength is not to be depicted.   30
10    For ry = 5 To 69                                  Cells(r, 1) = x - Ex / E * Scal              31
11      If Rnd > 0.5 Then                               Cells(r, 2) = y - Ey / E * Scal              32
12        'center of the cell                           r = r + 1                                    33
13        x = Sheets("U").Cells(4, rx) + 0.5            Cells(r, 1) = x + Ex / E * Scal              34
14        y = Sheets("U").Cells(ry, 1) + 0.5            Cells(r, 2) = y + Ey / E * Scal              35
15        'Potential at the corners of the cell         r = r + 2                                    36
16        U00 = Sheets("U").Cells(ry, rx)              End If                                        37
17        U10 = Sheets("U").Cells(ry + 1, rx)        Next ry                                         38
18        U01 = Sheets("U").Cells(ry, rx + 1)       Next rx                                          39
19        U11 = Sheets("U").Cells(ry + 1, rx + 1)   Application.Calculation = xlAutomatic            40
20        'Diagonal fields E1 and E2                End Sub                                          41
21        E1x = (U11 - U00) / Sqr(2)                                                                 42
```

Abb. 5.3 (P) Routine, mit der das Feld aus dem Potential berechnet wird; die Indizes 0 und 1 bei U_{00}, U_{10}, … beziehen sich auf Abb. 5.4; dem berechneten Feld wird ein Störfeld addiert (Zeilen 26 und 27), der entstandene Vektor wird auf *Scal* normiert und an den Ortsvektor angeheftet (Zeilen 31 bis 35)

Abb. 5.4 Diagonalrichtungen zwischen vier benachbarten Zellen, längs derer der Feldgradient berechnet wird

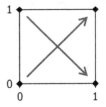

Sie werden in den Zeilen 21 bis 24 von Abb. 5.3 (P) berechnet. Daraus können dann vektoriell die Felder in x- und y-Richtung:

$$E_x = \frac{E_1 + E_2}{\sqrt{2}}$$

$$E_y = \frac{E_1 - E_2}{\sqrt{2}}$$

bestimmt werden, die ebenfalls für die Mitte der Quadrate gelten, deren Koordinaten (x, y) in den Zeilen 13 und 14 berechnet werden.

Zufälliges Störfeld

In den folgenden Bilder stellen wir alle Vektoren des elektrischen Feldes mit derselben Länge dar, sodass die Information über die Stärke des Feldes verloren geht. Um trotzdem einen Eindruck von der Stärke des Feldes zu vermitteln, addieren wir zu jedem Feldvektor (in ursprünglicher Länge) einen Störvektor, der durch ein Störfeld mit zufälliger Stärke und zufälliger Richung zustande kommen soll (Abb. 5.3 (P), Zeilen 26 und 27). Wenn die Stärke des Feldvektors hinreichend groß ist, dann wird seine Richtung durch ein solches Störfeld kaum verändert. Je geringer die Stärke des Feldvektors ist, desto stärker kann er durch das Störfeld abgelenkt werden. Die Stärke des Feldes drückt sich also als Widerstandsfähigkeit gegen Verwackeln durch ein Störfeld aus. Die maximale Länge des Störvektors wählen wir so, dass nach Augenmaß ein aussagekräftiges Bild zustande kommt.

Der durch Addition des Feldvektors und des Störvektors entstandene Vektor wird in den Zeilen 31 bis 35 auf eine einheitliche Länge *Scal* normiert und zu der Ortskoordinate (x, y) addiert, die die Mitte zwischen den vier Punkten markiert. Die so entstandenen Vektoren nennen wir *Feldrichtungsvektoren*. In einem x-y-Diagramm werden sie als Menge von Strichen dargestellt. Die Ergebnisse für die beiden Potentiale aus Abb. 5.2 sieht man in Abb. 5.5.

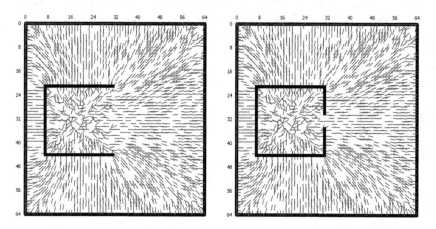

Abb. 5.5 a (links) Feldrichtungsvektoren zu Abb. 5.2a. **b** (rechts) Feldrichtungsvektoren zu Abb. 5.2b

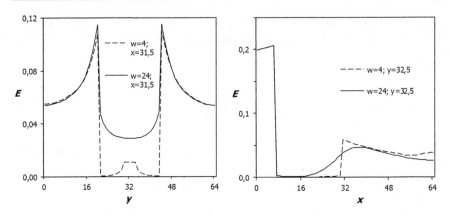

Abb. 5.6 **a** (links) Feldstärkeverlauf längs der Öffnung des Vierecks ($x = $ const. $= 31,5$), durch-gezogene Linie: rechte Seite völlig offen mit einer Öffnung $w = 24$, gestrichelt: Öffnung von $w = 4$ in der rechten Seite des Vierecks. **b** (rechts) Feldstärkeverlauf quer zur Öffnung durch die Mitte des Kastens ($y = $ const. $= 32,5$)

Die Feldrichtungsvektoren stehen auf den beiden Elektroden, dem offenen Kasten und dem Rand des Definitionsgebiets senkrecht. Sie sind sehr stark auf die Spitzen und Ecken der inneren kastenförmigen Elektroden gerichtet. Die Feldstärkevektoren richten sich also scharf aus auf alles was vorsteht, nämlich Ecken und Spitzen und stehen senkrecht auf ausgedehnten Strecken. Die Feldstärke ist schwach in umzäunten Flächen, was sich durch eine zufällige Ausrichtung der Feldstärkevektoren ausdrückt. Bei den eben gemachten Aussagen darf nicht vergessen werden, dass wir die Laplace-Gleichung im *zweidimensionalen* Raum gelöst haben.

Wir berechnen noch die Feldstärken auf einer Linie außerhalb des Vierecks vor der Öffnung vorbei ($x = 31,5$, Abb. 5.6a, der innere Kasten reicht bis 31) und auf einer Linie durch das Viereck quer zur Öffnung ($y = 32,5$, Abb. 5.6b).

Man sieht in Abb. 5.6a, dass die Feldstärke vom Rand her zu den Kanten des Vierecks ansteigt und auf der Höhe der Öffnung dann stark abnimmt. Die Feldstärke in der kleinen Öffnung ist kleiner als ein Viertel der Feldstärke auf dem Rand. Läuft man in den Diagrammen der Abb. 5.6 vom rechten Rand her durch die Öffnung der Vierecke, so nimmt die Feldstärke im Innern der Vierecke mit zunehmender Entfernung von der Öffnung ab, besonders schnell wie erwartet hinter der kleinen Öffnung, und ist in beiden Fällen am linken Rand der Vierecke verschwunden.

Gipskristalle vs. EXCEL

Zum Schluss simulieren wir noch ein Experiment aus dem klassischen Physiklehrbuch *R. W. Pohl*, Elektrizitätslehre, (Abb. 5.1)[1] Das elektrische Feld zwischen einer strichförmigen Elektrode und einer Elektrode mit Menschengestalt wird dabei mit Gipskristallen sichtbar gemacht (Abb. 5.7a). Abb. 5.7b zeigt das Ergebnis unserer Simulation.

---

[1]Robert Wichard Pohl, *Elektrizitätslehre*, Springer-Verlag Berlin Heidelberg 1964, Print ISBN 978-3-662-23772-4, Online ISBN 978-3-662-25875-0.

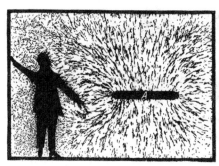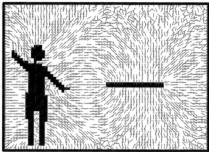

Abb. 5.7 ℬ a (links) Feldlinien werden durch Gipskristalle sichtbar gemacht (aus Pohl, Elektrizitätslehre). **b** (rechts) Nachbildung von a mit der zweidimensionalen Laplace-Gleichung mit drei Elektroden

Fragen

Wie lautet die Laplace-Gleichung im zweidimensionalen und im dreidimensionalen Raum?[2]
Wie hängen Potential und Feldstärke zusammen?[3]
Wie wirkt ein Blitzableiter?[4]

Laplace-Gleichung, Mittelwert = R. W. Pohl

▶ **Alac** Super, wir haben eine einfach implementierbare Regel für die Lösung der Laplace-Gleichung: Das Potential an einem Ort ist der Mittelwert des Potentials der Nachbarn. Und damit erhalten wir eine super Übereinstimmung mit dem Experiment von R.W. Pohl.

▶ **Tim** Mittelwert = Pohl! Na, toll! Was zeigt uns das?

▶ **Alac** Die Simulation entspricht dem Experiment und damit der Wirklichkeit.

▶ **Mag** So sieht es aus. Es gibt aber wichtige Unterschiede. Unsere Simulation beruht auf der zweidimensionalen Laplace-Gleichung. Wie sieht das bei Pohl aus?

▶ **Alac** Elektroden, Gipskristalle, alles auf einer Glasplatte, auch zweidimensional.

---

[2] $2\frac{\partial^2 \phi(\vec{r})}{\partial x^2} + \frac{\partial^2 \phi(\vec{r})}{\partial y^2} = 0$ und $\frac{\partial^2 \phi(\vec{r})}{\partial x^2} + \frac{\partial^2 \phi(\vec{r})}{\partial y^2} + \frac{\partial^2 \phi(\vec{r})}{\partial z^2} = 0$.

[3] $\vec{E} = -\text{grad}\,\phi(\vec{r})$; $E_x = -\frac{\partial \phi(r)}{\partial x}$; $E_y = -\frac{\partial \phi(r)}{\partial y}$ $\left[; \text{in 3D noch}: E_z = -\frac{\partial \phi(r)}{\partial z}\right]$.

[4] Vor der Spitze herrscht im Vergleich zur Umgebung eine größere Feldstärke, sodass sich dort die Spannung als Blitz entlädt.

▶ **Tim** Die Ladungen auf den Elektroden erzeugen doch sicherlich ein dreidimensionales Feld, das im Raum oberhalb und unterhalb der Glasplatte nicht verschwindet.

▶ **Mag** Richtig. Unsere Simulation ist rein zweidimensional, das Experiment ist grundsätzlich dreidimensional.

▶ **Tim** Auf der Glasplatte sehen wir dann einen Schnitt durch das dreidimensionale Potential.

▶ **Mag** Auch das nicht so ganz. Die Gipskriställchen sind polarisierbar und werden im Feld zu Dipolen, die das Feld dann wiederum verändern.

▶ **Alac** Die Realität ist wohl immer noch komplizierter als unsere Modelle.

▶ **Tim** Trotz der physikalisch begründeten Bedenken nominiere auch ich das von uns berechnete Bild für den Schönheitspreis. Unser Bild mit den Feldrichtungsvektoren stimmt hinreichend gut mit demjenigen mit den Gipskristallen des alten Pohl überein.

▶ **Alac** Der Vergleich mit dem alten Pohl in Abb. 5.7 ist mein Favorit für den Schönheitswettbewerb ℬ. Man sieht, wie wirklichkeitsnah unsere Simulation ist.

▶ **Tim** Stört dich nicht, dass die Simulation zweidimensional ist, während die Kräfte im experimentellen Bild auch senkrecht zur Platte wirken, also echt dreidimensional sind?

▶ **Alac** Das darf man in Prüfungen natürlich nicht unerwähnt lassen.

5.3   Poisson-Gleichung

Die Poisson-Gleichung wird wie die Laplace-Gleichung gelöst. Das Potential an einer Stelle wird nicht nur durch das Potential der nächsten Nachbarn bestimmt, sondern auch durch Ladungen an dieser Stelle. Wir berechnen Potentiale und Felder, wenn der Potentialverlauf auf dem Rand des Definitionsgebietes vorgegeben wird oder wenn der Rand stromfrei sein soll.

Für diese Aufgabe müssen iterative Berechnungen erlaubt sein. Achten Sie deshalb darauf, dass Folgendes eingestellt ist: EXCEL-OPTIONEN/FORMELN/ITERATIVE BERECHNUNG AKTIVIEREN.

5.3.1 Tabellenaufbau und Makros

Die Poisson-Gleichung Gl. 5.2 führt analog zur Laplace-Gleichung zu:

$$U(x_i, y_i) = \frac{U(x_{i+1}, y_i) + U(x_i, y_{i-1}) + U(x_{i-1}, y_i) + U(x_{i-1}, y_i)}{4} - \frac{\rho(x_i, y_i)h^2}{4\,\epsilon_0} \qquad (5.10)$$

Der Wert von U an einer bestimmten Stelle im Definitionsgebiet ist der Mittelwert von U an den Stellen der nächsten Nachbarn im Gitter vermindert um die Ladung in einem Gebiet der Größe h^2. An Punkten ohne Ladung ist der Wert von U gleich dem Mittelwert seiner nächsten Nachbarn wie bei der Laplace-Gleichung.

Zur Lösung können wir denselben Tabellenaufbau wie in Abb. 5.1 (T) einsetzen. Wir haben lediglich die Formel zu verändern:

$$\mathbf{D10} = (\mathbf{D9} + \text{D11} + \text{C10} + \text{E10})/4 - \text{rho!D10}/4 \qquad (5.11)$$

Die Ladungsverteilung wird in einem anderen Tabellenblatt mit derselben Struktur (Gebiet A4:BO71), hier mit Namen „rho", festgelegt, wobei dieselben Koordinaten (Reihe, Spalte) wie auf dem Blatt „U" gewählt werden.

Wenn die Formeln in relativer Zelladressierung mit einer Formelroutine eingeschrieben werden sollen, dann ist die folgende Anweisung nötig:

$$\text{CELLS}(.,.). \text{FORMULAR1C1} = \text{``} = \text{AVERAGE}(R[-1]C, RC[-1]) - \text{rho!RC}/4'' \qquad (5.12)$$

In Gl. 5.12 vernachlässigen wir die Permittivität $\epsilon_0 = 8{,}85 \times 10^{-12}$ As/Vm des Vakuums, indem wir $\epsilon_0 = 1$ setzen. Wenn wir das Potential in Volt angeben wollen, dann müssen wir zum Schluss den numerischen Wert unseres Potentials durch ϵ_0 teilen.

5.3.2 Poisson-Gleichung bei vorgegebenem Randpotential

Wir berechnen Potential und Feldstärke für eine Punktladung und für einen Dipol, wählen dabei als Randbedingung, dass U auf dem Rand verschwinden soll. Entsprechend wurde in die Reihen 5 und 70 und in die Spalten B und BO von Abb. 5.1 (T) „0" eingetragen. In den Bereich des Kastens wird die Gl. 5.11 kopiert.

Das Ergebnis der iterativen Berechnung für das Potential und das daraus berechnete Feld einer positiven Ladung in einem Gebiet mit Randpotential null sieht man in Abb. 5.8a und b.

Potential fällt logarithmisch ab

Mit einer VBA-Prozedur *LineScans* wird der Potentialverlauf auf einer Geraden parallel zur x-Achse in eine separate Spalte übertragen und dann in einem Diagramm dargestellt (Abb. 5.9 (P)).

Wir haben das Potential für nur eine Ladung der Größe -30 bei $(x, y) = (24, 33)$ berechnet und den Potentialverlauf auf der Geraden $y = 33$ in Abb. 5.10 wiedergegeben.

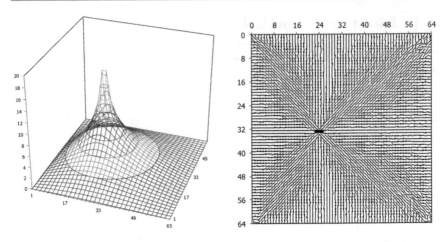

Abb. 5.8 **a** (links) Potential einer Punktladung bei (24, 33), Stärke −30; zur Darstellung wurde nur jeder vierte Stützpunkt der (66 × 66)-Matrix ausgewählt. **b** (rechts) Feldrichtungsvektoren für das Potential aus a

```
 1 Private Sub LineScans_Click()              Next cm                                     24
 2 Range("BR:BV").ClearContents                r2 = 4                                      25
 3 Application.Calculation = xlCalculationManual   Cells(r2, 73) = "y"                      26
 4 x = Cells(1, 6)                             Cells(r2, 74) = "U(y); x=" & x               27
 5 y = Cells(2, 6)                             r2 = r2 + 1                                  28
 6 r2 = 4 ' initial row for output             For rw = 5 To 70                             29
 7 Cells(r2, 70) = "x"                             Cells(r2, 73) = Cells(rw, 1) 'y-Value    30
 8 Cells(r2, 71) = "U(x); y=" & y                  Cells(r2, 74) = Cells(rw, x + 2) 'U(y)-value  31
 9 r2 = r2 + 1                                      r2 = r2 + 1                             32
10 For cm = 2 To 67 'column                     Next rw                                     33
11    Cells(r2, 70) = Cells(4, cm) 'x-Value      r2 = 4                                      34
12    Cells(r2, 71) = Cells(y + 5, cm) 'U(x)-value  Cells(r2, 75) = "curv U(y)"             35
13    r2 = r2 + 1                                For rw = 6 To 69                            36
14 Next cm                                         U = Cells(rw, x + 2)                     37
15 r2 = 4                                          Um = Cells(rw, x + 1)                    38
16 Cells(r2, 72) = "curv U(x)"                     Up = Cells(rw, x + 3)                    39
17 For cm = 3 To 66 'column                        curv = Um - 2 * U + Up                   40
18    U = Cells(y + 5, cm)                          Cells(r2, 75) = curv 'curvature of U(y) 41
19    Um = Cells(y + 4, cm)                         r2 = r2 + 1                             42
20    Up = Cells(y + 6, cm)                      Next rw                                     43
21    curv = Up - 2 * U + Um                     Application.Calculation = xlCalculationAutomatic  44
22    Cells(r2, 72) = curv 'curvature of U(x)    End Sub                                     45
23    r2 = r2 + 1                                                                            46
```

Abb. 5.9 (P) SUB *LineScans* protokolliert das Potential am Rande des Definitionsgebietes

Theoretisch erwartet man, dass das Potential einer Punktladung in einer zweidimensionalen Welt oder einer geladenen Gerade in der dreidimensionalen Welt logarithmisch mit dem Abstand abnimmt. Das ist nach der Darstellung in Abb. 5.10b auch der Fall, wenn der Ort nicht zu nah am Rand liegt. Das vorgegebene Potential auf dem Rand verändert den logarithmischen Verlauf.

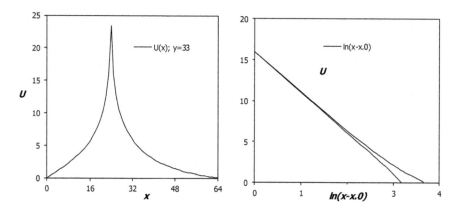

Abb. 5.10 **a** (links) Verlauf des Potentials einer Punktladung der Stärke -30 bei $(x, y) = (24, 33)$ auf der Geraden $y = 33$. **b** (rechts) Darstellung des Potentialverlaufs über einer logarithmischen x-Achse

Gauß'scher Satz stimmt auch bei uns

Wir übertragen den Verlauf des Potentials auf dem Innenrand, also auf den Positionen, die dem Rand mit dem vorgegebenen Potential am nächsten liegen, in ein Diagramm (Abb. 5.10b). Das Potential verschwindet auf dem Rand. Wir erwarten deshalb, dass die Feldlinien auf dem Rand senkrecht stehen. Da wir den Abstand der Stützstellen $h = 1$ gesetzt haben, ist die Feldstärke auf dem Rand gleich dem Potential auf dem Innenrand.

Den Verlauf der Feldstärke senkrecht zum Rand für eine Ladung der Größe -30 auf der Position $(24, 33)$ sieht man in Abb. 5.10b. Die Summe der Feldstärken auf dem Rand unseres Definitionsgebietes ist nach der Legende in Abb. 5.10b $E_{ges} = E_{top} + E_{right} + E_{bottom} + E_{left} = 29{,}8$. Sie entspricht dem Betrage nach etwa der eingeschlossenen Ladung von -30, wie es vom Gauß'schen Satz der Elektrodynamik (für $\epsilon_0 = 1$) erwartet wird. Anschaulich gesprochen ist die Ladung die Quelle und der Rand des Gebietes ist die Senke des elektrischen Flusses.

Der Verlauf der Feldstärke auf dem Rand für einen Dipol ist in Abb. 5.11b wiedergegeben. Die Feldstärken addieren sich zu $-0{,}5$, also fast zu null, wie es für einen umschlossenen Dipol erwartet wird.

▶ Die elektrischen Ladungen sind die Quellen und Senken des elektrischen Feldes. Das elektrische Feld verhält sich wie ein Strom.

▶ **Tim** Beim Gauß'schen Satz der Elektrostatik muss man doch immer über eine geschlossene Fläche integrieren.

▶ **Mag** Das gilt für den dreidimensionalen Fall. Wir müssen uns immer bewusst sein, dass wir mit unserer selbstkonsistenten Tabelle die Poisson-Gleichung wie die Laplace-Gleichung für den zweidimensionalen Fall lösen.

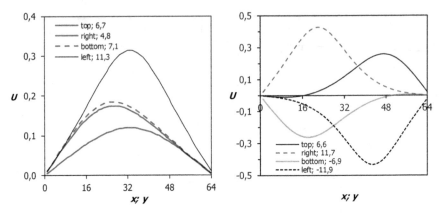

Abb. 5.11 a (links) Verlauf des Potentials aus Abb. 5.8 auf dem Innenrand des Definitions-gebietes, vor den Orten mit $U(x,y) = 0$. Die Werte von Feldstärke und Potential sind hier gleich. Die Zahlenwerte in der Legende geben die Summe der Feldstärken an. **b** (rechts) wie a, aber für einen Dipol mit einer positiven Ladung der Stärke $+30$ bei (43, 17) und einer negativen Ladung der Stärke -30 bei (48, 23)

5.3.3 Poisson-Gleichung bei stromfreiem Rand

> Es soll eine Lösung der Poisson-Gleichung gefunden werden, bei der die elektrischen Feldlinien den Rand des Definitionsgebietes nicht schneiden. Das ist durch eine iterative Fortentwicklung der Randbedingungen möglich. Das Verfahren konvergiert und aus der stationären Lösung wird ein Modell für den elektrischen Strom durch eine rechteckige Probe abgeleitet.

Die Feldlinien schneiden den Rand des Definitionsgebietes nicht, wenn der Gradient des Potentials am Rand senkrecht zum Rand verschwindet. Wir versuchen, das zu erreichen, indem wir iterativ neue Randbedingungen schaffen. Wir schreiben auf den Rand, $x = 0$ in Abb. 5.12a, den Wert des Potentials $U(x, n)$, der senkrecht zum Rand zwei Positionen weiter im Gebiet gefunden wurde, $x = 2$ im unteren Bereich der Abbildung, $U(0, n + 1) = U(2, n)$. Der Index n bezeichnet die Zahl der Iterationen. Die iterative Anpassung der Randbedingungen geschieht z. B. mit der Routine in Abb. 5.12b (P), die mehrfach aufgerufen wird, bis ein stationärer Zustand erscheint.

Ohne Neuberechnung des Potentials U wird so für das Feld auf Positionen neben dem Rand (eine Position weiter ins Gebiet hinein, in Abb. 5.12a bei Position 1) der Gradient Richtung Rand zu null. Nach Neuberechnung gilt das nicht mehr. Wir nehmen aber an, dass dieses Verfahren mehrfach angewendet werden kann (Sub *Bound_no_current* in Abb. 5.12b mehrfach ausführen) und konvergiert.

Den Potentialverlauf nach 40 Iterationen sehen Sie in Abb. 5.13a. Das zugehörige Feld sehen Sie in Abb. 5.13b. Das Ziel: „Das Feld verlässt das Gebiet nicht", ist nahezu erreicht worden.

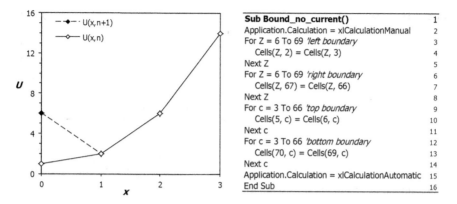

Abb. 5.12 a (links) Potentialverlauf vor und nach der Anpassung der Randbedingung. **b** (rechts, P) Sub *Bound_no_current* passt die Randbedingung an

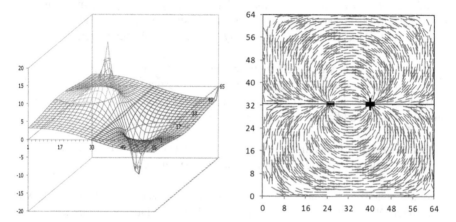

Abb. 5.13 a (links) elektrisches Potential eines Dipols in einem feldfreien Rahmen. **b** (rechts) Elektrisches Feld von a

Dieses Ergebnis lässt sich auch auf Ströme in einer rechteckigen Probe übertragen. Wir schneiden dazu das Definitionsgebiet in der Hälfte durch. Das ist möglich, da die Feldlinien die Mittellinie, die die beiden Ladungen verbindet, nicht schneiden. Die Ladungen („Quellen des elektrischen Feldes") werden jetzt als Elektroden gedeutet, über die Strom durch die Probe geleitet wird (Abb. 5.14).

5.3.4 Superposition von Potentialen

▶ **Mag** Gilt für die Lösungen der Poisson-Gleichung das Superpositionsprinzip?

▶ **Tim** Klar! Die Poisson-Gleichung ist linear. Ihre Lösungen können linear überlagert werden.

Abb. 5.14 Strom durch
eine rechteckige Probe
von der Pluselektrode zur
Minuselektrode

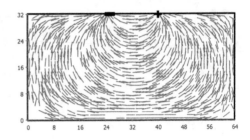

▶ **Mag** In Formeln wird das folgendermaßen ausgedrückt. Wenn A und B Anregungen des Systems sind, dann gilt:

$$F(A + B) = F(A) + F(B)$$

▶ **Tim** Wenn ich eine Lösung der Poisson-Gleichung mit einer Ladung Q_A und Randbedingungen R_A habe und eine andere mit einer Ladung Q_B und Randbedingungen R_B dann kann ich also die beiden Lösungen addieren und erhalte die Lösung für die beiden Ladungen Q_A und Q_B mit den Randbedingungen $R_A + R_B$.

▶ **Alac** Das können wir schnell ausprobieren. Wir kopieren die beiden Tabellenblätter für die Ladung und die Randbedingung zweimal, sorgen dafür, dass die Variablen sich auf die richtigen Blätter beziehen und erhalten drei Lösungen, A, B und A + B. Dann addieren wir A und B und vergleichen mit A + B. Fertig!

▶ **Tim** Fertig? In Mathekursen wird viel gerechnet, um Existenz und Eindeutigkeit von Lösungen partieller Differentialgleichungen zu beweisen.

▶ **Mag** Existenz und Eindeutigkeit von Lösungen setzen wir voraus, wenn wir losrechnen. Wir sollten uns aber klarmachen, dass die Mathematik uns das schon im Voraus garantiert hat.

5.4   Wärmeleitung

Wir berechnen eindimensionale zeitabhängige Temperaturprofile und Wärmeflüsse für konstante Randtemperaturen, periodische Änderungen der Temperatur am Rand und konstante Wärmezuflüsse.

5.4.1 Diskretisierung der eindimensionalen Wärmeleitungsgleichung

Die Darstellung folgt Kap. 12 aus M. Billo, *EXCEL for scientists and engineers.*[5]
Die Wärmeflussdichte j in einem Medium ist proportional zum Gradienten der Temperatur T:

$$j = \alpha \frac{\partial T}{\partial x} \tag{5.13}$$

Dabei ist α der Wärmeleitungskoeffizient. Die Temperatur an einem bestimmten Ort ändert sich mit der Zeit, wenn Wärme zu diesem Ort zu- oder von ihm abfließt:

$$\frac{\partial T}{\partial t} = \frac{1}{c\rho} \cdot \frac{\partial j}{\partial x} \tag{5.14}$$

Dabei sind c die spezifische Wärme und ρ die Massendichte. Die Temperaturverteilung wird durch eine Funktion $T(x,t)$ beschrieben. Durch Kombination von Gl. 5.13 und 5.14 entsteht folgende partielle Differentialgleichung, die die Wärmeleitung in einer Dimension beschreibt:

$$\alpha \frac{\partial^2 T}{\partial x^2} = c\rho \frac{\partial T}{\partial t} \tag{5.15}$$

Die Temperatur an einer bestimmten Stelle ändert sich mit der Zeit, wenn der Temperaturverlauf als Funktion des Ortes gekrümmt ist. Es gibt also eine Tendenz, benachbarte Temperaturen auszugleichen und einen linearen Temperaturverlauf herzustellen. Bei einem linearen Temperaturverlauf fließt nämlich genauso viel Wärme in das Volumenelement hinein wie hinaus, und die Temperatur ändert sich nicht mehr mit der Zeit.

Gl. 5.15 wird umgeschrieben, und die Ableitungen werden durch endliche Differenzen ersetzt:

$$\frac{\partial^2 T}{\partial x^2} + k \frac{\partial T}{\partial t} = 0 \text{ mit } k = -\frac{cp}{\alpha} \tag{5.16}$$

$$\frac{\partial^2 T}{\partial x^2}(x,t) = \frac{T(x + \Delta x, t) - 2T(x,t) + T(x - \Delta x, t)}{\Delta x^2} \tag{5.17}$$

$$\frac{\partial T}{\partial t}(x,t) = \frac{T(x, t + \Delta t)}{\Delta t} \tag{5.18}$$

[5]E. Joseph Billo, *Excel for Scientists and Engineers: Numerical Methods*, John Wiley & Sons, 2007, ISBN 0470126701, 9780470126707.

Wir setzen die Gl. 5.17 und 5.18 in die Gl. 5.16 ein und lösen nach $T(x, t + \Delta t)$ auf:

$$T(x, t + \Delta t) = r \cdot [T(x + \Delta x, t) + T(x - \Delta x, t)] + (1 - r) \cdot [T(x, t)] \qquad (5.19)$$

Auf der rechten Seite von Gl. 5.19 kommt nur t vor, nicht $t + \Delta t$. Die Temperatur $T(x, t + \Delta t)$ zum Zeitpunkt $t + \Delta t$ lässt sich also aus der Temperaturverteilung zum Zeitpunkt t berechnen. Der Koeffizient r muss kleiner sein als 0,5, um numerische Instabilitäten bei der Simulation zu vermeiden. Der Temperaturverlauf an einem festen Zeitpunkt muss vorgegeben werden, außerdem die Randbedingungen am Anfang und Ende des eindimensionalen Berechnungsbereichs.

5.4.2 Konstante Randtemperaturen

In diesem Unterkapitel behandeln wir die Wärmeleitung in einem Messingstab mit Parametern, die in dem Buch von M. Billo wie in Abb. 5.15 (T) angegeben werden.

Die Temperaturen an den Rändern des Berechnungsgebietes, hier an den Positionen 0 (Spalte B in Abb. 5.16 (T)) und 10 (Spalte L) werden zu Beginn der Rechnung festgelegt. Im Tabellenaufbau wird die Gl. 5.6 (Tabellenformel in D2) im Bereich C5:K204 eingebaut.

Der Messingstab ist 10 cm lang. Die 11 Stützstellen haben einen Abstand von 1 cm (dx in Abb. 5.15 (T)). Die Randbedingungen sind in den grau unterlegten

	A	B	C	D	E
4	length of the rod	l.r	10,00 cm		
5	heat capacity of brass	c.b	0,10 cal/g/K		
6	thermal conductivity of brass	k.b	0,30 cal/sec/cm/K		
7	density of brass	rho.b	8,40 g/cm³		
8	coefficient in general PDE	e.PDE	0,36		=k.b/c.b/rho.b
9	length increment	dx	1,00		
10	time increment	dt	1,00		
11		r0.5	0,36		=e.PDE*dt/dx^2

Abb. 5.15 (T) Parameter für die Wärmeleitung in einem Messingstab

	A	B	C	D	E	F	G	H	I	J	K	L
1												
2				=r0.5*(C5+E5)+(1-2*r0.5)*D5								
3		0	1	2	3	4	5	6	7	8	9	10
4	0	100	0,00	0,00	0,00	0,00	0,00	0,00	0,00	0,00	0,00	0,00
5	1	100	35,71	0,00	0,00	0,00	0,00	0,00	0,00	0,00	0,00	0,00
6	2	100	45,92	12,8	0,00	0,00	0,00	0,00	0,00	0,00	0,00	0,00
7	3	100	53,39	20,04	4,56	0,00	0,00	0,00	0,00	0,00	0,00	0,00
204	200	100	89,98	79,97	69,96	59,95	49,95	39,95	29,96	19,97	9,98	0,00

Abb. 5.16 (T) Tabellenaufbau zur Lösung der eindimensionalen Wärmeleitungsgleichung; der Parameter r0.5 wird im Tabellenblatt der Abb. 5.15 (T) festgelegt

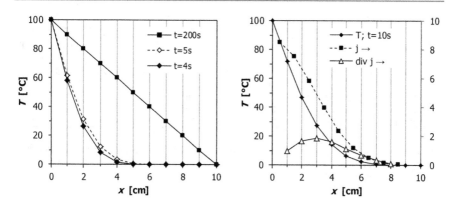

Abb. 5.17 a Temperaturverlauf im Messingstab zu verschiedenen Zeiten. **b** Temperaturverlauf, Wärmeflussdichte *j* und Divergenz div *j* des Wärmeflusses bei $t = 10$ s

Zellen festgelegt. Zur Zeit $t = 0$ ist die Temperatur im Messingstab gleich null (Zeile 4). Die Temperatur am linken Ende ($x = 0$) ist zu jeder Zeit 100 °C (Spalte B). Am rechten Ende ($x = 10$, Spalte L) ist sie zu jeder Zeit 0 °C. Im gesamten Bereich C5:K2014 steht mit entsprechenden Zellbezügen die Formel in D2, die für die Zelle D6 gilt. Die Pfeile auf Zelle J7 geben an, aus welchen Zellen die Formel in J7 ihre Informationen bezieht.

In Abb. 5.17a sieht man den Temperaturverlauf zu drei verschiedenen Zeiten.

Der Temperaturverlauf für $t = 5$ s hat sich gegenüber dem bei 4 s dort stark verändert, wo er stark gekrümmt ist. Wenn man lange genug wartet (hier $t = 200$ s) dann stellt sich ein linearer Verlauf ein, der sich mit der Zeit nicht mehr ändert, weil an jeder Stelle genauso viel Wärme abfließt wie zufließt.

Die Temperaturverteilung strebt einen linearen Verlauf an. Die Temperatur an einem Ort ändert sich durch Wärmefluss so lange, bis die Krümmung des Temperaturverlaufs an dieser Stelle verschwindet. Der Wärmefluss wird durch die Temperaturdifferenz zwischen zwei Orten bestimmt. Wenn die Krümmung an einem Ort verschwindet, dann ist der Zufluss zu diesem Ort genauso groß wie der Abfluss.

In Abb. 5.17b sieht man noch einmal einen Temperaturverlauf, diesmal für $t = 10$ s, außerdem die daraus abgeleitete Wärmestromdichte *j* und die Krümmung ΔT des Temperaturverlaufs, erhalten als Ableitung von *j*. Die Berechnungen dazu findet man in Abb. 5.18 (T).

Fragen

Über welchem Ort im Intervall muss die Wärmeflussdichte aufgetragen werden?[6]

Wo ist die Wärmeflussdichte am größten?[7]

---

[6]Die Wärmeflussdichte muss über der Mitte x_m der Intervalle (Zeile 5) aufgetragen werden.

[7]Die Wärmeflussdichte ist am größten, wo die Steigung des Temperaturverlaufs am größten ist.

	A	B	C	J	K	L	M	N
1						10	*T; t=10s*	="T; t="&L1&"s"
2	*x*	0	1	8	9	10		
3		B	C	J	K	L		
4	*T*	100	71,7	0,2	**0,0**	0,00 °C	=INDIREKT("Calc!"&K$3&$L$1+4)
5	*x.m*		0,5	7,5	**8,5**	9,5 cm	=MITTELWERT(J2:K2)
6	*j* →		8,50	0,17	**0,05**	0,01 cal/s/cm²	=-k.b*(K4-J4)
7	*div j* →		1,01	0,13	**0,04**	cal/s/cm³	=K6-L6
8	*10 x ΔT*		12,0	1,51	**0,44**	K/s	=10*K7/c.b/rho.b

Abb. 5.18 (T) Berechnungen der Wärmeflussdichte *j* (Reihe 6) aus dem Temperaturverlauf bei $t = 10$ s (Reihe 4, Zeitpunkt festgelegt in L1) und der Divergenz der Wärmeflussdichte (Zeile 7); Spalten D bis I sind ausgeblendet

Wo ist die Divergenz des Wärmestroms am größten?[8]

Über welchem Ort im Intervall muss die Divergenz des Wärmestroms aufgetragen werden?[9]

5.4.3 Konstanter Wärmezufluss

Wir verändern jetzt die Randbedingungen und setzen an das linke Ende des Messingstabs eine Wärmequelle, die einen konstanten Wärmefluss abgibt. In der Simulation berücksichtigen wir das, indem wir gewährleisten, dass zwischen den ersten beiden Stützpunkten immer eine konstante Temperaturdifferenz herrscht. Den abgeänderten Tabellenaufbau sehen Sie in Abb. 5.19a (T).

Die Temperatur an der Stelle $x = 0$ wird aus der Temperatur an der Stelle $x = 1$ zum selben Zeitpunkt berechnet (siehe die Formel in B2, die für die Zelle B5 gilt). Das ist möglich, weil zur Berechnung der Temperatur zur Zeit t nur Werte zur Zeit $t - \Delta t$ verwendet werden, Gl. 5.19 Im Beispiel wurde $\Delta T = 8$ °C gewählt ($delT = 8$), B5 = C5 + delT. Den Temperaturverlauf an drei verschiedenen Zeitpunkten sehen Sie in Abb. 5.19b.

Die Temperaturdifferenz zwischen den Orten $x = 0$ und $x = 1$ ist immer gleich groß. Mit der Zeit entsteht im gesamten Gebiet ein linearer Temperaturverlauf, dessen Steigung durch den Wärmezufluss gegeben wird. Die stationäre Temperatur am linken Ende wird ebenfalls durch den Wärmezufluss bestimmt.

5.4.4 Periodische Temperaturänderung

Wir nutzen jetzt das bisher besprochene Verfahren, um das Eindringen von Wärmewellen in einen Körper zu simulieren. Wir setzen dabei für einen Messingstab

---

[8]Die Divergenz des Wärmestroms ist dort am größten, wo der Wärmestrom die größte Steigung hat.

[9]Die Divergenz des Wärmestroms muss jetzt wieder über den Grenzen und nicht in der Mitte des Intervalls (Zeile 2) aufgetragen werden.

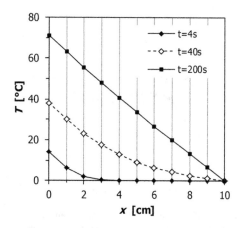

	A	B	C	D
1	**delT**	8,00		
2		=C5+delT		
3	t\x	0	1	2
4	0	0,00	0,00	0,00
5	1	**8,00**	0,00	0,00
6	2	10,86	2,86	0,00
7	3	12,69	4,69	1,02
8	4	14,24	6,24	1,97
9	5	15,57	7,57	2,92
201	197	71,00	63,00	55,24
202	198	71,09	63,09	55,33
203	199	71,17	63,17	55,41
204	200	71,26	63,26	55,50

Abb. 5.19 a (links, T) Gegenüber Abb. 5.16 (T) veränderter Tabellenaufbau, um einen konstanten Wärmefluss am linken Ende des Stabes zu erzwingen. **b** (rechts) Temperaturverlauf zu drei verschiedenen Zeitpunkten

	A	B	C	D	E	F	G	H	I	J	AO	AP
1	Amplitude **A.sin**		80 °C									
2	Periodendauer **T.sin**		30 s									
3												
4		=A.sin*SIN(2*PI()*t/T.sin)				=r0.5*(E7+G7)+(1-2*r0.5)*F7						
5	t\x	0,0	0,3	0,6	0,9	1,2	1,5	1,8	2,1	2,4	11,7	12,0
6	0,0	0,0	0,0	0,0	0,0	0,0	0,0	0,0	0,0	0,0	0,0	0,0
7	0,1	**1,7**	0,0	0,0	0,0	0,0	0,0	0,0	0,0	0,0	0,0	**0,0**
8	0,2	3,4	0,7	0,0	0,0	**0,0**	0,0	0,0	0,0	0,0	0,0	**0,0**
606	60,0	0,0	-10,9	-18,3	-22,8	-25,0	-25,4	-24,5	-22,7	-20,3	33,4	**44,0**

Abb. 5.20 (T) Tabellenaufbau für eine sinusförmige Temperaturänderung am linken Ende des Stabes in Spalte B

der Länge 12 cm 41 Stützstellen im Abstand von $dx = 0,3$ cm ein (Abb. 5.20 (T)). Diese Anzahl an Stützstellen ist mindestens nötig, damit die entstehenden Temperaturkurven verlässlich genug berechnet werden.

Wir haben die bisher konstante Temperatur in Spalte B durch eine sinusförmige Variation ersetzt, im Beispiel mit einer Periodendauer von $T_{sin} = 30$ s und einer Amplitude A_{sin} von 80 °C.

Die Ergebnisse der Simulation sieht man in Abb. 5.21. Teilbild a zeigt die Temperaturverläufe zu drei verschiedenen Zeitpunkten. Man sieht, wie eine Wärmewelle in den Stab eindringt.

In Abb. 5.21b wird der Zeitverlauf der Temperatur an drei verschiedenen Orten aufgezeichnet. Bei $x = 0$ herrscht der von außen aufgezwungene Sinus. Mit zunehmendem Abstand von linken Rand beobachtet man eine immer größere Phasenverschiebung gegenüber der Außentemperatur. Bei $x = 5,4$ cm ist die Phasenverschiebung etwa π.

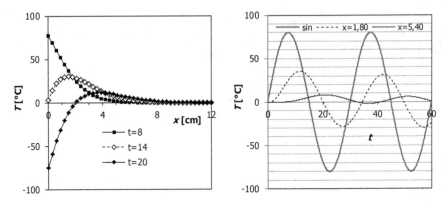

Abb. 5.21 a (links) Periodische Veränderung der Temperatur am linken Ende des Stabes, Periodendauer 40 s. **b** (rechts) Temperaturverlauf als Funktion der Zeit an verschiedenen Stellen des Stabes

▶ **Alac:** Es gibt Bäche, die im Sommer kalt und im Winter warm aus dem Boden treten.

▶ **Tim:** Dann sammelt der Bach sein Wasser in einer Tiefe unterhalb der Erdoberfläche, der einer Phasenverschiebung der Temperatur von π entspricht.

5.5   Wellengleichung

Wir deuten stehende Wellen, die aus sinus- oder dreiecksförmigen Anfangsauslenkungen entstehen als Überlagerung auseinanderlaufender Wellen. Wir bestimmen die Resonanzkurve einer Saite und lassen zwei Wellenpakete einander durchdringen.

Laufende Welle

▶ **Mag** Betrachten Sie eine beidseitig eingespannte Saite mit einer Anfangsauslenkung wie in Abb. 5.22: Am linken Ende wird sinusförmig und am rechten Ende dreiecksförmig ausgelenkt, beide Male nach oben. Was passiert, wenn die Wellen loslaufen und was, wenn sie sich begegnen? Können sich die Wellen auslöschen?

▶ **Tim** So etwas habe ich öfter im Internet gesehen. Sie laufen mit derselben Geschwindigkeit aufeinander zu. Wenn sie sich begegnen, dann verstärken sie sich zunächst, laufen später aber mit ihrer ursprünglichen Gestalt in entgegengesetzte Richtungen weiter.

Abb. 5.22 Auslenkung einer beidseitig eingespannten Saite bei $t = 0$

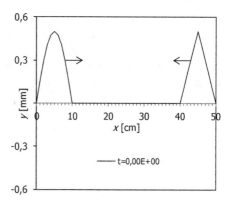

Alac Ich denke mal, das werden wir mit unserer Simulation auch hinkriegen. Die beiden Wellen löschen sich nicht aus, weil beide Auslenkungen nach oben gehen.

Mag Was passiert, wenn die Wellen ein festes Ende der Saite erreichen?

Tim Auch das wird im Internet gezeigt: Die Wellen werden reflektiert und die Auslenkung kehrt sich um, Berg wird zu Tal und Tal wird zu Berg.

Mag Das ist alles richtig. Aber wie sehen die Wellen aus, wenn sie sich von den festen Enden gelöst haben?

Alac Genau wie am Anfang, Sinusbogen nach oben und Dreieck nach unten.

Mag Lösen wir die Wellengleichung zunächst numerisch und diskutieren wir dann weiter!

5.5.1 Diskretisierung der Wellengleichung

Die Wellengleichung wird durch Gl. 5.3 gegeben. Die Schallgeschwindigkeit auf einer gespannten Saite ist

$$c = \sqrt{\frac{F}{A\rho}} \qquad (5.20)$$

mit $F =$ Spannkraft [N] an der Saite, $A =$ Querschnitt [m^2] und $\rho =$ Längendichte [kg/m] der Saite.

Die Wellengleichung kann durch die Anwendung des Newton'schen Kraftgesetzes $\partial^2 / \partial t^2 = F/m$ auf eine Masse-Feder-Kette abgeleitet werden, wenn im Grenzübergang der Abstand der Massen gegen null geht. Die Kraft einer Feder ist proportional zur Auslenkung ξ: $F = k\Delta\xi$, die Kraft zweier entgegengesetzt gerichteter Federn auf eine Masse in einer Kette ist $F = k\left(\partial^2\xi/\partial x^2\right)$. Die Beschleunigung an einer Stelle ist proportional zur Krümmung der Saite an dieser Stelle. Die Krümmung von ξ gibt die Summe der Federkräfte von links und von rechts auf diese Stelle an.

Wenn die Ableitungen in Gl. 5.4 durch endliche Differenzen (Gl. 5.5 und 5.6) ersetzt werden, erhält man folgende Differenzengleichung, aufgelöst nach $y(x, x + \Delta t)$:

$$
\begin{aligned}
y(x, t + \Delta t) = {}& c\left(\frac{\Delta t}{\Delta x}\right)^2 (y(x + \Delta x, t) + y(x - \Delta x, t)) - y(x, t - \Delta t) \\
& + 2\left(1 - c\left(\frac{\Delta t}{\Delta x}\right)^2\right) y(x, t)
\end{aligned}
\tag{5.21}
$$

Die Auslenkung zur Zeit $t + \Delta t$ lässt sich also aus den Auslenkungen zur Zeit t und zur Zeit $t - \Delta t$ berechnen. Gl. 5.21 vereinfacht sich, wenn $c\left(\Delta t/\Delta x\right)^2 = 1$ ist, zu:

$$
y(x, t + \Delta t) = y(x + \Delta x, t) + y(x - \Delta x, t) - y(x, t - \Delta t)
\tag{5.22}
$$

Zur Berechnung der Funktion zum Zeitpunkt $t + \Delta t$ werden Funktionswerte an den Zeitpunkten t und $t - \Delta t$ gebraucht, aber keine zum Zeitpunkt $t + \Delta t$. Die Randbedingung für $t + \Delta t$ kann also im Prinzip aus den Werten im Inneren des Berechnungsgebietes zum selben Zeitpunkt $t + \Delta t$ berechnet werden. Wir werden das in Abschn. 5.5.4 ausnutzen, um die Reflexion einer Welle an einem offenen Seilende zu simulieren,

5.5.2 Stehende Wellen

Wir implementieren zunächst ein Beispiel aus dem in Abschn. 5.1 zitierten Buch von Billo. Eine 50 cm lange und 0,5 g schwere Saite wird mit einem Gewicht von 33 kg gespannt. In der Abb. 5.23 (T) werden die Parameter der Differentialgleichung mit Namen und mit realistischen Werten versehen.

Wir wollen die einfache Gl. 5.22 nutzen und haben in B10 $dt = \Delta x/\sqrt{c}$ gesetzt.

Die Integration der partiellen Differentialgleichung geschieht im Bereich B33:BA533 der Abb. 5.24 (T), das heißt, wir haben 51 Stützstellen auf der Saite

	A	B	C	D	E	F	G	AY
4	l.S	50	cm	length of the string				
5	T.S	33000	g	tension, defined by a weight				
6	W.S	0,5	g	weight odf the string				
7	w	0,01	g/cm	weight per unit length				
8	g	981	cm/s²	acceleration by the earth				
9	dx	1	cm	intervals along the length of the string				
10	dt	1,76E-05	s	=dx/WURZEL(T.S*g/w)				

Abb. 5.23 (T) Parameter für die Schwingungen einer Saite

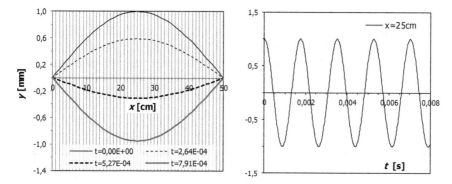

	B	C	D	E	F	G	AY	AZ	BA	BB
29					$=A.sin*SIN(x/50*PI()*n.L2)$ $=(D33+F33)/2$ $=E34+G34-F33$ $=F34+H34-G33$					
32	t\x	0	1	2	3	**4**	48	49	50	**x**
33	0	0,00	**0,13**	0,25	0,37	0,48	-0,25	-0,13	0,00	
34	1,76E-05	0,00	0,12	**0,25**	0,37	0,48	-0,25	-0,12	0,00	
35	3,52E-05	0,00	0,12	0,24	**0,36**	**0,47**	-0,24	-0,12	0,00	
533	8,79E-03	0,00	0,13	0,25	0,37	0,48	-0,25	-0,13	0,00	
534	**t**									

Abb. 5.24 (T) Tabellenaufbau zur Lösung der Wellengleichung; die grau unterlegten Zellen werden vor der Rechnung als Anfangsbedingung und Randbedingung beschrieben. Die Pfeile auf G35 geben die Vorgänger von $y(x, t + \Delta t)$ gemäß Gl. 5.22 an

Abb. 5.25 a (links) Grundschwingung der Saite. **b** (rechts) Auslenkung der Saite für die Schwingung in a bei 25 cm als Funktion der Zeit

gewählt, wobei die Auslenkung bei $x = 0$ und $x = 50$ immer zu null gesetzt wird, weil die Saite hier fest eingespannt sein soll, und verfolgen die zeitliche Entwicklung für 500 Zeitintervalle.

Zum Zeitpunkt $t = 0$ in Zeile 33 wird die Anfangsauslenkung eingetragen, hier eine Dreiecksauslenkung. Die Berechnung der Auslenkung zum Zeitpunkt $t + \Delta t$ erfordert, dass die Auslenkungen zum Zeitpunkt t und $t - \Delta t$ bekannt sind. Wir können die Formel $y_{x,t+1} = \left(y_{x+1,t} + y_{x-1,t}\right) - y_{x,t-1}$ erst ab dem Zeitpunkt $t = 2 \cdot \Delta t$ einsetzen, also ab Reihe 35. Für den Zeitpunkt $t = 1 \cdot dt$ wählen wir $y_{x,t+1} = \left(y_{x+1,t} + y_{x-1,t}\right)\frac{1}{2}$.

Sinusförmige Auslenkungen, Oberwellen

Die Saite wird bei $t = 0$ sinusförmig ausgelenkt, wobei die Enden der Saite immer auf einen Knoten der Sinusfunktion fallen, $y(t) = y_0\sin(kx)$. Die Wellenlänge der Sinusschwingung wird so gewählt, dass ein Vielfaches der halben Wellenlänge auf die Saite passt: $k = n \cdot (2\pi/2l)$. In Abb. 5.24 (T) ist die Amplitude $y_0 = A_{sin}$ und $n = n_{12}$. Die Form der Schwingung in Abb. 5.25a bleibt erhalten. Wir regen die Saite also zu Eigenschwingungen an.

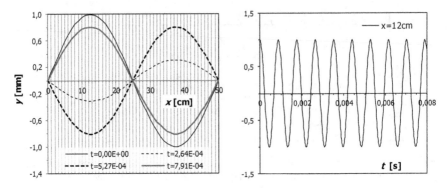

Abb. 5.26 a (links) Erste Oberwelle der Saite. **b** (rechts) Auslenkung der Saite für die Schwingung aus a bei 12 cm als Funktion der Zeit

Die Auslenkung der Saite bei $x = 25$ cm als Funktion der Zeit sieht man in Abb. 5.25b. Man erhält eine harmonische Schwingung mit der Periodendauer 1,758 ms, d. h. mit der Frequenz $f = 569$ Hz. Für eine höhere Mode erhalten wir eine höhere Frequenz. In Abb. 5.26 sehen Sie die Ergebnisse für die erste Oberwelle ($n = 2$), bei der also zwei halbe Wellenlängen auf die Saite passen.

Fragen
Mit welcher Frequenz schwingt die Saite bei der Grundwelle (Abb. 5.25a) und der ersten Oberwelle (Abb. 5.26a)?[10]

▶ **Aufgabe** Bestimmen Sie die Frequenzen f_n als Funktion der Wellenlänge $\lambda_n = {}^{2l}/_n$ und daraus den Faktor $c = {}^{\omega_n}/_{k_n}$, der die Wellengeschwindigkeit angibt!

Dreiecksauslenkung

▶ **Mag** Wie schwingt eine Saite, die zu Anfang sinusförmig ausgelenkt wird?

▶ **Alac** Die Auslenkung bleibt immer sinusförmig, nur die Amplitude ändert sich periodisch mit der Zeit.

▶ **Mag** Was ändert sich, wenn die Saite zu Beginn als gleichschenkliges Dreieck ausgelenkt wird?

▶ **Alac** Es ist im Prinzip so wie beim Sinus: Das Dreieck bleibt immer ein Dreieck, nur die Amplitude ändert sich mit der Zeit.

▶ **Tim** Beweis?

---

[10]Grundwelle, Abb. 5.25b, $T = 1,758$ ms $\to f = 569$ Hz Erste Oberwelle, Abb. 5.26b, $9T \approx 0,00$ 8 s $\to T \approx 0,00089$ s $\to f \approx 1124$ Hz.

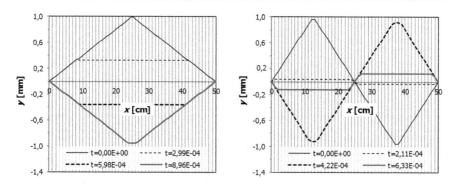

Abb. 5.27 a (links) Die Mitte der Saite wird ausgelenkt. **b** (rechts) Ein „Doppeldreieck" wird ausgelöst

▶ **Alac** Internet!

▶ **Mag** Machen wir das Experiment!
Der Mittelpunkt der Saite wird bei $t = 0$ um 1 cm ausgelenkt. Die Saite nimmt dann die Form eines Dreiecks an (Abb. 5.27a). Die entstehende Schwingung ist periodisch, aber nicht harmonisch. Während der Schwingung wird die Auslenkung phasenweise trapezförmig. Die Saite nimmt bei ihrer maximalen Auslenkung dann wieder die Form des Dreiecks an. In Abb. 5.27 ist dieser Zeitpunkt noch nicht erreicht. Diese Eigenschaften weist auch das „Doppeldreieck" auf (Abb. 5.27b).

▶ **Tim** Der Sinus verhält sich so, wie wir es erwartet haben. Das Dreieck fällt aus der Rolle. Die Spitze des Dreiecks wird während der ersten Halbperiode immer mehr abgeschnitten und kommt in der zweiten Halbperiode dann wieder heraus. Wieso gibt es diesen fundamentalen Unterschied zum Sinus?

▶ **Mag** Die Frage nach dem Unterschied stellen wir erstmal zurück. Überlegen wir uns, wie die Dreiecksschwingung zustande kommt. Erinnern Sie sich, wie *stehende* Wellen zustande kommen?

▶ **Tim** Ja, *stehende* Wellen sollen Überlagerungen von *laufenden* Wellen sein, wobei eine Welle nach links läuft und eine andere nach rechts.

▶ **Mag** Das haben wir in Abb. 5.28 dargestellt, mit zwei periodischen Dreieckswellen. Zum Zeitpunkt null sind sie deckungsgleich und laufen dann auseinander.

▶ **Tim** Jetzt wird es klar. Beim Auseinanderlaufen der Dreiecke addieren sich zwei entgegengesetzt geneigte Geraden zu einer Waagrechten, und es entsteht ein an der Spitze abgeschnittenes Dreieck.

▶ **Alac** Die stehende Welle schwingt in den negativen Bereich, wenn sich die negativen Halbwellen addieren, völlig klar.

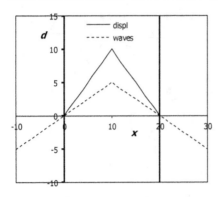 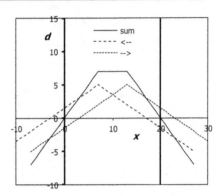

Abb. 5.28 Dreiecksauslenkung einer Saite als Überlagerung zweier laufenden Wellen **a** (links) Anfangsauslenkung, bei $t = 0$. **b** (rechts) zu einer Zeit $t > 0$, die beiden Wellen sind ein Stück auseinandergelaufen; ihre Überlagerung ergibt ein abgeschnittenes Dreieck

▶ **Mag** Und wie erklären Sie sich, dass die Sinusauslenkung ihre Form nie ändert?

▶ **Alac** Der Sinus ist eben immer etwas Besonderes.

▶ **Mag** Das stimmt, aber in welcher Hinsicht?

▶ **Tim** Die stehende Sinuswelle muss eigentlich auch durch auseinanderlaufende Sinuswellen zustande kommen.

▶ **Mag** Ja, genau wie die Dreieckswelle. Aber der Sinus hat tatsächlich eine besondere Eigenschaft:

Ψ Sinus + Sinus = Sinus

▶ **Alac** Daraus folgt: Sinus = 0.

▶ **Mag** Nein, der Sinus im Spruch muss ergänzt werden um Frequenz, Phase und Amplitude. Die vollständige Regel lautet: Zwei Sinusfunktionen derselben Frequenz ergeben wieder eine Sinusfunktion derselben Frequenz. Phase und Amplitude müssen angepasst werden.

▶ **Tim** Und damit verhalten sich Dreieck und Sinus als stehende Wellen vollkommen gleich.

5.5.3 Resonanzkurve

Wir untersuchen jetzt das Resonanzverhalten der Saite, indem wir dem Ort $x = 2$ cm eine periodische sinusförmige Auslenkung aufzwingen. In der Tabellen-

	B	C	D	E	F	G	H	I	AZ	BA	BB
27			**T.ext**	0,00150	4488 ◄			►			
28			**f.ext**	668,45							
29			5,11E+00	=MAX(C33:BA533)							
30				=SIN(2*PI()*t/T.ext)							
32	**t\x**	0		1	2	3	4	5	6	49	50	x
33	0	**0,00**		0,00	0,00	0,00	0,00	0,00	0,00	0,00	**0,00**	
34	1,76E-05	**0,00**		0,00	0,07	0,00	0,00	0,00	0,00	0,00	**0,00**	
35	3,52E-05	**0,00**		0,07	0,15	0,07	0,00	0,00	0,00	0,00	**0,00**	
533	8,79E-03	**0,00**		-0,36	-0,71	-0,42	-0,13	0,17	0,46	0,32	**0,00**	
534	**t**											

Abb. 5.29 (T) Tabellenaufbau für die erzwungene Schwingung; die äußere Erregung greift bei $x = 2$ cm an

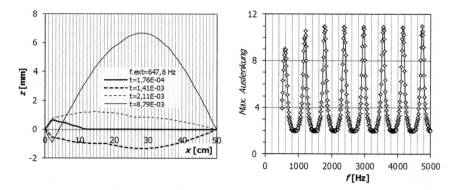

Abb. 5.30 a Erzwungene Schwingung einer Saite mit der Frequenz 548 Hz. b Resonanzkurve, maximale Auslenkung als Funktion der Frequenz der Erre gung

kalkulation von Abb. 5.29 (T) müssen wir im Bereich [E32:E533] die Formel durch eine Sinusfunktion, $f(t) = A_0 \sin(2\pi t/T)$ ersetzen.

Die Periodendauer wird in Reihe 27 als T_{ext} mit einem Schieberegler eingestellt und daraus in E28 die Frequenz f_{ext} berechnet. In Abb. 5.30a wird die Saite mit 548 Hz angeregt. Es zeigt sich, dass die Saite sinusförmig, also entsprechend ihrer Eigenschwingungen schwingt.

Wir variieren die Periodendauer der Erregung mit einer VBA-Routine und zeichnen die maximale Auslenkung im gesamten Berechnungsbereich (D29 = MAX(C33:BA533)) auf. Das Ergebnis sehen Sie in Abb. 5.30b als Funktion der Frequenz der Erregung. Es treten in regelmäßigen Frequenzabständen von etwa 597 Hz Resonanzen auf.

In Abb. 5.30a sehen Sie die Schwingung der Saite zu verschiedenen Zeitpunkten für eine Anregung mit $f = 548$ Hz, in der Nähe des ersten Maximums in der Resonanzkurve. Die Resonanzschwingung entspricht einer Eigenmode, bei der eine Halbwelle auf die Saite passt. An der Kurve für $t = 8,79$ ms sieht man, dass die Erregung bei $x = 2$ cm der erregten Schwingung vorauseilt.

▶ **Alac** Die Saite entscheidet sich vernünftigerweise für den Sinus, die Form ihrer Eigenschwingungen.

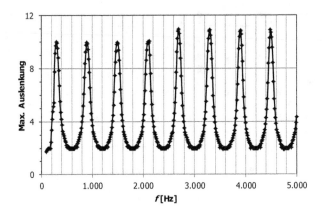

Abb. 5.31 Resonanzkurve für eine schwingende Feder, die nur an einer Seite eingespannt ist; für dieselben elastischen Daten wie in Abb. 5.29 (T)

▶ **Aufgabe** Berechnen Sie mit der Formel $c = \omega_n/k_n = \lambda_n \cdot f_n$ die Schallgeschwindigkeit!

In Abb. 5.31 sieht man die Resonanzkurve für eine schwingende Feder, die nur an einer Seite eingespannt ist. Im folgenden Abschnitt, Abschn. 5.5.4, wird gezeigt, wie die Randbedingung „loses Ende" in die Tabellenrechnung eingebaut wird.

Fragen
Welcher Formel folgen die Resonanzfrequenzen f_n in Abb. 5.31?[11]

5.5.4 Reflexion einer laufenden Welle an einem offenen und einem festen Ende eines elastischen Mediums

Wir untersuchen jetzt die Reflexion einer laufenden Welle in einem elastischen Medium, das ein offenes und ein festes Ende hat, dazu verwenden wir das Kalkulationsmodell von Abschn. 5.5.2 und wählen jetzt bei $t = 0$ eine Auslenkung nur an einem Ende der Saite, z. B. am linken Ende eine Dreiecksauslenkung oder ein Sinusbogen nach oben. Der linke Rand wird festgehalten, das heißt, die Auslenkung dort ist immer null. Wir untersuchen zwei Randbedingungen für den rechten Rand: festgehaltenes Ende wie am linken Rand oder freies Ende.

Beide Ränder fest
In Abb. 5.32a wird als Anfangsauslenkung auf einer Saite ein Sinusbogen mit einer Basislänge von 10 cm gewählt (Tabellenaufbau in Abb. 5.33).

---

[11]$f_n = f_0 \cdot (2n + 1)$

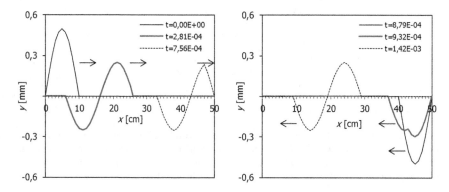

Abb. 5.32 a (links) Eine Welle in Form eines Sinusbogens läuft vom linken Ende los. b (rechts) Die Welle aus a wird am rechten Ende reflektiert

	B	C	D	E	F	G	H	I	J	AZ	BA
1	B	C	D	E	F	G	H	I	J	AZ	BA
28	◄ █					►	86	t=9,32E-04	=INDIREKT("B"&H28)		
29		=INDIREKT(C$1&$H28)									
30		0,00	0,00	0,00	0,00	0,00	0,00		0,00	-0,09	0,00
31		=WENN(x<x.sin;a.sin*SIN(x/x.sin*PI());0)									
32	t\x	0	1	2	3	4	5	6	7	49	50
33	0	0,00	0,15	0,29	0,40	0,48	0,50	0,48	0,40	0,00	0,00
34	1,76E-05	0,00	0,15	0,28	0,38	0,45	0,48	0,45	0,38	0,00	0,00
533	8,79E-03	0,00	0,15	0,29	0,40	0,48	0,50	0,48	0,40	0,00	0,00

Abb. 5.33 (T) Tabellenaufbau für die laufende Welle; der Schieberegler in Zeile 28 stellt die Zeit ein, an der die Welle in den Diagrammen der Abb. 5.32 gezeigt werden soll

Die anfängliche Auslenkung als einzelner Sinusbogen bildet sich während des Laufs zum rechten Rand hin in eine volle Sinusperiode aus (z. B. bei $t = 2,81 \times 10^{-4}$, positive Halbperiode vorweg). Die mittlere Auslenkung der Störung während des Laufs ist null. Die Erregung wandert im Laufe der Zeit nach rechts, wird am rechten Ende der Saite reflektiert und läuft dann mit 180° Phasenverschiebung nach links ($t = 4,42 \times 10^{-3}$ in Abb. 5.32b, negative Halbperiode vorweg). Vor der Reflexion eilt der Berg dem Tal voraus, nach der Reflexion ist es umgekehrt.

Die zeitliche Entwicklung einer Dreiecksauslenkung sieht man in Abb. 5.34a.

Nachdem die Welle losgelaufen ist, bildet sich ein Ausschlag nach unten aus. Nach der Reflexion bei $t = 8,79 \times 10^{-4}$ schlägt die Welle nur nach unten aus. In Abb. 5.34b wird die Saite nur lokal am linken Rand von 0 bis 10 dreiecksförmig nach oben ausgelenkt und läuft dann mit einem Dreieck nach oben und einem nachfolgenden Dreieck nach unten nach rechts.

▶ **Aufgabe** Bestimmen Sie mithilfe der Abb. 5.34 die Wellengeschwindigkeit auf der Saite und vergleichen Sie diese mit der Wellengeschwindigkeit, die in Abschn. 5.5.3 aus den Resonanzfrequenzen ermittelt wurde.

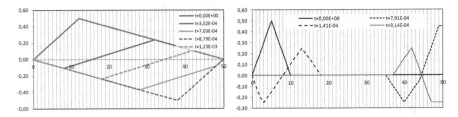

Abb. 5.34 **a** (links) Die beidseitig eingespannte Saite wird bei $x = 12$ cm unsymmetrisch drei-eckig nach oben ausgelenkt; die Welle läuft nach rechts und wird am rechten, festen Ende reflek-tiert. **b** (rechts) Eine lokalisierte Dreiecksauslenkung läuft vom linken eingespannten Ende einer eingespannten Feder los und wird am rechten, freien Ende reflektiert

Rechter Rand frei

Physikalisch lässt sich die Bedingung „freier Rand" zwar nicht auf einer Saite aber auf einer einseitig eingespannten Feder verwirklichen, für die dieselbe Differentialgleichung gilt. In unserer Rechnung erzwingen wir diese Randbe-dingung, indem wir die Auslenkung an der Stützstelle am rechten Rand genauso groß machen wie die Auslenkung der links benachbarten Stützstelle. Das ist ohne Zirkelbezug möglich, weil die Berechnung der Wellenform zum Zeitpunkt t nur auf die Wellenform zum Zeitpunkt $t - \Delta t$ zurückgreift (siehe die Besprechung von Gl. 5.22). Das Ergebnis für eine anfänglich dreieckige Auslenkung auf dem linken Teil der Feder sieht man in Abb. 5.34b.

Es bildet sich zunächst aus der einseitigen Auslenkung ein zweiseitiger Wellenzug mit Dreiecken nach oben und unten heraus, der nach rechts läuft (schwarze Kurven). Am freien Ende gibt es einen starken Ausschlag. Die Auslenkung am 50. Stützpunkt ist genauso groß wie diejenige am 49. Stützpunkt, so wie wir es im Kalkulations-modell als Randbedingung vorgeschrieben haben. Die graue Kurve stellt den Wellen-zug nach Reflexion dar. Der Wellenzug nach Reflexion läuft mit einem Berg vorweg nach links. Für Hinweg und Rückweg gilt also: Berg läuft vorweg.

▶ **Wichtig**
   Ψ Berg wird zu Tal am festen Ende.
   Ψ Berg bleibt Berg am losen Ende.

5.5.5 Überlagerung von zwei unabhängigen Wellenpaketen

▶ **Mag** Erinnern Sie sich an unsere Diskussion zu Abb. 5.22, die die Auslenkung einer beidseitig eingespannten Saite bei $t = 0$ zeigt? Wie sehen die laufenden Wel-len aus, wenn sie sich von den festen Enden gelöst haben?

▶ **Alac** Genau wie am Anfang, Sinusbogen nach oben und Dreieck nach unten.

▶ **Mag** Das stimmt nicht, wie wir gleich sehen werden.

Dieser Fall wird in Abb. 5.35 auf einer Saite untersucht, die an beiden Enden fest eingespannt ist. In Abb. 5.35 a läuft von links ein Sinusbogen los, von rechts ein Dreieck. Zunächst bilden sich die vollen Periodendauern aus (Abb. 5.35a). Dann überlagern sich die beiden Wellen linear, löschen einander teilweise aus und laufen danach mit ihrer ursprünglichen Gestalt weiter (Abb. 5.35b).

▶ **Tim** Nanu, eine Halbperiode wird zu einer Vollperiode mit halber Amplitude, wenn die Welle sich von den festen Enden der Saite löst. Das habe ich nicht erwartet. Wie ist sowas möglich?

▶ **Alac** Na ja, wir haben es ja gesehen. Unsere Rechnung hat es gezeigt, ohne dass wir in die Theorie einsteigen mussten, wie so oft in unseren Übungen.

▶ **Tim** Es wäre trotzdem schön, etwas mehr über den Grund zu erfahren.

▶ **Mag** Die Randbedingungen erzwingen das. Die Auslenkung an den festen Enden der Saite muss immer Null sein.

▶ **Tim** Ich habe gehört, dass die Wellenausbreitung auf der an beiden Seiten *eingespannten* Saite als Überlagerung von zwei in entgegengesetzte Richtungen laufende Wellen auf einer *unendlich ausgedehnten* Saite dargestellt werden kann.

▶ **Mag** So ist es. Diese Wellen müssen so konstruiert werden, dass zu Beginn innerhalb der eingespannten Saite die Anfangsauslenkung entsteht und sich die Wellen beim Auseinanderlaufen so überlagern, dass die Auslenkung an den Enden der Saite immer Null ist. Die Wellen, die in die Saite hineinlaufen, sehen so aus wie in unserer Abbildung bei $t = 2{,}11 \times 10^{-4}\,\text{s}$. Die herauslaufenden Wellen haben dieselbe Form.

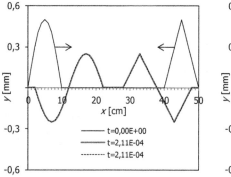 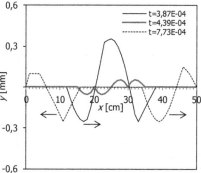

Abb. 5.35 𝕭 **a** (links) Zwei Wellen laufen aufeinander zu. Die Auslenkung bei $t = 0$ ist wie in Abb. 5.22. **b** (rechts) Die beiden Wellen durchdringen und trennen sich wieder

▶ **Tim** Mein Vorschlag im Schönheitswettbewerb $\mathfrak{B}$ ist der Lauf der Wellenzüge in Abb. 5.35, deren anfängliche Auslenkung an den Enden einer eingespannten Saite vorgegeben wird.

▶ **Alac** Auch nicht schlecht. Ein ernst zu nehmender Konkurrent zu meiner Nominierung, den Gipskristallen aus dem Pohl in Abb. 5.7. Man sieht, wie sich die beiden Wellen durchdringen, auslöschen und danach in ihrer ursprünglichen Form weiterlaufen.

▶ **Tim** Das hatte ich aufgrund meines Lehrbuches schon erwartet. Viel mehr hat mich verblüfft, dass die Anfangsauslenkungen beim Lauf nicht erhalten bleiben, sondern dass sich Formen bilden, deren mittlere Auslenkung verschwindet.

▶ **Alac** Im Internet lassen die Autoren solche Auslenkungen einfach weiterlaufen. Ich war von unserem Ergebnis so verblüfft, dass ich dachte, wir hätten einen Programmierfehler gemacht.

▶ **Tim** Deshalb haben wir uns ja auch angestrengt, eine theoretische Begründung zu finden.

▶ **Alac** Die Anfangsauslenkungen sind verrückterweise schon Überlagerungen von zwei Wellenzügen, die in entgegengesetzte Richtungen laufen.

▶ **Tim** Dadurch werden zu jedem Zeitpunkt die Randbedingungen eingehalten, nämlich dass die Auslenkungen an den Saitenenden zu jedem Zeitpunkt verschwinden müssen.

Elektrische und magnetische Felder

6

Wir stellen Felder durch Feldrichtungsvektoren und Feldlinien dar und setzen zur Berechnung die Vektoroperationen Addition, Kreuzprodukt und Skalarprodukt ein. Die Feldrichtungsvektoren haben alle dieselbe Länge und erhalten somit keinen Hinweis auf die Feldstärke. Wir lassen deshalb zusätzlich zu den berechneten Feldern ein zufälliges Störfeld wirken, welches die Feldrichtungsvektoren aus ihrer Richtung lenkt, umso stärker, je schwächer das Feld an der Stelle ist. Dadurch wird die Stärke der Felder erkennbar, und die Bilder der Feldrichtungsvektoren ähneln den experimentellen Verteilungen von dielektrischen Kristallen und Eisenfeilspänen, die häufig verwendet werden, um elektrische und magnetische Felder sichtbar zu machen. Feldlinien werden mit dem Verfahren „Fortschritt mit Vorausschau" bestimmt, welches wir für die Lösung der Newton'schen Bewegungsgleichung entwickelt haben. Äquipotentiallinien erhält man mit Einsatz der Solver-Funktion.

6.1 Einleitung: Skalare und vektorielle Addition von Potentialen und Feldern

Es gibt klare Formeln für elektrische und magnetische Felder, speziell für Punktladungen und gerade Stromfäden. Daraus kann man praktisch wichtige Felder durch lineare Addition zusammensetzen, indem man Formelwerke erstellt. Die Herausforderung besteht dann darin, die Tabellenrechnung klar und geschickt zu strukturieren.

Das machen wir am besten, indem wir die Rechnung für das Feld an einem Ort auf mehrere Tabellenblätter verteilen und dann Protokollroutinen einsetzen, um die Feldverteilung über einem Punktraster zu berechnen, mit einer verschachtelten Schleife For $y=$ innerhalb For $x=$.

© Springer-Verlag GmbH Deutschland, ein Teil von Springer Nature 2018
D. Mergel, *Physik lernen mit Excel und Visual Basic*,
https://doi.org/10.1007/978-3-662-57513-0_6

In diesem Kapitel berechnen wir elektrische und magnetische Felder mit Formeln, die bis unendlich definiert sind und keinerlei endlichen Randbedingungen genügen müssen. Die Formeln gelten im Dreidimensionalen, werden aber nur in einer Ebene ausgewertet.

Elektrisches Potential, skalare Addition

Das elektrische Potential einer Punktladung Q in der xy-Ebene wird gegeben durch:

$$\phi(x, y) = \frac{Q}{4\pi \epsilon_0 r} \tag{6.1}$$

Dabei ist r der Abstand des Aufpunktes (x, y) zum Ort (x_0, y_0) der Ladung. Die Potentiale mehrerer Ladungen addieren sich skalar.

Äquipotentiallinien des elektrischen Potentials können durch Optimierung von geschlossenen Kurven mit der SOLVER-Funktion erhalten werden (Abschn. 6.2.1).

Elektrisches Feld, vektorielle Addition

Das elektrische Feld einer Punktladung ist zentral auf die Position der Ladung oder von ihr weg gerichtet. Es ist umgekehrt proportional zum Quadrat des Abstandes r. Da wir Felder in einer Ebene, zumeist mit xy bezeichnet darstellen wollen, reicht es, zwei Komponenten zu berechnen:

$$E_x(x_0, y_0) = \frac{Q_i(x_i - x_0)}{\left(4\pi \epsilon_0 r_i^3\right)} \quad \text{und} \quad E_y(x_0, y_0) = \frac{Q_i(y_i - y_0)}{\left(4\pi \epsilon_0 r_i^3\right)} \tag{6.2}$$

$$r_i = \sqrt{(x - x_0)^2 + (y - y_0)^2}$$

Dabei bezeichnet Q_i die Stärke einer Ladung am Ort (x_i, y_i).

Fragen

Warum steht in Gl. 6.2 r_i^3 im Nenner, obwohl das Feld mit $1/r_i^2$ abfällt?[1]

Das Feld mehrerer Ladungen wird durch *Vektoraddition* der einzelnen Felder gebildet, also durch komponentenweise Addition von E_x und E_y berechnet.

Die Felder werden durch Strecken etwa gleicher Länge dargestellt, die die Richtung des Feldes angeben und in der Ebene gleichmäßig verteilt sind. Wir nennen sie *Feldrichtungsvektoren*. Die Stärke des Feldes wird durch ein zufälliges Störfeld veranschaulicht, welches die Feldrichtungsvektoren aus ihrer Richtung dreht, und zwar umso stärker, je schwächer das „reine" Feld ist.

Die Strecken werden mit einer VBA-Routine aus den Tabellen der Feldstärke berechnet und so abgespeichert, dass sie als *eine* Datenreihe in einem Diagramm

---

[1]Im Zähler steht $(x_i - x_0)$ bzw. $(y_i - y_0)$. Die Koordinaten des Einheitsvektors in Richtung auf die Ladung sind aber $(x_i - x_0)/r_i$ bzw. $(y_i - y_0)/r_i$. Der Term im Zähler führt zu einem zusätzlichen Faktor r_i im Nenner.

dargestellt werden können. In Abschn. 6.3 werden durch die VBA-Routine Daten übertragen, sodass nach jeder Änderung der Ladungsverteilung die Routine neu gestartet werden muss.

Elektrische Feldlinien

Eine Feldlinie $y(x)$ ist dadurch gekennzeichnet, dass ihre Tangenten in Richtung des elektrischen Feldes zeigen. Sie folgt der gewöhnlichen Differentialgleichung

$$\frac{dy}{dx} = \frac{E_x\,(x,\,y)}{E_y\,(x,\,y)} \tag{6.3}$$

die mit denselben Verfahren wie die Newton'sche Bewegungsgleichung integriert werden kann.

Die Richtung der Feldlinien soll die Richtung des elektrischen Feldes angeben. Außerdem soll ihre Dichte der Feldstärke proportional sein. In zweidimensionalen Abbildungen ist das nur für Linienladungen möglich.

Magnetisches Feld

Magnetische Felder $\overrightarrow{dH}\left(\overrightarrow{r}\right)$ von Stromfäden der Länge dl und der Stromstärke I werden mit dem *Biot-Savart-Gesetz*

$$d\overrightarrow{H}(\overrightarrow{r}) = \frac{I}{4\pi}\,\frac{\overrightarrow{r}\,\times\,d\overrightarrow{l}}{r^3}. \tag{6.4}$$

berechnet. Die elementaren Felder $d\overrightarrow{H}$ sind das Kreuzprodukt von Linienelement $d\overrightarrow{l}$ und Abstandsvektor $\overrightarrow{r}$ und stehen senkrecht auf beiden. Für den Betrag eines geraden Stromfaden gilt:

$$H(r) = \frac{I}{2\pi r}. \tag{6.5}$$

Auch hier ist zu berücksichtigen, dass das Magnetfeld senkrecht auf dem Stromfaden und auf dem Abstandsvektor steht.

Magnetfelder werden wie elektrische Felder durch Feldrichtungsvektoren dargestellt, die durch ein Störfeld in ihrer Ausrichtung gestört werden. Wir werden für Spulen berechnete Bilder mit solchen vergleichen, die man experimentell mit Eisenfeilspänen erhält.

▶ *Feldrichtungsvektoren* sind Strecken, die alle dieselbe Länge haben und längs der Felder ausgerichtet sind. Die Stärke des Feldes wird durch Widerstand gegen ein Störfeld ausgedrückt.

6.2   Äquipotentiallinien von zwei Punktladungen

Die Äquipotentiallinien von zwei gleichen und von zwei ungleichen Punktladungen werden mithilfe der SOLVER-Funktion berechnet. Das Feld wird durch
Geradenstücke etwa gleicher Länge dargestellt, die über die Ebene gleichmäßig verteilt sind. Die Stärke des Feldes wird durch eine Zufallskomponente
veranschaulicht, die bei sinkender Stärke des ursprünglichen Feldes zu einer
immer zufälligeren Orientierung der Geradenstücke in der Ebene führt.

6.2.1   Äquipotentiallinien

Das Potential ϕ einer Punktladung ist umgekehrt proportional zum Abstand r des
Aufpunktes (x_0, y_0) zur Lage (x_i, y_i) der Ladung Q:

$$\phi_i(x_0, y_0) = \frac{Q_1}{4\pi \in_0 r} \tag{6.6}$$

$$r = \sqrt{(x_i - x_0)^2 + (y_i - y_0)^2}$$

Bei mehreren Ladungen addieren sich die Potentiale, z. B. bei zwei Ladungen:

$$\phi(x_0, y_0) = \phi_1(x_0, y_0) + \phi_2(x_0, y_0) \tag{6.7}$$

In Abb. 6.1 (T) wird das Potential von zwei Punktladungen gemäß Gl. 6.6 und 6.7
berechnet, wobei $4\pi\varepsilon_0 = 1$ gesetzt wird. Die Stärken und Koordinaten der beiden
Ladungen werden im Bereich E1:I3 definiert. Die Koordinaten des Aufpunktes
stehen in B2:C3.

Fragen

Der Text der Formel in E9 von Abb. 6.2 (T) für das Potential der beiden Ladungen Q_1 und Q_2 ist abgeschnitten. Wie lautet sie vollständig?[2]

	B	C	D	E	F	G	H	I
1				Q.1	1,00		Q.2	-1,00
2	x.0	0,00		x.1	0,001		x.2	0,001
3	y.0	-2,01		y.1	-2,01		y.2	2,01
4	r.0	0,50						
5	dphi	0,17	=2*PI()/36	V.pot	0,30			

Abb. 6.1   (T) Tabellenblatt „solv"; Lage und Stärke von zwei Ladungen Q_1 und Q_2 in der xy-Ebene

---

[2] V.p = [=Q.1/WURZEL((x.p − x.1)^2 + (y.p − y.1)^2) + Q.2/WURZEL((x.p − x.2)^2 + (y.p − y.2)^2)].

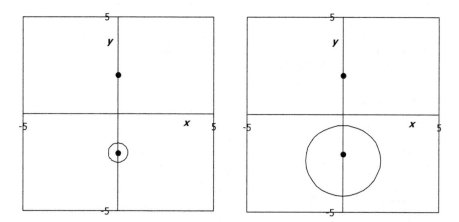

	A	B	C	D	E	F	G	H	I	J
7	'=Q.1/WURZEL((x.p-x.1)^2+(y.p-y.1)^2)+Q.2/WURZEL((x.p-x.2)^2+(y.p-y.2)^2)									
8				**sdev**	2,4E+01	=SUMME(devi)				
9	=A11+dphi =r.0		=x.0+r.p*COS(phi) =y.0+r.p*SIN(phi)		=Q.1/WURZEL((x.p-... =(V.p-V.pot)^2					
10	**phi**	**r.p**	**x.p**	**y.p**	**V.p**	**devi**		**x**	**y**	
11	0,00	0,50	0,50	-2,00	1,76	0,65		0,001	-2,01	=y.1
12	**0,17**	0,50	0,49	-1,91	1,74	0,63		0,001	2,01	=y.2
13	0,35	0,50	0,47	-1,83	1,73	0,61				
47	6,28	0,50	0,50	-2,00	1,76	0,65				

Abb. 6.2 (T) Fortsetzung von Abb. 6.1 (T); Berechnung von Äquipotentiallinien mit den Polarkoordinaten (ϕ, r_p) und den daraus abgeleiteten kartesischen Koordinaten (x_p; y_p), für die Ladungen aus Abb. 6.1 (T) mit SOLVER; die Formel in Zeile 7 gilt für V_p in Spalte E

Abb. 6.3 a (links) Kreis um die untere Ladung als Vorgabe für die Äquipotentiallinie. b (rechts) Der Kreis aus a nach Optimierung

Als Ansatz für eine Äquipotentiallinie wählen wir einen Kreis um eine der beiden Ladungen (Abb. 6.3a), definiert in Polarkoordinaten ϕ und r_p in den Spalten A und B von Abb. 6.2 (T).

Die Radien r_p werden mithilfe der SOLVER-Funktion so verändert, dass der Wert des vorgegebenen Potentials erreicht wird. Dazu wird in Spalte F als *devi* die quadratische Abweichung des aktuellen zum vorgegebenen Wert V_{pot} (in F5 von Abb. 6.1 (T)) des Potentials berechnet und in F8 aufsummiert zu *sdev*. Für die SOLVER-Funktion werden folgende Parameter eingetragen: ZIELZELLE: F8 *(sdev)*, VERÄNDERBARE ZELLEN: B11:B47 (r_p). Die Äquipotentiallinie für $V_{pot} = 0,30$ sieht man in Abb. 6.3b.

Mit einer Protokollroutine (Abb. 6.5 (P)) wird der Potentialwert systematisch in gleichen Abständen verändert, wobei jedes Mal die SOLVER-Funktion ausgelöst wird und die Koordinaten der Äquipotentiallinie in eine separate Tabelle geschrieben werden. Das Ergebnis für einen Dipol sieht man in Abb. 6.4a. Die Protokollroutine lief zweimal ab, für Äquipotentiallinien um die untere bzw. obere

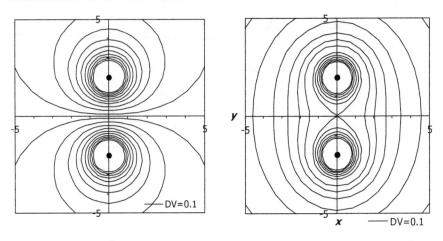

Abb. 6.4 𝕭 **a** (links) Äquipotentiallinien von zwei ungleichnamigen Ladungen gleicher Stärke im Abstand 4; Potentialberg bei der positiven Ladung, Potentialtal bei der negativen Ladung. **b** (rechts) Zwei positive Ladungen gleicher Stärke, zwei Potentialberge, ein Sattelpunkt

1 **Dim rw2 As Integer** '*row # for protocol*	For r = 10 To 46 15
2	Sheets("Solv").Cells(r, 2) = r0 16
3 **Sub Solve_Equipot()**	Next r 17
4 Sheets("Lines").Range("A:B").ClearContents	Sheets("Lines").Cells(2, 1) = "DV=0.1" 18
5 Sheets("Solv").Select	Call Slv(-0.05, -1, -0.1) 19
6 x1 = Sheets("Solv").Cells(2, 6)	'*equipotentials around (x1,y1)* 20
7 y1 = Sheets("Solv").Cells(3, 6)	Sheets("Solv").Cells(2, 3) = x1 21
8 x2 = Sheets("Solv").Cells(2, 9)	Sheets("Solv").Cells(3, 3) = y1 22
9 y2 = Sheets("Solv").Cells(3, 9)	For r = 10 To 46 23
10 r0 = Sheets("Solv").Cells(4, 3)	Sheets("Solv").Cells(r, 2) = r0 24
11 rw2 = 5	Next r 25
12 '*equipotentials around (x2,y2)*	Call Slv(0.05, 1, 0.1) 26
13 Sheets("Solv").Cells(2, 3) = x2	End Sub 27
14 Sheets("Solv").Cells(3, 3) = y2	28

Abb. 6.5 (P) Steuerung der Berechnung der Äquipotentiallinien im Tabellenblatt „solv" (Abb. 6.1 (T) und 6.2 (T)) durch Solver

Ladung. Die Äquipotentiallinien für zwei gleichnamige Ladungen (Abb. 6.4b) wurden mit der veränderten Protokollroutine in Abb. 6.7 (P) berechnet.

Die Äquipotentiallinien der beiden ungleichnamigen Ladungen sind verzerrte Kreise um eine der beiden Ladungen.

Die Äquipotentiallinien der gleichnamigen Punktladungen sind in der Nähe der Ladungen ebenfalls verzerrte Kreise. Dort spielt das Potential der jeweils anderen Ladung nur eine geringe Rolle. In der Mitte zwischen den beiden gleichnamigen Ladungen gibt es einen Sattelpunkt. Ab einem bestimmten Abstand zu den Ladungen sind die Äquipotentiallinien verzerrte Ellipsen um einen Punkt in der Mitte zwischen den beiden Ladungen. Mit wachsendem Abstand wirken die beiden Ladungen immer mehr wie eine einzige Ladung.

▶ **Tim** Die Äquipotentiallinien in Abb. 6.4 sind schön regelmäßig, dabei viel eleganter als die Schar konzentrischer Kreise, die wir als Anfangskurven für unsere Optimierung angesetzt haben.

▶ **Alac** Diese Übung liefert ein sehr schönes Beispiel dafür, wie SOLVER wirkt. Ich gebe dieser Abbildung meine Stimme für den Schönheitswettbewerb ℬ.

▶ **Tim** Die Eleganz von Äquipotentiallinien in Lehrbüchern habe ich immer schon bewundert. Aber wir reproduzieren sie hier doch nur und fügen nichts Neues hinzu.

▶ **Alac** Wir rufen die Solver-Funktion mehrfach in einer Schleife einer Protokollroutine auf. Das ist ebenfalls elegant. sodass ich bei meinem Vorschlag bleibe.

Routinen

Der Satz von Äquipotentiallinien für die zwei ungleichnamigen Ladungen in Abb. 6.4a wird mit der Routine in Abb. 6.5 (P) berechnet, in der ein Wert V_{pot} des Potentials in der Tabelle vorgegeben und ein Anfangskreis definiert wird und dann die SOLVER-Funktion aufgerufen wird. Die Prozedur steuert die Rechnungen in der Tabelle und protokolliert die Ergebnisse. Die Optimierung der Äquipotentiallinie wird vollständig in der Tabelle durchgeführt.

Das Hauptprogramm *Solve_Equipot* gibt die Koordinaten des Mittelpunktes der kreisartigen Potentiallinie vor und ruft mit CALL *Slv* in Zeile 26 die Routine in Abb. 6.6 (P) auf, die den Wert des Potentials innerhalb eines Intervalls $[V_l, V_r]$ variiert und jedes Mal die SOLVER-Funktion aufruft. Die Koordinaten einer Linie werden in den Zeilen 43 bis 51 ausgegeben.

In Abb. 6.7 (P) steht das veränderte Programm für zwei gleich starke Ladungen mit gleichem Vorzeichen. Es werden zunächst wie bisher Kreise um Einzelladungen angesetzt, für geringere Potentialwerte aber Kreise um die Mitte zwischen den beiden Ladungen.

31 **Sub Slv(Vl, Vr, Vstep)**	For rw1 = 10 To 46 43
32 For Vpot = Vl To Vr Step Vstep	xp = Sheets("Solv").Cells(rw1, 3) 44
33 Sheets("Solv").Cells(5, 6) = Vpot	yp = Sheets("Solv").Cells(rw1, 4) 45
34 SolverOk SetCell:="$F$7", MaxMinVal:=2, _	If Abs(xp) <= 5.5 And Abs(yp) <= 5.5 Ther 46
35 ValueOf:="0", ByChange:="$B$10:$B$46"	Sheets("Lines").Cells(rw2, 1) = xp 47
36 SolverSolve Userfinish:=True	Sheets("Lines").Cells(rw2, 2) = yp 48
37 If Vpot = Vl Then	rw2 = rw2 + 1 49
38 *1st equipotential optimized twice*	End If 50
39 SolverOk SetCell:="$F$7", MaxMinVal:=2, _	Next rw1 51
40 ValueOf:="0", ByChange:="$B$10:$B$46	rw2 = rw2 + 1 52
41 SolverSolve Userfinish:=True	Next Vpot 53
42 End If	End Sub 54

Abb. 6.6 (P) Die Parameter der SOLVER-Funktion werden definiert, bezogen auf die Tabelle „solv" in Abb. 6.2 (T); Äquipotentiallinien für einen Dipol werden berechnet; SOLVER wird nacheinander mit verschiedenen Werten von V_{pot} aufgerufen

15 For r = 10 To 46	Next r	25
16 Sheets("Solv").Cells(r, 2) = y2 / 2	Call Slv(1.5, 0.9, -0.1)	26
17 Next r	'equipotentials around both charges	27
18 Sheets("Lines").Cells(2, 1) = "DV=0.1"	Sheets("Solv").Cells(2, 3) = (x1 + x2) / 2	28
19 Call Slv(1.5, 0.9, -0.1)	Sheets("Solv").Cells(3, 3) = (y1 + y2) / 2	29
20 'equipotentials around (x1,y1)	For r = 10 To 46	30
21 Sheets("Solv").Cells(2, 3) = x1	Sheets("Solv").Cells(r, 2) = 2 * y2	31
22 Sheets("Solv").Cells(3, 3) = y1	Next r	32
23 For r = 10 To 46	Call Slv(0.8, 0.3, -0.1)	33
24 Sheets("Solv").Cells(r, 2) = y2 / 2		34

Abb. 6.7 (P) Äquipotentiallinien für zwei gleich starke, gleichnamige Ladungen werden berechnet; Zeilen 1 bis 14 wie Abb. 6.5 (P)

Übersichtlich programmieren!

▶ **Alac** Man kann doch E_x und E_y unmittelbar aus x und y berechnen, ohne die Zwischenschritte r_1, r_2, E_1, E_2.

▶ **Tim** Die Formel wird dann jedoch ziemlich verwickelt. Für mich zu viel.

▶ **Mag** Ein Rat: Programmieren Sie erst mit allen Zwischenschritten, um die Übersicht zu behalten. Wenn die Rechnung stimmt und Sie noch Lust dazu haben, dann kann man die Formelkette verdichten, als lange Formel in einer Zelle oder in einer benutzerdefinierten Tabellenfunktion.

6.2.2 Feldrichtungsvektoren

Das elektrische Feld einer Punktladung am Ort (x_0, y_0) ist umgekehrt proportional zum Quadrat des Abstandes zur Punktladung und hat die Richtung der Verbindungslinie des Aufpunktes (x_i, y_i), an dem das Feld berechnet werden soll, zur Ladung:

$$E_x(x_0, y_0) = \frac{Q_1(x_i - x_0)}{4\pi \in_0 r^3} \qquad E_y(x_0, y_0) = \frac{Q_1(y_i - y_0)}{4\pi \in_0 r^3} \qquad (6.8)$$

Das elektrische Feld wird durch Geradenstücke etwa gleicher Länge dargestellt, die über die Ebene gleichmäßig verteilt sind (Abb. 6.8). Die Geradenstücke werden innerhalb einer Routine (Abb. 6.9 (P)) berechnet. Die Routine gibt zum Schluss Richtungsvektoren des elektrischen Feldes in eine Tabelle aus. Wir sehen, dass das Feld tatsächlich senkrecht auf den Äquipotentiallinien steht.

Routine
Innerhalb der Routine *E_field* in Abb. 6.9 (P) wird das elektrische Feld berechnet, und es werden die Feldrichtungsvektoren ausgegeben. Stärke und Lage der Ladungen 1 und 2 werden in den Zeilen 4 bis 9 aus dem Tabellenblatt „Solv" eingelesen.
    Die Routine schreibt fortlaufend die Ortskoordinaten x und y sowie daran angeheftet die normierten Komponenten der Feldvektoren $x + scal \cdot E_x$ und $y + scal \cdot E_y$

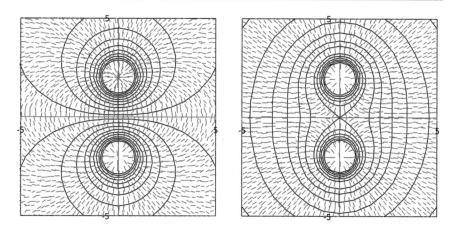

Abb. 6.8 a (links) Äquipotentiallinien und Feldrichtungsvektoren für einen Dipol. **b** (rechts) wie a, aber für zwei gleichnamige, gleich starke Ladungen

```
 1 Sub E_field()                              Ey = Q1 * (y - y1) / r1 ^ 3 _          22
 2 Dim Ex As Double, Ey As Double                  + Q2 * (y - y2) / r2 ^ 3          23
 3 Sheets("Field").Range("A:B").ClearContents  E = Sqr(Ex ^ 2 + Ey ^ 2)             24
 4 Q1 = Sheets("solv").Cells(1, 6)            'Random shift of position              25
 5 x1 = Sheets("Solv").Cells(2, 6)            dx = rrnd * (Rnd() - 0.5)             26
 6 y1 = Sheets("Solv").Cells(3, 6)            dy = rrnd * (Rnd() - 0.5)             27
 7 Q2 = Sheets("solv").Cells(1, 9)            'Random field                          28
 8 x2 = Sheets("Solv").Cells(2, 9)            dEx = Ernd * (Rnd() - 0.5)            29
 9 y2 = Sheets("Solv").Cells(3, 9)            dEy = Ernd * (Rnd() - 0.5)            30
10 scal = 0.25 'vector length                 'Output of field vectors               31
11 rrnd = 0.1 'random shift of position       Sheets("Field").Cells(rw2, 1) = x + dx  32
12 Ernd = 0.02 'random field                  Sheets("Field").Cells(rw2, 2) = y + dy  33
13 rw2 = 5 'protocol row                      rw2 = rw2 + 1                          34
14 For x = -5 To 5 Step 0.25                  Sheets("Field").Cells(rw2, 1) = x + dx _  35
15   For y = -5 To 5 Step 0.25                   + scal * (Ex + dEx) / (E + Ernd / 2)  36
16     'Distance to charges                   Sheets("Field").Cells(rw2, 2) = y + dy _  37
17     r1 = Sqr((x - x1) ^ 2 + (y - y1) ^ 2)     + scal * (Ey + dEy) / (E + Ernd / 2)  38
18     r2 = Sqr((x - x2) ^ 2 + (y - y2) ^ 2)  rw2 = rw2 + 2                          39
19     'Electric field                        Next y                                 40
20     Ex = Q1 * (x - x1) / r1 ^ 3 _          Next x                                 41
21         + Q2 * (x - x2) / r2 ^ 3           End Sub                                42
```

Abb. 6.9 (P) Berechnung des elektrischen Feldes und seiner Richtungsvektoren. Die Richtungsvektoren gehen von (x, y) zu $(x + scal \cdot E_x, y + scal \cdot E_y)$, wobei den einzelnen Koordinaten (x, y) eine Zufallskomponente addiert wird

in ein Tabellenblatt (hier als „Field" bezeichnet, in Zeile 3 mit Sheets(„Field") angesprochen). Die Größe des Skalierungsfaktors *scal* soll so gewählt werden, dass im Diagramm unterscheidbare Strecken entstehen, so wie in Abb. 6.8. Um den optischen Eindruck zu verbessern, werden die Koordinaten um zufällige Beträge dx und dy (Zeilen 26 und 27) verrückt. Außerdem wird ein zufälliger Störvektor (dE_x, dE_y) (Zeilen 29 und 30) zum Feld addiert. Bei immer geringerer Feldstärke führt das zu einer immer zufälligeren Orientierung der Feldrichtungsvektoren in der Ebene. Die Stärke des Feldes wird so durch Widerstand gegen „Verwackeln" dargestellt.

Fragen

zu Abb. 6.9 (P):
    Welche physikalische Einheit hat der Skalierungsfaktor *scal?*[3]

In den Zeilen 32 bis 39 werden die Koordinaten der Feldrichtungsvektoren in die Tabelle „Fields" ausgegeben, zunächst die Koordinaten des Fußpunkts und in der nächsten Zeile die Koordinaten der Spitze. In Zeile 39 wird der Zeiger rw2 auf die nächste freie Zeile um zwei weitergezählt, sodass die Koordinaten des nächsten Feldrichtungsvektors durch eine leere Zeile von denjenigen des vorhergehenden getrennt sind.

Ψ *Leere Zeilen trennen Kurven*

6.3   Feldverteilung zweier elektrischer Ladungen

Übersicht

Das elektrische Feld (E_x, E_y) zweier Ladungen in einer Ebene wird *mit Tabellenformeln* in zwei *xy*-Matrizen berechnet. Daraus werden *mit einer VBA-Prozedur* die Koordinaten der Feldrichtungsvektoren erzeugt und in zwei Spalten abgelegt, sodass sie bequem in ein *xy*-Diagramm übertragen werden können. Alle Vektoren erhalten dieselbe Länge, geben also nicht die Feldstärke wieder.

Die Stärke des Feldes soll durch einen Widerstand gegen ein Störfeld dargestellt werden. Wir addieren deshalb zum Feld der Ladungen ein zufälliges Störfeld, welches versucht, die Vektoren aus der Richtung zu stoßen. Das gelingt umso besser, je geringer die Feldstärke durch die Ladungen ist. In Abschn. 6.4 werden wir Feldlinien berechnen.

In Abschn. 6.2 werden die Feldrichtungsvektoren vollständig in einer VBA-Routine (Abb. 6.9 (P)) berechnet und dann in eine Tabelle ausgegeben. In dieser Übung werden wir die Rechnungen zum großen Teil in einer Tabelle ausführen.

---

[3]$[scal] = [x/E] = m^2/V$.

	A	B	C	D	E	F	G	V	W
1	**dx**	**dy**		**x.1**	**y.1**	**Q.1**			
2	0,6	0,6		-3,001	3,001	1			
3	=((x-x.1)^2+(y-y.1)^2)^(3/2)								
4		-6	-5,4	-4,8	-4,2	-3,6	-3	6	**x**
5	**-6**	854	808	773	749	734	729	2063	
6	**-5,4**	710	667	634	611	597	593	1866	
20	**3**	27	14	6	2	0	0	729	
21	**3,6**	29	15	7	2	1	0	734	
22	**4,2**	34	19	10	5	2	2	749	
23	**4,8**	43	27	16	10	7	6	773	
24	**5,4**	57	39	27	19	15	14	808	
25	**6**	76	57	43	34	29	27	854	
26	**y**								**r3.1**

Abb. 6.10 (T) Tabelle „r^3.1"; dritte Potenz des Abstands zur Ladung Q_1 in der xy-Ebene; berechnet als (21×21)-Matrix mit Namen r3.1. Die Spalten H bis U und Zeilen 7 bis 19 werden ausgeblendet. Der Argumentbereich geht von $x = -6$ bis $x = +6$ und von $y = -6$ bis $y = +6$, beides in Schritten von 0,6. Die Tabelle „r^3.2" für den Abstand zur Ladung Q_2 ist genauso aufgebaut

Berechnung eines elektrischen Feldes in xy-Matrizen

Das elektrische Feld einer Ladung der Stärke Q_i in der Ebene $z = 0$ am Ort (x_i, y_i) wird wie folgt berechnet:

$$E_{xi} = \frac{Q_i}{4\pi \in_0} \cdot \frac{(x - x_0)}{r_i^3} \text{ und } E_{yi} = \frac{Q_i}{4\pi \in_0} \cdot \frac{(y - y_0)}{r_i^3} \tag{6.9}$$

mit $r_i = \sqrt{(x - x_i)^2 + (y - y_i)^2}$.

Es fällt mit dem Quadrat des Abstandes zur Ladung r_i^2 ab. Da im Zähler aber die Terme $(x - x_i)$ und $(y - y_i)$ stehen, muss im Nenner r_i^3, also die dritte Potenz stehen.

Die Stärken E_x und E_y für das Feld zweier Ladungen hängen von den Koordinaten (x, y) ab. Es bietet sich deshalb an, sie in zweidimensionalen Matrizen zu berechnen. Wir bewerkstelligen das mit vier (21×21)-Matrizen in vier Tabellenblättern, die alle dieselbe Struktur haben. In zwei Matrizen wird die dritte Potenz des Abstandes zu den jeweiligen Ladungen als Zwischenergebnis gespeichert und in den anderen beiden Matrizen werden die Felder $E_x = E_{x1} + E_{x2}$ und $E_y = E_{y1} + E_{y2}$ berechnet (Abb. 6.10 (T)). Wir haben den Umweg über die Zwischenergebnisse gewählt, weil die Formeln dann denen von Gl. 6.9 entsprechen, leichter nachzuvollziehen und besser auf Fehler zu überprüfen sind.

Die Tabelle in Abb. 6.11 (T), in der das Feld berechnet wird, hat dieselbe Struktur wie diejenige in Abb. 6.10 (T), in der der Abstand berechnet wird, sodass der Nenner in der Zellenformel als /r3.1 oder /r3.2 geschrieben werden kann und in der gesamten Matrix B5:V25 gilt. Die Variablen x und y sowie die Ladung Q_1 werden aus Abb. 6.10 (T) übernommen, weil sie dort in Zellen mit Namen stehen, die in der gesamten Datei gelten. Die Ladung Q_2 muss aus einer Tabelle „r^2.2" (ähnlich Abb. 6.10 (T)) übernommen werden. Die y-Komponente des Feldes wird in einem anderen, gleich aufgebauten Tabellenblatt „E.y" berechnet.

	A	B	C	D	E	F	G	H	V	W
3		=Q.1*(x-x.1)/r3.1+Q.2*(x-x.2)/r3.2								
4		**-6,0**	**-5,4**	**-4,8**	**-4,2**	**-3,6**	**-3,0**	**-2,4**	**6,0**	=x
5	**-6,0**	-0,01	-0,01	-0,02	-0,02	-0,02	-0,02	-0,02	0,04	
6	**-5,4**	-0,02	-0,02	-0,02	-0,02	-0,02	-0,02	-0,03	0,06	
20	**3,0**	-0,12	-0,18	-0,32	-0,70	-2,80	3,5E+05	2,76	0,02	
21	**3,6**	-0,11	-0,17	-0,27	-0,51	-0,99	0,00	0,98	0,02	
22	**4,2**	-0,09	-0,13	-0,18	-0,25	-0,26	-0,01	0,24	0,02	
23	**4,8**	-0,08	-0,09	-0,12	-0,12	-0,09	-0,01	0,08	0,02	
24	**5,4**	-0,06	-0,07	-0,07	-0,07	-0,05	-0,01	0,03	0,02	
25	**6,0**	-0,04	-0,05	-0,05	-0,04	-0,03	0,00	0,02	0,01	
26	=y									

Abb. 6.11 (T) Berechnung des elektrischen Feldes E_x in einer Tabelle „E.x"

Die Zellformel für die x-Komponente des Feldes in der Matrix B5:V25 in Blatt „E.x" lautet:

$$\text{B5:V25} = [= Q.1^*(x - x.1)/r3.1 + Q.2^*(x - x.2)/r3.2] \qquad (6.10)$$

Sie lässt sich in dieser übersichtlichen Form schreiben, weil die genannten vier Tabellenblätter alle dieselbe Struktur haben und im Tabellenblatt „r3.1" in Abb. 6.11 (T) die Bereiche B4:V4 als x, A5:A25 als y, B5:V25 als $r3.1$ bzw. $r3.2$ benannt sind. Wir haben die Längen und die Größe der Ladung nicht mit Einheiten versehen, sodass wir auch den Faktor $(4\pi \in_0)^{-1}$ weglassen können. Die errechneten Feldstärken sind dann auch nicht mit Einheiten behaftet und müssen bei Bedarf entsprechend den Einheiten für Ladung und Längen skaliert werden.

Grafische Darstellung der Feldvektoren als Strecken gleicher Länge
Wir wollen ein Bild des elektrischen Feldes erstellen, welches dem von Vorlesungsversuchen entspricht, bei denen Gipskriställchen auf eine Glasplatte gestreut werden, die sich dann entsprechend dem elektrischen Felde ausrichten und zu Linienstücken zusammenfinden.

Dazu erzeugen wir die Koordinaten von Strecken gleicher Länge (Feldrichtungsvektoren), die an den Gitterpunkten ihren Ausgang haben und in die Richtung des elektrischen Feldes zeigen. Das bewerkstelligen wir mit einer VBA-Prozedur, die die Werte von x, y, E_x und E_y aus den verschiedenen Tabellen einliest und die Koordinaten der Feldrichtungsvektoren fortlaufend in zwei Spalten ablegt (Abb. 6.12 (T), Spalten A und B).

Jeder Vektor in der Ebene wird durch zwei Anfangs- und zwei Endkoordinaten bestimmt. Die Koordinaten für zwei benachbarte Vektoren werden durch Leerzellen getrennt, z. B. A6:B6 in Abb. 6.12 (T). Die Daten in diesen Spalten werden mit einer VBA-Routine eingeschrieben, nachdem sie die Lage x und y sowie die Feldstärken E_x aus Abb. 6.12 (T) und E_y aus einer ähnlich aufgebauten Tabelle gelesen und zu Feldrichtungsvektoren verarbeitet hat. Die beiden Spalten werden dann als x- und y-Koordinaten von Linienstücken in ein xy-Punktdiagramm eingebracht. Das Ergebnis für einen elektrischen Dipol sieht man in Abb. 6.13a.

	A	B	C	D	E	F	G
1	Fields + random				Ladung 1	x.1	-3,001
2						y.1	3,001
3						Q.1	1
4	-5,99	-6,01					
5	-6,53	-6,45			Ladung 2	x.2	3,002
6						y.2	-3,002
7	-6,01	-5,41				Q.2	1
8	-6,45	-5,95					
1323							
1324	5,99	6,00					
1325	6,52	6,46					

Abb. 6.12 (T) Festlegung der Parameter der beiden Ladungen in F1:G7. Ein Klick auf den Schaltknopf löst die VBA-Prozedur Sᴜʙ *Fields_rnd_*Cʟɪᴄᴋ (Abb. 6.15 (P)) aus, die die Koordinaten der Feldrichtungsvektoren aus den Daten der Tabellen „Ex" und „Ey" berechnet und fortlaufend in die Spalten A und B schreibt

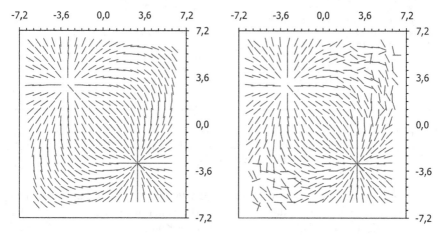

Abb. 6.13 **a** (links) Feld eines elektrischen Dipols; *scal*=0,7 für die Skalierung der Länge der Vektoren. **b** (rechts) Wie a aber mit zufälligen Verschiebungen der Positionen mit $r_{rnd}=0,04$ (Spanne der Streuung der Positionen) und Veränderungen der Richtungen durch ein Störfeld mit $F_{rnd}=0,04$ (Spanne des zufälligen Störfeldes)

Die Stärke des Feldes wird durch den Widerstand gegen ein Störfeld ausgedrückt

Abb. 6.13a sieht elegant aus, jedoch nicht wie das Bild von Gipskristallen in einem elektrischen Feld. Um sie wie ein solches aussehen zu lassen, nehmen wir zweimal den Zufall zu Hilfe.

1. Wir variieren die Anfangskoordinaten der Vektoren zufällig um ihre tatsächliche Lage (Zeilen 13–16 in Abb. 6.14 (P)).
2. Wir addieren ein zufälliges Störfeld zum elektrischen Feld, bevor die Feldrichtungsvektoren gebildet werden (Zeilen 17–20 in Abb. 6.14 (P)). Eine solche Störung kann einem starken Feld nichts anhaben, schlägt aber ein schwaches Feld vollständig aus der Richtung.

13	x = Sheets("r³.1").Cells(4, rx) _	Ex = Sheets("E.x").Cells(ry, rx) _	17
14	+ rrnd * (Rnd() - 0.5)	+ Frnd * (Rnd() - 0.5)	18
15	y = Sheets("r³.1").Cells(ry, 1) _	Ey = Sheets("E.y").Cells(ry, rx) _	19
16	+ rrnd * (Rnd() - 0.5)	+ Frnd * (Rnd() - 0.5)	20

Abb. 6.14 (P) Definition der Koordinaten (*x*, *y*) der Feldrichtungsvektoren und des Feldes (E_x, E_y) aus Daten in verschiedenen Tabellenblättern. Sowohl die Position als auch die Komponenten des Feldes unterliegen zufälligen Schwankungen

1	**Private Sub Fields_rnd_Click()**	Ex = Sheets("F.x").Cells(ry, rx) _	17
2	Dim Ex As Double *'Needed to store*	+ Frnd * (Rnd() - 0.5)	18
3	Dim Ey As Double *'high fields*	Ey = Sheets("F.y").Cells(ry, rx) _	19
4	Dim E As Double *'close to the charges*	+ Frnd * (Rnd() - 0.5)	20
5	Sheets("Field").Range("A:D").ClearContents	Sheets("Field").Cells(rw2, 1) = x	21
6	Application.Calculation = xlCalculationManual	Sheets("Field").Cells(rw2, 2) = y	22
7	rrnd = 0# *'Scatter of positions*	rw2 = rw2 + 1	23
8	Frnd = 0# *'Wagging of vectors*	e = Sqr(Ex ^ 2 + Ey ^ 2)	24
9	scal = 0.7 *'Length of vectors*	Sheets("Field").Cells(rw2, 1) = x _	25
10	rw2 = 4 *'Row for protocol in Sheets("Field")*	+ Ex * scal / F	26
11	For rx = 2 To 22	Sheets("Field").Cells(rw2, 2) = y _	27
12	For ry = 5 To 25	+ Ey * scal / F	28
13	x = Sheets("r³.1").Cells(4, rx) _	rw2 = rw2 + 2	29
14	+ rrnd * (Rnd() - 0.5)	Next ry	30
15	y = Sheets("r³.1").Cells(ry, 1) _	Next rx	31
16	+ rrnd * (Rnd() - 0.5)	Application.Calculation = xlCalculationAutomatic	32
		End Sub	33

Abb. 6.15 (P) Erzeugt die Koordinaten der Feldrichtungsvektoren aus den Angaben in den Blättern „F.x" und „F.y" und schreibt sie fortlaufend (mit Reihenindex *rw2*) in das Blatt „Field". *Rw2* zeigt immer die nächste freie Reihe in der Tabelle an

Ein Ergebnis sehen Sie in Abb. 6.13b. Die VBA-Prozedur, mit der die Koordinaten erzeugt werden, wird vollständig in Abb. 6.15 (P) weiter unten wiedergegeben. Der entscheidende Teil, die Zeilen 13–20, in denen die Koordinaten (*x*, *y*) und das Feld (F_x, F_y) bestimmt werden, ist in Abb. 6.14 (P) zu sehen.

Routine

Die Koordinaten der Feldrichtungsvektoren werden im Programm *Fields_rnd_* Click in Abb. 6.15 (P) in eine Tabelle geschrieben.

Die Parameter *scal*, *rrnd* und *Frnd* geben die Länge, die Spanne der zufälligen Verschiebung der Koordinaten (in den Zeilen 14 und 16) und die Amplitude des zufälligen Störfeldes (in den Zeilen 18 und 20) an. In der Routine wird mit der Besenregel Ψ *Schleifen und Weiterzählen!* gearbeitet.

6.4   Feldlinien

Die Differentialgleichung für eine Feldlinie führt auf eine einfache Integrationsaufgabe, die sich mit denselben Verfahren lösen lässt wie die Newton'sche Bewegungsgleichung. Wir berechnen die Feldlinien eines Dipols, von zwei

Punktladungen gleichen Vorzeichens sowie von gleich und entgegengesetzt geladenen parallelen Drähten.

6.4.1 Feldlinienbilder für einen Dipol und für zwei gleiche Ladungen

In Abb. 6.16a sieht man die Feldlinien von zwei entgegengesetzt gleichen Ladungen, $Q_1 = 1$ und $Q_2 = -1$. Es bildet sich das typische Dipolfeld aus. Wir nehmen mit diesem Bild und dem aus Abb. 6.16b für zwei gleiche Ladungen das Ergebnis der Übung vorweg, damit wir das Ziel im Auge haben und den Weg dorthin besser beschreiben können.

In Abb. 6.16b sieht man die Feldlinien von zwei gleichen Ladungen. Sie stoßen sich ab, sodass die Feldlinien je einer Ladung nur im eigenen Halbraum verlaufen. In größerem Abstand von den Ladungen erhält man in erster Näherung das Feld der Summe der Ladungen, in unserem Fall also für $Q = 1 + 1 = 2$, so als ob die beiden Ladungen im Mittelpunkt vereint wären.

6.4.2 Berechnung der Feldlinien

Differentialgleichung für die Feldlinien

Eine Feldlinie $y = y(x)$ ist dadurch gekennzeichnet, dass ihre Tangenten in Richtung des elektrischen Feldes zeigen:

$$\frac{\mathrm{d}y}{\mathrm{d}x} = \frac{E_x(x, y)}{E_y(x, y)} \tag{6.11}$$

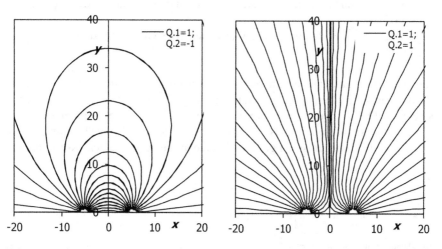

Abb. 6.16 a (links) Feldlinien von zwei entgegengesetzt gleichen Ladungen im Abstand 10; die von der linken und von der rechten Ladung ausgehenden Feldlinien stimmen überein. **b** (rechts) Feldlinien von zwei gleichen Ladungen im Abstand 10

	A	B	C	D	E	F	G	H	I	J	K
1	Q.1	4,00				170,00					
2	x.1	-5,00			phi	2,97	=F1/180*PI()				
3	y.1	0,00			r.d	1,00					
4	Q.2	-1,00			x.s	5,00					
5	x.2	5,00			y.s	0,00					
6	y.2	0,00									

Row 9 (formulas):

$$=A11+(K11+T11)/2 \quad =B11+(L11+U11)/2 \quad =\text{WURZEL}((x-x.1)^2+(y-y.1)^2) \quad =\text{WURZEL}((x-x.2)^2+(y-y.2)^2) \quad =Q.1/r.1^2 \quad =Q.2/r.2^2$$
$$=E.1*(x-x.1)/r.1+E.2*(x-x.2)/r.2 \quad =E.1*(y-y.1)/r.1+E.2*(y-y.2)/r.2 \quad =\text{WURZEL}(E.x^2+E.y^2) \quad =\text{MIN}(a*E^n;\text{maxds}) \quad =ds*E.x/E$$

	x	y	r.1	r.2	E.1	E.2	E.x	E.y	E	ds	dx
11	4,02	0,17	9,02	1,00	0,05	-1,00	1,03	-0,17	1,05E+00	0,00	0,00
12	4,01	0,17	9,01	1,00	0,05	-0,99	1,03	-0,17	1,04E+00	0,00	0,00
470	-3,36	0,15	1,64	8,36	1,48	-0,01	1,49	0,13	1,49E+00	0,00	0,00

Abb. 6.17 (T) Berechnung der Feldstärke (E_x, E_y) am Orte (x, y); Der Anfangspunkt der Feldlinien in A11:B11 wird aus den Polarkoordinaten ϕ und r_d und der Position der betrachteten Ladung bei (x_s, y_s) in F2:F5 bestimmt, z. B. A11 = r.d*Cos (phi)+x.s. Erster Teil einer „Integration mit Vorausschau"

Das ist eine einfache Integrationsaufgabe, die gelöst wird, wenn

$$\mathrm{d}x = \mathrm{d}s \cdot \frac{E_x}{E} \text{ und } \mathrm{d}y = \mathrm{d}s \cdot \frac{E_y}{E} \tag{6.12}$$

wobei ds die Länge eines vorher festzulegenden elementaren Wegstücks längs der Feldlinie ist.

Fragen

Wie lauten die Koordinaten des Einheitsvektors $\vec{E}_e$ in Richtung des elektrischen Feldes $\vec{E} = (E_x, E_y)$?[4]

Wie berechnen Sie den Abstand r_1 zwischen den beiden Punkten (x_1, y_1) und (x, y)?[5]

Wie sieht der Richtungsvektor aus, der vom Ort (x, y) zum Ort (x_1, y_1) zeigt?[6]

Eine Feldlinie kann mit einem der Verfahren ermittelt werden, mit dem auch die Newton'schen Bewegungsgleichungen integriert werden. Als Start kann ein beliebiger Ort (x, y) gewählt werden. Um aussagekräftige Feldlinienscharen zu bekommen, müssen ihre Ausgangsorte aber geschickt gewählt werden. In Abb. 6.16a und b liegen sie in gleichen Winkelabständen auf einem Kreis eng um

---

[4] Einheitsvektor $\vec{E}_e = \left(\frac{E_x}{E}, \frac{E_y}{E}\right)$ mit $E = \left|\vec{E}_e\right|$.

[5] Der Abstand ist $r_1 = \sqrt{(x_1 - x)^2 + (y_1 - x)^2}$.

[6] Richtungsvektor $\left((x - x_1)/r_1; (y - y_1)/r_1\right)$, r_1 ist der Abstand zwischen den beiden Orten.

	K	L	M	N	O	P	Q	R	S	T	U	V
1			n	-1,89	=(LOG(N3)-LOG(N4))/(LOG(M3)-LOG(M4))							
2			a	0,00	=10^(LOG(N3)-n*LOG(M3))							
3		=I11	1,05	0,0035								
4			0,10	0,30								
5			maxds	0,50								
6			Vorz	-1,00								
9	=ds*E.x/E*Vorz	=ds*E.y/E*Vorz	=WURZEL((x+dx-x.1)^2+(y+dy-y.1)^2)	=WURZEL((x+dx-x.2)^2+(y+dy-y.2)^2)	=Q.1/r.1p^2	=Q.2/r.2p^2	=E.1p*(x+dx-x.1)/r.1p+E.2p*(x+dx-x.2)/r.2p	=E.1p*(y+dy-y.1)/r.1p+E.2p*(y+dy-y.2)/r.2p	=WURZEL(E.xp^2+E.yp^2)	=ds*E.xp/E.p*Vorz	=ds*E.yp/E.p*Vorz	
10	dx	dy	r.1p	r.2p	E.1p	E.2p	E.xp	E.yp	E.p	dxp	dyp	
11	0,00	0,00	9,01	1,00	0,05	-0,99	1,03	-0,17	1,04	0,00	0,00	
12	0,00	0,00	9,01	1,01	0,05	-0,99	1,02	-0,17	1,03	0,00	0,00	
470	0,00	0,00	1,64	8,37	1,48	-0,01	1,49	0,13	1,50	0,00	0,00	

Abb. 6.18 (T) Fortsetzung von Abb. 6.17, Berechnung des Wegstückes (dx, dy) und der „vorausgeschauten" Feldstärken am Ort $(x+\mathrm{d}x,\ y+\mathrm{d}y)$; zweiter Teil einer „Integration mit Vorausschau"

eine Ladung. Dort wirkt praktisch nur das Feld dieser Ladung, dieses ist punktsymmetrisch und radial ausgerichtet.

Berechnung der Feldstärke in mehreren Schritten

In Abb. 6.17 (T) wird die Feldstärke (E_x, E_y) an den Orten (x, y) berechnet. Die Rechnung wurde auf viele Spalten verteilt, damit sie leichter nachzuvollziehen ist.

Es werden zunächst die Abstände r_1 und r_2 zu den Orten der Ladungen und die Stärken der elektrischen Felder $E_1 = Q_1/r_1^2$ und $E_2 = Q_2/r_2^2$ berechnet, daraus dann der Vektor (E_x, E_y) des resultierenden Feldes und dessen Betrag E ermittelt.

Fragen

zu Abb. 6.17 (T):

Deuten Sie die Formel in H9, die für den Spaltenbereich H11:H470 gilt![7]

In welcher Zelle steht die Formel für den Abstand zur Ladung Q_1?[8]

Angepasste Länge des elementaren Wegstücks

Die Werte für dx und dy werden „vorausgeschaut", in A12 gilt $\mathrm{d}x = (U11 + T11)/2$ und in B12 gilt $\mathrm{d}y = (L11 + U11)/2$, das heißt aus den voraussichtlichen Feldstärken am Ende des Intervalls berechnet. Die Länge ds des elementaren Wegstücks wird zunächst mit der Formel $\mathrm{d}s = a \cdot E^n$ berechnet, wobei a und n Parameter sind, die in N1:N2 von Abb. 6.18 (T) festgelegt werden, ds aber auf eine maximale Länge (maxds) begrenzt wird (Tabellenformel in J9 von Abb. 6.17 (T)).

---

[7]Es wird die y-Komponente des Feldes von Q_1 zur y-Komponente des Feldes von Q_2 addiert.

[8]Die Formel für den Abstand zu Q_1 steht in C9.

Fragen

Bestimmen Sie a und n von $ds = a \cdot E^n$, wenn die Weglängen ds für zwei Feldstärken vorgegeben werden und vergleichen Sie diese mit den Formeln in O1 und O2 von Abb. 6.18 (T)![9]

Die Weglänge soll sich nach der Feldstärke am betrachteten Ort richten. Je größer die Feldstärke ist, desto kleiner soll die elementare Weglänge sein. Im Bereich N3:N4 wird festgelegt, wie groß die Weglängen für die Feldstärken in M3:M4 sein sollen. Daraus werden dann in N1:N2 durch sechsmaligen (!) Einsatz des Logarithmus die Parameter a und n berechnet. Die Länge von ds wird durch die Konstante $maxds$ in N5 begrenzt (Spalte J in Abb. 6.17 (T)). Das Vorzeichen der Ladung, von der die Feldlinien ausgehen, steht in N6.

Fragen

Deuten Sie die Formel in R9 von Abb. 6.18 (T)![10]

Deuten Sie die Formel in A9 in Abb. 6.17 (T), die für Zelle A12 gilt![11]

Fortschritt mit Vorausschau für eine Feldlinie

Wenn der Ort (x, y) bekannt ist, dann wird der neue Ort auf der Feldlinie $(x+dx, y+dy)$ mit dx und dy aus Gl. 6.12 berechnet. Um die numerische Rechnung zu verbessern, wenden wir das Verfahren „Fortschritt mit Vorausschau" an. In den Spalten M bis S der Abb. 6.18 (T) wird das Feld am vorausgeschauten Ort berechnet und daraus dann in den Spalten T und U die vorausgeschauten elementaren Wegstücke dx_p und dy_p. Das alles geschieht in derselben Zeile. Als neuer Ort in der nächsten Zeile wird dann zum alten Ort aus der vorhergehenden Zeile der Mittelwert $(dx+dx_p)/2$ bzw. $(dy+dy_p)/2$, ebenfalls aus der vorhergehenden Zeile, addiert (Spalten A und B in Abb. 6.17 (T)).

Die Formeln in A9 und B9 von Abb. 6.17 (T) entsprechen $x_{n+1} = x_n + dx_n$ bzw. $y_{n+1} = y_n + dy_n$. Die Zuwächse dx_n und dy_n werden „vorausgeschaut", das heißt aus den Feldstärken am Anfang (Zellen K11, L11) und am Ende (T11 und U11) in Abb. 6.18 (T) des vorhergehenden Intervalls abgeschätzt.

Schar von Feldlinien mit einer Protokollroutine

Im Rechenmodell von Abb. 6.17 (T) und 6.18 (T) wird nur eine Feldlinie berechnet. Um eine Schar von Kennlinien zu bekommen, setzen wir wieder eine Protokollroutine ein, die verschiedene Anfangspunkte vorgibt und eine Auswahl der Punkte der Feldlinie fortlaufend in ein anderes Tabellenblatt schreibt.

---

[9]Logarithmierung der Gleichung $ds = a \cdot E^n$ führt zu zwei Gleichungen $\log(ds_{1,2}) = \log(a) + n \cdot \log(E_{1,2})$, die zu den Formeln in O1 und O2 von Abb. 6.18 (T) führen.

[10]Es wird der vorausgeschaute Wert von E_y berechnet.

[11]Schritt von n auf $n+1$ für „Integration mit Vorausschau": $x_{n+1} = x_n + (dx_n + dx_{pn})/2$.

Wir lassen die Feldlinien in der Nähe von Singularitäten beginnen, weil die Feldstärken von anderen Ladungen dort vernachlässigt werden können. Als Anfangspunkte wählen wir äquidistante Punkte auf einem Kreis um eine Ladung.

In Abb. 6.17 (T) werden die Ausgangsorte mit Polarkoordinaten definiert. Der Winkel wird in F1 in Grad gesetzt und in F2 in Radiant umgerechnet. Der Radius des Kreises und sein Mittelpunkt werden in F3:F5 gesetzt.

Mit einer Protokollroutine variieren wir den Winkel und kopieren die Ergebnisse der Tabellenrechnung, (x, y), in eine andere Tabelle. Den Code der Routine finden sie bei Bedarf in Abb. 6.21 (P) und 6.22 (P). Diese Routine lässt nacheinander die von beiden Ladungen ausgehenden Feldlinien berechnen. Im konkreten Fall der Abb. 6.16a wurden Winkel von 5 bis 175 Grad im Abstand von 10 Grad gewählt, einmal für einen Kreis um die linke Ladung und dann für einen Kreis um die rechte Ladung.

Für zwei entgegengesetzt gleiche Ladungen müssen die von der linken Ladung kommenden Feldlinien mit den von der rechten Ladung kommenden übereinstimmen, weil die Anordnung ja spiegelsymmetrisch ist. Das ist in Abb. 6.16a tatsächlich der Fall, was zeigt, dass unsere Berechnung genau genug ist.

6.4.3 Unterschiedlich starke Ladungen

In Abb. 6.19a werden die Feldlinien für zwei Ladungen mit entgegengesetztem Vorzeichen und unterschiedlicher Stärke gezeigt.

Die Feldlinien gehen von der linken, stärkeren Ladung aus und werden nur zum Teil von der entgegengesetzt geladenen, schwächeren Ladung „eingefangen". Der

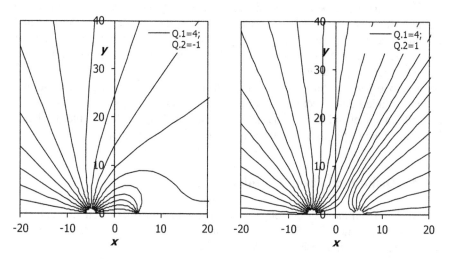

Abb. 6.19 a (links) Feldlinien für zwei unterschiedlich starke Punktladungen mit entgegengesetztem Vorzeichen, ausgehend von der linken, stärkeren Ladung. **b** (rechts) Feldlinien für zwei unterschiedlich starke Ladungen mit gleichem Vorzeichen; 16 Feldlinien von der Ladung $Q_1 = 4$ und 8 Feldlinien von der Ladung $Q_2 = 1$ ausgehend

andere Teil geht ins Unendliche. Im Nahbereich rechts von der rechten Ladung wird das Feld der linken Ladung stark abgeschwächt. Wenn der Abstand zu den beiden Ladungen groß genug ist, dann bildet sich in erster Näherung das Feld einer Punktladung mit der Stärke der Summe der beiden Ladungen, hier also $2 - 1 = 1$ aus. Diese Situation wurde in Abb. 6.19a noch nicht erreicht.

In Abb. 6.19b sieht man die Feldlinien für zwei unterschiedlich starke Ladungen mit gleichem Vorzeichen. Die Feldlinien der stärkeren Ladung drängen die Feldlinien der schwächeren Ladung zur Seite. Auch hier sieht das Feld in weiter Entfernung vom Ort der Ladungen so aus, als käme es von einer Punktladung $Q_1 + Q_2$.

Die Dichte der Feldlinien soll die Stärke des Feldes angeben. Im Dreidimensionalen sollten also von der viermal so starken Ladung auch viermal mehr Feldlinien ausgehen, in Abb. 6.19b tun das aber nur zweimal so viele. Die zweidimensionale Darstellung eines dreidimensionalen Feldes ist also unvollkommen. Um diesem Effekt Rechnung zu tragen, gehen in Abb. 6.19b von der Ladung der Stärke $Q_1 = 4$ doppelt so viele Feldlinien aus wie von der Ladung mit der Stärke $Q_2 = 1$. Begründung: Die Feldliniendichte einer Punktladung im Dreidimensionalen nimmt mit $1/r^2$ mit dem Abstand r ab, im Zweidimensionalen aber nur mit $1/r$. Wir haben deshalb in Abb. 6.19b von der viermal so starken Ladung nur zweimal so viele Feldlinien ausgehen lassen. Die Feldstärke wird dann durch das Quadrat der Feldliniendichte wiedergegeben.

Felder im zweidimensionalen Raum

Die Felder von zwei parallelen geladenen Drähten haben keine Komponente längs der Drähte, sie sind also echt zweidimensional. Eine Feldliniendarstellung gibt somit maßstabsgerecht die Stärke des Feldes durch die Dichte der Feldlinien wieder. In unserer Tabellenrechnung der Abb. 6.17 (T) müssen wir lediglich die Formeln für das elektrische Feld in $E_1 = Q_1/r_1$ und $E_2 = Q_2/r_2$ ändern und entsprechend für E_{1p} und E_{2p}. Das Ergebnis für unterschiedlich stark geladene Drähte sieht man in Abb. 6.20a (entgegengesetzt geladen) und in Abb. 6.20b (gleiches Vorzeichen der Ladung).

In Abb. 6.20b wurden vom linken Draht (Ladung $Q_1 = 4$) ausgehend viermal mehr Feldlinien eingezeichnet als vom rechten Draht (Ladung $Q_1 = 1$) ausgehend (40:10), entsprechend dem Verhältnis ihrer Linienladungen. Die Dichte der Feldlinien in einem Gebiet ist somit tatsächlich der Feldstärke proportional.

6.4.4 Diskussion über Feldlinien

▶ **Alac** Die Feldlinien für den elektrischen Dipol in Abb. 6.19 sehen ziemlich elegant aus. Wir können das Bild genauso gut für den Schönheitswettbewerb nominieren wie die Äquipotentiallinien der Abb. 6.4.

▶ **Tim** Neben der Schönheit enthalten Sie noch physikalische Informationen. Sie geben die Richtung des Feldes an und ihre Dichte ist ein Maß für die Stärke.

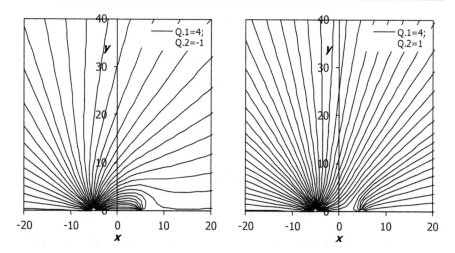

Abb. 6.20 𝔅 **a** (links) Feldlinien für zwei unterschiedlich stark geladene parallele Drähte mit entgegengesetztem Vorzeichen der Ladung, ausgehend von dem linken, stärker geladenen Draht. **b** (rechts) Feldlinien für zwei unterschiedlich stark geladene Drähte mit gleichem Vorzeichen der Ladung; die Dichte der Feldlinien gibt maßstabsgerecht die Feldstärke wieder

```
 1 Sub FieldLines()                          Call step1(r2, 128.9, 189, dphi, 1)      12
 2 Sheets("Feldlinien").Range("A:B").ClearContents                                    13
 3 r2 = 5                                     Cells(6, 14) = Sgn(Cells(4, 2))          14
 4                                                      'signum of starting charge     15
 5 Cells(4, 6) = Cells(2, 2) 'x.s=x.1         Cells(4, 6) = Cells(5, 2) 'x.s=x.2       16
 6 Cells(5, 6) = Cells(3, 2) 'y.s=y.1         Cells(5, 6) = Cells(6, 2) 'y.s=y.2       17
 7 Cells(6, 14) = Sgn(Cells(1, 2))            dphi = 20                                18
 8              'signum of starting charge    Call step1(r2, 0, 61, dphi, 1)           19
 9 dphi = 5                                   Call step1(r2, 80, 121, dphi, 0.5)       20
10 Call step1(r2, 0, 66, dphi, 0.5)           Call step1(r2, 138.9, 179, dphi, 0.5)    21
11 Call step1(r2, 70, 126, dphi, 0.5)         End Sub                                  22
```

Abb. 6.21 (P) Protokollroutine, mit der zwei Scharen von Feldlinien erzeugt werden, zunächst eine von der linken Ladung ausgehend (Zeilen 5 bis 12) und dann eine von der rechten Ladung ausgehend (Zeilen 14 bis 21); mit den hier eingesetzten Werten der Parameter wurden die Feldlinien in Abb. 6.20b berechnet

```
23 Sub step1(r2, phi1, phi2, dphi, maxds)     Sheets("Feldlinien").Cells(r2, 2) = Cells(r, 2)   29
24 For phi = phi1 To phi2 Step dphi           r2 = r2 + 1                                        30
25   Cells(5, 14) = maxds 'maxds              Next r                                             31
26   Cells(1, 6) = phi                        r2 = r2 + 1                                        32
27   For r = 11 To 470 Step 3                 Next phi                                           33
28     Sheets("Feldlinien").Cells(r2, 1) = Cells(r, 1)   End Sub                                 34
```

Abb. 6.22 (P) Subroutine, die von der Hauptroutine *FieldLines* aufgerufen wird; sie verändert den Polarwinkel des Ausgangsortes der Feldlinien und schreibt (in den Zeilen 28, 29) jeden dritten Stützpunkt in das Tabellenblatt „Feldlinien"

▶ **Mag** Das Feld kann aus dem Potential berechnet werden, enthält also grundsätzlich nicht mehr Informationen. Es ist nur anschaulicher. Und „Maß für die Stärke", was heißt das genau?

▶ **Tim** Wo die Feldlinien dichter beieinander verlaufen, ist auch die Feldstärke höher.

▶ **Mag** Jetzt mal quantitativ: Ist denn die Feldstärke proportional zur Dichte der Feldlinien?

▶ **Alac** Klar! Im Internet erklären einige Autoren mit Überzeugung, dass z. B. von einer viermal so großen Ladung auch viermal so viele Feldlinien ausgehen und zeichnen das auch anschaulich sehr schön.

▶ **Mag** Hier muss man aufpassen! Von einer viermal so großen Ladung gehen tatsächlich viermal so viele Feldlinien aus, aber in den dreidimensionalen Raum hinein, nicht in einen zweidimensionalen Querschnitt.

▶ **Alac** Na gut, aber wenn wir von der viermal so großen Ladung nur doppelt so viele Feldlinien ausgehen lassen, dann kommen wir zur Abb. 6.19, die doch ganz brauchbar aussieht.

▶ **Tim** Mir ist aber nicht ganz wohl dabei. Die Feldliniendichte nimmt in der Ebene mit $1/r$ ab, die tatsächlich dreidimensionale Feldstärke aber wie $1/r^2$. Die Darstellung ist doch irgendwie getrickst.

▶ **Mag** Dann machen wir für das nächste Bild alles richtig. Wir berechnen die Feldlinien, die von zwei geladenen parallelen Drähten ausgehen. Dann fallen Feldstärke und Feldliniendichte beide wie $1/r$ ab.

▶ **Alac** Das habe ich gemacht. Das Ergebnis sieht man in Abb. 6.20, die ich für den Schönheitswettbewerb 𝔅 nominiere.

▶ **Tim** Einverstanden. Abb. 6.20 geht über die übliche Darstellung mit gleich starken Ladungen in Lehrbüchern hinaus. Außerdem stimmt auch die Aussage, dass die Feldstärke proportional zur Dichte der Feldlinien ist.

▶ **Mag** Jetzt mal wieder philosophisch. Diskutieren Sie folgende Aussage: „Die Maxwell-Gleichungen beschreiben Eigenschaften des Raumes".

Protokollroutine

Die Protokollroutine, mit der Scharen von Feldlinien erzeugt werden, steht in Abb. 6.21 (P). Sie greift auf die Subroutine *step1* in Abb. 6.22 (P) zu.

Fragen

zu Abb. 6.21 (P) und 6.22 (P)

In den Subroutinen werden die Zellen im Format CELLS(R, C) aufgerufen. CELLS(1, 2) bezieht sich auf die Zelle B2. Worauf beziehen sich CELLS(2, 2), CELLS(3, 2), CELLS(4, 6), CELLS(5, 6) UND CELLS(6, 14)?[12]

Anmerkung

▶ **Alac** Man kann doch E_x und E_y unmittelbar aus x und y berechnen, ohne die Zwischenschritte r_1, r_2, E_1 und E_2.

▶ **Tim** Die Formel wird dann jedoch ziemlich verwickelt. Für mich zu viel.

▶ **Mag** Ein Rat: Programmieren Sie erst mit allen Zwischenschritten, um die Übersicht zu behalten. Wenn die Rechnung stimmt und Sie noch Lust dazu haben, dann kann man die Formelkette verdichten, als lange Formel in einer Zelle oder in einer benutzerdefinierten Tabellenfunktion.

6.5 Magnetfeld von geraden Stromfäden

Das Magnetfeld eines geraden Stromfadens umkreist den Faden. Seine Stärke nimmt mit dem Kehrwert des Abstandes ab. Wir berechnen die Felder eines einzelnen Drahtes sowie von zwei parallelen Drähten und stellen sie mit Feldrichtungsvektoren dar.

Die Stärke H des Magnetfeldes eines geraden Drahtes, der den Strom I führt, also eines Stromfadens, ist umgekehrt proportional zum Abstand r zum Draht:

$$H(r) = \frac{I}{2\pi r} \tag{6.13}$$

und tangential gerichtet. Für die weiteren Betrachtungen setzen wir voraus, dass der Draht parallel zur z-Achse verläuft und die xy-Ebene in (x_i, y_i) schneidet. Im Folgenden betrachten wir zwei parallele Drähte, so dass der Index i die Werte 1 und 2 annehmen kann. Der Abstandsvektor des Aufpunktes (x_a, y_a) zum Draht ist dann:

$$(x_i - x_a;\ y_i - y_a) \tag{6.14}$$

---

[12]CELLS(2, 2) = B2, CELLS(3, 2) = B3, CELLS(4, 6) = F4, CELLS(5, 6) = F5, CELLS(6, 14) = N6.

und sein Betrag:

$$r_i = \sqrt{(x_i - x_a)^2 + (y_i - y_a)^2} \qquad (6.15)$$

Die Tangentialrichtung wird durch den Vektor

$$\left(-\frac{y_i - y_a}{r_i} ; \frac{x_i - x_a}{r_i} \right) \qquad (6.16)$$

beschrieben. Der Abstandsvektor und der Tangentialvektor stehen tatsächlich senkrecht aufeinander, denn das Skalarprodukt der beiden verschwindet, wie man leicht durch Ausmultiplizieren überprüfen kann.

Fragen

Welche Koordinaten hat ein Vektor, der senkrecht auf der Strecke von (x_1, y_1) nach (x_2, y_2) steht?[13]

Das Magnetfeld des Stromes liegt in der xy-Ebene und berechnet sich gemäß Gl. 6.13 bis 6.16 *vektoriell*, also komponentenweise, folgendermaßen:

$$H_x\,(x_a, y_a) = I\,\frac{-(y_i - y_a)}{2\pi\,r_i^2} \qquad (6.17)$$

$$H_y\,(x_a, y_a) = I\,\frac{(x_i - x_a)}{2\pi\,r_i^2} \qquad (6.18)$$

Das Magnetfeld von parallel angeordneten Drähten ist die Vektorsumme der Magnetfelder der einzelnen Drähte:

$$H_x\,(x_a, y_a) = H_{1x}\,(x_a, y_a) + H_{2x}\,(x_a, y_a) \qquad (6.19)$$

$$H_y\,(x_a, y_a) = H_{1y}\,(x_a, y_a) + H_{2y}(x_a, y_a) \qquad (6.20)$$

In Abb. 6.23 (T) wird das Magnetfeld von zwei Drähten am Aufpunkt (x_a, y_a) mithilfe der Gl. 6.13 bis 6.20 berechnet.

Die Feldverteilung wird mit einer Protokollroutine berechnet, die die Koordinaten des Aufpunktes systematisch innerhalb eines Quadrats der Seitenlänge 8 variiert, $-4 \leq x \leq 4$, $-4 \leq y \leq 4$, und die zugehörigen Feldvektoren fortlaufend in einem Tabellenblatt protokolliert (Abb. 6.26 (P)). Dabei wird die Symmetrie des Problems ausgenutzt, indem die Felder nur in einem Quadranten berechnet und dann an einer Ebene in die anderen Quadranten gespiegelt werden.

Alle Feldvektoren erhalten dieselbe Länge. Um den optischen Eindruck zu verbessern und die berechnete Verteilung der Feldrichtungsvektoren den experimentellen

---

[13] $a \cdot ((y_2 - y_1), -(x_2 - x_1))$.

	A	B	C	D	E	F	G	H	I	J
1	**x.a**	4,00	Aufpunkt		I.1=1; I.2=-1					
2	**y.a**	4,00							Recalc H-field	
3	**x.1**	-0,00001	Draht 1		**x.2**	-0,00001	Draht 2			
4	**y.1**	-1,510			**y.2**	1,510				
5	**I.1**	1,00			**I.2**	-1,00			-4,0221	-3,9607
6	Abstandsvektor								-4,0117	-3,8038
7	**x.1a**	-4,00	=x.1-x.a		**x.2a**	-4,00	=x.2-x.a			
8	**y.1a**	-5,51	=y.1-y.a		**y.2a**	-2,49	=y.2-y.a		-3,999	-3,7764
9	**r.1a**	46,36	=x.1a^2+y.1a^2		**r.2a**	22,20	=x.2a^2+y.2a^2		-3,9713	-3,6228
10	H-Feld									
11	**H.1x**	0,12	=-y.1a/r.1a*I.1		**H.2x**	-0,11	=-y.2a/r.2a*I.2		-3,9547	-3,5804
12	**H.1y**	-0,09	=x.1a/r.1a*I.1		**H.2y**	0,18	=x.2a/r.2a*I.2		-3,9596	-3,4612
13										
14	**Drähte**				**H-Feld**				-4,0327	-3,4111
15	-1E-05	-1,51			**H.x**	0,01	=H.1x+H.2x		-4,0195	-3,263
16	-1E-05	1,51			**H.y**	0,09	=H.1y+H.2y			

Abb. 6.23 (T) Magnetfeld (H-Feld) von zwei elektrischen Strömen parallel zur z-Achse am Aufpunkt (x_a, y_a); Positionen der Drähte in der xy-Ebene in B3:F3; Endergebnis (H_x, H_y) in F15:F16. Die Schaltfläche in I1:J2 löst eine Protokollroutine (Abb. 6.26 (P)) aus, welche die Koordinaten der Feldrichtungsvektoren berechnet und in die Spalten I und J schreibt. In A15:B16 stehen die Koordinaten der Drähte, die als Punkte in die Abbildungen eingetragen werden

Bildern mit Eisenfeilspänen ähnlicher zu machen, werden zwei Zufallskomponenten eingebaut:

1. Die Aufpunkte liegen nicht exakt auf einem periodischen Gitter.
2. Ein zufälliger kleiner Vektor wird zum berechneten Feld addiert.

Maßnahme (2) führt dazu, dass die Richtung der Feldvektoren umso stärker schwankt, je kleiner die ursprüngliche Feldstärke ist. Die Stärke des magnetischen Feldes zeigt sich also im Widerstand gegen ein Störfeld. Auf diese Weise wird die Ausrichtung von Eisenfeilspänen simuliert.

Die Ergebnisse für zwei entgegen gerichtete und zwei gleich gerichtete Ströme werden in Abb. 6.24a und b wiedergegeben.

Um das Feld nur eines geraden Stromfadens zu berechnen, werden in den Spezifikationen von Abb. 6.23 (T) die Positionen und Ströme der beiden Stromfäden gleich gesetzt. Das Ergebnis sieht man in Abb. 6.25a.

Die Feldstärke auf der Geraden, die die beiden Drähte verbindet, wird in Abb. 6.25b doppeltlogarithmisch aufgetragen, außerdem die Feldstärke für nur einen Draht („same"), die in unserer Tabelle berechnet wird, wenn die Positionen der Drähte beide auf (0, 0) gesetzt werden.

Das Magnetfeld umkreist den einzelnen Draht (Abb. 6.25a). Die Feldstärke nimmt mit $1/y$ ab (Abb. 6.25b, „same").

Das Magnetfeld umkreist die beiden gleich gerichteten Ströme im Nahbereich in Form einer 8 (Abb. 6.24b „parallel"), verschwindet in der Mitte zwischen den

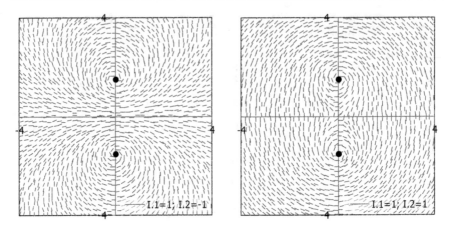

Abb. 6.24 a (links) Magnetfeld von zwei entgegen gerichteten parallelen Stromfäden gleicher Stärke. **b** (rechts) Magnetfeld von zwei gleich gerichteten parallelen Stromfäden gleicher Stärke

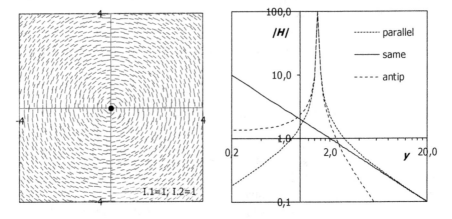

Abb. 6.25 a (links) Magnetfeld eines stromführenden geraden Drahtes. **b** (rechts) Die Feldstärke für drei Fälle auf der Geraden $x = 0$ im doppeltlogarithmischen Maßstab

beiden Drähten (Abb. 6.25b) und nähert sich im Fernbereich der Kurve mit der Bezeichnung „same", verhält sich dort also wie ein einziger Strom bei $y = 0$ mit $I = I_1 + I_2$.

Zwischen zwei Drähten mit entgegen gerichtetem Strom („antip" in Abb. 6.25b) verstärkt sich das Magnetfeld und hängt nur wenig vom Ort ab, außerhalb wird es, verglichen mit dem Feld eines einzelnen Drahtes, abgeschwächt.

```
 1 Sub HField_click()                          'Small random shift of position          19
 2 Sheets("code").Select 'no update in calc    xar = xa + rrnd * (Rnd() - 0.5)          20
 3 r2 = 5 '1st row for output                  yar = ya + rrnd * (Rnd() - 0.5)          21
 4 sp2 = 9 'column for output                  Cells(r2, sp2) = xar                     22
 5 dx = 0.2 'step width                        Cells(r2, sp2 + 1) = yar                 23
 6 dy = 0.2                                     r2 = r2 + 1                             24
 7 scal = 0.18 'length of vectors              'Addition of random field                25
 8 rrnd = 0.1 'random shift of positions       Cells(r2, sp2) = xar + (Hx _            26
 9 Hrnd = 0.06 'Amplitude of random field         + Hrnd * (Rnd() - 0.5)) _            27
10 Range("I:J").ClearContents                     / (H + Hrnd / 2) * scal              28
11 For xa = -4 To 4 + dx / 2 Step dx           Cells(r2, sp2 + 1) = yar + (Hy _        29
12    For ya = -4 To 4 + dy / 2 Step dy            + Hrnd * (Rnd() - 0.5)) _            30
13       Cells(1, 2) = xa                          / (H + Hrnd / 2) * scal              31
14       Cells(2, 2) = ya                       r2 = r2 + 2                            32
15       Hx = Range("F15") 'Cells(15, 6)       Next ya                                 33
16       Hy = Range("F16") 'Cells(16, 6)       Next xa                                 34
17       H = Sqr(Hx ^ 2 + Hy ^ 2)              Sheets("calc").Select 'show figs.       35
18                                             End Sub                                 36
```

Abb. 6.26 (P) Feldrichtungsvektoren werden berechnet (Protokollroutine)

Fragen

zu Abb. 6.25b

Woran erkennt man in der Abbildung, dass die Feldstärke eines geraden Stromfadens mit $1/r$ abnimmt?[14]

Nach welchem Potenzgesetz fällt das magnetische Feld des Dipols im Fernbereich ab? Schätzen Sie dies mit der Kurve „antip"![15]

Routine

Mit der Protokollroutine *HField*_CLICK in Abb. 6.26 (P) wird die Tabellenrechnung in Abb. 6.23 (T) gesteuert. Sie wird durch die Schaltfläche „Recalc Hfield" in I1:J1 in Abb. 6.23 (T) ausgelöst.

Die Koordinaten (x_a, y_a) des Aufpunktes werden systematisch verändert (Zeilen 11, 12), die Felder H_x und H_y werden aus der Tabelle abgelesen (Zeilen 15, 16), zu einem Vektorpfeil weiterverarbeitet und fortlaufend (mit Zeilennummer r_2) ausgegeben (Zeilen 26 bis 31).

Ein Trick, um schneller zu rechnen

Das Tabellenblatt „calc", in dem sämtliche Berechnungen durchgeführt und die Felder grafisch dargestellt werden, wird in Zeile 2 durch Wechsel auf ein anderes Tabellenblatt („code") „abgewählt", wodurch sich die Berechnung erheblich beschleunigt. Alle Adressierungen in der Routine werden trotzdem im Tabellenblatt „calc" durchgeführt, weil die Routine im zugehörigen Blatt des VBA-Editors

---

[14]Die Feldstärke $H = H(y)$ für einen Stromfaden ist in doppeltlogarithmischer Auftragung eine Gerade mit der Steigung -1.

[15]Die Feldstärke des Dipols im Fernbereich nimmt mit $1/r^2$ ab, zu schätzen aus der Steigung von etwa -2 für die Kurve „antip" in Abb. 6.25b.

steht. In Zeile 35 wird das Tabellenblatt „calc" wieder aktiviert, und erst dann wird das Diagramm der Feldlinienvektoren erstellt, nicht nach jedem Eintrag in die Tabelle, was passiert wäre, wenn „calc" ständig aktiv gewesen wäre.

Die Koordinaten der berechneten Feldvektoren werden fortlaufend in zwei Spalten protokolliert. Zum Beispiel stehen in den Reihen 5 und 6 die x- und y-Werte des Anfangs- und des Endpunktes des ersten Feldrichtungsvektors. Die Koordinaten für aufeinanderfolgende Vektoren werden durch eine Leerzeile getrennt, damit die Vektoren als voneinander getrennte Striche im Diagramm dargestellt werden, wenn Spaltenbereiche in I und J von Abb. 6.23 (T) als x- und y-Werte in ein Diagramm eingetragen werden.

6.6   Magnetfelder von Spulen

Wir berechnen das Magnetfeld einer Stromschleife mithilfe des Biot-Savart-Gesetzes. In der Tabelle wird das Feld für einen Aufpunkt integriert. Mit einer Routine werden die Koordinaten des Aufpunktes systematisch in einer Ebene geändert, die die Achse der Schleife enthält. Das Magnetfeld von Spulen wird durch vektorielle Addition des Magnetfeldes von mehreren Schleifen ermittelt. Simulierte Verteilungen der Feldrichtungsvektoren werden mit experimentellen Verteilungen von Eisenfeilspänen in entsprechenden Magnetfeldern verglichen.

Zur Berechnung des Magnetfeldes einer Stromverteilung benutzt man das Biot-Savart-Gesetz:

$$d\vec{H} = \frac{I}{4\pi} \frac{\vec{r} \times d\vec{l}}{r^3}. \tag{6.21}$$

Dabei ist $\vec{r}$ der Abstandsvektor vom Aufpunkt zum stromführenden Leiterstück $d\vec{l}$, das als Vektor aufgefasst wird. Der Beitrag $d\vec{H}$ dieses Leiterstücks zum Gesamtmagnetfeld ist durch ein Kreuzprodukt gegeben. Er steht also senkrecht auf dem Leiterstück und senkrecht auf dem Abstandsvektor. Zur Berechnung des Gesamtfeldes wird über alle Ströme integriert. Da $\vec{r}$ die Dimension einer Länge hat, sinkt das Magnetfeld eines Leiterstücks $d\vec{l}$ mit r/r^3, also mit dem Kehrwert des Quadrates des Abstandes.

6.6.1   Eine Stromschleife

In Abb. 6.27 (T) werden die Vektoren für die Biot-Savart-Gleichung, Gl. 6.21, für eine kreisförmige Stromschleife berechnet, welche in der Ebene $z = 0$ parallel zur xy-Ebene liegt.

	A	B	C	D	E	F	G	H	I	J	K	L
1	Schleife	r.1	0,251		x.a	0,076		76	◄		►	
2		z.1	0		y.a	0						
3		dl	0,044		z.a	-0,015	=(H3-500)/	485	◄		►	
4												
5	0,175	=2*PI()/36			=2*PI()*r.1/36				=WURZEL(x.r^2+y.r^2+z.r^2)			
6	Anfang der Leiterstücke		d/, Stromvektoren						r, Abstandsvektoren			
7	=A8+$A$5	=r.1*COS(alpha)	=r.1*SIN(alpha)		=(B11-x.1)/dl	=(C11-y.1)/dl 0			=(x.1+B11)/2-x.a	=(y.1+C11)/2-y.a	=z.1-z.a	=WURZ
8	alpha	x.1	y.1		c.x	c.y	c.z		x.r	y.r	z.r	r.r
9	0,000	0,25	0,00		-0,09	0,99	0,00		0,17	0,02	0,02	0,18
10	0,175	0,25	0,04		-0,26	0,96	0,00		0,17	0,06	0,02	0,18
44	6,109	0,25	-0,04		0,09	0,99	0,00		0,17	-0,02	0,02	0,18
45	6,283	0,25	0,00									

Abb. 6.27 (T) Vektoren für die Biot-Savart-Gleichung für eine Stromschleife mit Radius r_1, welche in einer Ebene ($z_1 =$ const.) parallel zur xy-Ebene liegt

Die Parameter der Schleife, Radius r_1, Position z_1 auf der z-Achse sowie Länge dl eines Leiterstücks werden im Bereich B1:C3 festgelegt. Die kreisförmige Schleife wird mit 37 Stützpunkten in Polarkoordinaten definiert (Polarwinkel in Spalte A), die dann in den Spalten B und C in die kartesischen Koordinaten x_1 und y_1 umgerechnet werden. Die z-Koordinate ist für alle Leiterstücke ein fester Wert z_1, der in C2 von Abb. 6.27 (T) festgelegt wird und nicht individuell für jeden Stützpunkt ausgerechnet werden muss. In den Spalten E, F und G werden die Vektoren $dl = (c_x, c_y, c_z)$ der Leiterstücke längs der Leiterschleifen berechnet.

Der Aufpunkt (x_a, y_a, z_a) wird in F1:F3 durch die Schieberegler definiert. Da das Problem zylindersymmetrisch ist, setzen wir $y_a = 0$. Der Betrag von x_a steht dann für den Radius (der Zylinderkoordinaten) des Aufpunktes. Der Abstandsvektor (x_r, y_r, z_r) zu den Geradenstücken der Schleife wird in den Spalten I, J und K berechnet.

Fragen

Wie lauten die Formeln in F1, F3 und L7 von Abb. 6.27 (T)?[16]

Das Feld (H_x, H_y, H_z) wird als Kreuzprodukt gemäß Gl. 6.21 in den Spalten N, O und P ab Reihe 9 gebildet (Abb. 6.28 (T)). Zur Sicherheit überprüfen wir in den Spalten R und S, ob das Feld tatsächlich senkrecht zu $\vec{dl}$ und $\vec{r}$ steht.

Abb. 6.29a veranschaulicht die Beiträge der einzelnen Leiterstücke zum Gesamtfeld. Die Koordinaten x_a und z_a des Aufpunktes können mit den Schiebereglern in I1:K1 und I3:K3 eingestellt werden. Das Diagramm passt sich dann ohne weiteren Eingriff an die neuen Parameter an.

---

[16]F1 = [=H1/100]; F3 = [=(H3-500)/100]; L7 = [=Wurzel(x.r^2 + y.r^2 + z.r^2)].

	N	O	P	Q	R	S	T	U
3	I	0,04381	=dl					
4	=SUMME(H.x) =SUMME(H.y) =SUMME(H.z)							
5	0,82	0,00	-26,91					
6	dH, Felder am Aufpunkt				dH senkrecht zu dl und zu r?			
7	...^2+z.r^2) =I*c.y*z.r/r.r^3 =-I*c.x*z.r/r.r^3 =I*(c.x*y.r-c.y*x.r)/r.r^3 =c.x*H.x+c.y*H.y+c.z*H.z =x.r*H.x+y.r*H.y+z.r*H.z							
8	H.x	H.y	H.z		c·H		r·H	

Abb. 6.28 (T) Fortsetzung von Abb. 6.27 (T); Magnetfeld am Aufpunkt (x_a, y_a)

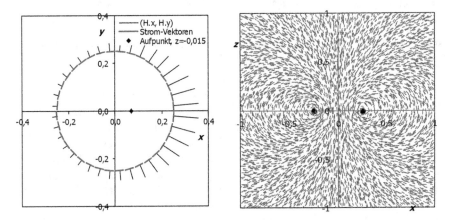

Abb. 6.29 a (links) Beiträge der Leiterstücke in der Ebene $z = 0$, in der die Stromschleife liegt, zum Feld (H_x, H_y) am Aufpunkt; die Summe über die H_y ist null, da der Aufpunkt bei $y = 0$ liegt. **b**(rechts) Feld (H_x, H_z) der Stromschleife aus a in der xz-Ebene $(y = 0)$

Mit einer Protokollroutine (Abb. 6.30 (P)), variieren wir die Koordinaten des Aufpunktes $(x_a, 0, z_a)$ und schreiben die in der Tabelle berechneten Felder H_x und H_z in einen Matrixbereich in den Tabellenblättern „Hx" und „Hz".

In einem zweiten Schritt berechnen wir die Koordinaten der Feldrichtungsvektoren mit einer zweiten VBA-Prozedur (Abb. 6.31 (P)) und legen sie fortlaufend in zwei Spalten ab. Die nötigen Daten, nämlich die Feldkomponenten H_x und H_z, liest die Prozedur aus den Matrixbereichen in den Tabellenblättern „Hx" und „Hz" ab. Da die Geometrie unseres Problems spiegelsymmetrisch zu den Ebenen $x = 0$ und $y = 0$ ist, spiegeln wir die in dem ersten Quadranten berechneten Vektoren an diesen Ebenen, sodass wir eine Darstellung in der gesamten Ebene $z = 0$ erhalten. Die Anordnung der Feldrichtungsvektoren wird in Abb. 6.29b wiedergegeben.

1 **Sub M_Field()**	Next za	16
2 dx = 0.025 '*Step widths*	For xa = 0 To 1 + dx / 2 Step dx	17
3 dz = 0.025	For za = 0 To 1 + dx / 2 Step dz	18
4 r1 = 5 '*First row in "Hx" and "Hz"*	Sheets("coil").Cells(1, 6) = xa	19
5 c1 = 5 '*First column in "Hx" and "Hz"*	Sheets("coil").Cells(3, 6) = Za	20
6 'Magnetic field in the first xz-quadrant	rw = r1 + (Za - dz / 2) / dz	21
7 For xa = 0 To 1 + dx / 2 Step dx	cm = c1 + (xa - dx / 2) / dx	22
8 cm = c1 + xa / dx	Sheets("Hx").Cells(rw, cm) = _	23
9 Sheets("Hx").Cells(r1 - 1, cm) = xa	Sheets("coil").Range("N5") '*Hx*	24
10 Sheets("Hz").Cells(r1 - 1, cm) = xa	Sheets("Hz").Cells(rw, cm) = _	25
11 Next xa	Sheets("coil").Range("P5") '*Hz*	26
12 For za = 0 To 1 + dz / 2 Step dz	Next za	27
13 rw = r1 + za / dz	Next xa	28
14 Sheets("Hx").Cells(rw, c1 - 1) = za	End Sub	29
15 Sheets("Hz").Cells(rw, c1 - 1) = za		30

Abb. 6.30 (P) Sub *M_Field* variiert den Aufpunkt (x_a, z_a) im ersten Quadranten und legt die in N5 und P5 von Abb. 6.28 (T) berechneten Magnetfelder H_x und H_z in einem Matrizenbereich mit Koordinaten (r_w, c_m) in den Tabellenblättern „Hx" und „Hz" ab

1 **Sub Field_vectors()**	For sigz = -1 To 1 Step 2	18
2 Application.Calculation = xlCalculationManual	x1 = (x + rdpos * (Rnd() - 0.5)) * sigx	19
3 Sheets("field").Range("A:B").ClearContents	z1 = (Z + rdpos * (Rnd() - 0.5)) * sigz	20
4 r1 = 5	vx = (Hx + rdsum * (Rnd() - 0.5)) / H * scal	21
5 scal = 0.025 'Length of vectors	vz = (Hz + rdsum * (Rnd() - 0.5)) / H * scal	22
6 rdpos = 0.05 'Random shift of coordinates	Sheets("field").Cells(r1, 1) = x1	23
7 rdsum = 0.1 'Random perturbating field	Sheets("field").Cells(r1, 2) = z1	24
8 For rw = 5 To 45 'Rows in Sheets("Hx")	r1 = r1 + 1	25
9 For cm = 5 To 45 'Columns in Sheets("Hx")	Sheets("field").Cells(r1, 1) = x1 + vx * sigx	26
10 x = Sheets("Hx").Cells(4, cm)	Sheets("field").Cells(r1, 2) = z1 + vz * sigz	27
11 Z = Sheets("Hx").Cells(rw, 4)	r1 = r1 + 2	28
12 Hx = Sheets("Hx").Cells(rw, cm)	Next sigz	29
13 Hz = Sheets("Hz").Cells(rw, cm)	Next sigx	30
14 H = Sqr(Hx ^ 2 + Hz ^ 2)	Next cm	31
15 'The field of the first quadrant is projected	Next rw	32
16 'into all four quadrants.	Application.Calculation = xlCalculationAutomatic	33
17 For sigx = -1 To 1 Step 2	End Sub	34

Abb. 6.31 (P) Die Feldstärken werden im ersten Quadranten der *xz*-Ebene (senkrecht zur Stromschleife) aus dem Magnetfeld in den Tabellenblättern „Hx" und „Hz" berechnet und die Koordinaten der Stromrichtungsvektoren werden dann durch Variation der Vorzeichen (Schleifen mit *sigx* und *sigz* in den Zeilen 17 und 18) in allen vier Quadranten erzeugt und ausgegeben

6.6.2 Spulen

Wir simulieren Spulen durch mehrere parallele Schleifen. Dazu setzen wir in einer VBA-Routine eine verschachtelte Schleife wie in der Protokollroutine Abb. 6.32 (P) ein. Das Feld jeder Spule wird in einer Tabelle wie Abb. 6.27 (T) berechnet und in der Routine aufsummiert.

Innerhalb einer geschachtelten Schleife über x_a und z_a wird die Koordinate z_1 der Schleife entsprechend der Anzahl der Schleifen mehrfach geändert, und die berechneten Magnetfelder werden zum Gesamtfeld aufaddiert.

Die Felder für eine, drei und sieben Schleifen sieht man in Abb. 6.33, 6.34 und 6.35, jeweils verglichen mit Verteilungen von Eisenfeilspänen im Magnetfeld von Spulen mit einer, drei und sieben Windungen. Die Ähnlichkeit ist nicht zu übersehen.

```
1  For xa = dx / 2 To 1 + dx / 2 Step dx          Hz = Hz + Sheets("coil").Cells(5, 13)      12
2    For za = dz / 2 To 1 + dx / 2 Step dz        '3rd coil                                  13
3      Sheets("coil").Cells(1, 8) = xa            Sheets("coil").Cells(2, 3) = rdc * 1.6     14
4      Sheets("coil").Cells(3, 8) = za            Hx = Hx + Sheets("coil").Cells(5, 11)      15
5      '1st coil                                  Hz = Hz + Sheets("coil").Cells(5, 13)      16
6      Sheets("coil").Cells(2, 3) = 0             rw = r1 + (za - dz / 2) / dz               17
7      Hx = Sheets("coil").Cells(5, 11)           cm = c1 + (xa - dx / 2) / dx               18
8      Hz = Sheets("coil").Cells(5, 13)           Sheets("Hx").Cells(rw, cm) = Hx            19
9      '2nd coil                                  Sheets("Hz").Cells(rw, cm) = Hz            20
10     Sheets("coil").Cells(2, 3) = -rdc * 1.6    Next za                                    21
11     Hx = Hx + Sheets("coil").Cells(5, 11)      Next xa                                    22
```

Abb. 6.32 (P) Das Magnetfeld für drei parallele Schleifen wird berechnet. Der Programmcode ersetzt die Zeilen 7 bis 28 von 6.31 (P)

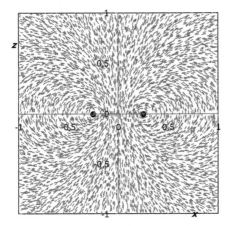 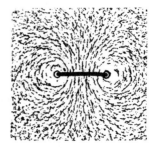

Abb. 6.33 a (links) Berechnetes magnetisches Feld einer Stromschleife in der xz-Ebene, in der die Schleifenachse liegt. **b** (rechts) Eisenfeilspäne im Feld einer Stromschleife (experimentell, aus R.W. Pohl, Elektrizitätslehre, Abb. 131) (Robert Wichard Pohl, *Elektrizitätslehre*, Springer-Verlag Berlin Heidelberg 1964, Print ISBN 978-3-662-23772-4, Online ISBN 978-3-662-25875-0)

▶ **Alac** Unsere simulierten Verteilungen der Feldrichtungsvektoren sehen echt wie die experimentellen Bilder mit Eisenfeilspänen aus.

▶ **Tim** Selbst die Feinheiten in der Nähe der Drähte werden gut getroffen

▶ **Mag** Die Maxwell-Gleichung $rot\,\vec{H} = \vec{J}$, auf der die Formel für unsere Simulation beruht, beschreibt offenbar gut die Wirklichkeit.

▶ **Alac** Und wir haben unsere Tabelle ordentlich strukturiert. Wir berechnen das Feld einer Schleife an einem Punkt der Ebene in einer Tabelle. Dann vervielfältigen wir die Tabelle, um das Feld einer Spule an einem Punkt zu berechnen. Und schließlich lassen wir eine Protokollroutine über die Punkte der Ebene laufen, um die Feldverteilung zu bestimmen.

▶ **Tim** Gut ist auch unsere Art, das Feld mit Richtungsvektoren darzustellen, die durch ein zufälliges Störfeld aus ihrer Richtung gelenkt werden.

▶ **Alac** Genau, umso mehr, je schwächer das Feld durch die Spule ist. Genau wie in Experimenten mit Eisenfeilspänen.

▶ **Tim** Außerdem stimmen die Dimensionen überein. Unsere Rechnung beruht auf Kräften im Raum. Sie ist also echt dreidimensional. Hier vergleichen wir tatsächlich unsere Simulation mit der Wirklichkeit. Ich schlage Abb. 6.34 für den Schönheitswettbewerb 𝕭 vor. Man sieht im simulierten wie im experimentellen Bild, wie das Feld noch um die einzelnen Drähte kreist, sich aber im Innern der Spule ein gerades Feld längs der Spulenachse ausbildet.

▶ **Alac** Bedenke, dass wir dann in diesem Kapitel drei Vorschläge für 𝕭 haben.

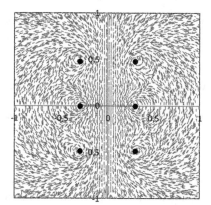
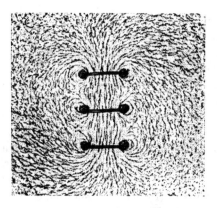

Abb. 6.34 𝕭 **a** (links) Berechnete Feldrichtungsvektoren für das Feld von drei parallelen Stromschleifen. **b** (rechts) Eisenfeilspäne im Feld von drei parallelen Stromschleifen (experimentell, aus R.W. Pohl, Elektrizitätslehre, Abb. 132)

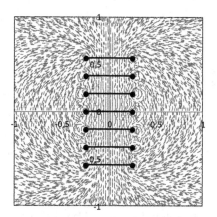
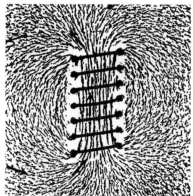

Abb. 6.35 **a** (links) Berechnete Feldrichtungsvektoren für das Feld von sieben parallelen Stromschleifen. **b** (rechts) Eisenfeilspäne im Feld einer Spule mit sieben Windungen (experimentell, aus R.W. Pohl, Elektrizitätslehre, Abb. 133)

▶ **Tim** Das liegt daran, dass Felder so schön aussehen, wenn man sie erst einmal graphisch darstellt.

6.7   Homogenität des Feldes von Helmholtz-Spulen

Ein Helmholtz-Spulenpaar wird durch zwei gleiche Schleifen im Abstand ihres Radius modelliert. In der Mitte des Spulenpaares, in einem Gebiet mit der Seitenlänge kleiner als ein Drittel des Spulenradius, weicht die Feldstärke weniger als 1 % von derjenigen im Mittelpunkt der Anordnung ab.

Um in einem bestimmten Bereich ein homogenes Magnetfeld herzustellen, verwendet man ein Paar aus schmalen Spulen, deren Abstand zueinander dem Radius der Spulen entspricht (Helmholtz-Spulen). Wir können das Magnetfeld von Helmholtz-Spulen sehr gut mit dem Verfahren berechnen, das wir in Abschn. 6.6 entwickelt haben. Im Bild des errechneten Feldes der Abb. 6.36a erkennt man schon, dass das Feld im Innern des Spulenpaares axial gerichtet ist und relativ konstant bleibt.

Um quantitative Aussagen zu bekommen, berechnen wir die Feldstärke senkrecht zur und längs der Achse der Spulen und stellen sie in Abb. 6.36b grafisch dar. Die Abweichungen im Vergleich zur Feldstärke im Mittelpunkt des Spulenpaares betragen für $x/r_H \leq 0{,}3$ weniger als 1 %.

Die Feldstärke längs der Achse wird mit der Routine SUB *Line_scans* in Abb. 6.37 (P) und der Unterroutine SUB *scan* in Abb. 6.38 (P) berechnet und in Abb. 6.39 (T) protokolliert.

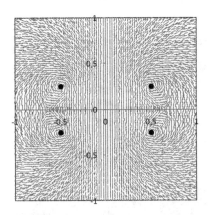
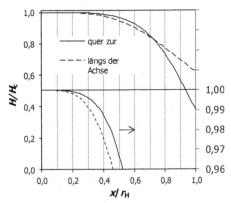

Abb. 6.36 **a** (links) Muster von Feldrichtungsvektoren des Magnetfeldes eines Paares von Helmholtz-Spulen (Die einzelnen Spulen liegen oberhalb und unterhalb. Man sieht nur ihre Durchstoßungspunkte). **b** (rechts) Feldstärke (normiert auf den Wert im Mittelpunkt der Spule) als Funktion des Abstandes vom Mittelpunkt des Spulenpaares (normiert auf den Radius der Spule)

Routinen

```
1  Sub Line_scans()                                Call scan(rdc, xa, za, H)                           19
2  Sheets("Line scan").Range("A:D").ClearContents  Sheets("Line scan").Cells(r1, c1 + 1) = H / Hcent   20
3  Sheets("code").Select                           r1 = r1 + 1                                         21
4  dx = 0.005                                       Next xa                                             22
5  rdc = Sheets("coil").Cells(1, 3) 'radius of coil 'Line scan along axis                               23
6  'Field at center                                c1 = 3 'column for protocol                          24
7  xa = 0                                           r1 = 5 'row for protocol                             25
8  za = 0                                           Sheets("Line scan").Cells(r1 - 1, c1 + 1) = _       26
9  Call scan(rdc, xa, za, H)                                "along axis"                                27
10 Hcent = H                                        For za = 0 To rdc + dx / 2 Step dx                  28
11 'Line scan across axis                           xa = 0 'line scan across                            29
12 c1 = 1 'column for protocol                      Sheets("Line scan").Cells(r1, c1) = za / rdc        30
13 r1 = 5 'row for protocol                         Call scan(rdc, xa, za, H)                           31
14 Sheets("Line scan").Cells(r1 - 1, c1 + 1) = "across"  Sheets("Line scan").Cells(r1, c1 + 1) = H / Hcent   32
15 For xa = 0 To rdc + dx / 2 Step dx               r1 = r1 + 1                                         33
16 za = 0 'line scan across                         Next za                                             34
17 Sheets("Line scan").Cells(r1, c1) = xa / rdc     Sheets("Line scan").Select                          35
18                                                  End Sub                                             36
```

Abb. 6.37 (P) Diese Routine berechnet die Feldstärke H_{cent} im Zentrum der Anordnung (Zeile 9), die relative Feldstärke H/H_{cent} für verschiedene Aufpunkte senkrecht zur Achse (Zeilen 19, 20) und längs der Achse der Spulen (Zeilen 31, 32)

```
37 Sub scan(rdc, xa, za, H)              Sheets("coil").Cells(2, 3) = -rdc / 2 '2nd coil    44
38 Sheets("coil").Cells(1, 8) = xa       Hx = Hx + Sheets("coil").Cells(5, 14)             45
39 Sheets("coil").Cells(3, 8) = za       Hy = Hy + Sheets("coil").Cells(5, 15)             46
40 Sheets("coil").Cells(2, 3) = rdc / 2 'z-position  Hz = Hz + Sheets("coil").Cells(5, 16) 47
41 Hx = Sheets("coil").Cells(5, 14)      H = Sqr(Hx ^ 2 + Hy ^ 2 + Hz ^ 2)                 48
42 Hy = Sheets("coil").Cells(5, 15)      End Sub                                           49
43 Hz = Sheets("coil").Cells(5, 16)                                                        50
```

Abb. 6.38 (P) Diese Routine übergibt die Koordinaten des Aufpunktes (x_a, z_a) und die z-Position der Schleife an die Tabelle der Abb. 6.27 (T), in der das Feld berechnet wird (Zeilen 38 bis 40), liest die damit berechneten Werte für H_x, H_y und H_z (Zeilen 41 bis 43, N5, O5, P5 in Abb. 6.28 (T)) ändert dann die z-Position der zweiten Schleife, addiert die Feldstärken durch die zweite Spule (Zeile 44 bis 47) und gibt schließlich den Wert H der Feldstärke (aus Zeile 48) an die aufrufende Routine zurück

	A	B	C	D	E	F	G	H	I
4		quer zur		längs der Achse					
5	0,00	1,000	0,00	1,000					
6	0,01	1,000	0,01	1,000					
35	0,30	0,996	0,30	0,992					
36	0,31	0,996	0,31	**0,991**		bis 0,31 Abweichung kleiner als 1%			
37	0,32	0,995	0,32	0,989					
42	0,37	0,991	0,37	0,982					
43	0,38	**0,990**	0,38	0,980		bis 0,38 Abweichung kleiner als 1%			
44	0,39	0,989	0,39	0,978					

Abb. 6.39 (T) Feldstärken quer zur Achse des Spulenpaares und längs der Achse, geschrieben von Sub Line_scans aus Abb. 6.37 (P)

Variationsrechnung

7

Wir lösen klassische Aufgaben der Variationsrechnung, finden z. B. den am schnellsten durchfallenen Weg zwischen zwei Punkten in einer senkrechten Ebene und lösen die Gleichungen für Bewegungen in der Ebene mit dem Hamilton-Prinzip durch Optimierung der Lagrange-Funktion (kinetische – potentielle Energie) des Problems.

7.1 Einleitung

Die SOLVER-Funktion ist ein Analysewerkzeug, das bis zu 200 unabhängige Variablen variiert, sodass der Wert einer Ergebniszelle als Funktion der gewählten Variablen je nach Einstellung maximal oder minimal wird oder sich einem vorgewählten Wert nähert. In Abschn. 5.9 von Band I wurden zur Einübung der Technik einfache Beispiele besprochen, wie die Bestimmung der Schnittpunkte einer Parabel mit einer Geraden und die Berechnung der Langevin-Funktion für die Magnetisierung eines Ferromagneten. In diesem Kapitel wenden wir das Verfahren auf physikalische Probleme an, die klassischerweise mit durch Variationsrechnung gelöst werden.

In Abschn. 7.2 wird das Reflexionsgesetz der Optik aus dem Prinzip des minimalen Lichtwegs abgeleitet. In Abschn. 7.3 wird die Bahn berechnet, auf der ein Körper am schnellsten von einem vorgegebenen Anfangspunkt zu einem vorgegebenen (niedriger gelegenen) Endpunkt fällt (Brachistochrone). Hier sind die Zeiten zum Durchlaufen der Streckenabschnitte aufzusummieren, und die Gesamtzeit ist durch Variation der Koordinaten der Stützstellen der linearisierten Bahnkurve zu minimieren.

Die darauffolgenden Übungen verwenden das Hamilton-Prinzip, um Zeitverläufe und Bahnkurven zu bestimmen. Dabei wird die Lagrange-Funktion, also die Differenz zwischen kinetischer und potentieller Energie, durch Variation der Koordinaten

© Springer-Verlag GmbH Deutschland, ein Teil von Springer Nature 2018
D. Mergel, *Physik lernen mit Excel und Visual Basic*,
https://doi.org/10.1007/978-3-662-57513-0_7

der Stützpunkte der linearisierten Bahnkurve minimiert oder maximiert. Im Einzelnen werden behandelt: Schwingungsgleichung (Abschn. 7.4), Wurfparabel (Abschn. 7.5), Bahnkurven in der Ebene (Abschn. 7.6), Kepler-Ellipsen (Abschn. 7.6.3). In Abschn. 7.4 wird auch nachvollzogen, warum die Kurven, die mit dem Hamilton-Prinzip bestimmt werden, den Newton'schen Bewegungsgleichungen genügen.

7.2   Reflexion an einem ebenen Spiegel

Ein divergentes Lichtbüschel, bestehend aus vier Strahlen, geht von einem Gegenstandspunkt aus, wird an einem Spiegel reflektiert und fällt ins Auge eines Betrachters. Die optischen Weglängen werden durch Variation der Koordinaten der Punkte auf der Spiegelfläche minimiert. – Die rückwärtigen Verlängerungen der reflektierten Strahlen schneiden sich im Bildpunkt hinter dem Spiegel.

In Abb. 7.1 wird die Reflexion eines Lichtstrahls an der Ebene $x = 0$ dargestellt, im Teilbild a für einen Strahl, im Teilbild b für vier Strahlen, die alle von demselben Punkt ausgehen, nach Reflexion aber an verschiedenen Punkten ankommen sollen.

7.2.1   Ein Strahl

Der optische Weg geht vom Punkt 0 $(-11; 2)$ über einen Punkt 1 $(0; y_1)$ mit variabler y-Koordinate zum Punkt 2 $(-5; 12)$. Die Koordinate y_1 soll so variiert werden, dass die Länge des Lichtwegs minimal wird. In der Abbildung ist die

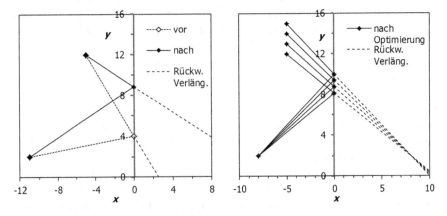

Abb. 7.1 a (links) Reflexion eines Lichtstrahls an einer Oberfläche bei $x = 0$, vor und nach Minimierung des Lichtweges. **b** (rechts) Reflexion eines Strahlenbüschels; der Beobachter bei $x = -5$ lokalisiert den Gegenstandspunkt im Bildpunkt in der rechten Bildhälfte

	B	C	D	E	F	G	H	I
4	Koordinaten des Strahls					Rückw. Verläng.		
5	**x**	**y**		**d**		**x.r**	**y.r**	
6	-11,00	2,00						
7	0,00	8,87		12,97	=WURZEL((C7-C6)^2+(B7-B6)^2)	0,00	8,87	
8	-5,00	12,00		5,90		15,00	-0,50	=H7+m*(x.r-G7)
9								
10				**18,87**	=SUMME(E7:E8)	-0,848	=SIN(ARCTAN2(C7-C6;B6))	
11	**m**	-0,63		=(C8-C7)/(B8-B7)		-0,848	=SIN(ARCTAN2(C8-C7;B8))	

Abb. 7.2 (T) Koordinaten des Lichtstrahls und der rückwärtigen Verlängerung des reflektierten Strahls; in G10:H11 wird geprüft, ob das Brechungsgesetz gilt

y-Koordinate des Punktes 1 vor der Optimierung $y_1 = 4$, nach der Optimierung $y_1 = 8{,}87$. In das Diagramm wird die rückwärtige Verlängerung des reflektierten Strahles in die rechte Halbebene (hinter dem Spiegel) gestrichelt eingetragen. Einen möglichen Tabellenaufbau für diese Aufgabe sehen Sie in Abb. 7.2 (T).

In E10 wird die Länge d des Lichtweges berechnet. Dieser Wert wurde durch Variation von y_1 in C7 minimiert. Die Koordinaten der rückwärtigen Verlängerung des reflektierten Strahls werden in G7:H8 berechnet. Der x-Wert 15 wurde so gewählt, dass er außerhalb der Skala der x-Achse in Abb. 7.1 liegt, die Strahlen also bis zum Rand der Abbildung gehen.

Fragen
Wie kann die Formel in F7, gültig für E7, mit zwei Variablennamen statt Zelladressen formuliert werden?[1]

7.2.2 Vier Strahlen

In Abb. 7.1b werden die Lichtwege für vier Strahlen gezeigt, die alle vom selben Punkt ausgehen, aber nach Reflexion an verschiedenen y-Koordinaten ankommen, die z. B. in der Linsenöffnung des Auges eines Betrachters liegen. Diese Geometrie veranschaulicht ein *Strahlenbüschel,* welches in das Auge eines Betrachters fällt.[2] Die rückwärtigen Verlängerungen der reflektierten Strahlen schneiden sich alle in einem Punkt. sodass es für den Betrachter so aussieht, als käme das Lichtbüschel von diesem Punkt hinter dem Spiegel. Alle vier Strahlengänge sollen zusammen optimiert werden. Dazu können wir einen veränderten Tabellenaufbau wie in Abb. 7.3 (T) wählen.

Die Koordinaten der Strahlen stehen untereinander in den Spalten B und C, getrennt durch eine Leerzeile, sodass sie im Diagramm als eine Datenreihe eingefügt werden können und trotzdem als getrennte Kurven erscheinen. Dasselbe gilt für die rückwärtig verlängerten Strahlen mit den Koordinaten in den Spalten G und H.

---

[1]E7 = [=Wurzel($(y − C6)^2 + (x − B6)^2$)].

[2]Der Name *Strahlenbüschel* oder auch *Lichtbüschel* bezeichnet einen divergenten Lichtkegel, welcher von einem Punkt ausgeht.

	B	C	D	E	F	G	H	I
3				**69,51**	=SUMME(E7:E20)			
4	Koordinaten des Strahls					Rückw. Verläng.		
5	**x**	**y**	**m**	**d**		**x**	**y**	
6	-8,00	2,00						
7	0,00	8,15		10,09		0,00	**8,15**	=C7
8	-5,00	12,00	**-0,77**	6,31		15,00	**-3,38**	=H7+D8*(G8-G7)
9			=(C8-C7)/(B8-B7)					
18	-8,00	2,00						
19	0,00	10,00		11,31		0,00	10,00	
20	-5,00	15,00	-1,00	7,07		15,00	-5,00	

Abb. 7.3 (T) Koordinaten (x, y) von vier Lichtstrahlen (B:C), die an der Ebene $x = 0$ (B7, ...,
B19) reflektiert werden und der rückwärtigen Verlängerungen (G:H) der reflektierten Strahlen;
$d = $ optische Weglängen; $m = $ Steigungen der reflektierten Strahlen

Die Steigung m wird, im Gegensatz zu Abb. 7.2 (T), in einer getrennten Spalte
(D) berechnet. Damit ist die Tabelle so umgebaut, dass der Bereich B6:H8 mehrfach kopiert werden kann, in unserem Beispiel viermal bis in Zeile 20, sodass die
Koordinaten von vier Strahlen erzeugt werden können. Die y-Werte der Endpunkte
in C8, C12, C16 und C20 werden geändert, sodass vier verschiedene Lichtstrahlen
wie in Abb. 7.1b entstehen.

Fragen

Was bedeutet die Formel in I8, gültig für H8, von Abb. 7.3 (T)?[3]

In Spalte E werden unter der Bezeichnung d die optischen Weglängen der vier
Strahlen berechnet und in E3 addiert. Die Summe aller Lichtwege in E3 (Zielzelle
für SOLVER) wird durch Variation der y-Koordinaten der Punkte auf der reflektie-
renden Geraden (C7, C11, C15 und C19), in Abb. 7.3 (T) grau unterlegt, mit der
SOLVER-Funktion minimiert.

Man kann sich vorstellen, dass sich am Ort der Endpunkte der Strahlen ein
Auge befindet. Das dazugehörige Individuum bekommt dann den Eindruck, dass
die Strahlen wie in Abb. 7.1b von einem Punkt hinter dem Spiegel kommen.

7.3 Brachistochrone

Fragen

Wir bestimmen den Weg, auf dem ein Massenpunkt unter dem Einfluss der
Schwerkraft am schnellsten von einem Punkt zu einem niedriger gelegenen
Punkt in einer senkrechten Ebene reibungsfrei gleitet. Wir zeigen, dass dieser
Weg auf einer Zykloiden (Abrollkurve) liegt.

---

[3]In H8 steht eine Geradengleichung: $y = y_1 + (y_2 - y_1)/(x_2 - x_1) \cdot (x - x_1)$.

Es seien zwei Punkte A und B auf einer senkrechten Ebene gegeben, wobei B tiefer liegen soll als A. Die *Brachistochrone* ist diejenige Kurve, auf welcher ein Körper unter dem Einfluss der Schwerkraft am schnellsten reibungsfrei von A zu B gleitet. In der theoretischen Mechanik wird gezeigt, dass die Brachistrochrone eine Zykloide ist. Die *Zykloide* oder *Abrollkurve* wurde bereits in Abschn. 6.3 von Band I behandelt. Dort rollte ein Rad auf einer Fahrbahn ab. Für die Lösung des Brachistochronen-Problems muss es unterhalb einer Fahrbahn (an der „Decke") abrollen.

7.3.1 Zykloide

Wir veranschaulichen das Problem, indem wir die Fragestellung umkehren. Wir zeichnen eine Zykloide, wählen auf ihr zwei Punkte aus (durch Wahl von zwei Zeitpunkten t_{beg} und t_{end}) und bestimmen mithilfe der SOLVER-Funktion den Weg mit der kürzesten Laufzeit. Dann prüfen wir, ob die so ermittelte Kurve auf der Zykloide liegt. Die Parameter der Zykloide stehen in Abb. 7.4 (T).

Die Zykloide wird als parametrisierte Kurve $(x_Z(t); y_Z(t))$ mit der Zeit t als Bahnvariable berechnet. Die Kenngrößen der Zykloide sind Radius und Umlaufszeit des Rades. Die x-Koordinate entsteht durch Überlagerung der Rotation um die Achse des Rades und der horizontalen Translation der Achse. Anfangs- und Endpunkt, A und E, der zu optimierenden Bahn werden mit den Zeiten t_{beg} und t_{end} festgelegt. Wir müssen dafür sorgen, dass der Punkt E auf einer Höhe unterhalb oder gleich der Höhe von A liegt. Die Kurve sieht man in Abb. 7.5. Die Berechnung der Koordinaten findet man in Abb. 7.7 (T).

7.3.2 Schnellste Bahn

Als ersten Ansatz für die schnellste Bahn zwischen A und E wurde in Abb. 7.5 die geradlinige Verbindung gewählt. Die Anfangsgeschwindigkeit wird so gewählt, als sei die Masse von $y = 0$ heruntergefallen. Unter diesen Bedingungen liegen die Datenpunkte nach Optimierung tatsächlich auf der Zykloide. Den Tabellenaufbau für die Optimierungsaufgabe findet man in Abb. 7.6 (T).

	A	B	C	D	E	F	G	H
1	Zykloide					t.beg	0,40	
2	r.R	8,00	Radius des Rades			x.beg	13,63	=r.R*COS(2*PI()*t.beg/T.R)+v.M*t.beg
3	T.R	1,00	Umlaufzeit des Rades			y.beg	-3,30	=r.R*SIN(2*PI()*t.beg/T.R)-r.B
4	v.M	50,27	Geschw. des Mittelpunktes			t.end	1,00	
5		=2*PI()*r.R/T.R				x.end	58,27	=r.R*COS(2*PI()*t.end/T.R)+v.M*t.end
6						y.end	-8,00	=r.R*SIN(2*PI()*t.end/T.R)-r.B
7	dt.R	0,02				dx	2,23	=(x.end-x.beg)/20
8						dy	-0,2351	=(y.end-y.beg)/20

Abb. 7.4 (T) Parameter der Zykloide und Wahl des Anfangs- und Endpunktes auf dieser Bahn durch Wahl der Zeiten t_{beg} und t_{end}; die Koordinaten der Zykloide werden in Abb. 7.7 (T) berechnet

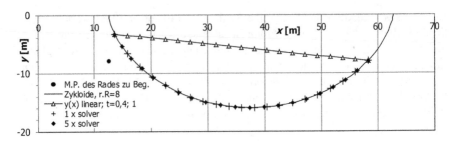

Abb. 7.5 ℬ Die schnellste Bahn zwischen zwei Punkten (Kreuze und Rauten) liegt auf einer Zykloide. Die Kreuze zeigen das Ergebnis der ersten Optimierung, die Rauten das Ergebnis, nachdem viermal die x-Koordinaten der Stützstellen verändert wurden

	A	B	C	D	E	F	G	H	I
6	g	-9,81		m/s²					
7			=SUMME(Ds)		=SUMME(v.a)	=SUMME(Dt.s)			
8			51,14	**sum.v.a**	308,975	3,41			
9	y(x) linear		=WURZEL((B11-y)^2+(A11-x)^2) =WURZEL(2*g*y)			=Ds/v.a		Solve4	=H11+v.a/sum.v.a*(x.end-x.beg)
9	=A11+dx	=y.beg							
10	**x**	**y**	**Ds**	**v**	**v.a**	**Dt.s**		**x.new**	
11	13,63	-3,30		8,04				13,63	
12	**14,96**	-5,47	**2,55**	10,36	9,20	0,28		**14,96**	
31	**58,27**	-8,00	2,56	12,53	13,16	0,19		58,27	
32	=x.end	=y.end							

Abb. 7.6 (T) Schnellster Weg, Koordinaten x, y, Länge Ds der Wegstücke, Geschwindigkeit v an den Stützstellen, mittlere Geschwindigkeit v_a in den Wegstücken und die Zeit Dt_s, die gebraucht wird, um die Wegstücke zu durchlaufen. Die Summe der Zeiten in F8 wird minimiert durch Variation der y-Werte der mittleren Stützstellen in B12:B30

Abb. 7.7 (T) Fortsetzung von Abb. 7.4 (T), die Zykloidenbahn ($x_Z(t)$, $y_Z(t)$) wird mit der Zeit t parametrisiert

	A	B	C	D	E
9	=T.R/4	=r.R*COS(2*PI()*t/T.R)+v.M*t =r.R*SIN(2*PI()*t/T.R)-r.R			
10	**t**	**x.Z**	**y.Z**		
11	**0,25**	12,57	0,00		
12	**0,27**	12,57	-0,06	=A14+dt.R	
61	1,25	62,83	0,00		

In der Tabelle in Abb. 7.6 (T) haben wir in A:B insgesamt 21 Stützpunkte für 20 Zeitabschnitte eingesetzt, wobei der erste Punkt die (von vornherein durch Wahl von t_{beg} in Abb. 7.4 (T)) festgelegten Koordinaten von A und der letzte Punkt die ebenfalls festgelegten Koordinaten von E hat. Die Zahl der Zeitabschnitte (hier 20) wurde in Abb. 7.4 (T) (F7 und F8) dazu genutzt, die Wegstücke dx und dy zu bestimmen. Die Länge dy wird für die Berechnung der Strecken zwischen A und E benötigt.

Wir berechnen die Länge der Wegstücke Δs (Ds in Abb. 7.6 (T)):

$$\Delta s_n = \sqrt{(x_n - x_{n-1})^2 + (y_n - y_{n-1})^2} \qquad (7.1)$$

dazu die Geschwindigkeit v an jedem Stützpunkt mithilfe des Energiesatzes aus der durchfallenen Höhe h:

$$mgh = \frac{1}{2}v^2 \qquad (7.2)$$

$$v = \sqrt{2g} \cdot \sqrt{h} \qquad (7.3)$$

Daraus ermitteln wir die mittlere Geschwindigkeit v_a in jedem Abschnitt (Spalte E). Die Zeit Δt_s (Spalte F) zum Durchlaufen jedes individuellen Abschnittes ist dann seine Länge geteilt durch die mittlere Geschwindigkeit dort.

Die Koordinaten y_n, in der Tabelle bis auf Anfangs- und Endwert, also die im Bereich C8:C38, sollen dann mit der SOLVER-Funktion variiert werden, sodass die Gesamtzeit in G4 minimal wird. Das Ergebnis sehen Sie in Abb. 7.5.

▶ **Tim** Die Länge der Wegstücke auf der Brachistochrone in Abb. 7.5 ist ziemlich unterschiedlich, wie man an den Kreuzen in Abb. 7.5 sieht. Insbesondere sind der erste und der letzte durchlaufene Abschnitt wesentlich länger als ein Abschnitt in der Mitte der Kurve. Das ist nicht so schön.

▶ **Alac** Wir können doch die Wegstrecken einfach iterativ etwa gleich lang machen.

In Spalte H definieren wir dazu neue Werte x_{new} für die x-Koordinaten, sodass der x-Abstand der Streckenstücke proportional zur mittleren Geschwindigkeit v_a in dem entsprechenden Intervall in der alten Berechnung (Spalte C) ist. Diese Werte werden dann (mit KOPIEREN und WERTE EINFÜGEN) in Spalte A eingesetzt. Im Fall der Abb. 7.6 (T) wird das viermal mit einer Routine (Abb. 7.9 (P)) gemacht, die durch Drücken der Schaltfläche „Solve4" ausgelöst wird. Wie in Spalte C zu sehen, haben die Wegstücke tatsächlich etwa dieselbe Länge bekommen.

▶ **Tim** Ein guter Trick, der die Schönheit der Kurve deutlich erhöht.

▶ **Alac** Reicht das für den Schönheitswettbewerb 𝔅?

▶ **Mag** Etwas Schöneres wird es in diesem Kapitel vermutlich nicht geben. Zum Trost: Es ist eine klassische Aufgabe der Variationsrechnung, die in allen Lehrbüchern besprochen wird.

▶ **Alac** Sie wird von uns ganz cool mit SOLVER gelöst. Man kann dann noch diskutieren, wie erreicht wird, dass die Stützstellen auf der Kurve etwa gleichen Abstand haben. Wir haben das iterativ gemacht.

1 **Private Sub CommandButton1_Click()**	Cells(r, 1).FormulaR1C1 = "=R[-1]C+dx"	5
2 *'y=f(x)linear*	Cells(r, 2).FormulaR1C1 = "=R[-1]C+dy"	6
3 *'linear interpolation between two points*	Next r	7
4 For r = 12 To 30	End Sub	8

Abb. 7.8 (P) Makro, ausgelöst durch Drücken der Schaltfläche „y(x) linear" in Abb. 7.6 (T)

11 **Private Sub Solve4_click()**	For rep = 1 To 4	17
12 solverok SetCell:="$F$8", MaxMinVal:=2, _	Range("H12:H30").Copy	18
13 ValueOf:=0, ByChange:="$B$12:$B$30", _	Range("A12").PasteSpecial Paste:=xlPasteValues	19
14 Engine:=1, EngineDesc:="GRG Nonlinear"	SolverSolve UserFinish:=True	20
15 SolverSolve UserFinish:=True	Next rep	21
16	End Sub	22

Abb. 7.9 (P) Makro, ausgelöst durch Drücken der Schaltfläche „Solve4" in Abb. 7.6 (T)

▶ **Tim** Ja, in kartesischen Koordinaten, vielleicht geht es eleganter in Polar-koordinaten wie bei der Langevin-Kurve in Abschn. 5.10 von Band I. Die Kurve hat ja Ähnlichkeit mit einem Kreisbogen.

Fragen

Wodurch wird gewährleistet, dass die Summe der Streckenlängen zwischen den Stützstellen x_{new} gleich dem Abstand zwischen A und B ist? Interpretieren Sie dazu die Formel in H9 von Abb. 7.6 (T)![4]

7.3.3 Weitere Tabellen und Programme

Die Abb. 7.7 (T) berechnet die Zykloidenbahn mit den Vorgaben aus Abb. 7.4 (T).

In Abb. 7.8 (P) und 7.9 (P) stehen die Makros, die durch die Schaltflächen „y(x) linear" und „Solve4" in Abb. 7.6 (T) ausgelöst werden.

7.4 Schwingung eines harmonischen Oszillators

Der zeitliche Verlauf der Schwingung eines harmonischen Oszillators wird mit dem Hamilton-Prinzip berechnet. Die Lagrange-Funktion, also kinetische Energie minus potentieller Energie, wird dabei mithilfe der SOLVER-Funktion minimiert.

---

[4]Der Anteil des Streckenabschnitts an der Gesamtstrecke $(x_{end} - x_{beg})$ wird proportional zum Anteil der mittleren Geschwindigkeit $v_a/sum(v_a)$ im Abschnitt gemacht.

	A	B	C	D	E	F	G	H	I	J	K	L	M
6	=A8+dt	1,22047793439454	=(B9-B8)/dt	=m/2*v^2	=fd*((B9+B8)/2)^2/2	=E.kin-E.pot		=A*SIN(2*PI()*(t-t.0)/T.sin)		=(E.pot-E10)/(B11-B10)	=(E.kin-D10)/(v-C10)	=-(K11-K10)/dt	=A11
7	t	x	v	E.kin	E.pot	L		Sin		∂L/∂x	∂L/∂v	-d(∂L/∂v)/dt	
8	0,000	0,000						0,01					
9	0,055	1,211	22,02	484,82	0,18	484,63		1,22					
87	4,345	2,208	-21,91	480,06	3,95	476,11		2,21		3,40	-43,73	3,96	4,29
88	4,400	1,000	-21,96	482,40	1,29	481,11		1,00		2,20	-43,87	2,63	4,35

Abb. 7.10 (T) Lagrange-Funktion L für einen eindimensionalen harmonischen Oszillator, berechnet mit 81 Stützstellen, die Parameter der Aufgabe stehen in Abb. 7.11 (T)

Lagrange-Funktion

Wir wollen die Bewegung $x(t)$ eines Masse-Feder-Systems gemäß dem Hamilton'-schen Prinzip berechnen. Dazu muss die *Lagrange-Funktion, kinetische Energie minus potentielle Energie,* als Funktion von x und v angegeben werden. In unserem Fall ist das:

$$L_{\text{ho}} = E_{\text{kin}} - V = \frac{m}{2}v^2 - f_{\text{d}} \cdot x^2 \tag{7.4}$$

Sie wird in Abb. 7.10 (T) in den Spalten A bis F für eine endliche Anzahl von Stützstellen (Parameter t) berechnet. In der Spalte H wird ein Sinus-Bogen berechnet, mit der Zeit t in Spalte A. Er wird später mit der berechneten Kurve verglichen.

Beide Funktionen haben 81 Stützstellen. Als Anfangs- und Endpunkte werden $x(0) = 0$ (B8) und $x(4, 4) = 1$ (B88) vorgewählt und während des nachfolgenden Optimierungsprozesses nicht mehr geändert. Die Parameter für $x(t)$ und $\sin(t)$ werden in den Reihen 1 bis 5 definiert, wie in Abb. 7.11 (T) wiedergegeben.

Die Tabelle in Abb. 7.11 (T) enthält außerdem noch die *Wirkung* $\left(\sum_{n} L_n \right) \mathrm{d}t$

(in F5), die durch Variation der $x(t_n)$ minimiert werden soll (das ist das Hamilton'sche Prinzip), sowie die quadratische Abweichung der optimierten $x(t_n)$ vom Sinusbogen, die wiederum durch Variation der Sinusparameter T_{sin}, A und t_0 minimiert werden soll.

Fragen

Wie lauten die Formeln in H1 und H2 von Abb. 7.11 (T)?[5]

Einsatz von SOLVER

Wir setzen als Ausgangskurve eine Strecke zwischen dem Anfangs- und dem Endpunkt ein, die später durch die optimierte Kurve überschrieben wird. Da wir später mit den Parametern unserer Aufgabe spielen wollen, bewerkstelligen wir das mit einer Routine *InitLin_*CLICK (Abb. 7.13 (P)), die mit der Schaltfläche

---

[5]H1 = [=J1/100]; H2 = [=J2/10].

	A	B	C	D	E	F	G	H	I	J	K	L	M
1	m	2,000		m=2; fd=1; dt=0,055			T.sin	8,89		889 ◄			►
2	f.d	1,000		Init Lin			A	31,14		635 ◄			►
3	dt	0,055					t.0	0,00		0 ◄			►
4	dx	0,013 =(B88-B8)/80		Min L							Fit Sin		
5							-22,97 =SUMME(L)*dt				9,80E-03 =SUMMEXMY2(x;Sin)		

Abb. 7.11 (T) Parameter für L_{ho} in Abb. 7.10 (T); in G1:M3 werden die Parameter für einen Sinusbogen bestimmt. Der Parameter dx wird in einer linearen Zeitfunktion gebraucht, die als Ausgangskurve für die Variation eingesetzt wird. Die Schaltflächen „InitLin", „MinL" und „FitSin" lösen die Makros in Abb. 7.13 (P) und 7.14 (P) aus

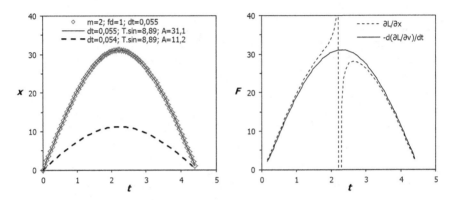

Abb. 7.12 **a** (links) Auslenkung eines harmonischen Oszillators als Funktion der Zeit **b** (rechts) Die beiden Bestandteile der Euler-Lagrange-Gleichung, die für die optimale Lösung gleich sein sollten

```
19 Sub InitLin_click()              Sub TSin_change()              24
20 For r = 9 To 87                  Range("H1") = "=J1/100"        25
21    Cells(r, 2).FormulaR1C1 = "=R[-1]C+dt"   End Sub              26
22 Next r                                                          27
23 End Sub                                                         28
```

Abb. 7.13 (P) *InitLin*_CLICK beschreibt den Bereich B9:B87 in Abb. 7.11 (T) mit Formeln, die eine lineare Funktion erzeugen. Die Routine wird mit einer Schaltfläche ausgelöst. *TSIN*_CHANGE stellt bei Veränderung des Schiebereglers die Formel in H1 wieder her, die durch den SOLVER-Prozess mit Zahlen überschrieben wird. Ähnliche Routinen sind mit den anderen Schiebereglern verknüpft

„Init Lin" in Abb. 7.11 (T) ausgelöst wird. Die Schaltfläche „MinL" startet die Routine *MinL*_CLICK (Abb. 7.14 (P)), die die Spezifikationen für den SOLVER enthält und ihn auch auslöst.

Die Ergebnisse für zwei Schwingungen zwischen denselben Anfangs- und Endpunkten (B8 und B88 in Abb. 7.10 (T)) sieht man in Abb. 7.12a. Die Rauten zeigen das Ergebnis einer Simulation für d$t = 0,055$ und einer Endzeit von 4,4 samt angepasstem Sinusbogen sowie einen weiteren Sinusbogen, der an die Simulation für d$t = 0,054$ und einer daraus folgenden Endzeit von 4,32 angepasst wurde. Als Abstand zwischen den beiden Kurven wird in J5 mit der Tabellenformel SUMMEXMY(x; Sin) die Summe der quadratischen Abweichungen genommen. Der Zeitverlauf der Schwingung wird

7 **Sub MinL_click()**	**Sub FitSin_Click()**	13
8 SolverOk SetCell:="$F$5", MaxMinVal:=2,_	SolverOk SetCell:="$J$5", MaxMinVal:=2,_	14
9 ValueOf:=0, ByChange:="$B$9:$B$87", _	ValueOf:=0, ByChange:="$H$1:$H$3", _	15
10 Engine:=1, EngineDesc:="GRG Nonlinear"	Engine:=1, EngineDesc:="GRG Nonlinear"	16
11 SolverSolve userfinish:=True	SolverSolve userfinish:=True	17
12 End Sub	End Sub	18

Abb. 7.14 (P) *MinL*_CLICK definiert die Variationsparameter für die Optimierung der Lagrange-Funktion und löst SOLVER aus. *FitSin*_CLICK macht dasselbe für die Anpassung eines Sinusbogens an den optimierten Zeitverlauf

sehr gut durch die Sinusbögen mit den in der Legende angegebenen Parametern beschrieben.

Die verschiedenen Werte für dt führen zu verschiedenen Anfangsgeschwindigkeiten, die sich wiederum auf die maximale Auslenkung auswirken.

Virialtheorem

Für d$t = 0{,}055$ betragen die mittlere kinetische und die potentielle Energie 240 und 245. Für d$t = 0.054$ sind die Werte 249 und 245. Die potentielle Energie ist in beiden Fällen gleich, weil sie unabhängig von der Geschwindigkeit ist.

Der Virialsatz besagt, dass die mittlere kinetische Energie $\overline{T}$ proportional zur mittleren potentiellen Energie $\overline{U}$ ist: $\overline{T} = k/2 \cdot \overline{U}$, wobei k die Potenz der Abhängigkeit des Potentials vom Abstand angibt. Man erwartet also, dass beim harmonischen Oszillator die beiden mechanischen Energieformen im Mittel gleich sind, da das Potential mit der Potenz zwei vom Abstand abhängt. Das ist für unsere Simulationen tatsächlich innerhalb von 2 % der Fall.

Fragen

zu Abb. 7.13 (P)

Was bedeuten die VBA-eigenen Erweiterungen _CLICK und _CHANGE in den Namen der Steuerelemente „InitLin" und „TSin"?[6]

Welcher Zusammenhang wird nach dem Virialsatz zwischen mittlerer kinetischer und mittlerer potentieller Energie für Coulomb-Wechselwirkung erwartet?[7]

Makros, die durch Schaltflächen ausgelöst werden

Die beiden Makros in Abb. 7.13 (P) und 7.14 (P) werden ausgelöst, wenn die Schaltflächen „Init Lin" und „Min L" in Abb. 7.11 (T) betätigt werden.

▶ **Tim** Wozu brauchen wir die Routine *TSin_change* in Abb. 7.13 (P)?

---

[6]_CLICK bedeutet, dass das Makro ausgelöst wird, wenn der Schaltknopf angeklickt wird. _CHANGE bedeutet, dass das Makro ausgelöst wird, wenn der Schieberegler verändert wird.

[7]$V(r) = a \cdot r^{-1}; \overline{T} = -\overline{U}/2$.

▶ **Mag** Durch den SOLVER-Prozess werden die Formeln in H1, H2 und H3 überschrieben, die die Parameter des Sinus aus den mit den Schiebereglern verbundenen Zellen berechnen.

▶ **Alac** Schon klar. Bei der nächsten Betätigung des Schiebereglers werden die Makros ausgelöst und die Formeln neu eingeschrieben.

▶ **Tim** Dann verändern die Schieberegler auch wieder die Parameter, so wie es unser Ziel ist.

▶ **Alac** Das ist alles nicht nötig. Wenn wir SOLVER die mit den Schiebereglern verbundenen Zellen variieren lassen, dann werden die Formeln in H1, H2 und H3 überhaupt nicht angetastet.

▶ **Mag** Stimmt, aber mit unserem umständlichen Umweg haben wir uns in Erinnerung gerufen, dass Steuerelemente mit Makros verknüpft werden können.

Euler-Lagrange-Gleichung

▶ **Tim** Viel interessanter ist die Frage, warum wir mit der Minimierung der Lagrange-Funktion dasselbe Ergebnis herausbekommen wie durch Integration der Newton'schen Bewegungsgleichung.

▶ **Mag** Aus dem Optimierungsprinzip lässt sich ableiten, dass alle Ableitungen nach den Variablen der Lagrange-Funktion verschwinden müssen. Dabei entsteht die Newton'sche Bewegungsgleichung. Aus dieser Bedingung folgt wiederum die Euler-Lagrange-Gleichung:

$$\frac{\partial L}{\partial x} = -\frac{d}{dt}\left(\frac{\partial L}{\partial v}\right) \tag{7.5}$$

Die beiden Terme werden in Abb. 7.12b aufgeführt. Sie sollten gleich sein, was auch zutrifft, außer am Maximum von $x(t)$, wo die Ableitung nach t verschwindet.

7.5   Wurfparabel durch Optimierung der Lagrange-Funktion

> Wir drücken die kinetische und die potentielle Energie eines Wurfgeschosses in kartesischen Koordinaten aus und optimieren die Bahnkurve mit dem Hamilton-Prinzip durch Variation dieser Koordinaten. Wir bestimmen so Wurfparabeln für verschiedene Anfangsgeschwindigkeiten.

Die Bahn eines schiefen Wurfes wird durch die beiden Funktionen $x(t)$ und $y(t)$ beschrieben. Einen möglichen Tabellenaufbau zur Berechnung der Lagrange-Funktion (in Spalte I) findet man in Abb. 7.15 (T).

	A	B	C	D	E	F	G	H	I	J	K
1	g	9,81 m/s²		Erdbeschleunigung	dx	1,00	=(C48-C8)/40				
2	dt	0,060 s		Zeitabstand	dy	0,25	=(D48-D8)/40				
3				0,06							
4	Init Lin		v.0	22,85			MinL				
5		dt=0,06; v.0=22,9							178,1 =SUMME(L)*dt		
6	=B8+dt	=C8+dx	=D8+dy	=(x-C8)/dt	=(y-D8)/dt	=(x.t^2+y.t^2)/2	=g*y	=(E.kin-E.pot)	=WURZEL(x.t^2+y.t^2)		
7	t	x	y	x.t	y.t	E.kin	E.pot	L	v		
8	0,000	0,00	0,00								
9	0,060	1,00	0,94	16,66	15,64	261,14	9,21	251,93	22,85		
48	2,400	40,00	10,00	16,68	-7,31	165,73	98,10	67,63	18,21		

Abb. 7.15 (T) Berechnung der Bahnkurve (x, y) und der Geschwindigkeit (x_t, y_t) für einen schiefen Wurf; Lagrange-Funktion L in Spalte I; Parameter für die Aufgabe in den Zeilen 1 und 2; mit den Schaltflächen werden die Routinen in Abb. 7.16 (P) ausgelöst, mit denen die Variation durchgeführt wird

```
1 Private Sub InitLin_Click()                    Private Sub MinL_Click()                          9
2 Application.Calculation = xlCalculationManual   SolverOk SetCell:="$I$5", MaxMinVal:=2, _        10
3 For r = 9 To 47                                 ValueOf:=0, ByChange:="$C$9:$D$47", _            11
4   Cells(r, 3) = "=R[-1]C+dx*(1+2*(Rand()-0.5))" Engine:=1, EngineDesc:="GRG Nonlinear"           12
5   Cells(r, 4) = "=R[-1]C+dy*(1+2*(Rand()-0.5))" SolverSolve userfinish:=True                     13
6 Next r                                          End Sub                                          14
7 Application.Calculation = xlCalculationAutomatic                                                 15
8 End Sub                                                                                          16
```

Abb. 7.16 (P) *InitLin*_Click beschreibt C9:D47 mit Formeln, die Anfangs- und Endpunkt mit Wegen verbindet, die um Geraden schwanken. *MinL*_Click enthält die Parameter für den Solver-Prozess und löst ihn aus

Die kinetische Energie, berechnet in Spalte G von Abb. 7.15 (T), ist:

$$\frac{1}{2}m \cdot \left(v_x^2 + v_y^2\right) \tag{7.6}$$

Die potentielle Energie, berechnet in Spalte H ist:

$$g \cdot y \tag{7.7}$$

Fragen

Mit welchen Namen werden die Geschwindigkeiten in Abb. 7.15 (T) bezeichnet?[8]

Die Routinen in Abb. 7.16 (P) werden durch die Schaltflächen in Abb. 7.15 (T) ausgelöst.

---

[8]Die Geschwindigkeiten werden mit „x.t" und „y.t" bezeichnet, symbolisch für $v_x = dx/dt$ und $v_y = dy/dt$.

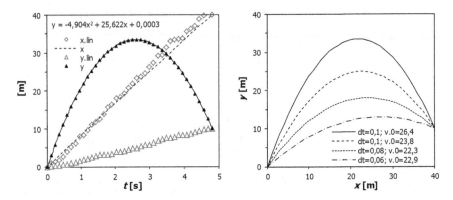

Abb. 7.17 a (links) Zeitfunktionen für die horizontale und die vertikale Komponente der Bahn des schiefen Wurfes, Ausgangskurven sind verrauschte Geraden; die Bahn nach Optimierung wird mit gefüllten Dreiecken (y) oder als gestrichelte Gerade (x) dargestellt **b** (rechts) Bahnkurven für verschiedene Zeitintervalle zwischen den Stützstellen

Es müssen jetzt die beiden Koordinatenreihen x und y in C9:D47 so verändert werden, dass die Wirkung $\sum_i L_i \mathrm{d}t$ in I5 minimiert wird. Als Anfangskurven für $x(t)$ und $y(t)$ setzen wir Wege ein, die statistisch um Geraden zwischen Anfangs- und Endpunkt schwanken (Abb. 7.17a).

Durch Optimierung der Lagrange-Funktion wird $x(t)$ glattgezogen. Der Verlauf $y(t)$ beult sich aus. Er lässt sich mit einer Parabel als Trendlinie sehr gut beschrieben. Die Bahnkurven in Abb. 7.17b für verschiedene Werte von $\mathrm{d}t$ und damit der Anfangsgeschwindigkeit sind Parabeln, genannt *Wurfparabeln*.

7.6 Bahnkurven in der Ebene

Wir drücken die kinetische und die potentielle Energie eines zweidimensionalen harmonischen Oszillators und der Planetenbewegung in ebenen Polarkoordinaten aus und minimieren die Lagrange-Funktion (kinetische minus potentielle Energie) für die Bahnkurve zwischen zwei vorgegebenen Punkten. Die Bahnkurven sind in beiden Fällen Ellipsen, was dadurch nachgewiesen wird, dass sie sich durch lineare Verzerrungen und Verschiebungen auf den Einheitskreis transformieren lassen. Das Kraftzentrum für den harmonischen Oszillator befindet sich im Mittelpunkt der Ellipse, dasjenige für die Planetenbahn in einem Brennpunkt.

7.6.1 Harmonischer Oszillator

Die Lagrange-Funktion für die zweidimensionale Bewegung eines harmonischen Oszillators lässt sich am besten in Polarkoordinaten berechnen. Die potentielle Energie ist:

$$E_{pot} = \frac{k}{2} \cdot r^2 \tag{7.8}$$

mit der Federkonstante k. Die kinetische Energie ist:

$$E_{kin}(r, \phi) = \frac{m}{2}\left(v_r^2 + v_\phi^2\right) \tag{7.9}$$

wobei $v_r = dr/dt$ und $v_\phi = r \cdot d\phi/dt$. Eine entsprechende Tabellenrechnung mit 41 Stützstellen steht in Abb. 7.18 (T).

Der Anfangspunkt der Bahnkurve wird zu Beginn in den Zellen C7 und D7 in Polarkoordinaten festgelegt, der Endpunkt in C47 und D47. Daraus werden in F1 und F2 die Werte für dr und $d\phi$ berechnet. Die Schaltflächen in Abb. 7.18 (T) lösen Routinen (in Abb. 7.23 (P)) aus, die Anfangs- und Endpunkt zur nicht-optimierten anfänglichen Bahn verbinden bzw. die Minimierung der Lagrange-Funktion zur Optimierung der Bahn auslösen.

Die Bahnkurven für zwei verschiedene Anfangspunkte und drei verschiedene Werte von dt und damit der Anfangsgeschwindigkeit sieht man in Abb. 7.19.

Aufgabe

Führen Sie die Rechnung mit 81 Stützstellen durch!

Theoretisch sollten die Bahnkurven Ellipsen mit dem Mittelpunkt im Kraftzentrum bei (0; 0) sein. Wir prüfen das im nächsten Abschnitt nach.

In Spalte J von Abb. 7.18 (T) wird die pro Zeiteinheit überstrichene Fläche dF berechnet, mit der Formel:

$$dF = r \cdot d\phi \tag{7.10}$$

	B	C	D	E	F	G	H	I	J	K	L	M	N
1	dt	0,14	Init Lin	dr	-0,050	=(C47-C7)/40		Min L			1,839	=MITTELWERT(dF)	
2	k	0,1		dphi	0,039	=(D47-D7)/40					0,001	=STABW(dF)	
3											-22,17	=SUMME(L)*dt	
5	=B7+dt	=C7+dr	=D7+dphi	=(r_-C7)/dt	=(r_+C7)/2*(phi-D7)/dt	=(v.r^2+v.phi^2)/2	=k*r_^2	=(E.kin-E.pot)	=((r_+C7)/2)^2*(phi-D7)/2		=r_*COS(phi)	=r_*SIN(phi)	
6	t	r_	phi	v.r	v.phi	E.kin	E.pot	L	dF		x	y	
7	0,00	7,00	0,00								7,00	0,00	
8	0,14	7,59	0,07	4,25	3,60	15,49	5,77	9,72	1,837		7,58	0,52	
46	5,46	5,46	1,44	-3,73	4,60	17,52	2,98	14,54	1,841		0,73	5,41	
47	5,60	5,00	1,57	-3,28	5,03	18,04	2,50	15,54	1,841		0,00	5,00	

Abb. 7.18 (T) Lagrange-Funktion für einen zweidimensionalen harmonischen Oszillator; dr (in F1) und $d\phi$ (in F2) werden so gewählt, dass zwischen Anfangs- und Endpunkt der Bahnkurve 41 Stützstellen liegen

Abb. 7.19 Bahnkurven des
harmonischen Oszillators
nach Minimierung der
Lagrange-Funktion für
verschiedene Werte von d*t*

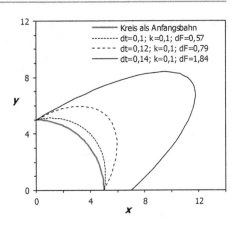

Dabei wird für r der Mittelwert benachbarter Punkte eingesetzt. In J1:J2 werden der Mittelwert und die Standardabweichung von dF ermittelt. Die pro Zeiteinheit überstrichene Fläche ist mit einer Schwankung von weniger als 1 ‰ konstant. Wir wissen, dass sie proportional zum Betrag des Drehimpulses ist, dessen Konstanz damit ebenfalls nachgewiesen wurde.

7.6.2 Transformation einer Ellipse auf den Einheitskreis

In Abb. 7.20 a wird eine Ellipse durch die Punkte einer in Abschn. 7.6.1 berechneten Bahnkurve gelegt. Das geschieht dadurch, dass ein Einheitskreis durch Streckungen in x- und y-Richtung um den Faktor a_0 bzw. b_0 und durch Drehung um einen Winkel $-\phi_0$ verzerrt wird.

Um diese Parameter zu bestimmen, gehen wir aber zunächst den umgekehrten Weg und verzerren die Koordinaten der Bahnkurve so, dass sie auf den Einheitskreis zu liegen kommen. Den Tabellenaufbau für die Transformation sieht man in Abb. 7.21 (T).

Die auf den Einheitskreis transformierten Koordinaten (x_a, y_b) der optimierten Bahnkurve stehen in den Spalten A und B. Sie entstehen durch Drehung um den Winkel ϕ_0 und Stauchung um die Faktoren a_0 und b_0. Daraus wird der Polarwinkel ϕ_K und daraus werden dann Koordinaten $(x_K; y_K)$ von Punkten auf dem Einheitskreis berechnet (D und E).

Die Transformationsparameter ϕ_0, a_0 und b_0 sollen so verändert werden, dass die Punkte (x_a, y_b) der verzerrten Ellipse mit den $(x_K; y_K)$ auf dem Einheitskreis übereinstimmen. Dazu wird mit der Tabellenfunktion SUMMEXMY2 („Summe x minus y hoch 2") in E4 die Summe der quadratischen Abweichungen bestimmt. Wir verändern zunächst die Parameter mit den Schiebereglern so, dass die Punkte in etwa übereinstimmen und lösen dann mit der Schaltfläche „Fit to circle" die SOLVER-Prozedur aus.

Die kartesischen Koordinaten des Einheitskreises werden dann mit den umgekehrten Transformationen (a_0^*, b_0^* in den Spalten K und L) auf Ellipsenform gebracht (Abb. 7.22 (T)).

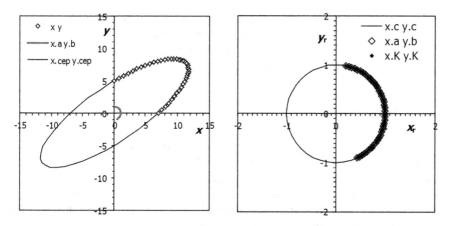

Abb. 7.20 **a** (links) Datenpunkte für eine Bahnkurve aus Abb. 7.19 und eine darauf angepasste Ellipse um das Kraftzentrum bei (0; 0). **b** (rechts) Transformation der Datenpunkte aus a auf den Einheitskreis

	A	B	C	D	E	F
1	**a.0**	13,80	=E1/20		275,93	
2	**b.0**	4,26	=E2/20		85,18	Fit to circle
3		-33,42	=(E3-360)/2		293,16	
4	**phi.0**	-0,58	=B3/180*PI()		1E-06	=SUMMEXMY2(x.a;x.K)+SUMMEXMY2(y.b;y.K)
5	$=r\_ *COS(phi+phi.0)/a.0$ $=r\_ *SIN(phi+phi.0)/b.0$ $=ARCTAN2(x.a;y.b)$ $=COS(phi.K)$ $=SIN(phi.K)$					
6	**x.a**	**y.b**	**phi.K**	**x.K**	**y.K**	
7	0,42	-0,91	-1,13	0,42	-0,91	
47	0,20	0,98	1,37	0,20	0,98	

Abb. 7.21 (T) Transformation der Punkte auf der Lagrange-optimierten Bahnkurve auf den Einheitskreis; die Koordinaten $r\_$ und *phi* der optimierten Bahnkurve werden aus einem anderen Tabellenblatt, nämlich Abb. 7.18 (T), übernommen

	G	H	I	J	K	L	M	N	O	P	Q	R
4		**dphi**	0,16		=2*PI()/40							
5	$=G7+dphi$	$=COS(phi.c)$	$=SIN(phi.c)$		$=a.0*COS(phi.c)$	$=b.0*SIN(phi.c)$		$=ARCTAN2(x.ce;y.ce)$	$=WURZEL(x.ce^2+y.ce^2)$	$=r.3*COS(Phi.3-phi.0)$	$=r.3*SIN(phi.3-phi.0)$	
6	**phi.c**	**x.c**	**y.c**		**x.ce**	**y.ce**		**Phi.3**	**r.3**	**x.cep**	**y.cep**	
7	0,00	1,00	0,00		13,80	0,00		0,00	13,80	11,52	7,60	
47	6,28	1,00	0,00		13,80	0,00		0,00	13,80	11,52	7,60	

Abb. 7.22 (T) Koordinaten $(x_c; y_c)$ von 41 Punkten auf dem Einheitskreis und ihre Transformation in das ursprüngliche Koordinatensystem (Spalten K bis Q)

Die neuen kartesischen Koordinaten werden in Polarkoordinaten (r_3, ϕ_3) umgerechnet, die, um den Winkel $-\phi_0$ gedreht, in die kartesischen Koordinaten (x_{cep}, y_{cep}) eingehen, die dann die Ellipse beschreiben, die durch die Punkte der Bahnkurve gehen sollte (wie in Abb. 7.20a).

7.6.3 Planetenbahnen

Für die Berechnung von Planetenbahnen können wir genau dieselbe Tabelle wie für den harmonischen Oszillator nehmen. Wir haben lediglich $-k/r\_$ für die potentielle Energie einzusetzen. Einige Bahnen sieht man in Abb. 7.24a.

Die Optimierung der Lagrange-Funktion konvergiert langsam, wie man in Abb. 7.24b sieht. Erst nach 1000 Iterationen erhält man eine Ellipsenform, bei der das Kraftzentrum (0; 0) in einem Brennpunkt liegt.

Der Mittelpunkt der Ellipse, die wir durch die Punkte der Bahn legen wollen, liegt nicht im Nullpunkt. Die Punkte müssen deshalb zuerst Richtung Nullpunkt verschoben werden, bevor die anderen Transformationen durchgeführt werden, die wir schon aus Abschn. 7.6.2 kennen. Der veränderte Aufbau steht in Abb. 7.25 (T).

1	**Private Sub InitLin_Click()**	Sub MinLrphi_click()	8
2	Range("C8").FormulaR1C1 = "=R[-1]C+dr"	SolverOk SetCell:="$I$3", MaxMinVal:=2, _	9
3	Range("D8").FormulaR1C1 = "=R[-1]C+dphi"	ValueOf:=0, ByChange:="$C$8:$D$46", _	10
4	Range("C8:D8").AutoFill Destination:= _	Engine:=1, EngineDesc:="GRG Nonlinear"	11
5	Range("C8:D46"), Type:=xlFillDefault	SolverSolve userfinish:=True	12
6	Range("C9:D46").Font.Bold = False	End Sub	13
7	End Sub		14

Abb. 7.23 (P) *InitLin*_CLICK verbindet Anfangs- und Endpunkt mit einer gebogenen Kurve. *MinLrphi*_CLICK gehört zur Schaltfläche „MinL" in Abb. 7.18 (T), definiert die Parameter des SOLVER-Prozesses und löst ihn aus

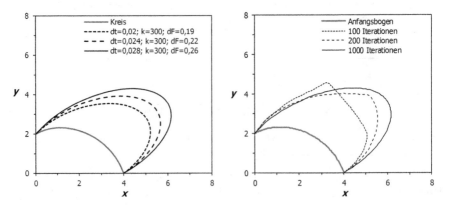

Abb. 7.24 **a** (links) Einige Bahnen im Gravitationspotential für verschiedene Werte von dt; dF ist die pro dt überstrichene Fläche. **b** (rechts) Gestalt einer optimierten Bahnkurve aus a nach unterschiedlich vielen Iterationsschritten

	J	K	L	M	N	O	P	Q	R	S	T
1	x.sh	2,74	774 ◄		▢	►		3,192	=WURZEL(ABS(b.0^2-a.0^2))		
2	y.sh	1,65	665 ◄		▢	►		3,198	=WURZEL(x.sh^2+y.sh^2)		
3											
4	Verschiebung		Polarkoordinaten		Drehen & Verzerren			Tatsächlich auf dem Kreis			
5	=x-x.sh	=y-y.sh	=WURZEL(x.s^2+y.s^2) =ARCTAN2(x.s;y.s)		=r.s*COS(phi.s+phi.0)/a.0 =r.s*SIN(phi.s+phi.0)/b.0			=ARCTAN2(x.a;y.b)	=COS(phi.K)	=SIN(phi.K)	
6	x.s	y.s	r.s	phi.s	x.a	y.b		phi.K	x.K	y.K	
7	1,26	-1,65	2,08	-0,92	0,06	-1,00		-1,51	0,06	-1,00	
8	1,45	-1,53	2,11	-0,81	0,12	-0,99		-1,45	0,12	-0,99	
87	-2,74	0,35	2,76	3,02	-0,57	0,82		2,18	-0,57	0,82	

Abb. 7.25 (T) Transformation einer Datenreihe aus Abb. 7.24a auf den Einheitskreis

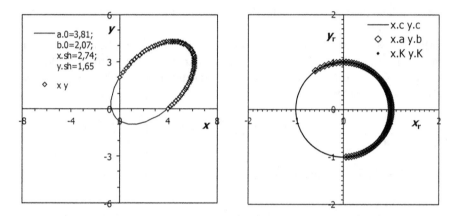

Abb. 7.26 a (links) Bahnkurve im Gravitationspotential (Rauten) und angepasste Ellipse. **b** (rechts) Transformation der Datenpunkte (Rauten) aus a auf den Einheitskreis, die Parameter werden in a berichtet

Die Verschiebung wird in den Spalten J und K mit dem Vektor (x_{sh}; y_{sh}) durchgeführt, der zunächst mit zwei Schiebereglern nach Augenmaß eingestellt wird. Die verschobenen Koordinaten werden in den Spalten L:M in Polarkoordinaten umgewandelt, die dann in N:O gedreht und verzerrt und schließlich in die kartesischen Koordinaten (x_a; y_b) umgewandelt werden.

In Spalte Q wird der Polarwinkel ϕ_Q der auf den Einheitskreis transformierten Punkte berechnet und daraus dann kartesische Koordinaten (x_K; y_K) auf dem Einheitskreis berechnet. Wenn alle Transformationen schon mit den optimalen Parametern durchgeführt worden wären, dann müssten die Koordinaten (x_a, y_b) bereits auf dem Einheitskreis liegen, also mit den Koordinaten (x_K, y_K) übereinstimmen. Um dieses Ziel tatsächlich zu erreichen, lassen wir SOLVER die quadratische Abweichung zwischen den beiden Datensätzen mit einer ähnlichen Formel minimieren wie in E6 von Abb. 7.21 (T). Das Ergebnis sieht man in Abb. 7.26b. Die transformierten experimentellen Daten (x_a; y_b) liegen tatsächlich auf dem Einheitskreis und fallen mit (x_K; y_K) zusammen.

In Abb. 7.26a wird eine Ellipse durch die Datenpunkte gelegt. Sie wird durch die Transformation des Einheitskreises aus Abb. 7.26b mit den optimierten Parametern erzeugt. Die Ellipse geht sehr schön durch die Datenpunkte. Diese Rücktransformation geschieht mit denselben Operationen wie in Abschn. 7.6.2. Zum Abschluss muss lediglich noch eine Verschiebung durchgeführt werden (Abb. 7.27 (T)).

▶ **Alac** Variationsrechnung wird in unseren Vorlesungen wenig besprochen, bzw. nur die Theorie und nur wenige Beispiele. Bei uns ist es umgekehrt, wir optimieren einfach die Legendre-Funktion, kinetische minus potentielle Energie, mit SOLVER.

▶ **Tim** Und erhalten dann für die Bewegung im Gravitationspotential tatsächlich eine Ellipse, ohne viel nachzudenken.

▶ **Alac** Reicht das für den Schönheitswettbewerb 𝔅?

▶ **Mag** Physikalisch schon. Nachdenken müssen wir bei den Transformationen, mit denen eine Ellipse auf den Einheitskreis transformiert wird, mit Drehen, Schieben, Strecken. Mit den umgekehrten Transformationen wird der Einheitskreis wieder zur Ellipse.

▶ **Tim** Aber ästhetisch genügt das Bild nicht meinen Ansprüchen. Planetenbahnen haben wir in Kap. 3 schöner gehabt.

▶ **Alac** Also keine Nominierung!

Kepler'sche Gesetze
Liegt das Kraftzentrum (0; 0) tatsächlich in einem Brennpunkt der Ellipse, wie es das erste Kepler'sche Gesetz verlangt? Um diese Frage zu beantworten, prüfen wir, ob der Nullpunkt um die Exzentrizität aus dem Mittelpunkt der Ellipse verschoben liegt, wie es bei einer Ellipse sein soll.

Die Exzentrizität e einer Ellipse berechnet sich aus den Halbachsen a_0 und b_0 mit:

$$e = \sqrt{|b_0^2 - a_0^2|} \tag{7.11}$$

Der Abstand des Mittelpunktes zum Nullpunkt entspricht der Länge des Verschiebungsvektors und wird in P2 von Abb. 7.25 (T) berechnet. Die Exzentrizität

Abb. 7.27 (T) Verschiebung um $(x_{sh}; y_{sh})$ als letzte Transformation nach denen in Abschn. 7.6.2

	AC	AD	AE	AF	AG	AH
4	Drehen			Schieben		
5	=r.3*COS(Phi.3-phi.0)	=r.3*SIN(Phi.3-phi.0)			=x.cep+x.sh	=y.cep+y.sh
6	**x.cep**	**y.cep**		**x.i**	**y.i**	
7	3,26	1,96		6,00	3,61	
8	3,17	2,09		5,91	3,74	
87	3,26	1,96		6,00	3,61	

lässt sich aus den Längen a_0 und b_0 der Halbachsen der Ellipse bestimmen und wird in P1 von Abb. 7.25 (T) ermittelt. Die beiden Werte sind tatsächlich innerhalb von 2 ‰ gleich. Die Bahnen entsprechen also tatsächlich dem zitierten Kepler'schen Gesetz. Außerdem gilt der Flächensatz, genau wie für den harmonischen Oszillator, für den er in J1:J2 von Abb. 7.18 (T) überprüft wurde.

Fragen

Woran erkennt man in J1:J2 von Abb. 7.18 (T), dass der Flächensatz gilt?[9]

Transformation Ellipse auf Einheitskreis

▶ **Tim** Die Gleichung der Ellipse in Polarkoordinaten lautet

$$r = \frac{p}{1 - \epsilon \cdot \cos\phi} \tag{7.12}$$

mit $0 \leq \epsilon < 1$ und $p = b^2/a$, wobei b die kleine und a die große Halbachse ist. Können wir nicht einfach die Winkel ϕ_i und die Parameter p und ϵ variieren und uns die Koordinatentransformationen sparen?

▶ **Mag** Die Gleichung gilt, wenn ein Brennpunkt der Ellipse im Nullpunkt liegt und die große Halbachse parallel zur x-Achse verläuft. Die Achsen unserer simulierten Bahnkurve stehen aber ganz offensichtlich schräg zur x-Achse.

▶ **Tim** Der Nullpunkt ist das Kraftzentrum und damit auch ein Brennpunkt der Ellipse.

▶ **Mag** Das ist richtig. Wir stellen uns aber zunächst auf den Standpunkt, dass wir das nicht wissen, sondern mit unserer Simulation untersuchen wollen.

▶ **Tim** Deshalb lassen wir also eine beliebige Strecke zu, um den Mittelpunkt der Ellipse in den Nullpunkt zu verschieben. Und stellen im Nachhinein fest, dass die Strecke genau dem Abstand vom Mittelpunkt zu einem Brennpunkt der Ellipse entspricht.

▶ **Alac** Wir wissen also schon, was rauskommen soll. Da bin ich mal gespannt, wie wir das in der Tabelle hinkriegen.

---

[9]Die Standardabweichung von dF ist 0,001, also kleiner als 1 ‰ des Mittelwerts 1,839, sodass man innerhalb der numerischen Genauigkeit davon ausgehen kann, dass dF konstant ist.

Drittes Kepler'sches Gesetz

▶ **Tim** Wieder einmal erhalten wir empirisch ein Ergebnis, das wir als Regel in der Schule gelernt haben.

▶ **Mag** Wie sieht es mit dem dritten Kepler'schen Gesetz aus?

▶ **Tim** Ich erinnere mich. Je weiter der Planet von der Sonne weg ist, desto länger ist seine Umlaufszeit.

▶ **Mag** Genau. Die Quadrate der Umlaufzeiten verhalten sich wie die Kuben der großen Bahnachsen. Ist der Zusammenhang stärker oder schwächer als linear?

▶ **Tim** $T \propto a^{\frac{3}{2}}$, die Umlaufzeiten ändern sich stärker als linear mit den Bahnachsen.

▶ **Alac** Das können wir überprüfen, indem wir mehrere Bahnen berechnen.

▶ **Mag** Dabei ist allerdings zu berücksichtigen, dass wir nur Teilstücke der Ellipsen erhalten.

▶ **Alac** Dann überprüfen wir den dritten Kepler'schen Satz lieber mit der Integration der Newton'schen Bewegungsgleichung, wie schon in Kap. 3 gezeigt. Dort haben wir vollständige Bahnen erhalten, indem wir den elementaren Zeitabschnitt dt angepasst haben.

Geometrische Optik mit dem Fermat'schen Prinzip

8

Wir lassen ein divergentes Lichtbüschel von einem Gegenstandspunkt aus verschiedene optische Medien durchlaufen, wobei jeder Strahl gemäß dem Fermat'schen Prinzip des stationären Lichtweges mit der SOLVER-Funktion optimiert wird. Wir verlängern die einlaufenden Strahlen vorwärts und die auslaufenden Strahlen rückwärts in das Medium und bestimmen mit deren Schnittpunkten die Positionen des Gegenstandspunktes, an denen sie dem Betrachter erscheinen sowie die Brennweiten von Hohlspiegeln als auch die Brennweiten und Hauptebenen von Linsen.

8.1 Einleitung: Was sagt Fermat?

Bildkonstruktionen der Strahlenoptik

▶ **Mag** Erinnern Sie sich daran, wie Bilder von abbildenden optischen Komponenten geometrisch konstruiert werden?

▶ **Tim** Ja, Ort und Größe des Bildes können mit ausgezeichneten Strahlen und Hauptebenen konstruiert werden.

▶ **Alac** Brennpunktstrahl und Parallelstrahl reichen zur Konstruktion aus, selbst wenn sie nicht durch die Linse gehen.

▶ **Mag** Das ist richtig. Wie wird diese Konstruktion begründet?

▶ **Tim** *Alle Strahlen, die von einem Gegenstandspunkt ausgehen, treffen sich im Bildpunkt.*

© Springer-Verlag GmbH Deutschland, ein Teil von Springer Nature 2018
D. Mergel, *Physik lernen mit Excel und Visual Basic,*
https://doi.org/10.1007/978-3-662-57513-0_8

▶ **Mag** Genau. Dies muss zuerst berechnet oder beobachtet werden. Wir werden das in diesem Kapitel für Spiegel und Linsen in Simulationen mit dem Fermat'schen Prinzip machen. Dabei können wir dann auch die Hauptebenen von Linsen bestimmen.

▶ **Alac** Was ist eine Hauptebene?

▶ **Mag** Salopp gesprochen ist das die senkrechte Gerade, mit der die Linse in der Zeichnung für die geometrische Bildkonstruktion repräsentiert wird. Bei dicken Linsen gibt es zwei Hauptebenen. Lassen Sie uns zunächst die Übungen durchführen und dann weiterdiskutieren.

Strahlenbüschel

Die Abb. 8.1 soll Strahlen darstellen, die von einer Punktquelle bei (0, 0) ausgehen und an zwei verschiedenen Stellen auf eine Pupille treffen. In jede Pupille tritt ein Strahlenbüschel ein. Als *Strahlenbüschel* bezeichnen wir wie schon in Abschn. 7.2.2 einen divergenten Lichtkegel, der von einem Punkt ausgeht und durch divergente Strahlen repräsentiert wird.

Die einzelnen Strahlen des Lichtbüschels werden nach dem Fermat'schen Prinzip optimiert, z. B. nach Reflexion oder Brechung an einer Oberfläche. Der Betrachter lokalisiert die Punktquelle im Schnittpunkt der rückwärtig verlängerten Strahlen, die in sein Auge fallen. In der Darstellung der Abbildung ist das der tatsächliche Ort der Punktquelle. In den folgenden Übungen wird die Punktquelle vom Betrachter aber an anderer Stelle verortet, weil das Strahlenbüschel reflektiert oder gebrochen wird.

Stationäre Lichtwege

Das Fermat'sche Prinzip besagt, dass der Lichtweg zwischen zwei Punkten im Raum stationär ist, das heißt, dass die optische Länge minimal oder maximal ist oder auf einem Wendepunkt liegt. Im Kap. 12 „Wellenoptik" wird es mithilfe des Huygens'schen Prinzips begründet.

Abb. 8.1 Eine Lichtquelle befindet sich im Nullpunkt. Zwei Strahlenbüschel werden von zwei Pupillen eingefangen

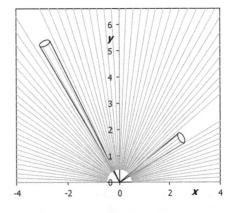

Wir wollen dieses Prinzip mithilfe der SOLVER-Funktion auf klassische Aufgaben der geometrischen Optik anwenden. In Abschn. 7.2 haben wir bereits die Reflexion an einem ebenen Spiegel als Optimierungsproblem mit der SOLVER-Funktion behandelt.

In der Tabellenkalkulation werden die Koordinaten des Anfangspunktes P_a und des Endpunktes P_e des Lichtstrahles festgelegt und die Koordinaten eines Zwischenpunktes oder zweier Zwischenpunkte variabel gehalten. Zwischenpunkte liegen z. B. auf der Oberfläche eines Spiegels oder einer Linse oder auf der Grenzfläche zwischen zwei optischen Medien, an denen der Lichtstrahl gespiegelt oder gebrochen wird. Zwischen den Punkten verläuft der Lichtstrahl geradlinig. Der gesamte Lichtweg, das ist die Summe aus den Produkten der Länge der geometrischen Strecke und dem jeweiligen Brechungsindex, wird durch Verschieben der Zwischenpunkte auf dem Streckenzug optimiert, das heißt minimiert oder maximiert, je nachdem, für welche Extremalbedingung das Verfahren konvergiert.

Es werden immer Strahlenbüschel berechnet, das heißt der Verlauf für mehrere Strahlen, die von einem Punkt ausgehen, sodass man Bildpunkte als Schnittpunkte dieser Strahlen oder ihrer rückwärtigen Verlängerung nach Reflexion oder Brechung bestimmen kann.

8.2 Gegenstand am Boden eines Wassertroges

> Ein Gegenstandspunkt im Wasser erscheint sowohl waagrecht als auch senkrecht näher an einem Betrachter außerhalb des Wassers zu sein.

Betrachtet man einen im Wasser liegenden Gegenstand aus einem schrägen Blickwinkel, so erscheint er sowohl horizontal als auch vertikal näher am Betrachter zu sein als in Wirklichkeit, wie man in Abb. 8.2b sehen kann. Ein einzelner Strahl wird in Abb. 8.2a gezeigt.

Die Lichtwege in diesem Bild sind bezüglich Laufzeit minimiert. Der Gegenstand scheint dem Beobachter im Schnittpunkt der rückwärtigen Verlängerung der gebrochenen Strahlen zu sein.

Diese Beobachtung wollen wir mithlfe des Fermat'schen Prinzips, implementiert in Abb. 8.3 (T) nachvollziehen. Wir bestimmen dabei den minimalen optischen Weg von einem Punkt am Boden des Troges zu vier Punkten oberhalb des Wassers, die sich im Auge des Betrachters befinden sollen.

Der Lichtstrahl durchläuft nacheinander zwei Medien mit verschiedenen Brechungsindizes: Vom Boden des Troges zur Wasseroberfläche (Wasser, Brechungsindex $n_W = 1,333$) und von der Wasseroberfläche zum Beobachter (Luft, Brechungsindex $n_L = 1$). Das Verhältnis der Lichtgeschwindigkeit c_W im Wasser zu derjenigen in Luft (c_0) ist dann 0,75 (F6 für c_n in Spalte F). Die Laufzeit des Lichts ist $d_W/c_W + d_L/c_0$, wobei d_W und d_L die geometrischen Wege im

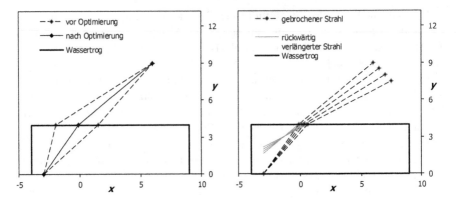

Abb. 8.2 a (links) Strahlengang durch einen Wassertrog vor und nach der Optimierung nach Fermat **b** (rechts) Strahlenbüschel, vom Gegenstandspunkt auf dem Boden des Wassertrogs ausgehend

Wasser und in der Luft sind. Der minimale optische Weg ist also derjenige, auf dem das Licht am schnellsten zum Ziel gelangt.

Da die Lage des Minimums sich nicht verändert, wenn alle Lichtwege mit einem konstanten Faktor multipliziert werden, setzen wir $c_0 = 1$ (z. B. in F7) und $c_w = 0{,}75$ (F6).

Wir geben die Koordinaten des Gegenstandspunktes auf dem Boden des Troges (in C5:D5) und diejenigen des Beobachtungspunktes oberhalb des Wassers (in C7:D7) vor und variieren die x-Koordinate (in C6) des Strahls auf der Wasseroberfläche ($y = 4$). Es kommt wiederum die SOLVER-Funktion zum Einsatz. In Abb. 8.2a werden zwei verschiedene Anfangsstrahlen gewählt (gestrichelte Geradenzüge). Die Gesamtzeit solcher Wege in H4 wird minimiert durch Variation der x-Koordinate des Strahls auf der Wasseroberfläche in C6. Nach Variation der x-Koordinate des Zwischenpunktes auf der Wasseroberfläche wird für beide Ausgangskurven der durchgezogene Verlauf erreicht.

Wir variieren den Wert der x-Koordinate auf der Wasseroberfläche in C6 mit einer Protokollroutine und protokollieren die Laufzeit in H5. Die Laufzeit hängt parabolisch von der x-Koordinate auf der Wasseroberfläche ab (hier nicht abgebildet). Ihre erste und zweite Ableitung nach der variierten Koordinate verschwindet also.

Fragen

zu Abb. 8.3 (T) und Abb. 8.2a

Wie können Sie die Formel in J3 von Abb. 8.3 (T) mit Namen von Zellen so umformulieren, dass die Geradengleichung klarer zu erkennen ist?[1]

---

[1]J6 = [= $y + (D7 - y) / (C7 - x)*(C5 - x)$] Durch die Bezeichnungen x und y wird klar, dass es sich bei den Größen in den Klammern um Strecken handelt.

	B	C	D	E	F	G	H	I	J	K
1	n.W	1,333								
2	c.W/c.0	0,75		gebrochener Strahl				rückwärtig verlängerter Strahl		
3				=WURZEL((x-C5)^2+(y-D5)^2) =C2	=d/c.n	=SUMME(Dt)		=D6+(D7-D6)/(C7-C6)*(C5-C6)		
4		x	y	d	c.n	Dt		x.r	y.r	
5	Boden	-3,00	0,00				58,67			
6	Oberfläche	-0,14	4,00	4,92	0,75	6,56		-3,00	1,67	
7	Beobachter	6,00	9,00	7,92	1,00	7,92		-0,14	4,00	

Abb. 8.3 (T) Optimierung des optischen Weges; die Tabelle enthält noch drei weitere Bereiche der Art C5:J7 mit anderen Positionen des Endpunktes (D9:J11; C13:J15; D17:J19). Die Summe über Δt in H4 geht also über die Laufzeiten von vier Wegen

Welche Gestalt wird die optische Weglänge als Funktion der Lage des Strahls auf der Oberfläche in Abb. 8.2a haben?[2]
Wie können Sie diese Kurve in der Tabellenrechnung bestimmen?[3]

Wir prüfen in Abb. 8.4 (T), ob der optimierte Strahlengang das Brechungsgesetz

$$n_1 \cdot \sin(\alpha_1) = n_2 \cdot \sin(\alpha_2)$$

erfüllt.

Hier sind $\alpha_1 = \alpha_w$ (Winkel im Wasser) und $\alpha_2 = \alpha_L$ (Winkel in Luft), Einfallswinkel bzw. Ausfallswinkel gemessen vom Lot auf der Grenzfläche aus. Da die beiden Zahlen in S5 und S6 gleich sind, ist das Brechungsgesetz erfüllt.

Aufgabe

Erstellen Sie ein Kalkulationsmodell für ein Strahlenbüschel, das vom Gegenstandspunkt ausgeht! Sie können sich die Arbeit erleichtern, indem Sie den Bereich für einen Strahl (z. B. C5:G7 in Abb. 8.3 (T)) mit relativen und absoluten Zellbezügen geschickt gestalten, mehrfach kopieren und lediglich die Koordinaten der Endpunkte verändern. Definieren Sie dabei die Parameter Brechungsindex des Wassers, Brechungsindex der Luft, Koordinaten des Gegenstandspunktes, y-Koordinate der Wasseroberfläche in benannten Zellen!

Aufgabe

Verlängern Sie die Strahlen im Raum des Beobachters rückwärts (z. B. wie in I6:J7 von Abb. 8.3 (T)), sodass Sie bestimmen können, wo der Beobachter am Ende des Strahlenbüschels den Punkt sieht!

Die Ergebnisse einer solchen Rechnung für vier verschiedene Beobachtungspunkte werden in Abb. 8.2b dargestellt. Die rückwärtig verlängerten Strahlen

---

[2]Die optische Weglänge als Funktion der Lage auf der Oberfläche hat etwa die Form einer Parabel. Im Minimum haben benachbarte Strahlen etwa dieselbe optische Weglänge.

[3]Man variiert mit einer Protokollroutine die Koordinate auf der Oberfläche und zeichnet die errechnete optische Weglänge auf.

	P	Q	R		S	T
4	Brechungsgesetz wird überprüft					
5	alpha.w	0,62	=ARCTAN((C6-x)/(D6-y))		0,78	=n.W*SIN(alpha.w)
6	alpha.l	0,89	=ARCTAN((C7-x)/(D7-y))		0,78	=SIN(alpha.l)

Abb. 8.4 (T) Der optimierte Strahlengang in Abb. 8.3 (T) erfüllt das Brechungsgesetz, wenn die beiden Zahlen in S5 und S6 gleich sind

schneiden sich alle in einem Punkt, der sowohl horizontal als auch vertikal näher am Beobachter ist als der Gegenstandspunkt. Für den Beobachter scheinen alle Strahlen von diesem Punkt auszugehen.

8.3   Blick durch eine planparallele Platte

Betrachtet man einen Gegenstand schräg durch eine planparallele durchsichtige Platte, dann erscheint er sowohl horizontal als auch vertikal näher am Betrachter zu sein. Die Strahlen werden an der oberen und unteren Grenzfläche der Platte gebrochen. Um dies zu berechnen wird der Strahlengang durch Variation der Koordinaten auf den beiden Grenzflächen optimiert.

Betrachtet man einen Gegenstand schräg durch eine planparallele Platte, dann erscheint er sowohl horizontal als auch vertikal näher am Betrachter zu sein (Abb. 8.5a).

Diese Beobachtung wollen wir nachvollziehen, indem wir die optischen Wege von vier von einem Gegenstandspunkt ausgehenden Strahlen optimieren. Der Tabellenaufbau in Abb. 8.6 (T) ist dabei sehr ähnlich wie Abb. 8.3 (T).

Durch eine zusätzliche Zeile wird die Brechung an der Unterseite der Glasplatte berücksichtigt. SOLVER muss jetzt die beiden x-Koordinaten des Strahls an der Oberseite (C6, C11, …) und Unterseite (C7, C12, …) der Glasplatte variieren (Abb. 8.5b).

Eine allgemeine Bemerkung zum SOLVER-Menü in Abb. 8.5b. Oftmals ist beim ersten Aufruf das Kästchen MAKE UNCONSTRAINED VARIABLES NON-NEGATIVE aktiviert. Das trifft in unserem Fall zu, weil die zu variierenden x-Koordinaten tatsächlich positiv sind. Im Allgemeinen ist das aber nicht der Fall und die genannte Option sollte deaktiviert werden, so wie in Abb. 8.5b.

Aufgabe
Ergänzen Sie den Tabellenaufbau von Abb. 8.6 (T) so, dass alle vier Strahlen mit dem SOLVER-Aufruf in Abb. 8.5b auf einmal optimiert werden.

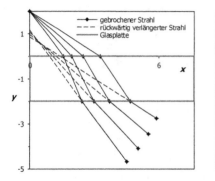
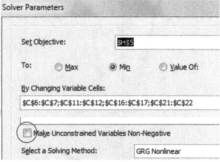

Abb. 8.5 a (links) Vier Strahlen gehen vom Punkt (0,0) aus durch eine planparallele Platte zu den Beobachtungspunkten unten rechts **b** (rechts) Solver-Parameter für die Optimierung der vier Lichtwege in Abb. 8.6 (T); Screenshot der Karteikarte Daten/Solver

	A	B	C	D	E	F	G	H	I	J	K
1		n.G	1,500		r.B	6,5					
2		c.G/c.0	0,67		gebrochener Strahl				rückwärtig verlängerter Strahl		
3			=r.B*COS(phi.B)	=r.B*SIN(phi.B)	=WURZEL((x-C5)^2+(y-D5)^2)	=C2	=d/c.n	=SUMME(Dt)		=J8+(D8-y)/(C8-x)*(x.r-I8)	
4		phi.B	x	y	d	c.n	Dt		x.r	y.r	
5	Gegenstandspunkt		0,00	2,00				36,25			
6	Oberseite		3,28	0,00	3,84	1,00	3,84				
7	Unterseite		4,67	-2,00	2,43	**0,67**	3,65		0,00	0,84	
8	Beobachter	-0,44	5,89	-2,75	1,44	1,00	1,44		5,89	-2,75	

Abb. 8.6 (T) Ein Strahl durch eine planparallele Platte soll optimiert werden. Die Koordinaten von drei weiteren Strahlen stehen in C11:C14, C16:C19 und C21:C24

8.4   Reflexion an einem Hohlspiegel

Wir lassen von einem festgelegten Gegenstandspunkt ein Lichtbüschel ausgehen, an variablen Punkten eines Kreisbogens reflektieren, der den Querschnitt eines Hohlspiegels darstellt, und durch eine Reihe von festgelegten Punkten oberhalb des Kreisbogens gehen. Die optimierten Strahlen schneiden sich in einem Bildpunkt. Die Koordinaten auf dem Kreisbogen werden am besten mit Polarkoordinaten definiert. Die Übung soll die optischen Eigenschaften eines Hohlspiegels simulieren.

Ein Hohlspiegel hat Abbildungseigenschaften. Das sieht man in Abb. 8.7a. Die Strahlen vom Gegenstandspunkt bei (3; 13,5) werden am Hohlspiegel reflektiert und schneiden sich nach Reflexion im Punkt (−3,4; 15,3), der dann also der Bildpunkt ist.

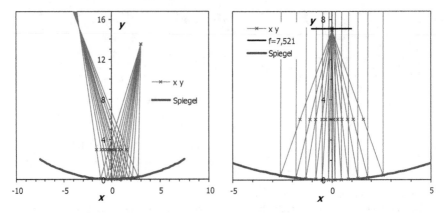

Abb. 8.7 **a** (links) Ein Gegenstandspunkt bei (3; 13,5) wird nach Reflexion am Hohlspiegel auf (−3,4; 15,3) abgebildet. Die Kreuze bei $y = 3$ sind die festgelegten Orte, durch die die reflektierten Strahlen gehen müssen **b** (rechts) Ein Lichtbündel fällt von einer Punktquelle bei $y = 1000$ auf einen Hohlspiegel. Die optimierten Strahlengänge schneiden sich nach Reflexion im Brennpunkt bei (0; 7,52)

Wir wollen den Brennpunkt von Hohlspiegeln mithilfe des Fermat'schen Prinzips bestimmen. Dazu ermitteln wir den Bildpunkt eines weit entfernten Gegenstandspunktes (z. B. bei: (0, 1000)). Die Lösung für einen Hohlspiegel mit dem Krümmungsradius $r_K = 15$ sieht man in Abb. 8.7b. Der Tabellenaufbau für die Optimierung der Strahlengänge steht in Abb. 8.8 (T).

Die Koordinaten des Gegenstandspunktes stehen in F4:G4. In Zeile 6 wird ein Punkt oberhalb des Spiegels festgelegt, der nach Reflexion erreicht werden soll. Der veränderliche Punkt auf dem Spiegel wird durch den Polarwinkel ϕ_K in Spalte E definiert, der von SOLVER optimiert werden soll. Die reflektierten Strahlen werden dann in Zeile 7 weiter bis zur Mittelachse geführt.

Fragen

zu Abb. 8.8 (T)

Interpretieren Sie die Formel in H7![4]

Welche Formeln stehen in F4, F9 und in G4, G9?[5]

Der Bereich E4:G7 wird mehrfach kopiert, z. B. in F9:G12, um mehrere Strahlen abzubilden. Die y-Koordinate des Punktes, der nach Reflexion erreicht werden soll, bleibt dabei immer gleich, hier $G11 = G6 = 3$. Die x-Koordinate wird von Hand verändert, z. B. $G6 = −1,6$ wird zu $G11 = −1,1$. Die Formel in G12, die in

---

[4]Die Formel in H7 stellt eine Geradengleichung dar, mit der die Gerade, die durch die beiden Punkte in den Zeilen 5 und 6 festgelegt ist, bis $x = 0$ (F7) verlängert wird.

[5]F4 = F9 = [=x.B] und G4 = G9 = [=y.B].

	E	F	G	H	I	J	K	L	M	N	O
1	r.K	15			34,9684	=SUMME(d.m)					
2		=r.K*COS(phi.K/180*PI())	=r.K*SIN(phi.K/180*PI())+r.K	=WURZEL((x-F4)^2+(y-G4)^2)	=H5+d-G4		=MITTELWERT(G7;G12;G17;G22;G27;...;G57;G62) G27;G32;G37;G42;G47;G52;G57;G62)				
3	phi.K	x	y	d	d.m		f=7,521		x.G	0,00	
4	0,0	0,00	1000						y.G	1000	
5	260,0	-2,60	0,23	1000			7,521				
6	0,0	-1,60	3,00	2,95	2,72						
7	0,0	0,00	7,44	=G6+(G6-G5)/(F6-F5)*(F7-F6)							
8											
9	0,0	0,00	1000								
10	263,1	-1,81	0,11	999,9							
11	0,0	-1,10	3,00	2,98	2,87						
12	0,0	0,00	7,50	=G11+(G11-G10)/(F11-F10)*(F12-F11)							

Abb. 8.8 (T) Ein Strahl aus dem „Unendlichen" (0; 1000) wird nach Reflexion an einem Hohl-spiegel mit dem Krümmungsradius $r_K = 15$ optimiert; in den ausgeblendeten Spalten A bis D werden die Koordinaten für die Abbildung des Spiegels berechnet

H12 berichtet wird, muss nicht neu eingegeben werden. Sie entsteht automatisch beim Kopieren, weil die Formel in G6 mit relativen Bezügen formuliert ist.

Aufgabe

Vervollständigen Sie den Tabellenaufbau so, dass zwölf Strahlen gleichzeitig opti-miert werden. In Abb. 8.8 (T) steht die zu minimierende Summe in I1, und die zu variierenden Zellen stehen im Spaltenvektor ϕ_K (E4:E62).

Abbildung eines Punktes

In Abb. 8.7a geht ein Strahlenbüschel vom Punkt (3; 13,5) aus. In der Tabelle von Abb. 8.8 (T) wurde dazu $x_G = 3$ und $y_G = 13,5$ gesetzt (Zellen N3, N4). Nach Reflexion laufen alle Strahlen durch den Bildpunkt ($-3,4$; 15,3).

Für Gegenstandsweiten größer als die Brennweite entsteht ein umgekehrtes reelles Bild. Wenn die Gegenstandsweite die doppelte Brennweite beträgt, dann ist die Bildweite genauso groß.

▶   Ein Hohlspiegel kann Gegenstände abbilden. Das ist seine grund-legende Eigenschaft. Die Bildkonstruktion mit ausgewählten Strahlen folgt daraus.

Brennweite

Die einfallenden Strahlen sind praktisch parallel zur optischen Achse, weil der Gegenstandspunkt so weit entfernt ist. Sie schneiden sich nach Reflexion am Hohlspiegel im Brennpunkt auf der optischen Achse. Die Brennweite des Hohl-spiegels wird bestimmt, indem in K5 von Abb. 8.8 (T) die Mittelwerte der y-Werte der zwölf Strahlen bei $x = 0$ gebildet werden. Der Wert von $f = 7,47$ entspricht ziemlich genau dem halben Krümmungsradius 15/2, wie es von der Theorie vor-hergesagt wird. Die Schnittpunkte der einzelnen Strahlen schwanken zwischen 7,56 für die Strahlen nahe an der optischen Achse bis zu 7,44 für die Randstrahlen. Der Brennpunkt ist also kein perfekter Punkt, sondern ausgedehnt.

	D	E	F	G	H	I	J	K	L	M	N
1		a	0,3			18,1392	=SUMME(d.m)				
2	0,55	=E5	=a*x^2	=WURZEL((x-F4)^2+(y-G4)^2) =H5+d-G4				=MITTELWERT(G7;G12;G17;G22;G2/,			
3		x.vari	x	y	d	d.m		f=0,8335±0,0001		x.B	0,00
4			0,00	10000				0,8335		y.B	10000
5		1,49	1,49	0,67	9999			0,0001		x.Verläng	0,00
6	-6		-1,50	1,00	3,01	2,34		0,8333 =1/4a		y.Kreuz	1,00
7			0,00	0,83						Dx.K	0,27
8										b	0,04

Abb. 8.9 (T) Parabolspiegel statt Hohlspiegel, sonst wie Abb. 8.8 (T)

8.5   Reflexion an einem Parabolspiegel

> Die Reflexion an einem Parabolspiegel kann mit demselben Tabellenaufbau wie für den Hohlspiegel behandelt werden. Es müssen lediglich die Formeln für den geometrischen Ort des Spiegels geändert werden.

Die Reflexion an einem Parabolspiegel kann mit demselben Tabellenaufbau wie für den Hohlspiegel behandelt werden. Es muss zunächst die Formel für den Ort auf dem Spiegel verändert werden zu:

$$y = a \cdot x^2 \tag{8.1}$$

Der geometrische Ort des Spiegels lässt sich besser in kartesischen Koordinaten berechnen. Die Formeln in G5, G10 usw. von Abb. 8.8 (T) werden in Abb. 8.9 (T) entsprechend geändert. Genauso muss der Querschnitt des Spiegels in den Spalten A bis C neu berechnet werden. Der Parameter a wird in Abb. 8.9 (T) in Zelle F1 festgelegt.

Die zu variierenden Parameter sind die x-Werte der Punkte auf der Parabel. Sie stehen als Spaltenbereich mit x_{vari} benannt in einer zusätzlichen Spalte F. Wir lassen Solver die optischen Wege *minimieren* und erhalten Abb. 8.10a.

Die Strahlen gelangen entgegen unserer Erwartung offenbar besser zu den Endpunkten, wenn sie weiter oben am Spiegel reflektiert werden.

Fragen

zu Abb. 8.9 (T):

Worin besteht der Vorteil, die zu variierenden Koordinaten in eine Extraspalte (hier E) zu schreiben?[6]

---

[6]Die zu verändernden Koordinaten sind von den anderen Koordinaten getrennt. Das erhöht die Übersichtlichkeit, und in Solver kann ein Zellenbereich als zu variierende Parameter eingegeben werden.

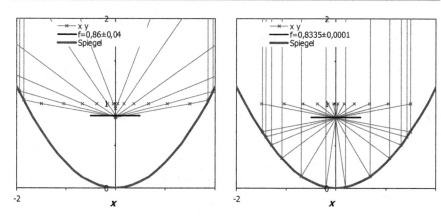

Abb. 8.10 𝕭 **a** (links) Parallel einfallendes Strahlenbündel nach *Minimierung* der optischen Weglänge **b** (rechts) Wie a, aber nach *Maximierung* des optischen Weges

Stationär bedeutet minimal oder maximal

▶ **Tim** In allen Lehrbüchern sieht man, dass die Strahlen erst über den Boden des Parabolspiegels und dann durch den Fokus verlaufen. In Abb. 8.10a erreichen die minimierten Lichtwege überhaupt nicht den Boden des Parabolspiegels. Das hätte ich ja nun gar nicht erwartet.

▶ **Alac** Ist aber klar. Der Umweg über den Boden ist länger. Machen wir doch einen neuen Versuch und *maximieren* die optischen Wege.

▶ **Mag** Gute Idee. Das Ergebnis sieht man in Abb. 8.10b. Die Brennweiten sind $f = 0{,}86 \pm 0{,}04$ für Minimierung und $f = 0{,}8335 \pm 0{,}0001$ für Maximierung, im Rahmen der „Messfehler" (Simulationsfehler) also gleich. Der Wert entspricht dem theoretischen Wert in K6, nämlich $1/(4a)$.

▶ **Alac** Wir sehen, dass man den Brennpunkt eines Parabolspiegels mit den Strahlen sowohl minimaler als auch maximaler Länge bestimmen kann. Jetzt habe ich es kapiert: *Stationär bedeutet minimal oder maximal*, beides ist möglich. In beiden Extrema haben benachbarte Lichtwege etwa dieselbe Länge und interferieren konstruktiv.

▶ **Tim** Dass in beiden Fällen dieselbe Brennweite herauskommt ist eine zusätzliche Überraschung. Gilt das vielleicht nur für eine Parabel als spiegelnde Kurve?

▶ **Mag** Das Besondere an der Parabel ist, dass sie einen *idealen Fokus* hat, dass also alle an ihr gespiegelten Strahlen durch den Fokus gehen. Das ist beim Hohlspiegel mit Kugelgestalt nicht der Fall.

▶ **Alac** Außerdem haben wir in unserer Simulation die Gleichung für eine Parabel ohne Grenzen angegeben. Sie reicht also bis Unendlich.

▶ **Tim** Aber spiegelnde Kurve? Ein Parabolspiegel hat doch eine spiegelnde Fläche.

▶ **Mag** Die entsteht durch Rotation der Parabel und somit gilt der für die Parabel bestimmte Brennpunkt auch für den Parabolspiegel.

▶ **Tim** Abb. 8.10 ist eine schöne Demonstration des Fermat'schen Prinzips, nämlich stationär heißt minimal oder maximal, und mein Vorschlag für den Schönheitswettbewerb ℬ.

▶ **Mag** Noch eine Ergänzung: Ein stationärer Lichtweg entsteht auch bei einem Wendepunkt oder bei einem Sattelpunkt.

▶ **Alac** Klar, die Ableitungen in jede Richtung verschwinden.

8.6   Brennweite und Hauptebenen einer Bikonvexlinse

Wir lassen die Strahlen eines Strahlenbüschels von einem Gegenstandspunkt durch die Linse auf festgelegte Punkte kurz hinter der Linse verlaufen. Ein Ort auf der Vorderseite und einer auf der Rückseite der Linse müssen variiert werden. Die Strahlen werden in den Bildraum hinein verlängert, um den Bildpunkt zu ermitteln. Sie werden in die Linse hinein verlängert, um mit ihren Schnittpunkten die Hauptebenen zu bestimmen.

▶ **Mag** Erinnern Sie sich an die Bildkonstruktion bei der Abbildung mit einer Sammellinse?

▶ **Alac** Ja, die Linse kann viel kleiner sein als die Gegenstände, die abgebildet werden. Trotzdem wird der Bildpunkt mit Strahlen ermittelt, die außerhalb der Linse liegen.

▶ **Mag** Wie wurde dieses Vorgehen begründet?

▶ **Tim** Der erste Grundsatz ist, dass alle Strahlen, die von einem Gegenstandspunkt ausgehen, nach Brechung in einer Sammellinse durch einen Bildpunkt gehen.

▶ **Mag** Genau. Die Bildkonstruktion mit Parallelstrahl und Brennpunktstrahl ist eine Folge dieses Grundsatzes, nicht etwa seine Voraussetzung. In dieser Übung werden wir den Grundsatz mithilfe des Fermat'schen Prinzips illustrieren, welches eine Aussage über die optische Weglänge macht

▶ **Mag** Erinnern Sie sich daran, wie sich der *optische* Lichtweg vom *geometrischen* Lichtweg unterscheidet?

▶ **Tim** Für den optischen Lichtweg muss man den geometrischen mit dem Brechungsindex multiplizieren.

▶ **Mag** Genau. Man berechnet das Wegintegral über den Brechungsindex: $\int_{P1}^{P2} n(x)\,dx$ zwischen zwei Punkten P_1 und P_2. Dieses Integral bestimmen wir für zwei Punkte auf verschiedenen Seiten einer Bikonvexlinse und minimieren es dann mit der SOLVER-Funktion, Wenn wir den Gegenstandspunkt nach $-\infty$ verschieben, dann können wir Brennpunkte und die Hauptebenen der Linse bestimmen.

8.6.1 Das Fermat'sche Prinzip

In Abb. 8.11 fällt ein Strahl vom Punkt (−19,44; 2,5), auf eine Bikonvexlinse, wird zweimal gebrochen und soll dann durch den Punkt (2,1; −2,0) rechts von der Linse gehen.

Der gestrichelte Geradenzug gibt die Ausgangssituation wieder, bei der die Durchgangspunkte auf den Linsenoberflächen geraten wurden. Der durchgezogene Geradenzug entsteht durch Optimierung des Lichtweges nach dem Fermat'schen Prinzip.

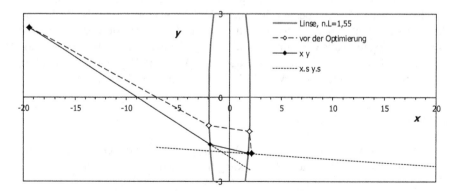

Abb. 8.11 Ein Strahl fällt auf eine Bikonvexlinse und soll durch den Punkt (2,1; −2,0) (gefüllte Raute) rechts von der Linse gehen. Strahlengänge vor (gestrichelt) und nach (durchgezogen) der Optimierung. Die Punkte auf den Linsenoberflächen werden optimiert

	B	C	D	E	F	G	H	I	J
1	r.L	10		x.G	-19,44		n.L	1,55	
2	x.L	8		y.G	2,5		f	9,09	=((n.L-1)*(1/r.L+1/r.L))^-1
3						4			
4					2,1	0,4	51,77	=SUMME(d.n)	
5	Winkel, Linsenfläche	=r.L		=x.L	=-(r.L*COS(phi.L)-x.L)	=r.L*SIN(phi.L)	=WURZEL((x-F7)^2+(y-G7)^2)*n+x.G		
6	n	phi.L	r	xm	x	y	d.n		
7					-19,44	2,5			
8	1,00	-0,17	10,00	**8,00**	-1,86	-1,67	-1,37		
9	1,55	-0,20	10,00	8,00	1,80	-1,99	5,69		
10	1,00				2,10	-2,00	0,30		

Abb. 8.12 (T) Optimierung eines Strahlengangs durch eine Bikonvexlinse

8.6.2 Optimierung eines Strahlengangs durch eine Linse

Tabellenaufbau
Wir berechnen zunächst die Koordinaten für den Querschnitt einer Bikonvexlinse, ein Kreissegment, welches am besten mit Polarkoordinaten dargestellt wird. Im Tabellenaufbau gibt man in einer Spalte die Winkel vor und berechnet dann in zwei anderen Spalten die x- und y-Werte, die dann in einem Diagramm dargestellt werden. Diese Rechnung wird hier nicht wiedergegeben.

Zuvor müssen folgende Parameter des Linsenquerschnitts festgelegt werden: Kreisradius r_K, Koordinaten des Mittelpunktes x_M, y_M und Winkelbereich ϕ_{min} bis ϕ_{max} des Segmentes. Für die optischen Berechnungen sind ferner nötig: Die Koordinaten (x_G, y_G) des Gegenstandspunktes und der Brechungsindex n_L des Linsenmaterials. Die Definitionen macht man am besten in benannten Zellen, z. B. in B1:I2 im Tabellenaufbau der Abb. 8.12 (T), mit dem der Strahlengang durch eine Bikonvexlinse nach dem Fermat'schen Prinzip optimiert werden soll.

Die Koordinaten (x, y) des Lichtweges stehen in den Spalten F und G. Das erste Wertepaar in Zeile 7 gibt den Gegenstandspunkt an. Das letzte Wertepaar in Zeile 10 gibt den Aufpunkt im Raum rechts von der Linse an, durch den der Strahl nach Brechung gehen soll. Die beiden Wertepaare dazwischen gelten für die Punkte, an denen der Lichtstrahl in die Linse eintritt bzw. aus ihr austritt. Sie werden über die Polarwinkel ϕ_L in Spalte C bestimmt. Diese beiden Winkel werden von Solver variiert, um die Länge $d_n = \sum d_i \cdot n_i$ des optischen Weges in H4 zu minimieren. Der Lichtweg nach Optimierung in Abb. 8.12 (T) wird in Abb. 8.11 wiedergegeben.

Fragen
zu Abb. 8.12 (T)
   In den Formeln für die optischen Weglängen $d. n$ wird die Gegenstandsweite x_G addiert, siehe H5. Welche Auswirkung hat das auf die Optimierung?[7]

---

[7]Da der Wert x_G für alle Strahlen gleich ist, beeinflusst er die Minimierung des optischen Weges nicht. Es wird nur dafür gesorgt, dass die Werte der optischen Länge in der Tabelle im überschaubaren Bereich liegen. Das ist insbesondere nützlich, wenn die Gegenstandsweiten groß werden.

Das Fermat'sche Prinzip scheint zu versagen

▶ **Alac** Wenn ich den schnellsten Weg durch eine Linse bestimme, dann führt der immer an die Oberkante der Linse und knickt dann ab, um durch den vorgegebenen Punkt auf der Bildseite zu gehen.

▶ **Tim** Der Knick stimmt nicht mit dem Brechungsgesetz überein. Müssen wir vielleicht zusätzliche Bedingungen einführen, um optisch richtige Wege zu erhalten?

▶ **Mag** Nein, zusätzliche Bedingungen sind nicht nötig. Der Punkt im Bildraum ist in diesem Fall zu weit von der Linse entfernt und der *optische Weg* durch die Linse ist größer als der *geometrische Weg* an der Linse vorbei.

▶ **Alac** Also pragmatisch: Punkte im Bildraum nah an die Linse heran!

▶ **Tim** Moment mal. Ich denke, dass das Fermat'sche Prinzip mit seiner Garantie für den schnellsten Lichtweg die geometrische Optik vollständig beschreibt. Jetzt muss man es mit Tricks überlisten, damit es die richtigen Ergebnisse liefert.

▶ **Mag** Das Fermat'sche Prinzip muss gar nicht überlistet werden. Die genaue Formulierung lautet nämlich nicht: Der Lichtweg ist minimal, sondern er ist *stationär.*

▶ **Tim** Und was bedeutet „stationär"?

▶ **Mag** Die Ableitung der Laufzeit nach allen Parametern muss verschwinden. Dann haben benachbarte Lichtwege etwa dieselbe Länge und interferieren konstruktiv. Schauen Sie sich die theoretische Ableitung des Fermat'schen Prinzips aus dem Variationsprinzip noch einmal an. Man geht von einem schon gefundenen Lichtweg aus und kann dann zeigen, dass er schneller ist als alle Lichtwege in seiner engeren Umgebung. Das Fermat'sche Optimum ist also nur *lokal* und *nicht global.* Deshalb können wir ohne Skrupel den Lichtweg durch die Linse erzwingen.

▶ **Alac** Dann halten wir doch einfach den Austrittspunkt auf der Linsenoberfläche fest.

▶ **Mag** Nein, das könnten wir nur, wenn dort z. B. ein fotografischer Film aufgebracht wäre, dessen Schwärzungsprofil berechnet werden soll. Wir wollen den austretenden Strahl aber weiter verfolgen, nach rechts in den Bildraum und zurück nach links in die Linse hinein.

▶ **Tim** Deshalb setzen wir also den vierten Punkt des Strahls dicht hinter, aber nicht auf die Linse. Wird dadurch denn das Brechungsgesetz an der Austrittsfläche eingehalten?

▶ **Mag** Ja, genauso wie beim Durchgang durch eine planparallele Platte in Abschn. 8.3. Das Fermat'sche Prinzip beschreibt die Strahlenoptik vollständig. Das Brechungsgesetz folgt daraus.

	J	K	L	M	N	O	P	Q
3				2		1,66	=MITTELWERT(O6:O71)	
4				-7		Hauptebene, x=1,66		
5		=(y-G7)/(x-F7) =y-m*x	=$M$3	=y.0+m*x.s =-(L8-y.0)/(K8-m)		=y.0+m*O11		
6		*m*	*y.0*	*x.s*	*y.s*			
7	Gegenstandspunkt			-19,44	2,50			
8	auftreffender Strahl	**-0,24**	**-2,11**	**2,00**	**-2,59**			
9								
10	linker Endpunkt des nach links verlängerten austretenden Strahls			-7,00	**-1,77**	=L11+K11*M10		
11	austretender Strahl	-0,03	-1,95	20,00	-2,45	**-0,79**	**-1,927**	

Abb. 8.13 (T) Fortsetzung von Abb. 8.12 (T); Verlängerung des einfallenden Strahls bis $x = 2$ (in M7:N8) und des ausfallenden Strahls bis $x = -7$ (durch die Linse nach links) und bis $x = 20$ (rechtes Ende des Diagramms in Abb. 8.11) in M10:N11; in den Spalten O und P wird der Schnittpunkt der in die Linse verlängerten Strahlen bestimmt

Verlängerung der Lichtwege

In Abb. 8.11 wird der optimierte Strahlengang verlängert (Datenreihe „x.s y.s"). Die Strecke vom Austritt aus der Linse bis zum Aufpunkt hinter der Linse wird linear nach rechts verlängert. So geht der Strahl auch in Wirklichkeit weiter. Der einkommende Strahl wird über den Eintrittspunkt vorwärts und der ausgehende Strahl über den Austrittspunkt rückwärts linear verlängert, so als wäre die Linse gar nicht da. Mit dem Schnittpunkt von solchen in die Linse hinein verlängerten Strahlen wird später die Hauptebene der Linse bestimmt. Im Formelwerk der Abb. 8.13 (T) wird der optimierte Strahlengang linear verlängert.

In der Spalte K werden die Steigungen des auf die Linse auftreffenden und des die Linse verlassenden Strahls berechnet, in Spalte K die Werte y_0 der beiden Strahlen bei $x = 0$. Mit der Angabe von y_0 und m können die Koordinaten von weiteren Punkten auf den beiden Geraden bestimmt werden.

In den Zeilen 7 und 8 wird der Strahl vom Gegenstandspunkt aus gerade durch die Linse bis nach $x_s = 2$ (M8) verlängert, wobei die Steigung in K8 bestimmt wird. In K11 wird die Steigung des Strahls im Bildraum, also von der rechten Linsenfläche bis zum Aufpunkt, berechnet. In K10:M11 wird die Gerade von $x_s = -7$ bis $x_s = 20$ durch den Aufpunkt rechts der Linse (x-Wert in L11) und mit der Steigung aus K11 ermittelt. In den Spalten O und P wird der Schnittpunkt der in die Linse verlängerten Strahlen bestimmt.

Fragen

zu Abb. 8.13 (T):

In K11 wird die Steigung des austretenden Strahls berechnet. Die Formel greift auf Zellen in Abb. 8.12 (T) zu. Wie lautet sie?[8]

---

[8]K11 = [=(G10 − G9)/(F10 − F9)].

Der von links kommende Strahls wird bis $x = 0$ verlängert. In L11 steht y_0, der zugehörige y-Wert. Wie lautet die Formel in L11?[9]

In N11 steht der y-Wert für $x_s = 20$ des austretenden Strahls. Wie lautet die Formel in N11? Hinweis: Es werden nur Formelzeichen, also Namen von Zellen, eingesetzt.[10]

8.6.3 Brennpunkt und bildseitige Hauptebene der Linse

▶ **Mag** Wie bestimmt man experimentell den Brennpunkt einer Linse?

▶ **Tim** Wir haben gelernt, dass parallel zur optischen Achse auf eine Linse auftreffende Strahlen nach zweimaliger Brechung an den Linsenoberflächen durch den bildseitigen Brennpunkt gehen.

▶ **Mag** Genau. Um diese Regel mit einer Simulation nachzuvollziehen und den Brennpunkt zu bestimmen, lassen wir ein paralleles Strahlenbündel auf die Linse fallen und bestimmen den Schnittpunkt der Strahlen nach Durchgang durch die Linse. Der Tabellenaufbau in Abb. 8.12 (T) und in Abb. 8.13 (T) wird um neun weitere Strahlen erweitert.

▶ **Alac** Das geht ganz einfach. Wir kopieren den Bereich B7:P11 mehrfach kopiert und erhöhen die y-Koordinaten der Aufpunkte hinter der Linse stufenweise.

▶ **Mag** Gut. Das geht natürlich nur, wenn wir absolute und relative Zellbezüge vorausschauend klug gesetzt haben. Es können dann wieder alle zehn Strahlengänge zusammen optimiert werden, indem die Winkel ϕ_L variiert werden.

▶ **Alac** Man kann als zu variierende Größe einen Spaltenbereich ab C8 einsetzen. Die leeren Zellen werden von SOLVER mit Nullen gefüllt.

Das Ergebnis für eine Linse mit den Parametern aus Abb. 8.12 (T) sieht man in Abb. 8.14. Die in die Linse hinein verlängerten Strahlen schneiden sich in der Hauptebene.

Das einfallende Strahlenbündel wird dadurch parallel gemacht, dass der Gegenstandspunkt nach $x = -\infty$, tatsächlich nach $x = -50.000$ verlegt wird. Die Strahlen schneiden sich bei $x \approx 9{,}8$. Der Schnittpunkt der von beiden Seiten in die Linse verlängerten ein- und auslaufenden Strahlen liegt im Mittel bei $x = 0{,}62$. Die bildseitige Hauptebene liegt also bei $x = 0{,}62$ und die bildseitige Brennweite der Linse ist $f' \approx 9{,}18$.

---

[9]L11 = [=G10 − m*F10].
[10]N11 = [=y.0 + m*x.s].

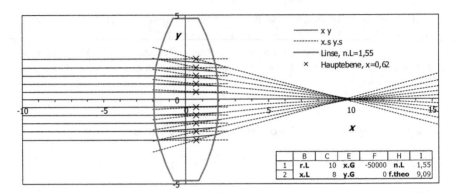

Abb. 8.14 𝔅 Parallel einfallende Strahlen schneiden sich nach Durchgang durch die Linse im Brennpunkt. Die in die Linse hinein verlängerten Strahlen schneiden sich in der Hauptebene

Die Brennweite für dünne Linsen wird in der Literatur mit der Formel:

$$\frac{1}{f} = (n - 1)\left(\frac{1}{r_1} + \frac{1}{r_2}\right) \tag{8.2}$$

berechnet. Die Brennweite für die oben definierte Linse wird in I2 von Abb. 8.12 (T) zu $f_{ber} = 9{,}09$ berechnet. Das ist etwa 1 % weniger, als wir nach Fermat ermittelt haben. Eine gute Übereinstimmung!

▶ **Alac** Die im Bildraum zusammenlaufenden Strahlen in Abb. 8.14 sehen schon mal schön aus. Hinzu kommt, dass wir nur mit SOLVER und der Geradengleichung die Hauptebene der Linse finden. Ich nominiere Abb. 8.14 für den Schönheitswettbewerb 𝔅.

Bildpunkt
In Abb. 8.15 fällt ein Strahlenbüschel von einem Gegenstandspunkt von links auf die Linse und läuft, mit den oben beschriebenen Variationsverfahren optimiert, rechts von der Linse durch einen Bildpunkt.

Der Bildpunkt dehnt sich aus

▶ **Mag** Warum werden Fotos schärfer, wenn sie mit kleinen Blendenöffnungen (entsprechend großen Blendenzahlen) aufgenommen werden?

▶ **Tim** Es wird gesagt, dass die Tiefenschärfe größer wird. Das ist wichtig für Landschaftsaufnahmen mit Vordergrund, weil der Entfernungsbereich so groß ist und bei Makroaufnahmen, weil das Objekt leicht aus dem Fokus gerät.

▶ **Alac** Was hat das mit unserer Simulation zu tun?

▶ **Mag** Wir sehen in Abb. 8.15, dass der Bildpunkt nicht ganz scharf ist. Die Randstrahlen schneiden sich bei kürzeren Abständen zur Linse als die mittleren

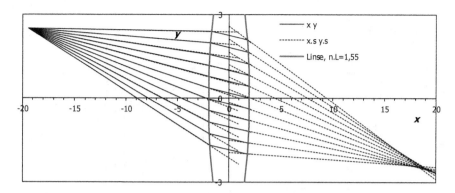

Abb. 8.15 Ein Gegenstandspunkt bei $(-19{,}44;\ 2{,}5)$ wird etwa bei $(18{,}5;\ -2{,}3)$ abgebildet. Die festgehaltenen Punkte der Strahlen im Bildraum liegen bei $x = 2{,}2$, nicht auf der Linsenoberfläche

Strahlen. Das Bild wird umso schärfer, je mehr die Randstrahlen ausgeblendet werden. Bildpunkte von nahen und fernen Gegenstandspunkten liegen dann in derselben Bildebene.

> **Fragen**
> Wie sollte man die Blendenöffnung einstellen (Blendenzahl größer oder kleiner), wenn man ein Bild von einem Gesicht vor unscharfem Hintergrund entstehen soll?[11]

8.7 Bildkonstruktion mit zwei Hauptebenen

> Es wird gezeigt, wie in der geometrischen Optik die Bilder konstruiert werden, die von dicken Linsen erzeugt werden.

Der Grundsatz für eine Bildkonstruktion ist, dass alle Strahlen, die von einem Gegenstandspunkt ausgehen, nach Brechung in einer Sammellinse durch einen Bildpunkt gehen. In Abschn. 8.6.3 haben wir diesen Grundsatz mithilfe des Fermat'schen Prinzips illustriert. Die Bildkonstruktion mit Parallelstrahl und Brennpunktstrahl ist *eine Folge dieses Grundsatzes,* nicht etwa seine Voraussetzung.

Ein Bild für eine Linse mit zwei Hauptebenen wird in Abb. 8.16 konstruiert.

Im Folgenden wird gegenstandsseitig mit „g" und bildseitig mit „b" abgekürzt. Alle drei Konstruktionsstrahlen gehen vom Gegenstandspunkt aus.

---

[11]Die Blendenöffnung sollte für Porträtaufnahmen möglichst groß sein (die Blendenzahl also möglichst klein), weil dann nur ein kleiner Gegenstandsbereich scharf abgebildet wird.

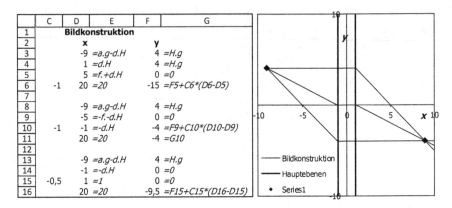

Abb. 8.16 a (links) Bildkonstruktion für eine Linse mit zwei Hauptebenen **b** (rechts) grafische Darstellung der Geraden aus a

Der Parallelstrahl geht horizontal bis zur b-Hauptebene (bildseitig), von dort zum b-Brennpunkt und wird dann mit derselben Steigung weitergeführt (D3:F6). Der Brennpunktstrahl geht zum g-Brennpunkt (gegenstandsseitig), mit derselben Steigung weiter zur g-Hauptebene und dann horizontal weiter in den Bildraum (D8:F11). Der Mittenstrahl geht zum Schnittpunkt der g-Hauptebene mit der optischen Achse (der x-Achse), verläuft auf der optischen Achse bis zur b-Hauptebene und dann mit derselben Steigung wie auf der g-Seite im Bildraum weiter (D13:F16). Wir sehen, dass sich alle drei Strahlen in einem Punkt schneiden. Das ist der ideale Bildpunkt.

8.8 Brennweiten und Hauptebenen von Bikonkav- und Konkav-konvex-Linsen

Die Brennweiten und Hauptebenen von verschiedenen Linsenformen werden mit einem ähnlichen Tabellenaufbau wie für die Bikonvexlinse bestimmt. Es müssen lediglich die Parameter Radius r_L und Lage x_L des Mittelpunktes der Begrenzungskreise der Linsen geändert werden.

Bikonkav wie Bikonvex

Wir können die Tabellenrechnung nach Abb. 8.12 (T) und 8.13 (T) auf eine Bikonkavlinse anwenden, indem wir nur die Werte für Radius und Mittelpunkt der Begrenzungskreise der Linse sowie die x-Koordinaten für die Verlängerung des Strahlenweges verändern. Das Ergebnis einer entsprechenden Rechnung sieht man in Abb. 8.17. Die Linsenparameter sind als Teilbild in das Diagramm eingefügt.

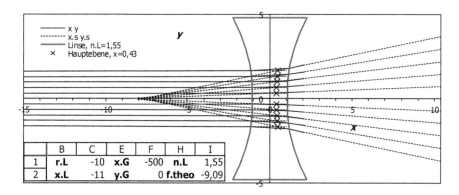

Abb. 8.17 Ein paralleles Lichtbündel fällt auf eine Bikonkavlinse und divergiert

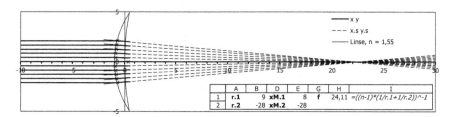

Abb. 8.18 Parallelstrahl durch eine konkav-konvexe Linse, deren Querschnitt mit den zwei Radien und zwei Mittelpunkten im eingefügten Teilbild beschrieben wird

Das Lichtbündel divergiert nach Durchgang durch die Linse. Die rückwärtigen Verlängerungen der divergenten Strahlen schneiden sich alle in einem Punkt, dem virtuellen Bildpunkt. Er liegt bei $x = -8,1$. Die bildseitige Hauptebene wird bei $x = 0,43$ verortet. Der Betrag der Brennweite ist somit 8,53. Das ist 6 % weniger als in I2 von Abb. 8.17 nach der Formel für dünne Linsen, Gl. 8.2, berechnet wird.

Konkav-konvex mit zwei verschiedenen Radien

Der Querschnitt einer konkav-konvexen Linse besteht aus zwei Kreisen mit verschiedenen Radien r_1, r_2 und verschiedenen Mittelpunkten bei x_{M1} und x_{M2}. Unsere bisherige Tabellenrechnung muss deshalb erweitert werden. Die Koordinaten auf der Eintrittsfläche werden mit r_1 und x_{M1} berechnet, diejenigen auf der Austrittsfläche mit r_2 und x_{M2}. Abgesehen davon bleibt alles gleich. Ein Beispiel sieht man in Abb. 8.18. Die Parameter für die Linse sind im Teilbild aufgelistet.

Die in den rechten Halbraum verlängerten Strahlen schneiden sich bei $x = 23,4$. Die in die Linse verlängerten Strahlen schneiden sich im Mittel bei $x \approx -0,8$. Das ergibt eine bildseitige Brennweite vom Betrag 24,2. Ein fast gleicher Wert von 24,1 wird in H1 im Teilbild von Abb. 8.18 mit der Formel Gl. 8.2 für dünne Linsen berechnet.

Modellverteilungen durch Simulation physikalischer Prozesse

9

In diesem Kapitel sollen physikalische Experimente simuliert werden, bei denen als Ergebnis die Verteilung einer Messgröße herauskommt, z. B. Zerfallsraten beim radioaktiven Zerfall, Stoßzeiten von Molekülen in Gasen oder Frequenzverteilungen bei der Emission von Licht durch Atomen in Gasen. In der Tabellenkalkulation oder in den VISUAL-BASIC-Makros soll dabei das physikalische Experiment möglichst prinzipientreu *ohne expliziten Einsatz von speziellen Funktionen* nachgebildet werden.

9.1 Einleitung: Verteilungen durch Zufallsprozesse

Vorweg eine Denksportübung

Auf einer Party mit 400 Gästen werden 200 Stehtische verteilt, auf denen sich je ein Würfel mit Augenzahlen von 0 bis 5 befindet. Jeder Gast erhält zu Beginn der Party 200 Spielmarken, entsprechend der Verteilung in Abb. 9.1, und wandert zufällig von Tisch zu Tisch.

Immer, wenn sich zwei Gäste an einem Tisch treffen, einigen sie sich, wer Spieler 1 ist, z. B. derjenige mit weniger Spielmarken, dann legen sie ihre Spielmarken zusammen auf den Tisch, würfeln und teilen die Marken gemäß der Augenzahl wieder auf. Beispiel: Augenzahl 3, Spieler 1 erhält 3/5 der Gesamtsumme, Augenzahl 0, Spieler 1 erhält nichts. Welche Art der Verteilung der Chips erwarten Sie am Ende der Party?

Tabellenaufbau für alle Übungen

Die Übungen sollen alle spaltenweise nach dem folgenden Schema ausgeführt werden.

- Ein Zufallsexperiment wird ausgeführt und liefert Zahlen in Spalte A.
- Eine Häufigkeitsverteilung wird erstellt, Spalten B, C, D.

© Springer-Verlag GmbH Deutschland, ein Teil von Springer Nature 2018
D. Mergel, *Physik lernen mit Excel und Visual Basic,*
https://doi.org/10.1007/978-3-662-57513-0_9

Abb. 9.1 Anfangsverteilung des Kapitals, jeder der 400 Spieler erhält 200 Spielmarken

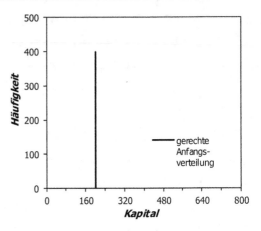

- Die experimentellen Häufigkeiten werden mit theoretischen Häufigkeiten (In Spalte E) verglichen. Das geschieht mit dem (richtig ausgeführten) Chi^2-Test.
- Mit einer Protokollroutine wird das Zufallsexperiment vielfach wiederholt und die Häufigkeiten werden summiert. Dadurch wird das Vertrauensniveau der statistischen Aussagen genauer.
- Die summierten Häufigkeiten werden wieder mit theoretisch (in Spalte G) berechneten verglichen.

Wenn die Ergebnisse des Zufallsexperiments nicht nur in Spalte A sondern in mehreren Spalten aufgezeichnet werden, dann verschieben sich die Spalten nach rechts. Genauso, wenn leere Spalten eingeführt werden, um die Lesbarkeit der Tabelle zu erhöhen.

Chi^2-Test
Der Chi^2-Test wird verwendet, um

- Fehler in der Tabellenkalkulation und in der Programmierung aufzudecken,
- Modellannahmen zu testen (dafür wurde er gemacht),
- Grenzwertaussagen Richtung Unendlich (oho!) zu verfolgen.

Es gibt zwei Möglichkeiten, einen Chi^2-Test durchzuführen:

1. Mit der Tabellenfunktion CHIQU.TEST. Für diesen Test darf kein Parameter der Verteilung aus den Daten geschätzt werden.
2. Indem der Wert von *Chi^2* durch Vergleich der empirischen mit den theoretischen Häufigkeiten in den entsprechenden Intervallen berechnet und dieser Wert dann in die Tabellenfunktion = CHIQU.VE.RE(*Chi^2;f*) eingesetzt wird. Dabei ist *f* der Freiheitsgrad des Vergleichs, entsprechend (Anzahl der Intervalle − 1 − Anzahl der *aus den Daten geschätzten* Parameter der theoretischen Verteilung).

Programmierung

FOR-Schleifen werden durch einen Schleifenparameter gesteuert, der von einem Minimum s_{min} bis zu einem Maximum s_{max} in immer gleichen Schritten ds erhöht wird, wobei die drei Parameter vor Eintritt in die Schleife feststehen. Oft wird außerdem ein Laufparameter eingesetzt, dessen Anfangswert vor Eintritt in die Schleife festgelegt und der in den Schleifen hochgezählt wird. Wir erinnern uns an (Band I, Abschn. 4.2):

Ψ *In den Schleifen weiterzählen.*

Do … Loop-Schleifen werden eingesetzt, die abgebrochen werden, wenn eine Bedingung erfüllt ist, die am Anfang (While…) oder Ende (Until…) jedes Zyklus abgefragt werden.

Zeigerparameter werden benötigt, wenn eine Tabelle in wiederholten Progammaufrufen beschrieben werden soll. Sie geben meist die nächste freie Zelle an, in die geschrieben werden soll, stehen in einer Zelle der Tabelle, werden von dem Programm gelesen und aktualisiert, nachdem das Programm neue Daten in die Tabelle eingetragen hat.

9.2 Normalverteilung als Verteilung von Mittelwerten

Die Mittelwerte einer endlichen Menge gleichverteilter Zahlen sind normalverteilt. Die Varianz der Verteilung der Mittelwerte solcher Mengen ist umgekehrt proportional zur Mächtigkeit der Menge.

Mittelwerte von 40 Zufallszahlen

Wir erzeugen in zehn Spalten je 160 Zufallszahlen gleichverteilt zwischen 0 und 1 und bilden spaltenweise die Mittelwerte M_W. Ein Beispiel finden Sie in Abb. 9.2 (T), Spalten A bis J.

Im Zeilenvektor $M_W = $ [A5:J5] (zehn Spalten breit) werden die Mittelwerte von je 40 Zufallszahlen gebildet. Mittelwert und Standardabweichung dieser zehn Werte werden in L5 und M5 berechnet. In L4 und M4 werden die aktuellen Werte von einer Protokollprozedur Sub *AddFreq* aufsummiert und schließlich durch die Anzahl der Summanden geteilt.

Wir bestimmen dann die Verteilung der zehn Mittelwerte in M_W mit der Tabellenfunktion Häufigkeit. In Abb. 9.2 (T) wird das in Spalte P (Spaltenvektor *Häuf*) durchgeführt. Nach einem vorläufigen Test haben wir den Bereich der Intervallgrenzen I_b in Spalte O auf 0,41 bis 0,61 mit einer Breite von 0,02 (in O2) festgelegt. Die Häufigkeiten in diesen Intervallen sind spärlich besetzt. Wir haben ja insgesamt nur zehn Werte auf zwölf Intervalle verteilt.

	A	J	K	L	M	N	O	P	Q	R	S	T	U
1	=ZUFALLSZAHL()	=MITTELWERT(J7:J46)		=MITTELWERT(M.W) =VAR.S(M.W)		=WURZEL(var)	=O4+$O$2	=HÄUFIGKEIT(M.W;I.b)	=SUMME(beob)	=MITTELWERT(O4:O5)	=NORMVERT(I.b;mw;std;1)	=(S5-S4)*$Q$2	
2	MW von 40						0,02	10	**1000**			1000	
3				**mw**	**var**	**std**	**I.b**	**Häuf**	**beob**	**I.c**	**Normv**	**erwart**	
4				0,50	0,00	**0,05**	0,41	0	30		0,029	29	
5	0,42	**0,55**	**M.W**	**0,50**	**0,003**		0,43	2	39	**0,420**	**0,071**	**42**	
6	1	10					0,45	1	75	0,440	0,148	78	
7	**0,54**	0,75					0,47	0	123	0,460	0,269	121	
14	0,98	0,55					0,61	1	19	0,600	0,991	17	
15	0,04	0,19						0	11			9	
46	0,47	0,59											

Abb. 9.2 (T) In A7:J46 stehen 10×40 Zufallszahlen; Spalten C bis I sind ausgeblendet. In A5:J5 werden deren spaltenweise Mittelwert bestimmt, deren Häufigkeitsverteilung in *Häuf* in Spalte P bestimmt wird. Intervallgrenzen I_b; Intervallmitten I_c

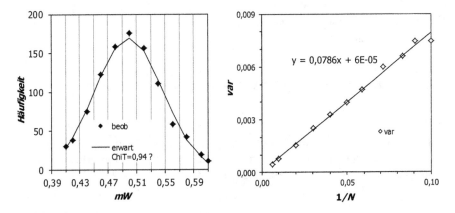

Abb. 9.3 **a** (links) Beobachtete und berechnete Häufigkeiten von 1000 Mittelwerten von je 40 zwischen 0 und 1 gleichverteilten Zufallszahlen. **b** (rechts) Varianz des Mittelwertes von N Zufallszahlen

Hundertfache Wiederholung des Zufallsexperiments

Zur Verbesserung der Statistik führen wir das Zufallsexperiment mehrfach durch und addieren die Häufigkeiten des Einzelexperiments im Spaltenvektor *beob*. Das geschieht mit einer Protokollroutine *AddFreq*, die in Abb. 9.5 (P) am Ende der Übung wiedergegeben wird. Dabei ist darauf zu achten, dass während der Addition die automatische Berechnung der Tabelle ausgeschaltet wird, damit sich die Zufallszahlen und damit die Häufigkeitsverteilung des aktuellen Einzelexperiments während der Addition nicht verändert.

Zur Kontrolle bilden wir die Summe über die Einzelverteilung und über die addierte Verteilung. Wir erhalten erwartungsgemäß Summen von 10 bzw. 1000 für 100 Wiederholungen. Kämen andere Werte heraus, dann hätten wir etwas falsch gemacht.

Für eine hundertfache Wiederholung des Einzelexperiments mit zehn Mittelwerten erhalten wir also 1000 Werte, deren Verteilung in Abb. 9.3a durch schwarze Rauten wiedergegeben wird.

Vergleich mit der Normalverteilung

Die experimentellen Häufigkeiten in den Intervallen sollen mit der Normalverteilung verglichen werden, deren Parameter der Mittelwert und die Standardabweichung aller $10 \times 100 = 1000$ Mittelwerte sind. Diese Parameter werden ebenfalls von der Prozedur *AddFreq* bestimmt, indem Mittelwert und Standardabweichung des aktuellen Satzes von zehn Werten von *M.W* bei jeder Wiederholung des Einzelexperiments aufaddiert werden und zum Schluss durch die Anzahl der Wiederholungen geteilt werden. In Abb. 9.2 (T) geschieht das im Bereich L4:N4. Die Ergebnisse werden mit *mw* und *std* bezeichnet und gehen dann mit diesen Namen in die Berechnung der kumulierten Normalverteilung (Spaltenvektor *Normv* in Spalte S) ein. Aus *Normv* wird dann (im Spaltenvektor *erwart*) berechnet, wie häufig Werte in den Intervallen zu erwarten sind. Das Ergebnis wird als durchgezogene Kurve im Diagramm dargestellt.

▶ **Mag** Wir sehen, dass die Kurve in Abb. 9.3a die ermittelten Häufigkeiten recht gut trifft. Der Vergleich von *beob* und *erwart* im CHIQU.TEST ergibt einen Wert von 0,94, das heißt, wenn alles mit rechten Dingen zugegangen wäre, dann würde in 94 % der Fälle die ermittelte Häufigkeit noch stärker von der angenommenen Normalverteilung abweichen als in unserem aktuellen Fall. Bis jetzt spricht also nichts gegen die Hypothese, dass die Verteilung der Mittelwerte der gleichverteilten Stichproben vom Umfang 40 durch eine Normalverteilung dargestellt wird.

▶ **Tim** Wieso die starke Einschränkung: „Wenn alles mit rechten Dingen zugegangen wäre?"

▶ **Mag** Wir haben die Tabellenfunktion CHIQU.TEST eingesetzt, um den Chi²-Test zu machen.

▶ **Alac** Das haben wir doch schon oft gemacht und alle Regeln befolgt, z. B. liegen in jedem Intervall wie gefordert mehr als sechs Werte.

▶ **Mag** Das ist auch richtig. Der Fehler liegt darin, dass die Funktion CHIQU.TEST einen Freiheitsgrad annimmt, der für unser Experiment nicht zutrifft.

▶ **Alac** Ich wiederhole: Freiheitsgrad = Anzahl der Intervalle −1; „−1", weil die Anzahl im letzten Intervall schon durch die Anzahl in den anderen Intervallen und die Gesamtzahl der Daten festgelegt wird. Für uns müsste also $f = 11$ gelten.

▶ **Mag** Diese Regel gilt nur, wenn kein Parameter der theoretischen Verteilung aus den Daten geschätzt wird. Wir haben aber Mittelwert und Standardabweichung aus den Daten geschätzt. Also erniedrigt sich der Freiheitsgrad um zwei auf $f = 12 - 1 - 2 = 9$. Wir müssen also anders vorgehen, um einen Wert für den Chi²-Test zu erhalten, mehr dazu in Abb. 9.4 (T).

In W4:W15 werden die Chi²-Werte für die einzelnen Intervalle berechnet und in W2 summiert. Diese Summe setzen wir als Chi² in die Tabellenfunktion CHIQU.

	V	W	X	Y	Z	AA	AB	AC	AD	AE
1	=CHITEST(beob;erwart)	=(beob-erwart)^2/erwart	=CHIQU.VERT.RE(W2;11)	=CHIQU.VERT.RE(W2;10)	=CHIQU.VERT.RE(W2;9)	=CHIQU.VERT.RE(W2;8)	=MITTELWERT(AB4:AB103)	=MITTELWERT(AC4:AC103)		
2	0,94	4,79	0,94	0,90	0,85	0,78	0,59	0,52	0,44	0,37
3							11	10	9	8
4		0,05					0,66	0,57	0,48	0,38

Abb. 9.4 (T) Chi²-Test der Daten in Abb. 9.2 (T) mit verschiedenen Freiheitsgraden, $f = 11$ bis 8

VERT(Chi^2;f) in X2:AA2 mit Freiheitsgraden von 11 bis 8 ein. Die Werte nehmen mit zunehmendem Freiheitsgrad ab. Das Ergebnis der Tabellenfunktion CHIQU.TEST in V2 entspricht dem Wert von CHIQU.VERT mit 11 Freiheitsgraden in X2, wie erwartet.

▶ **Mag** Wie können wir experimentell herausfinden, welcher Freiheitsgrad für diese Übung der richtige ist?

▶ **Alac** Das geht mit einem Vielfachtest auf Gleichverteilung der Ergebnisse. Für einen richtig angewandten Chi²-Test müssen seine Ergebnisse zwischen 0 und 1 gleichverteilt sein.

▶ **Mag** Wir machen es diesmal einfacher und bestimmen den Mittelwert von 1000 Simulationen.

▶ **Tim** Da muss dann wohl 0,5 für die richtige Wahl des Freiheitsgrades, nämlich $f = 9$, herauskommen. Tut es aber nicht. Unser Versuch kann sich nicht zwischen $f = 9$ (0,44) und $f = 10$ (0,52) entscheiden. Was macht EXCEL falsch?

▶ **Alac** Machen wir doch einfach denselben Test mit Zufallszahlen, die mit NORM.INV(ZUFALLSZAHL();0;1) erzeugt werden.

▶ **Tim** Jetzt haben Chi²-Tests mit dem theoretisch richtigen Freiheitsgrad tatsächlich einen Mittelwert von 0,50.

▶ **Alac** Wir können wir also getrost annehmen, dass die EXCEL-Funktion CHIQU. VERT alles richtig macht.

▶ **Tim** Die Verteilung unserer Mittelwerte in Abb. 9.3a ist also ziemlich eine Normalverteilung, aber doch nicht so ganz.

▶ **Mag** Unsere Übung ist ein Beispiel für den *Zentralen Grenzwertsatz der Statistik*. Der besagt, dass sich die Verteilung der Stichprobenmittelwerte mehrerer Stichproben mit wachsendem Stichprobenumfang einer Normalverteilung *annähert*.

▶ **Tim** *Annähern* passt ja dann doch zu unserem Befund.

Varianz als Funktion der Mächtigkeit der Menge von Zufallszahlen

In Abb. 9.3b wird die Varianz der Verteilung als Funktion von $1/N$ dargestellt. N ist dabei die Anzahl der Zufallszahlen, von denen der Mittelwert gebildet wird. Für Abb. 9.3a ist diese Anzahl 40, $1/N = 0{,}025$.

Zur Übung

In der dargestellten Tabellenkalkulation haben wir im Einzelexperiment zehn Mittelwerte über jeweils 40 Zufallszahlen zwischen 0 und 1 berechnet und nach hundertfacher Wiederholung dann die Häufigkeitsverteilung der Mittelwerte bestimmt.

Aufgabe

Verändern Sie die Tabellenkalkulation. Im Einzelexperiment soll nur ein Mittelwert bestimmt werden. Die Häufigkeitsverteilung enthält dann nur in einer Position den Wert 1. Welche Häufigkeitsverteilung (Mittelwert und Standardabweichung) erwarten Sie, wenn das Einzelexperiment ebenfalls hundertmal durchgeführt wird?

Prüfungen und Kontrollen einbauen

Die Summe über alle Häufigkeiten sollte der Anzahl der Daten entsprechen. Wenn das nicht der Fall ist, dann stimmt die Anzahl der Daten nicht, deren Häufigkeiten bestimmt werden sollen. Das kann passieren, wenn die Häufigkeiten von einer Protokollroutine aufsummiert werden und die automatische Berechnung vorher nicht ausgeschaltet worden ist. Bei jedem Eintrag in eine Zelle der Summenhäufigkeit werden alle Zufallszahlen neu berechnet und die Häufigkeiten der Daten in den Intervallen ändern sich.

Mit dem Chi^2-Test kann man prüfen, ob die ermittelte Verteilung der Erwartung entspricht. Wenn diese Tabellenfunktion eingesetzt wird, dann darf kein Parameter der theoretischen Verteilung aus der Stichprobe geschätzt werden.

Fragen

Wie hängt die Standardabweichung der Verteilung der Mittelwerte von der Anzahl der Zufallszahlen ab, über die gemittelt wird? Mitteln Sie über 10, 40 und 160 Zufallszahlen![1]

Wie entwickeln sich die Ergebnisse von CHIQU.TEST, wenn die Zahl der Wiederholungen wächst? Was erwarten Sie?[2]

---

[1]Die Standardabweichung ist umgekehrt proportional zur Wurzel aus der Anzahl der Zufallszahlen. Die Varianz, das Quadrat der Standardabweichung, ist proportional zu $1/N$.

[2]Die Ergebnisse von CHIQU.TEST liegen immer zwischen 0 und 1, unabhängig von der Anzahl der Zufallszahlen. Mit der empirisch begründeten Einschränkung: In jedes Intervall sollten mindestens fünf Werte fallen.

1 **Sub AddFreq()**	Range("M4") = Range("M4") + Range("M5") 11
2 Range("L4:M4").ClearContents	*'Sum-up frequ. from column P into column Q* 12
3 Range("Q4:Q15").ClearContents	For r = 4 To 15 13
4 *These ranges will be rewritten.*	Cells(r, 17) = Cells(r, 17) + Cells(r, 16) 14
5 maxrep = 100	Next r 15
6 For rep = 1 To maxrep	Application.Calculation = xlCalculationAutomatic 16
7 Application.Calculation = xlCalculationManual	Next rep 17
8 *'Sum and average of MW*	Range("L4") = Range("L4") / maxrep 18
9 Range("L4") = Range("L4") + Range("L5")	Range("M4") = Range("M4") / maxrep 19
10 *'Sum and average of variance*	End Sub 20

Abb. 9.5 (P) Sub *AddFreq* summiert die Häufigkeitsverteilung in Abb. 9.2 (T) bei vielfacher *(maxrep)* Wiederholung des Zufallsexperiments

Wie groß ist der Mittelwert von Chi^2-Tests, wenn die theoretische Verteilung die empirischen Daten richtig beschreibt bzw. wenn sie diese nicht richtig beschreibt?[3]

Protokollroutine
Die Protokollroutine Sub *AddFreq* in Abb. 9.5 (P) aktualisiert mit Zeile 8 die Summe der Mittelwerte in L3 und in Zeile 9 den mittleren Mittelwert in L6 von Abb. 9.2 (T).

Fragen
Welche Operationen werden in den Zeilen 11 und 19 von Abb. 9.5 (P) ausgeführt?[4]
Welche Operationen werden in der Schleife der Zeilen 13 bis 15 ausgeführt?[5]

9.3   Spontaner Zerfall von Atomen, Poisson-Verteilung

Wir betrachten ein Ensemble von 10.000 Atomen, die mit einer bestimmten kleinen Rate zerfallen, bestimmen die Häufigkeit der Anzahl von Zerfällen pro Zeiteinheit und vergleichen mit der Poisson-Verteilung, der Binomialverteilung und der Normalverteilung. Dabei erfahren wir wieder einmal, dass man beim Chi^2-Test Vorsicht walten lassen muss.

---

[3]Wenn die theoretische Verteilung die empirischen Daten richtig wiedergibt, dann sollte der Mittelwert aller Werte von Chi^2-Tests bei 0,5 liegen. Wenn das nicht der Fall ist, dann sollte der Mittelwert kleiner sein.

[4]In Zeile 11 wird die Summe der Varianzen in M4 von Abb. 9.2 (T) gebildet. In Zeile 19 wird diese Summe durch die Anzahl der Wiederholungen geteilt.

[5]In der Schleife For r = 4 to 15 werden die Häufigkeiten des aktuellen Einzelexperiments (Cells[r, 16], Spalte P) zur Summe der Häufigkeiten (Cells[r, 17], Spalte Q) addiert.

	A	B	C	D	E	F	G	H	I	J
1	**p.d**	0,00025	*Zerfallswahrscheinlichkeit*				**957**	*=SUMMENPRODUKT(Z.A;freq)*		
2	**N.A**	10000	*=ANZAHL(Atome)*				**400**	*=SUMME(freq)*		
3	**μ.theo**	2,5	*=N.A*p.d*			*μ.exp*	**2,393**	*=G1/G2*		*N=400; μ.exp=2,39*
4	**N.d**	2	*=ZÄHLENWENN(B6:B10005;"<"&B2)*							
5							2,393	*=MITTELWERT(Zerfälle)*	0,93	*=CHITEST(H8:H16;I8:I16)*
6		*=ZUFALLSZAHL()*					1,505	*=STABW(Zerfälle)*		
7		**Atome**			**Zerfälle**		**Z.A**	**freq**	**Poisson**	*Poisson; μ.theo=2,5; ChiT=0,93*
8		0,15			2		0	29	32,83	*=ZÄHLENWENN(Zerfälle;Z.A)*
9		0,75			3		1	95	**82,08**	*=POISSON(Z.A;μ.theo;0)*$G$2*
16		0,03			4		8	2	1,24	
10007		0,55								

Abb. 9.6 (T) In B4 wird gezählt, wie oft die Zufallszahlen in B8:B10007 kleiner als die in B1 vorgegebene Zerfallswahrscheinlichkeit p_d sind. Eine Prozedur *Protoc* schreibt die Zahl der Zerfälle aus B4 400-mal fortlaufend in Spalte E ab Zeile 8. In H8:H16 werden mit ZÄHLENWENN(BEREICH; SUCHKRITERIEN) die Häufigkeiten *freq* der Zerfälle gezählt und in Spalte I mit der Poisson-Verteilung verglichen. Die Zeilen 10 bis 15 und 17 bis 10.006 sind ausgeblendet

Radioaktiver Zerfall mit sehr kleiner Zerfallsrate

Wir betrachten eine Menge von radioaktiven Atomen mit einer *Zerfallsrate = Zerfallswahrscheinlichkeit/Zeit* $= 2{,}5 \times 10^{-4}$. Man erwartet also, dass von 10.000 Atomen im Mittel 2,5 Atome pro Zeiteinheit zerfallen, mal mehr, mal weniger. Wie sieht nun die Verteilung der Anzahl der Zerfälle pro Zeiteinheit aus? Kann es vorkommen, dass kein Atom zerfällt oder dass zehn Atome pro Zeiteinheit zerfallen?

Zur Simulation dieses Vorgangs erzeugen wir 10.000 Zufallszahlen und zählen mit folgender Tabellenfunktion, wie oft deren Wert kleiner als eine vorgegebene Zerfallswahrscheinlichkeit p_d ist:

ZÄHLENWENN(BEREICH; SUCHKRITERIEN),

im Beispiel der Rechnung in ist Abb. 9.6 ZÄHLENWENN(B8:B10007; „<"&P.D)
(Abb. 9.6 (T)). Im aktuellen Beispiel ist das für vier Atome der Fall ($N_d = 4$ in Zelle B4).

Bei jeder Veränderung der Tabelle, z. B. wenn der Inhalt einer schon leeren Zelle „gelöscht" wird, entstehen alle Zufallszahlen neu, und wir erhalten einen anderen Wert für N_d, die Anzahl der Zerfälle. Probieren Sie es aus!

Häufigkeitsverteilung der Zerfälle pro Zeiteinheit

Mit einer Protokollroutine (Abb. 9.8 (P)) protokollieren wir fortlaufend die Zahl der Zerfälle. In Abb. 9.6 (T) geschieht das 400-mal in Spalte E, ab Reihe 8. Bei jedem neuen Eintrag von Zerfallszahlen in Spalte E werden die 10.000 Zufallszahlen in Spalte B neu erzeugt.

Wir zählen jetzt, wie oft 0, 1, 2, …, 15 Zerfälle vorkommen (in *freq*), wiederum mit der Tabellenfunktion ZÄHLENWENN(BEREICH, SUCHKRITERIEN), siehe die Formel in I8, die für H8 gilt. Als Suchkriterien werden jetzt die Elemente des Spaltenvektors Z_A eingesetzt. Die Häufigkeiten werden in Abb. 9.7a ($p = 0{,}25 \permil$ $p_d = 0{,}0005$ in B1 von Abb. 9.6 (T)) und in Abb. 9.7b ($p = 0{,}5 \permil$) mit offenen

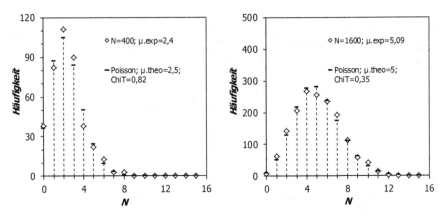

Abb. 9.7 **a** (links) Zerfälle von 10.000 Atomen pro Zeiteinheit bei einer Zerfallsrate von 0,00025. **b** (rechts) Zerfälle von 10.000 Atomen pro Zeiteinheit bei einer Zerfallsrate von 0,0005

1	**Sub Protoc()**	
2	'Writes down the number of incidences	
3	'found in column A	
4	cn = 5 'column	
5	rw = 8 ' first row	
6	Range("E8:E1607").ClearContents	

For i = 1 To 400	7
Cells(rw, cn) = Cells(4, 2)	8
'Number of incidences	9
rw = rw + 1	10
Next i	11
End Sub	12

Abb. 9.8 (P) Sᴜʙ *Protoc* wird auf Abb. 9.6 (T) angewandt. Die Routine überträgt die Anzahl der Zerfälle in B4 (Cells(4,2)) 400-mal in die Spalte E (*cn* = 5), ab Reihe *rw* = 8

Rauten wiedergegeben. Sie sollen jetzt mit der *Poisson-Verteilung* verglichen werden, die erwartet wird, wenn Ereignisse nur sehr selten eintreten.

Die Poisson-Verteilung
Die Poisson-Verteilung gilt für kleine Wahrscheinlichkeiten *p* und große Ensembles (der Mächtigkeit *N*). Sie lautet:

$$P(X = k) = \frac{\mu^k}{k!} e^{-\mu} \text{ mit } \mu = N \cdot p \qquad (9.1)$$

Der Parameter μ ist der Erwartungswert der Verteilung. Die Poisson-Verteilung ist nur für natürliche Zahlen definiert, ist also eine diskrete Funktion.

Die zugehörige Tabellenfunktion lautet: Pᴏɪssᴏɴ(X; Mɪᴛᴛᴇʟᴡᴇʀᴛ; Kᴜᴍᴜʟɪᴇʀᴛ). Wir setzen für *X* den Spaltenvektor *freq* ein und für Kᴜᴍᴜʟɪᴇʀᴛ = 0, denn wir wollen die Wahrscheinlichkeit für eine bestimmte Anzahl von Zerfällen haben. Wenn wir Kᴜᴍᴜʟɪᴇʀᴛ = 1 oder = ᴡᴀʜʀ setzen, dann gibt Pᴏɪssᴏɴ die integrale Verteilungsfunktion zurück, also die Wahrscheinlichkeit weniger als oder gleich viele wie eine bestimmten Anzahl von Zerfällen zu beobachten.

Die Werte der diskreten Poisson-Verteilungen finden Sie in Abb. 9.7a und b als senkrechte Linien wieder. Die Übereinstimmung mit den experimentellen Werten ist nach Augenmaß schon ganz gut.

Die Poisson-Verteilung ist eine Näherung für die Binomialverteilung, wenn die Ereigniswahrscheinlichkeit klein ist. Die Binomialverteilung wiederum geht für wachsendes $\mu = N \cdot p$ in die Normalverteilung über. Das ahnt man schon beim Übergang von Abb. 9.7 nach Abb. 9.7b.

CHIQU.TEST macht wieder Ärger

▶ **Mag** Überprüfen Sie mit dem Chi²-Test quantitativ, ob die experimentellen Häufigkeiten mit der Poisson-Verteilung übereinstimmen!

▶ **Tim** Können wir uns auf den Chi²-Test denn überhaupt verlassen?

▶ **Mag** Das kommt darauf an, wie wir ihn anlegen. Passen Sie auf! Wir vergleichen die experimentellen mit den theoretischen Häufigkeiten für 0 bis 15 Ereignisse und erhalten z. B. ein Ergebnis von 0,94. Das heißt, in 94 % der Fälle, in denen die beobachtete Verteilung *tatsächlich durch einen Poisson-Prozess* mit dem Parameter $\mu = 2{,}5$ zustande kommt, ist die Abweichung von den empirischen Häufigkeiten noch größer als in unserem aktuellen Fall.

▶ **Alac** Das sieht ja schon mal super aus!

▶ **Mag** Wir wiederholen den Versuch und erhalten folgende Werte des Chi²-Tests: 0,82; 1,00; 0,99; 0,51; 0,83. Immer besser als 50 %. Beruhigend oder verdächtig?

▶ **Tim** Das ist verdächtig, denn die Werte des Chi²-Tests sollten zwischen 0 und 1 gleichverteilt sein, wenn das Zufallsexperiment regelgerecht abläuft. Stimmt denn der Freiheitsgrad?

▶ **Mag** Ja, wir haben den einzigen Parameter μ der Poisson-Verteilung nicht aus den Daten geschätzt, sondern den theoretischen Wert μ_{theo} eingesetzt.

▶ **Alac** Man kann also erfreulicherweise die Tabellenfunktion CHIQU.TEST einsetzen.
Wir wiederholen den Chi²-Test, jetzt aber nur für die Kategorien im Histogramm, für die die Poisson-Verteilung Werte größer als 1 vorhersagt, also für $N = 0$ bis 8, und erhalten für eine Reihe von Simulationen CHIQU.TEST = 0,73; 0,52; 0,14; 0,91; 0,51; 0,14. Das sieht eher nach einer Gleichverteilung aus.
Wenn die experimentelle Häufigkeit an vielen Stellen null ist und eine theoretische Verteilung nur geringe Werte voraussagt, dann liefert der Chi²-Test „schlechte gute" Werte. Die Stellen, an denen wirklich Ereignisse beobachtet werden, gehen mit geschwächtem Gewicht ein. Denken Sie darüber nach!

▶ **Alac** Mir fällt dazu nur der Spruch ein: „Glaube keiner Statistik, die du nicht selber gefälscht hast".

▶ **Mag** Sagen wir: „... überprüft hast".

▶ Es gilt die Regel: Chi²-Test nur auf Klassen anwenden, die mehr als fünf Elemente enthalten.

Der Mittelwert der experimentellen Verteilung
In Abb. 9.7a und 9.7b wird in der Legende der empirische Mittelwert μ_{exp} der Stichprobe angegeben. Er kann auf zwei Arten ermittelt werden. Einmal als Mittelwert der 400 beobachteten Werte in Spalte B, zum anderen Mal als *gewichteter Mittelwert* aus der Häufigkeitsverteilung der Zerfälle Z_A, entsprechend:

$$\langle x \rangle = \frac{\sum H_n \cdot x_n}{\sum H_n} \tag{9.2}$$

mit $x = Z_A$ und $H = freq$ in der Tabelle der Abb. 9.6 (T). Der Zähler wird in der Tabelle als Skalarprodukt der Spaltenvektoren Z_A und *freq* (SUMMENPRODUKT[$Z. A$; *freq*] in G1) und der Nenner als Summe über *freq*, (SUMME[*freq*] in G2) berechnet:

$$\langle x \rangle = \mu_{\text{exp}} = G3 = [=G1/G2] = (\text{SUMMENPRODUKT}(Z.A;freq)/\text{SUMME}(freq)) \tag{9.3}$$

▶ **Ergänzungsaufgabe** Bestimmen Sie die theoretischen Häufigkeiten mit einer Normalverteilung, deren Kenngrößen Mittelwert und Standardabweichung Sie aus der empirischen Häufigkeitsverteilung berechnen!

Fragen
Sie sollen einen Chi²-Test für die Ergänzungsaufgabe durchführen, mit einer Häufigkeitsverteilung in zehn Intervallen. Wie groß ist der Freiheitsgrad?[6]

Protokollroutine
SUB *Protoc* aus Abb. 9.8 (P) protokolliert die Anzahl der Zerfälle eines statistischen Einzelexperiments.

9.4   Stoßzeiten von Molekülen

Wir ermitteln die Stoßzeiten in Gasen mithilfe einer WHILE-Schleife in einer Routine. Sie sind exponentiell verteilt. Die korrekte Darstellung von Häufigkeiten und Wahrscheinlichkeitsdichten in einem Diagramm wird besprochen.

Eine WHILE-Schleife für die Stoßzeit
Wir betrachten ein Molekül, welches durch ein Gas fliegt. In jedem Zeitabschnitt Δt trifft es mit einer Wahrscheinlichkeit p auf ein anderes Molekül. Die Stoßrate

---

[6]$f = 10 - 1 - 2 = 7$, Freiheitsgrad = Anzahl der Intervalle − 1 − Anzahl der aus den Daten geschätzten Parameter.

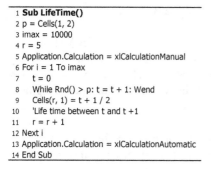

```
1 Sub LifeTime()
2 p = Cells(1, 2)
3 imax = 10000
4 r = 5
5 Application.Calculation = xlCalculationManual
6 For i = 1 To imax
7     t = 0
8     While Rnd() > p: t = t + 1: Wend
9     Cells(r, 1) = t + 1 / 2
10    'Life time between t and t +1
11    r = r + 1
12 Next i
13 Application.Calculation = xlCalculationAutomatic
14 End Sub
```

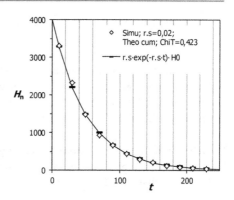

Abb. 9.9 **a** (links, P) Simulation für die Stoßzeit von Teilchen, deren Stoßrate p aus einer Tabelle eingelesen wird (Zeile 2); 10.000 Stoßzeiten werden in ein Tabellenblatt übertragen. **b** (rechts) Verteilung der Stoßzeiten von $i_{max} = 10.000$ Teilchen für eine Stoßrate $p = 0,02$; simuliert und mit einer exponentiellen Verteilung mithilfe der integralen Verteilungsfunktion, Gl. 9.7, theoretisch berechnet

beträgt $r = p/\Delta t$. Wie viel Zeit vergeht im Mittel zwischen zwei Stößen? Wie verteilen sich diese Stoßzeiten?

Wir behandeln die Fragestellung in einer Routine mit einer WHILE-Schleife, in der als Kriterium für „kein Stoß" wiederholt abgefragt wird, ob eine Zufallszahl *größer als* die Stoßwahrscheinlichkeit ist:

$$\text{While Rnd}() > p : t = t + 1 : \text{Wend} \tag{9.4}$$

Die WHILE-Schleife wird beendet, wenn ein Stoß stattgefunden hat. Die Routine wird in Abb. 9.9a (P) wiedergegeben. Die Auswertung der Ergebnisse mit der Tabellenfunktion HÄUFIGKEIT sieht man in Abb. 9.9b.

Im konkreten Beispiel werden 10.000 Lebensdauern mit SUB *LifeTime* berechnet, von denen die Verteilung *SIMU* bestimmt wird. Das geschieht mit der Tabellenfunktion HÄUFIGKEIT für die Intervallgrenzen I_b. Das Ergebnis sehen Sie in Abb. 9.9b.

Fragen

zu Abb. 9.9:

Welche Zeit sollte SUB *LifeTime* als Stoßzeit ausgeben?[7]
Wie sieht die Tabelle aus, wenn SUB *LifeTime* durchgelaufen ist?[8]
Welche Intervallgrenzen werden für HÄUFIGKEIT angegeben?[9]

---

[7]Der Stoß fand im Zeitabschnitt $[t, t + 1)$ statt. Die Variable t enthält jetzt die Zeit des Anfangs des Intervalls, in dem der Stoß stattgefunden hat. Die Stoßzeit für dieses Atom ist zwischen t und $t + 1$, dem Beginn und dem Ende des aktuellen Zeitintervalls. Es wird der Mittelwert $t + 1/2$ in die Tabelle ausgegeben.

[8]A5:A1005 werden beschrieben, wie aus den Zeilen 3 und 6 hervorgeht.

[9]Mindestens 20, 40, …, 220, 240; vielleicht noch 0 und Werte größer als 240.

Hat die Kurve in Abb. 9.9b eine wohldefinierte Bedeutung?[10]

Wir berechnen die Häufigkeiten in den Intervallen einmal mit der Wahrscheinlichkeitsdichte, Gl. 9.6, und ein weiteres Mal mit der integralen Verteilungsfunktion, Gl. 9.8, und vergleichen mit empirischen Häufigkeiten. Wie werden sich die Ergebnisse der Chi²Tests entwickeln, wenn die Zahl der Ereignisse immer größer wird?[11]

Modellverteilung und zweimal die Häufigkeit in den Intervallen
Wir prüfen, ob die Stoßzeit exponentiell verteilt ist, entsprechend einer erwarteten Wahrscheinlichkeitsdichte

$$h(t) = r \cdot \exp(-r \cdot t) \tag{9.5}$$

Zum Vergleich mit den simulierten Daten muss berechnet werden, wie viele Atome in den Intervallen des Histogramms stoßen. Als Näherung setzen wir Gl. 9.5 ein, multipliziert mit der Breite Δt der Intervalle und der Gesamtzahl n_0 der Daten:

$$n_i(t, t + \Delta t) = r \cdot \exp\left(-r \cdot \left(t + \frac{1}{2}\right)\right) \cdot \Delta t \cdot n_{\text{ges}} \tag{9.6}$$

Die so berechnete Häufigkeit n_i in Intervallen der Breite $\Delta t = 20$ wird in Abb. 9.9b durch die mit einer Kurve verbundenen waagrechten Striche wiedergegeben.

Gl. 9.6 ist eine Näherung für die im Intervall der Breite Δt erwartete Anzahl. Wie wir bereits in früheren Übungen festgestellt haben, ist sie für große Datenmengen nicht gut genug. Für die mathematisch genaue Berechnung setzt man die integrale Verteilungsfunktion ein, also das Integral von Gl. 9.5:

$$H(t) = (1 - \exp(-r \cdot t)) \tag{9.7}$$

und berechnet damit die Häufigkeit n_i in den verschiedenen Intervallen

$$n_i(t, t + \Delta t) = (H(t) - H(t + \Delta t)) \cdot n_{\text{ges}}. \tag{9.8}$$

---

[10]In Abb. 9.9b werden die Häufigkeiten mithilfe der Wahrscheinlichkeitsdichte in den Intervallmitten *genähert*. Die Wahrscheinlichkeitsdichte ist für jede Zeit definiert. Unsere Kurve ist exakt an den berechneten Punkten und linear extrapoliert dazwischen, sodass sie eine definierte Bedeutung hat.

[11]Die erste Näherung mit der Wahrscheinlichkeitsdichte wird mit wachsendem N immer schlechter und die Werte des Chi²-Tests gehen gegen null. Die zweite Berechnung mit der integralen Verteilungsfunktion ist immer richtig, und die Werte des Chi²-Tests sind zwischen 0 und 1 gleichverteilt.

9.5 Glücksspiel auf einer Party

Auf einer Party treffen sich immer zwei Spieler, vereinigen ihr Kapital und teilen es nach Maßgabe eines Würfels wieder unter sich auf. Dieses Glücksspiel ist ein Modell für den Energieaustausch bei Molekülstößen. Eine Exponentialverteilung entsteht, wenn Energien kleiner als null nicht möglich sind und die Energie kontinuierlich geteilt werden kann. Wenn die Energie in Quanten vorkommt, dann treten kleine Energien häufiger auf als theoretisch erwartet wird.

▶ **Mag** Kommen wir zurück auf die Denksportaufgabe zum Würfelspiel in der Einleitung (Abschn. 9.1). Welche Art der Verteilung erwarten Sie am Ende der Party?

▶ **Tim** Nun, wenn es so läuft wie bei den bisherigen Übungen, dann kommt am Ende sicherlich wieder eine Gauß-Verteilung raus oder so etwas Ähnliches.

▶ **Mag** Wodurch würde dann die Breite bestimmt? Gibt es eine charakteristische Anzahl Spielmarken, die die Breite der vermuteten Glockenkurve bestimmt?

▶ **Tim** Die einzige ausgezeichnete Anzahl, die mir einfällt, ist die mittlere Anzahl der Spielmarken pro Spieler. Also ist vielleicht die Varianz gleich dem Mittelwert wie in der Poisson-Verteilung?

▶ **Mag** Kann die Breite der Kurve nicht auch von der Spielzeit abhängen?

▶ **Tim** Ist es vielleicht ähnlich wie bei den Simulationen zur Diffusion von Teilchen in Abschn. 10.3. Wir nehmen bei dieser Aufgabe an, dass zu Anfang alle Teilchen an einem Ort sind. Es bildet sich nach einigen Diffusionsschritten eine Glockenkurve heraus, die immer breiter wird. Vielleicht ist es hier ja ähnlich: Es entsteht eine Glockenkurve, die im Spielverlauf immer breiter wird.

▶ **Mag** Sie denken sehr sozial. Alle Spieler sollen am Ende etwa mit demselben Kapital nach Hause gehen. Das Spiel läuft aber anders: 10 % der Spieler sind Glückspilze; sie schleppen zusammen 33 % des Kapitals nach Hause. 10 % der Spieler sind Pechvögel, sie werden mit insgesamt 1 % des Kapitals abgespeist.

▶ **Tim** Die Verteilung ist also noch nicht mal symmetrisch um den Mittelwert. Wie kommt das?

▶ **Mag** Das werden wir jetzt mit unserer Simulation herausfinden.

1	**Sub HazardCont_Click()**	Sum = Cells(r1, 2) + Cells(r2, 2)	18
2	Nmax = 400 '*400 players*	E1 = Sum * Rnd() '*Between 0 and Sum*	19
3	Range("G6:G16").ClearContents	E2 = Sum - E1	20
4	For rep = 1 To 100	Cells(r1, 2) = E1	21
5	Sheets("Tabelle1").Cells(1, 1) = rep	Cells(r2, 2) = E2	22
6	Application.Calculation = xlCalculationManual	Next i	23
7	'*No update of frequency distribution*	Next rep2	24
8	For rep2 = 1 To 10	Application.Calculation = xlCalculationAutomatic	25
9	Randomize	'*Update frequency distribution*	26
10	For i = 1 To Nmax	Application.Calculation = xlCalculationManual	27
11	Do	For r = 6 To 16 'Sum up frequencies	28
12	'*Select two players between 1 and Nmax*	Cells(r, 7) = Cells(r, 7) + Cells(r, 5) '7 = G	29
13	r1 = Int(Rnd() * Nmax) + 1	Next r	30
14	r2 = Int(Rnd() * Nmax) + 1	Application.Calculation = xlCalculationAutomatic	31
15	Loop Until r1 <> r2 '*Different players!*	Next rep	32
16	r1 = r1 + 4 'Data begin in row 5	End Sub	33
17	r2 = r2 + 4		34

Abb. 9.10 (P) Sub *HazardCont* sucht zwei verschiedene Spieler aus und verteilt deren vereinigtes Kapital neu

9.5.1   Kontinuierliches Kapital

Das Programm in Abb. 9.10 (P) simuliert das Glücksspiel.

In der Do … Loop-Schleife der Zeilen 11 bis 15 werden zwei Spieler ausgewählt. Durch die Bedingung (Loop Until $r_1 <> r_2$) wird sichergestellt, dass es bei einer Paarung nicht zweimal denselben Spieler trifft. Danach werden die Reihenindizes der Spieler in Spalte B von Abb. 9.11 (T) bestimmt (Zeilen 16 bis 22, ihr Kapital wird eingelesen und addiert (Zeile 18), schließlich aufgeteilt (Zeilen 19 bis 22). Die Daten werden in Abb. 9.11 (T) ausgewertet.

Die Routine aus Abb. 9.10 (P) legt ihre Ergebnisse fortlaufend in Spalte B unter dem Namen x ab, von denen dann in E5:E15 eine Häufigkeitsverteilung bestimmt wird. Für einen solchen Spielabend finden pro Spieler 10 Paarungen, insgesamt also 400 Paarungen statt. Die Ergebnisse werden in Abb. 9.12a dargestellt und mit einer Exponentialverteilung verglichen, deren Häufigkeit *exp* in Spalte F mit der Formel in F1 mit den Wahrscheinlichkeitsdichten in den Mitten der Intervalle berechnet wird.

Mit einer Protokollroutine wird der Spielabend 400-mal wiederholt und die Häufigkeiten aus Spalte E werden in Spalte G aufsummiert. Die gemäß einer Exponentialverteilung erwarteten Häufigkeiten in den Intervallen werden in Spalte K aus der Differenz der integralen Verteilungsfunktion (*distr.func* in Spalte J) an den Intervallgrenzen berechnet. Die Ergebnisse sieht man in Abb. 9.12b.

In Spalte E wird die Häufigkeit nach der Boltzmann-Verteilung berechnet. Die Wahrscheinlichkeitsdichte $p(x)$ ist exponentiell und wird durch das mittlere Kapital $\langle x \rangle$ als einzigem Parameter bestimmt:

$$p(x) = \frac{1}{\langle x \rangle} \exp\left(-\frac{x}{\langle x \rangle}\right) \tag{9.9}$$

	A	B	C	D	E	F	G	H	I	J	K	L
1	200 each / HazardC	=MITTELWERT(x)	=(I.b+D5)/2	=D5+I.w	=HÄUFIGKEIT(x;I.b)	=sum.freq*I.w/x.m*EXP(-I.c/x.m) Sub HazardCont	=G$2*I.w/x.m*EXP(-I.c/x.m)		=G$2*EXP(-I.b/x.m)	=(J5-J6)		
2	x.m	200	I.w	80	400 sum.freq	**160000**	=SUMME(G6:G16)					
3												
4		x	I.c	I.b	frq	exp	frq.sum	exp.sum		dstr.func		
5		228,47	0	0						160000		
6		66,17	40	80	144	131,0	52667	52399		107251	**52749**	
15		225,96	760	800	4	3,6	1455	1432		2931	**1441**	
16		23,53			7		2877			2931		
404		284,51										

Abb. 9.11 (T) Auswertung des Glücksspiels aus Abb. 9.10 (P); es gilt: $x_m = 200$ (A2:B2); $I_w = 80$ (C2:D2); $sum_{freq} = 400$ (E2:F2)

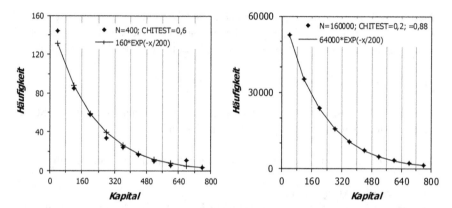

Abb. 9.12 a (links) Verteilung des Kapitals von 400 Spielern nach einem Spielabend mit $(10 \times 400) = 4000$ Paarungen, kontinuierliche Teilung gemäß RND() **b** (rechts) wie a aber nach 400 Spielabenden mit $400 \times (10 \times 400) = 1.600.000$ Paarungen

Die integrale Verteilungsfunktion lautet:

$$F(x) = 1 - \exp\left(-\frac{x}{\langle x \rangle}\right) \tag{9.10}$$

Zur Bestimmung der Verteilung von N Werten in Intervallen der Breite Δx muss $p(x)$ mit einem Faktor $N \cdot \Delta x$ multipliziert werden. Die Ergebnisse werden in Abb. 9.12a als Kurve dargestellt.

Fragen

Welche physikalische Einheit haben $p(x)$ in Gl. 9.9 und $F(x)$ in Gl. 9.10, wenn x eine Energie angibt?[12]

---

[12]Die Wahrscheinlichkeitsdichte $p(E)$ hat die Einheit 1/J; die Wahrscheinlichkeit $p(E)dE$ in einem Energieintervall dE hat die Einheit 1. Integrale Verteilungsfunktionen haben immer die Einheit 1, weil Differenzen von integralen Verteilungsfunktionen Wahrscheinlichkeiten in einem Intervall angeben.

Mit einer Protokollroutine summieren wir die Häufigkeitsverteilungen *frq* 400-mal und erhalten so die Verteilung *frq.sum* für 160.000 Spieler in Spalte G von Abb. 9.11 (T). Das Ergebnis wird in Abb. 9.12b wiedergegeben.

▶ **Tim** Das ist eine große Überraschung. In unseren Mathevorlesungen werden keine exponentiellen Verteilungen behandelt. Binomial, Poisson und Gauß spielen die Hauptrolle.

▶ **Mag** Diese Verteilungen sind sicherlich wichtig. Die Exponentialfunktion ist aber der Hauptspieler in der Thermodynamik.

▶ **Tim** Die berühmte Boltzmann-Verteilung?

▶ **Mag** Ja, $p(W) = \text{const} \cdot \exp\left(-W/k_B T\right)$. Die Wahrscheinlichkeit, dass ein System in einem Zustand der Energie W ist, hängt von der Temperatur ab. Genauer ausgedrückt hängt sie vom Verhältnis der Energie W zur thermischen Energie $k_B T$ ab.

▶ **Tim** Was hat das mit unserem Würfelspiel zu tun?

▶ **Mag** Das Würfelspiel soll den Energieaustausch in einem Gas durch Stöße simulieren, der zu einer Boltzmann-Verteilung der Energie führt.

▶ **Tim** Was passiert denn, wenn man zu Beginn eine Gaußverteilung vorgibt?

Normalverteiltes Anfangskapital
Wenn man zu Beginn des Spieleabends nicht jedem Spieler dasselbe Kapital gibt, sondern wenn das Spielerkapital normalverteilt ist, dann stellt sich nach 400 Spielen die Verteilung in Abb. 9.13a ein.

Die Normalverteilung wird mit zunehmender Spielzeit nicht breiter, sondern nur kleiner. Das fehlende Kapital hat sich zwischen 0 und 15 etwa gleichverteilt.

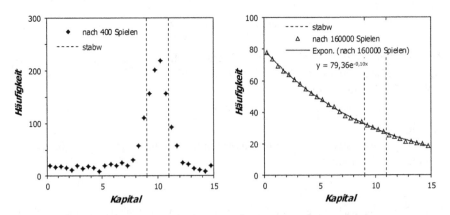

Abb. 9.13 a (links) Am Anfang des Spieleabends ist das Kapital normalverteilt. **b** (rechts) am Ende ist das Kapital exponentialverteilt

Im weiteren Verlauf des Spieleabends häuft sich das Kapital immer mehr bei kleinen Werten, weil es nicht kleiner als null werden kann. Schließlich entsteht eine Exponentialverteilung (Abb. 9.13b).

▶ **Mag** Wir schließen also: Eine exponentielle Verteilung stellt sich ein, wenn es eine untere Grenze für das Kapital eines Spielers gibt (keine Schulden!).

▶ **Tim** Entspricht das der Wirklichkeit bei Stößen in einem Gas?

▶ **Mag** Ja, es gibt eine untere Grenze für die Temperatur, den Nullpunkt der absoluten Temperaturskala. „Keine negative Temperatur" ist gleichbedeutend mit „keine negative kinetische Energie".

9.5.2 Diskretes Kapital und diskreter Würfel

▶ **Tim** Unsere Implementation entspricht ja wohl nicht der ursprünglichen Fragestellung. Wir habe das Kapital kontinuierlich aufgeteilt, nach Maßgabe einer Zufallszahl() zwischen 0 und 1. In den Spielregeln in der Einleitung sollte aber nach Maßgabe eines Würfels mit den Zahlen 0, 1, 2, 3, 4, 5 geteilt werden.

▶ **Alac** Das macht ja wohl keinen großen Unterschied.

▶ **Mag** Doch, die thermodynamische Interpretation lässt sich noch verfeinern, wenn wir die Ergebnisse des Spiels mit dem diskreten Würfel berücksichtigen.

▶ **Alac** Kein großes Problem. Wir haben nur zwei Programmzeilen zu ändern:

$$Z = \text{INT}(\text{RND}() * 6)$$
$$E1 = \text{INT}(\text{SUM} * Z/5) \,'no. \, of \, chips$$

wie in Abb. 9.14 (P), sodass nur Werte von $Z = 0, 1, 2, 3, 4$ und 5 vorkommen und die Energien immer natürliche Zahlen sind, die die Anzahl der Spielmarken angeben.

Ein in diesem Sinne verändertes Programm liefert die Verteilung in Abb. 9.15b. Zum Vergleich wird noch einmal die exponentielle Verteilung für eine kontinuierliche Teilung des Kapitals aus Abb. 9.12b beigefügt.

▶ **Alac** Beim Würfeln um Spielmarken entsteht keine Exponentialverteilung. Kleine Anzahlen sind übermäßig vertreten.

18	Sum = Cells(r1, 2) + Cells(r2, 2)	E2 = Sum - E1	21
19	Z = Int(Rnd() * 6) '0,1,2,3,4,5	Cells(r1, 2) = E1	22
20	E1 = Int(Sum * Z / 5) 'no. of chips	Cells(r2, 2) = E2	23

Abb. 9.14 (P) Abänderung von Sub *HazardCont* in Abb. 9.10 (P)

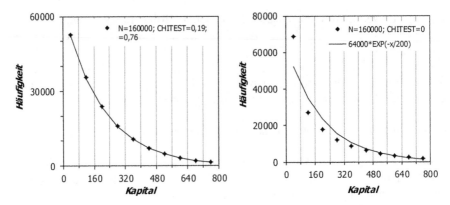

Abb. 9.15 ℬ Häufigkeiten des Kapitals für 160.000 Spieler, Teilung des Kapitals **a** (links) kontinuierlich mit einer Zufallszahl **b** (rechts) diskontinuierlich mit einem Würfel mit Augenzahlen 0 bis 5

▶ **Mag** So können wir vervollständigen: Eine exponentielle Verteilung des Kapitals stellt sich ein, wenn es eine untere Grenze für das Kapital eines Spielers gibt (keine Schulden!) und das Kapital kontinuierlich geteilt werden kann (keine Spielmarken, keine Quanten). Das Glücksspiel verkörpert den Grundgedanken der statistischen Mechanik. Setzen wir Abb. 9.16 auf die Liste für den Schönheitswettbewerb ℬ!

▶   Ψ *Boltzmann macht keine Schulden und hat beliebig kleines Geld.*

9.6   Verbreiterung von Emissionslinien durch Molekülstöße

Die spektrale Breite einer optischen Emissionslinie ist der Kehrwert der Kohärenzzeit bei der Aussendung des Lichtes, die gleich der Stoßzeit im Gas ist. Die Verteilung der spektralen Breiten wird aus der exponentiellen Verteilung der Stoßzeiten abgeleitet. Wenn wir weiter annehmen, dass die Frequenzen eines ausgesandten Photons innerhalb der spektralen Breite gleichverteilt sind, dann erhalten wir Lorentz-ähnliche Spektrallinien.

Atome können Lichtzüge aussenden. Die zeitliche Dauer (Lebensdauer τ) dieser Lichtzüge ist durch Stöße begrenzt und somit exponentiell verteilt (siehe Abschn. 1.4). Gemäß der Unschärferelation ist die spektrale Breite Δf dieser Wellenzüge im Frequenzbereich umgekehrt proportional zu $1/\tau$

$$\Delta f = 1/\tau \tag{9.11}$$

Wie sind die Frequenzen der ausgesandten Lichtzüge verteilt?

9.6.1 Simulation

Wir vereinfachen die Fragestellung, indem wir annehmen, dass die Frequenz des ausgesandten Lichtes zufällig im Δf-Intervall

$$\left[-\frac{\Delta f}{2}, +\frac{\Delta f}{2}\right] \tag{9.12}$$

schwankt. Weiter nehmen wir an, dass die natürliche Frequenz für unendliche Lebensdauer $f = 0$ ist. Diese Situation tritt in der Natur nicht auf. Negative Frequenzen gibt es auch nicht. Wir könnten das Problem beheben, indem wir eine endliche Frequenz addieren. Das ist aber nicht nötig, da wir uns nur für die Form der Linie interessieren.

Wir erzeugen also im ersten Schritt eine exponentiell verteilte Zufallszahl:

$$\tau = -\ln\left(Zfz\right) \tag{9.13}$$

und im zweiten Schritt mit $= (Zfz() - 0{,}5)/\tau$ eine im Ereignisintervall

$$\left[-\frac{0{,}5}{\tau}, +\frac{0{,}5}{\tau}\right] \tag{9.14}$$

gleichmäßig verteilte Zahl (Abb. 9.16 (T), Spalte B), die also die Frequenz der in der Spektrallinie vertretenen Photonen angeben soll.

Aufgabe

Erzeugen Sie auf die übliche Art 100 Ausprägungen dieses Modells (z. B. wie in A4:B103 von Abb. 9.16a (T)) und erstellen Sie eine Häufigkeitsverteilung der

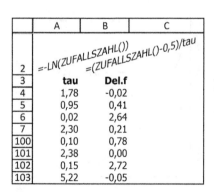

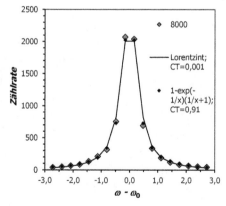

Abb. 9.16 **a** (links, T) Exponentielle Verteilung der Dauer τ von Lichtwellen und ihre innerhalb der spektralen Unschärfe Δf erzeugten repräsentativen Photonen. **b** (rechts) Simulierte und mit Lorentz- und Lorentz-ähnlicher Funktion angepasste, stoßverbreiterte Emissionslinie

entstandenen Frequenzen der Photonen innerhalb der spektralen Breite (Spalte B). Wählen Sie günstige Intervallgrenzen (im Beispiel der Abb. 9.16b ist die Intervallbreite 0,32) und wiederholen Sie dann mit einem Makro das Zufallsexperiment mehrfach und addieren Sie die Häufigkeiten auf.

Das Ergebnis für eine 80-fache Wiederholung, insgesamt also 8000 Zufallszahlen gemäß dem Modell, sieht man in Abb. 9.16b, die als Spektrallinie mit den entsprechenden Achsenbeschriftungen interpretiert wird.

Zum Schluss passen wir an das Summenhistogramm eine Lorentz-Funktion an:

$$f(y) = \frac{A}{1 + \left(\frac{y}{\Delta y}\right)^2} \tag{9.15}$$

Die Parameter sind Amplitude $A = N \times dy = 8000 \times 0{,}32 = 2560$, Breite $\Delta y = 1/\pi = 0{,}318$. Nach Augenschein trifft diese Funktion die experimentelle Verteilung ganz gut. Der Chi²-Test ergibt allerdings einen verdächtig geringen Wert von 1 ‰. Eine mathematisch aus dem Modell abgeleitete Häufigkeit

$$h(f) = 1 - \exp\left(-\frac{1}{f}\right)\left(\frac{1}{f} + 1\right), \tag{9.16}$$

(siehe Abschn. 9.6.2) wurde als schwarze Punkte eingetragen. Der zugehörige Chi²-Test ergibt einen Wert von 0,91.

Beide Funktionen, Gl. 9.7 und 9.16, werden in Abb. 9.17b eingetragen. Die Unterschiede sind gering. Die von mit unserem Modell erzeugte Verteilung kann jedenfalls als „Lorentz-ähnlich" beschrieben werden: Bei $x = 0$ hat sie ein Maximum und fällt für große Argumente wie $1/x^2$ ab.

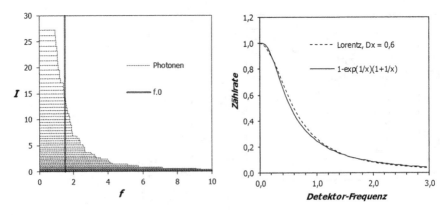

Abb. 9.17 ℬ (wird am Ende der Übung nominiert) **a** (links) Stapelung von Photonenverteilungen bei exponentieller Lebensdauer der Lichtzüge **b** (rechts) Lorentz-ähnliche Funktion im Vergleich mit der Lorentz-Funktion

9.6.2 Mathematische Ableitung der Spektralform

Für Abb. 9.17a wurden 100 Kästen der Breite $1/\tau_i$ und der Höhe τ_i erzeugt, nach abnehmender Breite sortiert und aufeinander gestapelt. Die Werte von τ_i wurden mit einem exponentiellen Zufallsgenerator erzeugt (Abb. 9.16a (T)). Die Größe $1/\tau$ wird als Breite Δf der Frequenzverteilung des Lichtzuges gedeutet, der von einem Elektronenübergang im Molekül ausgesendet wird. Innerhalb dieser Breite soll die Frequenz der Photonen gleichverteilt sein. Jeder Kasten soll die Frequenzverteilung eines Wellenzuges der Zeitdauer τ_i darstellen.

Die Anzahl der Photonen für eine Frequenz f_0, dargestellt mit einer senkrechten Geraden in der Abbildung, entspricht der Summe über die Höhe der Kästen, deren halbe Breite größer als f_0 ist.

▶ **Tim** Der Stapel der Gleichverteilungskästen in Abb. 9.17a sieht nicht wie eine Gauß-Funktion aus. Die Seiten fallen viel zu langsam ab.

▶ **Alac** Dann ist also eine stoßverbreiterte Lorentz-Linie herausgekommen sein, so wie es nach Literatur sein sollte. Bingo!

▶ **Tim** Lasst uns zur Sicherheit noch einen Chi²-Test machen!

▶ **Alac** In der Abbildung geht die theoretische Kurve schön durch die Messpunkte; CHIQU.TEST $= 0{,}45$. Bewiesen, bzw., das habe ich jetzt kapiert: „Kein vernünftiger Grund, an der Hypothese zu zweifeln".

▶ **Tim** Das gilt für 1000 Punkte. Bei 1.000.000 Punkten verschwindet der Wert des Chi²-Tests aber.

▶ **Alac** Der Chi²-Test hat uns schon öfter reingelegt. Optisch ist doch alles ok. Unser Modell ist eben Lorentz-ähnlich.

▶ **Mag** „Lorentz-ähnlich" ist richtig. So sieht es aus und das Modell ist einfach und klar. Es wäre schade, wenn wir es verwerfen müssten.

▶ **Tim** Trotzdem sagt der Test: Nein. Unser Modell habe ich im Internet nicht gefunden. Welches ist denn die Annahme, die die exakte Lorentz-Form verderben könnte?

▶ **Mag** Die gewagteste Annahme ist, dass die Photonenenergie innerhalb der spektralen Breite gleichverteilt ist.

▶ **Alac** Probieren wir einfach andere Verteilungen, z. B. eine Gauß-Verteilung.

▶ **Mag** Nein, diesmal bleiben wir bei unserem einfachen und klaren Modell und werden die entstehende Verteilung mathematisch korrekt ableiten.

▶ **Tim** Welche Mathematik ist denn gefordert?

▶ **Mag** Koordinatentransformationen bei der Integration, $\exp(-x)$ wird zu $\exp(-1/x)$ transformiert und mit verschiedenen Grenzen der transformierten Verteilung wieder zurück transformiert.

▶ **Alac** Stoff des ersten Semesters, das geht ja noch.

Koordinatentransformation der Wahrscheinlichkeitsdichte *exp(−x)*

Wir betrachten eine Wahrscheinlichkeitsdichte

$$p(x)\mathrm{d}x = \exp(-x)\mathrm{d}x \tag{9.17}$$

mit der integralen Verteilungsfunktion

$$P_I(x) = 1 - \exp(-x) \tag{9.18}$$

Daraus erstellen wir ein Histogramm für Intervalle der Breite 0,2. Die Höhe h der Kästen für ein Intervall $[x_u, x_o]$ ist dabei:

$$h(x) = \frac{(P_I(x_o) - P_I(x_u))}{(x_o - x_u)} \text{ für } x_u \leq x < x_o \tag{9.19}$$

Das Ergebnis sieht man im Histogramm der Abb. 9.18a zusammen mit der Wahrscheinlichkeitsdichte, Gl. 9.17. Die Fläche eines Balkens entspricht also der Anzahl der Ereignisse im Intervall.

Wir führen jetzt eine Koordinatentransformation aller Intervallgrenzen durch:

$$x \rightarrow y = 1/x \tag{9.20}$$

$$\frac{\mathrm{d}y}{\mathrm{d}x} = \frac{-1}{x^2}; \qquad \mathrm{d}x = -\frac{1}{y^2}\mathrm{d}y$$

Die Fläche der Kästen muss dabei gleich bleiben. Das heißt, dass die Höhe $h(y)$ der Kästen für ein Intervall $[y_u, y_o]$ mit $y_u = 1/x_o$ und $y_o = 1/x_u$ jetzt entsprechend Gl. 9.19, aber mit den neuen Intervallgrenzen berechnet wird:

$$h(y) = \frac{(P_I(y_o) - P_I(y_u))}{(y_o - y_u)} \text{ für } y_u \leq y < y_o \tag{9.21}$$

Das so transformierte Histogramm steht in Abb. 9.18b. Es gilt also:

$$p(x)\,\mathrm{d}x = p(1/y)\mathrm{d}y$$

Die Wahrscheinlichkeitsdichte transformiert sich entsprechend

$$p(y)\mathrm{d}y = \frac{\exp(-1/y)}{y^2}\,\mathrm{d}y \tag{9.22}$$

Diese Funktion wird als Kurve in das neue Diagramm (Abb. 9.18b) eingetragen. Das ist jetzt also in unserem Modell die Verteilung der spektralen Breiten Δf.

Spektrale Form der Linie
Wir wollen aus der Verteilung der spektralen Breiten in Abb. 9.18b die spektrale Form der Linie ableiten. Im Detektor treffen Photonen ein, die eine bestimmte Frequenz f_D haben, auf die der Kanal des Detektors eingestellt ist. Dieser Kanal wird in Abb. 9.17a durch die senkrechte Doppellinie dargestellt. Wie groß ist die Wahrscheinlichkeit, dass ein Photon in den vorgewählten Detektor-Kanal fällt?

Dafür kommen alle Δf-Intervalle in Frage, deren spektrale Breite größer ist als die Frequenz f_D des gewählten Detektorkanals. Die Wahrscheinlichkeit, dass ein Photon aus diesem Intervall in den Kanal des Detektors fällt, ist $1/\Delta f = 1/y$, der Höhe des liegenden „Wahrscheinlichkeitskastens" in Abb. 9.17a. Wir müssen also die Funktion aus Gl. 9.22 mit $1/y$ multiplizieren und von $y = f_D$ bis Unendlich integrieren:

$$\int_{y_D}^{\infty} \frac{\exp\left(-\frac{1}{y}\right)}{y^3}\, dy \tag{9.23}$$

Wir führen die oben bereits angewandte Koordinatentransformation rückwärts durch:

$$y = \frac{1}{x} \tag{9.24}$$

$$\frac{dy}{dx} = -\frac{1}{x^2}$$

und erhalten das Integral:

$$\int_{1/f_0}^{0} -y \cdot \exp(-y)\,dy = \exp(-y) \cdot (y+1) = 1 - \exp\left(-\frac{1}{f_0}\right)\left(\frac{1}{f_0}+1\right) \tag{9.25}$$

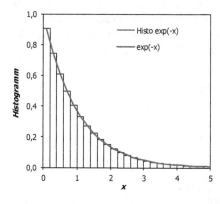
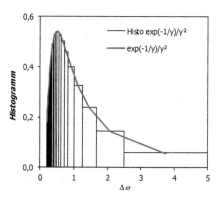

Abb. 9.18 **a** (links) Häufigkeitsverteilung für eine exponentiell verteilte Größe (hier: Stoßzeiten). **b** (rechts) Die Häufigkeitsverteilung aus a, transformiert auf $y = 1/x$ (hier: spektrale Breite)

und damit die Gl. 9.16. Sie wird im Diagramm von Abb. 9.17a und b im Vergleich zur Lorentzlinie dargestellt. Diese Verteilung passt gut zu den Simulationsdaten, wie der Chi^2-Test zeigt.

▶ **Alac** Unser Modell und unsere Theorie passen ja super zu einander.

▶ **Mag** So soll es auch sein, wenn wir weder bei der Simulation noch bei der mathematischen Ableitung einen Fehler gemacht haben.

▶ **Tim** Der Unterschied zu der in Lehrbüchern angegebenen Lorentz-Form ist sehr gering.

▶ **Mag** Ja, die *Unschärferelation* macht fast allein aus der exponentiellen Verteilung der zeitlichen Längen der Lichtzüge eine spektrale Lorentz-Linie.

▶ **Tim** Eine tolle Erkenntnis. Lasst uns Abb. 9.17 für den Schönheitswettbewerb 𝔅 nominieren!

▶ **Alac** Ist nicht das Glücksspiel auf der Party, bei dem die Boltzmann-Verteilung herauskommt, noch besser, weil einfacher und überraschender?

▶ **Tim** Abb. 9.17b ist interessanter als eine reine Exponentialfunktion, wir haben eine wissenschaftstheoretische Lektion erteilt bekommen und durch geistige Anstrengung die mathematisch korrekte Lösung gefunden.

▶ **Mag** Das Glücksspiel verkörpert den Grundgedanken der statistischen Mechanik. Abb. 9.15 steht zu recht auf der Liste 𝔅 und sollte dort bleiben!

Routine zur Erstellung der Histogramme

Sᴜʙ *Histogram* in Abb. 9.19 erstellt ein Histogramm aus den Daten in A5:A30 (x − Werte) und B5:B30 (Verteilungsfunktion exp($-x$)), die Programmzeilen stehen in 6 bis 8. Die Koordinaten des Geradenzuges, der das Histogramm darstellt, werden in die Spalten J (sp2 $=$ 10) und K (sp2 $=$ 10 + 1) geschrieben.

1 **Sub Histogramm()**	Cells(r2, sp2) = xu	12
2 r2 = 5	Cells(r2, sp2 + 1) = h	13
3 sp2 = 10	r2 = r2 + 1	14
4 Max = 1	Cells(r2, sp2) = xo	15
5 For r = 5 To 29	Cells(r2, sp2 + 1) = h	16
6 xu = Cells(r, 1)	r2 = r2 + 1	17
7 xo = Cells(r + 1, 1)	Cells(r2, sp2) = xo	18
8 h = (Cells(r, 2) - Cells(r + 1, 2)) / (xo - xu)	Cells(r2, sp2 + 1) = 0	19
9 Cells(r2, sp2) = xu	r2 = r2 + 2	20
10 Cells(r2, sp2 + 1) = 0	Next r	21
11 r2 = r2 + 1	End Sub	22

Abb. 9.19 (P) Routine zur Erstellung von Histogrammen

9.7 Ziffernverteilung in einem großen Zahlenwerk

In großen Zahlenwerken kommt die 1 als erste Ziffer einer Zahl sechsmal häufiger vor als die Ziffer 9. Wir simulieren die Entstehung eines Zahlenwerks durch zufällige Addition und Multiplikation innerhalb einer Menge von Zahlen und vergleichen die entstehenden Häufigkeiten mit der Benford-Verteilung.

Spielidee und Hypothese

Das Zahlenwerk in der Bilanz eines Betriebes entsteht durch vielfache Multiplikation oder Addition von elementaren Zahlen (Preise für Einzelposten, Mengenangaben), die zunächst gleichverteilt sind.

Umsetzen in EXCEL

In 1000 Zellen einer EXCEL-Tabelle werden zunächst gleichverteilte Zufallszahlen zwischen 0 und 1 erzeugt. Mit einer Subroutine werden zufällig zwei verschiedene Zelladressen ausgesucht und deren Inhalte in der Hälfte der Fälle addiert, sonst multipliziert. Das Ergebnis wird in eine der beiden ausgewählten Zellen geschrieben (Abb. 9.20 (P)). Dieser Vorgang wird 8000-mal wiederholt. Es werden die ersten Ziffern der 1000 neuen Zahlen und ihre Häufigkeitsverteilung bestimmt.

Benford-Verteilung

Die Häufigkeit entspricht der Benford-Verteilung für die erste Ziffer:

$$p(n) = ln_{10}(n + 1) - ln_{10}(n) \text{ für n = 9 bis 1} \tag{9.26}$$

Wiederholt man das Zufallsexperiment 64-mal und addiert die Häufigkeiten, hat also insgesamt 64×1000 Endpreise erzeugt, dann erhält man vernünftige Werte des Chi^2-Tests. Wenn nur addiert wird, dann entsteht eine Häufigkeitsverteilung, die schon aussieht wie Benford, aber im Chi^2-Test Werte gegen null liefert.

▶ **Mag** Der Chi^2-Test in Abb. 9.21 (T) liefert einen ordentlichen Wert von 0,43. Können wir daraus schließen, dass unser Modell richtig ist?

```
1  Sub AddMult()                        x2 = Cells(r2, 1)                                      12
2  Dim p, s As Double                   If Rnd() < 0.5 Then                                    13
3  For r = 4 To 1003                      s = x1 + x2                                          14
4    Cells(r, 1) = Rnd()                  If s < 1E+100 And s > 1E-100 Then Cells(r2, 1) = s   15
5  Next r                               Else                                                  16
6  maxrep = 8                             p = x1 * x2                                          17
7  For rep = 1 To maxrep                  If p < 1E+100 And p > 1E-100 Then Cells(r1, 1) = p   18
8    For i = 1 To 1000                  End If                                                 19
9      r1 = 4 + Int(Rnd() * 1000)       Next i                                                 20
10     r2 = 4 + Int(Rnd() * 1000)       Next rep                                              21
11     x1 = Cells(r1, 1)                End Sub                                                22
```

Abb. 9.20 (P) SUB *AddMult*, es werden zunächst 1000 Zufallszahlen gebildet und dann zufällig addiert und multipliziert

▶ **Tim** Wieder mal: Es gibt keinen Grund anzunehmen, dass das Modell falsch ist. Abb. 9.21b sieht doch sehr überzeugend aus. Aber: Experimente können eine Hypothese nicht bestätigen, sondern höchstens falsifizieren.

▶ **Alac** Dann wiederholen wir unsere Simulation einfach hundertmal und protokollieren alle erhaltenen Werte des Chi²-Tests! Ergebnis: Der Mittelwert über alle Werte beträgt 0,283.

▶ **Tim** Genaugenommen erzeugt unsere Spielidee also keine Benford-Verteilung, denn wenn Simulation und Modellverteilung zusammenpassen, dann müsste der Mittelwert der Chi²-Tests ja 0,5 ergeben. Derselbe Befund wie bei der Lorentz-Linie: Die Trendlinie beschreibt gut die Datenpunkte, aber der Chi²-Test für große Datenmenge sagt: Stimmt nicht.

▶ **Alac** Diesmal sollten wir uns wirklich zufriedengeben. Unser Modell habe ich noch nirgends gefunden, und es ist so ziemlich aus dem Leben gegriffen.

▶ **Tim** Zu sagen, dass die Benford-Verteilung nicht durch unser Modell beschrieben wird, wäre auch meiner Meinung nach irreführend, weil die Daten haarscharf neben der theoretischen Kurve liegen.

▶ **Mag** Einverstanden. Der didaktische Wert unseres Experiments rechtfertigt die Aussage.

▶ **Alac** Jeder kann das Experiment nachmachen und so eine verblüffende Aussage nachvollziehen: Die Eins kommt sechsmal häufiger vor als die Neun, was selbst Leute, die mit Zahlen umgehen können, zunächst einfach nicht glauben wollen.

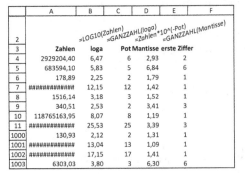
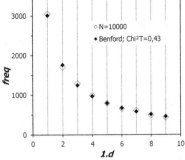

Abb. 9.21 **a** (links, T) Zahlen von Sub *AddMult* in Spalte A, Abtrennung der ersten Ziffer durch Logarithmieren und Abziehen von Potenzen. **b** (rechts) Die Häufigkeitsverteilung des Experiments „Zufällig addieren und multiplizieren" wird mit der theoretischen *Benford-Verteilung* $p(n) = ln_{10}(n + 1) - ln_{10}(n)$ verglichen

▶ **Tim** Wir könnten auch angeben, wie viel häufiger die Eins als die Neun ist, mit Angabe der Messunsicherheit.

▶ **Mag** Das könnte man ohne einschränkende Bemerkungen machen. Aber ich schlage vor, dass wir sagen, dass unsere Verteilung *Benford-ähnlich* ist. Das ist die weitestgehende und interessanteste Aussage.

▶ **Tim** Ist das denn korrekt?

▶ **Mag** Es ist für den Leser lehrreich. Dabei müssen wir genau angeben, was wir gemacht haben. Insbesondere dürfen wir nicht vergessen, dass wir manche Rechnungen abgebrochen haben, weil die Zahlen zu groß wurden.

▶ **Alac** Dann behaupten wir also weiterhin, dass unser Modell typisch ist für Prozesse, die zur Benford-Verteilung führen.

▶ **Mag** Diskutieren Sie!

Stochastische Bewegung

10

Wir lassen Individuen zufällig in ein- oder zweidimensionalen Gittern springen. Die Sprünge werden von einer VBA-Routine gesteuert. Wir behandeln so die Diffusion auf einer Geraden für die Anfangsbedingungen *Deltafunktion, Kastenfunktion* und *Sinusfunktion* sowie durch eine halbdurchlässige Membran. Wir untersuchen das zweidimensionale *Ising-Modell* des Ferromagnetismus, indem wir Spins gegen das Feld seiner Nachbarn umklappen lassen, wenn die thermische Energie dazu ausreicht. In einer zweidimensionalen *binären Lösung* mit zwei Atomsorten, die einander anziehen oder abstoßen können, tauschen zwei benachbarte Atome die Plätze, wenn es energetisch günstig ist. Dabei entsteht eine *Fernordnung*, wenn die beiden Atomsorten einander anziehen und *Entmischung*, wenn sie sich abstoßen.

10.1 Einleitung

Die Begriffe „Atom", „Teilchen" und „Individuum" bezeichnen in diesem Kapitel dasselbe, nämlich einen elementaren Körper, der auf benachbarte Plätze in einem Gitter springen kann.

Eindimensionales Gitter

Wir betrachten ein eindimensionales Gitter, auf das wir zu Beginn der Simulation Teilchen verteilen und sie dann zufällig auf benachbarte Plätze springen lassen. Mit einer VBA-Routine wählen wir das Teilchen und seine Sprungrichtung zufällig aus. Es gelten zyklische Randbedingungen. Wir verfolgen, wie sich die Abweichung von der Gleichverteilung und die Entropie während des Diffusionsprozesses entwickeln.

Als Anfangsverteilungen werden Deltafunktion Kastenfunktion oder Sinusfunktion vorgegeben. Ferner untersuchen wir die Diffusion durch eine halbdurchlässige Membran.

© Springer-Verlag GmbH Deutschland, ein Teil von Springer Nature 2018
D. Mergel, *Physik lernen mit Excel und Visual Basic,*
https://doi.org/10.1007/978-3-662-57513-0_10

Ising-Modell für den Ferromagnetismus

Wir untersuchen die Spinverteilung in einem zweidimensionalen Gitter bei Nächster-Nachbar-Wechselwirkung und bei Wechselwirkung mit einem über alle Spins gemittelten Magnetfeld. Zufällig ausgewählte Spins werden umgedreht, aber wieder in ihre ursprüngliche Richtung zurückgedreht, wenn die thermische Energie nicht ausreicht, die Energiedifferenz zur neuen Richtung hin zu überwinden. Wir ermitteln die Temperaturabhängigkeit der Magnetisierung und der spezifischen Wärmekapazität des Gitters.

Zweiatomiges zweidimensionales Gitter

Wir untersuchen das Modell der regulären Lösung auf einem zweidimensionalen Gitter. Zwei Atomsorten, die sich in einer Modellvariante anziehen und in einer anderen abstoßen, werden auf die Gitterplätze verteilt. Der Elementarprozess der Diffusion ist ein Platzwechsel von benachbarten Atomen. Die zufällig durchgeführten Platzwechsel werden rückgängig gemacht, wenn die thermische Energie kleiner ist als die Energiedifferenz zwischen der neuen und der alten Anordnung. Für anziehende Wechselwirkung bildet sich eine Fernordnung aus, für abstoßende Wechselwirkung beobachtet man eine Entmischung.

Zufall und Logik in VBA-Routinen

Die Simulationen in diesem Kapitel laufen hauptsächlich innerhalb von VBA-Routinen ab. In der Tabelle werden die Anfangsverteilungen vorgegeben und die durch den Zufallsprozess entstehenden Verteilungen in die Tabelle ausgegeben. In den Diffusionsroutinen werden Individuen zufällig ausgewählt und ebenfalls zufällig bestimmt, in welche Richtung sie springen sollen. Manchmal werden Sprünge rückgängig gemacht, wenn die thermische Energie nicht ausreicht.

Die zugrunde liegenden Zufallsprozesse und logischen Entscheidungen lassen sich nicht in einer Tabellenrechnung umsetzen. Für manche Simulationen reicht der in VBA eingebaute Zufallsgenerator nicht aus und wir müssen einen benutzerdefinierten einsetzen.

10.2   Diffusionsroutine für ein eindimensionales Gitter

Wir betrachten ein eindimensionales Gitter, in dem jeder Gitterplatz beliebig viele Individuen aufnehmen kann. In VBA werden globale Parameter und ein globales eindimensionales Gitter definiert und mit den Definitionen in der Tabelle abgestimmt, aus der die Anfangsverteilung eingelesen wird. Eine Routine wählt zufällig ein Individuum aus und lässt es zufällig nach rechts oder links springen. Es gelten zyklische Randbedingungen.

Globales Diffusionsfeld, in VBA und in Tabelle abgestimmt
Der Diffusionsprozess soll nahezu vollständig in Routinen ablaufen. Das Diffusionsgebiet, ein eindimensionales Gitter, wird als globales Feld definiert (Abb. 10.1 (P)).

In einem Feld *Distrib* der Größe *SiteMax* + 1 wird die Verteilung von Individuen gespeichert. In einem anderen Feld *SiteOfN* der Größe *NAtoms* + 1 wird für jedes Individuum der Platz gelistet, auf dem es sich gerade befindet. Die Begriffe „Atom", „Teilchen" und „Individuum" bezeichnen hier dasselbe, nämlich einen elementaren Körper, der auf benachbarte Plätze springen kann.

In den Routinen, die auf diese globalen Felder zugreifen, wird vorausgesetzt, dass genau *NAtoms* + 1 Atome im System sind. Das wird dadurch gewährleistet, dass die Anfangsverteilung in einer Tabelle passend strukturiert ist, wie z. B. in Abb. 10.2 (T). Dort sind genau *SiteMax* + 1 Plätze definiert, und die Gesamtzahl der Atome in der Anfangsverteilung beträgt genau *NAtoms* + 1.

In dieser Tabelle wird in Spalte B die Anfangsverteilung eingetragen. Sub *Init* in Abb. 10.3 (P) ruft die Anfangsverteilung auf den 128 Plätzen aus der Tabelle ab und schreibt sie in das globale Feld *Distrib*. Sie weist auch jedem Individuum einen Platz zu (Zeilen 75 bis 89).

In Spalte C von Abb. 10.2 (T) wird von der Diffusionsroutine die Verteilung *Distrib.t* nach der Diffusion eingetragen. In Spalte D wird eine theoretische Trendlinie durch die Verteilung nach Diffusion gezogen. Im konkreten Fall ist das eine Glockenkurve, deren Parameter in D1:D3 aus *Distrib.t* geschätzt werden.

1 'Global parameters	**Function Entropy()** 8
2 Const Natoms = 12799	En = 0 9
3 Const SiteMax = 127	For i = 0 To SiteMax 10
4 Const rstart = 6	If Distrib(i) > 0 Then En = En + Distrib(i) * Log(Distrib(i)) 11
5 Dim SiteOfN(Natoms) As Integer	Next i 12
6 Dim Distrib(SiteMax) As Integer	Entropy = -(En / (Natoms + 1) - Log(Natoms + 1)) 13
7	End Function 14

Abb. 10.1 (P) Globale Parameter und Felder, auf die von allen Routinen zugegriffen werden kann. Function *Entropy* berechnet die Entropie des Feldes *Distrib*

	A	B	C	D	E	F	G	H	I	J	K
1			**Total**	12800	=SUMME(Distrib.t)		1,30				
2			**MW**	63,0	=SUMMENPRODUKT(Posi;Distrib.t)/SUMME(Distrib.t)						
3			**Stabw**	37,16	=WURZEL(SUMMENPRODUKT((Posi-$D$2)^2;Distrib.t)/SUMME(Distrib.t))						
4					=Total*NORMVERT(Posi;MW;Stabw;0)		=G6*$G$1				
5		**Posi**	**Distrib.0**	**Distrib.t**	12800*N(63; 37,16)		#jumps/atom	Stabw ->	<- Entr.; S.eq =4,85		
6		0	0	119	33		10	3,16	2,57		
7		1	0	104	34		**13**	3,64	2,71		
31		25	0	89	82		7.056	37,16	4,847	4,852	=LN(128)
69		63	6400	91	137						
70		64	6400	92	137						
133		127	0	90	31						

Abb. 10.2 (T) Anfangsverteilung *Distrib.0*, Verteilung nach Ablauf von Sub *DiffuDev* als *Distrib.t* in Spalte C

52 **Sub Init()**	N = Distrib(k) 62
53 *'Initialize Distrib and SiteOfN*	If N > 0 Then 63
54 r = rstart	For I = 1 To N 64
55 For i = 0 To SiteMax	SiteOfN(a) = site 65
56 Distrib(i) = Cells(r, 2)	a = a + 1 66
57 r = r + 1	Next I 67
58 Next i	End If 68
59 site = 0	site = site + 1 69
60 r2 = 5	Next k 70
61 For k = 0 To SiteMax	End Sub 71

Abb. 10.3 (P) SUB *Init* liest die Anfangsverteilung aus Spalte B (CELLS(r, 2)) der Tabelle und schreibt sie in das globale Feld *Distrib*

Der Bereich G6:G31 enthält eine Liste von Anzahlen von Sprüngen pro Atom, die von der Routine *DiffuDev* in Abb. 10.4 (P) eingelesen werden. In die Spalten H und I werden die Standardabweichung der Glockenkurve und ihre Entropie nach Ablauf der Diffusionsroutine geschrieben.

Wenn die Größe des Diffusionsfeldes oder die Anzahl der Atome verändert werden sollen, dann muss das in der Tabelle und in den globalen Parametern des VBA-Programms gleichermaßen gemacht werden.

Entropie

Die Entropie S einer Verteilung ist ein gewichteter Mittelwert von $ln(p_i)$, wobei p_i die Wahrscheinlichkeit ist, ein Atom auf dem i-ten Platz zu finden:

$$S = \sum_i p_i \cdot \ln(p_i) \tag{10.1}$$

Die Summe geht über alle Plätze i des Systems. Für eine Gesamtzahl von N Atomen gilt $p_i = N_i / N$ und somit:

$$S = \frac{1}{N} \cdot \sum_i N_i \cdot \ln(N_i) - \ln(N) \tag{10.2}$$

Wenn die Atome über alle Plätze gleichverteilt sind, dann gilt $S = \ln(N)$, z. B. $\ln(64) = 4,16$. Die Normalverteilung hat die Entropie: $S = \log\left(\sigma\sqrt{2\pi e}\right)$ mit der Standardabweichung σ und $\log\left(\sqrt{2\pi e}\right) = 1,419$.

Die Gl. 10.2 wird in der FUNCTION *Entropy* in Abb. 10.1 (P) eingesetzt, mit Zugriff auf die globalen Konstanten *Sitemax* und *NAtoms* sowie die globalen Felder *SiteofN* und *Distrib*. Zur Erinnerung: Eine Funktion muss in einem Modul des VBA-Programms stehen. Ein Modul wird im VBA-Editor mit EINFÜGEN/MODUL eingefügt.

Stochastische Bewegung

Das Hauptprogramm *DiffuDev* in Abb. 10.4 (P) liest die Diffusionszeiten aus Spalte G (CELLS(r, 7)), lässt die Diffusionsroutine laufen und schreibt die Ergebnisse

```
15 Sub DiffuDev()                          Cells(r, 8) = Range("D3") 'Stdev      20
16 For r = 6 To 14                         Cells(r, 9) = Entropy 'Entropy        21
17   repmax = Cells(r, 7) * Natoms         Next r                               22
18   Diffusion (repmax)                    Range("C4") = repmax/Natoms          23
19                                         End Sub                              24
```

Abb. 10.4 (P) Das Hauptprogramm *DiffuDev* liest die Diffusionszeiten in Spalte G Cells(r, 7), lässt die Diffusionsroutine laufen und schreibt die Ergebnisse in die Spalten H und I

```
25 Sub Diffusion(repmax)                   Else: NewSite = 0                    38
26 Init                                    End If                               39
27 For rep = 1 To repmax                   End If                               40
28   N = Int(RndM() * (Natoms + 1)) 'Pick random a  SiteOfN(N) = NewSite        41
29   CurSite = SiteOfN(N)                   Distrib(CurSite) = Distrib(CurSite) - 1  42
30   If RndM() < 0.5 Then 'jump to the left Distrib(NewSite) = Distrib(NewSite) + 1  43
31     If CurSite > 0 Then                 Next rep                             44
32       NewSite = CurSite - 1             r2 = rstart                          45
33     Else: NewSite = SiteMax             For k = 0 To SiteMax                 46
34     End If                              Cells(r2, 3) = Distrib(k)            47
35   Else 'jump to the right               r2 = r2 + 1                          48
36     If CurSite < SiteMax Then           Next k                              49
37       NewSite = CurSite + 1             End Sub                              50
```

Abb. 10.5 (P) Das Unterprogramm *Diffusion* ruft Sub *Init* auf, lässt die Teilchen *repmax*-mal springen und schreibt die Ergebnisse der Diffusion in die Tabelle; die VBA-interne Zufallsfunktion RND() wird durch *RndM* in Abb. 10.9 ersetzt

in die Spalten H und I. Die Diffusionszeit (*repmax/Natoms* in Zeile 23) wird über die zuletzt erreichte Verteilung in Spalte C geschrieben.

Die Diffusionsroutine in Abb. 10.5 (P) wählt *repmax*-mal zufällig ein Atom aus (Zeile 28), findet heraus, auf welchem Platz es sich befindet (in *CurSite* übertragen, Zeile 29) und lässt es springen. Der Sprung geht zufällig nach links oder nach rechts (Zeilen 30 bis 43), je nachdem, ob die Zufallszahl in Zeile 30 kleiner oder größer als 0,5 ist.

Es gelten zyklische Randbedingungen. Atome am Ende des linearen Gitters springen nach rechts an den Anfang, solche am Anfang springen nach links an das Ende. Das lineare Gitter wirkt dadurch wie ein geschlossener Kreis, „zyklisch" eben.

10.3 Deltafunktion als Anfangsverteilung

Wir sehen, wie sich eine Glockenkurve aus einer Deltafunktion entwickelt und verfolgen, wie sich die Entropie während des Prozesses ändert. In einem Vorversuch stellen wir fest, dass der in VBA eingebaute Zufallsgenerator für unsere Zwecke zu schwach ist und implementieren einen anderen.

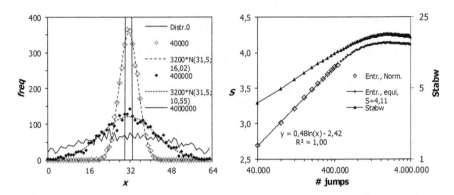

Abb. 10.6 a (links) Verteilung der Atome nach 40.000, 400.000 und 4.000.000 Sprüngen nach Diffusion aus einer Deltaverteilung; an die ersten beiden Verteilungen wird eine Gauß-Funktion angepasst. **b** (rechts) Standardabweichung und Entropie als Funktion der Anzahl der Sprünge

10.3.1 Ein Vorversuch

Wir machen einen schnellen Vorversuch und lassen dabei 3200 Atome auf 64 Plätzen diffundieren. Die Gesamtzahl der Sprünge fängt bei 40.000 an und wird bei jeder Wiederholung um 40.000 erhöht bis schließlich 4 Mio. Sprünge erreicht werden.

Als Ausgangskurve setzen wir eine Deltafunktion an, indem wir die Plätze 31 und 32 mit je 1600 Atomen besetzen. Die Deltafunktion wird zu einer Gauß'schen Glockenkurve, die immer breiter wird (Abb. 10.6a).

In Abb. 10.6b, wird die Standardabweichung auf der sekundären logarithmischen senkrechten Skala und die Entropie auf der linearen primären senkrechten Achse als Funktion der Anzahl der Sprünge auf der logarithmischen horizontalen Achse dargestellt. Für beide Größen ist für eine Anzahl der Sprünge unterhalb 400.000 in der gewählten Auftragung eine lineare Abhängigkeit zu erkennen. Das bedeutet, dass die Standardabweichung potenziell mit der Potenz 0,5 und die Entropie logarithmisch von der Anzahl der Sprünge abhängt. Für noch mehr Sprünge nähert sich die Verteilung immer mehr einer Gleichverteilung.

▶ **Tim** Die Entropie am Ende unseres Diffusionsexperiments in Abb. 10.6a ist $S = 4{,}11$. Das ist mit dem theoretischen Wert $\ln(64) = 4{,}16$ zu vergleichen. Ist die Übereinstimmung gut genug?

▶ **Alac** Eigentlich schon, denn die Abweichung beträgt nur etwa 1 %.

▶ **Tim** Mich wundert aber, dass Standardabweichung und Entropie ab zwei Millionen Sprüngen wieder kleiner werden. Wenn die von uns simulierte Diffusion ein irreversibler Prozess ist, dann muss nach dem zweiten Hauptsatz der Thermodynamik die Entropie im Verlaufe des Prozesses ansteigen oder kann höchstens gleich bleiben, aber niemals sinken.

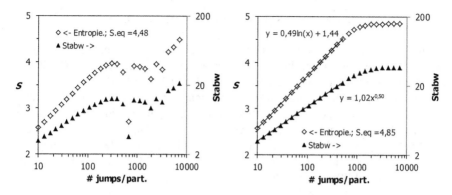

Abb. 10.7 Ⅶ **a** (links) Entropie und Standardabweichung im erweiterten Versuch als Funktion der „Diffusionszeit" (Sprünge pro Atom), wenn der Zufallsgenerator von VBA eingesetzt wird. **b** (rechts) Wie a aber bei Einsatz eines benutzerdefinierten Zufallsgenerators

▶ **Alac** Dann verbessern wir doch die Statistik, indem wir doppelt so viele Plätze nehmen und sehr viel mehr Atome. Da wir im Vorversuch schon gesehen haben, dass man die Ergebnisse am besten gegen eine logarithmische horizontale Zeitachse aufträgt, steigern wir die Anzahl der Sprünge nicht linear, sondern exponentiell. Exponentiell steigende Werte erscheinen auf einer logarithmischen Skala in gleichen Abständen.

▶ **Mag** Wir sollten Einheiten auf der horizontalen Achse wählen, die als Zeit gedeutet werden können. Was käme dafür infrage?

▶ **Tim** Ich schlage vor, dass wir die Anzahl der Sprünge pro Atom nehmen. Das sollte der Diffusionszeit entsprechen und damit sollten Versuche mit unterschiedlicher Anzahl von Atomen vergleichbar werden.

10.3.2 Erweiterter Versuch

Wir erweitern das Diffusionsgebiet auf 128 Plätze und lassen 12.800 Atome springen wie in Abb. 10.2 (T). Die Liste der Anzahl der Sprünge pro Atom fängt bei 10 an und wird in den folgenden Versuchen immer um den Faktor 1,3 erhöht, bis schließlich 7056 erreicht wird. Die Ergebnisse werden in Abb. 10.7a berichtet.

▶ **Tim** Nanu, ab 400 Sprüngen pro Atom springen in Abb. 10.7a auch die Standardabweichung und die Entropie. Haben wir vielleicht einen Programmierfehler oder eine falsche Annahme in unserem Modell gemacht?

▶ **Alac** Ich habe das Programm noch einmal sorgfältig überprüft und keinen Fehler gefunden. Ich habe mich dann im Internet umgesehen und in einem Forum einen Chat über den Zufallsgenerator in VBA gefunden. Er wird vielfach als unzureichend für umfangreiche statistische Simulationen kommentiert.

▶ **Tim** Müssen wir also unsere schönen Diffusionsexperimente aufgeben?

▶ **Alac** Nein, in dem genannten Forum wird auch eine Alternative angeboten, ein „Wichmann-Hall-Algorithmus". Ich habe ihn unter dem Namen *RndM* als benutzerdefinierte Funktion eingetragen, zu finden in Abb. 10.9 (P).
   Die Ergebnisse mit dem benutzerdefinierten Zufallsgenerator *rndM* werden in Abb. 10.7b wiedergegeben. Die Verteilung wird zunächst immer breiter; die Standardabweichung wächst mit der Wurzel aus der Diffusionszeit. Für mehr als 1000 Sprünge pro Teilchen gleicht sich die Verteilung einer Gleichverteilung an. Die Entropie ist schließlich 4,847 (I31 in Abb. 10.2 (T), 1 ‰ weniger als der theoretische Wert ln(128) = 4,852 (J31).

▶ **Alac** Na, super. Jetzt passt alles. Abb. 10.7 ist damit ein toller Kandidat für den Schönheitswettbewerb 𝕭.

▶ **Tim** Mühe genug haben wir damit ja gehabt, aber schließlich auch Erfolg.

▶ **Alac** Und wir haben gesehen, dass wir mit unseren experimentellen Verfahren sogar Fehler in Standardfunktionen von VBA finden können.

▶ **Tim** Das ist möglich, weil wir gelernt haben, dass die Entropie bei irreversiblen Vorgängen nicht abnehmen kann. Physik hilft der Informatik. Ich bin mit der Nominierung einverstanden.
   In Abb. 10.8b werden weitere Ergebnisse der Simulation mit *rndM* wiedergegeben, die Verteilung nach der Zeit 82 samt Anpassung einer Glockenkurve und nach der Zeit 512, nach der die Glockenkurve in eine Gleichverteilung übergeht. In Abb. 10.8b wird die Entropie auf logarithmischer Skala als Funktion der Standardabweichung in logarithmischer Skala aufgetragen. Für Standardab-

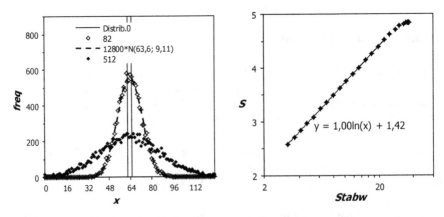

Abb. 10.8 **a** (links) Verteilung auf 124 Plätze nach 82 und 512 Sprüngen pro Teilchen. **b** (rechts) Entropie als Funktion der Standardabweichung

```
1  Public Function RndM(Optional ByVal Number        lngX = (Number Mod 30269)                    17
2    As Long) As Double                              lngY = (Number Mod 30307)                    18
3  Static lngX As Long, lngY As Long, lngZ As Long, _ lngZ = (Number Mod 30323)                    19
4    blnInit As Boolean                              ' lngX, lngY and lngZ must be bigger than 0   20
5  Dim dblRnd As Double                              If lngX > 0 Then Else lngX = 171              21
6  ' if initialized and no input number given        If lngY > 0 Then Else lngY = 172             22
7  If blnInit And Number = 0 Then                    If lngZ > 0 Then Else lngZ = 170             23
8    ' lngX, lngY and lngZ will never be 0           ' mark initialization state                  24
9    lngX = (171 * lngX) Mod 30269                   blnInit = True                               25
10   lngY = (172 * lngY) Mod 30307                  End If                                        26
11   lngZ = (170 * lngZ) Mod 30323                  ' generate a random number                    27
12 Else                                              dblRnd = CDbl(lngX) / 30269# + CDbl(lngY) / _ 28
13   ' if no initialization, use Timer,                 30307# + CDbl(lngZ) / 30323#              29
14   ' otherwise ensure positive Number             ' return a value between 0 and 1              30
15   If Number = 0 Then Number = Timer * 60 _       RndM = dblRnd - Int(dblRnd)                   31
16   Else Number = Number And &H7FFFFFFF            End Function                                  32
```

Abb. 10.9 (P) Ein Algorithmus nach Wichmann-Hall aus dem Internet[2] (http://www.vbforums.com/showthread.php?499661-Wichmann-Hill-Pseudo-Random-Number-Generator-an-alternative-for-VB-Rnd()-function, by user Merri Dec 6th, 2007, 12:29 AM (Vesa Piittinen))

weichungen unter 20, für die die Verteilung noch eine Glockenkurve ist, hängt die Entropie logarithmisch von der Standardabweichung ab.

Theoretisch gilt für eine Normalverteilung: $S = \ln\left(\sigma\sqrt{2\pi e}\right)$ mit der Standardabweichung σ und $\ln\left(\sqrt{2\pi e}\right) = 1{,}419$, also $S = \ln(\sigma) + 1{,}419$.

▶ **Tim** Das stimmt ja schon ganz gut mit der Formel der Trendlinie in Abb. 10.8b überein. Aber müsste man nicht die Koeffizienten mit mehr Dezimalstellen angeben, um mit den theoretischen Werten quantitativ zu vergleichen?

▶ **Alac** Das ist schnell gemacht mit FORMAT/TRENDLINIE/ZAHL. Wir erhalten $S = 1{,}00 \ln(\sigma) + 1{,}424$. Die Abweichungen in den Koeffizienten im Vergleich zu den theoretischen Werten betragen weniger als 0,5 %.

▶ **Mag** Besser wäre es noch, wenn wir die Fehler der Koeffizienten der Trendlinie angeben könnten.

▶ **Alac** Kein Problem. Das geht mit der Tabellenfunktion RGP wie in Band I, Abschn. 9.2.

Fragen

In H6:H30 in Abb. 10.2 (T) werden die Werte der Entropie mit zwei Stellen hinter dem Komma aufgelistet, nur der letzte Wert wird mit drei Dezimalstellen angegeben. Warum?[1]

---

[1]Bei zwei Dezimalstellen haben experimenteller und theoretischer Wert der Entropie denselben Wert. Bei drei Dezimalstellen erkennt man den Unterschied von 1 ‰ und kann ihn berichten. Die Aussagekraft eines Wertes ist viel größer, wenn man seine Unsicherheit mit angibt.

10.3.3 Ein Zufallsgenerator aus dem Internet

▶ **Alac** Ich habe im Internet recherchiert, mit den Schlüsselwörtern „Random number generator" und „VBA" und bin dabei auf das Forum http://www.vbforums.com gestoßen, in dem sich professionelle Entwickler austauschen. Dort wird problematisiert, dass beim Zufallszahlengenerator von VBA viel zu früh wieder dieselben Zahlen auftauchen. Manche User behaupten, das läge daran, das RND() mit ganzen Zahlen mit einfacher Länge arbeitet.

▶ **Tim** Das können wir aber nicht ändern. Was machen wir jetzt?

▶ **Alac** Wir probieren eine Funktion *RndM* aus, die in dem genannten Forum vorgeschlagen wird. Sie steht in Abb. 10.9 (P).

Zeilen 1 und 2
Die Funktion wird als PUBLIC deklariert, ist also im gesamten Projekt gültig. Der Übergabeparameter *Number* wird als OPTIONAL deklariert. Er erhält den Wert 0, wenn beim Aufruf der Funktion kein anderer Wert übergeben wird. Wenn eine Variable übergeben wird, dann BYVAL, was heißt, dass nur der Wert übernommen, die Variable selbst aber nicht verändert wird. Der Datentyp für *Number* wird als LONG festgelegt, derjenige für das Ergebnis der Funktion als DOUBLE.

Zeilen 3 bis 5
Die Variablen *X, Y, Z* werden als ganze Zahlen vom Typ LONG deklariert, die Variable *Init* als BOOLEAN. Zur Kennzeichnung des Typs erhalten sie die dreibuchstabigen Vorsätze *lng* und *bln*. Das ist in professionellen Software-Projekten üblich, um die Typen in Erinnerung zu behalten, wenn die Programme lang sind oder von mehreren Personen bearbeitet werden. Wir lassen solche Vorsätze in unseren relativ kurzen Programmen meistens weg, weil sich an den Variablennamen dann klarer die physikalische oder mathematische Funktion erkennen lässt.

Zeilen 17 bis 23
Beim ersten Aufruf der Funktion ist *Init* = FALSE und das Programm springt nach Zeile 15 und weist der Variablen *Number* die Anzeige der Computeruhr zu und berechnet daraus in den Zeilen 17 bis 19 *X, Y* und *Z*. Wenn dabei negative Zahlen herauskommen, dann werden die Zahlen wie in den Zeilen 21 bis 23 gesetzt. Danach wird *Init* = TRUE gesetzt.

Zeilen 28 bis 31
Die Zahlen *X, Y* und *Z* werden durch die Primzahlen 30.269, 30.307 bzw. 30.323 geteilt, wobei die Funktion CDBL die Ganzzahlen in Dezimalzahlen vom Typ DOUBLE umwandelt, und danach zu *Rnd* addiert. Schließlich wird in Zeile 31 die Zahl vor dem Komma abgezogen, so dass eine Zahl zwischen 0 und 1 entsteht, die als Ergebnis des Zufallsgenerators *RndM* ausgegeben wird.

In Abb. 10.10 (T) bilden wir den Ablauf des Programms in einer Tabellenrechnung nach, für den Fall, dass *RndM* mehrfach ohne Übergabe eines Wertes

	A	B	C	D	E	F	G	H	I	J	K	L
1	30269	30307	30323									
2	=REST(A$4*A4;A$1)	=REST(B$4*B4;B$1)	=REST(C$4*C4;C$1)	=X/$A$1+Y/$B$1+Z/$C$1	=RndO-GANZZAHL(RndO)		=HÄUFIGKEIT(RndM;bnd)	=SUMME(frq)	=ttl/10		=CHIQU.TEST(frq;theo)	=JETZT()
3	X	Y	Z_	RndO	RndM	bnd	frq	ttl	theo			
4	171	172	170	0,02	0,02	0,1	946	10000	1000	0,48		43080,88671030090
5	29241	29584	28900	2,90	0,90	0,2	982		1000			43069,43201736110
12	20286	1105	10693	1,06	0,06	0,9	1041		1000			43069,43193321760
13	18240	8218	28753	1,82	0,82		979		1000			43069,43184004630
10003	25512	9497	5801	1,35	0,35							43069,43172268520

Abb. 10.10 (T) Die Funktion *RndM* wird in der Tabellenrechnung nachgespielt

für *Number* aufgerufen wird und beim ersten Aufruf in Zeile 21 landet. Die Werte für *X*, *Y* und *Z* in Reihe 4 entsprechen den Programmzeilen 9 bis 11, ab Reihe 5 den Programmzeilen 17 bis 19. *RndO* in Spalte E entspricht den Zeilen 28 und 29, *RndM* in Spalte E Zeile 31.

In den Spalten G und H wird die Häufigkeit der 10.000 Werte von *RndM* in zehn Intervallen ermittelt und mit dem Chi^2-Test in K4 mit einer Gleichverteilung verglichen. Das Ergebnis ist 0,48 und spricht somit nicht gegen die behauptete Gleichverteilung der von *RndM* erzeugten Zufallszahlen.

10.4 Sinus- und rechteckförmige Verteilung

Eine sinusförmige Verteilung nähert sich durch Diffusion umso schneller an die Gleichverteilung an, je kleiner ihre Periodendauer ist. Die Abklingzeit hängt quadratisch von der Periodendauer ab. Die Kanten eines Rechteckprofils nehmen zu Beginn der Diffusion die Form einer kumulierten Normalverteilung an. Später entsteht eine sinusförmige Verteilung, die schließlich in eine Gleichverteilung übergeht.

10.4.1 Sinusförmige Verteilung

Wir wollen untersuchen, wie schnell sich eine sinusförmige Verteilung durch Diffusion einer Gleichverteilung nähert. Dazu setzen wir ein Diffusionsgebiet der Länge 256 ein und Perioden der Sinusfunktion in einer bis acht Bruchteilen dieser Länge (Abb. 10.11 (T)). Die Anfangsverteilung wird gegeben durch:

$$\text{Distr}(0) = \text{Int}\left(A \cdot \sin\left(2\pi \cdot \frac{x}{n}\right) + A\right) \tag{10.3}$$

Dabei sind *x* der Ort und *n* eine Zahl von 1 bis 8, die die Wellenlänge als Bruchteil der Länge 256 des Diffusionsgebiets angibt. Die Amplitude *A* muss so gewählt

	λ	Abst.	Ampl.	a	τ
1	256,00	25600	2,91	-2,63E-04	3,80E+03
2	128,00	85333	2,94	-1,01E-03	9,90E+02
3	85,33	85333	2,96	-2,35E-03	4,26E+02
4	64,00	64000	2,86	-3,79E-03	2,64E+02
5	51,20	25600	2,94	-6,36E-03	1,57E+02
6	42,67	16000	2,93	-9,01E-03	1,11E+02
7	36,57	16000	2,88	-1,17E-02	8,55E+01
8	32,00	12000	2,93	-1,60E-02	6,25E+01

Abb. 10.11 (T) Parameter und Ergebnisse der Diffusionsversuche mit Sinusfunktionen als Ausgangsverteilung; λ = Wellenlänge, *Abst.* = Abstufung der Anzahl der Sprünge in der Liste, die von SUB *DiffuDev* in Abb. 10.4 (P) eingelesen wird, *Ampl.* = Amplitude der Sinusfunktion zur Zeit $t = 0$, a = Abklingkonstante in der Exponentialfunktion, *tau* = $1/a$ = Abklingzeit

werden, dass die Gesamtzahl der Atome dem Wert des gewählten Parameters *Natoms* in VBA entspricht.

Als Abstand zur Gleichverteilung setzen wir die Wurzel aus der Summe der quadratischen Abweichungen ein, mit der Tabellenformel:

$$Devi = \text{WURZEL}(\text{SUMMENPRODUKT}(Distrib.t - A; Distrib.t - A)) \quad (10.4)$$

Dabei ist *Distrib.t* die Verteilung zur Zeit *t*.

Der Verlauf von *Devi* für verschiedene Periodendauern des Sinus wird in Abb. 10.12a mit logarithmischer Skalierung der Zeitachse dargestellt. Durch die Datenpunkte können exponentielle Trendlinien gelegt werden, aus deren Formeln Abklingkonstanten a entnommen werden können. Sie werden in Abb. 10.11 (T) zusammen mit den Abklingzeiten $\tau = 1/a$ berichtet. Die Abklingzeiten τ werden in Abb. 10.12b in doppeltlogarithmischer Auftragung als Funktion der Wellenlänge λ berichtet. Eine Trendlinie $\tau = 6,96 \times \lambda^{1,97}$ liegt gut in den Daten.

▶ **Alac** Die Trendlinie passt super, mit einem Bestimmtheitsmaß von 1,00.

▶ **Tim** Was sollen wir mit so einem krummen Exponenten anfangen?

▶ **Mag** Nehmen wir mal an, dass die Physik einfachen Gesetzen folgt und schließen, dass die *Abklingzeit des Diffusionsprofils quadratisch mit der Periodendauer* der Sinusfunktion steigt.

▶ **Alac** Führen wir noch schnell eine lineare Regression mit RGP mit Y-Werten τ und X-Werten T^2 durch! Ergebnis: $\tau = 0,0582(3) \cdot T^2$, $R^2 = 1,00$.[2] Passt genau so gut.

▶ **Mag** Woher wissen wir, dass die Physik einfachen Gesetzen folgt? Diskutieren Sie unsere Argumentation noch einmal!

---

[2]Die Zahl in Klammern gibt den Standardfehler der letzten Ziffer an.

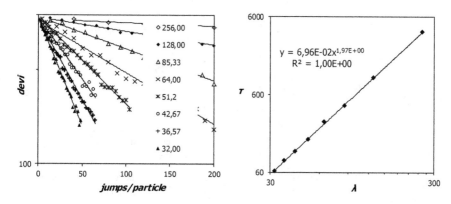

Abb. 10.12 a (links) Abweichung der Sinusverteilung von der Gleichverteilung als Funktion der Zeit. **b** (rechts) Abklingzeiten τ der exponentiellen Trendlinien in a als Funktion der Wellenlängen λ.

10.4.2 Rechteckprofil

Wir setzen als Anfangsverteilung in einem Gebiet der Länge 256 mit 25.600 Atomen eine Rechteckfunktion ein. Die Kanten der Rechteckfunktion entwickeln zu Beginn der Diffusion ein Profil, welches sich mit einer kumulierten Normalverteilung beschreiben lässt (siehe die Kurven *500* und *Norm.vert* in Abb. 10.12a). Im weiteren Diffusionsverlauf überlappen die Flügel der kumulierten Normalverteilung und bilden eine Sinusverteilung (siehe die Kurven 5000 und Sinus). Die Kurven in dieser Abbildung wurden gewonnen, indem der Diffusionsversuch 16-mal wiederholt und die entstehenden Verteilungen gemittelt wurden (Abb. 10.13).

Die Abweichung *devi* der Kurve von der Gleichverteilung sinkt exponentiell mit der Diffusionszeit, was man an der Trendlinie in Abb. 10.12b erkennen kann.

Eine Rechteckfunktion lässt sich als Summe von Sinusfunktionen auffassen. Die höherfrequenten Sinusfunktionen werden sehr schnell abgeschliffen, sodass nur die Funktion mit der Grundfrequenz übrig bleibt.

10.5 Halbdurchlässige Membran

Wir simulieren eine halbdurchlässige Membran, indem wir die Wahrscheinlichkeit für Sprünge in den mittleren beiden Positionen des Diffusionsgebietes anisotrop machen. Es entsteht an der Membran ein Unstetigkeitssprung in der

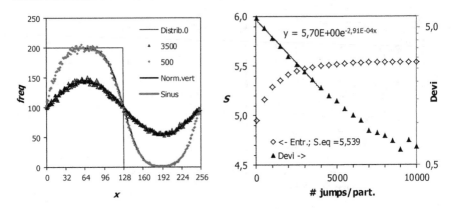

Abb. 10.13   a (links) Veränderung des Rechteckprofils nach 500 und 3500 Schritten pro Atom.
b (rechts) Entwicklung der Abweichung *devi* und der Entropie *S* im Laufe der Diffusion

Verteilung, der zunächst exponentiell in die Gebiete zu beiden Seiten übergeht.
Im stationären Fall entsteht eine Gerade als Verteilung.

Wir setzen in die Mitte eines Diffusionsgebietes eine Membran, indem wir für die
beiden Positionen dort die Wahrscheinlichkeit für einen Sprung nach links zu 0,3
ansetzen. Im restlichen Gebiet bleibt diese Wahrscheinlichkeit 0,5. Im VBA-Code
der Abb. 10.5 (P) wird das erreicht indem die Zeile 30 durch die Programmzeilen
in den Reihen 1 bis 3 der Abb. 10.14b ersetzt wird. Zu Beginn des Experiments
werden auf alle Positionen 100 Teilchen gesetzt.

In Abb. 10.14a sieht man die Verteilungen der Teilchen für zwei verschiedene
Diffusionszeiten. Zu Beginn des Experiments ($t = 1000$ Sprünge pro Teilchen) bildet
sich ein Sprung in der Häufigkeit von 32 bei Position 126 zu 167 bei Position 127
aus, und die Häufigkeiten fallen exponentiell auf die anfängliche Gleichverteilung
ab. Für größere Diffusionszeiten entstehen lineare Verläufe, z. B. für $t = 20.000$
Sprünge pro Teilchen. Das ist der stationäre Fall, der sich nicht mehr ändert.

Der Sprung der Teilchenzahl an der Membran wird durch die Bedingung
bestimmt, dass die Ströme j_l von links und j_r von rechts durch die Membran gleich
groß sein müssen. Sie werden gegeben durch:

$$j_l = n_r p_l p_l \text{ und } jr = n_l p_r p_r$$

Es gilt $p_r = 1 - p_l$. Die Ströme sind proportional zur Anzahl der Teilchen am Ausgangspunkt und zur Wahrscheinlichkeit, in Richtung der Grenzfläche zu springen.
Diese Wahrscheinlichkeiten gehen zweimal in das Produkt ein, weil sich die Membran über zwei Positionen erstreckt, von denen jede die Sprungwahrscheinlich-
keit p_l hat. Da die Verteilung spiegelsymmetrisch zur Gleichverteilung $n_0 = 100$
ist, gilt $n_l + n_r = 2n_0$ und damit kommt man zu den Formeln in Abb. 10.14b.
Der daraus resultierende lineare Verlauf mit Sprung über die Membran liegt in
Abb. 10.14a in den experimentellen Daten.

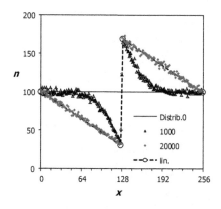

	A	B	C	D	E
1	If CurSite = 127 Or CurSite = 128 _				
2	Then probj = 0.3 Else probj = 0.5				
3	If RndM() < probj Then *'jump to the left*				
4					
5					
6	n.0		100		
7	p.l		0,3		
8	p.r		0,7	*=1-p.l*	
9	n.l		31,0	*=2*n.0/(1+p.r^2/p.l^2)*	
10	n.r		169,0	*=2*n.0-n.l*	

Abb. 10.14 **a** (links) An den Stellen 127 und 128 befindet sich eine halbdurchlässige Membran. **b** (rechts, T) Reihe 1: VBA-Programmzeile, in der die Wahrscheinlichkeit *probj* für Sprünge nach links festgelegt wird; in A5:B9 werden die Anzahl n_l und n_r zu beiden Seiten der Membran berechnet; $p_l = probj$

10.6   Ising-Modell des Ferromagnetismus

Wir betrachten ein quadratisches, mit Spins besetztes Gitter der Größe 40×40. Ein Spin kann umklappen, wenn seine thermische Energie größer ist als die Wechselwirkungsenergie des auf ihn wirkenden magnetischen Feldes.

10.6.1 Programm-Struktur

Definitionsgebiet, globale Parameter
Wir betrachten ein quadratisches, mit Spins besetztes Gitter der Größe 40×40. Dazu definieren wir ein globales Feld *Spin* einer Größe 42×42 (Abb. 10.15).

Im Folgenden wird keine Magnetisierung des Systems berechnet sondern nur die Summe der Spins. Wir brauchen uns deshalb keine Gedanken über physikalische Einheiten zu machen.

Das eigentliche Definitionsgebiet ist nur das Teilfeld (1...40; 1...40). Die Reihen und Spalten 0 und 41 des Feldes dienen dazu, zyklische Randbedingungen umzusetzen, siehe Sub *Bound(x,y)*.

Die weiteren globalen Parameter sind:

- *kT_List:* eine Liste der thermischen Energien, für die die Simulation durchgeführt werden soll,
- *Umklapp:* in dem gezählt wird, wie oft ein Umklappversuch erfolgreich ist,
- *N_spins:* die Anzahl aller Spins im Definitionsgebiet,
- *SpinSum:* die Summe aller Spins als Maß für die Magnetisierung der Probe und
- *kT.* die aktuelle Wärmeenergie.

1 Const xmax = 40, ymax = 40	Const xshift = 12 *'for output to sheet* 5
2 Dim Spin(xmax + 1, ymax + 1)	Const yshift = 0 6
3 *'Area 1 to xmax, 1 to ymax*	Dim kT_List(10) *'list of kT-values* 7
4	Dim Umklapp, N_spins, SpinSum, kT 8

Abb. 10.15 (P) Globale Parameter für Sub *Ising; xshift* und *yshift* bestimmen die Lage der Darstellung des Feldes in der Tabelle

9 **Sub Ising()**	If E_klapp < E_therm Then 35
10 N_spins = xmax * ymax	Spin(x, y) = -Spin(x, y) 36
11 Call Init_Area	Umklapp = Umklapp + 1 37
12 Call ini_kT_List	SpinSum = SpinSum + 2 * Spin(x, y) 38
13 Call Headers	Call Bound(x, y) 39
14 n_iter = 10	End If 40
15 Cells(3, 1) = 0	Loop While (t < N_spins) 41
16 Cells(3, 3) = SpinSum / N_spins	eq_nb = eq_nb + Neighbors 42
17 Cells(3, 4) = 1	Next j 43
18 Range("A16:D25").ClearContents	*'Intermediate results* 44
19 For k = 1 To 10 *'runs through kT*	Cells(3 + i, 1) = n_iter * i 45
20 kT = 0.4 *'kT_List(k)*	Cells(3 + i, 2) = Umklapp / N_spins 46
21 Cells(15 + k, 2) = kT	Cells(3 + i, 3) = SpinSum / N_spins 47
22 Range("A4:D13").ClearContents	Cells(3 + i, 4) = eq_nb / N_spins / 4 / n_iter / i 48
23 eq_nb = 0	Next i 49
24 For i = 1 To 10	Cells(15 + k, 3) = SpinSum / N_spins 50
25 For j = 1 To n_iter	Cells(15 + k, 4) = eq_nb / N_spins / 4 / n_iter / n_iter 51
26 t = 0 *'# of flips*	*'prob. to have eq. neighbor* 52
27 Umklapp = 0	*'Output to sheet* 53
28 r2 = 3	For x = 1 To xmax 54
29 Do *'on the average one attack per spin*	For y = 1 To ymax 55
30 x = Int(xmax * Rnd() + 1) *'1 to xmax*	Cells(y + yshift, x + xshift) = Spin(x, y) 56
31 y = Int(ymax * Rnd() + 1) *'1 to ymax*	Next y 57
32 t = t + 1	Next x 58
33 E_klapp = Energy_Umklapp("avField", x, y)	Next k 59
34 E_therm = -kT * Log(Rnd())	End Sub 60

Abb. 10.16 (P) Sub *Ising,* Hauptprogramm, das die Simulation steuert

Umklappversuche

Das Hauptprogramm Sub *Ising* in Abb. 10.16 arbeitet genau wie alle Unterroutinen auf diesem Feld *Spin* und den anderen globalen Parametern.

Das Programm besteht aus mehreren ineinander verschachtelten Schleifen. Die äußere Schleife (For k=) gibt die thermische Energie *kT* vor, die im globalen Feld *kT_List* gespeichert ist und deren Werte innerhalb der Unterroutine *ini_kT_List* bestimmt werden (Aufruf in Zeile 12). Am Ende der Schleife werden die mittlere Nettoanzahl der Spins (Zeile 50) und die Wahrscheinlichkeit, einen gleichen nächsten Nachbarn zu haben (Zeile 51) sowie die Spinkonfiguration bei diesem Wert von *kT* in die Tabelle ausgegeben (Zeilen 54 bis 58).

Im Innern der Schleife wird in einem Do-Loop (Zeilen 29 bis 41) im Mittel pro Spin einmal versucht, einen Spin umzuklappen. Diese Versuchsreihe wird in der (For *j*=)-Schleife *n_iter*-mal wiederholt. In der übergeordneten (For *i*=)-Schleife wird die (For *j*=)-Schleife wiederholt und deren jeweiliges Ergebnis in die Tabelle ausgegeben (Zeilen 45 bis 48).

Innerhalb der (For *k*=)-Schleife stehen zwei verschachtelte Schleifen, (For *i*=), in der $10 \times n\_iter \times N\_spins$ Umklappprozesse versucht werden.

```
87 Function Energy_Umklapp(par, x, y)        'only nearest neighbors              93
88 If (par = "avField") Then                 Field = (Spin(x - 1, y) + Spin(x + 1, y) _   94
89    'Average background                         + Spin(x, y - 1) + Spin(x, y + 1)) / 4   95
90    Field = (SpinSum - Spin(x, y)) / (N_spins - 1)   End If                      96
91 End If                                     Energy_Umklapp = Field * Spin(x, y)    97
92 If (par = "nn") Then                       End Function                          98
```

Abb. 10.17 (P) Berechnet die Energie des Umklappens des Spins an der Stelle $(x; y)$. Der Parameter *par* bestimmt, ob das Feld durch die vier nächsten Nachbarn (*par* = „*nn*") oder durch den gemittelten Wert aller Spins (*par* = „*avField*") zustande kommt

```
100 Sub Bound(x, y)                           If x = xmax Then Spin(0, y) = Spin(x, y)    104
101 'cyclic boundary conditions              If y = 1 Then Spin(x, ymax + 1) = Spin(x, y)  105
102 If x = 1 Then Spin(xmax + 1, y) = Spin(x, y)   If y = ymax Then Spin(x, 0) = Spin(x, y)  106
103                                           End Sub                               107
```

Abb. 10.18 (P) Sub *Bound* schreibt die Werte der Spins in den Rändern des Definitionsgebietes ($x = 1$ und $x = xmax$ und entsprechend für y) in die Außenbereiche ($x = xmax + 1$ und $x = 0$) des Feldes *Spin*

Wann klappt ein Spin tatsächlich um?
Ein Spin kann umklappen, wenn seine thermische Energie größer ist als die Wechselwirkungsenergie des auf ihn wirkenden magnetischen Feldes (Zeilen 35 bis 40). Die Energie eines möglichen Umklappprozesses wird in einer Function *Energy_Umklapp(par, x, y)* berechnet (Abb. 10.17).

Diese Funktion berechnet die Energie des Umklappens des Spins an der Stelle $(x; y)$. Der Parameter *par* bestimmt, ob das Feld durch die vier nächsten Nachbarn oder durch den gemittelten Spin aller Spins zustande kommt.

Zyklische Randbedingungen
Wir lassen bei unserer Simulation zyklische Randbedingungen gelten, das heißt, die Nachbarn von Spins in den Rändern des Definitionsgebietes sind die Spins am gegenüberliegenden Rand. Diese Bedingungen werden dadurch erfüllt, dass wir mit Sub *Bound(x,y)* dafür sorgen, dass in den Reihen und Spalten 0 und 41 des Feldes *Spin(x,y)* die Werte in den Reihen und Spalten 1 und 40 stehen (Abb. 10.18).

10.6.2 Ergebnisse der Simulation

Als Ergebnisse unserer Simulation tragen wir auf:

1. die Summe *SpinSum* aller Spins als Maß für die Magnetisierung der Probe,
2. die Wahrscheinlichkeit $p = \#eq.nn$, einen Spin derselben Richtung als nächsten Nachbarn zu haben, und
3. die Änderung d*p*/d*t* von p zwischen benachbarten Temperaturen.

Wir vergleichen die beiden Fälle, dass ein Spin mit dem Mittelwert aller andern Spins (Abb. 10.19a) oder mit dem Mittelwert der vier nächsten Nachbarn (Abb. 10.19b) wechselwirkt.

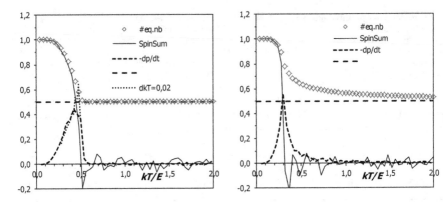

Abb. 10.19 ꅰ Summe aller Spins *(SpinSum)*, Wahrscheinlichkeit, einen Spin derselben Richtung als nächsten Nachbarn zu haben *(#eq.nb)* und die Differenz dieser Wahrscheinlichkeit an benachbarten *kT*-Werten. **a** (links) Ein Spin wechselwirkt mit dem Mittelwert aller anderen Spins oder **b** (rechts) mit dem Mittelwert der vier nächsten Nachbarn

Bei Wechselwirkung mit den vier nächsten Nachbarn bricht die Magnetisierung *(SpinSum =* Mittelwert aller Spins) schlagartiger zusammen als bei Wechselwirkung mit dem Durchschnittsspin. Oberhalb der *kritischen Temperatur* T_c verschwindet die Magnetisierung in beiden Fällen. Das tritt bei *kT/E* = 0,5 bzw. 0,3 ein.

Oberhalb T_c liegt die Wahrscheinlichkeit, einen Spin derselben Richtung als Nachbarn zu haben für Wechselwirkung mit den Nachbarn noch lange über 0,5, im Gegensatz zur Wechselwirkung mit dem Durchschnittsspin, bei dem diese Wahrscheinlichkeit sofort auf 0,5 fällt.

▶ **Tim** Die Temperaturkurven der Magnetisierung in Abb. 10.19 für Nächste-Nachbar-Wechselwirkung und effektives Magnetfeld unterscheiden sich schon deutlich.

▶ **Alac** Die Magnetisierung kann man auch im realen Experiment messen. Wir könnten das Modell also an geeigneten Proben im Labor überprüfen.

▶ **Tim** Der markanteste Unterschied entsteht aber bei der Zahl der nächsten Nachbarn. Bei Nächster-Nachbar-Wechselwirkung hat man auch oberhalb der kritischen Curie-Temperatur noch starke Clusterbildung.

▶ **Alac** Das nützt uns nur nichts, weil man diese im realen Experiment nicht messen kann.

▶ **Mag** Direkt messen kann man sie tatsächlich nicht. Was ist mit der Energie bei Clusterbildung?

▶ **Tim** Die Cluster haben eine niedrigere Energie als eine zufällige Verteilung, weil sie mehr energetisch günstige gleiche Nachbarn haben.

Abb. 10.20 Spinkonfigurationen, wenn das mittlere Feld aller Spins wirkt, **a** (links) $kT/E = 0,4$; **b** (rechts) $kT/E = 0,55$

▶ **Mag** Die Energie des Spinsystems wird also größer, wenn sich die Cluster auflösen. Das tun sie, wenn die Temperatur steigt. Damit ändert sich die *spezifische Wärmekapazität* und die kann man *messen*.

▶ **Alac** Ich nominiere Abb. 10.19 für den Schönheitswettbewerb 𝕭, zusätzlich zu Abb. 10.7. Sie ist durch einen Algorithmus zustande gekommen, der sich nur in einer Routine implementieren lässt, nicht in einer Tabelle.

▶ **Tim** Ich bin einverstanden. Die Aufgabe ist nämlich auch physikalisch lehrreich, weil sie uns zeigt, warum die Wärmekapazität eine so große Rolle in der Erforschung von Festkörpereigenschaften spielt.

Fragen

In welchen Einheiten wird die Wärmekapazität in Abb. 10.9 angegeben?[3]

Spinkonfigurationen unterhalb und oberhalb T_c werden in Abb. 10.20 und 10.21 wiedergegeben.

Wenn der einzelne Spin mit dem Mittelwert aller anderen Spins wechselwirkt, dann klappen viele Spins einzeln um. Wenn hingegen der einzelne Spin mit dem Mittelwert seiner vier nächsten Nachbarn wechselwirkt, dann gesellen sich sowohl unterhalb als auch oberhalb T_c gleiche Spins zusammen.

Die Wahrscheinlichkeit, als nächsten Nachbarn einen Spin entgegengesetzter Richung zu haben, $1 - p = 1 - $ *#eq.nb,* ist ein Maß für die Energie des Systems. Die Ableitung dieser Größe wird in der Tabelle berechnet und in Abb. 10.19 als

---

[3]Die Wärmekapazität wird als Energie pro kT angegeben. Die Energie ergibt sich aus Function *Energy_Umklapp* in Abb. 10.17 (P).

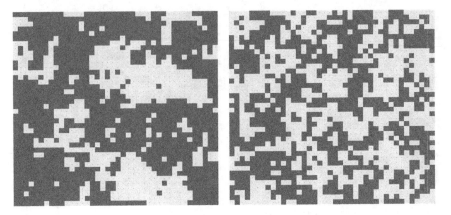

Abb. 10.21 Spinkonfigurationen, wenn nur die vier nächsten Nachbarn mit dem aktuellen Spin wechselwirken **a** (links) $kT/E = 0{,}3$; **b** (rechts) $kT/E = 0{,}55$

Kurve dp/dt wiedergegeben. Sie ist ein Maß für die spezifische Wärmekapazität des Spinsystems.

Bei beiden Arten der Wechselwirkung hat die spezifische Wärmekapazität ein spitzes Maximum bei der kritischen Temperatur T_c. Für Wechselwirkung mit dem Durchschnittsspin verschwindet sie oberhalb T_c schlagartig. Für Wechselwirkung mit den nächsten Nachbarn geht sie oberhalb T_c nur langsam gegen null und ist erst bei $kT/E = 1$ verschwunden.

10.6.3 Weitere Routinen

(Siehe Abb. 10.22 und 10.23).

62 **Sub Headers()**	Cells(2, 4) = "nN"	67
63 Cells(2, 1) = "n_iter*i"	Cells(15, 2) = "kT"	68
64 Cells(2, 2) = "Umklapp"	Cells(15, 3) = "SpinSum"	69
65 Cells(2, 3) = "SpinSum"	Cells(15, 4) = "nN"	70
66	End Sub	71

Abb. 10.22 (P) Sub *Headers* schreibt den Text von Spaltenköpfen in die Tabelle

72 **Sub Init_Area()**	SpinSum = N_spins	79
73 *'initialize area*	For x = 1 To xmax	80
74 For x = 0 To xmax + 1	For y = 1 To ymax	81
75 For y = 0 To ymax + 1	Cells(y + yshift, x + xshift) = 1	82
76 Spin(x, y) = 1	Next y	83
77 Next y	Next x	84
78 Next x	End Sub	85

Abb. 10.23 (P) Sub *Init_Area* setzt alle Spins zu 1

Abb. 10.24 Welches der beiden Muster ist zufällig, **a** (links) oder **b** (rechts)?

10.7 Reguläre Lösung eines binären Kristalls

Eine Prüfung des Augenmaßes
In dieser Übung untersuchen wir Kristalle, die aus zwei Atomsorten A und B bestehen, die sich gegenseitig anziehen oder abstoßen können. Vorweg eine Quizfrage:

Fragen
In welchem der beiden Muster in Abb. 10.24 sind die grauen Kästchen zufällig verteilt, a (links) oder b (rechts)?[4]

Routinen
Wir betrachten ein Gitter der Größe 32 × 32, auf dem zu Anfang Atome verteilt werden, die zufällig zu der einen oder anderen Sorte gehören wie eines der Bilder in Abb. 10.24. Das Gitter wird als globales Feld *Area* definiert (Abb. 10.25, Zeile 3), genauso die Energie an jedem Platz im Feld *En*.

Das Hauptprogramm initialisiert das Gitter, indem zufällig Atome der einen oder anderen Sorte verteilt werden, lässt von der Unterroutine *exch* eine bestimmte Anzahl von Vertauschungen ausführen (Zeilen 14 bis 16) und die Ergebnisse mit SUB *output* ausgeben.

Die Energie eines Platzes (*r,c*) wird mit der FUNCTION *Energy* berechnet (Abb. 10.26 (P)). Atome am Rand des durch *Area* definierten Gebietes sollen mit den Atomen am gegenüberliegenden Rand wechselwirken *(zyklische Randbedingungen)*.

In SUB *exch* in Abb. 10.27 (P) Zeilen 23, 24 wird zufällig ein Platz in *Area* ausgewählt und ebenfalls zufällig eine Richtung *(up, down, left, right,* Zeilen 29

---

[4]Auflösung am Ende der Übung.

```
 1 Const maxar = 31                      pEx = 1 'threshold for reversal    11
 2 Const dE = 1                          ex = 0                            12
 3 Dim Area(maxar, maxar) As Byte        er = 0                            13
 4 Dim En(maxar, maxar) As Single        For n = 1 To 1024000              14
 5 Dim ex As Double, er As Double          Call exch(pEx)                  15
 6                                       Next n                            16
 7 Sub BinSol()                          Range("A1") = ex                  17
 8 Call Init                             Range("B1") = er                  18
 9 Dim n As Double                       Call output                      19
10                                       End Sub                          20
```

Abb. 10.25   (P) Globale Parameter und Felder sowie das Hauptprogramm *BinSol*

```
 1 Function Energy(r, c)                 If c < maxar And c > 0 Then 'Interior c   13
 2 a1 = Area(r, c) 'Current atom           If Area(r, c + 1) <> a1 Then E = E + dE 14
 3 E = 0                                   If Area(r, c - 1) <> a1 Then E = E + dE 15
 4 If r < maxar And r > 0 Then 'Interior r Else                                    16
 5   If Area(r + 1, c) <> a1 Then E = E + dE  If c = maxar Then If Area(r, 0) <> a1 Then _  17
 6   If Area(r - 1, c) <> a1 Then E = E + dE                  E = E + dE           18
 7 Else ' boundary r                        If c = 0 Then If Area(r, maxar) <> a1 Then _   19
 8   If r = maxar Then If Area(0, c) <> a1 Then _             E = E + dE           20
 9                  E = E + dE            End If                                   21
10   If r = 0 Then If Area(maxar, c) <> a1 Then  Energy = E                        22
11                  _E = E + dE           End Function                             23
12 End If                                                                         24
```

Abb. 10.26   (P) Energie eines Atoms als Funktion seiner nächsten Nachbarn

```
21 Sub exch(pEx)                         Else                              32
22 'choose random site                     If Direc < 0.5 Then            33
23 r = Int(Rnd() * (maxar + 1))              r2 = r - 1 'down             34
24 c = Int(Rnd() * (maxar + 1))            Else                           35
25 'choose random direction                  If Direc < 0.75 Then         36
26 Direc = Rnd()                               c2 = c + 1 'right          37
27 r2 = r                                    Else                         38
28 c2 = c                                      c2 = c - 1 'left           39
29 If Direc < 0.25 Then                      End If                       40
30   r2 = r + 1 'up                        End If                         41
31                                       End If                           42
```

Abb. 10.27   (P) Auswahl eines Atoms und seiner Sprungrichtung; Fortsetzung in Abb. 10.28 (P)

bis 42), in die das Atom auf dem ausgewählten Platz springen soll und dement-
sprechend werden die Koordinaten (r_2, c_2) des neuen Platzes bestimmt. Das ausgewählte Atom und das Atom auf dem angepeilten Platz sollen vertauscht werden
(Zeilen 55 bis 65 in Abb. 10.28 (P)), wenn die Energiezunahme dabei nicht größer
ist als die Schwellenenergie p_{Ex}, die in Zeile 11 von Abb. 10.25 (P) festgelegt
wird.

43 *cyclic boundary conditions*	If (Enew - Eold) > pEx Then 55
44 If r2 < 0 Then r2 = maxar	*'reverse exchange* 56
45 If r2 > maxar Then r2 = 0	Area(r, c) = ar 57
46 If c2 < 0 Then c2 = maxar	Area(r2, c2) = ar2 58
47 If c2 > maxar Then c2 = 0	er = er + 1 59
48 Eold = En(r, c) + En(r2, c2)	Else 60
49 *'exchange particles*	*'update energy matrix* 61
50 ar = Area(r, c)	En(r, c) = Energy(r, c) 62
51 ar2 = Area(r2, c2)	En(r2, c2) = Energy(r2, c2) 63
52 Area(r, c) = ar2	ex = ex + 1 64
53 Area(r2, c2) = ar	End If 65
54 Enew = Energy(r, c) + Energy(r2, c2)	End Sub 66

Abb. 10.28 (P) Fortsetzung von Abb. 10.27 (P); zyklische Randbedingungen; die Koordinaten der neuen Position werden geändert, wenn sie außerhalb des Diffusionsgebietes liegen. Der Sprung wird ausgeführt, aber rückgängig gemacht, wenn die Energiedifferenz größer ist als der Schwellenwert p_{Ex}

Fragen

zu Abb. 10.27 (P)

Für professionelles Software-Engineering wird empfohlen, dass alle Variablen mit Datentypen deklariert werden sollen. Wie sollten r, c, *Direc*, r_2 und c_2 sinnvollerweise deklariert werden?[5]

Wenn sich die ausgewählten Atome am Rande von *Area* befinden, dann kann es sein, dass der Sprung über die Grenze des Feldes *Area* geht. In diesen Fällen sollen die Atome an den gegenüberliegenden Rand springen, wie in den Zeilen 44 bis 47 von Abb. 10.28 (P). Solche Randbedingungen nennt man *zyklisch.*

In Zeile 48 wird die Energie des Atoms und seiner angepeilten Position vor und in Zeile 54 nach dem Sprung berechnet. Wenn der Energiezuwachs durch den Sprung größer ist als die Schwellenenergie *pEx*, dann wird der Sprung rückgängig gemacht (Zeilen 55 bis 59), sonst werden die Energien auf den beiden Plätzen nach dem Austausch im Feld *En(r,c)* gespeichert (Zeilen 62 bis 64).

Ungleiche Atome stoßen sich ab

Wir untersuchen jetzt den Fall, dass sich ungleiche Atome, also A und B, abstoßen sollen. Dann muss d$E > 0$ sein. Der Wert des globalen Parameters dE wird in Zeile 2 von Abb. 10.25 (P) zu +1 festgelegt. Die Energie eines Platzes kann dann die Werte 0 (keine ungleichen Nachbarn), 1, 2, 3 und 4 (alle ungleiche Nachbarn) annehmen. Die Differenz der Energien nach und vor dem Sprung kann die Werte −3 (Sprung aus einer Lage mit drei gleichen in eine Lage mit vier ungleichen

---

[5]Die Variablen r und r_2 bezeichnen Reihenindizes, c und c_2 Spaltenindizes; sie sollten also als ganze Zahlen deklariert werden, DIM r AS INTEGER usw. *Direc* ist eine reelle Zahl, sollte also als SINGLE oder DOUBLE deklariert werden. Da nur unterschieden werden muss, ob *Direc* größer oder kleiner als 0,25; 0,5 oder 0,75 ist, reicht der Datentyp SINGLE aus.

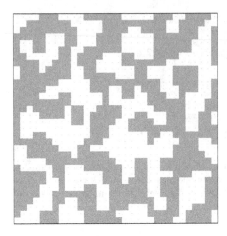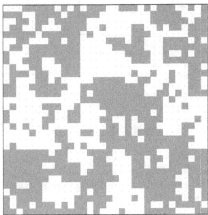

Abb. 10.29 Abstoßende Wechselwirkung **a** (links) $p_{Ex} = 1$; **b** (rechts) $p_{Ex} = 2$, beide nach im Mittel 1000 Sprüngen pro Platz

Atomen) bis 3 annehmen. Die Energiedifferenz 0 kommt zustande, wenn die Zahl der ungleichen Nachbarn sich durch den Sprung nicht ändert.

In Abb. 10.29 (P) werden Beispiele für Schwellenwerte $p_{Ex} = 1$ und $p_{Ex} = 2$ gezeigt. Beim höheren Schwellenwert werden viel mehr Sprünge rückgängig gemacht. Dadurch bleiben etliche Atome in ungünstiger Lage, also mit vielen ungleichen Nachbarn.

Ungleiche Atome ziehen sich an
Wenn sich die Atome A und B anziehen sollen, dann muss $dE < 0$ sein. Es reicht, den Wert für dE in den globalen Parametern in Abb. 10.25 (P) zu ändern. Wir haben $dE = -1$ gewählt. Die Platzenergie $En(r,c)$ kann jetzt die Werte -4, -3, -2, -1 und 0 annehmen. Die Energiedifferenzen vor und nach dem Sprung sind -3 bis 3, genau wie bei abstoßender Wechselwirkung. Beispiele für die Schwellenenergie $pEx = 0$ und $pEx = 1$ findet man in Abb. 10.30. Mit dem Schwellenwert $pEx = 1$ bilden sich größere geordnete Gebiete.

Zufall und thermische Energie
Auflösung der Frage zu Abb. 10.24: Das Muster im rechten Bild ist zufällig. Das Muster des linken Bildes entsteht bei anziehender Wechselwirkung zwischen den beiden Atomsorten, wenn nur Sprünge mit einem großen Energiegewinn zugelassen werden ($p_{ex} = 3$).

Der Zufall spielt in dieser Übung nur bei der Auswahl des Atoms und seines Nachbarn, mit dem er vertauscht werden soll eine Rolle. Nur wenn der Energiegewinn durch den Austausch größer als die Konstante p_{Ex} ist, dann ist die

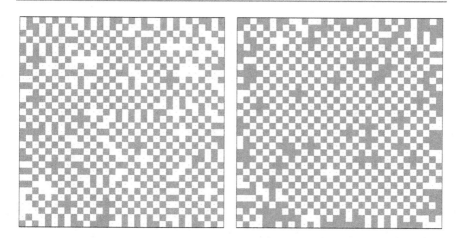

Abb. 10.30 a (links) Anziehende Wechselwirkung mit $p_{Ex} = 0$; **b** (rechts) wie a, aber mit $p_{Ex} = 1$

Vertauschung erfolgreich, ansonsten wird sie rückgängig gemacht, siehe Zeile 55 in Abb. 10.28 (P):

$\text{IF } (E_{new} - E_{old}) > p_{Ex} \text{ THEN } \textit{'reverse exchange}$

Wenn die thermische Energie ins Spiel kommen soll, dann darf p_{Ex} keine Konstante sein, sondern muss aus exponentiell variierenden thermischen Fluktuationen als

$$p_{Ex} = kT \cdot \text{LN}(\text{RND}())$$

berechnet werden. Der thermische Parameter kT wird dann in einer Protokollroutine durchgefahren.

Monte-Carlo-Verfahren

Wir erzeugen Zufallszahlengeneratoren für gleichverteilte Punkte innerhalb eines Quadrats, eines Kreises, auf einer Kugeloberfläche und in einer Kugel. Für punktsymmetrische Verteilungen setzen wir Zufallsgeneratoren für Polarkoordinaten ein. Wir untersuchen die Verteilung der Mittelwerte einer endlichen Menge von Punkten in der Ebene, deren Radien Gauß-verteilt oder Cauchy-Lorentz-verteilt sind. Als Anwendungen bestimmen wir die Trägheitsmomente verschiedener Körper und elektrische Energien von elektronischen Punktwolken im Feld einer Kernladung. Wir ermitteln die Hauptträgheitsmomente eines Quaders und seine Trägheitsmomente bei Drehung um eine beliebige Achse sowie das elektrische Feld einer geladenen Kugel. Wir bauen einen Zufallsgenerator für die Verteilungsfunktion des Elektrons in einem 1s-Orbital im Wasserstoff- und Heliumatom und berechnen damit die Coulomb-Energie dieses Orbitals.

11.1 Einleitung: Trägheitsmomente und elektrostatische Energie von Ladungswolken

In Band I haben wir Generatoren von Zufallszahlen gebaut, die eindimensional verteilt sind. In diesem Kapitel lernen wir, wie zwei- und dreidimensional verteilte Zufallszahlen erzeugt werden. Für punktsymmetrische Verteilungen setzen wir zwei- und dreidimensionale Polarkoordinaten ein.

▶ Zufallsgeneratoren (mit $Zfz = $ ZUFALLSZAHL()) für.
  - die Standard-Normalverteilung: $x = $ NORM.INV(Zfz; 0; 1)
  - die Exponentialverteilung: $x = $ LN(Zfz)
  - die Lorentz-Verteilung $x = $ TAN(($Zfz - 1/2) \cdot \pi$)

© Springer-Verlag GmbH Deutschland, ein Teil von Springer Nature 2018
D. Mergel, *Physik lernen mit Excel und Visual Basic*,
https://doi.org/10.1007/978-3-662-57513-0_11

Monte-Carlo-Simulationen

Wir bauen in diesem Kapitel Zufallsgeneratoren für Verteilungen von Punkten in der Ebene und im dreidimensionalen Raum. Die Punktverteilungen sollen repräsentativ sein für

- die Massenverteilung in einem starren Körper oder
- die Ladungsverteilung in einer Ladungswolke.

Wir berechnen zunächst für eine endliche repräsentative Auswahl von Punkten

- die Trägheitsmomente der starren Körper, mit dem Mittelwert über das Quadrat des Abstandes zur Drehachse und
- die elektrostatische Energie der Ladungswolke im Feld einer Punktladung als Mittelwert des Kehrwertes des Abstandes zur Punktladung.

Danach diskutieren wir aber die Frage, für welche Verteilungen die entsprechenden Größen konvergieren, wenn die Zahl der repräsentativen Punkte immer größer wird.

Trägheitsmomente

Das Trägheitsmoment für einen Massenpunkt der Masse dm mit dem Abstand r zur Drehachse ist:

$$I_\mathrm{m} = r^2 \cdot dm \tag{11.1}$$

Das Trägheitsmoment eines starren Körpers ist das Integral über die Dichte $\rho(r) = \frac{dm}{d^3 r}$ des Körpers:

$$I_\mathrm{K} = \iiint r^2 \cdot \rho(\vec{r}) \, d^3 r \tag{11.2}$$

In Monte-Carlo-Rechnungen wird das Integral durch eine Summe über endlich viele Massenpunkte ersetzt:

$$I_K = \sum_i r_i^2 dm_i \tag{11.3}$$

Dabei muss die Auswahl der Massenpunkte repräsentativ für die Massenverteilung des Körpers sein.

Das Trägheitsmoment wird üblicherweise folgendermaßen dargestellt:

$$I_\mathrm{K} = M_\mathrm{K} l_\mathrm{K}^2 \cdot d_\mathrm{K} \tag{11.4}$$

Dabei sind M_K die Masse des Körpers und l_K eine charakteristische Länge, z. B. der Radius einer Kreisscheibe oder einer Kugel, die Diagonale einer Rechteckscheibe oder die Breiten von Gaußfunktionen und Lorentzfunktionen. Die Kenngröße d_K ist dimensionslos und beschreibt die Massenverteilung innerhalb des Körpers. Sie soll in den folgenden Übungen mit Monte-Carlo-Rechnungen bestimmt werden. Dazu werden mit Zufallsgeneratoren Koordinaten innerhalb der Körper erzeugt und Mittelwerte über die Größen $r_\mathrm{i}/l_\mathrm{K}$ gebildet.

Für einige regelmäßige Körper mit homogener Dichte sind die Größen l_K und d_K für Rotationen um eine Achse durch den Schwerpunkt bekannt:

- Kugelschale, $l_K = $ Radius, $d_K = 2/3 = 0{,}67$
- Kreisscheibe, Achse senkrecht zur Platte, $l_K = $ Radius, $d_K = 1/2 = 0{,}5$
- Kugel, $l_K = $ Radius, $d_K = 2/5 = 0{,}4$
- Rechteckige Platte, Achse senkrecht zur Platte, $l_K = $ halbe Diagonale, $d_K = 1/3 = 0{,}33$

Wir werden sehen, wie genau wir diese Werte mit unseren Simulationen erreichen können.

Elektrostatische Energie

In anderen Übungen interpretieren wir die durch die Zufallsgeneratoren erzeugten Punkte als elektrische Ladungen und berechnen die elektrostatische Energie W_{el} der Punktwolke im Feld einer Punktladung (Kernladung). Dazu muss der Mittelwert über den reziproken Abstand der Punktladungen der Ladungswolke zur Kernladung berechnet werden:

$$W_{el} = \frac{1}{4\pi \varepsilon_0} \cdot \left\langle \frac{1}{r_i} \right\rangle$$

Hier sind die r_i die Abstände zu einem Punkt; bei den Trägheitsmomenten sind es Abstände zu einer Achse.

Tabellentechnik

Wir verfolgen wiederum die schon bekannte Technik, zunächst eine übersichtliche Tabelle mit wenigen Punkten anzulegen und das Zufallsexperiment mit einer Protokollroutine vielfach zu wiederholen, um den statistischen Fehler der empirischen Verteilungsfunktion zu verringern.

11.2 Zufallsverteilungen in der Ebene

Wir erstellen Zufallsgeneratoren für rechteckige und punktsymmetrische Verteilungen in der xy-Ebene und erzeugen damit endliche Mengen von Zufallspunkten, deren Mittelpunkt und Standardabweichung bestimmt werden. Eine zweidimensionale Gaußverteilung lässt sich als Produkt von zwei eindimensionalen Gaußverteilungen schreiben. Der Mittelpunkt einer Cauchy-Lorentz-Verteilung ist nicht wohldefiniert.

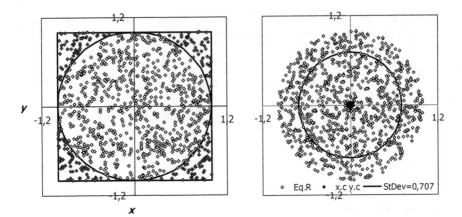

Abb. 11.1 **a** (links) In einem Quadrat gleichverteilte Punkte (gefüllte und offene Rauten); $a = 2$. **b** (rechts) Punktsymmetrische Gleichverteilung in einem Kreisgebiet, erzeugt mit der benutzerdefinierten Tabellenfunktion in Abb. 11.6 (P)

11.2.1 Gleichverteilung innerhalb eines Rechtecks

Kartesische Koordinaten

In Abschn. 7.3 von Band I werden mit der Tabellenfunktion ZUFALLSZAHL() im Intervall [0,1) gleichverteilte x- und y-Koordinaten erzeugt, die statistisch unabhängig voneinander sind. Dadurch wird das Quadrat $[(0;0);(1;1))$ in der Ebene gleichmäßig mit Punkten gefüllt. Man kann die Position und die Breite des x-Intervalls durch die Anweisung $[= a \cdot (\text{ZUFALLSZAHL}() - 0{,}5) + x_0]$ einfach verändern. Es entsteht dann eine Gleichverteilung in einem Intervall der Länge a mit dem Zentrum bei x_0. Macht man Ähnliches für das y-Intervall, dann entsteht ein gleichmäßig gefülltes Quadrat mit der Wahrscheinlichkeitsdichte:

$$P(x, y) = p(x)\, p(y) = \frac{1}{a^2} \qquad (11.5)$$

Aufgabe

Erstellen Sie einen Zufallsgenerator, der x- und y-Koordinaten jeweils gleichmäßig im Bereich $[-r; r)$ verteilt (Abb. 11.1a)!

Wir haben die Punkte in Abb. 11.1a grafisch unterschieden in solche, die innerhalb (gefüllte Rauten) und außerhalb (offene Rauten) eines Kreises mit dem Radius $a/2$ liegen.

	A	B	C	D	E	F	G	H	I	J	K
2	a	2,00						1000	**100.000**	=SUMME(I5:I21)	
3	=(ZUFALLSZAHL()-0,5)*a	=(ZUFALLSZAHL()-0,5)*a	=WURZEL(x.1^2+y.1^2)	=ARCTAN2(x.1;y.1)		=MITTELWERT(G5:G6)			=HÄUFIGKEIT(r.1;r.Ivl)		
4	x.1	y.1	r.1	phi.1			r.Ivl	r.freq			
5	-0,19	0,73	0,76	1,82			0	0	0		
6	0,57	0,39	0,69	0,60		**0,05**	0,1	8	803		
20	-0,31	0,24	0,39	2,48		1,45	1,5	1	12		
21	-0,23	0,84	0,88	1,84			0	0			
1004	0,15	0,79	0,80	1,39							

Abb. 11.2 (T) Zufällig in einem Quadrat der Seitenlänge a verteilte Punkte, erzeugt in kartesischen Koordinaten (Spalten A und B) und umgerechnet in ebene Polarkoordinaten (Spalten C und E); Häufigkeitsverteilung der Radien in den Spalten H und I

Polarkoordinaten

Die Punkte in einer Ebene lassen sich auch in Polarkoordinaten darstellen. Die Umrechnung von kartesischen (x, y) in polare (r, ϕ) Koordinaten geschieht mit den Gleichungen:

$$r = \sqrt{x^2 + y^2}$$
$$\phi = \text{atan2}\,(x, y)$$

Wir erzeugen in der Tabelle je 1000 zufällige Koordinaten $(x_1; y_1)$ in Intervallen der Breite a und bestimmen von allen Punkten die Polarkoordinaten, also Radius und Winkel (Abb. 11.2 (T)).

Es wird dann die Häufigkeitsverteilung der Radien und der Winkel bestimmt (in den Spalten G und H) und grafisch über der Mitte der Intervalle (Spalte F) dargestellt (Abb. 11.3a und b). Zur Verbesserung der Statistik wird die Häufigkeitsverteilung mit einer Protokollroutine hundertmal bestimmt und aufaddiert.

Die Häufigkeitsverteilung für die Radien zeigt einen linearen Verlauf für $r \le 1$, also für die schwarzen Punkte in Abb. 11.3a. Diese Abhängigkeit werden wir später für den Bau eines Zufallsgenerators in Polarkoordinaten nutzen. Die Häufigkeitsverteilung für die Winkel (Abb. 11.3b) ist nicht rotationssymmetrisch. Punkte unter Winkeln, die den Ecken des Rechtecks entsprechen, kommen häufiger vor.

Fragen

Wozu dienen die Zahlen in Spalte F der Abb. 11.2 (T)?[1]

---

[1] In Spalte F stehen die Mittelwerte der Intervalle, über denen die Häufigkeit in den Intervallen in Diagrammen aufgetragen werden soll.

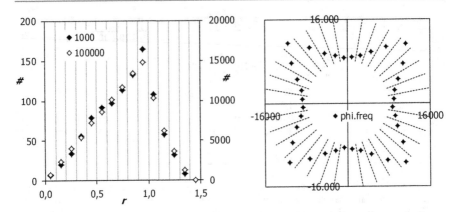

Abb. 11.3 a (links) Verteilung der Radien für 1000 Punkte (gefüllte Rauten) und für 100.000 Punkte (offene Rauten), jeweils für eine Gleichverteilung in einem Quadrat der Seitenlänge $a = 2$. **b** (rechts) Verteilung der Winkel, für 100.000 Punkte einer Gleichverteilung in einem Quadrat der Seitenlänge $a = 2$; Darstellung als Polardiagramm. Der Winkelbereich 360° wurde in Intervalle der Breite 10° unterteilt. Die Häufigkeit in einem Intervall wird durch den Abstand des Punktes vom Nullpunkt angegeben

	A	B	C	D	E	F	G	H	I	J	K
1	**a.0**	3,14					0,33302	=MITTELWERT($G$6:$G$105)			
2	**b.0**	9,81					0,00771	=STABW.N($G$6:$G$105)			
3		26,5375	=(a.0^2+b.0^2)/4				0,00077	=$G$2/10			
4	=a.0*(ZUFALLSZAHL()-0,5)			=b.0*(ZUFALLSZAHL()-0,5) =x^2+y^2 =MITTELWERT(x²_y²)			=D6/B3				
5	**x**	**y**	**x²_y²**								
6	-0,66	3,42	12,14	8,651	0,326		0,33772				
105	-1,14	4,69	23,32				0,32796				
1005	-0,61	3,08	9,85								

Abb. 11.4 (T) Trägheitsmoment eines Rechtecks mit den Maßen $a_0 \times b_0$

11.2.2 Trägheitsmoment eines Rechtecks

In der Tabellenrechnung von Abb. 11.4 (T) wird das Trägheitsmoment eines Rechtecks mit den Seitenlängen a_0 und b_0 bei Rotation um eine Achse durch den Mittelpunkt des Rechtecks senkrecht auf dem Rechteck bestimmt. In D6 wird der Mittelwert von $x^2 + y^2$ berechnet und in E6 durch $(a_0^2 + b_0^2)/4$ aus B3 geteilt, um Werte für die Kennzahl der Massenverteilung d zu bekommen. Der Ausdruck $(a_0^2 + b_0^2)/4$ ist das Quadrat der halben Diagonale des Rechtecks.

Mit einer Protokollroutine (Abb. 11.5 (P)) werden hundertmal die Werte von a_0 und b_0 zufällig zwischen 0 und 10 vorgegeben und die entstandenen Werte von d aus E6 in Spalte G protokolliert. In G1 wird der Mittelwert und in G2 die

Abb. 11.5 (P) Die Protokollroutine weist den Seitenlängen a_0 und b_0 zufällig Werte zu und speichert das Trägheitsmoment in einer Tabelle ab

```
1 Sub Protoc()
2 For r = 6 To 105
3     Range("B1") = Rnd() * 10
4     Range("B2") = Rnd() * 10
5     Cells(r, 7) = Range("E6")
6 Next r
7 End Sub
```

Standardabweichung der 100 Mittelwerte berechnet. Der Mittelwert von d ist sehr nahe am theoretischen Wert von 1/3.

▶ **Mag** Die 100 Trägheitsmomente in G6:G105 von Abb. 11.4 (T) werden für Rechtecke mit unterschiedlichen Seitenlängen berechnet. Welche Unsicherheit soll für unsere Simulation angegeben werden, die Standardabweichung der Datenmenge aus G2 oder der Standardfehler des Mittelwerts aus G3?

▶ **Alac** Je mehr Simulationen, desto genauer wird der Mittelwert. Seine Standardfehler wird in G3 berechnet. Es ist die Standardabweichung der Menge der simulierten Werte geteilt durch die Wurzel aus der Anzahl der Simulationen.

▶ **Mag** Wenn wir so argumentieren, dann haben wir schon von vornherein angenommen, dass die halbe Diagonale das Rechteck bezüglich ihres Trägheitsmomentes als Formkennzahl l_K charakterisiert. Wenn wir diese Annahme theoretisch begründen können, dann sollten die 100 Rechnungen mit den verschiedenen Werten von a_0 und b_0 immer denselben Wert von d liefern, und G3 ist die richtige Angabe der Unsicherheit.

▶ **Tim** Wir haben die Formkennzahl nur ungeprüft aus einem Tabellenwerk übernommen. Tun wir mal so, als ob wir den Wert geraten hätten; gibt dann vielleicht die Standardabweichung aller Ergebnisse in G2 die Unsicherheit an?

▶ **Mag** Ja, wenn man folgendermaßen argumentiert: Wir berechnen eine Kennzahl für Rechtecke verschiedener Größe und erhalten Werte, die innerhalb von 2 % um den Mittelwert streuen. Aufgrund dieser kleinen Streuung schließen wir, dass die Kennzahl für alle Rechtecke dieselbe ist. Der Schluss wird also erst aufgrund unserer Simulation gezogen und nicht, weil wir in einer Formelsammlung nachgeschaut oder geraten hätten.

▶ **Tim** Sollte eine solch allgemeine Aussage nicht auf der Basis von Ergebnissen mit kleinerer Unsicherheit gemacht werden?

▶ **Alac** Kein Problem. Wir lassen die Protokollroutine einfach zehnmal so viele Simulationen machen.

▶ **Mag** Wie wird sich dann die Standardabweichung der Datenmenge entwickeln?

▶ **Tim** Die wird gleich bleiben, wie wir in Band I, Abschn. 8.3.2 gelernt haben. Eine vielfache Wiederholung des Experiments hilft also nicht bei der grundsätzlichen Frage, ob alle Rechtecke dieselbe Kennzahl haben.

▶ **Mag** Wir können zusätzlich die Kennzahl für immer dasselbe Rechteck berechnen und sehen, ob die Unsicherheit dieselbe ist wie bei der bisherigen Rechnung, bei der Rechtecke aller Größen in denselben Topf geworfen werden.

Dichte der Punkte

▶ **Mag** Eine andere Frage: Ist die Dichte der Punkte überall gleich?

▶ **Alac** Nein, die Dichte in x-Richtung unterscheidet sich von der Dichte in y-Richtung.

▶ **Tim** In einem gleich großen Volumenelement an beliebiger Stelle ist die Anzahl der Punkte aber gleich.

▶ **Alac** Zur Sicherheit könnten wir Punkte in einem Quadrat erzeugen und nur solche Punkte auswählen, die innerhalb des vorgegebenen Rechtecks liegen, ähnlich wie Abb. 11.6 (P) für die Punkte in einer Kreisscheibe. Wenn Tims Überlegung stimmt, dann müsste dasselbe rauskommen wie mit unserer bisherigen Simulation.

11.2.3 Gleichverteilung innerhalb eines Kreises

Benutzerdefinierte Funktion
Wir können einen Zufallsgenerator mit einer benutzerdefinierten Funktion bauen, der die Koordinaten eines Punktes zufällig innerhalb eines Kreisgebietes erzeugt (Abb. 11.6 (P)).

Innerhalb der Funktion werden Zufallszahlen zwischen 0 und 1 erzeugt, aber als Koordinaten x und y nur ausgegeben, wenn ihr Abstand zum Nullpunkt kleiner

1 **Function RndCirc()**	Loop Until r2 <= 1	8
2 *'Random distribution in the unit circle*	If Rnd <= 0.5 Then x = -x	9
3 Dim xy(1) As Single	If Rnd <= 0.5 Then y = -y	10
4 Do	xy(0) = x	11
5 x = Rnd()	xy(1) = y	12
6 y = Rnd()	RndCirc = xy	13
7 r2 = x ^ 2 + y ^ 2	End Function	14

Abb. 11.6 (P) Benutzerdefinierte Funktion, die zufällig gleichverteilte Koordinaten innerhalb eines Einheitskreises erzeugt

oder gleich 1 ist. Zur Erinnerung: Benutzerdefinierte Funktionen müssen in einem Modul definiert werden, siehe Band I, Abschn. 4.10.

Fragen
Welcher Anteil an Punkten wird in der benutzerdefinierten Funktion aus Abb. 11.6 (P) nur „virtuell" erzeugt; das heißt, die Punkte werden erzeugt, aber nicht ausgegeben?[2]

Tabellenfunktion für gleichverteilte Polarkoordinaten

In einem Kreis gleichverteilte Punkte lassen sich auch sehr gut in Polarkoordinaten mit Standard-Tabellenfunktionen erzeugen. Die Verteilung der Radien ist linear, wie wir in Abb. 11.3a empirisch ermittelt haben. Wir erhalten diese Verteilung theoretisch mit folgender Überlegung: Die Fläche dF innerhalb eines Ringes mit dem Radius r und der infinitesimalen Breite dr ist:

$$dF = 2\pi r \cdot dr \tag{11.6}$$

Die Wahrscheinlichkeit, im Intervall $[r, r+dr)$ einen Punkt anzutreffen ist dann:

$$p(r)\, dr = 2\,\frac{r}{r_0^2}\, dr \tag{11.7}$$

Daraus folgt eine integrale Verteilungsfunktion:

$$P(r) = \frac{r^2}{r_0^2} \tag{11.8}$$

Die Wahrscheinlichkeitsdichte ist so normiert, dass die Wahrscheinlichkeit, den Punkt in einem Kreis mit dem Radius r_0 zu finden, gleich eins ist:

$$\int_0^{r_0} p(r)\, dr = 1 \tag{11.9}$$

Mit der Umkehrfunktion zu $P(r)$ ergibt sich dann der Zufallsgenerator in der Tabelle:

$$\{r_{eq}\} = r_0\sqrt{Zfz} \tag{11.10}$$

Die *Winkel* sind gleichverteilt zwischen 0 und 2π

$$p(\varphi)d\varphi = \frac{1}{2\pi}\, d\varphi$$

$$\{\varphi_{eq}\} = 2\pi \cdot Zfz()$$

---

[2]Die Menge der insgesamt erzeugten Punkte entspricht der Fläche 1 des Quadrats [(0;0); (1;1)], ausgegeben wird aber nur eine Menge entsprechend der Fläche $\pi(1/2)^2 = 0{,}785$ eines Viertelkreises mit Radius 1. Nur virtuell erzeugt wird also ein Anteil von 21,5 % aller erzeugten Punkte.

	A	B	C	D	E	F	G	H	I	J	K
2			=MITTELWERT(r.F)	=MITTELWERT(x.F)	=MITTELWERT(y.F)	=WURZEL(MITTELWERT(r.F²))	=MITTELWERT(G6:G1005)	=ZÄHLENWENN(r.F; "<="&$F$3)	=MITTELWERT(x.c)	=MITTELWERT(y.c)	=MITTE...
3	a.F	2,00	0,65	-0,01	0,00	0,70	2,06	507	0,00	0,00	0,707
4		=ZUFALLSZAHL()*2*PI()	=WURZEL(ZUFALLSZAHL())*a.F/2	=r.F*COS(phi.F)	=r.F*SIN(phi.F)	=(x.F^2+y.F^2)	=1/r.F				
5		phi.F	r.F	x.F	y.F	r.F²	1/r.F		x.c	y.c	StDev
6		5,14	0,90	0,37	-0,81	0,80	1,12		0,00	-0,01	0,72
105		1,17	0,24	0,09	0,22	0,06	4,16		0,00	0,00	0,71
1005		3,78	0,31	-0,25	-0,19	0,10	3,19				

Abb. 11.7 (T) Gleichverteilung in einem Kreisgebiet durch einen Zufallsgenerator für die Polarkoordinaten von Punkten innerhalb des Kreisgebietes mit dem Durchmesser a_F

Eine Implementation dieses Zufallsgenerators finden Sie in Abb. 11.7 (T).

In EXCEL-Diagrammen können nur kartesische Koordinaten verwendet werden. Die Polarkoordinaten müssen dazu umgerechnet werden mit:

$$x = r \cdot \cos(\phi)$$
$$y = r \cdot \sin(\phi)$$

Das geschieht in den Spalten D und E von Abb. 11.7 (T).

Fragen

zu Abb. 11.7 (T):

In welche Formel geht der Durchmesser a_F des Kreises ein?[3]

In welchen Zellen wird der Mittelpunkt der 1000 Zufallspunkte bestimmt?[4]

In welcher Zelle wird die Standardabweichung des Abstandes der Punkte zum Mittelpunkt bestimmt?[5]

In welcher Zelle wird gezählt, wie viele Punkte innerhalb der Standardabweichung des Abstandes der Punkte zum Mittelpunkt liegen?[6]

Welche Größe wird in C3 bestimmt und in welcher Zelle wird gezählt, wie viele Punkte innerhalb eines Radius mit diesem Wert liegen?[7]

---

[3]Der Durchmesser geht mit $a_F/2$ in die Formel in C4 ein, die für den Radius r_F gilt.

[4]Der Mittelpunkt der Verteilung wird in D3 und E3 bestimmt.

[5]Die Standardabweichung der Abstände zum Mittelpunkt wird in F3 bestimmt.

[6]In H3 wird gezählt, wie viele Punkte innerhalb der Standardabweichung des Abstandes der Punkte zum Mittelpunkt liegen.

[7]In C3 wird der Mittelwert der Radien gebildet. In G3 wird gezählt, wie viele Punkte innerhalb eines Kreises mit dem Radius aus C3 liegen.

Aufgabe

Erzeugen Sie 1000 Zufallszahlen im Kreis mit der Standardabweichung des Radius' r und bestimmen Sie für 100 Wiederholungen des Zufallsexperimentes (mit einer Protokollroutine) die Mittelpunkte der Verteilungen und tragen Sie diese in das Diagramm ein!

Aufgabe

Bestimmen Sie die Standardabweichung des Abstandes der Punkte zum Nullpunkt und tragen Sie einen Kreis mit diesem Abstand in das Diagramm ein! Welcher Anteil der Punkte liegt innerhalb dieses Kreises?[8]

Diskussion über Ψ *Zwei drin und einer draußen*

▶ **Tim** Warum liegen, wie in Abb. 11.7 (T) gezählt wurde, nur 50 % der Punkte innerhalb eines Kreises, dessen Radius gleich der Standardabweichung der zufälligen Radien ist? Wir haben doch gelernt Ψ *Zwei drin und einer draußen*. Nach dieser Besenregel müssten doch etwa 2/3 der Punkte im Kreis liegen.

▶ **Mag** Beachten Sie, dass die Regel gilt, wenn die Werte normalverteilt sind. Das trifft für unsere Kreisscheibe nicht zu.

▶ **Tim** Lässt sich der Anteil theoretisch mit unseren Kenntnissen berechnen?

▶ **Mag** Ja, mithilfe einer gewichteten Integration über r^2.

Mit einer gewichteten Integration über r^2 erhalten wir die Varianz:

$$\left\langle r^2 \right\rangle = \frac{\int_0^{r_0} r^2 \cdot 2\pi r \, dr}{\pi r_0^2} = \frac{r_0^2}{2} \tag{11.11}$$

Die Gewichte sind dabei die Flächen $2\pi r \, dr$ der Kreisringe. Der Term im Nenner ist die Fläche der Kreisscheibe. Die Standardabweichung ist $r_0/\sqrt{2}$. Das ist zu vergleichen mit dem Wert in K3 von Abb. 11.7 (T). Der Anteil der Punkte innerhalb des Kreises entspricht dann der Fläche mit dem Radius $r_0/\sqrt{2}$. Das ergibt $\pi r_0^2/2$ geteilt durch die Gesamtfläche πr_0^2, also 1/2. Dieser Wert ist zu vergleichen mit der Zählung 507/1000 in H3 von Abb. 11.7 (T). Der Mittelwert von $1/r$ lässt sich entsprechend berechnen.

$$\left\langle \frac{1}{r} \right\rangle = \frac{\int_0^{r_0} \frac{1}{r} \cdot 2\pi r \, dr}{\pi r_0^2} = \frac{2}{r_0} \tag{11.12}$$

---

[8]Die Standardabweichung wird in F3 in Abb. 11.7 (T) berechnet. Die Anzahl der Punkte innerhalb eines Kreises mit dem Radius der Standardabweichung wird in H3 gezählt.

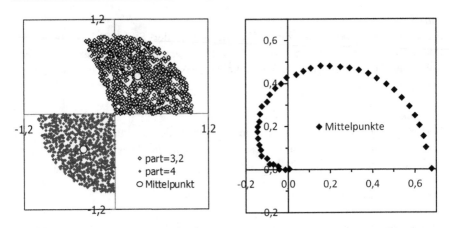

Abb. 11.8 **a** (links) Zufällig verteilte Punkte in Kreisausschnitten. **b** (rechts) Mittelpunkte von Kreisausschnitten für $part = 1$ bei (0,0) bis 20 bei (0,65; 0,10) und $part = 1000$ bei (0,68; 0,00)

	A	B	C	D	E	F	G	H	I	J	K
1	**part**	4,00	0,667	0,424	0,425	0,250	0,251	0,140	0,500		
2	part=4		=MITTELWERT(r.F)	=MITTELWERT(x.F)	=MITTELWERT(y.F)	=MITTELWERT(x.F²)	=MITTELWERT(y.F²)	=MITTELWERT(r.M²)	=H3+(x.M^2+y.M^2)		
3	**a.F**	2,00	**0,66**	**0,43**	**0,41**	**0,25**	**0,24**	**0,14**	**0,49**		
4		=ZUFALLSZAHL()*2*PI()/part	=WURZEL(ZUFALLSZAHL())*a.F/2	=r.F*COS(phi.F)	=r.F*SIN(phi.F)	=x.F^2	=y.F^2	=(x.F-x.M)^2+(y.F-y.M)^2			
5		**phi.F**	**r.F**	**x.F**	**y.F**	**x.F²**	**y.F²**	**r.M²**			
6		0,43	0,65	0,59	0,27	0,35	0,07	0,05			
1005		1,11	0,75	0,33	0,68	0,11	0,46	0,08			

Abb. 11.9 (T) Trägheitsmoment einer Teilkreisscheibe (in I3) bei Rotation um ihren Schwerpunkt

11.2.4 Trägheitsmomente von Kreisausschnitten

In Abb. 11.8a sieht man zwei Teilkreisscheiben, die obere mit einem Öffnungswinkel von $2\pi/3{,}2$ und die untere mit einem Öffnungswinkel von $2\pi/4$ (Viertelkreis). Der Viertelkreis ist gegenüber den Angaben in Abb. 11.9 (T) um den Winkel π verdreht damit er vom anderen Kreisausschnitt getrennt dargestellt wird.

In der Abbildung werden die Radien r_F wie beim Vollkreis erzeugt (Spalte A), die Winkel ϕ_F (in Spalte B) allerdings auf einen Bereich $2\pi/part$ beschränkt, wobei der Parameter $part$ in B1 vorgegeben wird. In den folgenden Spalten werden die kartesischen Koordinaten (x_F, y_F) berechnet, deren Mittelwerte in D3:E3 die Koordinaten des Schwerpunktes (x_M, y_M) sind. Aus diesen Ergebnissen werden dann x_F^2, y_F^2 und das Quadrat des Abstandes r_M^2 zum Schwerpunkt ermittelt.

	O	P	Q	R	S	T	U	V	W	X	Y
4			=MITTELWERT(r.F)	=MITTELWERT(x.F)	=MITTELWERT(y.F)	=MITTELWERT(x.F2)	=MITTELWERT(y.F2)	=MITTELWERT(r.M2)	=H3+(x.M^2+y.M^2)		
5	part	0,7	0,667	0,033	0,142	0,239	0,261	0,479	0,500		
6	part	1	0,667	-0,001	0,000	0,250	0,251	0,500	0,501		
7	part	2	0,667	-0,001	0,424	0,251	0,250	0,320	0,500		
8	part	3,2	0,666	0,316	0,467	0,207	0,293	0,181	0,499		
9	part	4	0,667	-0,425	-0,424	0,251	0,250	0,139	0,500		
10	part	7	0,668	0,582	0,280	0,387	0,115	0,085	0,501		

Abb. 11.10 (T) Ergebnisse der Tabellenrechnung in Abb. 11.9 (T) für verschiedene Werte von *part; part* = 4 bedeutet, dass Größen für einen Viertelkreis berechnet werden

---

Fragen

zu Abb. 11.9 (T)

Wie groß sind die Trägheitsmomente der Teilkreisscheiben bei Rotation um die folgenden Achsen und in welchen Zellen werden die genannten Größen berechnet? Rotation um

- die x-Achse,[9]
- die y-Achse,[10]
- eine Achse parallel zur z-Achse durch den Schwerpunkt der Teilkreise[11] und
- die z-Achse?[12]

Wie kann man mit der Addition von zwei Zahlen die Kenngröße für das Trägheitsmoment bei Rotation um die z-Achse bestimmen, z. B. in J3?[13]

Sind bei *part* = 0,7 die Punkte innerhalb der „Teilkreisscheibe" gleichmäßig verteilt?[14]

In welcher Spalte von Abb. 11.10 (T) stehen die Trägheitsmomente bei Rotation um die x-Achse?[15]

Die Rechnung wird mit einer Protokollroutine hundertmal wiederholt, und die Mittelwerte der dritten Reihe werden in die Reihe 1 geschrieben. Die Ergebnisse für verschiedene Werte von *part* werden in Abb. 11.10 (T) protokolliert.

---

[9] Mittelwert von y_{F2} in F3.

[10] Mittelwert von x_{F2} in G3.

[11] Mittelwert von r_M^2 in H3.

[12] In I3 mit dem Steiner'schen Satz.

[13] J3 = [= F3 + G3].

[14] Die Teilkreisscheibe überlappt sich für einen Winkel $2\pi/0,3$. Im Überlappungsbereich liegen doppelt so viele Punkte wie im Rest der Scheibe.

[15] Die Trägheitsmomente bei Rotation um die x- Achse sind die Mittelwerte von y_F^2 in Spalte U.

Der mittlere Radius (Spalte Q) ist etwa 2/3, genau wie für den Vollkreis. Das muss natürlich so sein, weil wir immer denselben Zufallsgenerator für die Radien einsetzen. Die Schwerpunkte in den Spalten R und S hängen stark von der Form ab.

Beim Viertelkreis (*part* = 4) sind die Trägheitsmomente um die *x*- und die *y*-Achse gleich (etwa 1/4). Das leuchtet aufgrund der Symmetrie unmittelbar ein. Der Halbkreis (*part* = 2) und der Vollkreis (*part* = 1) haben dieselben Werte für die Trägheitsmomente. Das ist verständlich, wenn man sich klarmacht, dass sich der Halbkreis aus zwei und der Vollkreis aus vier Viertelkreisen zusammensetzt.

Bei Rotation um die z-Achse, also die Achse durch den Mittelpunkt des Kreises, berechnet in Abb. 11.10 (T) in Spalte W, erhält man wie für den Vollkreis für alle Teilkreise den Wert 0,5.

▶ **Mag** Welcher Mittelwert gehört zum Trägheitsmoment bei Rotation um die z-Achse?

▶ **Tim** Der Mittelwert von $x_F^2 + y_F^2$.

▶ **Alac** Das lässt sich in der Tabelle von Abb. 11.9 (T) einfach berechnen [=Mittelwert(xF^2) + Mittelwert(yF^2)].

▶ **Mag** Das haben wir nicht so einfach gemacht. Wir haben in I3 mit der Formel in I2 einen Umweg über den Steiner'schen Satz zu Hilfe genommen.

▶ **Alac** Warum einfach, wenn es auch komplizierter geht!

▶ **Mag** Das war nicht ganz so gemeint. Wir können nämlich die Gegenprobe machen und feststellen, ob wir den Steiner'schen Satz richtig angewendet haben.

▶ **Tim** Mit unserer Protokollroutine haben wir in Zeile 1 von Abb. 11.9 (T) den Mittelwert der Ergebnisse von 100 Tabellenrechnungen gebildet, um genauere Werte zu bekommen. Aber wie genau sind die nun? Wir sollen doch immer Fehlergrenzen angeben.

▶ **Mag** Richtig, die Angabe der Unsicherheit fehlt in unserer Rechnung. Dazu müssten wir in der Protokollroutine die empirische Varianz s^2 der Messreihe bestimmen. Das geht mit folgender Formel:

$$s^2 = \frac{1}{n-1}\left(\sum\nolimits_{i=1}^{n} x_i^2\right) - \frac{n}{n-1} \cdot \bar{x}^2 \qquad (11.13)$$

Sie lässt sich gut in der Protokollroutine einsetzen, weil der erste Term in der Schleife berechnet werden kann, bevor der Mittelwert $\bar{x}$ bekannt ist, der nach Abschluss der Schleife aus der Summe $\sum\nolimits_{i=1}^{n} x_i$ berechnet wird, die ebenfalls in der Schleife berechnet werden kann.

11.3 Gauß- und Cauchy-Lorentz-verteilte Koordinaten

11.3.1 Gauß-Verteilungen für die x- und die y-Koordinate

Wir erzeugen die x-Koordinaten und die y-Koordinaten von Punkten in einer Ebene unabhängig voneinander mit Gauß-Generatoren mit Mittelwert 0 und Standardabweichung 1:

$$x = \text{NORM.INV}(\text{ZUFALLSZAHL}(); 0; 1)$$

$$y = \text{NORM.INV}(\text{ZUFALLSZAHL}(); 0; 1)$$

gemäß den Wahrscheinlichkeitsdichten:

$$p(x)\,dx = \frac{1}{\sqrt{2\pi}} \cdot \exp\left(-\frac{x^2}{2}\right) dx$$

$$p(y)\,dy = \frac{1}{\sqrt{2\pi}} \cdot \exp\left(-\frac{y^2}{2}\right) dy$$

(11.14)

Das zugehörige Kalkulationsmodell steht in Abb. 11.11 (T).

1000 Werte für x, y und r^2 werden in den Spalten A, B und C berechnet, daraus dann die Mittelwerte x_0 und y_0 in E7 und F7 sowie die Standardabweichung *Stabw.r* des Abstandes zum Nullpunkt als Wurzel aus dem Mittelwert von r^2 in G7. In H7 wird gezählt, wie viele Punkte innerhalb eines Kreises mit *Stabw.r* als Radius liegen. In den Spalten I bis L, Reihen 8 bis 108, werden die Werte der genannten Größen hundertmal protokolliert, und in der Reihe 6 werden deren Mittelwerte gelistet.

Wir stellen die 1000 Punkte (x, y) in Abb. 11.12a und die Verteilung ihrer Abstände r zum Nullpunkt in Abb. 11.12b dar.

Aufgabe

Prüfen Sie, ob die Winkel im Bereich 0 bis 2π gleichverteilt sind!

	A	B	C	D	E	F	G	H	I
3	0,00	0,00	1,95	=MITTELWERT(_r2)					
4	1,00	1,00		50,43 =MITTELWERT(_1_r)					
5	=NORM.INV(ZUFALLSZAHL();A$3;A$4)	=NORM.INV(ZUFALLSZAHL();B$3;B$4)	=x^2+y^2		=MITTELWERT(x)	=MITTELWERT(y)	=WURZEL(MITTELWERT(_r2))	=ZÄHLENWENN(_r2;"<="&Stabw.r^2)	
6	x	y	_r²	_1_r	x.0	y.0	Stabw.r		
7	-0,47	-2,53	6,61	0,39	-0,02	0,02	1,40	611	
8	-0,52	-1,81	3,54	0,53					
108	-0,36	0,90	0,94	1,03					
1006	-0,09	-0,03	0,01	10,62					

Abb. 11.11 (T) Normalverteilte Koordinaten x und y; die Standardabweichung *Stabw.r* des Abstandes zum Nullpunkt wird in G7 berechnet, die Anzahl der Punkte innerhalb eines Kreises mit *Stabw.r* als Radius in H7. Die Mittelwerte über r^2 und $1/r$ stehen in C3 bzw. D4

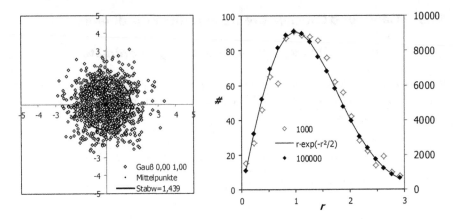

Abb. 11.12 a (links) Punkte, deren x- und y-Koordinaten mit je einem Gauß-Generator erzeugt wurden. **b** (rechts) Verteilung der Radien der Punkte in a

Aufgabe
Bestimmen Sie für 100 Wiederholungen des Zufallsexperimentes die Mittelpunkte der Verteilungen und tragen Sie diese in das Diagramm ein! Schreiben Sie dazu eine Protokollroutine!

Aufgabe
Bestimmen Sie den Mittelwert für das Quadrat des Abstandes der Punkte zum Nullpunkt und tragen Sie einen Kreis mit diesem Abstand in das Diagramm ein! Wie viele Punkte liegen innerhalb des Kreises? Zur Verbesserung der Statistik nutzen Sie wiederum eine Protokollroutine.

Aufgabe
Bestimmen Sie die Verteilung der Abstände zum Nullpunkt! Erstellen Sie dazu zunächst eine Häufigkeitsverteilung aus den 1000 Punkten. Wiederholen Sie das Zufallsexperiment dann mit einer Protokollroutine hundertmal und summieren Sie die Häufigkeitsverteilung auf. Stellen Sie die Häufigkeitsverteilung der Abstände grafisch dar und passen Sie eine geeignete Funktion an die Daten an! Ein Beispiel finden Sie in Abb. 11.12b.

Fragen
Warum ist bei einer Gauß-Verteilung der x- und y-Komponenten die Verteilung in der Ebene rotationssymmetrisch?[16]

---

[16]Die Wahrscheinlichkeit in einem Volumenelement $\mathrm{d}x\,\mathrm{d}y$ an der Stelle (x, y) ist

$$p(x)\,p(y)\,\mathrm{d}x\mathrm{d}y = c \cdot \exp\left(-\frac{x^2}{2}\right) \cdot \exp\left(-\frac{y^2}{2}\right)$$

$$= c \cdot \exp\left(-\frac{x^2 + y^2}{2}\right) = c \cdot \exp\left(-\frac{r^2}{2}\right)$$

Zwei Eigenschaften spielen eine Rolle: (1) Bei Multiplikation von Exponentialfunktionen addieren sich die Argumente. (2) Satz des Pythagoras $x^2 + y^2 = r^2$.

Die Wahrscheinlichkeitsdichte am Orte $(x; y)$ in der Ebene berechnet sich als Produkt der beiden Einzelwahrscheinlichkeiten, da die Koordinaten statistisch unabhängig sind:

$$p(x, y)\,dxdy = p(x) \cdot p(y) \cdot dxdy$$

Für Gauß-Verteilungen ergibt sich ein Ausdruck, der nur vom Abstand zum Nullpunkt abhängt:

$$\begin{aligned}
p(x)\,p(y) &= \frac{1}{2\pi}\exp\left(-\frac{x^2}{2}\right)\exp\left(-\frac{y^2}{2}\right) = \frac{1}{2\pi}\exp\left(-\frac{x^2+y^2}{2}\right) \\
&= \frac{1}{2\pi}\exp\left(-\frac{r^2}{2}\right)
\end{aligned} \tag{11.15}$$

$$p(r)\,dr = \frac{1}{2\pi}\cdot 2\pi r \cdot \exp\left(-\frac{r^2}{2}\right)dr = r \cdot \exp\left(-\frac{r^2}{2}\right)dr \tag{11.16}$$

Die Wahrscheinlichkeit, einen Punkt im Flächenelement $drd\phi$ zu finden, ist bei Gauß-verteilten x- und y-Koordinaten:

$$p(r)\,drd\phi = \frac{r}{2\pi}\cdot\exp\left(-\frac{r^2}{2}\right)drd\phi \tag{11.17}$$

Trägheitsmoment und elektrostatische Energie
Im Beispiel der Abb. 11.11 (T) ist der Mittelwert von r^2 gleich 1,95 (C3). Bei Mittelung über viele Versuche ergibt sich ein Wert von 2,0. Wenn alle Punkte starr miteinander verbunden wären, dann entspräche dieser Wert der Kennzahl für die Verteilung der Massen. Der Mittelwert von $1/r$ beträgt im konkreten Beispiel 50,43 (D4). Er schwankt sehr stark.

11.3.2 Gauß-verteilter Radius

Aufgabe
Erzeugen Sie zufällig Punkte in der Ebene mit *Polarkoordinaten*, deren Radien Gauß-verteilt und deren Winkel gleichverteilt sind und stellen Sie die Punkte in einem xy-Diagramm dar!
Der Zufallsgenerator beruht auf den Formeln:

$$p(r)\,dr = \frac{1}{\sqrt{2\pi}}\exp\left(-\frac{r^2}{2}\right)dr \tag{11.18}$$

$$\{Z_G\} = \text{Norminv}(Zfz(); 0; 1) \tag{11.19}$$

Vergleichen Sie mit den gaußverteilten xy-Koordinaten in Abschn. 11.3.1!

Fragen
Sind die Koordinaten x und y statistisch unabhängig voneinander?

Wenn Sie sich zu diesem Thema weiterbilden möchten, können Sie etwas über die Transformation von Flächenelementen bei Wechsel des Koordinatensystems von kartesischen (dx·dy) auf polare (dr·dϕ) Koordinaten lesen.

11.3.3 Cauchy-Lorentz-Verteilung (CL)

Die Wahrscheinlichkeitsdichte der Cauchy-Lorentz-Verteilung wird definiert durch:

$$p(x)\,dx = \frac{1}{x_0} \cdot \frac{1}{\pi(1 + (x/x_0)^2)}\,dx \qquad (11.20)$$

mit der integralen Verteilungsfunktion:

$$P(x) = \left(\arctan\left(\frac{x}{x_0}\right) + \frac{\pi}{2}\right)/\pi \qquad (11.21)$$

Der Zufallsgenerator wird dann durch folgende Funktion gegeben:

$$\{x_{\mathrm{CL}}\} = x_0 \cdot \tan\left(\left(\mathrm{Zfz} - \frac{1}{2}\right) \cdot \pi\right) \qquad (11.22)$$

Die Verteilung von 6000 Punkten mit Cauchy-Lorentz-verteilten Radien und gleichverteilten Winkeln wird in Abb. 11.13b wiedergegeben.

Die Größe x muss durch eine Normierungsgröße x_0 geteilt werden, damit der Term auf der rechten Seite von Gl. 11.20 wie die Wahrscheinlichkeit auf der linken Seite der Gleichung dimensionslos ist.

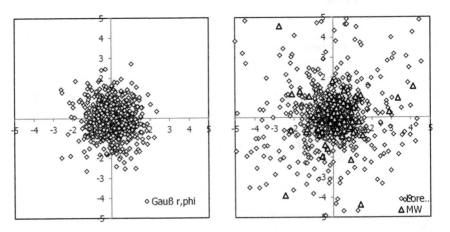

Abb. 11.13 ᑌ a (links) 1000 Punkte deren Radien der Polarkoordinaten Gauß-verteilt sind. **b** (rechts) 1000 Punkte, deren Radien der Polarkoordinaten Cauchy-Lorentz-verteilt sind; Mittelpunkte verschiedener Zufallsexperimente als Dreiecke

Mittelpunkt einer Cauchy-Lorentz-Verteilung

▶ **Mag** Wo liegt der Mittelpunkt einer Cauchy-Lorentz-Verteilung?

▶ **Alac** Wenn ich die Verteilung der Punkte in Abb. 11.7b sehe, so ziemlich bei (0, 0), wie man das anhand der Formel ja auch erwarten kann, die symmetrisch zu 0 ist.

▶ **Tim** Ich habe gehört, dass die Cauchy-Lorentz-Verteilung gar keinen wohldefinierten Mittelpunkt hat.

▶ **Alac** Ich erinnere mich, dass die Cauchy-Lorentz-Verteilung nur hässliche Eigenschaften haben soll. Aber *endliche Mengen* von Cauchy-Lorentz-verteilten Zahlen haben garantiert einen Mittelpunkt. Den kann man in einer Tabelle einfach bestimmen.

▶ **Mag** Machen Sie das tausendmal und zeichnen Sie die Mittelpunkte in das Diagramm ein!

▶ Die Mittelwerte einer endlichen Anzahl von Cauchy-Lorentz-verteilten Zufallszahlen sind genauso Cauchy-Lorentz-verteilt (Abb. 11.14).

Aufgabe

Erzeugen Sie die Polarkoordinaten für 1000 Punkte, deren Winkel gleichverteilt und deren Radien Cauchy-Lorentz-verteilt sind! Ein Beispiel sehen Sie in Abb. 11.13b. Bestimmen Sie für 100 Wiederholungen des Zufallsexperimentes (mit einer Protokollroutine) den Mittelpunkt der 1000 Punkte und tragen Sie diese in das Diagramm ein!

Die Mittelpunkte der endlichen Menge von Zufallspunkten (hier 1000), in Abb. 11.13b eingetragen als offene Rauten, streuen genauso stark um den Nullpunkt wie die Punkte selbst. Diese schöne Verteilung hat keinen wohldefinierten Mittelpunkt. In Abb. 11.14 folgen die Mittelpunkte derselben Verteilung wie die Punkt selbst.

Abb. 11.14 Verteilung von 6000 Punkten (offene Rauten), die mit dem Zufallsgenerator der Gl. 11.21 ($x_0 = 1$) erzeugt wurden, sowie die Verteilung von 3000 Mittelwerten (offene Dreiecke) von je 1000 solch Lorentz-verteilten Stichproben

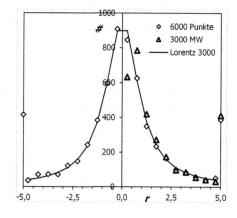

▶ **Alac** Das ist ja verrückt. Die Mittelwerte sind genauso verteilt wie die ursprünglichen Zahlen. Das ist ja dann doch noch eine schöne Eigenschaft.

▶ **Tim** A propos „schön". Lasst uns Abb. 11.13 für den Schönheitswettbewerb 𝔅 vorschlagen!

11.3.4 Konvergenz bei Gauß-verteilten und Lorentz-verteilten Radien

Wenn die Radien Gauß- oder Lorentz-verteilt sind, dann erhält man keine stabilen Werte für $\langle 1/r \rangle$, denn beide Funktionen gehen für $r \to 0$ gegen einen konstanten Wert größer als null, sodass die Funktion $f(r) = \text{const.}/r$ nicht integrierbar ist. Die Werte für $\langle r^2 \rangle$ sind stabil für Gauß-verteilte Radien, weil die Gaußfunktion für $r \to \infty$ stärker als jede Potenz gegen 0 konvergiert und somit den Anstieg mit r^2 kompensiert.

Für Lorentz-verteilte Zufallszahlen sind die Werte für $\langle r^2 \rangle$ instabil, weil die Lorentzfunktion für $r \to \infty$ mit $1/r^2$ gegen null geht, sodass das Produkt mit r^2 konstant wird und das Integral über das Produkt nicht konvergiert.

Fragen
Welche Integrale über r^2 und $1/r$ existieren bei welchen der beiden Verteilungen, wenn unsere Scheiben endlich sind, die Verteilung also bei einem r_a endet?[17]

11.4 Gleichverteilung auf einer Kugeloberfläche und in einer Kugel

11.4.1 Zufallsgenerator, der Punkte gleichmäßig auf einer Kugeloberfläche verteilt

Ein Raumwinkelelement wird gegeben durch:

$$d\Omega = \sin\theta \cdot |d\theta| \cdot |d\phi| \tag{11.23}$$

Ein Zufallsgenerator, der Punkte gleichmäßig auf einer Kugeloberfläche verteilen soll, muss den Winkel ϕ gleichmäßig im Bereich, $[0, 2\pi)$ verteilen:

$$\{\varphi\} = 2\pi \cdot \text{ZUFALLSZAHL}() \tag{11.24}$$

Da das Raumwinkelelement am Äquator ($\theta = \pi$) größer ist als an den Polen, müssen die Winkel θ ungleichmäßig verteilt werden, nämlich gemäß $\sin\theta$ Die Verteilungsfunktion ist das Integral von $\sin$, also $\cos\theta$ (noch nicht auf 1 normiert). Die

---

[17]$\langle r^2 \rangle$ existiert auch für Lorentz-verteilte Radien, weil die Divergenz des Integrals für $r \to \infty$ auftritt. $\langle 1/r \rangle$ ist für beide Verteilungen weiterhin instabil, weil die entsprechenden Integrale für $r \to 0$ divergieren.

Umkehrfunktion der Verteilungsfunktion hat einen Wertebereich von -1 bis $+1$. Der Zufallsgenerator, der die gewünschte Verteilung $\sin\theta$ erzeugt, hat also die Form:

$$\{\theta\} = \text{ARCCOS}(2 * \text{ZUFALLSZAHL}() - 1) \tag{11.25}$$

Die Zufallsgeneratoren sind unabhängig von r.

Aufgabe

Erzeugen Sie jeweils 400 Zufallszahlen mit den Zufallsgeneratoren der Gl. 11.24 und 11.25 und überprüfen Sie, ob experimentelle und theoretische Häufigkeit miteinander verträglich sind.

Diese theoretische Überlegung wurde durch ein Experiment mit 27.200 Zufallszahlen überprüft (Abb. 11.15).

11.4.2 Zufallsgenerator für die radiale Verteilung in einer Kugel

Die Wahrscheinlichkeit, Punkte in einer Kugelschale $(r, r+\mathrm{d}r)$ zu finden, ist proportional zur Oberfläche der Kugelschale mit Radius r:

$$p(r) = \text{const} \cdot 4\pi r^2 \cdot \mathrm{d}r \tag{11.26}$$

Die integrale Verteilungsfunktion ist das Integral von $p(r)$:

$$P(r) = \text{const} \cdot r^3$$

Das ist das Volumen der Kugel mit dem Radius r. Das bestimmte Integral $P(r_0)$ muss 1 sein, damit die Wahrscheinlichkeitsdichte in Gl. 11.26 normiert ist. Daraus folgt für die Konstante:

$$\text{const} = 3/(4\pi r_0^3)$$

$$P(r) = \left(\frac{r}{r_0}\right)^3 \tag{11.27}$$

Abb. 11.15 Folgt diese Häufigkeitsverteilung des Polarwinkels θ einem Sinusbogen?

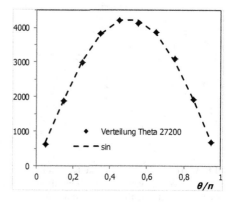

Die Umkehrfunktion der Verteilungsfunktion ist somit:

$$r = r_0 \sqrt[3]{z}$$

und der Zufallsgenerator ist dann:

$$\{r\} = r_0 \cdot (\text{ZUFALLSZAHL}\,())^{(1/3)} \tag{11.28}$$

wobei r_0 der Radius der Kugel ist.

▶ **Aufgabe** Erzeugen Sie Zufallszahlen mit dem Zufallsgenerator der Gl. 11.28 und überprüfen Sie, ob experimentelle und theoretische Häufigkeit miteinander verträglich sind!

11.4.3 Gleichverteilung im Kugelvolumen

Unser dreidimensionaler Zufallsgenerator erzeugt die Koordinaten θ und $\emptyset$ gemäß Gl. 11.24 und 11.25 wie auf der Kugeloberfläche und die Koordinate r mit Gl. 11.28. Die Umrechnung auf die kartesischen Koordinaten x, y und z geschieht mit den Formeln:

$$x = r \cdot \sin\theta \cdot \cos\phi \tag{11.29}$$
$$y = r \cdot \sin\theta \cdot \cos\phi$$
$$z = r \cdot \cos\theta$$

Die Verteilung der x-, y- und z-Koordinaten in einer Einheitskugel sieht man in Abb. 11.16a.

Verteilung der Koordinaten in einer Kugel

▶ **Mag** Sehen Sie sich die Verteilung der Koordinaten in der Kugel in Abb. 11.16 an. Welche Funktion kann das sein?

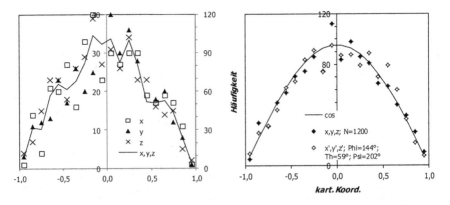

Abb. 11.16 a (links) Häufigkeitsverteilung der x-, y- und z-Koordinaten in einer Einheitskugel. **b** (rechts) Wie a, aber nach Drehung der Koordinaten mit den Euler'schen Winkeln ϕ, θ und ψ, zusätzlich wird eine Kosinusfunktion angepasst

▶ **Alac** Links Null, rechts Null, dazwischen ein schöner Bogen, bestimmt ein Kosinus, wie so oft bei geometrischen Problemen.

▶ **Tim** Wellenlänge und Phase sind klar, also ist $A \cdot \cos(2\pi \cdot (x/4))$ die gesuchte Funktion. Die Amplitude A wird so bestimmt, dass das Integral der Anzahl der Punkte entspricht. Ich habe auch gleich einen solchen Kosinusbogen in das Diagramm eingefügt.

▶ **Alac** Alles passt, besser geht's nicht. Der Chi^2-Test bestätigt unsere Annahmen.

▶ **Tim** Es heißt doch immer, Hypothesen könne man nicht bestätigen, nur widerlegen. Ich sage erstmal gar nichts.

▶ **Alac** Ok. Dann formuliere ich politisch korrekt: Wir haben keinen vernünftigen Grund, an der Hypothese zu zweifeln.

▶ **Mag** Vergessen Sie nicht zusagen: Im Rahmen unserer Simulation.

▶ **Tim** Verbessern wir zur Vorsicht unsere Statistik.

▶ **Alac** Das geht einfach mit einer Protokollroutine, die die Häufigkeiten bei Wiederholung des Zufallsexperimentes aufaddiert.

▶ **Tim** Siehe da, bei mehr als drei Millionen Datenpunkten passt der Kosinus doch nicht, wie Abb. 11.17b zeigt. Der Chi^2-Test widerlegt unsere Hypothese.

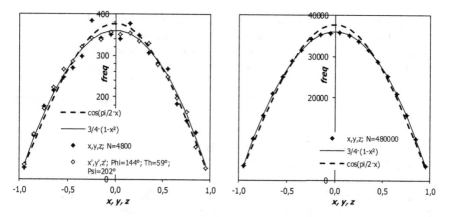

Abb. 11.17 a (links) 4800 (x, y, z)-Koordinaten in einer Kugel, die mit dem Zufallsgenerator Gl. 11.23, 11.24 und 11.27 erzeugt wurden. Zwei hypothetische Verteilungen, $\cos(x)$ und $(1-x^2)$. **b** (rechts) Wie a, aber nachdem das Zufallsexperiment 100-fach wiederholt und die Häufigkeiten aufaddiert wurden

Wir sehen zwei Möglichkeiten, die Verteilung der Koordinaten in Abb. 11.17 zu beschreiben,

(1) mit einem Kosinus:

$$p_c(x) = \frac{\pi}{4} \cos\left(\frac{\pi}{2} x\right) \tag{11.30}$$

$$P_c(x) = \frac{1}{2} \left(\sin\left(\frac{\pi}{2} x\right) + 1\right) \tag{11.31}$$

(2) oder einer nach unten geöffneten Parabel:

$$p_p(x) = \frac{3}{4}\left(1 - x^2\right)$$

$$P_p(x) = \frac{3}{4}\left(x - \frac{x^3}{3}\right) \tag{11.32}$$

Für beide Fälle werden die Wahrscheinlichkeitsdichten $p(x)$ und die integralen Verteilungsfunktionen $P(x)$ angegeben.

Fragen

Durch welche Bedingung werden die Vorfaktoren in Gl. 11.31 und 11.32 bestimmt?[18]

In Abb. 11.17a für 4800 Koordinaten liefert der Chi^2-Test 0,59 für den Kosinus und 0,87 für die Parabel. Wir können aufgrund dieser Ergebnisse keine Hypothese ausschließen.

Eine Entscheidung lässt sich herbeiführen, wenn die Tabellenrechnung vielfach wiederholt wird

- und geprüft wird, für welche der beiden Verteilungen das Ergebnis des Chi^2-Tests gleichverteilt ist (Vielfachtest auf Gleichverteilung)
- und die Häufigkeitsverteilungen aufaddiert werden und dabei beobachtet wird, für welche Verteilung das Ergebnis des Chi^2-Tests gegen null strebt.

Mit beiden Verfahren erfährt man, dass die *Parabel* die experimentelle Verteilung besser beschreibt.

▶ **Alac** Die umgedrehte Parabel passt perfekt in die Datenreihe für $N = 480.000$ in Abb. 11.17b. Der Kosinus liegt daneben.

▶ **Tim** Die Kosinus-Hypothese ist also widerlegt. Bei nur 4800 Punkten in Abb. 11.17a liegen noch beide Kurven gut in den Datenpunkten.

---

[18]Die Vorfaktoren werden so bestimmt, dass $P(+1) - P(-1) = 1$ gilt.

▶ **Mag** Das Ergebnis unserer ersten Überlegung war falsch. Wir haben trotzdem, auf unser Experiment bezogen, eine richtige Aussage gemacht, wenn wir alle Voraussetzungen für unsere Schlussfolgerung angegeben haben.

▶ **Tim** Ist die umgedrehte Parabel denn nun korrekt?

▶ **Mag** Im Rahmen unserer Genauigkeit: ja. Allgemein gültig kann das nur mathematisch bewiesen werden.

▶ **Tim** Vielleicht sollte man einen Theoretiker fragen, der gut in 3D integrieren kann.

Gleichverteilung in einer Kugel durch Auswahlverfahren

▶ **Alac** Unser Zufallsgenerator erzeugt also Koordinaten, deren Verteilung einer Parabel entspricht.

▶ **Tim** Sind die Koordinaten auch tatsächlich gleichverteilt, wie wir es geplant haben? Das haben wir bisher nicht bewiesen.

▶ **Mag** Wir können die Koordinaten noch auf eine andere Art erzeugen, bei denen die Gleichverteilung offensichtlich ist, indem wir gleichverteilt Punkte in einem Quader erzeugen und dann diejenigen auswählen, deren Abstand zum Nullpunkt kleiner als ein Radius ist, ähnlich wie in Abschn. 11.2.3 für die Gleichverteilung innerhalb eines Kreises (Abb. 11.6 (P)).

Wir erzeugen in den Spalten A, B und C der Abb. 11.18 (T) gleichverteilte Zahlen zwischen -1 und 1 und erhalten die Koordinaten in einem Quader der Seitenlänge 2. In Spalte D bestimmen wir das Quadrat r^2 des Abstandes zum Nullpunkt.

In die folgenden Spalten E, F und G werden nur die Koordinaten von Punkten übertragen, deren Abstand zum Nullpunkt kleiner als 1 ist, also von Punkten, die innerhalb einer Kugel mit Mittelpunkt im Nullpunkt und mit dem Radius 1 liegen.

	A	B	C	D	E	F	G	H
2	=(RAND()-0,5)*2	=(RAND()-0,5)*2	=(RAND()-0,5)*2	=x^2+y^2+z^2	=IF(_r^2<=1;x;"")	=IF(_r^2<=1;y;"")	=IF(_r^2<=1;z_;"")	
3	x	y	z_	_r²		sphere		
4	0,97	-0,01	0,40	1,10				
5	0,04	-0,62	0,31	0,48	0,04	-0,62	0,31	
6	-0,51	-0,03	0,61	0,63	-0,51	-0,03	0,61	
1002	-0,73	-0,36	-0,87	1,43				
1003	0,59	0,05	-0,73	0,88	0,59	0,05	-0,73	

Abb. 11.18 (T) In einer Kugel gleichverteilte Koordinaten (Spalten E, F, G) durch Auswahl gleichverteilter Koordinaten in einem Würfel (Spalten A, B, C)

	I	J	K	L	M	N	O	P	Q	R	S
1	=SUMME(K4:K25)		1527	3144933	=SUMME(L4:L25)						
2			=HÄUFIGKEIT(sphere;bnd)			=$L$1*3/4*(bnd-bnd^3/3) =N5-N4	=$L$1*0,1*3/4*(1-I5^2)	=$L$1/2*(SIN(PI()/2*bnd)+1) =Q5-Q4			
3		bnd		sphere.s		Parabel				cos	
4			-1	0	0	-2E+06			0		
5	-0,95	-0,9	11	22467		-2E+06	22801	22997	19360	19360	
24	0,95	1	13	22796		1572467	22801	22997	3144933	19360	
25			0	0							

Abb. 11.19 (T) Fortsetzung von Abb. 11.18 (T); Wiederholung des Zufallsexperimentes; in Spalte K wird die Häufigkeit der Koordinaten in E4:G1003 bestimmt; in Spalte L werden die Häufigkeiten für 2000 solcher Experimente mit einer Protokollroutine aufsummiert. In Spalte N werden die kumulierten Häufigkeiten für die *Parabel* bestimmt und in Spalte O in die Häufigkeiten in den Intervallen umgerechnet. In den Spalten Q und R wird es für den *Kosinus* genauso gemacht

Wir bestimmen in Spalte K von Abb. 11.19 die Verteilung der Koordinaten der Punkte in der Kugel zwischen −1 und 1 (*bnd* in Spalte J).

Fragen
Welcher Anteil der im Würfel erzeugten Punkte in Abb. 11.18 (T) landet in der Kugel?[19]

Wir summieren die Häufigkeiten der Koordinaten bei mehrfacher Wiederholung des Zufallsexperiments mit einer Protokollroutine mehrfach auf und erhalten so die Werte *sphere.s* in Spalte L. Diese Häufigkeiten vergleichen wir mit denjenigen, die eine umgedrehte Parabel (Spalte O) und eine Kosinusfunktion (Spalte R) voraussagen. Der Chi^2-Test liefert:

CHIQU.TEST(*sphere.s;Parabel*) = 0,45
CHIQU.TEST(*sphere.s;cos*) = 0,000

Die Parabel passt, der Kosinus nicht. Das ist auch deutlich in der Abbildung zu sehen.

In Spalte P von Abb. 11.19 (T) berechnen wir die Häufigkeit in einem Intervall mit der Wahrscheinlichkeitsdichte p_M in der Mitte des Intervalls (also mit $p_M \times$ Gesamtzahl $\times$ Intervallbreite). Das Ergebnis CHIQU.TEST(*sphere.s;* P5:P24) = 0,026 ist deutlich schlechter als der Test für die Berechnung der Häufigkeiten mit der integralen Verteilungsfunktion (Spalten N und O), aber auch nicht so schlecht, dass man die Hypothese verwerfen könnte.

Prüfung der Kugelsymmetrie
Wir führen einen zusätzlichen Test auf Kugelsymmetrie durch, indem wir die Koordinaten *x, y* und *z* mithilfe einer Euler'schen Matrix drehen, um neue

---

[19]K1/3000 = 1542/3000 = 0,514; Theoretisch: Volumen Kugel/Volumen Würfel = $4\pi/3/2^3$ = 0,524.

Koordinaten x', y' und z' zu erhalten. In Abb. 11.16b werden die ursprünglichen und die transformierten Koordinaten zusammen mit der Funktion:

$$h(x) = \frac{N}{4\pi} \cdot \cos\left(\frac{\pi}{2} x\right) \qquad (11.33)$$

dargestellt ($N = $ Anzahl der Koordinaten).

Die Datenpunkte streuen um die Funktion der Gl. 11.33. Der Chi^2-Test ergibt keinen Hinweis darauf, dass diese Funktion nicht die experimentelle Häufigkeit erklärt.

Aufgabe

Erzeugen Sie mithilfe der Funktion aus Abb. 11.20 (P) eine (3×3)-Euler-Matrix! Die Winkel ϕ, θ und ψ stellen Sie am besten über drei Bildlaufleisten ein.

Aufgabe

Transformieren Sie die ursprünglichen Koordinaten in das gedrehte Koordinatensystem und prüfen Sie, ob die neuen Koordinaten ebenfalls der Verteilung nach Gl. 11.33 genügen!

Euler'sche Drehmatrix

In einer anderen Übung in Abschn. 14.3 entwickeln wir eine Funktion, die eine (3×3)-Matrix ausgibt, welche die Drehung um die drei Euler'schen Winkel durchführt. Sie wird in Abb. 11.20 (P) reproduziert. Die ursprünglichen Koordinaten x, y und z werden dann durch Matrixmultiplikation, mithilfe der Tabellenfunktion MMULT-(Matrix1, Matrix2), mit Matrix1 = Zeilenvektor (x, y, z) und Matrix2 = Euler-Matrix, in die Koordinaten im gedrehten System, Zeilenvektor (x', y', z') überführt.

Zur Erinnerung: Bevor eine Matrixfunktion aufgerufen wird, muss der für die Ausgabe benötigte Bereich (durch Aufziehen mit der Maus) aktiviert werden. Für FUNCTION Euler2 ist das ein dreizelliger Zeilen- oder Spaltenvektor. Dann wird die

```
 1 Function Euler2(EPhi, ETh, EPsi)                                           1
 2 'Erzeugt aus den Winkeln EPhi, ETh und EPsi eine 3x3-Matrix.               2
 3 'Anwendung als Matrix: Zeilenvektor wird in Zeilenvektor überführt.        3
 4 'EPhi ist der erste Drehwinkel                                             4
 5 Dim DM(2, 2) As Single 'Drehmatrix                                         5
 6 DM(0, 0) = Cos(EPsi) * Cos(EPhi) - Cos(ETh) * Sin(EPhi) * Sin(EPsi)        6
 7 DM(0, 1) = Cos(EPsi) * Sin(EPhi) + Cos(ETh) * Cos(EPhi) * Sin(EPsi)        7
 8 DM(0, 2) = Sin(EPsi) * Sin(ETh)                                            8
 9 DM(1, 0) = -Sin(EPsi) * Cos(EPhi) - Cos(ETh) * Sin(EPhi) * Cos(EPsi)       9
10 DM(1, 1) = -Sin(EPsi) * Sin(EPhi) + Cos(ETh) * Cos(EPhi) * Cos(EPsi)      10
11 DM(1, 2) = Cos(EPsi) * Sin(ETh)                                           11
12 DM(2, 0) = Sin(ETh) * Sin(EPhi)                                           12
13 DM(2, 1) = -Sin(ETh) * Cos(EPhi)                                          13
14 DM(2, 2) = Cos(ETh)                                                       14
15 Euler2 = DM                                                               15
16 End Function                                                              16
```

Abb. 11.20 (P) Funktion, die eine Drehmatrix erzeugt, die Zeilenvektoren um Euler'sche Winkel dreht

Matrixfunktion aufgerufen mit $=$ Euler2(..), die Parameter werden eingegeben und der Vorgang mit dem Zaubergriff Ψ *Str* $+$ *Umschalt* $+$ *Eingabe* abgeschlossen.

▶ **Wichtig**
Zufallsgeneratoren für Gleichverteilung (mit $Zfz =$ Zufallszahl()):
innerhalb eines Kreises:

- $r = r_0 \cdot \sqrt{Zfz()}$
- $\phi = 2\pi \cdot Zufz()$

innerhalb einer Kugel:

- $r = r_0 \cdot Zfz^{\frac{1}{3}}$
- $\phi = 2\pi \cdot Zfz$
- $\theta = $ ArcCos$(2 \cdot Zfz - 1)$

11.5 Trägheitsmoment und elektrostatisches Potential einer Kugel

Mit Zufallsgeneratoren werden Massenpunkte gleichmäßig innerhalb einer Kugel und innerhalb eines Quaders verteilt. Für die Kugel werden Trägheitsmomente für Achsen außerhalb des Schwerpunktes berechnet und mit dem Steiner'schen Satz verglichen.

Tabellenorganisation in Wiederholungsroutine
Wir berechnen das Trägheitsmoment und das elektrostatische Potential einer Kugel mit homogener Dichte. Die Integrale werden dadurch bestimmt, dass mit einem Zufallsgenerator Punkte zufällig gleichmäßig innerhalb einer Kugel vom Radius 1 verteilt werden. Der Mittelpunkt der Kugel wird gegenüber dem Nullpunkt um $x_0 = 0$ bis 4 verschoben. Die verschobenen Koordinaten werden mit (x, y, z) benannt.

Für das Trägheitsmoment wird das mittlere Abstandsquadrat $\langle x^2 + y^2 \rangle$ zur z-Achse bestimmt. Das mittlere Abstandsquadrat ist unabhängig von der Anzahl der Punkte proportional zum Integral Gl. 11.2. Wir erhalten also für jede Anzahl eine Näherung an Gl. 11.2, die mit zunehmender Anzahl immer genauer wird. Für die elektrostatische Energie der Kugel im Feld einer „Kernladung" im Nullpunkt wird der Mittelwert $\langle 1/r \rangle = \langle (x^2 + y^2 + z^2)^{-1/2} \rangle$ des reziproken Abstandes zum Nullpunkt bestimmt.[20] Die Tabellenorganisation sieht z. B. wie in Abb. 11.21 (T) aus.

---

[20]Runde Klammern (…) werden verwendet, um Terme einzugrenzen, die z. B. quadriert werden. Spitze Klammern <…> bezeichnen Mittelwerte.

	A	B	C	D	E	F	G	H	I	J	K	L	M
1	x.0	0								0,4001	=MITTELWERT(J6:J1005,		1,50
2					=MITTELWERT(H6:H405)			0,39		0,0002	=VARIANZ(J6:J1005)		0,002
3										0,013	=STABW(J6:J1005)		0,043
4	=ZUFALLSZAHL()^(1/3)	=ARCCOS(2*ZUFALLSZAHL()-1)	=ZUFALLSZAHL()*PI()*2		=r_*SIN(Theta)*COS(phi)+x.0	=r_*SIN(Theta)*SIN(phi)	=r_*SIN(Theta)	=x^2+y^2		durch Protokoll-Routine	=(x^2+y^2+z^2)^-(1/2)	=MITTELWERT(_1_r)	
5	r	Theta	phi		x	y	z_	x²+y²			_1_r		1/r
6	0,77	1,37	1,79		-0,16	0,74	0,16	0,57		0,4008	1,29	1,55	1,51
405	0,41	1,01	1,64		-0,02	0,35	0,22	0,12		0,4049	2,44		1,56
1005										0,3791			1,47

Abb. 11.21 (T) Zufallskoordinaten (x, y, z) in einer Kugel mit dem Mittelpunkt $(x_0; 0)$; Mittelwert von (x^2+y^2) (Quadrat des Abstandes zur z-Achse) in H2; Mittelwert von $(x^2+y^2+z^2)^{-1/2}$ (Abstand zum Nullpunkt) in L6; in J6:J1005 werden die Werte von H2 protokolliert, in M6:M1005 diejenigen von L6

1 **Sub Protoc1()**	**Sub VariX0()** 14
2 imax = 1000	r2 = 6 15
3 r = 6	c2 = 14 16
4 For i = 1 To imax	For x0 = 0 To 4 Step 0.1 17
5 Mw = Range("H2") 'x²+y²	Range("B1") = x0 18
6 Kug = Kug + Mw	Cells(r2, c2) = x0 19
7 sta² = sta² + Mw ^ 2	Cells(r2, c2 + 1) = Range("H2") 'x.0²+y.0² 20
8 Cells(r, 10) = Mw	Cells(r2, c2 + 2) = Range("L6") '1/r 21
9 Cells(1, 9) = i	r2 = r2 + 1 22
10 Cells(r, 13) = Range("L6") '1/r	Next x0 23
11 r = r + 1	End Sub 24
12 Next i	25
13 End Sub	26

Abb. 11.22 (P) Sub *Protoc1* protokolliert die Ergebnisse der Tabellenrechnung in Abb. 11.21 (T) vielfach. Sub *VariX0* variiert den Abstand x_0 des Kugelmittelpunktes zum Nullpunkt und protokolliert (x^2+y^2) aus H2 sowie $(x^2+y^2+z^2)^{-1/2}$ aus L6

In den Spalten A bis C werden die Polarkoordinaten der Massenpunkte in einer Kugel mit dem Mittelpunkt im Nullpunkt gemäß Abschn. 11.4.3 erzeugt und in den Spalten E, F und G in um x_0 verschobene kartesische Koordinaten umgerechnet. In Spalte H wird das Quadrat des Abstandes zur Drehachse und in H2 daraufhin der Mittelwert dieser Größe berechnet. In Spalte K wird der Kehrwert des Abstandes zum Nullpunkt und in L6 dann der Mittelwert dieser Größe berechnet.

Fragen
Über wie viele Massenpunkte wird in H2 und L6 gemittelt?[21]

Wir wiederholen das Zufallsexperiment mit der Protokollroutine Sub *Protoc1* in Abb. 11.22 (P) 1000-mal, um die statistische Genauigkeit der Ergebnisse zu erhöhen.

---

[21]Der MITTELWERT(H6:H405) in H2 geht über 400 Werte. Der MITTELWERT(_1_r) in L6 geht ebenfalls über 400 Werte, K6:K405.

	J	K	L	M	N	O	P
1	**0,400**	=MITTELWERT(J6:J1005,		**1,502**	=MITTELWERT(M6:M1005)		
2	**0,0002**	=VARIANZ(J6:J1005)		**0,002**	=VARIANZ(M6:M1005)		
3	**0,013**	=STABW(J6:J1005)		**0,043**	=STABW(M6:M1005)		

Abb. 11.23 (T) Auswertung der Daten von Abb. 11.21 (T); Spalte J: Kenngröße für das Träg-heitsmoment einer Kugel; Spalte M: Kenngröße für die elektrostatische Energie einer Kugel

---

Fragen

zu SUB *Protoc1* in Abb. 11.22 (P):

Wie oft wird das Zufallsexperiment wiederholt? Über wie viele Werte wird in der Tabelle Abb. 11.23 (T) gemittelt?[22]

Wodurch wird sichergestellt, dass die Zufallszahlen für jede Wiederholung neu berechnet werden?[23]

Wie oft werden die Zufallszahlen bei jeder Wiederholung verändert?[24]

Mehr als einmal pro Wiederholung ist unnötig. Mit welchen Befehlen könnte man dafür sorgen, dass die Zufallszahlen nur einmal geändert werden?[25]

Ergebnisse der Simulation

Mittelwert, Varianz und Standardabweichung der Ergebnisse der 1000 Wieder-holungen werden in Abb. 11.23 (T) wiedergegeben.

Theoretisch ist das Trägheitsmoment einer Kugel

$$I_K = 0,4 \cdot r_0^2 \cdot M \tag{11.34}$$

wobei r_0 der Radius der Kugel ist und M ihre Masse. Unsere Simulation ergibt für die Kenngröße d der Massenverteilung $0,400 \pm 0,013$ (J1 und J3 in Abb. 11.23 (T)).

Die Kenngröße für die elektrostatische Energie einer kugelförmigen Ladungs-verteilung im Felde einer Kernladung im Mittelpunkt der Kugel ist $1,50 \pm 0,04$ (M1 und M3 in Abb. 11.23 (T)), verglichen mit dem Wert 3/2 bei der analytischen Integration.

---

[22]Das Zufallsexperiment wird *imax* = 1000-mal wiederholt. Über die 1000 Ergebnisse in J6:J1005 und M6:M1005 wird in J1 und M1 gemittelt.

[23]In den Zeilen 8, 9 und 10 wird die Tabelle verändert und damit werden alle Zufallszahlen neu berechnet.

[24]Die Zufallszahlen werden in jedem Schleifendurchlauf dreimal geändert, nämlich durch die Zeilen 8, 9 und 10.

[25]Man könnte nach Zeile 8 die automatische Berechnung in der Tabelle ausschalten und nach Zeile 10 wieder einschalten.

11.5.1 Trägheitsmoment einer Kugel durch Integration über Kreisscheiben oder Kugelschalen

In Abb. 11.24 (T) berechnen wir das Trägheitsmoment einer Kugel auf zwei Arten, einmal durch Integration über Kreisscheiben (A:E), ein zweites Mal über Kugelschalen (G:J).

In Spalte A wird die Höhe h längs einer Achse der Kugel in konstanten Abständen dh aufgelistet und daraus in Spalte B der Radius $r_h = \sqrt{1 - h^2}$ der zugehörigen Kreisscheibe berechnet. Dazu dann in Spalte C die Masse m der Kreisscheibe und in Spalte D das für das Trägheitsmoment maßgebende Quadrat r_h^2 des Radius bestimmt. Der Faktor 0,5 vor $r_h{}^2$ entspricht dem Massenverteilungsfaktor für eine Kreisscheibe.

Der Massenverteilungsfaktor für das Trägheitsmoment der Kugel wird in E3 als gewichteter Mittelwert der Trägheitsmomente der Kreisscheiben berechnet, mit den Massen der Kreisscheiben als Gewichte. Er beträgt in unserer Summation 0,401 (statt 0,400 der mathematisch korrekten Integration). Für die Berechnung des Trägheitsmomentes der Kugel als Integral über Kugelschalen in den Spalten G bis I gehen wir entsprechend vor und erhalten den Wert 0,402 für den Massenverteilungsfaktor.

▶ **Tim** Wir haben bei beiden Summationen denselben Wert für das Trägheitsmoment einer Kugel herausbekommen.

▶ **Alac** Unsere Rechnungen sind also richtig.

▶ **Mag** Nein, die Rechnungen sind nur konsistent, nicht notwendigerweise auch richtig. Wir könnten ja in den Berechnungen der Trägheitsmomente jedes Mal denselben Fehler gemacht haben.

▶ **Tim** Nützt uns dann die Integration auf zwei Arten überhaupt etwas?

	A	B	C	D	E	F	G	H	I	J	K	L
1	Summe über Kreisscheiben						Summe über Kugelschalen					
2			=SUMME(m)	=SUMMENPRODUKT(m;r.h²) =D2/C2				=SUMME(m.K)	=SUMMENPRODUKT(m.K;r.K²) =I2/H2			
3	dh	0,01	211,01	84,561	**0,401**			844,05	339,31	**0,402**		
4		=A6+dh	=WURZEL(1-h^2)	=PI()*r.h^2	=0,5*r.h^2		=G6+dh/2	=4*PI()*r.K^2	=2/3*r.K^2			
5		h	r.h	m	r.h²			r.K	m.K	r.K²		
6		0	1,00	3,142	0,500			0,000	0,000	0,000		
7		0,01	1,00	3,141	0,500			0,005	0,000	0,000		
106		1	0,00	0,000	0,000			0,500	3,142	0,167		
206								1,000	12,566	0,667		

Abb. 11.24 (T) Das Trägheitsmoment einer Kugel wird in den Spalten A bis D als eine Summe über Kreisscheiben und in den Spalten G bis I als Summe über Kugelschalen berechnet

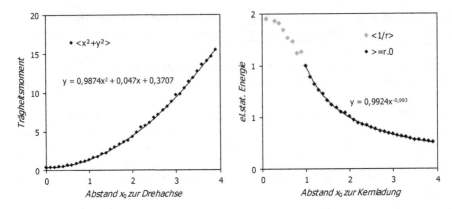

Abb. 11.25 **a** (links) Kenngröße des Trägheitsmomentes einer Kugel im Abstand x_0 des Mittelpunktes zur Drehachse. **b** (rechts) Kenngröße der elektrostatischen Energie einer Kugel im Abstand x_0 des Mittelpunktes zum Nullpunkt, der Lage der Kernladung

▶ **Mag** Ja, mit der bestandenen Konsistenzprüfung können wir darauf vertrauen, dass wir viele Fehler nicht gemacht haben.

11.5.2 Die Kugel wird vom Nullpunkt weggeschoben

Trägheitsmoment

Wir berechnen jetzt das Trägheitsmoment einer Kugel bei Drehung um eine zur z-Achse parallele Achse, die bei $(x_0, 0)$ die $(z = 0)$-Ebene schneidet. Dazu muss x_0 in B1 von Abb. 11.21 (T) verändert werden. Das machen wir mit der Protokollroutine Sub *Protoc1* in Abb. 11.22 (P).

Die Ergebnisse finden Sie Abb. 11.25a, zusätzlich eine polynomische Trendlinie zweiten Grades.

Die Drehung eines Körpers um eine beliebige Achse setzt sich aus einer Drehung um eine Achse durch seinen Schwerpunkt (parallel zur vorgegebenen Drehachse) und der Drehung des Schwerpunktes um die vorgegebene Drehachse zusammen. Der Steiner'sche Satz besagt, dass sich das Trägheitsmoment des Körpers als Summe des Trägheitsmomentes bei Drehung um den Schwerpunkt und dem Trägheitsmoment der gesamten Masse im Schwerpunkt bei Drehung um die aktuelle Achse berechnen lässt:

$$I = I_s + M \cdot r_s^2 \tag{11.35}$$

In Abb. 11.25a wird eine polynomische Trendlinie zweiten Grades angepasst. Die angegebene Formel enthält einen Term in x, der in der Gl. 11.35 nicht vorkommt. Der konstante Term ist 0,37 statt der erwarteten 0,40. Wir können eine Anpassung der Form Gl. 11.35 erzwingen, indem wir Werte für x^2 bilden und dann eine lineare Regression gemäß Band I, Abschn. 9.3 durchführen. Unser Ergebnis $I = 0,3812$ passt ganz gut zur Theorie: $I = 0,38(2) + 1,000(2) \cdot r_s^2$.

Elektrostatische Energie

Die Kenngröße der elektrostatischen Energie der Kugel als Funktion des Abstandes des Mittelpunktes der Kugel zur Lage der Kernladung im Nullpunkt wird in Abb. 11.25b wiedergegeben. Wenn der Abstand größer ist als der Radius der Kugel, hier $r_0 = 1$, dann fällt die Energie wie $1/x_0$ ab. Die Ladung der Kugel kann dann effektiv im Mittelpunkt zusammengefasst werden.

11.6 Trägheitstensor eines Quaders

Übersicht

Mit einem Zufallsgenerator werden Punkte innerhalb eines Quaders gleichverteilt. Die Trägheitsmomente um die Hauptachsen werden bestimmt. Der Quader wird mit einer Euler-Matrix gedreht. Die Trägheitsmomente werden als Funktion der Drehwinkel bestimmt. Können diese empirischen Trägheitsmomente auch durch Drehung des Trägheitstensors bestimmt werden?

Für den Quader werden Trägheitsmomente für Achsen durch den Schwerpunkt, aber mit beliebiger Richtung berechnet und mit dem Trägheitstensor verglichen.

Der Quader wird mit einer Drehmatrix um seinen Schwerpunkt gedreht

Im Bereich A8:C407 der Abb. 11.26 (T) erzeugen wir Massenpunkte in einem Quader mit den Kantenlängen x_0, y_0 und z_0, dessen Schwerpunkt im Ursprung eines kartesischen Koordinatensystems x, y, z liegt und dessen Hauptachsen parallel zu den Achsen dieses Systems ausgerichtet sind.

	A	B	C	D	E	F	G	H	I	J	K	L
1	◀	◢	▶	134	2,34		**Euler**	=Euler2(E1;E2;E3)				
2	◀		◢ ▶	299	5,22		-0,06	-0,58	-0,81			
3	◀	◢	▶	112	**1,95**		0,77	-0,54	0,33		=AVERAGE(I.r)	
4	x.0	y.0	z.0				-0,63	-0,61	0,48		**0,925**	
5	1	2	3								**0,900**	=U12
6	=x.0*(RAND()-0,5)	=y.0*(RAND()-0,5)	=z.0*(RAND()-0,5)		=2*PI()/360*D3		=MMULT(A9:C9;Euler)				=x.r^2+y.r^2	
7	x	y	z				x.r	y.r	z.r		l.r	
8	0,25	0,24	0,32				-0,03	-0,46	0,03		0,22	
9	-0,40	-0,51	-0,16				**-0,27**	**0,61**	**0,08**		0,44	
407	0,36	-0,61	1,00				-1,13	-0,49	-0,01		1,50	

Abb. 11.26 (T) Zeilen 1 bis 4: Bestimmung von Euler'schen Winkeln und einer daraus abgeleiteten Drehmatrix *Euler* in G2:I4; Zeilen 8 bis 407: 400 Massenpunkte in einem Quader werden erzeugt (A:C) und mit *Euler* in G2:I4 um den Schwerpunkt gedreht (G:I). Das mittlere Trägheitsmoment des gedrehten Quaders wird in K4 bestimmt. In K5 steht der Wert aus Abb. 11.27 (T), der mit dem Trägheitstensor bestimmt wird

In den Zeilen 1 bis 4 werden mit den Schiebereglern in A1:C3 die drei Euler'-schen Winkel in E1:E3 definiert, aus denen dann die Drehmatrix in G2:I4 erzeugt wird. Wir drehen die Massenpunkte im Quader mit der Drehmatrix und erhalten die neuen Koordinaten x_r, y_r, z_r in G8:I407. Abb. 11.27 zeigt Bilder eines Quaders und seiner repräsentativen Massenpunkte.

Wir berechnen das Trägheitsmoment bei Rotation um die z_r-Achse durch Mittelung über die Trägheitsmomente der einzelnen Massenpunkte (Spalte K).

Trägheitstensor

Das Trägheitsmoment eines Körpers lässt sich mithilfe eines Trägheitstensors [TT] berechnen. Der Trägheitstensor enthält auf seiner Diagonalen die Trägheitsmomente des Körpers bei Drehung um seine Hauptachsen, für den Quader z. B.:

$$(z_0^2 + y_0^2) / 12 \qquad (11.36)$$

bei Drehung um die x-Achse. Die anderen beiden Hauptträgheitsmomente entstehen durch zyklische Vertauschung von x_0, y_0 und z_0. Der so berechnete Trägheitstensor $[I_{Qu}]$ steht in Q8:S10 von Abb. 11.28 (T).

Das Trägheitsmoment um die Achse (x_T, y_T, z_T) wird als Matrixoperation

$$(x_T, y_T, z_T) \cdot [[I_{Qu}]] \cdot (x_T, y_T, z_T) \qquad (11.37)$$

berechnet.

Welches ist die Drehachse, die der Drehung des Körpers in die Koordinaten x_r, y_r, z_r entspricht? Die genannte Drehung hat den Körper gekippt. Wenn wir den Quader mit den ursprünglichen Koordinaten x, y, z stehen lassen, dann muss die Drehachse für die Koordinaten genau entgegengesetzt gekippt werden. Das geschieht mit der Inversen zur Euler'schen Matrix. Sie wird in M8:O10 mit der Matrixfunktion MINVERSE berechnet.

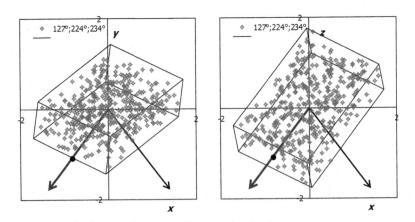

Abb. 11.27 a (links) 400 zufällig in einem Quader verteilte Massenpunkte, gedreht um die in der Legende angegebenen Euler'schen Winkel; Projektion auf die x–y-Ebene. **b** (rechts) Wie a, aber Projektion auf die x–z-Ebene

	M	N	O	P	Q	R	S	T	U	V	W
5	0,00	0,00	1,00	z.Achse							
6	=MINVERSE(Euler)				=(z.O^2+y.O^2)/12	=(x.O^2+z.O^2)/12	=(x.O^2+y.O^2)/12				
7	Eul.inv				I.Qu						
8	-0,06	0,77	-0,63		1,083	0	0		-0,81	=M12	
9	-0,58	-0,54	-0,61		0	0,833	0		0,33	=N12	
10	-0,81	0,33	0,48		0	0	0,417		0,48	=O12	
11											
12	-0,81	0,33	0,48	-0,88	0,27	0,20			0,90		
13	=MMULT(z.Achse;Eul.inv)				=MMULT(M12:O12;I.Qu)				=MMULT(Q12:S12;U8:U10)		

Abb. 11.28 (T) Die Koordinaten der z-Achse stehen in M5:O5. Sie werden mit der Matrix *Eul. Inv* zu [M12:O12] gekippt. Das Trägheitsmoment des Quaders um die gekippte Achse wird mit dem Trägheitstensor I_{Qu} in [[Q8:S10]] berechnet. Das Ergebnis steht in U12

Die Koordinaten der Drehachse für den Tensor stehen in M12:O12. Die erste Multiplikation in Gl. 11.37 wird in Q12:S12 und die zweite Multiplikation in U12 durchgeführt. Das Ergebnis aus U12 wird in Zelle K5 von Abb. 11.26 (T) übertragen, sodass es sich leichter mit dem Ergebnis der Drehung des Körpers vergleichen lässt.

Die mit den gekippten Koordinaten der Zufallspunkte in K4 berechneten Trägheitsmomente schwanken um den mit dem Trägheitstensor berechneten Wert in K5 (aus U12 von Abb. 11.28 (T) übernommen). Wenn wir die Werte in K4 vielfach berechnen und mitteln, dann nähert sich der Mittelwert dem theoretischen Wert in K5.

11.7 Elektrisches Feld einer geladenen Kugel

Elektrische Punktladungen werden gleichmäßig zufällig in einer Kugel verteilt. Ihr Coulomb-Potenzial wird als Funktion des Abstandes vom Mittelpunkt der Kugel bestimmt. Daraus wird dann durch Differenzierung das elektrische Feld abgeleitet.

Das Coulomb-Potenzial ist proportional zu $1/r$. Zur Bestimmung des Potentials einer geladenen Kugel muss ein Dreifachintegral über x, y und z berechnet werden. Das elektrische Feld ist der Gradient des Potentials. Zur Berechnung des Potentials erzeugen wir 400 gleichverteilte Ladungen innerhalb einer Kugel vom Radius 1 und bestimmen den Mittelwert der Größe $1/r$, wobei r der Abstand zu einem Aufpunkt $(0, 0, z_0)$ auf der z-Achse ist:

$$r = \sqrt{x^2 + y^2 + (z - z_0)^2} \tag{11.38}$$

	A	B	C	D	E	F	G	H	I	J	K	L	M	N	O	P
1																
2					x.0	y.0	z.0						100			
3					0	0	3		9,66	0,11	**0,33**	=MITTELWERT(K6:K405)				
4	=ZUFALLSZAHL()^(1/3)	=ARCCOS(2*ZUFALLSZAHL()-1)	=ZUFALLSZAHL()*PI()*2		=r_*SIN(Theta)*COS(phi)	=r_*SIN(Theta)*SIN(phi)	=(r_*COS(Theta))		=(x-x.0)^2+(y-y.0)^2+(z_-z.0)^2	=1/r.²	=WURZEL(J6)		aus Protokoll-Routine		=(N6-N8)/0,06	
5	r	Theta	phi		x	y	z		r.²	1/r²	1/r		<-- 1/r d/dr -->			
6	0,53	1,01	3,64		-0,40	-0,22	0,28		7,59	0,13	0,36		0,03	1,50		
7	0,40	0,70	5,36		0,16	-0,21	0,31		7,31	0,14	0,37		0,06	1,50	-0,01	
405	1,00	2,42	5,43		0,44	-0,50	-0,75		14,47	0,07	0,26					

Abb. 11.29 (T) Elektrisches Feld einer geladenen Kugel; Polarkoordinaten in A:C, kartesische Koordinaten daraus werden in E:G berechnet. Der Aufpunkt steht in E2:G3

Die Ergebnisse einer Berechnung mit 40.000 Punkten innerhalb der Kugel für jeden Aufpunkt sehen Sie in Abb. 11.29 (T).

In Spalte I wird das Abstandsquadrat der Zufallskoordinaten zum Aufpunkt bestimmt. Daraus dann schließlich $1/r$ in Spalte K.

Fragen

Wieso ist der *Mittelwert* von $1/r$ gleichbedeutend mit dem *Integral* über die Kugel?[26]

Wie viele Punkte werden wohl in oben Abb. 11.29 (T) stehender Tabellenkalkulation innerhalb der Kugel erzeugt?[27]

Aufgabe

Implementieren Sie die Aufgabe für ein fest gewähltes z_0 als Tabellenkalkulation für 500 Punkte!

Aufgabe

Schreiben Sie eine Protokollroutine, die z_0 systematisch variiert und den Mittelwert von $1/r$ fortlaufend protokolliert! Stellen Sie $\langle 1/r \rangle$ als Funktion des Abstandes des Aufpunktes vom Mittelpunkt der Kugel dar!

Aufgabe

Ermitteln Sie das Feld durch numerische Ableitung des Potentials nach dem Ort!

Aufgabe

Verändern Sie die Tabellenkalkulation so, dass $1/r$ mit einer einzigen Zellenformel aus den Koordinaten berechnet wird, statt in drei Schritten wie im Beispiel der Abb. 11.29 (T)!

---

[26]Der Mittelwert wird über das Integral definiert, siehe Abschn. 10.1.1 von Band I!

[27]In A6:C405 stehen die Koordinaten für 400 Punkte.

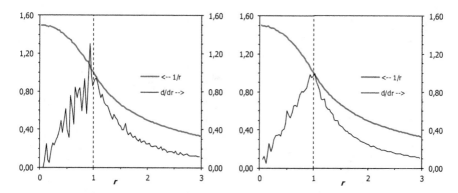

Abb. 11.30   a (links) Elektrisches Feld einer Kugel als Funktion des Abstandes zum Mittelpunkt, 40.000 repräsentative Punkte pro Aufpunkt. **b** (rechts) Wie a, aber 400.000 Punkte pro Aufpunkt

In der Tabelle berechnen wir den Mittelwert $\langle 1/r \rangle$ des Kehrwertes des Abstandes der Elektronenwolke zum Zentrum. Die Coulomb-Energie wird aber in SI-Einheiten durch

$$W(r_{12}) = \frac{e^2}{4\pi\varepsilon_0} \cdot \frac{1}{r_{12}} \tag{11.39}$$

$$\frac{e^2}{4\pi\varepsilon_0} = 1{,}44 \times 10^{-9} eV \cdot m \tag{11.40}$$

beschrieben. Wir müssen also $\langle 1/r \rangle$ mit $1{,}44 \times 10^{-9}$ eV·m multipliziert werden, um eine Energie in Einheiten von eV zu erhalten.

Eine elektrostatische Berechnung mit dem Gauß'schen Satz zeigt, dass das elektrische Feld innerhalb der Kugel linear ansteigt und außerhalb mit $1/r^2$ abfällt. Sind die experimentellen Ergebnisse der Abb. 11.30 mit der theoretischen Erwartung verträglich?

Das Diagramm Abb. 11.30a wurde mit 40.000 Punkten innerhalb der Kugel berechnet. Das Potential sieht ziemlich glatt aus, zur Berechnung des Feldes ist es aber nicht glatt genug. Für Abb. 11.30b wurde das Potential mit zehnmal so vielen Punkten berechnet.

Fragen

Warum ist das Rauschen für einen Aufpunkt innerhalb der Kugel größer als für einen Aufpunkt außerhalb der Kugel?[28]

Welche radialen Ladungsverteilungen führen zu den Potentialen und Feldern in Abb. 11.31? [29]

---

[28]Innerhalb der Kugel kann ein Zufallspunkt beliebig nah an den Aufpunkt rücken und trägt dann viel zum Feld bei. Außerhalb der Kugel kann das nicht mehr passieren.

[29]a: $r=$ Zufallszahl()^(1/4); linearer Anstieg der radialen Dichte; b: $r=$ Zufallszahl()^(1/2), Abnahme der radialen Dichte mit $1/r$.

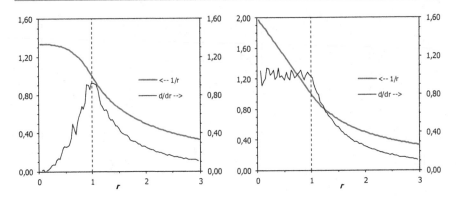

Abb. 11.31 **a** (links) **b** (rechts) Potential und Feld zweier verschiedener radialer Ladungsverteilungen

11.8 Das 1s-Orbital des Helium-Atoms

Es wird ein Zufallsgenerator entwickelt, der Koordinaten entsprechend der Wahrscheinlichkeitsdichte des 1s-Orbitals für $Z=2$ erzeugt. Dieser Zufallsgenerator wird in Monte-Carlo-Simulationen eingesetzt, um den mittleren Abstand, den mittleren Kehrwert des Abstandes (der die Coulomb-Energie liefert) und die Wechselwirkungsenergie von zwei Elektronen zu bestimmen.

11.8.1 Zufallsgeneratoren

Die radiale Zustandsdichte eines wasserstoffähnlichen Atoms (1s-Orbital)wird gegeben durch:

$$p(r) = \text{const}\, r^2 \cdot \exp\left(-\frac{2r}{a_0}\right) \tag{11.41}$$

Die Konstante wird so gewählt, dass das Integral von $r=0$ bis ∞ zu 1 wird. Der Bohr'sche Radius ist für ein He-Atom mit der Kernladung $Z=2$: $a_0 = 0.53\text{Å}/2 = 0{,}265\text{Å}$. Bezüglich der Winkel ist die Zustandsdichte gleichverteilt. Wir können also die in Abschn. 10.6 geprüften Zufallsgeneratoren verwenden:

$$\{\phi\} = 2\pi \cdot Zfz() \tag{11.42}$$

$$\{\theta\} = \arccos(2 \cdot Zfz() - 1) \tag{11.43}$$

Für Gl. 11.41 entwickeln wir eine benutzerdefinierte Funktion mit endlichem Bereich. Wir gehen so wie in Abschn. 7.6.2 von Band I vor. Die Argumente und Werte werden in einer Tabelle berechnet (Abb. 11.32a (T)).

	A	B	C	D	E
2		0,930	=SUMME(B7:B407)		
3				1,000	=SUMME(D7:D406)*A4
4	0,0050	0,265	=a.0	215,0	=1/B2/A4
5	=A7+A$4	=A8^2*EXP(-2*A8/a.0)	=C7+B8/B$2	=B8*D$4	
6	r	$r^2\exp(-2r/a0)$ Integral	Integral	$c \cdot r^2\exp(-2r/a0)$
7	0,0000	0,000	0,0000	0,000	
8	0,0050	0,000	0,0000	0,005	
407	2,0000	0,000	1,0000	0,000	

	A	B	C	D
1	a.0	0,265 Å	=0,53/2	
2	e	1,60E-19 A.s		
3	ε.0	8,85E-12 pF/m		
4				
5	Cb-Vorf	1,44E-09 eV.m		
6		=e/(4*PI()*e.0)		
7				
8		Z=2		
9	1/r12	2,34E+01 1/m		
10	Cb-Energ	33,67 eV		
11		=B5*B8		

Abb. 11.32 **a** (links, T) Tabellierung der Gl. 11.41 in Spalte B und ihres Integrals in Spalte C. **b** (rechts, T) Parameter und Ergebnisse der Simulation

In Spalte A werden r-Werte in Abständen von 0,005 Å eingetragen. In Spalte B wird die Gl. 11.41 für const = 1 berechnet. Die Summe aller Funktionswerte wird in B1 gebildet und in den weiteren Spalten zur Normierung genutzt. In Spalte C wird die normierte Funktion numerisch integriert. Als Normierungskonstante wird der Kehrwert der Summe über alle Funktionswerte der 401 Stützstellen in Spalte B (in B1) verwendet. In Spalte D steht die Gl. 11.41, so normiert, dass sie die Wahrscheinlichkeit für Intervalle der Länge 0,0050 (in A4 festgelegt) angibt.

Fragen

In B2 von Abb. 11.32a wird über 401 Funktionswerte summiert. Warum muss eigentlich die Summe über nur 400 Werte gebildet werden? Das sind die kleinen Denkfehler, die schwere Folgen haben können (hier aber nicht haben).[30]

Aufgabe

Entwickeln Sie eine benutzerdefinierte Funktion als Zufallsgenerator, der die gewünschte Umkehrfunktion zum Integral aus Spalte C in 250 Intervallen stückweise linearisiert! Dazu muss die Funktion oberhalb einer r-Grenze abgeschnitten werden. Überlegen Sie, welche obere Grenze für r sinnvoll ist!

Der Zufallsgenerator soll stückweise linear approximiert werden. Die Daten aus Spalte C werden die Argumente der Stützpunkte und die zugehörigen Daten aus Spalte A die Funktionswerte. Zwischen den Stützpunkten wird linear interpoliert, so wie in Abschn. 10.4. Diesen Zufallsgenerator nennen wir „r^2exp".

Zur Überprüfung erzeugen wir Koordinaten mit dem r^2exp-Generator, ermitteln ihre Häufigkeit und vergleichen diese mit der Theorie. Die Ergebnisse sieht man in Abb. 11.34b. In Abb. 11.34a werden die repräsentative Punktmengen für zwei Elektronen in je einem 1s-Orbital wiedergegeben

---

[30]Die Summe in B1 soll ein Maß für das Integral über alle 400 Intervalle sein. In Summe(B7:B407) ist ein Term zu viel. Im konkreten Fall fällt das nicht ins Gewicht, weil der Wert in B407 schon sehr klein ist.

```
 1 Const maxr = 400                              'Output, begin in Cells(row,col),           19
 2 Global rW(maxr) As Single                     'Anz = total number of random numbers       20
 3 Global IW(maxr) As Single                     Call Init                                    21
 4                                                Application.Calculation = xlCalculationManual 22
 5 Sub Init()                                     Randomize                                    23
 6 'Input of distribution function                For Z = 0 To Anz - 1                         24
 7 r1 = 6                                            zfz = Rnd()                               25
 8 For n = 0 To maxr                                 r = 0                                     26
 9    rW(n) = Sheets("r²exp").Cells(r1, 1)           For n = 1 To maxr                         27
10    IW(n) = Sheets("r²exp").Cells(r1, 3)              If zfz > IW(n) Then                    28
11    '0 bis 1                                            r = rW(n) + (rW(n + 1) - rW(n)) * _  29
12    r1 = r1 + 1                                         (zfz - IW(n)) / (IW(n + 1) - IW(n))  30
13 Next n                                            End If                                    31
14 End Sub                                          Next n                                     32
15                                                  Cells(Z + row, col) = r                    33
16 Sub r²expGenerator(row, col, Anz)             Next Z                                        34
17 'to create r²exp(-2r)-distribution            Application.Calculation = xlCalculationAutomatic 35
18                                                End Sub                                       36
```

Abb. 11.33 (P)   Zufallsgenerator   für   eine   Wahrscheinlichkeitsdichte $p(r) = \text{const}\, r^2 \cdot \exp\left(-2r/a_0\right)$; die Funktionswerte werden mit SUB *Init* aus der Tabelle „r^2exp" eingelesen

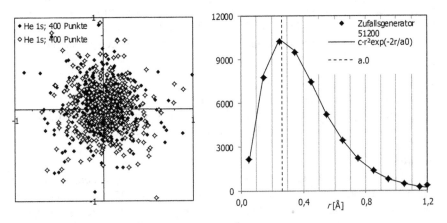

Abb. 11.34 **a** (links) Die vollen und offenen Rauten stellen die beiden Elektronen dar. **b** (rechts) Häufigkeitsverteilung eines r^2exp-Generators

11.8.2 Coulomb-Energie des 1s-Orbitals

Wir erzeugen 40.000 Koordinatentripel $(x,\ y,\ z)$ von Punktladungen und bestimmen den mittleren Abstand vom Zentrum sowie den mittleren Kehrwert des Abstandes vom Zentrum. Die Ergebnisse sehen Sie in Abb. 11.32b.

Coulomb-Energie des 1s-Orbitals
Wenn der Mittelwert von $1/r$ so groß wie $1/a_0$ ist, dann hat das Elektron die Coulomb-Energie der ersten Bohr'schen Bahn. Wir sehen, dass die Abweichung

in E4 kleiner als 1 % ist. Der Mittelwert von r entspricht etwa $1{,}5a_0$, so wie es theoretisch auch erwartet wird. Unser r^2exp-Generator hat also einen weiteren Test bestanden.

Wechselwirkungsenergie der beiden Elektronen im 1s-Zustand
Die Coulomb-Energie von zwei Elektronen im Abstand r beträgt:

$$W(r_{12}) = \frac{e^2}{4\pi\varepsilon_0} \cdot \frac{1}{r_{12}} \tag{11.44}$$

$$\frac{e^2}{4\pi\varepsilon_0} = 1{,}44 \times 10^{-9} eV \cdot m \tag{11.45}$$

Zur Bestimmung der Energie von zwei Elektronen in 1s-Zuständen muss über die sechs Koordinaten x, y, z und x', y', z' integriert werden. Wir berechnen stattdessen den mittleren Abstand zwischen den beiden Elektronen mit einer Monte-Carlo-Simulation unter Einsatz unseres Zufallsgenerators, der Koordinaten gemäß der Wahrscheinlichkeitsdichte im 1s-Zustand erzeugt.

Die Aufgabe besteht also darin, den mittleren Kehrwert des Abstandes zwischen zwei Elektronen im 1s-Zustand zu bestimmen. Dazu erzeugen wir zwei Sätze von Zufallskoordinaten gemäß Gl. 11.41, transformieren sie in kartesische Koordinaten und ermitteln den Kehrwert des Abstandes zwischen zwei Punkten. Nach Mittelung über 40.000 Punktepaare erhalten wir die Ergebnisse in Abb. 11.32b (T). Der Literaturwert für die Wechselwirkungsenergie ist 34 e. V., dem wir mit unserer Simulation schon recht nahe kommen.

Erweiterung des 1s-Generators ins Unendliche?
Der Abschn. 11.8.1, Abb. 11.33 (P) beschriebene Zufallsgenerator gibt nur Werte bis zu einem maximalen r_{max} heraus. Das ist sicherlich eine gute Näherung, wenn über Größen gemittelt wird, die vom Abstand zum Nullpunkt abhängen. Wie sieht es aber aus, wenn Mittelwerte über $1/r$ zu einem Aufpunkt außerhalb r_{max} bestimmt werden sollen? Dann werden niemals Koordinaten in der Nähe des Aufpunktes erzeugt, die ja einen großen Beitrag liefern.

Wellenoptik

12

Wir berechnen Nullphase und Amplitude der Summe von Wellen mithilfe von Zeigerdiagrammen in der komplexen Ebene. Dabei werden komplexe Amplituden addiert. Die Wellen gehen von Punktstrahlern in einem örtlich begrenzten Bereich aus. Als Beispiele werden die Beugung am Doppelspalt (Strahler auf einer Linie), die Intensitätsverteilung eines strahlenden Vollkreises (nach Airy, Strahler in einer kreisförmigen Öffnung) und der Brennpunkt einer idealen Sammellinse (Strahler auf einer Kalotte) sowie der Atomformfaktor der Röntgenbeugung (Strahler in kugelsymmetrischen Schalen) berechnet. Wahlweise werden die Strahler oder Beugungspunkte geometrisch in gleichen Abständen oder zufällig innerhalb des Bereiches angeordnet.

12.1   Einleitung: Das Huygens'sche Prinzip

Dieses Kapitel orientiert sich an *The Feynman Lectures on Physics,* Chapter 30 Diffraction.[1]

---

[1]Richard P. Feynman, Robert B. Leighton, Matthew Sands
   Englisch:
   The Feynman Lectures on Physics, Volume I, mainly mechanics, radiation, and heat, http://www.feynmanlectures.caltech.edu/I_30.html oder Addison-Wesley Longman, Amsterdam; ISBN-10: 0201021153, ISBN-13: 978-0201021158
   The Feynman Lectures on Physics, Vol. I: The New Millennium Edition: Mainly Mechanics, Radiation, and Heat (Volume 1) 50th New Millennium ed. Edition; ISBN-13: 978-0465024933; ISBN-10: 0465024939
   Deutsch:
   Feynman Vorlesungen über Physik: Mechanik, Strahlung, Wärme, Verlag De Gruyter Oldenbourg; ISBN_10 34865818089, ISBN-13: 978-3486581089.

© Springer-Verlag GmbH Deutschland, ein Teil von Springer Nature 2018
D. Mergel, *Physik lernen mit Excel und Visual Basic,*
https://doi.org/10.1007/978-3-662-57513-0_12

Huygens lässt grüßen

Nach der Vorstellung von Huygens pflanzen sich Wellen fort, indem von jedem Punkt einer augenblicklichen Wellenfront neue Kugelwellen ausgehen. Die Lichtintensität an einem Ort entsteht durch Überlagerung *aller* Wellen, die dort ankommen. Wir bilden diesen Prozess in einer Ebene angenähert nach (Abschn. 12.3), indem wir mehrere Wellen derselben Frequenz, Wellenlänge und Phase von einem Punkt ausgehen und sich in einem zweiten Punkt wieder treffen und überlagern lassen. Die Wellen erreichen den Endpunkt nicht direkt, sondern mit unterschiedlichen Phasen über einen Umweg über ein abgegrenztes Gebiet in der Ebene. Die Überlagerung der kosinusförmigen Wellen wird mit komplexen Amplituden berechnet und in einem Zeigerdiagramm in der komplexen Ebene dargestellt (Abschn. 12.2).

In den Übungen dieses Kapitels lassen wir Wellen von verschiedenen Ausgangspunkten in einem Bereich (Punkt, Fläche, Volumen) auslaufen, in dem sie alle phasengleich sind. Sie laufen dann über Umwege an einem Ort mit verschiedener Phase ein, wo sie sich phasenrichtig überlagern. Wir setzen bevorzugt Monte-Carlo-Rechnungen mit Zufallszahlen für Koordinaten in der ursprünglichen Wellenfront oder im Umweg ein. Die umgrenzten Gebiete für die Zufallsgeneratoren können sein:

- ein Spalt oder Doppelspalt (Abschn. 12.5, Nahfeld und Beugungsmuster),
- ein Kreisbogen (Abschn. 12.7, Brennlinie einer idealen Zylinderlinse),
- eine Kugelkalotte Abschn. 12.8), Brennpunkt einer idealen Sammellinse) oder
- eine kugelsymmetrische Verteilung in 3D (Abschn. 12.9, Atomformfaktor in der Röntgenbeugung).

Dasselbe Verfahren der Addition komplexer Zahlen setzen wir ein, um die Richtcharakteristik von Radiowellensendern und -Empfängern zu berechnen.

Ein Spaltenbereich für die optische Weglänge

In der Mitte der Tabellen steht ein Spaltenbereich mit der Bezeichnung „l.o", in ihm werden alle individuellen optischen Weglängen aufgelistet. *Rechts von* „l.o" werden Amplitude und Phase der Wellenfunktionen aus den optischen Weglängen relativ zur Wellenlänge berechnet und als komplexe Zahlen in *Zeigerdiagrammen* addiert. Aus der komplexen Summe werden schließlich Amplitude und Phase der resultierenden Welle ermittelt. *Links von* „l.o" werden die Koordinaten der Wege berechnet.

Wenn die Ausgangspunkte von Kurven, Flächen oder einem Volumen ausgehen, dann werden Zufallsgeneratoren eingesetzt, um eine repräsentative Auswahl von Ausgangspunkten vorzugeben. Für solche Zufallsexperimente wählen wir in einer übersichtlichen Tabelle eine kleine Anzahl von Ausgangspunkten und verbessern die Statistik durch eine vielfache Wiederholung des Zufallsexperiments mit einer Protokollroutine.

Eindimensional verteilte Strahler
Wir bestimmen die Winkelverteilung der Intensität hinter Blenden und Spalten und erhalten die typischen Beugungsmuster.

Zweidimensional verteilte Strahler
Wir bestimmen die Winkelverteilung der Intensität hinter einer Kreisscheibe mit Strahlern und erhalten die Airyfunktion.

Um die Intensitätsverteilung in einem Brennfleck zu untersuchen, ordnen wir Punktstrahler auf einer Kalotte an, deren Mittelpunkt der Brennpunkt sein soll. Wir rastern die Intensitätsverteilung in der Brennebene mit einer Protokollroutine ab.

Dreidimensional verteilte Knickpunkte
Der Atomformfaktor in der Röntgenbeugung beschreibt die Intensität eines gebeugten Röntgenstrahls. Sie nimmt mit zunehmendem Beugungswinkel durch destruktive Interferenz infolge der endlichen Ausdehnung der Elektronenwolke ab.

Wir lassen ein paralleles Strahlenbündel auf statistisch verteilte Punkte in der Elektronenwolke treffen und unter dem vorgegebenen Beugungswinkel abknicken. Die radiale Verteilungsfunktion der Elektronen in einem Natriumatom wird durch Zufallsgeneratoren für die drei Schalen 1s (2 Elektronen), 2s, 2p (8 Elektronen) und 3s (1 Elektron) simuliert.

Phasengitterantennen der Funktechnik
Die bisher genannten Übungen betreffen die Ausbreitung von Licht. In einer weiteren Übung berechnen wir *Richtantennen für Radiowellen*. Dazu ordnen wir Punktstrahler auf einer Linie an und lassen sie *zeitlich phasenversetzt* strahlen, sodass sich zeitliche und räumliche Phasenverschiebungen addieren. Dadurch ist es möglich, destruktive und konstruktive Interferenzen in verschiedenen Richtungen in der Ebene zu erhalten und anisotrope Richtungscharakteristiken zu erzielen.

12.2 Zeigerdiagramme

Phase und Amplitude der Summe von zwei Wellenfunktionen mit gleicher Wellenlänge werden mit einem Zeigerdiagramm in der komplexen Zahlenebene bestimmt.

In Abb. 12.1a werden zwei Kosinusfunktionen addiert, $c_3 = c_1 + c_2$. In Abb. 12.1b werden die Amplitude und die Phase von c_3 mithilfe eines Zeigerdiagramms bestimmt. Die Zeiger sind nicht einzelnen Punkten der Kosinusfunktionen zugeordnet, sondern stellen die Amplitude (Länge des Pfeils) und die Phase (Winkel zur x-Achse) dar, also eine *komplexe Amplitude*.

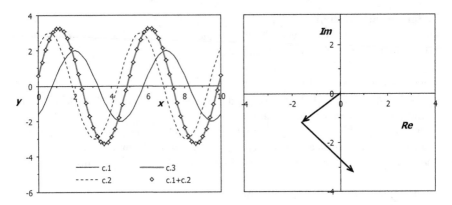

Abb. 12.1 a (links) Zwei Kosinusfunktionen werden addiert zu $c_3 = c_1 + c_2$; c_3 ist auch eine Kosinusfunktion, deren Amplitude und Phase mit dem Zeigerdiagramm in b bestimmt werden. **b** (rechts) Zeigerdiagramm in der komplexen Zahlenebene, um Amplitude und Phase von c_3 zu bestimmen

	A	B	C	D	E	F	G	H	I	J	K
1	lb	5,00	A	2,00	3,00			3,28	=WURZEL(Re^2+Im^2)		
2	dx	0,20	x.0	2,00	0,60			1,11	=-phi*lb/(2*PI())		
3			phi	-2,51	-0,75	=2*PI()/lb*-x.0		-1,40	=ARCTAN2(Re;Im)		
4			Re	-1,62	2,19	=A*COS(phi)		0,57	=D4+E4		
5			Im	-1,18	-2,05	=A*SIN(phi)		-3,23	=D5+E5		
6			=C8+dx	=A*COS(2*PI()/lb*(x-x.0))	=A*COS(2*PI()/lb*(x-x.0)) =c.1+c.2			=A*COS(2*PI()/lb*(x-x.0))			
7			x	c.1	c.2	c.1+c.2		c.3			
8	0	0	0	-1,62	2,19	0,57		0,57			
9	-1,62	-1,18	0,2	-1,27	2,63	1,35		1,35			
10	0,57	-3,23	0,4	-0,85	2,91	2,05		2,05			
58			10	-1,62	2,19	0,57		0,57			

Abb. 12.2 (T) Addition von zwei Kosinusfunktionen c_1 und c_2, unmittelbar als $c_1 + c_2$ in Spalte H und als Kosinusfunktion c_3 mit Amplitude und Phase, die in G1:G5 berechnet werden

Die mathematische Grundlage für Zeigerdiagramme ist der Gauß'sche Satz über komplexe Zahlen:

$$\exp(i\varphi) = \cos\varphi + i \cdot \sin(\varphi) \tag{12.1}$$

Er erlaubt, die Phase einer Summe von Wellenfunktionen abzuspalten:

$$A_1 \cdot \exp(i(kx + \varphi_1)) + A_2 \cdot \exp(i(kx + \varphi_2)) \tag{12.2}$$

$$= \exp(ikx) \cdot (A_1 \cdot \exp(i\varphi_1) + A_2 \cdot \exp(i\varphi_2))$$

Der Ausdruck in der Klammer ist die Summe von zwei komplexen Zahlen, die in Polarkoordinaten (A_1, φ_1) und (A_2, φ_2) angegeben werden. Die Addition wird in der komplexen Zahlenebene von Abb. 12.1b, also in kartesischen Koordinaten durchgeführt. Die zugehörige Tabellenrechnung findet man in Abb. 12.2 (T).

Wellenfunktionen werden im Folgenden mit Wellenlänge λ und Nullverschiebung x_0 geschrieben:

$$f(x) = A \cdot \cos\left(2\pi \cdot \frac{x - x_0}{\lambda}\right) = A \cdot \cos\left(2\pi \cdot \frac{x}{\lambda} - 2\pi \cdot \frac{x_0}{\lambda}\right) \quad (12.3)$$

Die Wellenlänge λ ist für alle Wellenfunktionen gleich, also für c_1, c_2 und auch für c_3. Die Amplituden A und die Nullverschiebungen x_0 sind verschieden. Für c_1 und c_2 werden sie in D1:E2 vorgegeben und in D3:E3 in die Phasenwinkel $\varphi = 2\pi \cdot x_0 / \lambda$ und dann in Realteil Re und Imaginärteil Im umgerechnet, in der Reihenfolge, die mit den Pfeilen in Abb. 12.2 (T) angedeutet wird.

Fragen

zu Abb. 12.2 (T):

Deuten Sie die Formeln in G4:H5![2]

In G1:H3 werden drei Größen mit den Namen *Re, Im* und *phi* aus Spalte C aufgerufen. Welche Zellen werden so genannt?[3]

Mit ihren Real- und Imaginärteilen werden die komplexen Zahlen in Abb. 12.1b wie Vektoren addiert. Das Ergebnis in kartesischen Koordinaten findet man in G4:G5 von Abb. 12.2 (T). Daraus werden dann in G1 die Amplitude, in G3 die Phase φ_3 und in G2 die Nullverschiebung x_0 der Kosinusfunktion c_3 bestimmt, die mit diesen Parametern in G8:G58 berechnet wird. Sie stimmt mit der unmittelbar berechneten Summe $c_1 + c_2$ überein.

Um Summen von Kosinusfunktionen derselben Wellenlänge zu berechnen, reicht es also Amplitude und Phase der Summe mit einem Zeigerdiagramm zu bestimmen. Die Addition in der komplexen Zahlenebene vereinfacht die Berechnung. Alle Wellenfunktionen sind aber reellwertig, mit Amplitude und Phase aus der Rechnung mit komplexen Zahlen.

▶ Wenn Wellen über verschiedene Wege zum selben Zeitpunkt in einem Punkt zusammenlaufen, dann werden ihre Sinusfunktionen phasenrichtig addiert. Das geschieht rechnerisch durch Addition komplexer Amplituden, wobei es auf die Reihenfolge der Wellen nicht ankommt (Zeigerdiagramm in der komplexen Ebene).

---

[2]Zwei komplexe Zahlen werden komponentenweise addiert.

[3]$Re = $ [G4]; $Im = $ [G5]; $phi = $ [G3].

12.3 Huygens'sches Prinzip

Wir verbinden zwei Punkte in der Ebene durch Scharen von Wegen, die Umwege über Knickpunkte machen, die in einem würfelförmigen Bereich mit Mittelpunkt in einer Ebene liegen. Die Amplitude der Welle am Endpunkt ist die komplexe Summe über alle komplexen Amplituden der Schar. Je weiter die Bereiche von der geraden Verbindung der Punkte entfernt liegen, desto stärker ist die destruktive Interferenz innerhalb der Schar und umso kleiner ist die resultierende Intensität am Endpunkt.

Im Huygens'schen Modell der Ausbreitung von Licht gehen von einem strahlenden Punkt Kreiswellen aus, und jeder Punkt der Wellenfront strahlt seinerseits. In einem Punkt, in dem die Welle beobachtet wird, kommen also viele Wellen an, die über verschiedene Umwege gelaufen sind. Wir versuchen eine Annäherung an das Modell mit der in Abb. 12.3a skizzierten Vereinfachung.

Wir betrachten Wellen, die vom linken oberen Startpunkt loslaufen und in der xy-Ebene an verschiedenen Punkten innerhalb eines Quaders Sekundärwellen auslösen, die dann am Beobachtungspunkt ankommen. Im Tabellenaufbau von Abb. 12.4 (T) werden (in A8:C107) die Koordinaten von 100 Knickpunkten in einem Bereich um den Mittelpunkt (x_M, y_M) herum mit Zufallsgeneratoren erzeugt. Die Knickpunkte sollen die Ausgangspunkte von Sekundärwellen sein. Ihre Koordinaten sind gleichverteilt in einem Quader der Seitenlänge Δz (in F3 festgelegt).

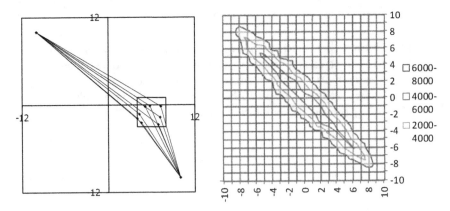

Abb. 12.3 a (links) Die Amplitude am unteren Punkt soll durch Überlagerung von 100 Lichtwegen zustande kommen, die vom oberen Punkt ausgehend über einen quaderförmigen Bereich laufen und dort abgeknickt werden **b** (rechts) Beiträge der Lichtwege, die über einen Quader mit Mittelpunkt im Gebiet $x = -10$ bis $+10$ und $y = -10$ bis $+10$ laufen; die Längenskala ist in Vielfachen der Wellenlänge

	A	B	C	D	E	F	G	H	I	J	K
1	Anf.-P.	x.1	-10	Mitte I-Bereich	x.M	5				Dz=2,5	
2		y.1	10		y.M	5					
3	End-P.	x.2	10	Breite I-Bereich	Dz	2,5	2,19	*Sum G4*			
4		y.2	-10	Wellenlänge	lambda	1	**0,09**	=G107^2+H107^2			
5	=x.M+(ZUFALLSZAHL()-0,5)*Dz	=y.M+(ZUFALLSZAHL()-0,5)*Dz	=(ZUFALLSZAHL()-0,5)*Dz	=WURZEL((x.1-x)^2+(y.1-y)^2+z_^2+...	=l.o/lambda*2*PI()	=1/l.o	=G7+Ampl*COS(Phase)	=H7+Ampl*SIN(Phase)			*Profil*
6	**x**	**y**	**z_**	**l.o**	**phi**	**Ampl**	**Ex**	**Ey**		**d**	**I**
7							0	0		-7,07	0,11
8	**3,83**	**4,52**	**-0,31**	**30,66**	**192,6**	**0,033**	**-0,02**	**-0,03**		**-6,93**	**0,11**
107	6,07	3,93	0,14	31,65	198,9	0,032	0,09	-0,28		7,07	0,14

Abb. 12.4 (T) Um den Punkt (x_M, y_M, 0) werden Zufallskoordinaten (x, y, $z\_$) für die Knickpunkte der Strahlen erzeugt. Das Feld E_x, E_y am Endpunkt wird in G4:H4 berechnet und durch eine Protokollroutine nach Wiederholung des Zufallsexperiments in G3 aufsummiert. In den Spalten J und K wird ein Intensitätsprofil längs der Mittelsenkrechten zur Verbindungslinie protokolliert

In Spalte D von Abb. 12.4 (T) wird die Länge der geknickten Wege ausgerechnet. Die vollständige Formel in D5 lautet:

$$= \text{WURZEL}\,((x.1 - x)^2 + (y.1 - y)^2 + z\_^2)$$
$$+ \text{WURZEL}\,((x.2 - x)^2 + (y.2 - y)^2 + z\_^2).$$

In den darauf folgenden Spalten werden aus der Weglänge die Phase ϕ und der Betrag A der komplexen Amplitude berechnet. In den Spalten G und H werden die Amplituden in der komplexen Zahlenebene aufsummiert.

Mit einer Protokollroutine (SUB *Protoc* in Abb. 12.6 (P)) wird der zentrale Knickpunkt systematisch über die *xy*-Ebene verschoben und die im Beobachtungspunkt resultierende Intensität in einer Matrixtabelle abgelegt, die grafisch in Abb. 12.3b als Höhenliniendiagramm dargestellt wird. Man sieht, dass die größten Intensitäten zustande kommen, wenn der Knickpunkt in der Nähe des direkten Weges liegt. Für ferner ab liegende Knickpunkte vermindert sich die Intensität durch destruktive Interferenz.

Mit einer weiteren Protokollroutine (SUB *Profile* Abb. 12.7 (P)) zeichnen wir die Intensität am Beobachtungspunkt auf, wenn der Knickpunkt längs der Mittelsenkrechten auf der Verbindungsstrecke läuft. Das Ergebnis sehen wir in Abb. 12.5.

Der Intensitätsverlauf auf der Mittelsenkrechten der Verbindungslinie der beiden Punkte in Abb. 12.3b folgt einer Gaußkurve.

Protokoll-Routinen

SUB *Protoc* in Abb. 12.6 fährt die Ebene ab, mit dem Ergebnis in Abb. 12.3b. SUB *Profile* in Abb. 12.7 fährt eine Gerade ab, mit dem Ergebnis in Abb. 12.5. Der Zufallsprozess wird *maxrep*-mal wiederholt, und die ankommende Intensität wird (in Zeile 19) gemittelt.

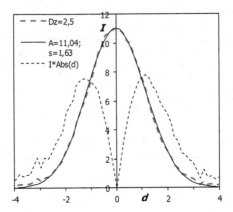

Abb. 12.5 Intensitätsverlauf auf der Mittelsenkrechten der Verbindungslinie der beiden Punkte in Abb. 12.3b, angepasste Gaußfunktion $A \cdot \exp(-(x / s)^2 / 2)$; die gestrichelte Kurve entsteht, wenn die Intensität mit dem Abstand zur Verbindungslinie multipliziert wird

```
1  Sub Protoc()                          Range("G3") = 0                                    13
2  sp0 = 13                              maxrep = 1                                         14
3  sp2 = sp0                             For rep = 1 To maxrep                              15
4  For x = -10 To 10 Step 1                  Range("G3") = Range("G3") + Range("G4")        16
5      sp2 = sp2 + 1                     Next rep                                           17
6      r2 = 6                            Application.Calculation = xlCalculationManual       18
7      Cells(r2, sp2) = x               Cells(r2, sp2) = Range("G3") / maxrep               19
8      For y = -10 To 10 Step 1          Application.Calculation = xlCalculationAutomatic   20
9          r2 = r2 + 1                   Next y                                             21
10         Cells(r2, sp0) = y           Next x                                              22
11         Range("F1") = x              End Sub                                             23
12         Range("F2") = y                                                                 24
```

Abb. 12.6 (P) Protokollroutine, die die Ebene in Abb. 12.3b abscannt

```
1  Sub Profile()                         maxrep = 16                                         9
2  sp2 = 10                              For rep = 1 To maxrep                              10
3  r2 = 7                                    Range("G3") = Range("G3") + Range("G4")        11
4  For w = -5 To 5 Step 0.1              Next rep                                           12
5      Range("F1") = w                  Cells(r2, sp2 + 1) = Range("G3") / maxrep          13
6      Range("F2") = w                  r2 = r2 + 1                                         14
7      Cells(r2, sp2) = w * Sqr(2)      Next w                                             15
8      Range("G3") = 0                  End Sub                                            16
```

Abb. 12.7 (P) Protokollroutine, die die Mittelsenkrechte zur Verbindungslinie der Punkte in Abb. 12.3b abscannt

12.4   Zerstörung einer Cornuspirale durch den Zufall

Wir berechnen das Zeigerdiagramm einer Reihe von optischen Wegen, die von einem Punkt ausgehen, in einem endlichen Abschnitt an der Geraden $y = 0$ geknickt werden und sich im am Nullpunkt gespiegelten Punkt wieder treffen. Wenn die Knickpunkte in gleichen Abständen angeordnet sind, dann ist das Zeigerdiagramm eine elegante *Cornuspirale*. Wenn die Knickpunkte zufällig verteilt sind, dann sieht das Zeigerdiagramm wie ein zufälliger Weg aus und von der Cornuspirale bleibt nicht viel übrig. Die Länge des zufälligen Weges entspricht etwa dem Abstand vom Anfang zum Ende der Spirale.

Wir betrachten Wellen, die von einem Punkt ausgehen und die bei Ankunft an der Geraden $y = 0$ Sekundärwellen aussenden. Die Sekundärwellen sollen im am Ursprung gespiegelten Punkt zusammentreffen (Abb. 12.8a). Wir untersuchen, wie sich der Vektorzug im Zeigerdiagramm vom Punkt $(0, 0)$ ausgehend Welle für Welle entwickelt. Dabei setzen wir die Knickpunkte einmal in gleichen Abständen und addieren sie geordnet und ein anderes Mal setzen wir die Knickpunkte zufällig im begrenzten Intervall auf der Achse $y = 0$.

Knickpunkte in gleichen Abständen und der Reihe nach
In Abb. 12.8a wird der obere Punkt am Nullpunkt gespiegelt. Alle Wege, die vom oberen Punkt ausgehen, sollen an der Geraden $y = 0$ geknickt werden und sich im Spiegelpunkt treffen. Im Zeigerdiagramm der Abb. 12.8b wird berechnet, wie

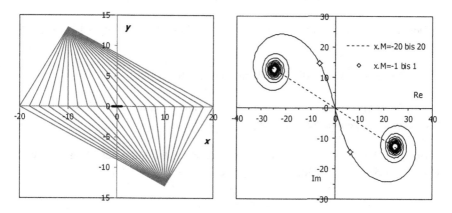

Abb. 12.8 **a** (links) Alle Strahlen, die vom oberen Punkt ausgehen, treffen sich nach dem Knick bei $y = 0$ im Spiegelpunkt unten, hier wird eine Auswahl von 21 Strahlen gezeigt. Der Bereich von $x_M = -1$ bis $+1$ wird durch die fett gedruckte Strecke dargestellt. **b** (rechts) Zeigerdiagramm für die Addition der komplexen Amplitude aller 401 Wellen, die längs der Strahlen laufen, für Knickpunkte von $x_M = 0$ bis 20 und von $x_M = 0$ bis -20; der Teil der Spirale, der durch $x_M = -1$ bis 1 zustande kommt, wird mit offenen Rauten markiert

	A	B	C	D	E	F	G
1	Punkt 1	**x.1**	-10,0		**x.M=-1 bis 1**		
2		**y.1**	13,0		**6,38**	-14,62	=E30
3	Punkt 2	**x.2**	10,0		-6,38	**14,62**	=F433
4		**y.2**	-13,0		**x.M=-20 bis 20**		
5	Wellenlänge	**lambda**	1,00		-25,58	**13,32**	=F813
6		**dx.M**	0,05		25,58	-13,32	=E410

Abb. 12.9 (T) In Spalte C werden die Koordinaten der beiden Punkte sowie Wellenlänge λ und Abstand dx_M der Aufpunkte der Strahlen auf der Geraden $y=0$ vorgegeben. In E5:F6 werden Anfangs- und Endpunkt der Cornuspirale in Abb. 12.8b übertragen, in E2:F3 die Koordinaten innerhalb der Cornuspirale für das Stück $x=\pm 1$ auf der Geraden $y=0$. Fortsetzung in Abb. 12.10 (T)

sich Amplitude und Phase aller Strahlen addieren, wenn die komplexen Amplituden der Reihe nach von (0, 0) nach rechts bis (20, 0) und der Reihe nach von (0, 0) nach links bis (−20, 0) im Zeigerdiagramm addiert werden. Die entstehende Kurve heißt *Cornuspirale*.

Die gestrichelte Gerade verbindet die Endpunkte der Cornuspirale für $x_m = 20$ bis $x_m = -20$. Wenn die Addition nur bis $x_m = 1$ und $x_m = -1$ durchgeführt wird, dann enden die Zeigerdiagramme bei den Rauten. In Spalte C der Abb. 12.9 (T) werden die Parameter der Übung vorgegeben.

Fragen
zu Abb. 12.10 (T)
  Wie lautet die Formel in C7 vollständig?[4]
  Warum sind die Werte für E_x und E_y ab Zeile 413 negativ, im Gegensatz zu den Werten in E9:F410?[5]

▶ **Alac** Die Cornuschleife ist sehr elegant. Ich nominiere sie für den Schönheitswettbewerb.

▶ **Tim** Ein Beispiel, dass die Physik zu schönen Bildern führt.

▶ **Mag** Ist wirklich die Physik für die Cornuschleife verantwortlich? Was ist denn das messbare Ergebnis der Rechnung?

▶ **Tim** Messbar sind die Intensitäten des Lichts als Funktion des Ortes. Die werden aus der Strecke vom Anfang zum Ende der Cornuspirale berechnet.

---

[4][=WURZEL(y.1^2 + (x.M − x.1)^2) + WURZEL (y.2^2 + (x.M − x.2)^2)].
[5]Folgende Vektoren werden abgezogen: E413 = [=E412-A*COS(phi)]; F413 = [=F412-D413*SIN(C413)].

	A	B	C	D	E	F	G	H	I	J	K	L
7	=A10+dx.M	=WURZEL(y.1^2+(x.M^2))	=l.o/lambda	=25/l.o	=E9+A*COS(phi)	=F9+A*SIN(phi)	=E.x^2+E.y^2		=E.x-E413	=E.y-F413	=I10^2+J10^2	
8	x.M	l.o	phi	A	E.x	E.y	Sum bis x.M				±x.M; y.1=13	
9					0,00	0,00	0,0		0,0	0,0	0,0	
10	0,00	32,80	206,1	0,76	0,25	-0,72	0,6		0,5	-1,4	2,3	
11	0,05	32,80	206,1	0,76	0,49	-1,44	2,3		1,0	-2,9	9,3	
410	20,00	49,10	308,5	0,51	25,58	-13,32	831,7		51,2	-26,6	3327	
411												
412					0,00	0,00	0,0					
413	0,00	32,80	206,1	0,76	-0,25	0,72	0,6					
813	-20,00	49,10	308,5	0,51	-25,58	13,32	831,7					

Abb. 12.10 (T) Fortsetzung von Abb. 12.9 (T); berechnet in Spalte A das Feld der Wellen auf Wegen mit Knickpunkten $(x_M, 0)$ und die Intensität der aufsummierten Wellen die durch den Bereich $-x_M$ bis $+x_M$ laufen. E413 = [=E412-A*COS(phi)]; F413 = [=F412-D413*SIN(C413)]. Die Intensität der aufsummierten Wellen wird in Spalte K berechnet

▶ **Mag** Dann experimentieren Sie jetzt mit der Tabellenrechnung in Abb. 12.9 (T) und Abb. 12.10 (T), indem Sie die Breite w des Fensters verändern, welches sich in Abb. 12.8a von −20 bis 20 erstreckt, und bestimmen Sie die Intensität im Endpunkt als Funktion der Fensterbreite für konstante Dichte der Strahlen im Fenster!

Intensität im Endpunkt als Funktion der Fensterbreite

Um die Breite des Fensters von $(-0,1$ bis $0,1)$ bis $(-20$ bis $20)$ zu verändern, variieren wir den Wert von dx_M in C6 von Abb. 12.9 (T) von 0,00025 bis 0,05 mit einer Schleife FOR $x_M = 0,00025$ TO $0,05$ STEP $0,00025$ in einer Protokollroutine.

Die Anzahl der Strahlen in der Tabellenkalkulation bleibt für alle Fensterbreiten gleich, sodass die Dichte der Strahlen antiproportional zur Fensterbreite ist. Wir multiplizieren das Feld im Endpunkt mit der Fensterbreite und erhalten so für alle Fensterbreiten Ergebnisse für gleiche Strahlendichte. In Abb. 12.11a ist die Intensität bei gleicher Strahlendichte als Funktion der Fensterbreite wiedergegeben. Sie wird maximal für eine Fensterbreite von 2,5 λ, erreicht ein erstes Minimum bei 4,5 λ und wird dann oszillierend immer kleiner.

Knickpunkte zufällig angeordnet, keine Cornuspirale

▶ **Mag** Kommen wir auf die Frage oben zurück: Ist wirklich die Physik für die Cornuschleife verantwortlich? Bedenken Sie, dass die Cornuschleife zustande kommt, weil die Lichtstrahlen auf der x-Achse systematisch in gleichen Abständen von 0 nach links und nach rechts phasenrichtig addiert werden. Das ist jedoch nicht zwingend notwendig.

▶ **Alac** Dann verteilen wir alternativ die Knickpunkte auf der x-Achse zufällig zwischen $-x_M$ und x_M, einfach mit $x_M = dx_M$*ZUFALLSZAHL(), wobei wir $dx_M = 0,1$ bis 20 wählen. Sonst können wir die Tabellenrechnung lassen wie in Abb. 12.10 (T).

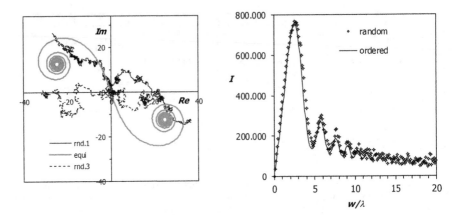

Abb. 12.11 𝔅 **a** (links) Cornuspirale („equi", Knickpunkte in gleichen Abständen und der Reihe nach) und („rnd.1" und „rnd.2") Zeigerdiagramme für zufällig auf der Geraden $y = 0$ zwischen $x_M = 0$ und -20 und von 0 bis 20 verteilte Knickpunkte; Koordinaten des Anfangs- und des Endpunktes wie in Abb. 12.9 (T). **b** (rechts) Intensitätsverlauf hinter einem Fenster auf der Geraden $y = 0$ als Funktion der Breite w des Fensters, für Wellen, deren Knickpunkte durch Abschnitte von $-w$ bis $+w$ auf der Geraden $y = 0$ laufen, wenn die Knickpunkte geordnet („orde-red") oder zufällig („random") im Fenster angeordnet werden

Zwei zugehörige Zeigerdiagramme, *rnd1* und *rnd3,* stehen in Abb. 12.11a. Von der eleganten Form der Cornuspirale ist nichts mehr zu sehen. Der Abstand vom Ende zum Anfang der Wege entspricht jedoch etwa dem Abstand zwischen Anfang und Ende der Spirale und die Intensität im Endpunkt als Funktion der Fenster- breite folgt demselben Verlauf wie mit der Cornuspirale berechnet.

▶ **Tim** Bei zufälliger Reihenfolge der auftreffenden Lichtstrahlen entsteht ein Zufallsweg in der komplexen Zahlenebene, der zu ähnlichen Intensitäten wie die Cornuspirale führt. Physikalisch relevant ist nur der Abstand zwischen Anfangs- punkt und Endpunkt des Zeigerdiagramms in der komplexen Ebene und der ist für die Cornuspirale und den Zufallsweg etwa gleich. Der Zufallsweg ist jedoch nicht besonders schön, siehe Abb. 12.11a.

▶ **Alac** Unsere Simulation mit Zufallsweg weist ein Rauschen auf. Dann bildet sie ja wohl physikalisch korrekt das zufällige Auftreffen von Photonen auf einem Bildschirm nach.

▶ **Mag** Nicht ganz. Es ist richtig, dass die Photonen zufällig auftreffen. Wir haben aber auch angenommen, dass sich die komplexen Amplituden phasenrichtig addieren, nicht die Intensitäten.

▶ **Alac** Das ist ja gerade die mächtige Rechenregel, die wir so schön in der Tabelle umsetzen können.

▶ **Mag** Rechnerisch ist das auch richtig. Wie sieht es physikalisch aus? Wir haben den Durchgangspunkt der Lichtstrahlen in der Blendenöffnung festgelegt.

▶ **Tim** Damit muss der Ort der Photonen als gemessen gelten. Und dann addieren sich die Intensitäten und unsere schönen Interferenzen sind weg.

▶ **Mag** Die Interferenzen bleiben, weil unsere Rechnung eine Monte-Carlo-Integration ist. Der Photonenschwarm soll durch die Blende als Welle kommen. Die Menge der Punkte ist repräsentativ für die Wellenfront in der Blende. Das Zeigerdiagramm wird richtig berechnet. Der einzelne Punkt in der Blende gibt aber nicht den Ort eines Photons an.

▶ **Tim** Beim Auftreffen auf den Bildschirm zeigt sich dann aber der Teilchencharakter des Lichts.

▶ **Alac** Ich will etwas zustande bringen und nicht philosophieren. Die Addition mit komplexen Zahlen klappt doch prima. Ein toller Algorithmus, mit dem wir viele praktisch nützliche Ergebnisse bekommen haben.

▶ **Mag** Das stimmt. Unsere Tabellentechnik kombiniert mit Makros ist sehr mächtig.

▶ **Tim** Wir müssen aber auch sicher sein, dass wir das Verfahren physikalisch begründen können und keine falschen Schlüsse ziehen.

▶ **Alac** Meinetwegen. Aber kommen wir zurück auf den Schönheitswettbewerb 𝔅. Lasst uns dafür Abb. 12.11 nominieren, obwohl sie auch die unschönen Zufallswege enthält.

▶ **Tim** Aber gerade die geben Anlass zu physikalischen Diskussionen. Ich bin deshalb mit der Nominierung einverstanden.

12.5 Beugung am Doppelspalt

Wir simulieren die Beugung am Spalt und am Doppelspalt, indem wir kohärent sendende Strahler in die Spalte setzen und die resultierende Amplitude und Intensität in verschiedenen Abständen als Funktion der Verschiebung gegen die Symmetrieebene der Anordnung berechnen. Wenn der Abstand zwischen den Spalten doppelt so groß ist wie die Breite der Spalte, dann werden die zweiten Nebenmaxima der Beugungsfigur des Doppelspalts durch destruktive Interferenz der Sender innerhalb der Einzelspalte unterdrückt.

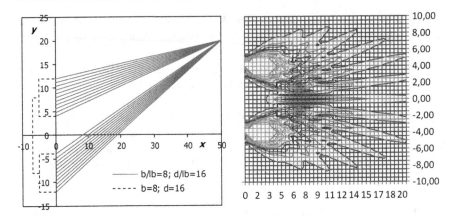

Abb. 12.12 **a** (links) Interferenz der Strahlen durch zwei Einzelspalte der Breite *b* im Abstand *d* für einen Aufpunkt im Abstand 50 λ. **b** (rechts) Intensität im Nahfeldbereich

	A	B	C	D	E	F	G	H	I	J
1	**x.0**	1000,0	*Aufpunkt*	**lb**	1,0	*Wellenlänge*			*x.0=1000*	
2	**y.0**	300,0		**b**	8,0	*Spaltbreite*	**0,13**	*=E210^2+F210^2*		
3		0,08	*=b/100*		**d**	16,0	*Abstand der Spalte*			
4	=-(d+b)/2	=A10+d =WURZEL((y.Str-y.0)^2+x.0^2) =l/lb*2*PI() =$D$6/l				=E9+A*COS(phi)	=E9+A*COS(phi)		*b/lb=8; d/lb =16*	
5	**y.Str**	**l**	**phi**	**A**		**E.x**	**E.y**			
6						0	0		-300	0,14
7	**-12,00**	1047,5	6581,9	0,05		**-0,05**	**-0,01**		-297	0,06
106	-4,08	1045,2	6567,3	0,05		-0,41	0,40		0	98,61
107	**4,00**	1042,9	6552,7	0,05		-0,38	0,37		3	96,18
108	4,08	1042,9	6552,5	0,05		-0,35	0,34		6	89,16
207	12,00	1040,6	6538,6	0,05		-0,35	-0,09			

Abb. 12.13 (T) Phasenrichtige Überlagerung der Wellen längs der Strahlen in Abb. 12.12a

Die Anordnung für unsere Simulation der Beugung am Doppelspalt sieht man in Abb. 12.12.

Zwei Spalte der Breite *b* sind im Abstand *d* zueinander auf der *y*-Achse symmetrisch zu *y* = 0 angeordnet. Die Intensität im Aufpunkt (y_0, x_0) soll für verschiedene Abstände x_0 zur Spaltebene und verschiedene Verschiebungen y_0 relativ zur Symmetrieebene der Anordnung berechnet werden. Der Tabellenaufbau dazu steht in Abb. 12.13 (T).

Eine Spalte namens „*l*" (optische Weglänge)
In Spalte B wird die Weglänge *l* bis zum Aufpunkt berechnet.

Vor dem „*l*"
Wir setzen 100 Strahler in jeden Spalt. Ihre Koordinaten y_{Str} werden in Spalte A definiert. Die *x*-Werte sind immer null, weil die Spalte ja in der Ebene *x* = 0 liegen. A7:A106 gilt für den oberen Spalt, A107:A207 für den unteren Spalt. Mit diesem

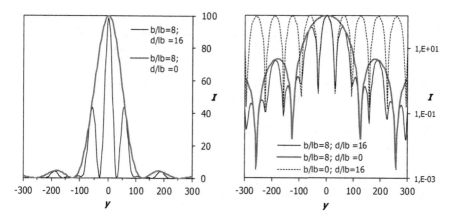

Abb. 12.14 𝔅 **a** (links) Beugungsbild des Doppelspaltes ($d/lb = 16$) und des Einfachspaltes ($d/lb = 0$) auf einem Schirm im Abstand 1000 zur Ebene des Spaltes. **b** (rechts) Wie a, aber mit logarithmischem Maßstab der *I*-Achse; zusätzlich der Intensitätsverlauf für zwei unendlich schmale Spalte ($b/lb = 0$) im Abstand d

Tabellenaufbau können Doppelspalte mit verschiedenen Breiten und verschiedenen Abständen beschrieben werden. Ein Einfachspalt mit 200 Strahlern entsteht, wenn $d = 0$ gesetzt wird.

Fragen
zu Abb. 12.13 (T):
Wie viele Strahlen gehen von dem unteren Spalt aus?[6]
Wie viele Strahlen gehen von dem oberen Spalt aus?[7]
Welcher der beiden Datensätze beschreibt richtig einen Spalt der Breite 8?[8]

Nach dem „*I*"
Aus den Weglängen werden dann auf die übliche Weise die komplexen Amplituden der einzelnen Wege ermittelt, die in den Spalten F und G in kartesischen Koordinaten sofort aufsummiert werden.

Beugungsbild in der Ferne
Mit einer Protokollroutine variieren wir den Aufpunkt und notieren die entstehende Intensität in einer Tabelle. In Abb. 12.14 wird die Intensität auf der Geraden $x = 1000$ als Funktion von y, dem Abstand zur Symmetrieebene dargestellt, in Teilbild a mit linearer und in Teilbild b mit logarithmischer Skalierung der *I*-Achse.

Man erkennt das typische Beugungsbild eines Doppelspaltes. Ebenfalls dargestellt wird die Intensität, wenn alle Strahler in einem Einzelspalt versammelt

---

[6]Vom unteren Spalt gehen 100 Strahlen aus. Die Koordinaten reichen von -12 bis $-4{,}08$.

[7]Vom oberen Spalt gehen 101 Strahlen aus. Die Koordinaten reichen von 4 bis 12.

[8]Jeder Punkt repräsentiert eine Breite von 0,08. Der untere Spalt hat damit die richtige Breite $b = 8$.

sind. Die zweiten Nebenmaxima des Beugungsbildes des Doppelspaltes werden durch destruktive Interferenz innerhalb der Einzelspalte unterdrückt, wie besonders deutlich in Abb. 12.14b bei logarithmischer Skalierung der I-Achse zu sehen ist.

▶ **Aufgabe:** Verändern Sie Spaltbreite und Abstand der Spalte und beobachten Sie, wie sich die Minima der Intensitäten verschieben!

▶ **Alac** In logarithmischer Darstellung der Intensitätsachse (Abb. 12.14b) haut die destruktive Interferenz der Einfachspalte richtig rein.

▶ **Tim** Dank logarithmischer Auftragung ähnelt die Kurve einem gotischen Fenster. Ich nominiere sie für den Schönheitswettbewerb ℬ, als Konkurrenz zur Cornuspirale.

Nahfeld
In Abb. 12.12b wird die Intensität des Nahfeldes mit Höhenlinien dargestellt. Dazu wird der Aufpunkt mit einer Protokollroutine systematisch variiert, von $x = 0$ bis 20 und von $y = -10$ bis 10 jeweils in 40 Schritten. Abb. 12.12b beruht also auf 1600 Stützpunkten. Unmittelbar hinter den Spalten breiten sich die Wellen unbeeinflusst von der Welle des Nachbarspaltes aus. Wenn der Abstand zu den Spalten größer als der Abstand zwischen den Spalten wird, dann bilden sich die Richtungen mit konstruktiver und destruktiver Interferenz aus.

12.6 Airy-Scheibchen

> Wir simulieren die Beugung an einer strahlenden Kreisscheibe, indem wir mit einem Zufallsgenerator punktförmige Strahler gleichmäßig in der Kreisscheibe verteilen. Die Nullstellen der Intensitätsverteilung entsprechen denjenigen der Airy-Funktion.

Bei der Beugung von Licht an Blenden entstehen Beugungsfiguren. Für kreisförmige Blenden werden sie Airy-Scheibchen genannt. Wir simulieren solche Beugungsfiguren, indem wir 100 Strahler gleichmäßig zufällig in einer Kreisscheibe in der Ebene $z = 0$ verteilen (Abb. 12.15a). Sie repräsentieren eine ebene Welle, die phasengleich an der Blende angekommen ist. Wir lassen Wellen von diesen Punkten ausgehend auf Wegen laufen, die parallel zur Ebene $y = 0$ im Winkel α zur z-Achse verlaufen, und die Amplitude ihrer Summe als Funktion von α aufzeichnen. Der Winkel α wird von einer Protokollroutine (SUB *vary* in Abb. 12.17 (P)) vorgegeben; das Zufallsexperiment mit den 100 Punkten 20-mal wiederholt und der Mittelwert der entstehenden Amplitude in den Spalten I und J ausgegeben. Das Ergebnis sieht man in Abb. 12.15b, wobei der Winkel auf $d \cdot sin(\alpha)/\lambda$ umgerechnet wurde. Die analytische Entsprechung zur Kurve durch unsere empirischen Daten ist die *Airy-Funktion*.

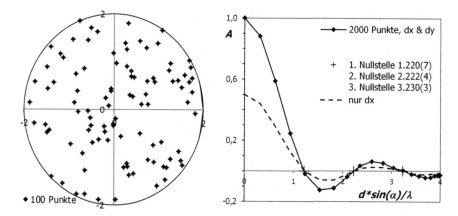

Abb. 12.15 a (links) In einer Kreisscheibe werden zufällig 100 strahlende Punkte erzeugt.
b (rechts) Feld der strahlenden Kreisscheibe unter verschiedenen Winkeln mit auf drei Dezimalstellen bestimmten Nullstellen, die genau den Nullstellen der Airy-Funktion entsprechen

	A	B	C	D	E	F	G	H	I	J	K
1	alpha	1,57	lb		1,00					2000	
2	r.0	2,00					=MITTELWERT(A)			2000 Punkte	
3		100 Punkte					0,00				
4	=r.0*WURZEL(ZUFALLSZAHL())	=2*PI()*ZUFALLSZAHL()	=r_*COS(phi)	=r_*SIN(phi)	=x*SIN(alpha)/lb	=y*SIN(alpha)/lb	=COS(2*PI()*d.x)+COS(2*PI()*d.y)				
5	r_	phi	x	y	d.x	d.y	A				
6	1,40	3,23	-1,39	-0,12	-1,39	-0,12	-0,07		0,00	1,00	
105	1,55	0,67	1,22	0,96	1,22	0,96	1,17				

Abb. 12.16 (T) Tabellenrechnung für Abb. 12.15; in den Spalten A und B werden zufällig
Polarkoordinaten erzeugt, sodass die kartesischen Koordinaten x und y in einer Kreisscheibe
gleichverteilt sind; dx und dy geben Phasenverschiebungen gegenüber der Welle an, die von $(0, 0)$
ausgeht (diskussionswürdig)

Die Nullstellen werden mit feinerer Rasterung als in Abb. 12.15b bestimmt.
Sie fallen ziemlich genau mit den Nullstellen der Besselfunktion überein, die die
Verteilung theoretisch beschreibt. Die Tabellenrechnung zu dieser Monte-Carlo-
Rechnung ist in Abb. 12.16 (T) zu sehen.

In den Spalten A und B werden die Polarkoordinaten r und ϕ so zufällig
erzeugt, dass die kartesischen Koordinaten x und y innerhalb eines Radius r_0
gleichverteilt sind. In Spalte E wird der Gangunterschied dx der Strahlen relativ zu
einem Strahl aus der Ebene $x = 0$ berechnet. Die Nullphase ist $2\pi d_x / \lambda$. Sie wird
in Spalte G eingesetzt, und dort mit $\cos(2\pi d_x / \lambda)$ die Amplituden der einzelnen
Wellenfunktionen bestimmt, von denen in G3 der Mittelwert gebildet wird.

Protokollroutine

SUB *vary* in Abb. 12.17 (P) variiert den Winkel α, wiederholt das Zufallsexperiment mit 100 Punkten in der Kreisscheibe 20-mal und protokolliert den Mittelwert
der Amplitude.

1 **Sub vary()**	For n = 1 To 100	9
2 r2 = 6	s = s + Range("G3")	10
3 sp2 = 9	Cells(r2, sp2 + 1) = s / n	11
4 Range("J1") = 100 * 20	Next n	12
5 For i = 0 To 20	r2 = r2 + 1	13
6 Range("B1") = 3.1416 / 20 / 2 * i *'alpha*	Next i	14
7 Cells(r2, sp2) = Range("B1")	End Sub	15
8 s = 0		16

Abb. 12.17 (P) Sub *vary* variiert den Winkel α, wiederholt das Zufallsexperiment mit 100 Punkten in der Kreisscheibe 20-mal und protokolliert den Mittelwert der Amplitude

▶ **Alac** In Spalte F von Abb. 12.16 (T) wird eine Phasenverschiebung berechnet, die durch die y-Koordinate des strahlenden Punktes in der Scheibe entstehen soll. Eine solche Phasenverschiebung entsteht aber nicht, weil der Winkel α ja eine Verkippung der Strahlen in der Ebene $y = 0$ beschreibt.

▶ **Mag** Richtig. Die Formel $A = \cos(2\pi d_x) + \cos(2\pi d_y)$ entspricht nicht unserem Modell.

▶ **Alac** Das korrigieren wir, indem wir einfach den zweiten Term löschen. Die richtige Formel ist $A = \cos(2\pi d_x)$.

▶ **Tim** Es kommt offenbar dieselbe Funktion heraus, wie die gestrichelte Kurve in Abb. 12.15b zeigt, nur mit halber Amplitude. Wie kommt das?

▶ **Mag** Die y-Koordinaten sind genauso verteilt wie die x-Koordinaten.

▶ **Alac** So haben wir in einem Lauf doppelt so viele Amplituden, über die gemittelt wird. Das ist statistisch genauer. Guter Trick!

▶ **Tim** Oder ein nicht bemerkter Programmierfehler, der hier nicht zu falschen Ergebnissen führt. Ich finde es aber übersichtlicher, wenn sich die Tabellenrechnung genau an das Modell hält.

▶ **Mag** Das ist auf jeden Fall sicherer.

12.7   Brennlinie einer idealen Zylinderlinse

Wir setzen gleichphasige linienförmige Strahler auf den Umfang eines Kreises. Das entspricht der Wellenfront des Lichts, nachdem es durch eine Zylinderlinse mit optimalem Querschnitt gelaufen ist. Alle Wellen kommen im Mittelpunkt des Kreises mit gleicher Phase an. Wir berechnen die Intensität im Mittelpunkt des Kreises, der in der Brennlinie der Zylinderlinse liegt. Die Brennlinie ist etwa eine Wellenlänge breit.

Die Brennlinie einer Zylinderlinse ist beugungsbegrenzt. Der Querschnitt einer idealen Zylinderlinse muss so gestaltet werden, dass die Wellenfront nach Durchgang durch die Linse eine kreisförmige Zylinderoberfläche ist. Dann kommen nämlich alle Wellen auf der Mittellinie des Zylinders mit gleicher Phase an, sodass eine ideale Brennlinie entsteht. Wir simulieren diese Situation, indem wir auf einen Kreisbogen eine Reihe von Strahlern setzen (Abb. 12.18a).

Gleichmäßig verteilte Strahler

In der Tabellenkalkulation von Abb. 12.19 (T) werden 361 Strahler gleichmäßig in einem Winkelbereich von $\alpha = -\alpha_0$ bis α_0 verteilt, im aktuellen Fall von $\alpha = -40°$ bis $\alpha = 40°$.

In den weiteren Spalten werden die kartesischen Koordinaten der Strahler und ihr Abstand l zum Mittelpunkt des Kreises bestimmt. Aus dem Abstand dann die Phasenverschiebung ϕ und die Amplitude der einzelnen Wellen und daraus letztlich die komplexe Amplitude *(Re, Im)*, die in den Spalten G und H fortlaufend addiert werden. Das Zeigerdiagramm für $\alpha_0 = 40°$ steht in Abb. 12.20a. Es beschreibt einen Teilkreis, der bei (0, 0) anfängt und immer auf der reellen Achse landet. Der Imaginäranteil ist null, weil die Strahler symmetrisch zu $\alpha = 0$ angeordnet sind und dadurch die Summe über die Werte der Sinusfunktion in Spalte H verschwindet.

Die Intensität wird in G3 als Quadrat des Abstandes des Endpunktes des Zeigerdiagramms zum Nullpunkt berechnet. Mit einer Protokollroutine wird der halbe Öffnungswinkel α_0 in E4 variiert und zusammen mit der zugehörigen Intensität in den Spalten J und K abgelegt. Das Ergebnis sieht man als Diagramm in Abb. 12.18b. Die berechneten Intensitäten folgen etwa einer Kurve der Form $1/\sin\alpha$.

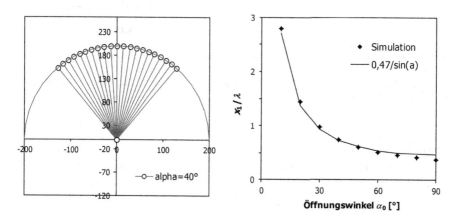

Abb. 12.18 **a** (links) Linienstrahler auf einem kreisförmigen Zylinder senden Wellen zu einer Brennlinie bei $x = 0$ und $z = 0$. **b** (rechts) Breite des ersten Hauptmaximums als Funktion des *halben* Öffnungswinkels α_0

	A	B	C	D	E	F	G	H	I	J	K
1		250 ◄		⬛ ►			x.0/lb=2,5; I=equi			a.0=40; equi	
2	**x.0**	0,0250	**lb**	0,01		="I="&RUNDEN(H6;0)					
3	**y.0**	0,0000	**a.0**	40,0		0,01	=G368^2+H368^2				
4	**r.0**	200,0	**da**	0,2	=2*a.0/360						
5	=A8+da	=r.0*SIN(alpha/180*PI())	=r.0*COS(alpha/180*PI())	=WURZEL((x-x.0)^2+(y-y.0)^2)	=REST(l;lb)/lb*2*PI()	=100/l^2	=G10+A*COS(phi)	=H7+A*SIN(phi)			
6	**alpha**	**x**	**y**	**l**	**phi**	**A**	**Re**	**Im**			
7							0	0		-2,50	0,01
8	-40,0	-128,6	153,2	200,0	3,81	2,5E-03	**0,00**	**0,00**		-2,48	0,00
9	**-39,8**	-128,0	153,7	200,0	3,77	2,5E-03	0,00	0,00		-2,45	0,00
368	40,0	128,6	153,2	200,0	2,47	2,5E-03	-0,07	0,00			

Abb. 12.19 (T) Gleichmäßige Verteilung von 361 Strahlern auf dem Zylinder durch äquidistante Polarwinkel α (Spalte A); zugehörige kartesische Koordinaten (x, y) und der Abstand l zum Aufpunkt $z=0$, $y=0$; daraus werden die Polarkoordinaten ϕ und A und daraus dann die kartesischen Koordinaten Re und Im der Zeiger im Zeigerdiagramm berechnet

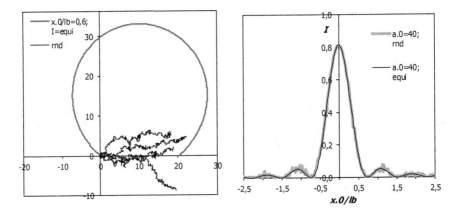

Abb. 12.20 a (links) Der Bogen stellt das Zeigerdiagramm für gleichmäßig auf dem Kreisbogen verteilte Strahler dar. Die vier Zufallswege entstehen, wenn Strahler auf dem Kreisbogen zufällig verteilt werden. **b** (rechts) Intensitätsverlauf quer durch die Brennlinie für gleichverteilte (*equi*) und zufällig verteilte (*rnd*) Strahler auf dem Kreisbogen

Fragen

Das Zeigerdiagramm in Abb. 12.20a endet unabhängig vom Öffnungswinkel auf der reellen Achse. Warum?[9]

---

[9]Der Imaginäranteil wird null, weil die Strahler symmetrisch zu $\alpha = 0$ angeordnet sind und dadurch die Summe über die Werte der Sinusfunktion in Spalte H von Abb. 12.19 (T) verschwindet.

Zufällig verteilte Strahler

Wenn die Strahler zufällig auf dem Kreisbogen verteilt werden, indem der Winkel α mit einem Zufallsgenerator erzeugt wird, dann sehen die Zeigerdiagramme der resultierenden Amplitude wie zufällige Wege aus (Abb. 12.20a), die aber in der Nähe des Endpunktes des regulären Zeigerdiagramms enden. Die Intensitätsverteilung in Abb. 12.20b ist ähnlich der bei gleichmäßiger Verteilung berechneten, nur verrauscht. Man kann das Signal-Rausch-Verhältnis mit einer Protokollroutine verbessern, die die Zufallszahlen neu generiert und die komplexen Koordinaten der entstehenden Endpunkte mittelt.

12.8 Brennpunkt einer idealen Sammellinse

> Die Wellenfront einer Lichtwelle nach Durchgang durch eine *ideale* Sammellinse ist eine Kalotte (Ausschnitt aus einer Kugeloberfläche), in deren Mittelpunkt der Brennpunkt liegt. Eine solche Wellenfront wird mit einem Zufallsgenerator simuliert, der eine Menge Punktstrahler auf der Kalotte in einem vorgegebenen Öffnungswinkel verteilt. Die Breite des Hauptmaximums der Intensitätsverteilung in der Brennebene ist umgekehrt proportional zur numerischen Apertur.

▶ **Tim** Wie sieht die Phasenfront eines Lichtbündels aus, nachdem es eine gewöhnlichen Bikonvexlinse passiert hat?

▶ **Mag** Ein ideal scharfer Brennpunkt entsteht, wenn alle Strahlen im Brennpunkt mit gleicher Phase ankommen und konstruktiv interferieren.

▶ **Alac** Das kommt dann nicht so gut hin. Die Strahlen, die vom Rand der Linse zum Brennpunkt gelangen, haben ja einen viel weiteren Weg als diejenigen, die in der Nähe der optischen Achse verlaufen.

▶ **Mag** Die Strahlen durch den Rand der Linse legen innerhalb der Linse einen kürzeren Weg zurück als die Strahlen durch die dicke Mitte. Der hohe Brechungsindex verlängert den optischen Weg in der Mitte also mehr als am Rand.

▶ **Tim** Gleicht das die unterschiedliche geometrische Länge wieder aus, sodass die optischen Wege bis zum Brennpunkt alle gleich lang sind?

▶ **Alac** Das können wir numerisch einfach berechnen. In Abb. 12.21b variiert die optische Weglänge von einer Ebene kurz vor der Linse bis zum Brennpunkt von 12,200 cm in der Mitte bis zu 12,205 cm am Rand, also um etwa 50 µm, die Standardabweichung der Längen der optischen Wege ist 0,002 cm.

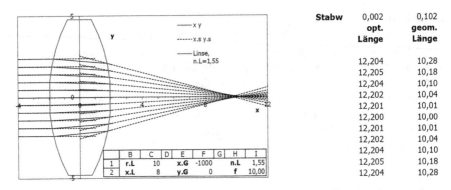

Stabw	0,002	0,102
	opt.	**geom.**
	Länge	**Länge**
	12,204	10,28
	12,205	10,18
	12,204	10,10
	12,202	10,04
	12,201	10,01
	12,200	10,00
	12,201	10,01
	12,202	10,04
	12,204	10,10
	12,205	10,18
	12,204	10,28

Abb. 12.21 a (links) Ein paralleles Strahlenbündel wird durch eine Bikonvexlinse fokussiert. **b** (rechts, T) Vergleich der geometrischen Länge mit der optischen Länge (mit dem Brechungsindex gewichtete Summe)

	A	B	C	D	E	F	G	H	I
1			250 ◄			►		16,00	
2	Aufpunkt	**x.0**	0,0250			**lb**	0,01		
3		**y.0**	0,0000	Öffnungsw./2		**a.0**	40,0		
4	Radius der Kugel	**r.0**	200,0			**cos.Th**	0,77	=COS(a.0/180*PI())	
5	=ARCCOS(Th.0+(1-Th.0)*ZUFALLSZAHL())	=2*PI()*ZUFALLSZAHL()	=r.0*SIN(Theta.P)*COS(phi.P)	=r.0*SIN(Theta.P)*SIN(phi.P)	=r.0*COS(Theta.P)	=WURZEL((x-x.0)^2+(y-y.0)^2+z_^2)	=REST(l;lb)/lb*2*PI()	=100/l^2	
6	**Theta.P**	**phi.P**	**x**	**y**	**z_**	**l**	**phi**	**A**	
7									
8	0,26	3,5	-47,8	-19,9	193,2	200,0	3,75	2,5E-03	
368	0,62	2,3	-79,6	85,0	162,6	200,0	6,25	2,5E-03	

Abb. 12.22 (T) In einer Kalotte werden 361 Strahler gleichmäßig zufällig verteilt; Polarwinkel θ_P (in Spalte A) und Azimutwinkel ϕ_P (in Spalte B) werden mit Zufallsfunktionen erzeugt und in C:E in kartesische Koordinaten umgerechnet, mit denen dann der Abstand l zum Aufpunkt (x_0, y_0) bestimmt wird. In Spalte G wird die Phase ϕ und in Spalte H die Amplitude A der einzelnen Wellen berechnet

▶ **Tim** Wie viel ist das, verglichen mit der geometrischen Weglänge?

▶ **Alac** Die geometrischen Weglängen erhalten wir, wenn wir den Brechungsindex der Linse nach Optimierung auf 1 setzen. Ihre Standardabweichung ist 0,1 cm.

▶ **Tim** Die Variation der optischen Weglängen, angegeben mit der Standardabweichung, ist immerhin 50-mal kleiner als diejenige der geometrischen Weglängen, aber immer noch viel mehr als eine Wellenlänge. Es lohnt sich also, die Form der Linse zu optimieren.

▶ **Alac** Das werde ich mal mit SOLVER versuchen.

▶ **Mag** In dieser Übung gehen wir von einer schon optimierten Linse aus und berechnen die Intensität in der Brennebene.

Der Brennpunkt einer Sammellinse ist beugungsbegrenzt. Wenn die Wellenfront nach Durchgang durch eine Sammellinse ein Teil einer Kugeloberfläche (einer *Kalotte*) ist, dann kommen alle Wellen im Mittelpunkt der Kugel mit gleicher Phase an und es bildet sich ein *idealer Brennfleck*. Der Querschnitt einer Sammellinse, die einen idealen Brennpunkt haben soll, muss entsprechend gestaltet werden.

Wir simulieren diese Situation in Abb. 12.22 (T), indem wir auf einer Kalotte mit vorgegebenem Öffnungswinkel gleichmäßig zufällig Punktstrahler verteilen, ihren Abstand zu einem Aufpunkt in der Brennebene berechnen und daraus die Amplitude und den Phasenunterschied relativ zur Welle, die vom Mittelpunkt der Kalotte ausgeht.

Fragen

Warum wird der Bereich E8:E368 in Abb. 12.22 (T) mit $z\_$ bezeichnet und nicht einfach mit z?[10]

Der Zufallsgenerator für den Polarwinkel setzt die Tabellenformel

$$= \text{ArcCos}\,(\cos.\text{Th} + (1 - \cos.\text{Th}) * \text{Zufallszahl}()) \tag{12.4}$$

ein. Der Term cos.Th wird in G4 als Kosinus des Öffnungswinkels α_0 berechnet. Der Argumentbereich des ArcCos geht von cos.Th (wenn Zufallszahl() = 0) bis 1 (wenn Zufallszahl() = 1), der Wertebereich, das ist die Zufallszahl in Spalte A, somit von $\theta_P = \alpha_0$ bis 0.

Der Azimutwinkel ϕ_P in Spalte B ist zwischen 0 und 2π gleichverteilt.

Aus θ_P, ϕ_P und r_0 werden in den Spalten C, D und E die kartesischen Koordinaten $(x, y, z\_)$ berechnet, daraus dann der Abstand zum Aufpunkt und daraus wiederum Phase und Amplitude der komplexen Amplitude der Welle in der Brennebene. Die Berechnung des Zeigerdiagramms in den weiteren Spalten der Tabelle (nicht in Abb. 12.22 (T) aufgeführt) geschieht dann auf die übliche Weise.

Wir variieren mit einer Protokollroutine den Ort in der Brennebene und protokollieren die Intensität und tragen sie in Abb. 12.23a logarithmisch als Funktion von x/λ auf. Mit den beiden senkrechten Lauflinien, die von einem Schieberegler gesteuert werden (z. B. dem in D1:F1 in Abb. 12.22 (T)), bestimmen wir die Breite des Hauptmaximums.

Mit einer übergeordneten Protokollroutine variieren wir den halben Öffnungswinkel α_0 und bestimmen jedes Mal die Breite des Hauptmaximums, welches in Abb. 12.23b als Funktion von α_0 aufgetragen wird.

---

[10]Der Buchstabe z ist Excel-intern reserviert.

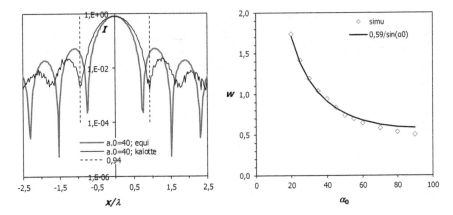

Abb. 12.23 a (links) Intensitätsverlauf durch den Brennfleck einer idealen Sammellinse (kalotte) verglichen mit derjenigen durch die Brennlinie einer idealen Zylinderlinse (equi). **b** (rechts) Breite w des Hauptmaximums als Funktion des Öffnungswinkels α_0

12.9   Lichtstreuung an kugelsymmetrischen Verteilungen

Wir betrachten die Streuung von Licht an kugelförmigen Verteilungen von Streuzentren, zunächst an Kugeln und dünnen Kugelschalen mit scharf begrenzten Oberflächen und dann an Streuzentren, die um den Nullpunkt normalverteilt sind („ausufernde Kugel") oder um den Radius normalverteilt sind („ausufernde Kugelschale"). Die entstehende Intensitätsverteilung als Funktion des Beugungswinkels tritt in der Röntgenbeugung an Kristallen als Atomformfaktor auf. Zum Abschluss berechnen wir den Atomformfaktor des Natriumatoms mit einem Modell aus drei Elektronenschalen.

Berechnung der Streuamplitude
In Abb. 12.24 (T) wird die Amplitude für die Streuung an kugelförmigen Verteilungen von Streuzentren berechnet. In A6:F105 werden 100 Punkte erzeugt, die für die gewählte Verteilung repräsentativ sein sollen. Die Winkel θ und ϕ sind wie üblich sinusförmig bzw. gleichverteilt. Das spezielle Modell geht nur in die Verteilungsfunktion für r ein.

Vier kugelförmige Verteilungen
Wir betrachten vier verschiedene Modelle:

1. eine scharf begrenzte Kugel; die Streuzentren sind in der Kugel gleichverteilt,
2. eine ausufernde Kugel; die Radien der Streuzentren sind um $r_0 = 0$ normalverteilt mit der Standardabweichung $r_0/4$,
3. eine unendlich dünne Kugelschale, $r = r_0$, und
4. eine ausufernde Kugelschale; die Radien der Streuzentren sind um r_0 normalverteilt mit der Standardabweichung $r_0/4$.

	A	B	C	D	E	F	G	H	I	J	K	L	M
1	x.b	-1000		y.e	11430,1	=x.e*TAN(alpha/180*PI())				12,62	=Wurzel(K3^2+L3^2)		
2	x.e	1000		r.0	1						=K105	=L105	
3	alpha	85 °										8,75	-9,10
4	=ARCCOS(2*ZUFALLSZAHL()-1)	=ZUFALLSZAHL()*PI()*2	=r.0*ZUFALLSZAHL()^(1/3)	=r.*SIN(Theta)*COS(phi)	=r.*SIN(Theta)*SIN(phi)	=r.*COS(Theta)	=WURZEL((x-x.b)^2+y^2+z_^2)	=WURZEL((x.e-x)^2+(y.e-y)^2+z_^2)	=l.1+l.2-(x.e-x.b)	=l.p*2*PI()	=COS(phi.c)	=SIN(phi.c)	
5	Theta	phi	r.	x	y	z_	l.1	l.2	l.p	phi.c	Re	Im	
6	2,73	2,83	0,94	-0,36	0,12	-0,87	999,644	11473,6	10473,3	6,58E+04	-0,15	0,99	
105	1,66	6,00	0,90	0,86	-0,25	-0,08	1000,86	11473,9	10474,7	6,58E+04	8,75	-9,10	

Abb. 12.24 (T) Berechnung der Streuamplitude einer kugelförmigen Verteilung als Funktion des Streuwinkels α

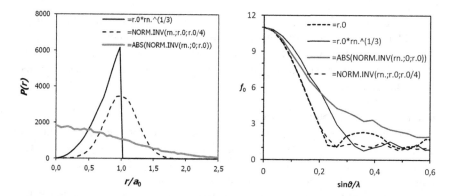

Abb. 12.25 a (links) Wahrscheinlichkeitsdichten für drei Modelle. b (rechts) Streufaktoren für die drei Modelle aus a sowie für die Verteilung $r = r_0$ (unendlich dünne Kugelschale)

Die empirisch ermittelten Wahrscheinlichkeitsdichten für die Modelle 1, 3 und 4 werden in Abb. 12.25a dargestellt.

Mit einer Protokollroutine wird der Winkel in B3 von Abb. 12.24 von 0° bis 85° variiert und die Streuamplitude aus J1 protokolliert. Zur Verminderung der statistischen Streuung wird die Streuamplitude für jeden Winkel über mehrere Läufe gemittelt. Die Streufaktoren als Funktion des Streuwinkels werden in Abb. 12.25b dargestellt.

In Abb. 12.25a werden die Abstände als Vielfaches des Bohr'schen Radius' angegeben. In Abb. 12.25b wird die x-Achse in Einheiten von $\sin\theta/\lambda$ angegeben und die y-Achse ist so skaliert, dass der Streufaktor bei $\theta = 0$ der Konvention entsprechend gleich der Anzahl der Elektronen ist, für ein Na-Atom elf.

Der Streufaktor

- der unendlich dünnen Kugelschale („=r.0“) fällt schnell ab und weist die stärksten Interferenzen auf,
- der ausgedehnten Kugelschale („=NORM.INV(rn;r.0;r.0/4)“) fällt genauso schnell ab, weist aber keine Interferenzen auf,

	A	B	C	D	E	F	G	H	I	J
1	**Na**		11	=SUMME(e)						
2	**n**	**e**								
3	1	2	**p.1**	0,18	=e/$B$1		**r.1**	0,06	**Dr.1**	0,02
4	2	8	**p.2**	0,91	=D3+e/$B$1		**r.2**	0,33	**Dr.2**	0,22
5	3	1					**r.3**	1,70	**Dr.3**	0,40
6										
7			=ZUFALLSZAHL()		=WENN(rn.<p.1;NORMINV(ZUFALLSZAHL();r.1;Dr.1);					
8			**rn.**	**r.**	WENN(rn.<p.2;NORMINV(ZUFALLSZAHL();r.2;Dr.2);					
9			0,07	0,04	NORMINV(ZUFALLSZAHL();r.3;Dr.3)))					

Abb. 12.26 (T) Kenngrößen für die Elektronenverteilung in einem Natriumatom; Schalen $n = 1, 2, 3$ mit der Besetzung e mit Elektronen (A3:B5); Radius r_n und Breite Δr_n der Schalen in F3:I5

- der ausufernden Kugel („=ABS(NORM.INV(rn;0;r.0;r.0/4)") fällt langsamer ab und bleibt bei größeren Winkeln größer als derjenige der anderen Verteilungen,
- der abrupt endenden Kugel („=r.0*rn.^ 1/3") ist für kleine Winkel wie derjenige der ausufernden Kugel und für große Winkel wie derjenige der ausufernden Kugelschale.

Atomformfaktor des Natriumatoms
Die Streuung an kugelsymmetrisch verteilten Streuzentren hat praktische Bedeutung für die Röntgenbeugung an der Elektronenhülle von Atomen. Als Beispiel behandeln wir das Natriumatom, dessen Kenngrößen für die Elektronenverteilung in Abb. 12.26 (T) festgelegt werden.

Die Atomhülle des Natriumatoms enthält 11 Elektronen und ist aus drei Schalen aufgebaut. Die erste Schale enthält 2 Elektronen, die zweite 8 und die dritte 1 Elektron, wie in A:B spezifiziert. Die mittleren Radien r_n und die Ausdehnung Δr_n der Schalen werden gemäß Literaturdaten in F3:I5 festgelegt.

Für die Simulation werden 11 Elektronen zufällig auf die drei Schalen verteilt, nach Maßgabe einer Zufallszahl rn. Diese Zufallszahl steht in einer Spalte die zusätzlich vor Spalte C in die Tabelle der Abb. 12.24 (T) eingefügt werden muss. Die Änderungen im Tabellenaufbau sind in Abb. 12.26 (T) hineinkopiert worden. In der Originaltabelle fangen die Zahlen wie in Abb. 12.24 in Reihe 6 an.

Der Radius r wird in Spalte D mit einer geschachtelten WENN-Funktion der Form WENN(…;Schale 1; WENN(…;Schale 2;Schale 3)) ermittelt. Das Elektron kommt

- in Schale 1, wenn $r_n < p_1 = 0,18$, also in 2/11 der Fälle,
- in Schale 2, wenn $p_1 = 0,18 < r_n < p_2 = 0,91$, also in 8/11 der Fälle, und
- in Schale 3 sonst, also in $1 - 0,91 = 1/11$ der Fälle.

Die mithilfe einer Simulation ermittelte radiale Wahrscheinlichkeitsdichte für diese Zufallsfunktion sieht man in Abb. 12.27a und den zugehörigen Streufaktor in Abb. 12.27b. Der Streufaktor wird so normiert, dass er bei $\theta = 0$ gleich der Anzahl der Elektronen ist. Er ist bei $\sin\theta/\lambda = 0,5$ etwa auf die Hälfte abgesunken, wie es auch den Literaturdaten entspricht.

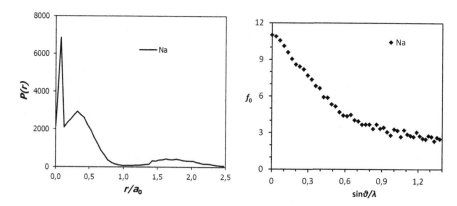

Abb. 12.27 a (links) Radiale Wahrscheinlichkeitsdichte im Modell des Natriumatoms. **b** (rechts) Streufaktor (Atomformfaktor) für die Verteilung in a

12.10 Phasengitterantennen in der Funktechnik

> Die Phasenverschiebung von Wellen, die von einer Senderanordnung ausgehen, wird durch die Geometrie der Anordnung und von den zeitlichen Nullphasen der Sender bestimmt. Durch geschickte Wahl der Phasenverschiebungen kann man Richtantennen bauen.

12.10.1 Dipol

Sendergeometrie

In Abb. 12.28 sind zwei Sender im Abstand D auf der y-Achse angeordnet. Sie senden mit derselben Frequenz. Die Phasenverschiebung zwischen den von den beiden Sendern ausgehenden Wellen wird durch die Phasenverschiebung der Sender untereinander und durch den Winkel α zur x-Achse bestimmt, unter dem die Signale gesendet werden.

Die beiden Sender senden zeitlich um t_0 versetzt. Der Zeitversatz wird mit $x_t = c \cdot t_0$ in eine Nullverschiebung des Ortes umgerechnet. Abb. 12.28 zeigt die Phasenverschiebung zwischen den beiden Wellen, in Teilbild a für $\alpha = 0$ und in Teilbild b für $\alpha = 0{,}4$. Sie setzt sich aus einer Phasenverschiebung ϕ_w infolge des Winkels

$$x_0 = D \cdot \sin(\alpha) \tag{12.5}$$

$$\phi_w = x_0 \cdot 2\pi / \lambda \tag{12.6}$$

und einer Phasenverschiebung ϕ_t infolge des Zeitversatzes der Sender

$$x_t = c \cdot t_0 \tag{12.7}$$

$$\phi_t = x_t \cdot 2\pi / \lambda \tag{12.8}$$

zusammen.

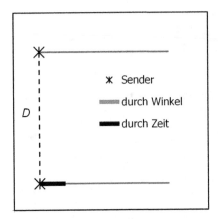
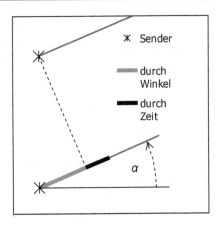

Abb. 12.28 Zwei Sender im Abstand D **a** (links) $\alpha = 0$, Phasenverschiebung durch Zeitversatz. **b** (rechts) $\alpha = 0{,}4$, Phasenverschiebung durch Winkel und durch Zeitversatz

	A	B	C	D	E	F	G	H	I	J
1	**y.1**	-0,125	*Position Sender 1 (in Wellenläng*			**da**		0,01745	*=2*PI()/360*	
2	**y.2**	0,125	*Position Sender 2 (in Wellenlängen)*							
3	**x.t**	0,250	*zeitliche Verschiebung Sender 2 (in Wellenlängen)*							
4		D=0,25; x.t=0,25	*="D="&y.2-y.1&"; x.t="&x.t*							
5	=A7+da	=(y.2-y.1)*SIN(alpha)	=(x.0+x.t)*2*PI()	=(1+COS(phi))^2+SIN(phi)^2		=I*COS(alpha)	=I*SIN(alpha)			
6	**alpha**	**x.0**	**phi**	**I**		**I.x**	**I.y**			
7	0,000	0,00	1,57	2,00		2,00	0,00			
8	**0,017**	0,00	1,60	1,95		1,94	0,03			
367	6,283	0,00	1,57	2,00		2,00	0,00			

Abb. 12.29 (T) Koordinaten y_1 und y_2 für zwei Sender bei $x = 0$; Nullverschiebungen x_0 durch geometrische Anordnung und x_t durch zeitliche Nullverschiebung; Intensität I und ihre Zerlegung I_x, I_y in kartesische Koordinaten als Funktion des Winkels α

Gesamtamplitude als Summe aus zwei komplexen Amplituden

Die Sendeleistung als Funktion des Beobachtungswinkels α wird in Abb. 12.29 (T) berechnet.

In Spalte B wird für jeden der Winkel in Spalte A der Wegunterschied zwischen den beiden Wellen bestimmt. In Spalte C wird die Phasenverschiebung des zweiten Senders gegenüber dem ersten Sender als $\phi = (x_0 + x_t) \cdot 2\pi$ berechnet. Die Koordinaten der komplexen Amplituden sind $(1, 0)$ für den ersten und $(\cos\phi, \sin\phi)$ für den zweiten Sender. Die Gesamtamplitude berechnet sich dann als:

$$A_{ges} = (0,1) + (\cos\phi, \sin\phi) = (1 + \cos\phi, \sin\phi)$$

Die Intensität I der Summe der beiden Wellen ist das Quadrat von A_{ges}, wie in Spalte D eingesetzt.

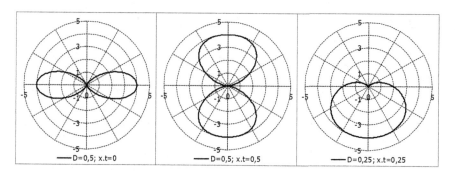

Abb. 12.30 Richtdiagramme der Senderleistung für verschiedene Abstände D der beiden Sender und für verschiedene zeitliche Nullverschiebungen x_t; alle Längenangaben als Vielfache der Wellenlänge **a** (links) $D = 0,5 \, \lambda$ und kein Zeitversatz; **b** (Mitte) Zeitversatz $x_t = 0,5 \, \lambda$; **c** (rechts) $D = 0,25 \, \lambda$ und Zeitversatz $x_t = 0,25 \, \lambda$.

Richtdiagramm

Die Intensität soll in einem Richtdiagramm als Funktion des Winkels dargestellt werden. Da Datenreihen für EXCEL-Diagramme in kartesischen Koordinaten vorliegen müssen, werden solche als I_x und I_y in den Spalten F und G berechnet. Dabei wird ohne Einschränkung der Allgemeinheit $\lambda = 1$ gesetzt. Die Ergebnisse für drei verschiedene Bedingungen werden in Abb. 12.30 wiedergegeben. Als DATENREIHEN X und Y werden I_x bzw. I_y eingetragen. In einem separaten Tabellenblatt werden die Koordinaten für die Kreise und Speichen berechnet. Der Abstand der Kurven zum Nullpunkt entspricht der Sendeleistung in der zugehörigen Richtung.

Grundsätzlich gilt, dass die von den beiden Sendern ausgesandten Wellen destruktiv interferieren, wenn ihr Gangunterschied $\lambda/2$ beträgt. Für einen Abstand der beiden Sender von $D = 0,5 \, \lambda$ und keinen Zeitversatz verschwindet die Intensität in y-Richtung (Abb. 12.30a). Die beiden Sender haben gerade eine Phasendifferenz von $\lambda/2$, sodass ihre Wellen destruktiv interferieren. Die Halbwertsbreite der Richtcharakteristik beträgt 54°.

Wenn der Zeitversatz zwischen diesen beiden Sendern $x_t = \lambda/2$ beträgt, dann tritt die destruktive Interferenz in x-Richtung auf (Abb. 12.30b).

Wenn die beiden Sender $\lambda/4$ voneinander entfernt sind und der untere Sender ebenfalls $\lambda/4$ gegenüber dem oberen zeitversetzt ist, dann tritt die destruktive Interferenz, also ein Gangunterschied von $\lambda/2$, nur in positiver y-Richtung auf (Abb. 12.30c).

12.10.2 Senderreihe

Man kann die Richtcharakteristik noch stärker auf einen Winkelbereich einschränken, wenn man mehrere Sender in Reihe setzt. Das wird in Abb. 12.31 (T) für 13 Sender gemacht.

Die Entfernung zwischen erstem und letztem Sender soll $10 \, \lambda$ betragen. Der zugehörige Abstand dy zwischen benachbarten Sendern wird in B1 ausgerechnet,

	A	B	C	M	N	O	P	Q	R	S
1	**dy**	0,83					13 S; 10 lb			
2	**da**	0,0175					**I.max**	0,02367	=4/169	
3	**y.i**	0,00	0,83	9,17	10,00	=M3+dy				
4	=A6+da	=y.i*SIN(alpha)	=y.i*SIN(alpha)	=y.i*SIN(alpha)	=y.i*SIN(alpha)		=(Re^2+Im^2)*I.max	=I*COS(alpha)	=I*SIN(alpha)	
5	**alpha**	**x.i**					**I**	**x**	**y**	
6	0,00	0,00	0,00	0,00	0,00		4,00	4,00	0,00	
7	0,02	0,00	0,01	0,16	0,17		3,99	3,99	0,07	
366	6,28	0,00	0,00	0,00	0,00		4,00	4,00	0,00	

Abb. 12.31 (T) Nullverschiebungen x_i für eine Reihe von 13 Sendern relativ zum ersten Sender als Funktion des Winkels *alpha* zur *x*-Achse; der Bereich B6:N366 ist mit der Formel in B4 beschrieben; die Intensität/wird aus Realteil *Re* und Imaginärteil *Im* der komplexen Summe berechnet, die in anderen Tabellen berechnet werden (Abb. 12.32 (T))

	B	C	D	M	N	O	P	Q
4	=COS(x.i)						=SUMME(B6:N6)	
5	Cos(x.i)					Re		
6	1,00	1,00	1,00	1,00	1,00		13,00	
366	1,00	1,00	1,00	1,00	1,00		13,00	

Abb. 12.32 (T) Realteile *Re* des Zeigerdiagramms der 13 Sender, der Bereich B6:N366 wird mit Cos(*x.i*) benannt, der Spaltenbereich P6:P366 mit *Re*. Die Imaginärteile werden in einer anderen genauso strukturierten Tabelle mit Sin statt Cos berechnet

die Positionen y_i auf der *y*-Achse für alle Sender dann in B3:N3. Im Bereich B6:N366 werden die Gangunterschiede der Wellen für verschiedene Winkel α berechnet. Dieser Bereich enthält nur eine einzige Formel, siehe Zeile 4 und wird mit „x.i" benannt.

Die Intensität/der 13 überlagerten Wellen wird in Spalte P ermittelt, wobei auf Spaltenbereiche *Re* und *Im* in anderen Tabellenblättern zugegriffen wird. Die Variable *Re* wird in Abb. 12.32 (T) berechnet.

Der Bereich B6:N366 in Abb. 12.32 (T) wird mit „COS(x.i)" benannt. Er ist deckungsgleich mit dem Bereich „x.i" in Abb. 12.31 (T), auf den mit der Formel [=COS(x.i)] zellenweise zugegriffen wird. Mit dieser Formel werden die Realteile der komplexen Amplituden der 13 Wellen berechnet und in Spalte P zur Variablen *Re* addiert, die zur Berechnung der Intensität/in Abb. 12.31 (T) benötigt wird. Der Imaginärteil der Amplituden wird in einem dritten genauso aufgebauten Tabellenblatt mit Sin statt Cos berechnet.

Die Intensität als Funktion des Winkels sieht man in Abb. 12.33a als lineares Diagramm und in b als Richtcharakteristik. Die Halbwertsbreite des Intensitätsverlaufs beträgt 30°, statt der 54° für einen Dipol.

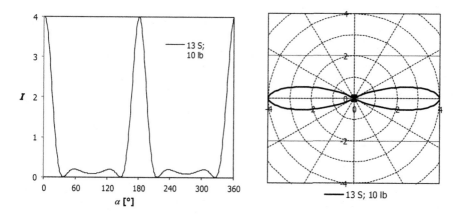

Abb. 12.33 a (links) Leistung der 13 Sender mit einer Phasenverschiebung zwischen erstem und letztem Sender von 10 λ als Funktion des Beobachtungswinkels α. **b** (rechts) wie a, aber als Richtdiagramm dargestellt

Statistische Mechanik

13

Für die Berechnungen der statistischen Mechanik ist ein Tabellenaufbau ideal geeignet, weil alle Zustände vollständig durch ihre Energie gekennzeichnet werden, von der alle weiteren thermodynamischen Größen abhängen. Der Zustandsraum wird durch eine repräsentative Auswahl von Zuständen (Monte-Carlo-Verfahren) oder durch eine Zustandsdichte modelliert. Wir berechnen die Quantenstatistik des harmonischen Oszillators und berechnen die Entropie thermodynamisch und statistisch. Wir behandeln ferner das Debye-Modell für die Wärmekapazität eines Festkörpers, Elektronen in Metallen und Elektronen und Löcher in Halbleitern.

13.1 Einleitung: Statistische Mechanik als Bilanzrechnung

Zustände, ... In den Verfahren der statistischen Physik werden zunächst alle denkbaren Zustände Z unter den Randbedingungen des gegebenen Systems angegeben. Diese Menge bezeichnet man als *Zustandsraum*. Die Koordinaten des Zustandsraumes sind z. B. Geschwindigkeiten (Gas) oder Wellenzahlvektoren (Phononen und Elektronen).

... ihre Energie ... Für jeden Zustand wird die zugehörige Energie angegeben.

... und die Wahrscheinlichkeit, dass sie tatsächlich auftreten Jedem Zustand wird dann eine Wahrscheinlichkeit p_Z zugeordnet, die nur von seiner Energie E_Z abhängt und proportional zum Boltzmann-Faktor $\exp(-E_Z/k_B T)$ ist.
Es gilt:

$$p_Z = \frac{\exp\left(-\frac{E_Z}{kT}\right)}{Z.\,S.} \text{ mit } Z.\,S. = \sum_Z \exp\left(-\frac{E_Z}{kT}\right). \tag{13.1}$$

© Springer-Verlag GmbH Deutschland, ein Teil von Springer Nature 2018
D. Mergel, *Physik lernen mit Excel und Visual Basic,*
https://doi.org/10.1007/978-3-662-57513-0_13

Z. S. nennt man die *Zustandssumme*. Es ist die Summe über alle Boltzmann-Faktoren.

Repräsentation des Zustandsraumes Der Zustandsraum ist im Allgemeinen unendlich groß. In einer Tabelle lassen sich nur endlich viele Zustände auflisten, bzw. die Zustandsdichte lässt sich nur für endlich viele Energiewerte angeben. Die Integrale oder unendlichen Summen müssen durch endliche Summen ersetzt werden. Wir müssen deshalb eine repräsentative endliche Auswahl von Zuständen treffen. Meist geschieht das in einem endlichen Zustandsraum, dessen Grenzen so weit hinausgeschoben werden, dass Zustände außerhalb so unwahrscheinlich sind, dass sie bei der Berechnung von Mittelwerten keine Rolle spielen.

Wir können den Zustandsraum in gleichen Abständen abrastern oder zufällig gleichverteilte Koordinaten erzeugen. Wenn man eine Zustandsdichte $D(E)$ als Funktion der Energie E angeben kann, dann repräsentiert diese den Zustandsraum.

Energie des Systems Die Energie des Systems pro Zustand wird gegeben durch:

$$\langle E \rangle = \sum_Z p_Z \cdot E_Z \tag{13.2}$$

Die Summe geht theoretisch über alle Zustände des Systems, möglicherweise unendlich viele, praktisch aber über die endliche Summe einer repräsentativen Auswahl.

Wenn eine Zustandsdichte $D(E)$ definiert ist, dann gilt:

$$\langle E \rangle = \int_0^\infty D(E')E'p_Z(E')dE' \tag{13.3}$$

In der Praxis ist die obere Grenze nicht Unendlich, sondern ein endlicher Wert, oberhalb dessen Zustände nur mit vernachlässigbarer Wahrscheinlichkeit auftreten.

Entropie eines Systems, zwei Definitionen Die Entropie eines Systems pro Zustand ist definiert als Boltzmann-Konstante mal dem Mittelwert über $\ln(p_Z)$, den Logarithmus der Wahrscheinlichkeit nach Gl. 13.1, mit der dieser Zustand auftritt:

$$\frac{S}{k_B} = \sum_Z p_Z \cdot \ln(p_Z) \tag{13.4}$$

Wir haben die Boltzmann-Konstante auf die linke Seite gezogen, sodass Gl. 13.4 dimensionslos ist. Das gestaltet die Tabellenrechnung übersichtlicher. Wenn eine Zustandsdichte definiert ist, dann gilt sinngemäß die Gl. 13.3.

Die Entropie eines Systems lässt sich mit zwei verschiedenen Konzepten berechnen:

1. Durch Gl. 13.4, das heißt aus der Kenntnis des Systems bei der Temperatur allein, oder
2. über die thermodynamische Definition der Entropie:

Entropie ist das Integral über die reduzierten zugeführten Wärmemengen $\delta Q/T$"

$$S(T) = S(T_0) + \int_{T_0}^{T} \frac{\delta Q}{T'} = S(T_0) + \int_{T_0}^{T} \frac{C_V}{T'} dT' \qquad (13.5)$$

Es gilt $\delta Q = c_V dT$, wobei c_V die spezifische Wärmekapazität bei konstantem Volumen ist, die im betrachteten Temperaturbereich bekannt sein muss. Wir werden die Entropie für das ideale Gas und den harmonischen Oszillator für beide Konzepte berechnen und sehen, dass sie dieselben Ergebnisse liefern.

Tabellenaufbau: Zustand – Energie – Wahrscheinlichkeit – Entropie Der Grundgedanke der statistischen Thermodynamik lässt sich ideal in einen Tabellenaufbau umsetzen. Die ersten Spalten der Tabelle werden für die Darstellung des Zustandsraumes und der den Zuständen zugehörigen Energie verwendet, z. B. durch repräsentativ zufällig ausgewählte Werte von v_x, v_y, v_z oder k_x, k_y, k_z und der Dispersionsrelation $E(v)$ bzw. $E(k)$, oder durch eine von der Energie abhängige Zustandsdichte $D(E)$, z. B. $E^2 dE$ für Phononen oder $\sqrt{E}dE$ für Elektronen.

In der nächsten Spalte wird die Wahrscheinlichkeit $p_Z(E)$ des Zustandes berechnet, die nur von der zugehörigen Energie E abhängt, mit der Boltzmann-Funktion, der Bose-Einstein-Funktion oder der Fermi-Dirac-Funktion.

In der wiederum nächsten Spalte wird der Entropiebeitrag für jeden Zustand berechnet, mit der Gl. 13.4. Die Berechnung von Mittelwerten geschieht meist mit Hilfe des Skalarproduktes von Spaltenbereichen. Zum Beispiel ist der Mittelwert der Teilchen-Geschwindigkeit in einem idealen Gas das Skalarprodukt aus den Spaltenbereichen Geschwindigkeit v und Wahrscheinlichkeit p_v. Der Mittelwert der Energie eines harmonischen Oszillators ist das Skalarprodukt aus den Spaltenbereichen E_n und der Wahrscheinlichkeit p_n.

Wir normieren in unseren Rechnungen die Temperatur als kT und die Entropie als S/k.

Fünf Beispiele Es folgen fünf Beispiele, die in den Übungen dieses Kapitels behandelt werden sollen.

1. Harmonischer Oszillator
Die Energieeigenwerte eines harmonischen Oszillators sind abzählbar. Sie steigen auf einer Leiter hoch:

$$E_n = \hbar\omega_0 \cdot \left(n + \frac{1}{2}\right) \quad \text{für } n = 0, 1, 2 \ldots \infty \qquad (13.6)$$

Der Zustandsraum ist deshalb diskret. Benachbarte Eigenwerte haben immer denselben Abstand $\hbar\omega$ zueinander, die Nullpunktsenergie ist halb so groß. In der Tabellenkalkulation werden Energien nur bis zu einem maximalen n gelistet.

Physikalisch bedeutsam sind Mittelwerte der Besetzungszahl n. Es zeigt sich, dass sie, als Folge der „Energie-Leiter", durch eine Bose-Einstein-Funktion beschrieben werden.

2. Ideales Gas

Mögliche Zustände eines Teilchens im idealen Gas sind alle Geschwindigkeiten (v_x, v_y, v_z), mit $v_i = 0$ bis ∞, mit der kinetischen Energie:

$$E_{kin} = \frac{m}{2} v^2 \qquad (13.7)$$

Der Zustandsraum ist dreidimensional und wird in unserer Simulation durch eine repräsentative Auswahl von Zuständen, erzeugt durch nach oben begrenzte Zufallsgeneratoren für die Geschwindigkeitskomponenten, abgebildet.

Physikalisch bedeutsam sind Mittelwerte der Geschwindigkeit, des Quadrates der Geschwindigkeit und des Impulsübertrags bei einem elastischen Stoß auf eine Wand. Wir bestimmen auch die Verteilung der Geschwindigkeiten (Maxwell-Boltzmann).

3. Phononen in einem Kristall

Mögliche Zustände für Phononen in einem Kristall sind alle stehenden Wellen in einem kastenförmigen Ausbreitungsgebiet, die durch die Wellenzahlvektoren (k_x, k_y, k_z) beschrieben werden. Jede Welle stellt einen quantenmechanischen harmonischen Oszillator mit der Energie

$$E_{Ph} = \hbar\omega = \hbar(c \cdot k) \qquad (13.8)$$

dar, wobei c die Schallgeschwindigkeit ist. Diese Beziehung gilt, weil angenommen wird, dass das Medium elastisch ist. Die mittlere Energie eines Oszillators wird mit der *Bose-Einstein-Funktion* berechnet.

Im *Debye-Modell* für die spezifische Wärme kapazität eines Festkörpers gibt es ein maximales $k_{max} = 2\pi/\lambda_{min}$, weil der „Kasten" eine Kristallstruktur hat. In einem Kristall gibt es nämlich keine Wellenlänge λ, die kleiner ist als der doppelte Atomabstand.

Der Zustandsraum ist eine Kugel im k-Raum mit dem Radius k_{max}. Die Zustandsdichte ist proportional zu

$$4\pi k^2 dk \left(\text{Kugelschale im } (k_x, k_y, k_z) - \text{Raum}\right) \qquad (13.9)$$

und infolge der Dispersionsrelation Gl. 13.8 proportional zu $E^2 dE$:

$$D_{ph}(E)\, dE = \text{const } E^2 dE \qquad (13.10)$$

In unseren Simulationen wird der Mittelwert der Energie pro Oszillator als Funktion der Temperatur bestimmt, woraus sich dann die Wärmekapazität pro Oszillator durch Differentiation berechnen lässt.

4. Elektronen in einem Metall

Mögliche Zustände von Elektronen in einem Metall sind alle stehenden Wellen in einem kastenförmigen Ausbreitungsgebiet, mit der Energie

$$E_{\text{elek}} = \frac{\left(\hbar^2 k^2\right)}{2m} \tag{13.11}$$

wobei der Wellenzahlvektor $\vec{k} = \left(k_{\text{x}}, k_{\text{y}}, k_{\text{z}}\right)$ den quantenmechanischen Zustand eines Teilchens der Masse m beschreibt.

Die Zustandsdichte der Elektronen ist $4\pi k^2 \mathrm{d}k$ wie Gl. 13.9 bei Phononen, die allerdings wegen der anderen Dispersionsrelation $E = E(k)$, Gl. 13.11, zur Energieabhängigkeit

$$D_{\text{el}}(E)\mathrm{d}E = \text{const} \cdot \sqrt{E}\,dE \tag{13.12}$$

transformiert wird. Die Wahrscheinlichkeit eines Zustandes wird mit der *Fermi-Dirac-Funktion* berechnet.

Als Nebenbedingung für Metalle gilt, dass die Zahl der Elektronen nicht von der Temperatur abhängen darf. Das wird durch die Wahl eines *elektrochemischen Potentials* μ gewährleistet, welches in die Fermi-Dirac-Funktion eingeht:

$$p_{\text{Fermi}}(E) = \frac{1}{1 + \exp\left(\frac{E-\mu}{k_{\text{B}}T}\right)} \tag{13.13}$$

In der Tabellenrechnung lässt sich die Lage von μ mithilfe der Solver-Funktion elegant bestimmen.

5. Elektronen und Löcher in einem Halbleiter

Die Bedingungen für Elektronen und Löcher in einem Halbleiter sind ähnlich wie bei Elektronen in einem Metall. In einem Halbleiter treten jedoch Elektronen im Leitungsband, Löcher im Valenzband und Elektronen auf lokalisierten Zuständen in der Bandlücke auf. Die Zustandsdichte in den beiden Bändern hängt wie bei Metallen von der Wurzel aus E ab. Die Besetzungswahrscheinlichkeit wird durch die Fermi-Dirac-Verteilung bestimmt. Durch die Wahl des elektrochemischen Potentials muss *Elektroneutralität* gewährleistet werden.

13.2 Quantenstatistik des harmonischen Oszillators

Ein quantenmechanischer harmonischer Oszillator hat abzählbar viele Zustände, deren Energien eine lineare Funktion der natürlichen Zahlen sind. Die Wahrscheinlichkeit, dass der Oszillator einen bestimmten Zustand einnimmt, ist proportional zum Boltzmann-Faktor, mit dem Ergebnis, dass die mittlere Anregung durch die Bose-Einstein-Funktion beschrieben wird. Die Wärmekapazität folgt der Einstein-Funktion. Wir berechnen die Entropie eines

Ensembles von Oszillatoren bei einer bestimmten Temperatur einmal thermodynamisch durch Integration von c/T über die Temperatur bis T_0, wobei c die atomare Wärmekapazität ist, und ein zweites Mal statistisch aus den Daten bei der Temperatur T_0. Beide Methoden ergeben dasselbe Ergebnis.

Quantenstatistisches Modell ... Die Energieniveaus eines harmonischen Oszillators mit der klassischen Frequenz f folgen nach den Regeln der Quantenmechanik in gleichen Abständen:

$$\frac{E_n}{h \cdot f} = \left(n + \frac{1}{2}\right), \quad n = 0, 1, 2, \dots \tag{13.14}$$

so wie wir es auch in Abschn. 4.3 erhalten haben.

Die Wahrscheinlichkeit, dass der Oszillator im thermischen Gleichgewicht in einem dieser Zustände zu finden ist, berechnet sich mit dem Boltzmann-Faktor $f_B(E) = \exp\left(-E/k_B T\right)$:

$$p_B(E) = \frac{f_{B(E)}}{Z.\,S.}$$

Dabei ist $Z.\,S.$ die Zustandssumme, definiert als Summe der Wahrscheinlichkeiten aller Zustände des Systems:

$$Z.\,S. = \sum_{n=0}^{\infty} f_B(E_n)$$

Die Erwartungswerte der Besetzungszahl $\langle n \rangle$ und der Energie $\langle E \rangle$ des harmonischen Oszillators sind dann die gewichteten Mittelwerte über alle Zustände:

$$n = \sum_{n=0}^{\infty} p_B(E_n) \cdot n \tag{13.15}$$

$$E = \sum_{n=0}^{\infty} p_B(E_n) \cdot E_n \tag{13.16}$$

... wird in eine Tabellenrechnung umgesetzt Dieses Modell lässt sich eins-zu-eins in eine Tabelle umsetzen, mit parallelen Spalten für n, E_n, und f_B (Abb. 13.1 (T)). Daraus lassen sich dann die Zustandssumme Z_S, die mittlere Besetzungszahl $\langle n \rangle$ und die mittlere Energie $\langle E \rangle/hf$ durch Skalarprodukte von Spaltenvektoren berechnen. Die Skalarprodukte werden nicht mit den Wahrscheinlichkeiten p_B gebildet wie in Abb. 13.11 und Gl. 13.16, sondern mit den Boltzmann-Faktoren f_B. Sie müssen deshalb noch durch die Zustandssumme Z_S geteilt werden, z. B.:

$\langle n \rangle = E5 = [=\text{Summenprodukt}(n;f.B)/Z.\,S.]$

	A	B	C	D	E	F	G	H	I
1	Energie des Oszillators		**hf**	0,02					
2	Thermische Energie		**kT**	0,0595					
3	=hf*(n+0,5)	=EXP(-E.n/kT)	=SUMME(f.B)	=SUMMENPRODUKT(n;f.B)/Z.S.	=SUMMENPRODUKT(E.n;f.B)/Z.S./hf	=-f.B/Z.S.*LOG(f.B/Z.S.)	=SUMME(dS.n)		
4	**n**	**E.n**	**f.B**	**Z.S.**	**<n>**	**<E>/hf**	**dS.n**	**S/k**	
5	0	0,01	0,85	2,96	2,50	3,00	0,16	0,91	
6	1	0,03	0,60				0,14		
45	40	0,81	1,2E-06				0,00		

Abb. 13.1 (T) Quantenzahl n und Energie E_n eines harmonischen Oszillators, dazu der Boltzmann-Faktor f_B; daraus wird (pro Oszillator) die Zustandssumme Z. S., die mittlere Besetzungszahl $\langle n \rangle$ und die mittlere Energie $\langle E \rangle / hf$ berechnet. Die Entropie S/k wird aus den von E_n abhängigen Beiträgen dS_n (Achtung Fehler!) berechnet

In die Formel für die Entropiebeiträge jedes einzelnen Zustandes, wiedergegeben in G3, wird korrekt $p_B = f_B / Z.\,S.$ eingetragen. Die Formel ist trotzdem falsch, wie wir später noch feststellen werden.

Allerdings können nur endliche Summen ausgeführt werden, nicht die unendlichen Summen der Gl. 13.15. In Abb. 13.1 (T) werden Zustände bis $n_{max} = 40$ berücksichtigt. Wir müssen n_{max} so groß wählen, dass die Boltzmann-Faktoren für die Zustände oberhalb so klein sind, dass sie in der Summe keine Rolle spielen. In Abb. 13.1 (T) ist $f_B(40) < 10^{-6}$.

Für eine thermische Energie $kT = 0,0595$ (Zelle E2) erhält man eine mittlere Energie von 3 (Zelle F5), beide Angaben in denselben Energieeinheiten. Die Entropie ist $S/k_B = 0,91$ (Zelle H5, stimmt nicht!).

Wärmekapazität eines quantenmechanischen Oszillators Mit einer Protokollroutine variieren wir die Werte von kT und speichern die in der Tabelle berechneten Werte von $\langle n \rangle$ und $\langle E \rangle$ fortlaufend in zwei Spalten als Funktion von kT/hf. Daraus berechnen wir in der Tabelle die Wärmekapazität $C_V/k = \Delta E/\Delta T/k$ (Abb. 13.2 (T)).

Der Verlauf von $\langle n \rangle$ wird in Abb. 13.3a dargestellt. Er ist gegenüber dem Bose-Einstein-Faktor

$$f_{BE}(T) = \frac{1}{\exp\left(\frac{hf}{kT}\right) - 1} \tag{13.17}$$

um ½ nach oben verschoben. Es gilt also:

$$\langle n \rangle = \frac{1}{2} + \frac{1}{\exp\left(\frac{hf}{kT}\right) - 1} \tag{13.18}$$

	J	K	L	M	N	O	P	Q	R
3	Durch VBA-Protokollroutine ------------------					=MITTELWERT(J5:J6) =(L6-L5)/(J6-J5) =Q5+(L6-L5)/O6			
4	kT/hf	<n>	<E>/hf	S.stat/k		kT/hf	C.V/k	S.th.dyn.->	
5	0,100	0,0000	0,50	0,00					0
6	0,125	0,0003	0,50	0,00		0,1125	0,01	0,00	
120	2,975	2,5029	3,00	0,91		2,9625	0,99	2,09	

Abb. 13.2 (T) Mittelwerte der Besetzungszahl $\langle n \rangle$, der Energie $\langle E \rangle / kT$ und der Entropie S_{stat}/k als Funktion der Temperatur; daraus berechnet die Wärmekapazität C_V/k und die thermodynamische Entropie $S_{th.dyn}/k$

Abb. 13.3 Mittlere Besetzungszahl $\langle n \rangle$ als Funktion der Temperatur verglichen mit dem Bose-Einstein-Faktor

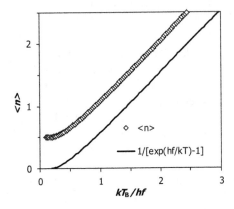

Der Erwartungswert der Energie ergibt sich entsprechend zu:

$$\langle E \rangle = \left[\frac{1}{2} + \frac{1}{\exp\left(\frac{hf}{kT}\right) - 1} \right] \cdot hf. \qquad (13.19)$$

Die Wärmekapazität pro Oszillator berechnet sich dann zu:

$$C_V = \frac{d\langle E \rangle}{dT}. \qquad (13.20)$$

Die Verläufe der Energie (Spalte K gegen Spalte J von Abb. 13.2 (T)) und der Wärmekapazität (Spalte P gegen Spalte O) werden in Abb. 13.13a wiedergegeben. Die spezifische Wärmekapazität des Oszillators strebt für hohe Temperaturen gegen k_B. Das entspricht der theoretischen Erwartung $c_V = f \cdot (k_B/2)$ mit dem Freiheitsgrad $f = 2$ für den eindimensionalen harmonischen Oszillator.

Das Rätsel der Entropie Es gibt zwei Möglichkeiten, die Entropie zu berechnen.

1. Man integriert die reduzierte Wärmemenge $\Delta E/T$, die dem System vom absoluten Nullpunkt bis zur aktuellen Temperatur zugeführt wird, um die thermodynamische Entropie $S_{\text{th.dyn}}$ zu ermitteln. Mit den von uns verwendeten Normierungen lautet die Formel dazu:

$$\frac{S(kT)}{k} = \int_0^{kT} \frac{\Delta E}{kT'} dkT' \tag{13.21}$$

Das wird in Abb. 13.2 (T) in Spalte Q (als Summe $S_{\text{th.dyn}}$) durchgeführt.

2. Man berechnet die Entropie S_{stat} allein aus den statistischen Daten des Systems bei der gegebenen Temperatur. Jeder Zustand n trägt einen Beitrag $dS(n)$ zur gesamten Entropie S_{stat} bei:

$$\frac{dS(n)}{k} = p(E_n) \cdot \ln(p(E_n)). \tag{13.22}$$

Diese Formel wird in Abb. 13.2 (T) in Spalte G eingesetzt und in H5 zur Gesamtentropie des Systems aufsummiert.

Die Verläufe der beiden Entropien $S_{\text{th.dyn}}$ und S_{stat} mit der Temperatur werden in Abb. 13.4b dargestellt. Die Entropie geht mit einer hohen Potenz gegen null, wenn die Temperatur gegen null geht.

▶ **Alac** Abb. 13.4b sieht schon mal super aus. Die weiße Kurve der thermodynamischen Entropie liegt genau in der grauen Kurve der statistischen Entropie. Wir haben auch keine Probleme mit den Einheiten. Die Entropie wird in Vielfachen der Boltzmann-Konstanten k_B gemessen und die thermische Energie in Vielfachen von hf, der Energiestufe des harmonischen Oszillators. Die Größenangaben der Achsen haben also die Dimension 1.

▶ **Tim** Halt, das gilt nur, weil die beiden Datenreihen auf verschiedenen vertikalen Achsen aufgetragen werden. Die thermodynamische Entropie ist immer um den Faktor 2,3 größer. Irgendwo muss ein Fehler sein.

▶ **Alac** Ich habe die Formeln Abb. 13.2 (T) sorgfältig überprüft. Sie scheinen mir alle zu stimmen.

▶ **Tim** Der Verlauf von C_V/k in Abb. 13.4a ist ja auch vernünftig. Er strebt für große Temperaturen den Wert 1 an, wie es sich für einen eindimensionalen Oszillator mit zwei thermodynamischen Freiheitsgraden gehört. Dann wird die thermodynamische Entropie in Spalte Q wohl auch richtig sein.

▶ **Alac** Die Formel ist ja leicht zu überschauen. Ich sehe auch keinen Fehler.

▶ **Mag** Sie schlussfolgern richtig. Die thermodynamische Entropie wird richtig ausgerechnet. Der Fehler liegt bei der statistischen Entropie. Vergleichen Sie Gl. 13.22 mit der Formel in G3!

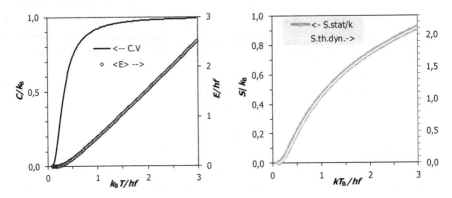

Abb. 13.4 ℬ **a** (links) Mittlere Energie $\langle E \rangle / kT$ und mittlere Wärmekapazität C_V/k (Einstein-Funktion) pro Oszillator als Funktion der Temperatur kT/hf, normiert mit dem Energiequant der Schwingung. **b** (rechts) Entropie als Funktion der Temperatur, S_{stat} wurde statistisch berechnet bei der aktuellen Temperatur; $S_{th.dyn}$ wurde berechnet durch Integration von C/T vom absoluten Nullpunkt bis zur aktuellen Temperatur

▶ **Tim** Die Wahrscheinlichkeiten werden korrekt mit f_B/Z_S angegeben, wie wir oben schon festgestellt haben. Der einzige Unterschied liegt in der Schreibweise des Logarithmus. Macht das vielleicht den Unterschied aus?

▶ **Mag** Ja.[1] Wir haben keinen Grund, an Boltzmann zu zweifeln. Wenn alle Formeln richtig eingetragen werden, dann führen die beiden Definitionen der Entropie, die thermodynamische, nach der man sie messen kann und die statistische, nach der man sie berechnen kann, zu denselben Ergebnissen. Ein großer Erfolg der kinetischen Theorie der Wärme!

▶ **Tim** Wenn das kein Grund ist, Abb. 13.4 für den Schönheitswettbewerb ℬ zu nomieren!

▶ **Mag** Hinzu kommt: Die Grundlagen für Abb. 13.4a wurden von Einstein 1905 durch einen Artikel gelegt, in dem er als Erster die Formel $E = hf$ ernst genommen hat. In seinem Nachruf auf Max Planck schrieb er: „Er hat der Menschheit einen Gedanken geschenkt." Mit diesem Gedanken fand Einstein auch eine Erklärung für den lichtelektrischen Effekt, für die er den Nobelpreis bekommen hat.

▶ **Tim** Außerdem führte er noch die Relativitätstheorie ein, alles in seinem Wunderjahr, dem „annus mirabilis", 1905.

---

[1]Log bezeichnet den dekadischen Logarithmus zur Basis 10, ln den natürlichen Logarithmus zur Basis e. Es gilt $\ln(10) = 2{,}3$. Das ist genau der Faktor in der Skalierung der beiden Achsen in Abb. 13.4.

13.3 Kinetisches Modell eines idealen Gases

Der Zustandsraum (v_x, v_y, v_z) des idealen Gases wird durch Geschwindigkeiten definiert und in unseren Simulationen mit einem Monte-Carlo-Verfahren repräsentiert. Wir berechnen die Verteilung der Geschwindigkeiten und vergleichen sie mit der theoretischen Maxwell-Boltzmann-Verteilung. Wir ermitteln die Verläufe der Entropie mit der Temperatur thermodynamisch und statistisch und prüfen, ob sie gleich sind.

13.3.1 Modell des idealen Gases, kinetische Energie

In einem idealen Gas fliegen Teilchen mit allen möglichen Geschwindigkeiten kreuz und quer durch den Raum und tauschen bei Stößen Energie aus. Die Energie ist exponentiell verteilt, siehe Abschn. 9.5. Um dieses Modell in einer Tabelle nachzubilden, erzeugen wir zunächst eine repräsentative Auswahl aller möglichen Geschwindigkeiten, indem wir 1000-mal Geschwindigkeitskomponenten v_x, v_y und v_z zufällig gleichverteilt im Bereich $[-v_{max}, v_{max}]$ wählen (siehe die Spalten A, B, C in Abb. 13.5 (T)).

Für jeden dieser Geschwindigkeitsvektoren berechnen wir v^2, v_z^2 und v. Außerdem ermitteln wir den Boltzmann-Faktor f_B für jede Energie $m/(2v^2)$:

$$f_B = \exp\left(-\frac{\frac{mv^2}{2}}{k_B T}\right) \tag{13.23}$$

Die Summe der Boltzmann-Faktoren Σf_B über alle Zustände nennt man die *Zustandssumme* Z_S des Systems bei der gewählten Temperatur. Sie steht in E6.

Gewichtete Mittelwerte als Skalarprodukte Die Mittelwerte von v^2 v_z^2 und v unserer repräsentativen Auswahl erhalten wir als gewichteten MIttelwert der 1000

	A	B	C	D	E	F	G	H
1		Masse	**m**	0,5				
2		therm. Energie	**kT**	0,015 eV		0,0157	=m/2*v².m*2/3	
3		max. sim. Geschw.	**v.max**	0,8		0,0161	=m*v.z².m	
5			**Mittelwerte:**	**v².m**	**Σf.B**	**v.z².m**	**v.m**	**S.m**
6				0,094	18,114	0,032	0,286	0,0045
8	**v.x**	**v.y**	**v.z**	**v²**	**f.B**	**v.z²**	**v**	**dS**
9	-0,77	0,76	0,55	1,48	0,000	0,301	1,22	0,0000
1008	-0,79	0,46	0,33	0,94	0,000	0,109	0,97	0,0000

Abb. 13.5 (T) Mögliche Geschwindigkeiten in einem idealen Gas; (v_x, v_y, v_z), repräsentative Auswahl von 1000 Werten mit maximalem Betrag einer Geschwindigkeitskomponente von 0,6 (v_{max} in D3); daraus berechnet V^2, V_z^2 und V, f_B ist der Boltzmann-Faktor als Gewicht für die Geschwindigkeit V in gewichteten Summen; V^2m, V_z^2, V_m sind Mittelwerte; die Formeln dieser Tabelle in den Reihen 4 und 7 stehen in Abb. 13.6 (T)

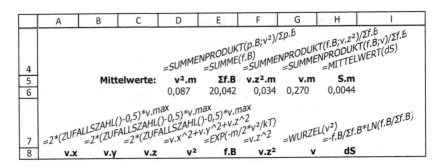

Abb. 13.6 (T) Formeln der Abb. 13.5 (T); hier stimmt der Logarithmus

einzelnen Werte. Die Gewichte sind die Boltzmann-Faktoren f_B. Es gilt z. B. für die mittlere Geschwindigkeit v_m:

$$v_m = \sum_i v_i \cdot \frac{f_{Bi}}{Z_S} \tag{13.24}$$

Zur Bestimmung der gewichteten Summen in der Tabelle setzen wir die Tabellenfunktion SUMMENPRODUKT(a; b) ein, die ein Skalarprodukt der beiden Spaltenvektoren a und b berechnet. Die mittlere Geschwindigkeit v_m wird also mit der Tabellenformel

$$v.m = \left[= \text{SUMMENPRODUKT(V; f.B)} \big/ \text{SUMME(f.B)} \right]$$

berechnet.

Mittlere kinetische Energie Im aktuellen Fall der Abb. 13.5 (T) erhalten wir in Zelle D5 für den Mittelwert des Geschwindigkeitsquadrates $v_m^2 = 0,087$. Nach der kinetischen Theorie sollte die mittlere kinetische Energie eines idealen Gases

$$\frac{m}{2}\langle v^2 \rangle = \frac{3}{2} \cdot kT \text{ oder umgeformt } \frac{m}{3}\langle v^2 \rangle = kT \tag{13.25}$$

sein. Der umgeformte Ausdruck in Zelle F2 von Abb. 13.5 (T) schwankt in der Tabelle um 0,015, wenn die repräsentative Auswahl neu gewählt wird. Er ergibt aktuell 0,0157 etwa entsprechend $Kt = 0,015$. Zur Erinnerung: Mit jeder Veränderung der Tabelle werden alle Zufallszahlen und daraus abgeleitete Größen neu berechnet, also z. B. wenn eine leere Zelle noch einmal „gelöscht" wird.

Was bedeutet Gl. 13.25 für konkrete Beispiele?

In Abb. 13.5 (T) wird für die Masse m keine Einheit angegeben. Wir setzen deshalb $m = 0,5\ m_0$. Da wir von Gl. 13.25 wissen, dass $\langle v^2 \rangle = 0,094 v_0^2$ gilt:

$$m_0 \cdot v_0^2 = \frac{2,4 \times 10^{-21} \cdot 3}{0,5 \cdot 0,094} \text{kg} \cdot \frac{m^2}{s^2} = 1,59 \times 10^{-19} \text{kg} \cdot \frac{m^2}{s^2} \tag{13.26}$$

Als konkretes Beispiel nehmen wir Sauerstoffmoleküle mit einer Massenzahl von 32, also einer Masse $m_0 = 32 \ m_e = 32 \times 1{,}27 \times 10^{-27}$ kg $= 5{,}33 \times 10^{-26}$ kg. Die Naturkonstanten m_e ist die Masse eines Nukleons. Damit wird nach Gl. 13.26 $v_0 = 1695$ m/s

$$\sqrt{<v^2>} = \sqrt{0{,}094} \cdot 1695 \frac{m}{s} = 520 \frac{m}{s}.$$

Also etwa das 1,5-fache der Schallgeschwindigkeit bei Raumtemperatur. Maximum der Maxwell-Verteilung etwa bei $0{,}3 \cdot v_0 = 508$ m/s.

Aufgabe: Wiederholen Sie das Zufallsexperiment viele Male, bilden Sie laufend die Mittelwerte von Gl. 13.25 (in Zelle F2) und prüfen Sie, ob sich ihr Mittelwert dem Wert $kT = 0{,}015$ nähert!

Ausgeblendete Formeln

13.3.2 Maxwell'sche Geschwindigkeitsverteilung

Wie sind die Geschwindigkeiten der Teilchen im Modell des idealen Gases verteilt?

Wir können nicht einfach die Häufigkeiten der 1000 v-Werte bestimmen, weil die Geschwindigkeiten mit Wahrscheinlichkeiten, nämlich den Boltzmann-Faktoren geteilt durch die Zustandssumme, versehen sind. Wir müssen diese Wahrscheinlichkeiten aufaddieren. Das geschieht mit einer Routine, die die 1000 Geschwindigkeiten einliest, in 32 Intervalle sortiert und die zugehörigen Boltzmann-Faktoren in diesen Intervallen aufsummiert. Die Routine steht in Abb. 13.10 (P) am Ende des Abschnitts. Das Ergebnis sieht man in Abb. 13.7a und b.

Die Simulation zu Abb. 13.7a enthält einen Fehler, der aus didaktischen Gründen nicht korrigiert wurde. Sie können ihn aus der Abbildung und der Legende erkennen.

Die Maxwell'sche Geschwindigkeitsverteilung wird durch:

$$p(v) = \text{const} \cdot v^2 \cdot \exp\left(-\frac{mv^2}{2kT}\right) \tag{13.27}$$

beschrieben.

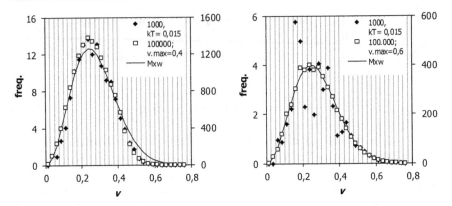

Abb. 13.7 a (links) Geschwindigkeitsverteilung in unserem Gasmodell für $kT = 0{,}015$ und $v_{max} = 0{,}4$; einmal für 1000 Zustände (linke vertikale Achse) und einmal für 100.000 Zustände (rechte vertikale Achse); Mw ist die Maxwell'sche Geschwindigkeitsverteilung. **b** (rechts) wie a, aber mit $v_{max} = 0{,}6$

Fragen
zu Abb. 13.7

Warum passen theoretische und empirische Verteilung in Abb. 13.7a nicht zusammen, in Abb. 13.7b aber ziemlich gut? Kann man es noch besser machen?[2]

Warum ist die Streuung der Werte für 1000 Zustände um die theoretische Kurve in Abb. 13.7b größer als in Abb. 13.7a?[3]

Die Integrationskonstante

Die Konstante in Gl. 13.27. muss so gewählt werden, dass das Integral über die Wahrscheinlichkeit (von $v = 0$ bis $v = \infty$) 1 ergibt. In Abb. 13.7a und b werden die Häufigkeiten der in den Intervallen aufaddierten Boltzmann-Faktoren mit der Maxwell'schen Geschwindigkeitsverteilung verglichen.

▶ **Tim** Wie sollen wir denn die Konstante in unserer Tabellenrechnung bestimmen? Wir haben ja die Boltzmann-Faktoren aufsummiert und nicht die Wahrscheinlichkeiten.

▶ **Alac** Am besten so, wie wir es oft gemacht haben: Wir verändern die Konstante mit SOLVER so, dass die theoretische Kurve mit der geringsten quadratischen Abweichung in die experimentellen Daten passt.

---

[2]Die gewählte maximale Geschwindigkeit $v_{max} = 0{,}4$ ist zu klein. Höhere Geschwindigkeiten können nicht vernachlässigt werden. In b ist $v_{max} = 0{,}6$ offenbar groß genug.

[3]Die 1000 Geschwindigkeiten in Abb. 13.7b werden im Vergleich zu Abb. 13.7a über einen größeren Phasenraum verteilt, sodass in die einzelnen Intervalle weniger Zustände fallen und die Schwankungen größer werden.

▶ **Mag** In diesem Fall gibt es aber eine theoretische Vorgabe: Die Summe über die theoretischen Häufigkeiten in den Intervallen muss gleich der Summe über die experimentellen Werte sein. Die Integrationskonstanten der theoretischen Kurven in Abb. 13.7a und b wurden entsprechend gewählt.
Der Tabellenaufbau für die Verteilungen wird in Abb. 13.8 (T) gezeigt.

Die Amplitude der Maxwell-Verteilung A_{Mxw} wird iterativ in zwei Schritten bestimmt. Zunächst wird ein Wert nach Augenmaß grob geschätzt. Im Beispiel wurde $A_{Mxw} = 10000$ gewählt, damit die Maxwell-Verteilung berechnet und die Summe über alle Intervalle S_{Mxw} gebildet, Zelle Q9. S_{Mxw} wird dann mit der Summe über die empirischen Wahrscheinlichkeiten S_{Sumi} (in Zelle P9) verglichen. Für die neue Amplitude A_{Mxw2} gilt dann:

$$A_{Mxw2} = A_{Mxw} \cdot \frac{S_{Sumi}}{S_{Mxw}}. \tag{13.28}$$

Wir kopieren den *Wert* von A_{Mxw2} in die Zelle für A_{Mxw} und erhalten eine richtig normierte Häufigkeit gemäß der Maxwell-Verteilung.

Zustandsdichte Wir untersuchen jetzt noch, wie die möglichen Geschwindigkeiten unseres Zustandsraumes, also die Werte von v in Spalte G in Abb. 13.5 (T) verteilt sind. Das können wir einfach mit der Tabellenfunktion Häufigkeit bewerkstelligen. Das Ergebnis (*Freq.v*) sieht man in Abb. 13.9a. An die Geschwindigkeiten unterhalb von $v_{max} = 0{,}6$ passt eine quadratische Funktion gut auf die Daten.
Wir sehen, dass die Häufigkeiten für $v \leq v_{max} = 0{,}6$ proportional zu v^2 ist. Oberhalb von v_{max}, der Obergrenze für die einzelnen Komponenten von v, folgt die Häufigkeitsverteilung nicht mehr der theoretischen Kurve. Unsere Zufallsgeschwindigkeiten sind dann nicht mehr gleichmäßig im Zustandsraum verteilt. Ab $0{,}6 \cdot \sqrt{3} = 1{,}04$ kommt unter unseren 1000 Werten überhaupt keine Geschwindigkeit mehr vor. Die Werte der Maxwell-Verteilung *Mw*, die ebenfalls in Abb. 13.9a wiedergegeben wird, sind in diesem Bereich aber schon so niedrig, dass Geschwindigkeiten oberhalb v_{max} praktisch nicht vorkommen.

	K	L	M	N	O	P	Q	R	S	T	U
7	=MITTELWERT(J9:J10)		Summe p.B durch vba Summiert		=A.Mxw*I.c^2*EXP(-m/2*I.c^2/kT)	=SUMME(Sumi)	=SUMME(Mxw)	A.Mxw/10000	=A.Mxw*S.Sumi/S.Mxw		
8	**I.c**	**I.b**	**Freq.v**	**Sumi**	**Mxw**	**S.Sumi**	**S.Mxw**	**A.Mxw**	**A.Mxw2**		
9		0,000	0,00	0	0	4741,29	4741,29	18204	18204		
10	**0,0125**	0,025	0,00	1	3						
40	0,7625	0,775	0,00	0	1						
41		0,800	0,00								

Abb. 13.8 (T) Verteilung der Geschwindigkeiten; I_c Intervallmitten, I_b Intervallgrenzen, *Freq*$_v$ summierte Wahrscheinlichkeiten der repräsentativen Auswahl von 1000 Geschwindigkeiten; *Sumi* aufsummierte Wahrscheinlichkeiten für eine hundertfache Wiederholung des Zufallsexperiments; *Freq*$_v$ und *Sumi* werden in einer Routine ermittelt. *Mxw* Maxwell-Verteilung, die Amplitude A_{Mxw} muss so gewählt werden, dass die Summe über alle Intervalle gleich der Summe der Wahrscheinlichkeiten in *Sumi* ist

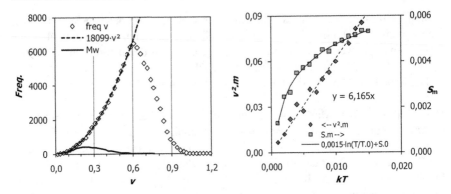

Abb. 13.9 a (links) Häufigkeit der möglichen Geschwindigkeiten (das ist die Zustandsdichte im Geschwindigkeitsraum), verglichen mit der Maxwell-Verteilung Mw aus Abb. 13.7. **b** (rechts) Mittleres Geschwindigkeitsquadrat V^2m und mittlere Entropie S_m als Funktion der Temperatur

Die Energie eines Zustandes ist $E(v) = mv^2/2$. Sie lässt sich aus v berechnen, ohne dass die Komponenten v_x, v_y und v_z bekannt sein müssen. Wir könnten deshalb den Zustandsraum durch eine Zustandsdichte $D(v)$ charakterisieren. In der Tabelle würden dann statt der Zufallskoordinaten v_x, v_y und v_z zwei Spalten v, $D(v)$ eingeführt.

13.3.3 Molare Wärmekapazität, Entropie und Druck

Mit einer Protokollroutine variieren wir k_BT von 0,001 bis 0,015 und zeichnen die Werte für das mittlere Geschwindigkeitsquadrat V^2m und die mittlere Entropie S_m/k auf. Die Daten werden in Abb. 13.9b dargestellt.

Spezifische Wärmekapazität Das mittlere Geschwindigkeitsquadrat v_m^2 in Abb. 13.9b steigt linear mit k_BT, denn $v_m^2 = 6{,}17 \cdot k_BT$. Mit $m = 0{,}5$ ist die mittlere Energie, $mv_m^2/2 = 1{,}54 \cdot kT$. Daraus folgt eine temperaturunabhängige spezifische Wärmekapazität pro Atom $c_V = dE/dT = 1{,}54\,k$. Dies liegt in der Nähe des theoretischen Wertes $c_V = 3k_B/2$.

Entropie Der Entropiebeitrag dS_Z eines Zustandes Z zur mittleren Entropie S_m pro Zustand ist nach der statistischen Theorie:

$$dS_Z = k_B \cdot p_Z \cdot \ln(p_Z) \tag{13.29}$$

mit der Boltzmann-Konstante k_B und der Wahrscheinlichkeit p_Z des Zustandes, die gegeben wird durch:

$$p_Z = \frac{\exp\left(-\frac{E_Z}{k_BT}\right)}{Z_S} \text{ mit } Z_S = \text{Zustandssumme} \tag{13.30}$$

Das mittlere Geschwindigkeitsquadrat v_m^2 ist proportional zu kT. Damit ist die mittlere Wärmekapazität pro Teilchen konstant: $C_V/k_B = 1$.

An die experimentellen Werte der mittleren Entropie lässt sich eine Funktion:

$$S_m = \text{const} \cdot \ln\left(\frac{T}{T_0}\right) \tag{13.31}$$

anpassen. Das entspricht der thermodynamischen Definition der Entropie, wenn die Wärmekapazität C_V pro Teilchen nicht von der Temperatur abhängt:

$$S = S(T_0) + k \cdot \int_{T_0}^{T} \frac{C_V}{T'} dT' = S(T_0) + k \cdot \ln\left(\frac{T}{T_0}\right). \tag{13.32}$$

Druck des idealen Gases Der Druck auf eine Wand wird nach der kinetischen Gastheorie aus dem Impulsübertrag bei einem Stoß auf eine Wand berechnet.

Fragen

Welche Dimension hat ein Impulsübertrag?[4]

Welche Dimension hat ein Impulsübertrag pro Fläche pro Zeit?[5]

Der Impulsübertrag eines Teilchens bei Stoß auf die Fläche $z = 0$ ist $p = 2mv_z$. Zur Berechnung des Druckes betrachtet man einen parallelen Strom von Teilchen, die alle dieselbe Geschwindigkeit $\vec{v}$ haben. Dann berücksichtigt man, dass

- Teilchen mit hoher Geschwindigkeit pro Zeiteinheit Δt öfter auf die Fläche auftreffen als Teilchen mit geringerer Geschwindigkeit, nämlich proportional zu $v \cdot \Delta t$,
- bei schrägem Einfall die effektive Fläche, auf die sich die stoßenden Teilchen mit der Geschwindigkeit v verteilen, größer wird gemäß $1/\cos(\theta) = v/v_z$ und
- nur die Hälfte der Teilchen eine z-Komponente in Richtung der Wand hat.

Der mittlere Impulsübertrag $\langle p_v \rangle$ pro Fläche pro Zeit für ein stoßendes Teilchen mit der Geschwindigkeit v ist somit:

$$\langle p_v \rangle = 2mv_z \cdot v \cdot \frac{v_z}{v} \cdot \frac{1}{2} = m \cdot v_z^2. \tag{13.33}$$

Er hängt nur von v_z ab und ist unabhängig von v_x und v_y.

Der Wert von $\langle p_v \rangle$ gemäß Gl. 13.33 wird in Zelle F3 von Abb. 13.5 (T) berechnet. Aktuell erhalten wir 0,0135, verglichen mit $kT = 0,015$. Der Wert schwankt um 0,015 und nähert sich 0,015, wenn wir F6 über viele Versuche aufsummieren. Das entspricht genau der kinetischen Gastheorie: Jedes Teilchen trägt

---

[4]Kraftgesetz $dp/dt = F$; Impulsübertrag $[p] = $ Ns (Kraftstoß)

[5]Impulsübertrag pro Fläche pro Zeit: Ns/(m² · s) = N/m² (Druck)

kT zum Druck auf eine Wand bei. Für eine Teilchendichte n (Anzahl der Teilchen pro Volumen) gilt dann:

$$\text{Druck } p = n \cdot kT \text{ oder } p = \frac{N}{V} \cdot kT \text{ oder } pV = m \cdot RT$$

wobei m die Molanzahl und R die allgemeine Gaskonstante ist, $R = N_A k$ mit $N_A = $ Avogadrozahl.

13.3.4 Makros

In Abb. 13.10 (P) wird die Routine gezeigt, die die Häufigkeitsverteilung der Geschwindigkeiten mehrfach aufaddiert.

In Sub *Maxwell in* Abb. 13.11 (P) werden Geschwindigkeiten in Intervalle einsortiert und die zugehörigen Wahrscheinlichkeiten aufsummiert.

1 **Sub FreqAdd()**	Application.Calculation = xlCalculationManual 10
2 vmax = 0.025 * 32 *'approx. v.max * Sqr(3)*	Call Maxwell(vmax) 11
3 vme = vmax / 32 *'interval width*	*'Sum up frequency distribution* 12
4 r2 = 9	For r = 9 To 40 13
5 For i = 0 To 32 *'set interval boundaries*	Cells(r, 14) = Cells(r, 14) + Cells(r, 13) 14
6 Cells(r2, 12) = vme * i	Next r 15
7 r2 = r2 + 1	Application.Calculation = xlCalculationAutomatic 16
8 Next i	Next n 17
9 For n = 1 To 100	End Sub 18

Abb. 13.10 (P) Sub *FreqAdd* bestimmt die 33 Intervallgrenzen, ruft hundertmal Sub *Maxwell* auf und addiert die aktuelle Verteilung aus Spalte M (Cells(*,13)) der aufaddierten Verteilung in Spalte N (Cells(*,14)) in Abb. 13.8 (T)

19 **Sub Maxwell(vmax)**	nh = ni 39
20 *'vm = max. velocity*	Else 40
21 Dim Frq(32) As Single	vl = vi 41
22 For n = 0 To 32	nl = ni 42
23 Frq(n) = 0	End If 43
24 Next n	vi = (vh + vl) / 2 44
25 For r = 9 To 1008	ni = (nh + nl) / 2 45
26 *'h=high; l=low; i=intermediate*	Next n 46
27 v = Cells(r, 7)	*'nh = nl + 1, must be* 47
28 pB = Cells(r, 5)	If nh <> nl + 1 Then Debug.Print nh, nl 48
29 vh = vmax	*'sum Boltzmann probabilities* 49
30 vl = 0	Frq(nh) = Frq(nh) + pB 50
31 vi = vmax / 2	Next r 51
32 nh = 32	r2 = 9 52
33 nl = 0	*'Put out summed Boltzm. probs.* 53
34 ni = 16	For n = 0 To 32 54
35 *'Sort v into 31 intervals*	Cells(r2, 13) = Frq(n) 55
36 For n = 1 To 5	r2 = r2 + 1 56
37 If v <= vi Then	Next n 57
38 vh = vi	End Sub 58

Abb. 13.11 (P) In Sub *Maxwell* werden die Geschwindigkeiten v nacheinander aus Reihe 9 bis 1008 der Abb. 13.5 (T) eingelesen und in ein Intervall einsortiert. Es werden dabei die Indizes n_l und n_h der Intervallgrenzen ermittelt. Der Boltzmann-Faktor p_B für v wird dann dem Feldelement frq(n_l) addiert. Zum Sortieralgorithmus siehe Abb. 13.12

```
0  1  2  3  4  5  6  7  8  9 10 11 12 13 14 15 16 17 18 19 20 21 22 23 24 25 26 27 28 29 30 31 32
0                                                                                                32
                                          16
            8                                                              24
      4                       12                            20                        28
   2        6           10          14          18          22          26          30
   1     2     5     7     9    11    13    15    17    19    21    23    25    27    29    31
```

Abb. 13.12 Fünffache Intervallteilung zwischen 0 und 32

Fragen

zu Abb. 13.10 (P) und 13.11 (P)

Warum wird die automatische Berechnung in Zeile 10 von Sub *FreqAdd* ausgeschaltet und in Zeile 16 wieder eingeschaltet?[6]

Warum werden in Sub *Maxwell* 32 Intervalle gewählt und nicht 30 oder 33?[7] Siehe dazu auch Abb. 13.12.

Ist der Mittelwert von zwei Zweierpotenzen immer geradzahlig?[8]

Abb. 13.12 zeigt die fünfmalige Intervallteilung zwischen 0 und 32, die dem Sortieralgorithmus in Sub *FreqAdd* in Abb. 13.10 (P) zugrunde liegt.

13.4   Debye-Modell der spezifischen Wärme eines Festkörpers

Im Debye-Modell für die Wärmekapazität eines Festkörpers steckt die Wärmeenergie in stehenden Wellen. Deren Wellenlänge ist nach unten durch den Abstand zwischen zwei Atomen begrenzt. Davon abgesehen wird der atomare Charakter des Festkörpers vernachlässigt und der Festkörper wird als homogener elastischer Würfels betrachtet, dessen Oberflächen Knotenflächen der Wellen sind. Wir repräsentieren den Zustandsraum der stehenden Wellen durch seine Zustandsdichte. Jede stehende Welle verhält sich wie ein quantenmechanischer Oszillator, für den die Bose-Einstein-Statistik gilt. Ergebnis: Die mittlere Wärmekapazität pro Mode steigt bei kleinen Temperaturen mit T^3 und nähert sich bei hohen Temperaturen der Boltzmann-Konstante.

---

[6]Während der Berechnung der Verteilung sollen keinen neuen Zufallszahlen gebildet werden. Nach der Berechnung muss ein neues Experiment mit neuen Zufallszahlen durchgeführt werden.

[7]Die Zahl 32 ist eine Zweierpotenz, $32 = 2^5$. Das ist nötig, weil der Sortieralgorithmus als neuen Index der Intervallgrenze immer den Mittelwert der alten Intervallgrenzen nimmt. Durch fünfmalige Teilung kommt man so auf 33 mögliche Intervallgrenzen (von 0 bis 32) (Abb. 13.12).

[8]Der Mittelwert von zwei Zweierpotenzen ist geradzahlig, wenn n und m größer oder gleich 2 sind: $\frac{2^n + 2^m}{2} = 2 \cdot \left(2^{n-2} + 2^{m-2}\right)$.

Annahmen des Modells Im Debye-Modell für die Wärmekapazität eines Festkörpers steckt die Wärmeenergie in stehenden Wellen. Der Kristall wird als homogener elastischer Würfels betrachtet, dessen Oberflächen Knotenflächen der Wellen sind. Daraus folgt: Die Zustandsdichte der Moden ist proportional zu $4\pi k^2 dk$. Das entspricht genau der Dichte von Punkten im dreidimensionalen Raum wie in Abschn. 11.4.2 oder der Dichte im dreidimensionalen Geschwindigkeitsraum Abschn. 13.3.2.

Die Wellenlänge λ ist nach unten durch den doppelten Abstand $2a$ zwischen zwei Atomen begrenzt. Daraus folgt: Es gibt einen maximalen Wellenzahlvektor $k_{max} = 2\pi / 2a$.

Weitere Annahmen:

- Jede stehende Welle verhält sich wie ein quantenmechanischer Oszillator mit einer bestimmten Kreisfrequenz ω.
- Im akustischen Zweig gilt eine lineare Dispersionsrelation $\omega = c_0 \cdot k$ zwischen Kreisfrequenz ω und Wellenzahlvektor k mit der Schallgeschwindigkeit c_0 als Proportionalitätskonstante.

Schwingungen eines elastischen Würfels Jede Schwingungsmode $V(x, y, z)$ eines elastischen Würfels ist das Produkt aus drei Sinusfunktionen für Ausbreitung in die drei Raumrichtungen:

$$V(x,y,z) = A \cdot \sin(k_x \cdot x) \cdot \sin(k_y \cdot y) \cdot \sin(k_z \cdot z). \quad (13.34)$$

Als Randbedingung muss ein Vielfaches der halben Wellenlänge die Kantenlänge L ergeben, damit die Oberflächen des Würfels Knotenflächen sind. Es gelten also für die Wellenzahlvektoren k_x, k_y und k_z die folgenden Quantisierungsbedingungen:

$$k_{xn} = n \cdot \frac{\pi}{L}; \, k_{ym} = m \cdot \frac{\pi}{L}; \, k_{zo} = 0 \cdot \frac{\pi}{L} \quad (13.35)$$

$$k_{nmo} = \sqrt{k_{xn}^2 + k_{xm}^2 + k_{xo}^2} \quad (13.36)$$

wobei n, m und o positive oder negative ganze Zahlen sind.

Die Zustandsdichte in dem dreidimensionalen k-Raum ist proportional zu k^2, wie oben ausgeführt. Die Dispersionsrelation $\omega = \omega(k)$ hängt in einem isotropen elastischen Medium nur vom Betrag k des $\vec{k}$-Vektors ab:

$$\omega = c_0 \cdot k. \quad (13.37)$$

und zwar linear mit der konstanten Schallgeschwindigkeit c_0 als Proportionalitätsfaktor Es gilt also für die Zustandsdichte $D(\omega)$:

$$D(\omega) = D_0 \omega^2 \quad (13.38)$$

oder mit $E = \hbar\omega$:

$$D_E(E) = D_{E0} E^2 \quad (13.39)$$

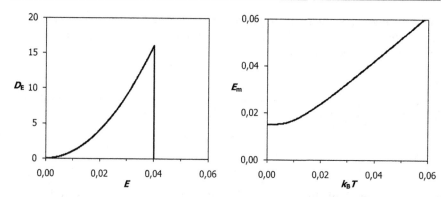

Abb. 13.13 a (links) Zustandsdichte $D_E(E)$ eines Kristalls mit der Debyeenergie 0,04. **b** (rechts) Mittlere Energie E_m der Schwingungsmoden im Debye-Modell der Abb. 13.13a, wie in Abb. 13.14 (T) berechnet

Kristall statt elastischer Würfel In einem Kristall gibt es keine Schwingungen, deren Wellenlänge kürzer als zwei Atomabstände d ist. Es gibt also eine obere Grenze k_{max} für den Wellenzahlvektor und damit auch für die Frequenz und die Energie:

$$k_{max} = \frac{\pi}{d}; \quad \omega_{max} = c_0 k_{max} \quad E_{max} = \hbar\omega_{max} \tag{13.40}$$

Die maximale Frequenz nennt man *Debye-Frequenz*; die zugehörige maximale Energie E_{max} Debye-Energie. Sie sind charakteristisch für den Kristall und werden durch dessen Atomsorten und Kristallstruktur festgelegt.

Modell des Zustandsraums Wir könnten den Zustandsraum mit einem Monte-Carlo-Verfahren simulieren. Dazu müssten Vektoren erzeugt werden, die gleichmäßig in einer Kugel verteilt wären. Da wir schon herausbekommen haben, dass die Zustandsdichte in einer Kugel mit dem Quadrat der Energie ansteigt, können wir den Zustandsraum auch durch seine Zustandsdichte $D_E(E)$ in Gl. 13.39 beschreiben. Sie stellt sich dann wie in Abb. 13.13a dar.

Fragen
zu Abb. 13.13
   Welcher Zufallsgenerator wird eingesetzt, um eine Verteilungsfunktion wie in Abb. 13.13a zu erzeugen?[9]
   Durch welchen Kristallparameter wird die Debye-Energie E_D bestimmt, oberhalb derer die Zustandsdichte verschwindet?[10]

---

[9]$\sqrt[3]{Zfz} \cdot E_{max}$.

[10]Durch die Gitterkonstante a: $E_D = \hbar\omega_D = \frac{\hbar(2\pi)}{\lambda_D} = \frac{\hbar(2\pi)}{2a}$.

Die Schwingungsmoden sind quantisiert Im Debye-Modell verhält sich jede Schwingungsmode (m, n, o) wie ein quantenmechanischer harmonischer Oszillator mit den Energieeigenwerten für $i = 0, 1, 2, \ldots$:

$$E_i^{m,n,o} = (i + 0,5)\hbar\omega_{m,n,o} \tag{13.41}$$

Der Besetzungsgrad n einer Schwingungsmode hängt nur von ihrer Energie ab und wird durch die Bose-Einstein-Funktion bestimmt:

$$n(E) = \frac{1}{\exp\left(\frac{E}{k_B T}\right) - 1}. \tag{13.42}$$

Statistik als Buchführung in einer Tabelle Wir berechnen die mittlere Energie der Schwingungen in Abb. 13.14 (T) wie ein Buchhalter.

Der Bereich A:E gilt für eine fest gewählte Temperatur kT. Wir listen die möglichen Energien, die zugehörigen Zustandsdichten und Bose-Einstein-Faktoren in den Spalten A, B und C auf und berechnen in der nächsten Spalte D die individuellen Beiträge dieser Moden zur Gesamtenergie. Die mittlere Energie pro Mode, E_m in Zelle E5, ist die Gesamtenergie geteilt durch die Anzahl der Zustände (Summe über D_E in Spalte B):

$$E_m = \frac{\Sigma\,\Delta E}{\Sigma D_E} \tag{13.43}$$

$$E5 = \left[= \text{SUMME(Del.E)} / \text{SUMME(D\_E)}\right]$$

In den Spalten G bis K werden Berechnungen für verschiedene Werte von kT gespeichert.

Mittlere Wärmekapazität der Oszillatoren im Debye-Modell Mit einer Protokollroutine variieren wir die thermische Energie kT und protokollieren die mittlere Energie der Schwingungsmoden (Spalten H und I in Abb. 13.14 (T)). In der

	A	B	C	D	E	F	G	H	I	J	K	L
1	E.D	0,04		kT	0,0600		131,427					
2	dE	0,00010		D.0	10000		2142,94	0,0613			76	
3	=A5+dE	=D.0*E^2	=1/(EXP(E/kT)-1)	=E*(p.BE)*D.E	=SUMME(del.E)	=SUMME(D.E)/SUMME(D.E) =MITTELWERT(H5:H6)/E.D durch vba-Routine			durch vba-Routine	=(I5-I6)/(H5-H6) =K$2*G6^3		
4	E	D.E	p.BE	del.E	E.m		kT/E.D	kT	E.m	C.V	A·(kT)³	
5	0,00001	0,00	6000,0	0,00	0,06133			0,00015	0,01502			
6	1E-04	0,00	545,5	0,00			0,006	0,00030	0,01502	2E-05	1E-05	
404	0,03991	15,93	1,56	0,99			1,49813	0,06000	0,06133	0,97801	255,539	
405	0,04001	16,01	1,55	1,00								
406	0,04011	0,00										

Abb. 13.14 (T) E_m = mittlere Energie einer Schwingungsmode als Funktion der Temperatur, gegeben als kT; D_E = Zustandsdichte bei der Energie E; p_{BE} = Bose-Einstein-Faktor; ΔE = Beitrag der aktuellen Mode zur Gesamtenergie

Tabelle berechnen wir dann die Wärmekapazität c_V als Ableitung der Energie nach kT (Spalte J) und tragen sie als Funktion von kT/E_D (berechnet in Spalte G) auf (Abb. 13.15a und b).

Weit unterhalb der Debye-Temperatur, $kT/E_D < 0,1$, steigt die Wärmekapazität mit der dritten Potenz der Temperatur, Abb. 13.15b. Oberhalb der Debye-Temperatur, $kT/E_D > 1$, nähert sich die Wärmekapazität eines Oszillators der Boltzmann-Konstante k_B (Abb. 13.15a). Die Einstein-Kurve in Abb. 13.15a wird in Abb. 13.16 (T) als Ableitung eines Terms der Planck'schen Gleichung für die Strahlung des schwarzen Körpers berechnet.

▶ **Alac** Wenn man die Energie des einzigen Oszillators im Einstein-Modell geschickt wählt, dann erhält man fast denselben Temperaturverlauf wie mit dem Debye-Modell mit seinen vielen möglichen Wellen, im Beispiel der Abb. 13.15a etwa $E_0 = 0,03$ statt $E_D = 0,04$.

▶ **Tim** Und auch die wesentliche Aussage: Die Wärmekapazität pro Oszillator geht mit sinkender Temperatur steil gegen null und bleibt nicht konstant, wie im Modell der klassischen Thermodynamik.

▶ **Mag** Einstein hat den wesentlichen neuen Gedanken gehabt: Die Schwingungen im Kristall verhalten sich wie die Oszillatoren im schwarzen Körper, für die Planck postuliert hat, dass sie Energie nur in ganzen Quanten $\Delta E = h \cdot f$ aufnehmen oder abgeben können. Einstein hat im Wesentlichen die Planck'sche Formel für die Energie des schwarzen Körpers nach der Temperatur abgeleitet und seine Kurve für die Wärmekapazität erhalten, so wie wir es nachgemacht haben.

▶ **Tim** Was nützt uns dann die Debye-Theorie, wenn wir die von Einstein schon haben?

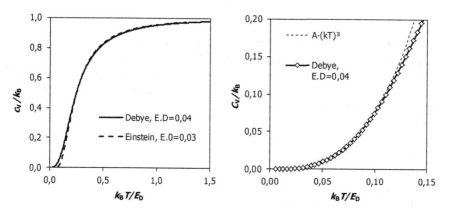

Abb. 13.15 a (links) Mittlere Wärmekapazität pro Schwingungsmode im Debye-Modell und im Einstein-Modell, normiert auf die Boltzmann-Konstante k_B als Funktion von $k_B T$, normiert auf die Debye-Energie E_D. **b** (rechts) Ausschnitt aus a, verglichen mit einer Funktion $A \cdot (kT)^3$, dritte Potenz von T

Abb. 13.16 (T) Die
Einstein'sche Formel
für die Wärmekapazität
eines Festkörpers wird als
Ableitung der Planck'schen
Formel nach der Temperatur
berechnet

	A	B	C	D	E	F
4	E.0	0,03		Einstein, E.0=0,03		
5			=1/(EXP(E.0/kT)-1)	=(Planck-B7)/(kT-A7)	*E.0	
				=MITTELWERT(A7;A8))/E.D		
6	kT	Planck	c.E			
7	0,00015	0,000				
8	0,00030	0,000	7E-42	0,006		
406	0,06000	1,541	0,979	1,498		

▶ **Mag** Debye hat das Modell weiterentwickelt, sodass es die molare Wärmekapazität von Festkörpern quantitativ erklärt, mit einem universellen Temperaturverlauf für alle Festkörper. Sein Modell enthält nur einen Parameter, die
Debye-Temperatur, die aus Schallgeschwindigkeit und Gitterkonstante eines Festkörpers berechnet wird und bestimmt damit den Temperaturverlauf der Wärmekapazität dieses Festkörpers. Ein großer Erfolg der kinetischen Theorie der
Wärme.

13.5 Wärmekapazität eines Elektronengases

Unsere Simulation der thermischen Eigenschaften eines Elektronengases
basiert auf drei Grundannahmen: (1) Die Zustandsdichte ist proportional
zur Wurzel aus der Energie. (2) Die Zustände werden gemäß der Fermi-Dirac-Statistik besetzt. (3) Die Anzahl der Elektronen bleibt für alle Temperaturen gleich. Zusätzlich zur Tabellenrechnung wird SOLVER eingesetzt, um
das elektrochemische Potential zu bestimmen, welches (3) gewährleistet.
Für dieses *entartete* Elektronengas ist die Wärmekapazität sehr viel kleiner
als klassisch erwartet und proportional zu *T*.

Die Zustandsdichte der Elektronen ist proportional zu $\sqrt{E}$ Ein Metall wird
im quantenmechanischen Sommerfeld-Modell als Kasten mit unendlich hohen
Wänden betrachtet. Die Elektronenzustände werden durch stehende Wellen
beschrieben, deren Wellenzahlvektoren diskrete Werte annehmen, weil die Wände
Knotenflächen sein sollen.

Dieses Modell entspricht genau dem Debye-Modell für die Schwingungen in
einem Kristall, Abschn. 13.4. Wir wissen daher, dass die Zustandsdichte proportional zu k^2 ist:

$$D(k)dk = const\ k^2 dk \qquad (13.44)$$

Die Dispersionsrelation für Elektronen lautet:

$$E = \frac{\hbar^2 k^2}{2m} \qquad (13.45)$$

wobei $\hbar$ die Planck-Konstante und m die Elektronenmasse sind. Um die Zustandsdichte als Funktion der Energie auszudrücken, müssen die Terme k^2 und dk umgeformt werden.

$$k^2 = \frac{2mE}{\hbar^2}$$

$$\frac{dE}{dk} = \frac{\hbar^2 k}{2m} = \frac{\hbar\sqrt{m}}{\sqrt{2}} \cdot \sqrt{E} \text{ also } dk = \frac{c}{\sqrt{E}}$$

Die Zustandsdichte hängt somit von der Wurzel der Energie ab:

$$D(E)dE = c_E \sqrt{E}dE \tag{13.46}$$

Damit können wir die ersten beiden Spaltenvektoren Energie E und Zustandsdichte $D(E)$ bei der Energie E unseres Tabellenmodells buchhalterisch wie in Abb. 13.17 (T) formulieren. Die Konstante c_E setzen wir zu eins und so notieren wir $\sqrt{E}$ für $D(E)$ in Spalte B. Die Zahl der Elektronen wird später durch die Wahl des elektrochemischen Potentials μ bestimmt.

Es gilt die Fermi-Dirac-Statistik Die Elektronen gehorchen dem Pauli-Prinzip und unterliegen damit der Fermi-Dirac-Statistik für die Besetzungswahrscheinlichkeit p_{FD} eines Zustandes:

$$P_{FD}(E) = \frac{1}{\exp\left(\frac{(E-\mu)}{kT}\right) + 1} \tag{13.47}$$

wobei μ das elektrochemische Potential ist, welches bei $T = 0$ K gleich der Fermi-Energie ist. Die Fermi-Dirac-Funktion wird als p_{FD} in Spalte C von Abb. 13.17 (T) eingesetzt.

	A	B	C	D	E	F	G	H	I	J
1		Energiestufen	**dE**		0,001		Anzahl Elektronen		**N.soll**	750,00
2		thermische Energie	**kT**		0,01		elektrochem. Pot.		**µ**	2,49976
3	=A9+dE	=WURZEL(E)	=(EXP((E-µ)/kT)+1)^-1	=SUMMENPRODUKT(E;√E;p.FD)			=SUMMENPRODUKT(√E;p.FD)		=(N.ist-N.soll)^2	
4	**E**	**√E**	**p.FD**	**E.ges**			**N.ist**		**Abw**	
5	2,000	1,414	1	1690,98			750,00		5,1E-20	
6	**2,001**	**1,415**	**1**							
1004	2,999	1,732	2,1E-22							

Abb. 13.17 (T) Buchhaltung für die thermischen Eigenschaften eines Elektronengases; 1000 Energiestufen zwischen 2 und 3; Zustandsdichte proportional zu $\sqrt{E}$; Fermi-Dirac-Funktion p_{FD}; die Gesamtenergie E_{ges} wird als Skalarprodukt von drei Spaltenvektoren berechnet; die Anzahl N_{ist} der Elektronen für ein vorgewähltes μ wird in G5 als Skalarprodukt von zwei Spaltenvektoren berechnet

Aus den drei Spalten A, B und C lassen sich Kenngrößen der Gesamtheit der Elektronen berechnen. Die Gesamtenergie E_{ges} in D5 ist das Skalarprodukt aus den drei Spaltenvektoren für die Energie, die Zustandsdichte und die Fermi-Dirac-Funktion:

$$E_{\text{ges}} = \sum_i E_i D_i p_i \tag{13.48}$$

Die Gesamtzahl der Elektronen N_{ist} in G5 ist das Skalarprodukt der Zustandsdichte und der Fermi-Dirac-Funktion:

$$N_{\text{ist}} = \sum_i D_i p_i \tag{13.49}$$

Der Index i läuft im Prinzip von 0 bis ∞, um sämtliche Energien von 0 bis ∞ zu erfassen. In unserer Tabellenrechnung haben wir in A5:A1004 nur 1000 Energiewerte zwischen 2 und 3 aufgelistet. Wir müssen deshalb sicherstellen, dass in unseren endlichen Summen nur Terme wegfallen, deren Beitrag zum Gesamtergebnis unerheblich ist (siehe Abb. 13.18 für eine erste Abschätzung).

Die Gesamtzahl der Elektronen ist unabhängig von der Temperatur sein
Die Gesamtzahl der freien Elektronen muss in einem Metall unabhängig von der Temperatur sein. Das elektrochemische Potential μ muss deshalb bei jeder Temperatur so gewählt werden, dass die Zahl der Elektronen der vorgegebenen Anzahl entspricht. Wir bewerkstelligen das mithilfe der SOLVER-Funktion, indem wir die Abweichung zwischen der aktuell berechneten Elektronenanzahl N_{ist} und der vorgegebenen Anzahl N_{soll} durch Veränderung des elektrochemischen Potentials μ minimieren.

Im Beispiel der Abb. 13.17 (T) wurde die Minimierung für $kT = 0{,}01$ durchgeführt. Es wird $\mu = 2{,}499764$ gefunden. Die quadratische Abweichung der Anzahl vom Sollwert 750 ist 5×10^{-10}, die Abweichung selbst also $2{,}2 \times 10^{-5}$. Die Zahl der Elektronen kann also als $750 \times 10^5 = 75$ Mio. mit einer Abweichung von ± 2 angegeben werden.

Abb. 13.18 Fermi-Dirac-Funktion für $kT = 0{,}01$ und $0{,}08$; das elektrochemische Potential μ wurde in beiden Fällen so gewählt, dass das System 750 Elektronen enthält

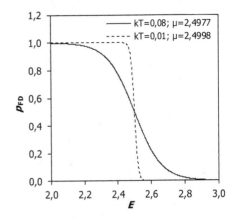

Der im konkreten Beispiel gewählte Energiebereich geht von 2 bis 3 in willkürlichen Einheiten. Das elektrochemische Potential soll in der Mitte dieses Bereiches liegen. Für diese Wahl der Parameter ist sichergestellt, dass mit sehr großer Wahrscheinlichkeit praktisch alle Zustände unterhalb $E = 2$ besetzt und alle Zustände oberhalb $E = 3$ unbesetzt sind. Zur Berechnung der Anzahl der Elektronen und der Gesamtenergie des Elektronengases als Funktion von μ kann man sich deshalb auf den gewählten Energiebereich beschränken. Diese Aussage gilt allerdings nur für Werte von $kT \leq 0{,}08$, wie man in Abb. 13.18 sieht.

Für größere Werte von kT verläuft die Fermi-Dirac-Kurve noch flacher und ist bei $E = 2$ nicht mehr nahe genug an 1 und bei $E = 3$ nicht mehr nahe genug an 0, sodass unser Modell mit den gewählten Parametern nicht mehr gültig ist.

Temperaturverläufe von μ und E_{ges} Die in der Simulation erhaltenen Werte für das elektrochemische Potential und die Gesamtenergie von $kT = 0{,}01$ bis $0{,}08$ sehen Sie in Abb. 13.19a und b.

Theoretisch wird erwartet, dass das elektrochemische Potential mit T^2 kleiner und die Gesamtenergie mit T^2 größer wird. Die simulierten Daten in Abb. 13.19 lassen sich sehr gut mit diesen Abhängigkeiten erklären. Die spezifische Wärmekapazität als Ableitung der Energie nach der Temperatur ist also proportional zu T. Die mittlere Energie eines Elektrons beträgt etwa $1{,}7/2{,}5 = 0{,}68$ des elektrochemischen Potentials.

Unsere Simulation basiert auf den drei oben dargelegten physikalischen Grundannahmen für Zustandsdichte, Besetzungswahrscheinlichkeit und Elektronenzahl. Sie ergibt auch die erwarteten Ergebnisse. Wir nehmen deshalb an, dass alle relevanten physikalischen Gesetze in den Ansatz der Simulation eingegangen sind und dass wir keine Tabellenfehler gemacht haben.

Die Energie ändert sich im betrachteten kT-Bereich, also bei einer Änderung um 800 %, nur um etwa 1 %. Nach den Regeln der klassischen statistischen Thermodynamik sollten die Energie proportional zu kT und die Wärmekapazität unabhängig

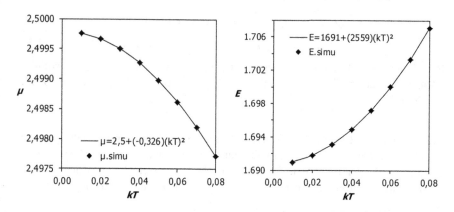

Abb. 13.19 a (links) Elektrochemisches Potential μ als Funktion der Temperatur. **b** (rechts) Gesamtenergie E als Funktion der Temperatur

von der Temperatur sein. Für das entartete Elektronengas ist die Wärmekapazität also sehr viel kleiner als klassisch erwartet und auch nicht unabhängig von der Temperatur sondern proportional zu T.

Fragen

zu Abb. 13.18 und 13.19:
   Können die Werte auf den Achsen sinnvoll gedeutet werden, obwohl keine Einheiten angegeben werden?[11]

13.6   Elektronen und Löcher in Halbleitern

In einem Halbleiter gibt es Elektronen in gebundenen Zuständen, negative freie Elektronen und positive freie Löcher, deren Anzahl sich mit der Temperatur ändert. Die Zustandsdichten im Valenzband und Leitungsband sind proportional zu $\sqrt{E}$. Die Besetzung aller Zustände wird durch die Fermi-Dirac-Statistik bestimmt. Durch Wahl des elektrochemischen Potentials μ muss Elektroneutralität gewährleistet werden. Die Ladungsträgerdichte als Funktion der Temperatur ist bei tiefen und bei hohen Temperaturen thermisch aktiviert.

Bandschema und Zustandsdichte eines Halbleiters Das Bandschema eines intrinsischen Halbleiters besteht aus einem Valenzband, das bei $T = 0$ vollständig mit Elektronen gefüllt ist, und einem Leitungsband, welches bei $T = 0$ vollständig leer ist. Die beiden Bänder sind durch eine Bandlücke voneinander getrennt (Abb. 13.20a). Mit steigender Temperatur treten Elektronen vom Valenzband ins Leitungsband thermisch aktiviert über. Die Zustandsdichten in den Bändern steigen mit $\sqrt{E}$ an (Abb. 13.20b, die schwarze Kurven):

$$D_c(E) = D_c \sqrt{E - E_c} \text{ für das Leitungsband} \tag{13.50}$$

$$D_v(E) = D_v \sqrt{E_v - E} \text{ für das Valenzband} \tag{13.51}$$

Bei dotierten Halbleitern befinden sich Elektronenniveaus in der Bandlücke. Akzeptorniveaus sind bei $T = 0$ unbesetzt und Donatorniveaus sind bei $T = 0$ vollständig besetzt.

Elektronen im Leitungsband, Löcher im Valenzband Freie Ladungsträger, die zu einem elektrischen Strom beitragen, entstehen nur, wenn es Elektronen im Leitungsband oder Löcher im Valenzband gibt. Löcher entstehen, wenn Elektronen im Valenzband fehlen, also Zustände im Valenzband unbesetzt sind.

---

[11]Auf allen Achsen werden Energien aufgetragen oder die dimensionslose Größe p_{FD}. Die Energien können sinnvoll interpretiert werden, wenn alle in denselben Einheiten gemessen werden. Energieskalen in [eV] passen am besten zu realen Metallen.

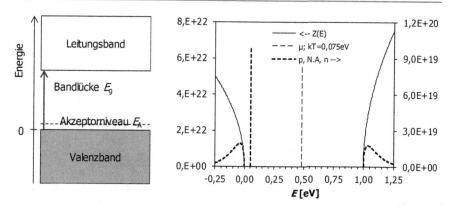

Abb. 13.20 a (links) Bandschema eines p-dotierten Halbleiters. **b** (rechts) Durchgezogene Linie: Zustandsdichte im Valenzband und im Leitungsband; gepunktet: Verteilung p der Löcher im Valenzband, Dichte N_A der ionisierten Akzeptoratome, Verteilung n der Elektronen im Leitungsband; gestrichelt: Lage des elektrochemisches Potentials μ

Wir betrachten einen Halbleiter mit einer Bandlücke von 1 eV und mit einem Akzeptorniveau 0,05 eV oberhalb der Valenzbandkante und untersuchen die Besetzung der Bänder und der Akzeptoren mit Löchern und Elektronen in Abhängigkeit von der Temperatur.

Thermische Besetzung der Zustände im Rechenmodell Die Zustände werden gemäß der Fermi-Funktion besetzt:

$$F(E) = \frac{1}{\exp\left(\frac{E-\mu}{kT}\right) + 1} \tag{13.52}$$

Dabei ist μ das elektrochemische Potential. Es muss bei vorgegebener Temperatur so gewählt werden, dass Elektroneutralität herrscht, das heißt, dass die Anzahl der Löcher (positive Ladungen) genauso groß sein muss wie die Summe der Elektronen (negative Ladungen) auf den Akzeptorniveaus und im Leitungsband.

In Abb. 13.21 (T) werden die Kenngrößen des Halbleiters eingetragen. Das elektrochemische Potential in C7 kann mit dem Schieberegler über die verbundene Zelle B6 eingestellt werden. Die Größen in den Zeilen 9 bis 12 werden aus dem Rechenmodell der Abb. 13.22 (T) ermittelt.

Die Tabelle in in Abb. 13.22 (T) ist in drei Bereiche eingeteilt, einer für die Löcher (Zeilen 16 bis 116), ein weiterer für die Elektronen auf den Akzeptorzuständen (Zeilen 118 und 119) und ein dritter für die Elektronen im Leitungsband (Zeilen 120 bis 221). Es folgt spaltenweise dem bekannten Schema: In drei Spaltenvektoren werden die Energie E, die Zustandsdichte $Z(E)$ und die Fermi-Funktion $F(E)$ eingesetzt. Daraus berechnet sich dann in der vierten Spalte (hier in Spalte E) die Elektronendichte als $N(E) = Z(E) \cdot F(E)$.

	A	B	C	D	E
1	DOS Valenzband	**N.V**	1,00E+23		
2	DOS Leitungsband	**N.C**	1,50E+23		
3	thermische Energie	**kT**	0,0750		
4	Akzeptordichte	**N.A**	1,00E+20		
5		**dE**	2,50E-03		
6		14435,74	◄	▮	▮ ►
7	chemisches Potential	**μ**	**0,48**	=B6/3000	
8					
9	Nettoladung		2,77E+15	=ABS(p.-n.Ak-n.)	
10	Löcherdichte	**p.**	1,09E+21	=SUMME(F16:F116)	
11	ionisierte Akzeptoren	**n.Ak**	9,97E+19	=F118	
12	Elektronendichte	**n.**	9,9E+20	=SUMME(F120:F220)	

Abb. 13.21 (T) Kenngrößen des Halbleiters; DOS ist die Zustandsdichte (density of states); das elektrochemische Potential in C7 kann mit dem Schieberegler eingestellt werden

	B	C	D	E	F	G	H	I
14	=B15+dE	=N.V*WURZEL(-E)	=(EXP((E-μ)/kT)+1)^-1	=Z_E*F_E				
15	E	Z(E)	F(E)	N(E)	p, N.A, n			
16	-0,2500	5,00E+22	1,00	5,00E+22	2,92E+18	=Z_E-N_E Löcherdichte		
17	**-0,2475**	4,97E+22	1,00	4,97E+22	3,00E+18			
116	0,0000	0,00E+00	0,9984	0,00E+00	0,00E+00	=Z_E-N_E		
117								
118	0,0500	=N.A			0,00E+00			
119	0,0500	**1,0E+20**	1,00	9,97E+19	**1,0E+20**	=N_E	besetzte Akzept.	
120		=N.C*WURZEL(E-1)						
121	1,0000	0,00E+00	0,00	0,00E+00	0,00E+00	=N_E	Elektronendichte	
221	1,2500	7,50E+22	0,00	2,65E+18	2,65E+18	=N_E		

Abb. 13.22 (T) Fortsetzung von Abb. 13.21 (T); $E =$ Energie von −0,25 bis 1,25 eV; $Z(E)$: Zustandsdichte; $F(E)$: Fermi-Dirac-Funktion; $N(E)$: Besetzung der Energieniveaus; p, N_A, n: Löcherdichte; Dichte der besetzten Akzeptoren (Reihe 118, 119); Elektronendichte im Leitungsband (Reihen 121–221)

In der nächsten Spalte (F) wird mit $p(E) = Z(E) - N(E)$ die energieabhängige Elektronendichte im Valenzband in eine Löcherdichte $p(E)$ umgerechnet. Die Dichte der besetzten Akzeptoren und die energieabhängige Elektronendichte im Leitungsband werden direkt in diese Spalte übertragen, deren Werte dann als Funktion von E in Abb. 13.20b dargestellt werden. Die elektrische Leitung kommt durch die Elektronen im Leitungsband und die Löcher im Valenzband zustande.

Die Löcherdichte p_V im Valenzband, die Elektronendichte n_L im Leitungsband und die Dichte N_{Ak} der ionisierten Akzeptoren werden in den Zeilen 10 bis 12 in Abb. 13.21 (T) als Summe über die entsprechenden Bereiche berechnet. Daraus ergibt sich dann die Nettoladung als $p_V - N_{Ak} - n_L$ (Zeile 9 in Abb. 13.21 (T)).

Elektroneutralität bestimmt die Lage von μ Das Rechenmodell liefert zunächst für jeden Wert von μ Ladungsdichten, allerdings ohne dass Elektroneutralität gewahrt wird; die Nettoladung wird beliebig groß. Die Lage von μ muss deshalb so angepasst werden, dass die Nettoladung verschwindet. Dazu wählen wir zunächst einen Wert für μ (in Zelle B7, auch mit Schieberegler einzustellen) und variieren ihn dann mithilfe der Solver-Funktion so, dass die Nettoladung minimiert wird. In Abb. 13.21 (T) ist das Verhältnis Löcherdichte/Nettoladung nach Optimierung $1{,}09 \times 10^{21}/2{,}77 \times 10^{15} = 3{,}09 \times 10^5 = 300.000$ zu 1.

Ladungsträgerdichte als Funktion der Temperatur Wir bestimmen das elektrochemische Potential μ und die Besetzungen der Bänder und des Akzeptorniveaus für eine Reihe von Temperaturen, z. B. für $kT = 0{,}002$ bis $0{,}8$. Der Wert $kT = 0{,}8$ entspricht einer Temperatur von fast 10.000 K. Der Halbleiter wäre dann längst verdampft, was wir aber für unsere Berechnung einfach ignorieren wollen.

Zur Bestimmung von Aktivierungsenergien tragen wir in Abb. 13.23a die Größe $\ln(p)$ gegen $1/kT$ auf (Arrhenius-Auftragung), außerdem in Abb. 13.23b das chemische Potential μ gegen kT.

Das elektrochemische Potential (Abb. 13.23b) liegt bei tiefen Temperaturen zwischen der Oberkante des Valenzbandes und dem Akzeptorniveau bei 0,05 eV. Dort ist die Löcherdichte mit einer Energie von $0{,}027 \approx 0{,}05/2$ thermisch aktiviert (Trendlinie in Abb. 13.23a). Wenn μ oberhalb des Akzeptorniveaus liegt, in Abb. 13.23b etwa bei $kT = 0{,}01$, also $1/kT = 100$ in Abb. 13.23a, dann sind die Akzeptoren vollständig ionisiert, und die Löcherdichte bleibt mit weiter steigender Temperatur konstant. Ab $kT = 0{,}06$ nähert sich μ der Mitte der Bandlücke. Die Löcherdichte ist in diesem Temperaturbereich mit $0{,}492 \approx E_g/2$ thermisch aktiviert.

Massenwirkungsgesetz für das Produkt $n \cdot p$ Wir bilden das Produkt aus Elektronendichte im Leitungsband n_L und Löcherdichte im Valenzband n_V und tragen den Logarithmus des Produktes, $\ln(n_L \cdot p_V)$, als Funktion von $1/kT$ auf (Abb. 13.24).

Theoretisch ist das Produkt $n_L \cdot p_V$ mit der Bandlückenenergie thermisch aktiviert:

$$[h^+] \cdot [e^-] = n \cdot p = c \cdot \exp\left(-\frac{E_g}{kT}\right) \tag{13.53}$$

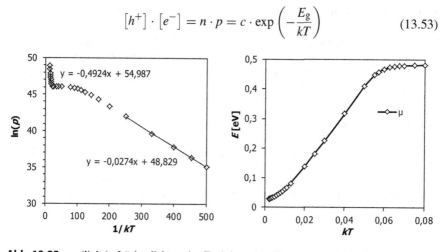

Abb. 13.23 a (links) Löcherdichte als Funktion der Temperatur, Arrhenius-Auftragung. **b** (rechts) Lage des elektrochemischen Potentials als Funktion der Temperatur; $kT = 0{,}01$ entspricht $1/kT = 100$

Abb. 13.24 Produkt der
Dichten der freien Elektronen
und der Löcher, Arrhenius-
Auftragung

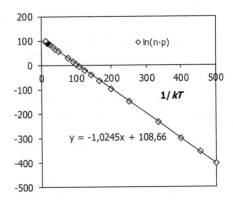

wenn das elektrochemische Potential so weit von beiden Bandkanten entfernt ist,
dass die Fermi-Funktion gut durch eine Exponentialfunktion angenähert werden
kann. Diesen Zusammenhang nennt man Massenwirkungsgesetz, welches sich aus
der Reaktionsgleichung

$$\text{Grundzustand} \cdot \rightarrow h^+ + e^-$$

ableiten lässt. Im Grundzustand befindet sich das Elektron im Valenzband. Die
Aktivierungsenergie ist 1,024 eV, wie man aus der Formel für die Trendgerade
entnehmen kann, also 2 % größer als der theoretische Wert $E_g = 1$ eV.

▶ **Alac** Die Kurven in Abb. 13.23 sehen ja so aus wie in den Lehrbüchern zur
Halbleiterphysik.

▶ **Mag** Klar, wir haben ja auch das zugrundeliegende Modell genau nachgebildet.

Tim Was steckt dahinter?

Mag Elektroneutralität, die Anzahl der negativen Ladungen ist genauso groß wie
die Anzahl der positiven Ladungen. Anders formuliert: Die Zahl der Elektronen
bleibt erhalten, also die Summe in Valenzband, Leitungsband und auf den Dotier-
atomen.

Tim Das ist mir doch sowieso klar.

Mag Das musste aber auch klar gesagt und über das Konzept des elektrochemischen Potentials μ verwirklicht werden.

Alac Ein weiterer Einsatz der Solver-Funktion, der mir gut gefallen hat.

Mathematische Ergänzungen

14

In diesem Kapitel behandeln wir mathematische Techniken, die in anderen Kapiteln eingesetzt werden: Vektorrechnung, Integration längs Kurven und statistische Verfahren. Insbesondere soll der Chi^2-Test noch einmal erläutert werden. In zwei Übungen werden Dialogformulare eingesetzt.

14.1 Einleitung

In diesem Kapitel werden einige mathematische Techniken näher erläutert, die wir in den Übungen in den Kap. 2 bis 13 angewandt haben.

Es geht um

- Matrixmultiplikationen für Streckungen und Drehungen in der Ebene (Abschn. 14.2) und um Drehungen im dreidimensionalen Raum (Euler'sche Drehmatrix, Abschn. 14.3).
- Integration von Funktionen mit einer Variablen (Substitutionsregel, Abschn. 14.4) und mit zwei Variablen (Wegintegrale von A nach B, Abschn. 14.5), sodann Integration über geschlossene Wege im zweidimensionalen Raum (Abschn. 14.6). Für die Divergenz wird die Feldkomponente senkrecht zum Weg und für die Rotation die Feldkomponente parallel zum Weg aufsummiert. Eine in der Ebene definierte Kraftfunktion ist von einem Potential ableitbar, wenn die Rotation verschwindet.
- die Chi^2-Verteilung und den Chi^2-Test (Abschn. 14.7), dessen mathematischer Hintergrund mit einer Tabellenrechnung erklärt werden soll. Dieser Test verlangt viel Erfahrung, obwohl er mathematisch eindeutig definiert ist. In empirischen Untersuchungen wird oft ein „Vierfeldertest" angewandt, der in unseren Übungen keine Rolle spielt, aber trotzdem wegen seiner allgemeinen Bedeutung erläutert werden soll.

© Springer-Verlag GmbH Deutschland, ein Teil von Springer Nature 2018
D. Mergel, *Physik lernen mit Excel und Visual Basic,*
https://doi.org/10.1007/978-3-662-57513-0_14

- die Rechnungen zum Strecken, Drehen und Schieben eines Vektors (Abschn. 14.2) und die Auswertung des Vierfeldertests (Abschn. 14.7.4); sie sollen von Dialogfeldern gesteuert werden. Dazu müssen objektorientierte Programme eingesetzt werden.

14.2 Strecken, Drehen, Schieben eines Vektors

In dieser Übung werden wir ein Quadrat mit der Seitenlänge 1 und dem Mittelpunkt im Nullpunkt der xy-Ebene durch Matrixmultiplikationen in x- und y-Richtung strecken, um einen Winkel drehen und danach durch Vektoraddition in der Ebene verschieben.

Wir werden im Folgenden ein Quadrat strecken, dann drehen und schließlich verschieben. Ein Beispiel sieht man in Abb. 14.1a. In Abb. 14.1b wurden viele Rechtecke eingetragen, die durch systematische Anwendung der drei genannten Operationen in einer Protokollroutine (Abb. 14.4 (P)) erzeugt wurden.

14.2.1 Zwei Matrizen und ein Vektor

Die Parameter für die drei Operationen, nämlich Streckfaktoren, Drehwinkel und Schiebevektor, werden in Abb. 14.2 (T) im Bereich B1:C7 mithilfe der Schieberegler in den Spalten F bis H eingestellt.

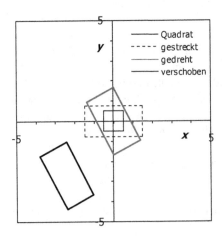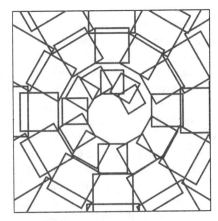

Abb. 14.1 a (links) Das Quadrat um den Nullpunkt wurde zuerst gestreckt, dann gedreht und schließlich verschoben. **b** (rechts) „Kunstwerk" aus Abb. 14.1a aus Quadraten, die in einer Schleife im Programm der Abb. 14.4 (P) gestreckt, gedreht und verschoben wurden

	A	B	C	E	F	G	H	I	J	K	L
1	Streck	x.s	2,95	59	◄	⎯	►	Streck			
2		y.s	1,55	31	◄	⎯	►	2,95	0,00	=x.s	0
3			118	118	◄	⎯	►	0,00	1,55	0	=y.s
4	Dreh	phi	2,06					Dreh			
5								-0,47	0,88	=COS(phi)	=SIN(phi)
6	Schieb	x.sh	-2,40	26	◄	⎯	►	-0,88	-0,47	=-SIN(phi)	=COS(phi)
7		y.sh	-2,70	23	◄	⎯	►				

Abb. 14.2 (T) Die Parameter für das Strecken, Drehen und Schieben werden mit den Schiebereglern in F:H festgelegt, die mit den Zellen in Spalte E verknüpft sind. Streckmatrix, Drehmatrix und Schiebevektor stehen in den Spalten J:L. Der zugehörige Formeltext steht in K2:L8. Die Formeln der Spalte C stehen in Spalte D, die ausgeblendet, aber in Abb. 14.5b zu finden sind

Fragen

zu Abb. 14.2 (T) und Abb. 14.3 (T):
Welches ist der Wertebereich des Schiebereglers in F3:H3 in Abb. 14.2 (T)? Wie lautet die Formel für ϕ in C4?[1]
Wie viele Punkte müssen in einer Tabelle definiert werden, damit in einem Diagramm ein geschlossenes Viereck dargestellt wird?[2] Vergleichen Sie mit Abb. 14.3 (T)!

Streckmatrix

Die Parameter für die Streckung werden in eine Streckmatrix eingesetzt und auf die Koordinaten (x_n, y_n) des Quadrats angewandt, um die gestreckten Koordinaten (x_n^s, y_n^s) zu erhalten:

$$\begin{bmatrix} x_n^s \\ y_n^s \end{bmatrix} = \begin{bmatrix} a_s & 0 \\ 0 & b_s \end{bmatrix} \cdot \begin{bmatrix} x_n \\ y_n \end{bmatrix} \tag{14.1}$$

oder in der für unseren typischen Tabellenaufbau angemesseneren Zeilenform:

$$\begin{bmatrix} x_n & y_n \end{bmatrix} \cdot \begin{bmatrix} a_s & 0 \\ 0 & b_s \end{bmatrix} = \begin{bmatrix} x_n^s & y_n^s \end{bmatrix} \tag{14.2}$$

in der dann die zu transformierenden Vektoren (x, y) untereinander in zwei Spalten geschrieben werden können und die transformierten Vektoren in zwei Spalten rechts daneben. In Abb. 14.3 (T) geht die Transformation von den Spalten A und B in die Spalten D und E; die Streckmatrix wird in I2:J3 definiert.

---

[1]Der Wertebereich geht von 0 bis 360. Er gibt den Winkel in Grad an. Die Formel in C4 rechnet diesen Wert in rad um: C4 = C3/180*π.

[2]Fünf Punkte für ein geschlossenes Viereck: P1 → P2 → P3 → P4 → P1; in Abb. 14.3 (T) in A12:B16.

	A	B	C	D	E	F	G	H	I	J	K	L
8				{=MMULT(A12:B12;Streck)}			{=MMULT(D12:E12;Dreh)}			=G12+x.sh	=H12+y.sh	
9	Quadrat			gestreckt			gedreht			verschoben		
10	**x**	**y**										
11	0,5	0,5		1,48	0,775		-1,38	0,94		-3,78	-1,76	
12	0,5	-0,5		**1,48**	**-0,78**		**-0,01**	**1,67**		**-2,41**	**-1,03**	
13	-0,5	-0,5		-1,48	-0,775		1,38	-0,94		-1,02	-3,64	
14	-0,5	0,5		-1,48	0,775		0,01	-1,67		-2,39	-4,37	
15	0,5	0,5		1,48	0,775		-1,38	0,94		-3,78	-1,76	

Abb. 14.3 (T) Auf die Koordinatenvektoren x, y des Einheitsquadrates in den Spalten A, B werden nacheinander die Streckmatrix (Matrizenmultiplikation gemäß Gl. 14.2), die Drehmatrix (Matrizenmultiplikation gemäß Gl. 14.4) und der Schiebevektor (Addition gemäß Gl. 14.5) angewandt

```
1 Sub SpiralK()                 Cells(7, 3) = r * Sin(phi)        10
2 r2 = 10                       For r = 11 To 15                  11
3 For rep = 1 To 40             Cells(r2, 14) = Cells(r, 10)      12
4   r = 1 + rep * 0.15          Cells(r2, 15) = Cells(r, 11)      13
5   Cells(1, 3) = 1 + rep * 0.05    r2 = r2 + 1                   14
6   Cells(2, 3) = 1 + rep * 0.05  Next r                          15
7   phi = rep * 0.5236          r2 = r2 + 1                       16
8   Cells(4, 3) = phi           Next rep                          17
9   Cells(6, 3) = r * Cos(phi)  End Sub                           18
```

Abb. 14.4 (P) Mit Sub *SpiralK* werden die Koordinaten für Abb. 14.1b erzeugt. Streckung in den Zeilen 5 und 6. Drehwinkel *phi* in Zeile 7. Die Mittelpunkte der Rechtecke liegen auf einer sich öffnenden Spirale, die durch r (Zeile 4) und *phi* bestimmt wird. In Zeile 11 bis 15 werden die Koordinaten des aktuellen transformierten Rechtecks in einem anderen Bereich der Tabelle gespeichert

Drehmatrix

Auf die gestreckten Koordinaten (x_n^s, y_n^s) wird dann eine Drehmatrix angewandt, um die gedrehten Koordinaten (x_n^d, y_n^d) zu erhalten:

$$\begin{bmatrix} x_n^d \\ y_n^d \end{bmatrix} = \begin{bmatrix} \cos(\phi) & -\sin(\phi) \\ \sin(\phi) & \cos(\phi) \end{bmatrix} \cdot \begin{bmatrix} x_n^s \\ y_n^s \end{bmatrix}. \tag{14.3}$$

oder

$$\begin{bmatrix} x_n^s & y_n^s \end{bmatrix} \cdot \begin{bmatrix} \cos(\phi) & \sin(\phi) \\ -\sin(\phi) & \cos(\phi) \end{bmatrix} = \begin{bmatrix} x_n^d & y_n^d \end{bmatrix} \tag{14.4}$$

In Abb. 14.3 (T) stehen die Koordinaten der Ausgangsvektoren in den Spalten D und E, auf die die Drehmatrix „Dreh" aus Abb. 14.2 (T), I5:J6, angewandt wird, um zu den Koordinaten der gedrehten Vektoren in den Spalten G und H zu kommen. Die Struktur der Drehmatrix wird am Schluss der Übung erläutert.

Schiebevektor

Die gestreckten und gedrehten Koordinaten (x_n^d, y_n^d) werden dann mit dem Schiebevektor

$$\left[x_n^d \; y_n^d \right] + \left[x_{sh} \; y_{sh} \right] = \left[x_n^v \; y_n^v \right] \tag{14.5}$$

nach (x_n^v, y_n^v) verschoben. Der zweikomponentige Schiebevektor wird in I8:J8 von Abb. 14.2 (T) aus den Daten in Spalte C berechnet.

Ergebnis der drei Operationen

Die drei Operationen werden in Abb. 14.3 (T) nacheinander angewandt, ausgehend von den Koordinaten des Einheitsquadrates in den Spalten A und B. Die Streckmatrix und die Drehmatrix wurden weiter oben in zwei Formen angegeben. Wir verwenden in der Tabelle der Abb. 14.3 die Formen der Gl. 14.2 und der Gl. 14.4. Damit gilt: Spalten [A, B] werden in [D, E], Spalten [D, E] in [G, H] transformiert, beide Male durch Matrixmultiplikation. Die Spalten [G, H] werden dann durch Vektoraddition zu [J, K] transformiert. Die Ergebnisse sieht man in Abb. 14.1a.

Die Koordinaten des ursprünglichen und des gestreckten Quadrates, werden in den Spalten A und B bzw. D und E in Form von zwei-elementigen Zeilenvektoren angegeben. Die Gl. 14.2 verbindet die beiden Zeilenvektoren. Ähnliches gilt für den Übergang von der gestreckten (Spalten D und E) zur gedrehten (Spalten G und H) Form des Rechtecks.

In Abb. 14.3 (T) wird der Bereich A12:B16 mit dem Namen „Quadrat" versehen. In D12:E16 steht die Formel MMᴜʟᴛ(*Quadrat; Streck*). In jeder Zeile dieses Bereichs steht das Ergebnis der Multiplikation der (x, y)-Koordinaten derselben Zeile mit der (2×2)-Matrix „Streck".

Ein Kunstwerk:-)

In Abb. 14.1b werden viele Rechtecke gezeigt, die mit dem Programm in Abb. 14.4 (P) aus dem Quadrat um den Nullpunkt erzeugt werden. Die Verschiebevektoren werden so gewählt, dass die Mittelpunkte der Rechtecke auf einer sich öffnenden Spirale liegen. Die Rechtecke werden dabei so gedreht, dass ihre Achse immer zum Nullpunkt zeigt und sie immer stärker gestreckt werden.

Erläuterung der Drehmatrix

Aus Abb. 14.5 entnimmt man:

$$x_d = x \cdot \cos(\phi) - y \cdot \sin(\phi) \quad \text{und} \quad y_d = y \cdot \cos(\phi) + x \cdot \sin(\phi)$$

Oder in Matrixschreibweise:

$$\begin{bmatrix} x_d \\ y_d \end{bmatrix} = \begin{bmatrix} \cos(\phi) & -\sin(\phi) \\ \sin(\phi) & \cos(\phi) \end{bmatrix} \cdot \begin{bmatrix} x \\ y \end{bmatrix} \tag{14.6}$$

Abb. 14.5 a (links) Der
Vektor v_0 und genauso seine
x- und *y*-Komponenten
(als Vektoren aufgefasst)
werden um den Winkel φ
gedreht. Die neuen *x*- und
y-Komponenten ergeben
sich aus der Summe der
Projektionen der gedrehten
Komponenten auf die *x*-
bzw. *y*-Achse. **b** (rechts, T)
Formeln für die Abb. 14.2 (T)

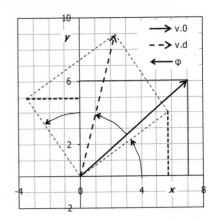

oder

$$[x\ y]\cdot\begin{bmatrix} \cos(\phi) & \sin(\phi) \\ -\sin(\phi) & \cos(\phi) \end{bmatrix} = [x_d\ y_d] \qquad (14.7)$$

▶ **Mag** Die Komponenten der Drehmatrix sind also $\cos(\phi)$ und $\sin(\phi)$. Wenn
Sie sich das merken, dann können Sie die Vorzeichen durch Probieren herausbekommen, wenn Sie eine Drehmatrix in einer Tabelle einsetzen müssen.

14.2.2 Steuerung der Rechnung durch einen Dialog

Die Schieberegler im Dialogformular in Abb. 14.6 haben dieselbe Funktion
wie diejenigen in der Tabelle von Abb. 14.2. Die Schaltfläche „Erzeuge Spirale" löst Sᴜʙ *SpiralK* in Abb. 14.4 (P) aus, die die Koordinaten für eine Spirale
von Rechtecken wie in Abb. 14.1b berechnet. Das Dialogformular wird wie in
Abschn. 14.7.5 im VBA-Editor erstellt. Die Namen der Steuerelemente stehen
in Abb. 14.6 rechts. In diesem Beispiel treten Schieberegler (auch *Bildlaufleisten*
genannt) auf, deren Namen gemäß der unter Softwareentwicklern üblichen Konvention den Vorsatz *scr* (für „scroll bar") bekommen.

Mit den Steuerelementen sind die Routinen in Abb. 14.7 (P) verknüpft. Sie
werden erzeugt, indem man im VBA-Blatt auf das Steuerelement doppelklickt. Es
erscheint dann das VBA-Blatt für den Code, in dem schon ein Prozedurkopf eingefügt wurde, z. B. Pʀɪᴠᴀᴛᴇ Sᴜʙ *txtXs*_Cʜᴀɴɢᴇ() oder Pʀɪᴠᴀᴛᴇ Sᴜʙ *scrXs*_Cʜᴀɴɢᴇ()
und Eɴᴅ Sᴜʙ. Programmcode, der in die Prozedur hineingeschrieben wird, wird
ausgeführt, wenn im Ausführungsmodus der Text im Textfeld verändert oder der
Schieberegler betätigt wird.

Einzelheiten zur Erstellung von Formularen im VBA-Mode findet man in
Abschn. 14.7.5. Der Ausführungsmodus wird eingeschaltet, wenn man die Routine
ShowDialog ausführt.

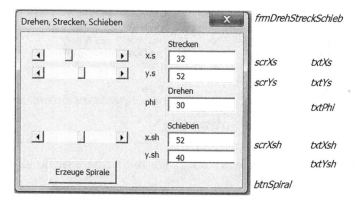

Abb. 14.6 Dialogformular zum Drehen, Strecken und Schieben eines Rechtecks

1 **Sub ShowDialog()**	**Private Sub txtYsh_Change()** 19
2 frmDrehStreckSchieb.Show	Sheets("calc").Range("E7").Value = txtYsh.Value 20
3 End Sub	End Sub 21
4	22
5 **Private Sub scrXs_Change()**	**Private Sub txtPhi_Change()** 23
6 txtXs.Text = scrXs.Value	Sheets("calc").Range("E3").Value = txtPhi.Value 24
7 Sheets("calc").Range("E1").Value = scrXs.Value	End Sub 25
8 End Sub	26
9	**Private Sub btnSpiral_Click()** 27
10 **Private Sub scrYs_Change()**	Sheets("calc").Range("N:O").ClearContents 28
11 txtYs.Text = scrYs.Value	h = Hour(Now()): m = Minute(Now()) 29
12 Sheets("calc").Range("E2").Value = scrYs.Value	s = Second(Now()) 30
13 End Sub	waitTime = TimeSerial(h, m, s + 3) 31
14	Application.Wait waitTime 32
15 **Private Sub scrXsh_Change()**	Application.ScreenUpdating = False 33
16 txtXsh.Text = scrXsh.Value	SpiralK 34
17 Sheets("calc").Range("E6").Value = scrXsh.Value	Application.ScreenUpdating = True 35
18 End Sub	End Sub 36

Abb. 14.7 (P) Routinen, die mit den Steuerelementen in Abb. 14.6 verknüpft sind; Zeilen 5 bis 18 für drei Schieberegler, Zeilen 19 bis 25 für zwei Textboxen und die Zeilen 27 bis 36 mit dem Schaltknopf mit der Aufschrift „Erzeuge Spirale"

14.3 Euler'sche Drehmatrix

Die Euler'sche Drehmatrix wird als Produkt dreier Matrizen dargestellt, die eine Drehung um die z-Achse, die x-Achse des gedrehten Systems und die wiederum neue z-Achse beschreiben. Wir schreiben eine benutzerdefinierte Tabellenfunktion (als Matrixfunktion), die die Drehungen für dreidimensionale Zeilenvektoren ausführt. Als Beispiel drehen wir einen Würfel mit seinen Achsen und deren Durchstoßungspunkten auf den Würfelflächen (Abb. 14.8).

	R	S	T	U	V	W	X	Y	Z
5	DrehPhi					DrehPsi			
6	=COS(phiR)	=SIN(phiR)	0			=COS(psiR)	=SIN(psiR)		0
7	=-SIN(phiR)	=COS(phiR)	0			=-SIN(psiR)	=COS(psiR)		0
8	0	0	1			0	0		1
9									
10	DrehTh					Euler			
11	1	0	0			=MMULT(MMULT(DrehPhi;DrehTh);DrehPsi)			
12	0	=COS(ThR)	=SIN(ThR)						
13	0	=-SIN(ThR)	=COS(ThR)						
14									

Abb. 14.8 (T) Drehmatrizen *Dreh.Phi*, *Dreh.Th* und *Dreh.Psi*, deren Produkt die Euler'sche Drehmatrix *Euler* ergibt

```
 1 Function Euler2(EPhi, ETh, EPsi)                                          1
 2 Dim DM(2, 2) As Single 'rotation matrix                                   2
 3 DM(0, 0) = Cos(EPsi) * Cos(EPhi) - Cos(ETh) * Sin(EPhi) * Sin(EPsi)       3
 4 DM(0, 1) = Cos(EPsi) * Sin(EPhi) + Cos(ETh) * Cos(EPhi) * Sin(EPsi)       4
 5 DM(0, 2) = Sin(EPsi) * Sin(ETh)                                           5
 6 DM(1, 0) = -Sin(EPsi) * Cos(EPhi) - Cos(ETh) * Sin(EPhi) * Cos(EPsi)      6
 7 DM(1, 1) = -Sin(EPsi) * Sin(EPhi) + Cos(ETh) * Cos(EPhi) * Cos(EPsi)      7
 8 DM(1, 2) = Cos(EPsi) * Sin(ETh)                                           8
 9 DM(2, 0) = Sin(ETh) * Sin(EPhi)                                           9
10 DM(2, 1) = -Sin(ETh) * Cos(EPhi)                                         10
11 DM(2, 2) = Cos(ETh)                                                      11
12 Euler2 = DM                                                              12
13 End Function                                                             13
```

Abb. 14.9 (P) Benutzerdefinierte Tabellenfunktion für die Drehung um Euler'sche Winkel

Bedeutung der drei Euler'schen Winkel:

- ϕ dreht die Koordinaten um die z-Achse,
- θ dreht die neuen Koordinaten um die neue x-Achse,
- ψ dreht die neuen Koordinaten um die neue z-Achse.

Die Multiplikation der drei Drehmatrizen kann mithilfe von Formeln ausgeführt werden. Die Formeln für die Komponenten der Euler'schen Matrix können z. B. in eine benutzerdefinierte Tabellenfunktion übertragen werden (Abb. 14.9 (P)).

Die Funktion Euler2 wird in Abb. 14.10 (T) eingesetzt, um einen Würfel zu drehen. Die Streckenzüge längs der Kanten eines Würfels der Kantenlänge 1 stehen in den Spalten A, B und C. Eine Ecke des Würfels wird auf den Nullpunkt des Koordinatensystems gelegt; die Kanten sind parallel zu den Achsen. Mit dieser Wahl lassen sich die Koordinaten der Ecken übersichtlich angeben. Sämtliche Koordinaten findet man in Abb. 14.11 (T). In den Spalten E, F und G wird der Würfel verschoben, sodass sein Mittelpunkt im Nullpunkt liegt, und seine Kanten werden um die Faktoren x_0, y_0 und z_0 gestreckt.

In Abb. 14.12 blickt man längs der z-, der y- und der x-Achse des Koordinatensystems auf einen gedrehten Würfel. In Abb. 14.13 hat man dieselben Ansichten auf einen Würfel, der mit der Kehrmatrix (der Inversen) zur Drehmatrix (in Abb. 14.12 eingesetzt) gedreht wurde.

	A	B	C	D	E	F	G	H	I	J	K	L	M	N	O	P
1	◀ ⌐			▶	65	1,13	um z-Achse		-0,36	-0,28	-0,89		-0,36	0,30	0,88	
2	◀	⌐		▶	103	1,80	um neue x-Achse		0,30	0,87	-0,40		-0,28	0,87	-0,41	
3	◀		⌐ ⌐	▶	246	4,29	um neue z-Achse		0,88	-0,41	-0,22		-0,89	-0,40	-0,22	
4			65°; 103°; 246°		x.0	y.0	z.0		Euler	=Euler2(E1;E2;E3)			Eul.inv	=MINV(Euler)		
5					3	3	3									
6					=(A8-0,5)*x.0	=(B8-0,5)*y.0	=(C8-0,5)*z.0		=MMULT(E8:G8;Euler)				=MMULT(E8:G8;Eul.inv)			
7					x	y	z		x.d	y.d	z.d		x.i	y.i	z.i	
8	0	0	0		-1,5	-1,5	-1,5		-1,24	-0,26	2,27		2,30	-1,16	-0,37	
9	1	0	0		1,5	-1,5	-1,5		-2,32	-1,10	-0,40		1,22	-0,25	2,28	

Abb. 14.10 (T) Der in A8:C30 definierte Würfel (sämtliche Koordinaten stehen in Abb. 14.11 (T)) soll gestreckt und dann um die Euler'schen Winkel in E1:E3 gedreht werden, mit der Euler'-schen Drehmatrix *Euler* in I1:K3 und ihrer inversen Matrix (Kehrmatrix) *Eul.inv* in M1:O3

	A	B	C			A	B	C			A	B	C			A	B	C
8	0	0	0		14	0	0	1		20	0	0	0		26	1	1	0
9	1	0	0		15	1	0	1		21	0	0	1		27	1	1	1
10	1	1	0		16	1	1	1		22					28			
11	0	1	0		17	0	1	1		23	1	0	0		29	0	1	0
12	0	0	0		18	0	0	1		24	1	0	1		30	0	1	1

Abb. 14.11 (T) Koordinaten eines Streckenzuges, der die Kanten eines Würfels markiert

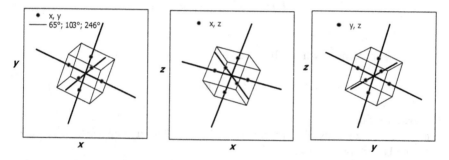

Abb. 14.12 Drehung eines Würfels mit der Euler'schen Matrix; die Euler'schen Winkel werden im linken Teilbild angegeben; Blickrichtung **a** (links) aus der z-Richtung, **b** (Mitte) aus der y-Richtung, **c** (rechts) aus der x-Richtung

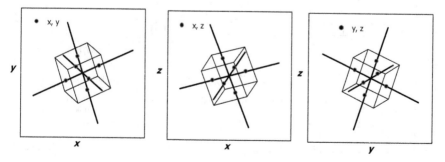

Abb. 14.13 Drehung eines Würfels mit der Kehrmatrix (Inversen) der Euler'schen Drehmatrix; die Euler'schen Winkel und die Blickrichtungen sind dieselben wie in Abb. 14.12

14.4   Substitutionsregel der Integration

Für eine numerische Integration muss die Substitutionsregel nicht explizit verwendet werden, doch ein geeigneter Tabellenaufbau ist ein gutes didaktisches Mittel, um sie zu erklären.

Substitutionsregel
Wir nutzen eine Tabellenorganisation und Diagramme, um die Substitutionsregel der Integration anschaulich zu erläutern. Eine numerische Integration führt die Operation so durch, wie sie definiert ist. Die Substitutionsregel muss nicht explizit eingeführt werden. Der gewählte Tabellenaufbau soll lediglich die Regel verständlich machen, die lautet:

$$\int_{x1}^{x2} f(g(x))\mathrm{d}x \tag{14.8}$$

$$= \int_{y1}^{y2} f(y) \cdot \frac{\mathrm{d}x}{\mathrm{d}y}\mathrm{d}y \operatorname{mit} y = g(x) \tag{14.9}$$

Als Beispiel berechnen wir das Integral von

$$\cos\left(ax + bx^2\right) \tag{14.10}$$

Integral über dx
Wir berechnen zunächst das Integral von Gl. 14.10 über dx von $x = 0{,}50$ bis 3,70, in Spalte D von Abb. 14.14 (T).

In Abb. 14.15a wird die Funktion dargestellt, die zwischen den Grenzen 0,5 und 3,7 integriert werden soll. Als WERTE DER REIHE X wird ein Bereich in Spalte A (benannt mit x) und als WERTE DER REIHE Y wird ein Bereich der Spalte C (benannt als cos (y)) in das Diagramm eingetragen. Die senkrechten gestrichelten Linien

	A	B	C	D	E	F	G	H	I	J	K	L
3	dx	0,10		a	1,00		0,001	=SUMMEXMY2(Int.dx;Int.dy)				
4				b	1,00		2,35	=SUMMENPRODUKT(Int.dx;Int.dy)				
5	=A7+dx	=a*x+b*x^2	=COS(y)	=D8+(COS(y)+C8)/2*dx	=dx/(y-B7)	=COS(y)*dx_dy	=G8+(F9+F8)/2*(y-B8)		durch Makro	durch Makro	durch Makro	
6	x	y	cos(y)	Int.dx	dx_dy	cos(y)d	Int.dy		x-	y- cos(y-)		
7	0,50	0,75							0,60	0,96	0,00	
8	**0,60**	0,96	0,57	0,00	**0,48**	0,27	0,00		0,60	0,96	0,57	
9	0,70	1,19	0,37	**0,05**	0,43	0,16	**0,05**					
39	3,70	17,39	0,11	-0,37	0,12	0,01	-0,37					

Abb. 14.14 (T) Tabellenorganisation für die Integration der Funktion cos $(ax+bx^2)$ (Gl. 14.10) über x; $y = ax + by^2$; in den Spalten D und G die Integration über dx bzw. dy

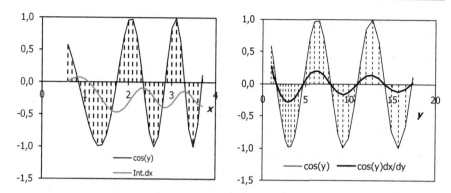

Abb. 14.15 a (links) Funktion $\cos(x+x^2)$ gemäß der Tabellenrechnung Abb. 14.14 (T); die senkrechten Striche markieren die Intervallgrenzen; die graue Linie ist das Integral der Funktion. **b** (rechts) Die Funktion von a nach der Variablensubstitution $y = ax + bx^2$ („cos (y)") und multipliziert mit der Ableitung dx/dy („cos (y)dx/dy")

markieren die Seiten der Trapeze. Das Integral über dx in Spalte D wird ebenfalls in das Diagramm eingetragen.

Integral über dy

Der Übergang von Gl. 14.8 $\int ..dx$ zu Gl. 14.9 $\int ..dy$ findet in drei Schritten statt:

1. $g(x)$ wird durch y ersetzt.
2. Es wird ein neues Integrationsgebiet definiert mit den Grenzen $y_1 = g(x_1)$ und $y_2 = g(x_2)$.
3. Der Integrand wird mit dx/dy, der Ableitung der Umkehrfunktion von $g(x)$, multipliziert. Es gilt:

$$\frac{dx}{dy} = \left(\frac{dy}{dx}\right) = \left(\frac{dg(x)}{dx}\right)^{-1} \qquad (14.11)$$

Die Abb. 14.15b zeigt zunächst dieselbe Funktion $\cos(y(x))$ aus Spalte C von Abb. 14.14 (T), jetzt aber als Funktion von y. Als WERTE DER REIHE x wird also ein Bereich in Spalte B (benannt mit y) in das Diagramm eingetragen. Die Seiten der Trapeze sind genauso lang wie vorher; ihre Breiten haben sich jedoch verändert. Dadurch entspricht die Fläche der Trapeze nicht dem ursprünglichen Integral.

Die veränderten Breiten werden nach der Kettenregel durch eine mit dx/dy veränderte Höhe ausgeglichen, sodass gilt:

$$f(g(x))dx = f(y) \cdot \frac{dx}{dy} \cdot dy$$

Die Ableitung dx/dy wird numerisch in Spalte E von Abb. 14.14 (T) berechnet. Die Integration über dy wird als Kurve „cos (y)dx/dy" in Abb. 14.15b eingetragen. Die Flächeninhalte der Trapeze mit Breite dy (Int.dy in Spalte G) sind dadurch

1 **Sub VertLines()**	Cells(r2, sp2) = Cells(r, 1) '*x*	11
2 r2 = 6	Cells(r2, sp2 + 1) = Cells(r, 2) '*y*	12
3 sp2 = 9	Cells(r2, sp2 + 2) = 0	13
4 Range(Cells(r2, sp2), Cells(r2 + 100, sp2 + 3)) _	r2 = r2 + 1	14
5 .ClearContents	Cells(r2, sp2) = Cells(r, 1) '*x*	15
6 Cells(r2, sp2) = "x-"	Cells(r2, sp2 + 1) = Cells(r, 2) '*y*	16
7 Cells(r2, sp2 + 1) = "y-"	Cells(r2, sp2 + 2) = Cells(r, 3) '*cos(y)*	17
8 Cells(r2, sp2 + 2) = "cos(y-)"	r2 = r2 + 2	18
9 r2 = r2 + 1	Next r	19
10 For r = 8 To 39	**End Sub**	20

Abb. 14.16 (P) Sub *VertLines* erzeugt die Koordinaten der senkrechten Linien in Abb. 14.15a und b

genauso groß wie diejenigen der Trapeze mit Breite dx (*Int.dx* in Spalte D). Um die numerische Genauigkeit dieser Aussage zu prüfen, wird in G3 von Abb. 14.14 (T) die quadratische Abweichung zwischen den beiden Integralen berechnet und in G4 das Produkt der beiden Integrale. Das Verhältnis beträgt etwa 0,5 %.

Protokollroutine
Die Koordinaten der senkrechten Linien in Abb. 14.15a und b werden mit der Protokollroutine in Abb. 14.16 (P) erzeugt.

Fragen
zu Abb. 14.14 (T).
Deuten Sie die einzelnen Terme in der Formel in H5![3]
Mit welcher Tabellenfunktion könnte man prüfen, ob die Ausdrücke in allen Zellen derselben Reihe von *Int.*dx und *Int.*dy gleich sind?[4]

14.5 Wegintegrale über die Schwerkraft

Es wird die Komponente eines Vektorfelds parallel zu einem Weg längs dieses Weges integriert. Dazu müssen Vektoren in Komponenten parallel und senkrecht zur Tangente der Bahnkurve zerlegt werden. Für die Schwerkraft ergeben die Integrale über verschiedene Wege dieselbe Arbeit.

---

[3]G8 = Integral bis zum aktuellen y-Wert; (F9 + F8)/2 Mittelwert von cos (y) im aktuellen Integrationsintervall; (y–B8) = dy.

[4]Summexmy2(Int.dx; Int.dy) berechnet die Summe der quadratischen Abweichungen der in den beiden Bereichen und muss den Wert null ergeben, wenn alle Einzelterme von Int.dx und Int.dy gleich sind.

Feld, Weg, Wegintegral

In einer xy-Ebene soll ein Vektorfeld $\vec{F}(x,y) = \big(F_x(x,y), F_y(x,y)\big)$ herrschen. Ein Weg in dieser Ebene wird in parametrisierter Form als $(x(t), y(t))$ angegeben, wobei x und y stetig differenzierbare Funktionen eines Wegparameters t sind. Das Integral über das Vektorfeld *längs des Weges* wird definiert als:

$$\int_{\text{Weg}} \vec{F}(s)d\vec{s} = \int_A^B \big[F_x(x(t), y(t)), F_y(x(t), y(t))\big] \cdot \left[\frac{dx}{dt}, \frac{dy}{dt}\right] dt \quad (14.12)$$

Der Integrand ist das Skalarprodukt des Feldes an der Stelle (x, y) mit den Ableitungen der Koordinaten des Weges nach dem Wegparameter t.

Drei Wege von A nach B

Wir berechnen die Kraft längs dreier Wege, die zwischen den Punkten (x_1, y_1) und (x_2, y_2) verlaufen. Wir wählen als Wege eine Gerade, ein Halbkreis und eine Periode einer Sinusfunktion. Im Master-Blatt der Abb. 14.17 (T) werden in B2:C5 die Punkte A = (1, 6) und B = (6, 2) als Anfangs- und Endpunkte der Wege vorgegeben sowie in C6 die Steigung der Geraden durch diese Punkte berechnet. In A10:A410 wird der Wegparameter t definiert. Das Kraftfeld ist in diesem Beispiel im gesamten Raum gleich und senkrecht gerichtet, mit den Werten f_{x0} und f_{y0}. Diese Wege werden in Abb. 14.18a dargestellt.

Tabellenaufbau

Länge des Weges

Im Bereich A10:C410 von Abb. 14.19 (T) werden die Koordinaten $x(t)$ und $y(t)$ des sinusförmigen Weges in Parameterdarstellung berechnet, wobei t ein Laufparameter ist, der den x-Abstand zwischen Anfangs- und Endwert in 400 Teile teilt. Die Wegstrecke ds zwischen zwei benachbarten Stützpunkten ist

$$ds_n = \sqrt{\Delta x^2 + \Delta y^2} = \sqrt{(x_n - x_{n-1})^2 + (y_n - y_{n-1})^2} \quad (14.13)$$

Diese Formel wurde im Spaltenbereich G11:G410 eingesetzt. Die Länge der Wegabschnitte wird in G4 zur Gesamtlänge (hier 11,87) aufsummiert.

	B	C	D	E	F	G	H	I	J	K	L
1	(x.1; y.1) und (x.2, y.2)			fx.0=0; fy.0=-1				**I**	**S**		
2	**x.1**	1		Senkrechte Kraft		Gerade:	4,00		6,40 Gerade: S=6,4; I=4		
3	**y.1**	6		**fx.0**	0	Halbkreis:	-4,00		10,06 Halbkreis: S=10,06; I=-4		
4	**x.2**	6		**fy.0**	-1	Sinus:	4,00		11,87 Sinus: S=11,87; I=4		
5	**y.2**	2									
6	**m**	-0,8	=(y.2-y.1)/(x.2-x.1)								

Abb. 14.17 (T) Drei Wege zwischen den beiden Punkten (x_1, y_1) und (x_2, y_2): Gerade, Halbkreis und eine Periode einer Sinusfunktion; es wirkt eine räumlich homogene Kraft (f_{x0}, f_{y0}). Master-Blatt. Der Wegparameter t wird in Spalte A vorgegeben. Die Länge S der Wege und der Wert I des Integrals über die Kraft werden aus den Rechen-Blättern „Gerade", „HK2" (Abb. 14.23 (T)) und „Sin" (Abb. 14.20 (T)) übernommen

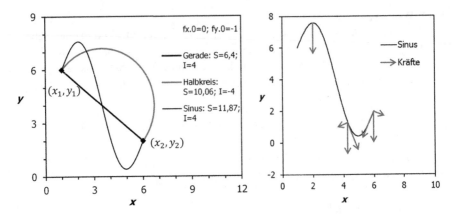

Abb. 14.18 a (links) Drei Wege zwischen den Punkten (x_1, y_1) und (x_2, y_2): Gerade, Halbkreis und eine Periode einer Sinusfunktion; die Länge S des Weges und das zugehörige Wegintegral I über die Kraft werden in der Legende berichtet. **b** (rechts) Zerlegung der senkrechten Kraft in Komponenten längs des Sinusweges und quer dazu

	A	B	C	D	E	F	G	H	I	J	K	L	M	N	O
1	A	**2,5**	=Lambda/2		11,87	=SUMME(ds)					4,00	=fy.0*(y.2-y.1)+fx.0*(x.2-x.1)			
2											4,00	=SUMMENPRODUKT(F.t;ds)			
8	=A10+1/400	=x.1+(x.2-x.1)*t	=A*SIN(2*PI()*(x-x.1)/Lambda)+Gerade!y		=WURZEL((x-B10)^2+(y-C10)^2)	=(x-B10)/ds	=(y-C10)/ds		=fx.0	=fy.0	=T.x*(F.x+K10)/2+T.y*(F.y+L10)/2	=-T.y*(F.x+K10)/2+T.x*(F.y+L10)/2			
9	t	x	y		ds	T.x	T.y		F.x	F.y	F.t	F.s			
10	0,0000	1,00	6,00						0,00	-1,00					
11	**0,0025**	1,01	6,03		**0,032**	**0,39**	**0,92**		0,00	-1,00	**-0,92**	**-0,39**			
410	1,0000	6,00	2,00		0,032	0,39	0,92		0,00	-1,00	-0,92	-0,39			

Abb. 14.19 (T) Berechnung der sinusförmigen Bahnkurve $(t, (x(t), y(t)))$ in den Spalten A bis C (Tabellenblatt „sin"); Wegstück ds zwischen dem aktuellen Punkt und seinem Vorgänger; in E1 steht die Gesamtlänge des Weges; Tangente (T_x, T_y) an die Kurve, als Sekante durch die beiden Punkte; (F_x, F_y): Kraft am Ort (x, y); (F_t, F_s): Kräfte tangential und senkrecht zur Kurve; in K2 steht die Summe über die Tangentialarbeit, in K1 die Differenz des Potentials

---

Fragen

zu Abb. 14.19 (T).

In F11 und G11 steht „$=(x-B10)/ds$" bzw. „$=(y-C10)/ds$". Die Komponenten welchen Vektors werden damit berechnet?[5]

Wie lauten die physikalischen Einheiten für f_x^0 und für die Angaben in K1 und K2?[6]

---

[5]Der Vektor ist $(\Delta x/\Delta s; \Delta y/\Delta s)$, der auf die Länge 1 normierte Tangentialvektor an die Kurve.

[6]$[f_x^0 = m \cdot g] = \text{kg·m/s}^2$; $[K1 = m \cdot g \cdot h] = \text{kg·m}^2/\text{s}^2$.

Tangentialkraft und Querkraft

Wir betrachten eine *xy*-Ebene, in der überall dieselbe Kraft wirken soll, $\vec{F} = \left(f_{x0}, f_{y0}\right)$, z. B. eine konstante Schwerkraft $\vec{F_s} = (0, -g \cdot m)$.

Die in der Ebene in kartesischen Koordinaten abgegebene Kraft soll in Komponenten längs der Bahnkurve und senkrecht dazu zerlegt werden. Das kann beispielsweise wie in Abb. 14.20 (T) bewerkstelligt werden.

Tangentialvektor

Der Einheitsvektor (T_x, T_y) längs der Kurve wird in den Spalten F und G berechnet als:

$$T_x = \frac{x_n - x_{n-1}}{ds_n} \text{ und } T_y = \frac{y_n - y_{n-1}}{ds_n}$$

Wir wollen die Vektorzerlegung an einem beliebigen Punkt der Kurve zeigen. Dazu suchen wir mit dem Schieberegler in A2:D2 (verbundene Zelle E2, übernommen in A6) eine Zeit zwischen 0 und 1 und berechnen dann das Wegstück zwischen diesem Punkt und seinem Vorgänger (in Zeile 5). Der Ansatzpunkt unserer Vektoren soll in der Mitte dieses Wegstücks liegen.

Die Kräfte längs der Bahnkurve (F_x, F_y) und daraus die Beträge der tangentialen und senkrechten Kräfte werden in den Spalten E bis L von Abb. 14.20 (T) ermittelt, mit demselben Formelwerk wie in Abb. 14.19 (T). Die Kraft ist in unserem Fall im gesamten Bereich konstant und senkrecht nach unten gerichtet. Die Tabelle wurde aber so ausgelegt, dass jede konstante Kraft (f_{x0}, f_{y0}) beliebiger Richtung eingesetzt werden kann.

Im Diagramm in kartesischen Koordinaten

Die Tangential- und die Querkraft müssen in kartesischen Koordinaten dargestellt werden, um sie wie in Abb. 14.18b in einem Diagramm abzubilden. Das wird in Abb. 14.21 (T) bewerkstelligt.

	A	B	C	D	E	F	G	H	I	J	K	L
1	Sinus:	Lambda		**5**	=(x.2-x.1)		F.t0=T.x0*(F.x0+I5)/2+T.y0*(F.y0+J5)/2					
2					100			F.s0=-T.y0*(F.x0+I5)/2+T.x0*(F.y0+J5)/2				
3	=E2/100	=x.1+(x.2-x.1)*t.0	=A*SIN(2*PI()*(x.0-x.1)/Lambda)+y.1+m*(x.0-x.1)		v=WURZEL((x.0-B2)^2+(y.0-C2)^2)	=(x.0-B2)/ds.0	=(y.0-C2)/ds.0		=fx.0	=fy.0		
4	**t.0**	**x.0**	**y.0**		**ds.0**	**T.x0**	**T.y0**		**F.x0**	**F.y0**	**F.t0**	**F.s0**
5	0,998	5,99	1,97						0,00	-1,00		
6	**1,000**	6,00	2,00		0,032	0,39	0,92		0,00	-1,00	-0,92	-0,39

Abb. 14.20 (T) Zerlegung der Kraft an einem Punkt der Sinuskurve (Tabellenblatt „Kräfte"); die Parameter werden aus dem Master-Blatt (Abb. 14.17 (T)) übernommen. Mit dem Schieberegler wird der in A6 der Endpunkt eines Intervalls bestimmt; der Anfangspunkt (in A5) liegt um $dt = 1/400$ weiter links. Es werden Länge des Intervalls ds_0 und der Sekantenvektor (T_{x0}, T_{y0}) ermittelt. Die Kräfte F_{x0} und F_{y0} an den Endpunkten des Intervalls werden in die tangentiale Kraft F_{t0} (Formel in G1:K1) und die senkrechte Kraft F_{s0} (Formel in H2:L2) zerlegt

	N	O	P	Q	R
3	$=F.t0*T.x0$	$=F.t0*T.y0$	$=F.s0*-T.y0$	$=F.s0*T.x0$	
4					
5	**F.tx.0**	**F.ty.0**	**F.sx.0**	**F.sy.0**	
6	-0,3612	-0,8457	0,3612	-0,1543	

	S	T	U	V	W	X
5			**x.V**	**y.V**		
6	scal	2,00				
7		$=(B5+B6)/2$	5,99	1,99	$=(C5+C6)/2$	
8		$=U7+F.tx.0*scal$	5,27	0,29	$=V7+F.ty.0*scal$	
9	Kräfte					
10		$=U7$	5,99	1,99	$=V7$	
11		$=U10+F.sx.0*scal$	6,72	1,68	$=V10+F.sy.0*scal$	
12						
13		$=U7$	5,99	1,99	$=V7$	
14		$\#=U13+I6*scal$	5,99	-0,01	$=V13+J6*scal$	

Abb. 14.21 a (links, T) Fortsetzung von Abb. 14.20 (T) Zerlegung der tangentialen und senkrechten Kräfte in kartesische Komponenten. b (rechts, T) Koordinaten der Kräfte aus a zur Darstellung im Diagramm der Abb. 14.18b

Am ausgewählten Punkt auf dem Weg werden dann die Kraftvektoren „angeheftet". Ihre Länge wird mit einem Skalierungsfaktor passend eingestellt (Abb. 14.21b (T)). Im Bereich U7:V14 werden die Vektoren $\vec{F}_t$, $\vec{F}_s$, $\vec{F}$ an die mit dem Schieberegler ausgewählte Stelle der Bahnkurve geheftet. Die Länge der Vektorpfeile wird mit dem Skalierungsfaktor *scal* so bestimmt, dass die Pfeile gut ins Bild passen. Die Abb. 14.18b zeigt diese Vektoren für drei ausgewählte Punkte der Kurve.

Linienintegrale über die tangentiale Kraft

Das Linienintegral über die Kraft längs der sinusförmigen Bahnkurve steht in Zelle K2 von Abb. 14.19 (T). Es ist die Summe über die Produkte $F_{tn} \cdot ds_n$, also die Kraft längs der Bahnkurve im aktuellen Bahnabschnitt mal der Länge des aktuellen Bahnabschnitts und wird in K2 des Tabellenblatts „sin" (Abb. 14.20 (T)) berechnet. Wir erhalten den Wert 4. In der darüberstehenden Zelle wird die Arbeit ganz einfach aus der Differenz der Höhen des Anfangspunktes y_1 und des Endpunktes y_2 berechnet.

Wir haben mit unserer langwierigen Linienintegration also dasselbe herausbekommen, was uns der Energiesatz für Kräfte voraussagt, die von einem Potential abgeleitet werden. Umgekehrt gilt, wenn die Arbeit längs des Weges vom Weg abhängt, dann kann die Kraft nicht von einem Potential abgeleitet werden.

In Abb. 14.22 (T) wird das Linienintegral längs eines Halbkreises berechnet. Die Tabelle hat ab Zeile 8 dieselbe Struktur wie Abb. 14.19 (T); statt t wird jetzt aber der Winkel ϕ_K als Bahnparameter eingesetzt. Die Länge des Weges in E4 stimmt mit dem halben Kreisumfang in E3 überein. Das Linienintegral über die Kraft steht in K4. Es ist dem Betrage nach gleich der Potentialdifferenz in K3, hat aber ein anderes Vorzeichen.

Fragen

Warum hat das in K4 von Abb. 14.22 (T) berechnete Linienintegral das „falsche" Vorzeichen?[7]

---

[7]Das Linienintegral wurde von rechts nach links berechnet, wie man an dem ersten Punkt in B10:C10 von Abb. 14.22 (T) sehen kann.

	A	B	C	D	E	F	G	H	K	L	M
1	x.M	3,50		phi.2	-0,67						
2	y.M	4,00		phi.1	2,47						
3	r.K	3,20		Halbkreis	10,058	=PI()*r.K			4,00		=fy.0*(y.2-y.1)+fx.0*(x.2-x.1)
4					10,058	=SUMME(ds)			-4,00		=SUMMENPRODUKT(F.t;ds)
8	=t*PI()+phi.2	=r.K*COS(phi.K)+x.M	=r.K*SIN(phi.K)+y.M		=WURZEL((x-B10)^2+(y-C10)^2)	=(x-B10)/ds	=(y-C10)/ds				
9	phi.K	x	y		ds	T.x	T.y		F.t	F.s	
10	-0,67	6,00	2,00								
11	-0,67	6,02	2,02		0,025	0,62	0,78		-0,78	-0,62	

Abb. 14.22 (T) Berechnung der Tangentialkraft auf dem Halbkreis (Tabellenblatt „HK2"); das Linienintegral über den Halbkreis in K4 hat ein anderes Vorzeichen als das Ergebnis für die anderen Kurven

14.6 Umlaufintegrale

Wir berechnen für drei Beispiele Linienintegrale über Felder längs eines Kreises in der Ebene. 1) Ein radiales Feld der Stärke $1/r$, typisch für ein elektrisches Feld im Zweidimensionalen. Damit veranschaulichen wir den Gauß'schen Satz für zwei Dimensionen. 2) Ein zirkulares Feld, ebenfalls der Stärke $1/r$. Damit veranschaulichen wir den Stokes'schen Satz. 3) Das Kraftfeld eines Oszillators mit winkelabhängiger Federkraft. Wir sehen, dass sich dieses Kraftfeld nicht von einem Potential ableiten lässt, weil das Umlaufintegral nicht verschwindet.

Vektoren senkrecht auf und tangential an einen Kreis

Wir berechnen ein Linienintegral über einen Kreis, dessen Mittelpunkt in der Ebene verschoben werden kann. 1000 Koordinaten (x, y) eines Kreises mit dem Radius 1 und mit Mittelpunkt im Ursprung werden, von äquidistanten Winkeln ϕ_1 ausgehend, in den Spalten A, B und C von Abb. 14.23 (T) berechnet. Der Vektor (x,y) gibt die Richtung senkrecht zum und der Vektor $(y, -x)$ die Richtung der Tangente an die Kreis an, auch wenn er verschoben wird. In den Spalten D und E wird (x, y) um den Vektor (x_0, y_0) verschoben. Der Verschiebevektor wird mit den Schiebereglern in D2:E4 eingestellt.

Feldstärken auf dem Kreis

In den Spalten F und G werden die Koordinaten (x_2, y_2) des verschobenen Kreises in Polarkoordinaten (r_2, ϕ_2) umgerechnet, die als Argumente in die Feldstärke (F_{2x}, F_{2y}) an diesen Punkten eingehen. Dabei wird mit r_2 zunächst die Stärke F_2 des Feldes bestimmt und dann werden mit ϕ_2 das Feld (F_{2x}, F_{2y}) in kartesischen Koordinaten berechnet. In Abb. 14.24 werden Feldvektoren auf dem Kreis für ein radiales und ein zirkulares Feld gezeigt, außerdem ihre Zerlegung in Komponenten senkrecht und tangential zum Kreis.

	A	B	C	D	E	F	G	H	I	J	K	L
1	dphi	0,01				a	1,00					
2	x.0	0,67	67 ◄ ▢		▶	b	4,00					
3	y.0	0,64	64 ◄ ▢		▶	-1000,0	=SUMMENPRODUKT(F.2x;x)+SUMMENPRODUKT(F.2y;y)					
4	r.0	0,93	=WURZEL(x.0^2+y.0^2)			0,0	=SUMMENPRODUKT(F.2x;y)+SUMMENPRODUKT(F.2y;-x)					
5	=A7+dphi	=COS(phi.1)	=SIN(phi.1)	=x+x.0	=y+y.0	=SQRT(x.2^2+y.2^2)	=ATAN2(x.2;y.2)	=-a/r.2	=F.2*COS(phi.2)	=F.2*SIN(phi.2)		
6	phi.1	x	y	x.2	y.2	r.2	phi.2	F.2	F.2x	F.2y		
7	0,00	1,00	0,00	1,67	0,64	1,79	0,37	-0,56	-0,52	-0,20		
8	0,01	1,00	0,01	1,67	0,65	1,79	0,37	-0,56	-0,52	-0,20		
1006	6,28	1,00	-0,01	1,67	0,63	1,79	0,36	-0,56	-0,52	-0,20		

Abb. 14.23 (T) Feldstärken auf einem Kreis mit dem Mittelpunkt in (x_0, y_0) werden berechnet

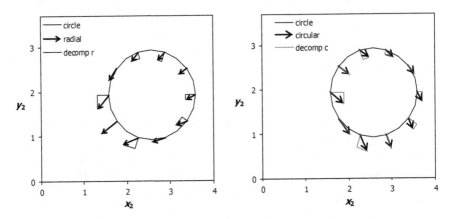

Abb. 14.24 Feldvektoren auf dem Kreis **a** (links) für ein radiales Feld der Stärke $1/r$. **b** (rechts) für ein zirkulares Feld der Stärke $1/r$

In Abb. 14.23 (T) wird die Feldstärke für ein *radiales (auf den Nullpunkt gerichtetes) Feld* der Stärke a/r_{12} berechnet, dessen Komponenten folgendermaßen gegeben werden:

$$\vec{F_r} = F_2 \cdot (\cos \phi_2, \sin \phi_2) \tag{14.14}$$

Für ein *zirkulares Feld* müssen die Koordinaten vertauscht werden, und eine Koordinate muss ein negatives Vorzeichen bekommen:

$$\vec{F_z} = F_2 \cdot (\sin \phi_2, -\cos \phi_2) \tag{14.15}$$

Die Stärken des Feldes senkrecht F_{sK} zum und tangential F_{tK} an den Kreis werden als Skalarprodukte berechnet:

$$F_{sK} = (x, y) \cdot \left(F_x, F_y\right) \tag{14.16}$$

$$F_{tK} = (y, -x) \cdot (F_x, F_y)$$

Linien- und Flächenintegrale

Für statische magnetische Felder $\vec{H}$ gilt der Stokes'sche Satz:

$$\oint_K \vec{H} \mathrm{d}\vec{s} = I \tag{14.17}$$

Das Integral längs einer geschlossenen Kurve K über die tangentiale Komponente des Magnetfeldes ist gleich der Stärke des elektrischen Stromes I, der durch die von der Kurve umschlossene Fläche fließt.

Für statische dielektrische Verschiebungsdichten $\vec{D}$ gilt der Gauß'sche Satz:

$$\oint_A \vec{D} \mathrm{d}\vec{A} = Q \tag{14.18}$$

Das Flächenintegral um eine geschlossene Fläche A über die senkrechte Komponente von $\vec{D}$ ist gleich der Stärke der von der Fläche umschlossenen Ladung. In numerischen Rechnungen werden die Integrale durch endliche Summen ersetzt. In der Tabellenrechnung der Abb. 14.23 (T) für zweidimensionale Felder gelten die Formeln in F3 und F4

$$(rot)\text{F4} = [= SUMMENPRODUKT(\text{F.2x; y}) + SUMMENPRODUKT(\text{F.2y; } -\text{x})] \tag{14.19}$$

$$(div)\text{F3} = [= SUMMENPRODUKT(\text{F.2x; x}) + SUMMENPRODUKT(\text{F.2y; y})] \tag{14.20}$$

Wir bezeichnen ein Integral der Art der Gl. 14.17 und 14.19 als *rot* (für Rotation) und ein Integral der Art der Gl. 14.18 und 14.20 als *div* (für Divergenz). Wir berechnen *rot* und *div* für zwei radiale Felder der Stärken $(1/r)$ und (r), für die einfach nur die jeweils entsprechende Formel für F_2 in Spalte H von Abb. 14.23 (T) eingefügt werden muss, $-a/r_2$ und $-a \cdot r_2$ mit dem Wert von a aus G1. Außerdem behandeln wir noch das Feld des Oszillators mit winkelabhängiger Zentralkraft aus Abschn. 3.2 mit dem Kraftgesetz $(-a \cdot r_2 - b \cdot \cos \phi_2)$, mit dem Wert für b aus G2.

Ergebnisse für diese drei Felder werden in Abb. 14.25 aufgetragen. *Div* von $(1/r_2)$ verschwindet, wenn der Kreis nicht mehr den Nullpunkt, also den Sitz des Kraftzentrums, enthält. *Rot* des Feldes des Oszillators mit winkelabhängiger Federkraft ist außer bei $r=0$ von null verschieden. Die Kraft lässt sich deshalb nicht von einem Potential herleiten. *Div* von $-r_2$, dem Kraftfeld eines harmonischen Oszillators, ist unabhängig vom Ort. Weitere Rechnungen zeigen, dass *rot* von $1/r_2$ und *rot* von $-r_2$ verschwinden, beide Kraftfelder also als Gradient eines Potentials abgeleitet werden können.

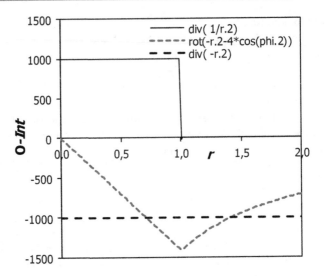

Abb. 14.25 Umlaufintegrale über einen Kreis mit dem Radius 1 als Funktion der Verschiebung r des Mittelpunktes; div($1/r_2$): über die zum Kreis senkrechte Komponente eines elektrischen Feldes; rot($-r_2-4\cdot\cos(\phi_2)$): über die zum Kreis tangentiale Komponente der winkelabhängigen Federkraft eines Oszillators; div($-r_2$): über die zum Kreis senkrechte Komponente einer Federkraft

14.7 Chi²-Verteilung und Chi²-Test

Wir besprechen die fünf Tabellenfunktionen in EXCEL, die mit der Chi²-Verteilung zu tun haben. In einem Zufallsexperiment mit einer Gleichverteilung bestimmen wir die Häufigkeitsverteilung der Chi²-Werte und vergleichen sie mit der theoretischen Verteilung. Der Erwartungswert von richtig angewandten Chi²-Tests ist 0,5, wenn die angenommene theoretische Verteilung der tatsächlichen Verteilung des Zufallsgenerators entspricht. Mit dieser Regel prüfen wir, ob die Anzahl der Freiheitsgrade richtig eingesetzt wird. Die Tabellenfunktion CHIQU.TEST kann nur angewendet werden, wenn keine Parameter der theoretischen Verteilung aus der Stichprobe geschätzt werden, sonst müssen andere Tabellenfunktionen herangezogen werden.

14.7.1 Fünf Tabellenfunktionen mit der Chi²-Verteilung

Wir haben in verschiedenen Übungen den Chi²-Test eingesetzt, um zu prüfen, wie gut sich empirische Häufigkeiten, die wir mit Simulationen ermittelt haben, mit theoretischen Verteilungen erklären lassen. In diesem Abschnitt sehen wir uns an, welche Funktionen EXCEL im Zusammenhang mit dem Chi²-Test anbietet.

In der EXCEL-Hilfe finden wir Beschreibunge für:

- CHIQU.VERT(x;Freiheitsgrade;kumuliert)
  - Gibt die Werte der Verteilungsfunktion einer Chi-Quadrat-verteilten Zufalls-variablen zurück.
- CHIQU.VERT.RE(x;Freiheitsgrade)
  - Gibt Werte der rechtsseitigen Verteilungsfunktion (1-Alpha) einer Chi-Quadrat-verteilten Zufallsgröße zurück.
- CHIQU.TEST(Beob_Messwerte;Erwart_Werte)
  - Liefert die Teststatistik eines Unabhängigkeitstests.
- CHIQU.INV(Wahrsch;Freiheitsgrade)
  - Gibt Perzentile der linksseitigen Chi-Quadrat-Verteilung zurück. Ist die Umkehrfunktion zu Chiqu.Vert mit kumuliert = wahr.
- CHIQU.INV.RE(Wahrsch;Freiheitsgrade)
  - Gibt Perzentile der rechtsseitigen Chi-Quadrat-Verteilung zurück.
  - Ist Wahrsch = CHIQU.VERT.RE(x;...) gegeben, dann gilt CHIQU.INV.RE (Wahrsch;...) = x.

▶ **Alac** Das ist ja wie in einer Mathe-Vorlesung. Ich verstehe nur Bahnhof.

▶ **Tim** Ich ahne, dass wir uns in die zugrunde liegende Mathematik reinknien müssen, um mit dem Chi²-Test richtig umzugehen.

▶ **Mag** Lassen Sie uns zunächst versuchen, die Begriffe mit unseren experimen-tellen Methoden zu klären. Machen wir eine Simulation, so wie in Abschn. 7.7 von Band I!

14.7.2 Simulation einer Chi²-Verteilung

Wir nehmen einen Zufallsprozess, dessen Verteilung wir kennen, der Einfachheit hal-ber die Tabellenfunktion ZUFALLSZAHL(), die gleichverteilte Zahlen zwischen null und eins erzeugt, bestimmen die empirische Häufigkeitsverteilung für Stichproben einer bestimmten Größe und deren Abweichung von der theoretischen Gleichverteilung.

In Abb. 14.26 (T) werden in Spalte A 1000 zwischen 0 und 1 gleichverteilte Zufallszahlen erzeugt, von denen dann in den Spalten C und D die empirische Häufigkeit *freq.gl* in zehn Intervallen bestimmt wird. Bei einer Gleichverteilung erwartet man eine Verteilung *gl* mit 100 Ereignissen in jedem Intervall, wie in Spalte E angegeben.

Der Abstand zwischen beobachteten f^{bt} und theoretischen f^{th} Häufigkeiten wird mit der Größe χ^2 (*Chi²*) gemessen, die folgendermaßen definiert ist:

$$\chi^2 = \sum_i \frac{\left(f_i^{bt} - f_i^{th}\right)^2}{f_i^{th}} \tag{14.21}$$

Die Summe geht dabei über alle Intervalle.

	A	B	C	D	E	F	G	H	I
4			0,1	1000					
5	=ZUFALLSZAHL()			=HÄUFIGKEIT(gleich;I.Gr)		=(freq.gl-gl)^2/gl	=SUMME(c.²)		
6	gleich		I.Gr	freq.gl	gl	c.²	Chi²		
7	0,28		0,1	95	100	0,25	13,14	0,156	=CHIQU.TEST(freq.gl;gl)
8	0,54		0,2	115	100	2,25		0,156	=1-CHIQU.VERT(Chi²;9;1)
9	0,06		0,3	105	100	0,25		0,156	=CHIQU.VERT.RE(Chi²;9)
15	0,03		0,9	79	100	4,41			
16	0,66			101	100	0,01			
1006	0,57								

Abb. 14.26 (T) *freq.gl:* Häufigkeitsverteilung der 1000 gleichverteilten Zufallszahlen in Spalte A; Chi^2 nach Gl. 14.21 in G7: Abweichung der Häufigkeitsverteilung von der theoretischen Gleichverteilung *gl*; Fortsetzung der Tabelle in Abb. 14.28 (T)

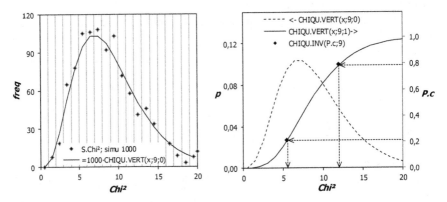

Abb. 14.27 **a** (links) Häufigkeitsverteilung der Chi^2-Werte aus Abb. 14.26 (T) und die Werte der Funktion CHIQU.VERT für den Freiheitsgrad $f = 9$. **b** (rechts) Chi²-Verteilung und kumulierte Chi²-Verteilung für $f = 9$

Gl. 14.21 wird als Chi^2 in G7 aus den Einzelwerten im Spaltenvektor $c_{,}^2$ berechnet. $c_{,}^2$ ist eine Zufallsvariable. Ihr Wert streut zwischen 1 und 25, wenn das Zufallsexperiment wiederholt wird.. Die Wiederholung geschieht wie üblich, z. B. indem der Inhalt einer sowieso schon leeren Zelle mit der Taste ENFT „gelöscht" oder ein Zellinhalt sonst irgendwie geändert wird.

Mit einer Protokollroutine wiederholen wir das Zufallsexperiment 1000-mal, protokollieren die Chi² aus G7 in Abb. 14.26 (T) und ermitteln deren Häufigkeitsverteilung. Das Ergebnis sieht man in Abb. 14.27a. Der zugehörige Tabellenaufbau steht in Abb. 14.28 (T).

Die Datenpunkte in Abb. 14.27a geben die Verteilung der Werte der Zufallsvariablen χ^2 für unser Beispiel wieder. Werte in der Nähe von sieben kommen offenbar am häufigsten vor. In weniger als der Hälfte der Fälle ist der Wert kleiner, passt unsere durch eine Simulation ermittelte Häufigkeit also besser zur theoretischen Gleichverteilung. Die Werte von Chi² streuen stark, obwohl wir jedes Mal mit der Tabellenfunktion ZUFALLSZAHL() zwischen 0 und 1 gleichverteilte Zahlen erzeugt haben.

▶ **Tim** Was für eine Trendlinie wurde denn durch die Punkte gelegt?

▶ **Mag** Die Trendlinie wurde mit der Funktion CHIQU.VERT aus der theoretischen Wahrscheinlichkeitsdichte der Chi²-Werte für neun Freiheitsgrade f abgeleitet, $f = 9$ und *kumuliert* $= 0$ (FALSCH).

▶ **Tim** Wie ist der Freiheitsgrad $f = 9$ zustande gekommen?

▶ **Mag** Theoretisch ergibt sich die Zahl der Freiheitsgrade aus der Zahl der Intervalle minus 1, $f = 10 - 1 = 9$.

▶ **Tim** Warum minus 1?

▶ **Mag** Weil die Häufigkeit im 10. Intervall nicht mehr „frei" ist, sondern durch die Häufigkeiten in den anderen Intervallen und durch die Gesamtzahl der Daten bestimmt wird.

▶ **Tim** Gilt die Kurve nur für den Vergleich mit der Gleichverteilung?

▶ **Mag** Nein, die Chi2-Verteilungen für die verschiedenen Freiheitsgrade gelten für alle Vergleiche zwischen der Verteilung in einer Stichprobe mit der Verteilung der Grundgesamtheit, die in unserem Fall durch eine theoretische Verteilung angegeben wird.

In Abb. 14.27b wird die theoretische Chi²-Verteilung aus Abb. 14.27a noch einmal eingetragen, zusammen mit der kumulierten Verteilung, also Funktion CHIQU.VERT mit *kumuliert* $= 1$ (wahr). Die „kumulierte Verteilung" ist das Integral über die Wahrscheinlichkeitsdichte, also die Verteilungsfunktion, die wir oft *integrale Verteilungsfunktion* genannt haben, damit noch in der Bezeichnung zum Ausdruck kommt, wie sie entstanden ist.

Die theoretische Häufigkeit in einem Intervall ergibt sich aus der Differenz der integralen Verteilungsfunktion an den Intervallgrenzen mal der Gesamtzahl der Daten, eine Formel, die in P8:P26 von Abb. 14.28 (T) eingesetzt wird. Die Tabellenformel für P8 wird vollständig in Reihe 1 wiedergegeben. Im ersten Intervall steht die Formel P7 $= [= $CHIQU.VERT $(I.Gr2;9;1)]$ und im letzten Intervall P27 $= [= (1 - $CHIQU.VERT $(N26;9;1))*\$O\$4]$, wobei in O4 die Gesamtzahl der Daten steht.

Halten wir also fest:

CHIQU.VERT(x;Freiheitsgrade;kumuliert).

liefert für KUMULIERT $= 0$ oder FALSCH die Wahrscheinlichkeitsdichte für die Werte von χ^2 bei gegebenem Freiheitsgrad und für KUMULIERT $= 1$ oder WAHR die zugehörige integrale Verteilungsfunktion.

	K	L	M	N	O	P	Q	R	S
3					=(CHIQU.VERT(I.Gr2;9;1)-CHIQU.VERT(N7;9;1))*$O$4				
4				1	1000	0,19	=CHIQU.TEST(O7:O27;P7:P27)		
5	durch Prot.Rout.		=MITTELWERT(N25:N26) =N7+$N$4	=HÄUFIGKEIT(S.Chi²;I.Gr2)		=(CHIQU.VERT(I.Gr2;9;1)-CHIQU...			
6	S.Chi²		x	I.Gr2	S.Chi²; simu 1000	1000·CHIQU.VERT(x;9;0)			
7	9,60		0,5	1	0	0,0			
26	9,30		**19,5**	20	8	**7,3**			
27	5,92		20		12	17,9			
1006	7,40								

Abb. 14.28 (T) Fortsetzung von Abb. 14.26 (T); Häufigkeitsverteilung der Chi²-Werte im Spaltenvektor *S.Chi²* verglichen mit den theoretischen Häufigkeiten in Spalte P; deren Formel in Reihe 1 vollständig wiedergegeben wird; Vergleich durch CHIQU.TEST in P4

14.7.3 Der Chi²-Test und seine Fallen

Tabellenfunktion CHIQU.TEST
Jetzt kommt eine weitere Tabellenfunktion ins Spiel (

$$CHIQU.VERT.RE(x; Freiheitsgrade) \tag{14.22}$$

Sie wird definiert als

- 1- CHIQU.VERT(x;Freiheitsgrade; KUMULIERT = WAHR)

Die Variable x in der Definition ist der Wert von χ^2. Gl. 14.22 gibt also die Wahrscheinlichkeit an, dass die Zufallsvariable χ^2 bei einem Zufallsexperiment *größer* als x ist. Die Anwendung von Gl. 14.22 auf ein empirisch ermitteltes χ^2 bezeichnet man als Chi²-Test.

In Abb. 14.26 wird der Chi²-Test dreimal durchgeführt:

- in H9 mit CHIQU.VERT.RE,
- in H8 mit 1 – CHIQU.VERT und
- in H7 mit CHIQU.TEST.

Jedes Mal mit demselben Ergebnis.
Die Tabellenfunktion CHIQU.TEST liefert also dasselbe Ergebnis wie die anderen beiden Funktionen mit dem Freiheitsgrad f = Anzahl der Intervalle – eins.

▶ **Alac** Die Rechnungen sind also redundant; zwei kann man sich sparen. Beschränken wir uns doch auf die einfach einzusetzende Tabellenfunktion CHIQU.TEST.

▶ **Mag** Das geht nicht immer, sondern nur wenn der Freiheitsgrad stimmt. Wir werden gleich Gegenbeispiele kennenlernen.

Normalverteilte Zufallszahlen

Wir untersuchen ein zweites Zufallsexperiment, jetzt mit normalverteilten Zufallszahlen und bestimmen In Abb. 14.29 (T) die Verteilung von 1000 Zufallszahlen, die mit der Tabellenfunktion

$$\text{NORM.INV}(\text{ZUFALLSZAHL}(); 0; 1) \tag{14.23}$$

in A8:A1007 erzeugt werden und vergleichen sie zweimal mit der theoretischen Normalverteilung, einmal mit *norm.g* in Spalte G mit dem Mittelwert 0 und der Standardabweichung 1, wie es auch im Zufallsgenerator der Gl. 14.23 vorgegeben wird, und einmal mit *norm.s* in Spalte J mit Mittelwert und Standardabweichung, so wie sie in A3 bzw. A4 aus der Stichprobe ermittelt werden. Die empirischen Häufigkeiten *freq.norm* und die theoretischen Häufigkeiten *norm.g* (Mittelwert und Standardabweichung unabhängig von der Stichprobe festgelegt) werden in Abb. 14.30 grafisch dargestellt. Ihr Abstand χ^2 zueinander (gemäß Gl. 14.21) wird in I8 von Abb. 14.29 (T) als *Chi.g²* berechnet.

	A	B	C	D	E	F	G	H	I	J	K	L	M
1			G9 = [=$F$4*(NORM.VERT(I.gr;0;1;1)-NORM.VERT(E7;0;1;1))]										
2			J9 = [=$F$4*(NORM.VERT(I.gr;$A$3;$A$4;1)-NORM.VERT(E7;$A$3;$A$4;1))]										
3											0,77	=CHIQU.VERT.RE(Chi.g²;20)	
4	-0,06	=MITTELWERT(normal)				0,3				=CHIQU.VERT.RE(Chi.g²;20)		0,92	
5	0,99	=STABW.S(normal)				1000				=CHIQU.VERT.RE(Chi.s²;18)		0,85	
6	=NORM.INV(ZUFALLSZAHL();0;1)			=MITTELWERT(E7:E8)	=E9-$E$3	=HÄUFIGKEIT(normal;I.gr)	=$F$4*(NORM.VERT(I.gr;0;1;1)-NORM.g)^2/norm.g	=(freq.norm-norm.g)^2/norm.g	=SUMME(c.g²)	=$F$4*(NORM.VERT(I.gr;$A$3;$...	=(freq.norm-norm.s)^2...	
7	normal				I.gr	freq.norm	norm.g	c.g²	Chi.g²	norm.s	c.s²	Chi.s²	
8	-0,69			-2,85	-2,85	2	2,2	0,02	15,1	2,4	0,08	11,9	
9	0,57			**-2,70**	**-2,55**	6	**3,2**	2,45		**3,6**	**1,68**		
27	-1,14			2,70	2,85	2	3,2	0,45		2,6	0,14		
28	-0,38			2,85	2,85	1	2,2	0,64		1,7	0,28		
1007	-1,31												

Abb. 14.29 (T) Häufigkeitsverteilung *freq.norm* der 1000 normalverteilten Zufallszahlen *normal* in Spalte A; die vollständigen Formeln in den Zellen G9 und J9 stehen in Reihe 1 bzw. 2; Vergleich der theoretischen Verteilung mit fest vorgegebenen *(norm.g)* und aus der Stichprobe geschätzen *(norm.s)* Werten für Mittelwert und Standardabweichung

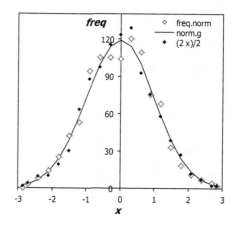

Abb. 14.30 Empirische Häufigkeiten *freq.norm* der Simulation der Abb. 14.29 (T) sowie Häufigkeiten (*2 x*)/2, die als Summe von zwei Simulationen entstanden sind und durch Division durch 2 auf denselben Maßstab wie *freq.norm* gebracht wurden

Der Chi²-Test wird in I3 durch CHIQU.VERT.RE mit $f = 20$ Freiheitsgraden durchgeführt, gegeben durch Anzahl der Intervalle minus eins.

Zu hohe Werte des Chi²-Tests durch zu hoch angesetzte Freiheitsgrade
Der Abstand zu *norm.s* (Mittelwert und Standardabweichung aus der Stichprobe geschätzt) wird als *Chi.s²* in L8 berechnet und zweimal in einen Chi²-Test eingesetzt, einmal mit dem Freiheitsgrad $f = 20$ (L4) und einmal mit dem Freiheitsgrad $f = 18$ (L5).

Die Mittelwerte der Ergebnisse der Chi²-Tests in I3, L4, L5 von 1000 Wiederholungen des Experiments werden in Abb. 14.31b für verschiedene Intervallbreiten b_I aufgelistet. Bei einer korrekten Anwendung des Chi²-Tests erwartet man einen Mittelwert von 0,5, weil die Ergebnisse des Chi²-Tests ja zwischen 0 und 1 gleichverteilt sind. Die Ergebnisse für den Wert $b_I = 0{,}3$ der Abb. 14.29 (T) sind $Chi.\mathbf{g}^2(f = 20) = 0{,}50$ (wie erwartet); $Chi.\mathbf{s}^2(f = 20) = 0{,}61$ (zu hoch) und $Chi.\mathbf{s}^2(f = 18) = 0{,}50$ (wie erwartet).

Wenn also Mittelwert und Standardabweichung fest vorgegeben werden, dann ist ein Freiheitsgrad von $f = 21 - 1$ (Anzahl der Intervalle − 1) einzusetzen, und wenn die beiden Größen aus der Stichprobe geschätzt werden, dann gilt $f = 21 - 1 - 2$ (Anzahl der Intervalle − 1 − Anzahl der aus der Stichprobe geschätzten Parameter). Wenn der Freiheitsgrad zu hoch angesetzt wird, dann ergibt der Chi²-Test fälschlicherweise zu hohe Werte.

Zu hohe Werte des Chi²-Tests durch „normierte" Häufigkeiten

▶ **Tim** Die durch offene Rauten in Abb. 14.30 dargestellten Datenpunkte streuen ja ziemlich um die theoretische Kurve. Wir haben doch in anderen Übungen die Simulation mehrfach wiederholt und die Häufigkeiten addiert, damit die Streuung geringer wird.

▶ **Alac** Das habe ich auch hier gemacht. Die schwarzen Rauten in Abb. 14.30 (T) sind das Ergebnis von zwei Simulationen. Ich habe die aufaddierten Häufigkeiten

b.I	freq.																		
0,3	3	1	4	7	24	49	60	81	84	125	121	107	100	81	59	43	30	17	4	0	0
0,4	0	1	1	3	9	24	46	87	117	136	166	141	119	69	38	30	7	4	1	0	1
0,5	0	0	0	0	2	11	27	77	131	168	198	181	104	66	24	9	2	0	0	0	0

b.I	Chi.g²(20)	Chi.s²(20)	Chi.s²(18)	Chi.g²(20) 2x	Chi.g²(20)(2x)/2
0,2	0,51	0,60	0,49		
0,3	0,50	0,61	0,50	0,52	0,94
0,4	0,54	0,62	0,54		
0,5	0,68	0,74	0,71		

Abb. 14.31 a (oben) Häufigkeiten in Intervallen verschiedener Breiten $b_I = 0{,}3$ (wie in Abb. 14.29 (T)), 0,4 und 0,5. **b** (unten) Mittelwerte der Ergebnisse von 1000 Chi²-Tests für verschiedene Intervallbreiten b_i; Chi.$\mathbf{g}^2$(20), Chi.s²(20) und Chi.s²(18) aus Abb. 14.29 (T); Chi. b²(20)2x und Chi.g²(2)(2x)/2 beziehen sich auf empirische Häufigkeiten, die durch Addieren von zwei Häufigkeitsverteilungen entstanden sind

durch die Anzahl der Wiederholungen geteilt, damit sie in dasselbe Diagramm passen wie die Werte der einfachen Simulation.

▶ **Mag** Das ist gefährlich, wenn der Chi²-Test gemacht werden soll. Besser ist es, die aufaddierten Häufigkeiten nicht durch die Anzahl der Wiederholungen zu teilen, sondern auf der sekundären vertikalen Achse aufzutragen, deren Skala dann ein Vielfaches derjenigen der primären vertikalen Achse ist.

▶ **Alac** Ich erinnere mich an eine Übung in Band I Abschn. 7.7. Dort freute ich mich über gute Chi²-Werte, bis mir klar wurde, dass ich sie falsch skaliert hatte.

Die Mittelwerte der Ergebnisse von Chi²-Tests von 1000 Wiederholungen der zweimaligen Simulation werden ebenfalls in Abb. 14.31b berichtet. Wenn man die aufaddierten Häufigkeiten mit den theoretischen Häufigkeiten bei doppelter Gesamtzahl vergleicht, dann ergibt sich ein Mittelwert von 0,52, also nahe am erwarteten Wert. Teilt man hingegen die Häufigkeiten durch die Anzahl der Wiederholungen, bevor der Chi²-Test gemacht wird, dann ergibt sich mit 0,94 ein viel zu hoher Mittelwert.

Zu hohe Werte des Chi²-Tests durch Intervalle mit zu geringer Häufigkeit
Wir wiederholen das Experiment der Abb. 14.30 (T) mit verschiedenen Intervallbreiten, wobei das mittlere Intervall immer symmetrisch zu 0 liegt. Die Häufigkeiten in den Intervallen der Breiten $b_I = 0{,}2$, 0,3; 0,4 und 0,5 werden in Abb. 14.31a berichtet, die zugehörigen Mittelwerte der Ergebnisse von je 1000 Chi²-Tests in Abb. 14.31b. Für uns sind jetzt nur noch die Werte für $Chi.g^2(20)$ und $Chi.s^2(18)$ von Interesse, weil in $Chi.s^2(20)$ der Freiheitsgrad schon falsch ist. Man sieht, dass die Chi²-Werte für Einteilungen mit vielen Intervallen, in denen nur wenige Ereignisse liegen, zu groß sind, insbesondere für $b_I = 0{,}5$.

Es gilt deshalb die Faustregel, dass die Intervalle der empirischen Häufigkeitsverteilung so gewählt werden sollen, dass in jedes mindestens fünf Ereignisse fallen.

14.7.4 Vierfeldertest

In empirischen Wissenschaften werden häufig zwei einander ausschließende Eigenschaften in zwei getrennten Gruppen untersucht. Beispiele:

Gruppen A, B	Eigenschaften c, d
Männer/Frauen	Raucher/Nichtraucher
Behandelt mit Medikament A/B	geheilt/nicht geheilt

Die Ergebnisse solcher Untersuchungen werden in einer Vierfeldertafel wie in Abb. 14.32 (T) in B5:C6 (unter dem Namen *Obs*) aufgelistet. Die Forscher wollen die Frage beantworten: Können die beiden Gruppen als zwei Stichproben derselben Grundgesamtheit aufgefasst werden (H0, Nullhypothese) oder unterscheiden sich die Ergebnisse in den beiden Gruppen zu stark für diese Annahme (H1, Altermativhypothese)?

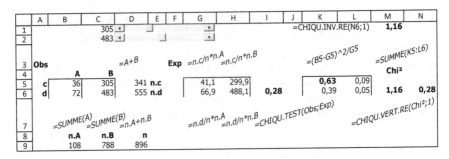

Abb. 14.32 (T) Vierfeldertafel der beobachteten Häufigkeiten in B5:D6; Zeilensummen n_c und n_d in D5:D6; Spaltensummen n_A und n_B in B9:C9; erwartete Häufigkeiten in G5:G6; ChiQu.Test in I6; Chi^2-Werte in D5:L6, deren Summe in N6; der mit der Chi^2-Verteilung berechnete Wert des Chi^2-Tests in M6

Zum Testen der Nullhypothese werden die Wahrscheinlichkeiten p_c und p_d für die beiden Eigenschaften c und d in der Grundgesamtheit geschätzt, indem die Ergebnisse beider Gruppen summiert werden:

$$p_c = n_c/n \quad \text{und} \quad p_d = n_d/n$$

Dabei sind n_c und n_d die summierten Häufigkeiten für die Eigenschaften c und d (D5:D6) und $n = n_c + n_d$ ist die Gesamtzahl in den beiden Gruppen. Die Werte n_A, n_B, n_c, n_d in Abb. 14.32 (T) nennt man *Randsummen*. In G5:H6, benannt mit *Obs* werden die Häufigkeiten in der Vierfeldertafel berechnet, die mit den Wahrscheinlichkeiten der hypothetischen Grundgesamtheit erwartet werden.

In I6 wird ChiQu.Test auf die beiden Verteilungen *Obs* und *Exp* angewandt. Wird dabei der richtige Freiheitsgrad eingesetzt? Um diese Frage zu beantworten, testen wir noch einmal, indem wir in die integrale Chi^2-Verteilung den in M6 berechneten Wert von Chi^2 einsetzen. Für den Freiheitsgrad $f = 1$ erhalten wir so in N6 denselben Wert wie vorher mit ChiQu.Test.

Der Vierfelder-Test lässt sich auf c Spalten und r Reihen verallgemeinern. Der Chi^2-Test hat dann $(c-1) \cdot (r-1)$ Freiheitsgrade, weil man im Innern der Kontingenztafel genau so viele Größen ändern kann, ohne die Randsummen zu verändern. Der Vierfeldertest hat nach dieser Regel tatsächlich den Freiheitsgrad eins, wie in ChiQu.Test angenommen wird. In Abb. 14.33 (T) organisieren wir die Formeln der Vierfeldertafel *Obs* in Abb. 14.32 (T) so um, dass sie die Regel widerspiegeln. Die Randsummen n_A, n_B und n_d werden jetzt fest vorgeben werden und daraus wird die vierte Randsumme n_c berechnet. Wir variieren jetzt nur noch den Eintrag B_c in Zelle C5 mit dem Schieberegler mit der verknüpften Zelle C1. Die anderen drei Einträge folgen daraus und aus den Randsummen.

Die Tabellenfunktion ChiQu.Inv.Re gibt den Chi^2-Wert für eine vorgegebene Irrtumswahrscheinlichkeit bei einem vorgegebenen Freiheitsgrad heraus. Sie ist die Umkehrfunktion zur rechtsseitigen integralen Verteilungsfunktion ChiQu.Vert. Re. Im Beispiel der Abb. 14.32 (T) ist der Freiheitsgrad 1. In M1 wird ChiQu.Inv. Re(N6; 1) eingesetzt und ergibt wieder den ursprünglichen Wert 1,16 von Chi^2.

	A	B	C	D	E
3	**Obs**	$=n.c-C5$	$=C1$	$=n-n.d$	
4		**A**	**B**		
5	**c**	120	230	**350 n.c**	
6	**d**	180	370	**550 n.d**	
7		$=n.A-B5$	$=n.B-C5$	$=n.A+n.B$	
8		**n.A**	**n.B**	**n**	
9		**300**	**600**	**900**	

Abb. 14.33 (T) Vierfeldertafel der beobachteten Häufigkeiten in B5:D6, umorganisiert, so dass die Randsummen fest vorgegeben werden und nur das Feldelement B_c in C5 mit dem Schieberegler mit der verknüpften Zelle C1 verändert werden kann, entsprechend dem Freiheitsgrad eins

In empirischen Untersuchungen wird häufig eine Irrtumswahrscheinlichkeit vorgewählt, mit der die Nullhypothese höchstens abgelehnt wird. Wenn der Wert von Chi^2 größer als der mit CHIQU.INV.RE für die vorgewählte Irrtumswahrscheinlichkeit ermittelte Wert ist, dann wird die Alternativhypothese angenommen. Typischerweise wird eine Irrtumswahrscheinlichkeit von 5 % vorgegeben, welche beim Vierfeldertest einem Wert $Chi^2 = 3,84$ entspricht.

▶ Die Tabellenfunktion CHIQU.TEST kann zum Vergleich von empirisch ermittelten Häufigkeiten mit theoretischen Häufigkeiten nur eingesetzt werden, wenn kein Parameter der theoretischen Verteilung aus der Stichprobe geschätzt wird. Er ist auch für den Vierfeldertest oder Verallgemeinerungen davon gültig.

14.7.5 Dialogformular für den Vierfeldertest

Wir wollen den Vierfeldertest im Dialog der Abb. 14.34 ausführen. Dazu trägt man in die (2×2)-Textfelder im oberen Teil des Formulars die empirisch ermittelten Häufigkeiten ein und drückt den Schalterknopf „Eval". Daraufhin erscheint in den beiden unteren rechten Textfeldern der Wert für Chi^2 und das Ergebnis des Chi²-Testes.

Man erstellt ein Dialogformular im VBA-Editor (ENTWICKLERTOOLS/VISUAL BASIC). Mit der Anweisung EINFÜGEN/USERFORM erscheint ein leeres Formularblatt und eine Werkzeugsammlung wie in Abb. 14.35. In der Projektübersicht sind unter FORMULARE ein bereits erstelltes *frmVierfeldertest* und das neu eingefügte USERFORM1 aufgeführt. Die Werkzeugsammlung kann mit der Schaltfläche ganz rechts in der Kommandoleiste vor dem Fragezeichen ein- und ausgeblendet werden.

Man zieht mit der Maus die gewünschten Steuerelemente auf das Formular und ordnet sie sinnvoll an. Durch einfaches Klicken auf ein Element erscheint in der Spalte „Projekt – VBAProject" ein Eigenschaftenfenster, in dem wir hauptsächlich den Namen und für Befehlsschaltflächen auch die Beschriftung (CAPTION) eintragen. Die Namen der Steuerelemente in Abb. 14.34 sind rechts neben dem Dialogformular vermerkt. Der Konvention von Softwareentwicklern entsprechend fangen sie mit einem dreibuchstabigen Vorsatz an, der die Art des Steuerelements

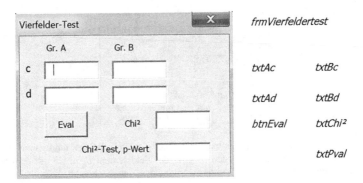

Abb. 14.34 Dialogformular für den Vierfeldertest, daneben die vom Programmierer vergebenen Namen der Steuerelemente

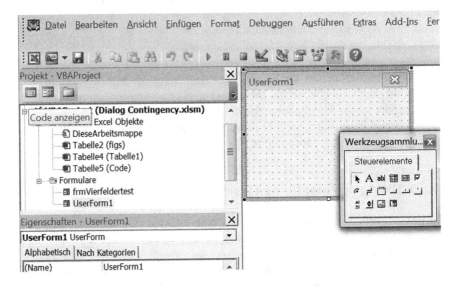

Abb. 14.35 Projektübersicht, Dialogformular und Werkzeugsammlung

kennzeichnet, *frm* („frame") für das Dialogformular, *txt* für ein Textfeld und *cmd* („command") für eine Schaltfläche.

Mit der Schaltfläche „Eval" ist die Routine Sub *cmdEval*_CLICK() in Abb. 14.36 (P) verbunden, die ausgelöst wird, wenn im Ausführungsmodus auf die Schaltfläche geklickt wird.

Das Dialogformular wird in einer Arbeitsmappe „Dialog Contingency" erstellt, in der keine Rechnungen durchgeführt werden. In den Zeilen 2 und 3 wird deshalb mit vollständiger Adresse die Datei geöffnet, in der die Vierfeldertafel gemäß Abb. 14.32 (T) ausgewertet wird. In Zeile 4 wird diese Datei aktiviert, sodass sich alle weiteren Anweisungen auf sie beziehen. In den Zeilen 6 bis 9 werden die Einträge in der Vierfeldertafel auf die entsprechenden Zellen der Abb. 14.32 (T) übertragen, in den

```
1  Private Sub btnEval_Click()              in:Microsoft Excel Objekte/ Diese Arbeitsmappe   16
2  Workbooks.Open Filename:= _                                                               17
3    "C:\Users\Mergel\Documents\Contingency 2x2 UserForm.xlsm"   Private Sub Workbook_Open()   18
4  Windows("Contingency 2x2 UserForm.xlsm").Activate   frmVierfeldertest.Show                19
5  'Workbooks("Contingency 2x2 UserForm").Activate   End Sub                                  20
6  Sheets("calc").Range("B5").Value = TxtAc.Value                                             21
7  Sheets("calc").Range("C5").Value = txtBc.Value                                             22
8  Sheets("calc").Range("B6").Value = txtAd.Value   in: Formulare/ frmVierfeldertest          23
9  Sheets("calc").Range("C6").Value = txtBd.Value                                             24
10 txtChi² = Round(Sheets("calc").Range("M6").Value, 1)   Private Sub Show4field()            25
11 txtPval = Round(Sheets("calc").Range("I6").Value, 2)   Show.frmVierfeldertest              26
12 ActiveWorkbook.Close                             End Sub                                   27
13 'Workbooks("Dialog Contingency").Activate                                                  28
14 Windows("Dialog Contingency.xlsm").Activate                                                29
15 End Sub                                                                                    30
```

Abb. 14.36 (P) Sub *btnEval*_Click ist mit der Schaltfläche „Eval" in Abb. 14.34 verknüpft

Zeilen 10 und 11 die Ergebnisse aus der Datei in die entsprechenden Felder des Dialogformulars zurückgegeben. Danach wird die aktive Datei geschlossen und die steuernde Datei wieder aktiviert (Zeile 14). Alternative Anweisungen zum Aktivieren der Dateien stehen als Kommentar in den Zeilen 5 und 13.

Bisher haben wir nur besprochen, wie man ein Dialogformular erstellt und Schaltelemente mit Routinen verknüpft. Um ein solches Formular im Ausführungsmodus erscheinen zu lassen, ist eine Anweisung der Art *Name*.Show erforderlich. In Abb. 14.36 (P) gibt es dafür zwei Beispiele. Sub *Show4Field* steht im selben VBA-Blatt wie das Formular und wird aufgerufen, indem der Zeiger in der Routine platziert wird und der Startknopf gedrückt wird. Sub *Workbook*_Open steht im VBA-Blatt „Diese Arbeitsmappe" (in der Projektübersicht in Abb. 14.35 aufgeführt) und wird jedes Mal ausgeführt, wenn die Datei geöffnet wird.

Wenn also die Datei „Dialog Contingency" geöffnet wird, dann erscheint sofort das Dialogformular. Vier Werte können in die Textfelder eingetragen werden. Auf Knopfdruck wird eine Datei im Hintergrund als Rechenknecht geöffnet, liefert ihre Ergebnisse in das Formular und wird wieder geschlossen.

14.8 Dateien, Tabellenblätter, Zellbereiche in VBA ansprechen

In dieser Übung werden Eigenschaften, Methoden und Ereignisse von Objekten anhand der Objekte Excel-Anwendung, Dateien, Tabellenblätter und Zellbereiche besprochen.

Die Routine Sub *ObjectHandling* in Abb. 14.37 (P) beschreibt die Tabelle in Abb. 14.38 (T). Mancher Programmcode wurde erhalten, indem bei eingeschaltetem Makrorekorder die Anweisungen in einer Arbeitsmappe per Hand durchgeführt wurden.

In Zeile 4 wird der Inhalt des Bereichs A1:B6 gelöscht, nachdem in den Zeilen 2 und 3 die Kommentare in Spalte B in Spalte C kopiert wurden. In Zelle B8 steht

1	**Sub ObjectHandling()**
2	Range("B1:B8").Copy
3	Range("C1").Select: ActiveSheet.Paste
4	Range("A1:B6").ClearContents
5	Range("A1") = ThisWorkbook.Name
6	Range("A2") = ThisWorkbook.Path
7	Range("A3").Activate
8	ActiveCell = ThisWorkbook.FullName
9	Workbooks.Open ("C:\Users\Mergel\Mappe3.xlsm")
10	Workbooks("Liste vba.xlsm").Activate
11	

Range("A4") = Workbooks("Mappe3").Sheets _	12
("Tabelle1").Range("A1")	13
Application.Calculation = xlCalculationManual	14
Range("A5") = "=[Mappe3.xlsm]Tabelle1!A2"	15
Workbooks("Mappe3").Close	16
Range("A6") = Sheets("VBA").Range("D1")	17
Range("C1:C8").Copy	18
Range("B1").Select: ActiveSheet.Paste	19
Range("C:C").ClearContents	20
Application.Calculation = xlCalculationAutomatic	21
End Sub	22

Abb. 14.37 (P) Sub *ObjectHandling* bearbeitet Objekte; steht im Blatt „VBA Code" von Datei „Liste VBA", siehe Zeile 10

	A	B
1	Liste vba.xlsm	
2	C:\Users\Mergel\Dropbox\Excel II\Excel II fin\1 Einleitung\1 Archiv	
3	C:\Users\Mergel\Dropbox\Excel II\Excel II fin\1 Einleitung\1 Archiv\Liste vba.xlsm	
4	15	
5	14 ='C:\Users\Mergel\[Mappe3.xlsm]Tabelle1'!A2	
6	D1 in sheet VBA	
7	210 =A4*A5	

Abb. 14.38 (T) Von Sub *ObjectHandling* beschriebenes Tabellenblatt; steht im VBA-Blatt „VBA-Code" von Datei „Liste VBA"

eine Formel, die nicht gelöscht werden soll. In den Zeilen 19 bis 21 werden die Kommentare zurück in die Spalte B kopiert und alle Einträge in Spalte C gelöscht. Copy und Paste werden in VBA als *Methoden* bezeichnet, die auf die *Objekte* Range(...) angewandt werden.

Die Anweisungen in den Zeilen 5 bis 8 schreiben Informationen über die Datei in die Tabelle, in A1 den Namen der Datei, in A2 den Pfad und in A3 den vollständigen Namen, also Pfad und Name. Objekte, hier die aktuelle Datei, verfügen über *Eigenschaften,* die mit den entsprechenden Anweisungen abgerufen werden können.

In den Zeilen 9 bis 12 wird die Datei „Mappe3" geöffnet und es wird der Inhalt von Zelle A1 von „Mappe3" in die Zelle A4 des Blattes „VBA Objekte" der aktivierten Datei „Liste vba" übertragen. Öffnen und Aktivieren einer Datei werden in VBA *Ereignisse* genannt, die mit Objekten stattfinden.

In Zeile 13 wird die automatische Berechnung in allen geöffneten Excel-Dateien ausgeschaltet. Insbesondere wird die Formel in A8 von Abb. 14.38 (T) nicht mehr aktualisiert, wenn mit der Programmzeile 14 ein Wert aus „Mappe3" in A5 von Abb. 14.38 (T) eingetragen wird. Mit Application wird das Hauptobjekt der Office-Anwendung, hier also Excel angesprochen. Calculation bezeichnet eine Eigenschaft, die in Zeile 13 auf den Wert „manuell" und in Zeile 22 auf den Wert „automatisch" gesetzt wird.

In den Zeilen 15 und 16 wird eine Formel aus „Mappe3" in A6 übertragen. In Zeile 17 wird der Inhalt der Zelle D1 des Tabellenblattes „VBA" der eigenen Datei „Liste vba" in die Zelle A7 übertragen.

In Zeile 18 wird die Datei „Mappe3" geschlossen. In den Zeilen 19 bis 21 wird der ursprüngliche Inhalt der Spalte B wiederhergestellt.

In Zeile 22 der Routine wurde ein Haltepunkt gesetzt, sodass beim Programmlauf die automatische Berechnung noch nicht wieder erlaubt ist. Die Formel in A8 von Abb. 14.38 (T) wird noch nicht ausgewertet. Wenn man das Programm weiterlaufen lässt, dann wird die automatische Berechnung wieder eingeschaltet und die Formel in A8 wird ausgewertet.

Objekthierarchie

APPLICATION (angesprochen in Zeilen 13 und 22) enthält WORKBOOKS (angesprochen in Zeilen 10 und 15). Ein WORKBOOK (angesprochen mit THISWORKBOOK in Zeile 8) enthält SHEETS (angesprochen in Zeile 17). Ein SHEET (angesprochen in Zeilen 3 und 20 mit ACTICESHEET) besteht aus RANGES (angesprochen in Zeilen 2 bis 8 und weiteren)

Schlussbetrachtungen

15

15.1 Schönheitswettbewerb

▶ **Mag** Wir haben in 14 Kapiteln insgesamt 21 Bilder für einen Schönheitswettbewerb ausgesucht. Jetzt müssen wir das schönste Bild auswählen.

▶ **Tim** Das wird nicht leicht sein, denn alle Abbildungen sind ja schon aufgrund ihrer Schönheit und physikalischen Verdienste ausgewählt worden.

▶ **Mag** Die Leser verlangen eine Auflösung, sonst ist er nicht zufrieden. Wir erleichtern uns die Entscheidung, indem wir Sieger in verschiedenen Kategorien wählen, wie bei einer Filmpreisverleihung. Haben Sie Vorschläge?

▶ **Tim** Vier inhaltliche Kategorien: Teilchen, Wellen, Felder, Zufallsprozesse

▶ **Alac** Dazu vier verfahrensmäßige Kategorien: Tabellenstruktur, VBA; Solver, Monte-Carlo

15.1.1 Teilchen und Wellen

▶ **Alac** Der Einschwingvorgang eines Masse-Feder-Systems in Abb. 2.19 ist ein Musterbeispiel für das Zusammenspiel einer Tabellenrechnung mit einem Makro. Der Bewegungszustand am Ende der Tabelle wird vom Makro wiederholt als Anfangszustand am Anfang derselben Tabelle eingetragen, bis ein stationärer Schwingungszustand entsteht.

▶ **Tim** Damit konnten wir das scheinbar chaotische Einschwingverhalten als Überlagerung der Eigenschwingung mit der erzwungenen Schwingung deuten. Ähnliche Überlagerungen treten auch bei anderen Schwingungen in Kap. 2 auf.

© Springer-Verlag GmbH Deutschland, ein Teil von Springer Nature 2018
D. Mergel, *Physik lernen mit Excel und Visual Basic*,
https://doi.org/10.1007/978-3-662-57513-0_15

▶ **Mag** Dieses Verhalten ist nicht auf Masse-Feder-Systeme beschränkt. Es zeigt sich bei allen schwingungsfähigen Systemen, z. B. bei elektrischen Schwingkreisen.

▶ **Tim** Das sind schon einige Pluspunkte. Wie sieht es mit der Konkurrenz aus?

▶ **Alac** Zweikörperproblem mit Gravitationsgesetz, Abb. 3.27. Da mussten sechs Tabellenblätter für sechs Koordinaten von einem Masterblatt gesteuert werden.

▶ **Tim** Die entstehenden Keplerellipsen mit gemeinsamem Brennpunkt sind eleganter als die elliptischen Bahnen eines harmonischen Oszillators mit gemeinsamem Mittelpunkt. Sie zeigen die oft beschworene Harmonie des Weltalls. Das ist meiner Meinung nach wichtiger als die allgemeinere mathematische Aussage über inhomogene Differentialgleichungen bei den erzwungenen Schwingungen. Deshalb mein Vorschlag: Abb. 3.27 (hier Abb. 15.1a) als Sieger in der Kategorie Teilchen.

▶ **Mag** Sind die Lösungen der Schrödinger-Gleichung nicht auch Kandidaten?

▶ **Alac** Die Schrödinger-Gleichung ist mathematisch gesehen eine Wellengleichung und eindimensionale Aufgaben können mit denselben Verfahren behandelt werden wie die Newton'sche Bewegungsgleichung.

▶ **Tim** Wir beschreiben in unseren Übungen das Verhalten von Elektronen in eindimensionalen Potentialen. Sind Elektronen nicht eher Teilchen?

▶ **Mag** Der Leser wird einwenden, dass Elektronen grundsätzlich sowohl Teilchen als auch-Welle-Charakter haben und der Teilchencharakter in unseren Aufgaben gar nicht auftritt.

▶ **Alac** Dann verschieben wir die Beurteilung der Schrödinger-Gleichung auf später. Nehmen wir uns zunächst Abb. 5.34 vor, die reinen Wellencharakter aufzeigt: Wir lösen die Wellengleichung, eine partielle Differentialgleichung mit Ableitungen nach dem Ort und nach der Zeit und stellen fest, dass Anfangsauslenkungen nicht so bleiben, wie man es sich vorstellt und dass sich laufende Wellen durchdringen, ohne Schaden zu nehmen. Die zugehörige Abbildung könnte der Sieger in der Kategorie Welle sein.

▶ **Tim** Gehört die Wellenoptik in Kap. 12 nicht auch zu den Wellen?

▶ **Alac** Mit der Wellenoptik haben wir die besten Beispiele für Monte-Carlo-Rechnungen. Wir lassen sie dort antreten. Dann müssen wir uns hier nicht entscheiden.

▶ **Tim** Gut. Aber was ist mit Lösungen der Schrödinger-Gleichung? Wir haben die Schwingung von zweiatomigen Molekülen im Morse-Potential sowohl klassisch als auch quantenmechanisch behandelt und in Abb. 4.14 die entsprechend berechneten Aufenthaltswahrscheinlichkeiten dargestellt. Das empfinde ich als besonders reizvoll.

▶ **Alac** Damit sind wir raffinierter als die üblichen Lehrbücher, in denen solche Bilder immer nur für den harmonischen Oszillator gezeigt werden. Außerdem haben wir eine benutzerdefinierte Funktion für die Kraft im klassischen Fall eingesetzt. Das ist ein weiterer Pluspunkt. Ich habe Abb. 4.14 schon als Konkurrenten für die laufende Welle in Tab. 15.1 eingetragen.

▶ **Tim** Was ist mit den Eigenwerten und Eigenfunktionen für das Wasserstoff-Atom? Wir haben die Entartung eines Energieniveaus quasi empirisch mit unseren einfachen Mitteln nachgerechnet, diesmal sogar mit realen Werten in sorgfältig gewählten physikalischen Einheiten und einen Eigenwert der Energie herausbekommen, der mit dem Literaturwert vergleichbar ist.

▶ **Alac** Wir mussten natürlich viel Mathematik aus einem Lehrbuch abschreiben, nämlich die Reduktion der dreidimensionalen kartesischen auf eine eindimensionale radiale Schrödingergleichung.

▶ **Tim** Das widerspricht allerdings unserem Grundprinzip, dass die Tabellenstruktur das Problem aus den einfachen Grundprinzipien abbilden soll. Damit hat das Wasserstoff-Atom keine Chance gegen das Morse-Potential, aber können wir es nicht in der Kategorie „Tabellenstruktur" auflisten, weil der Term ϕ''/ϕ mit $(V(x)-E)$ berechnet werden kann, bevor die Schrödinger-Gleichung dann mit unserem Verfahren „Fortschritt mit Vorausschau" gelöst wird?

▶ **Alac** Einverstanden, denn außerdem setzen wir eine Protokollroutine ein, die die Energie durchfährt, um deren Eigenwerte zu finden. Wenn ich mir jetzt die Tab. 15.1 anschaue, dann ernenne ich Abb. 5.34 (hier Abb. 15.1d) „Laufende Wellen" zum Sieger in der Kategorie „Wellen".

▶ **Tim** Und ich wähle die Abb. 3.27 mit der Flagge „Harmonie des Weltalls" als Sieger in der Kategorie „Teilchen".

▶ **Mag** Die Entscheidung ging ja zum Schluss ziemlich schnell.

Tab. 15.1 Kandidaten in den Kategorien Teilchen und Wellen

Abb. 2.19	Der Einschwingvorgang einer erzwungenen Schwingung ist eine Superposition der stationären erzwungenen Schwingung mit einer gedämpften Eigenschwingung
Abb. 3.27	Bahnkurven von zwei Körpern mit Gravitationswechselwirkung ergeben elegante Schleifen im Fixsternsystem und Ellipsen im Schwerpunktsystem
Abb. 4.14	Es werden Aufenthaltswahrscheinlichkeiten eines Moleküls im Morse-Potential (unsymmetrischer Oszillator), klassisch und quantenmechanisch berechnet, verglichen
Abb. 5.34	Laufende Wellen durchdringen sich und nehmen doch keinen Schaden

▶ **Alac** Wir müssen ja weiterkommen.

▶ **Tim** Was wohl der Leser dazu sagt?

15.1.2 Felder und Zufallsprozesse

(Siehe Tab. 15.2)

Felder

▶ **Alac** Feldlinien gehorchen einer gewöhnlichen Differentialgleichung und lassen sich mit unserem Verfahren „Fortschritt mit Vorausschau" berechnen. So haben wir Feldlinien für Paare aus verschieden starken Ladungen berechnet und sind damit schlauer als das Internet geworden.

▶ **Tim** Dabei haben wir herausgefunden, dass die üblichen zweidimensionalen Darstellungen von Feldern nur für geladene Drähte korrekt sind, wie in Abb. 6.25, weil sonst die Dichte der Feldlinien nicht proportional zur Feldstärke ist. Aber sind nicht auch die Äquipotentiallinien in Abb. 6.4 ein Kandidat für den Sieg in der Kategorie „Feld"? Sie konkurrieren doch mit der Planetenbewegung um die schönste Darstellung der Harmonie der Natur.

▶ **Alac** Für mich sind sie einfach ein Musterbeispiel für den wirkungsvollen Einsatz von Solver. Noch lehrreicher lässt sich Solver aber mit dem Fermat'schen Prinzip für die geometrische Optik einsetzen.

▶ **Mag** Bevor Sie einen Sieger proklamieren, sehen Sie sich erstmal Abb. 5.7 und 6.39 an, in denen berechnete Felder mit Abbildungen wirklicher elektrischer und magnetischer Felder durch Gipskriställchen oder Eisenfeilspäne verglichen werden.

▶ **Tim** Es ist eine gute Idee, das Feld durch Richtungsvektoren darzustellen, die durch ein zufälliges Feld in ihrer Ausrichtung gestört werden. Die Kombination von Gesetzmäßigkeit und Zufall führt zu schönen Bildern.

Tab. 15.2 Für „Felder" und „Statistische Verteilungen" nominierte Bilder

Abb. 5.7	Ein mit Gipskriställchen sichtbar gemachtes elektrisches Feld aus *R. W. Pohl, Elektrizitätslehre* wird mit der zweidimensionalen Laplace-Gleichung nachgebildet
Abb. 6.4	Äquipotentiallinien eines elektrischen Dipols
Abb. 6.25	Feldlinien von zwei parallelen elektrisch geladenen Drähten
Abb. 6.39	Das Eisenfeil-Bild einer magnetischen Spule (*R. W. Pohl, Elektrizitätslehre*) wird mit verwackelten Feldrichtungsvektoren nachgebildet
Abb. 9.15	Ein Würfelspiel bei einer Party erzeugt eine exponentielle Verteilung des Reichtums
Abb. 9.17	Lorentz-ähnliche Spektrallinie der Emission eines Moleküls durch Stoßverbreiterung
Abb. 11.13	Cauchy-Lorentz-verteilte endliche Punktwolken und ihre Mittelpunkte

▶ **Alac** Unsere Verfahren führen in diesen Fällen vor allen Dingen zu wirklichkeitsähnlichen Darstellungen von Feldern, weil sie exakte Feldberechnungen mit dem Zufall kombinieren. Nehmen wir also eins der Bilder mit Feldrichtungsvektoren. Das mit dem alten Pohl in Abb. 5.7 (hier Abb. 15.1c) sieht am besten aus.

▶ **Tim** Trotz unserer Bedenken, dass wir das Feld nur im zweidimensionalen Raum berechnet haben?

▶ **Alac** Klar. Für das korrekt in 3D simulierte Magnetfeld der Spule sind viel Formelrechnung und Makros nötig. Das ist eine schöne Herausforderung für einen Programmierer, aber die Lösung der Laplace-Gleichung in der Tabelle ist genial einfach: der Wert in einer Zelle ist der Mittelwert ihrer Nachbarn.

Zufallsprozesse

▶ **Mag** Wir setzen Zufallsfunktionen in vielen Bereichen ein, für Störungen bei Feldern und bei Monte-Carlo-Rechnungen. Dort spielen sie allerdings nur eine Hilfsrolle.

▶ **Alac** Trotzdem haben wir die Cauchy-Lorentz-Verteilung in Abb. 11.13 auf unsere Liste gesetzt, weil sie diese verrückte Eigenschaft hat, dass Mittelpunkte von Stichproben genauso verteilt sind wie die Werte der Stichproben selbst.

▶ **Tim** Das ist ein wichtiges Ergebnis, aber eher im Bereich Mathematik. In Abb. 9.17 hingegen haben wir eine Lorentz-ähnliche Verteilung durch Nachbildung eines physikalischen Prozesses erhalten, nämlich durch Stoßverbreiterung der Emissionslinien von Molekülen und haben sogar die Simulation mathematisch nachvollzogen.

▶ **Alac** Das geht meiner Meinung schon über unseren Anspruch hinaus.

▶ **Tim** Es weist aber den Weg, den wir einschlagen sollten, nachdem wir unsere Simulationen gemacht haben.

▶ **Alac** Da ist mir Abb. 9.15 lieber, in der die Boltzmann-Verteilung erwürfelt wird. Es gibt einfache, klare Regeln für das Spiel, das auch von Schülern nachgespielt werden kann.

▶ **Tim** Die Exponentialfunktion ist nicht so ansehnlich, aber ihre physikalische Bedeutung ist enorm. Die Boltzmann-Verteilung ist grundlegend für die statistische Thermodynamik und kann theoretisch nicht so einfach hergeleitet werden. Deshalb küre ich Abb. 9.15 (hier Abb. 15.1b) zum Sieger.

▶ **Mag** Damit haben wir Ihre Wahl für die vier inhaltlichen Kategorien. Die Bilder werden noch einmal in Abb. 15.1 zusammengefasst.

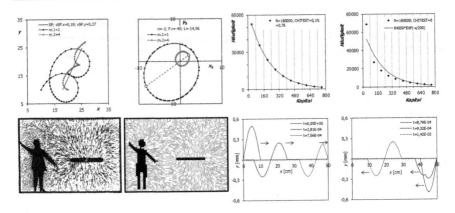

Abb. 15.1 a (oben links) Planetenbewegung im Fixstern- und im Schwerpunktsystem (Abb. 3.27). **b** (oben rechts) Boltzmann-Verteilung durch Würfelspiel und Abweichungen durch Quantisierung (Abb. 9.15). **c** (unten links) Elektrisches Feld nach Pohl nachgebildet mit der Laplace-Gleichung (Abb. 5.7). **d** (unten rechts) Laufende Wellen durchdringen sich (Abb. 5.32)

15.1.3 Tabellenstruktur und VBA

(Siehe Tab. 15.3)
Tabellenstruktur

▶ **Alac** Die Berechnung von Energieniveaus für das Wasserstoffatom (Abb. 4.15) haben wir ja in die Kategorie Tabellenstruktur geschoben, weil das Verhältnis (ϕ''/ϕ), der zweiten Ableitung zur Funktion vorweg berechnet werden und die Funktion dann mit einem der Verfahren zur Lösung der Newton'schen Bewegungsgleichung berechnet werden kann.

▶ **Tim** Als Konkurrenten haben wir die Quantenstatistik des harmonischen Oszillators in Abb. 13.4 (hier Abb. 15.2a).

▶ **Alac** Die Tabellenorganisation ist phantastisch. Wir stellen in einem Spaltenbereich den Zustandsraum dar, geben in einer weiteren Spalte für jeden Zustand die Wahrscheinlichkeit an, und berechnen Eigenschaften des Ensembles wie Energie und Entropie mit Skalarprodukten.

Tab. 15.3 Tabellenstruktur und VBA

Abb. 4.15	Radiale Eigenfunktionen des Wasserstoffatoms, Energieentartung („Tabellenstruktur")
Abb. 13.4	Die Quantenstatistik des harmonischen Oszillators („Tabellenstruktur")
Abb. 10.7	Der Zufallsgenerator von VBA versagt bei Diffusionsprozessen. Ein anderer Algorithmus (Wichmann-Hall) muss her
Abb. 10.18	Eigenschaften eines zweidimensionalen Spingitters werden als Funktion der Temperatur im Ising-Modell berechnet

▶ **Tim** Diese Struktur spiegelt genau das Konzept der statistischen Mechanik wieder.

▶ **Alac** Um die Eigenwerte der Schrödingergleichung zu erhalten, lassen wir eine Protokollroutine die Energie durchfahren. Das ist ein Pluspunkt. Und wir erhalten dieselbe Eigenenergie für zwei Funktionen mit verschiedener Anzahl Knoten, zeigen also die Entartung eines Energieniveaus empirisch.

▶ **Tim** Einen solchen Pluspunkt kann auch die Quantenstatistik verbuchen. Wir haben die Temperatur mit einer Protokollroutine durchgefahren und gesehen, was theoretisch nur sehr kompliziert gelingt: Die zwei Definitionen der Entropie, die thermodynamische durch Integration über die bis zur betrachteten Temperatur reduziert zugeführten Wärmemengen und die statistische, die sich direkt aus der Statistik bei der betrachteten Temperatur berechnet, ergeben tatsächlich dasselbe Ergebnis.

▶ **Alac** Alles klar. Die Quantenstatistik des harmonischen Oszillators ist der Sieger in der Kategorie „Tabellenstruktur" (Abb. 15.2a).

▶ **Tim** Sie hat auch historische Bedeutung. Einstein hat damit als Erster die molare Wärmekapazität von Kristallen prinzipiell erläutert.

VBA

▶ **Alac** Ein guter Kandidat für den Sieg in der Kategorie „VBA" ist Abb. 10.7, die den Verlauf der Entropie bei der Diffusion wiedergibt. Wir haben damit herausbekommen, dass der Zufallsgenerator von VBA zu schwach ist und konnten ihn durch eine in einem Internet-Forum diskutierte Alternative ersetzen. Dabei haben wir gelernt, dass man EXCEL nicht blind vertrauen sollte. In Band I haben wir ja auch schon herausgefunden, dass die von der Tabellenfunktion RKP angegebenen Standardfehler der Koeffizienten einer exponentiellen Kennlinie nicht stimmen.

▶ **Tim** Das ist richtig. Den Fehler haben wir mit unserer Besenregel Ψ *Zwei drin und einer draußen* gefunden und konnten mit ihr auch unsere Korrektur absichern. Dem Internet und unseren eigenen Schlussfolgerungen können wir natürlich genauso wenig vertrauen.

▶ **Alac** Klar, immer Kontrollen einbauen!

▶ **Tim** Und unsere Lösungen an Problemen austesten, bei denen wir wissen, was rauskommen soll. Die Abb. 10.7 ist jedenfalls methodisch lehrreich, vermittelt aber keine physikalischen Einsichten.

▶ **Alac** Dann bleibt die Simulation der Konfigurationen eines zweidimensionalen Spingitters im Ising-Modells (Abb. 10.18, hier Abb. 15.2b). Die ist nur mit VBA möglich, nicht in der Tabelle. Das Programm besteht im Wesentlichen aus Verzweigungen, die vom Zufall gesteuert werden.

▶ **Tim** Die Kombination von Logik und Zufall finde ich auch besonders reizvoll. Dazu noch, dass wir die molare Wärmekapazität als Funktion der Temperatur berechnen, die mit experimentellen Ergebnissen verglichen werden kann.

▶ **Alac** Das schafft mal wieder unser Arbeitspferd, eine Protokollroutine. Also ist die Simulation des Ising-Modells der Sieger in der Kategorie „VBA".

15.1.4 Solver und Monte-Carlo

(Siehe Tab. 15.4)
Solver

▶ **Alac** Kommen wir zum Solver-Verfahren. Mit SOLVER konnten wir ein klassisches in Abb. 7.5.

▶ **Tim** Dabei kommt aber nur heraus, was man aus dem Lehrbuch kennt. Lösungen der geometrischen Optik gemäß dem Fermat'schen Prinzip sind meiner Meinung nach lehrreichere SOLVER-Anwendungen.

▶ **Alac** Das sehe ich ein. Brennpunkt und Hauptebene einer Bikonvexlinse haben wir in Abb. 8.14 sehr effizient mit diesem Prinzip und mit Geradengleichungen bestimmt.

▶ **Tim** Die Abb. 8.10 (hier Abb. 15.2c) halte ich für noch besser und ernenne sie zum Sieger in der Kategorie „Solver". Der Brennpunkt eines Parabolspiegels lässt sich sowohl mit Minimierung als auch Maximierung des optischen Weges bestimmen. So wird das Fermat'sche Prinzip in seiner allgemeinen Form am deutlichsten vorgeführt.

Tab. 15.4 Solver und Monte-Carlo

Abb. 7.5	Die Bahn, auf der ein Masseteilchen in einem homogenen Schwerefeld am schnellsten von einem Punkt zu einem tiefergelegenen Punkt reibungsfrei gleitet (Brachistochrone) wird durch Variationsrechnung bestimmt
Abb. 8.10 neu	Der Brennpunkt eines Parabolspiegels wird mit dem Fermat'schen Prinzip bestimmt. Sowohl Minimierung als auch Maximierung des optischen Weges führen zum selben Brennpunkt
Abb. 8.14 neu	Brennpunkt und Hauptebene einer Bikonvexlinse werden mit dem Fermat'schen Prinzip und mit Geradengleichungen bestimmt
Abb. 12.11	Die Beugung von Wellen an einer Blende kann nicht nur mit einer schönen Cornu-Spirale berechnet werden, sondern auch mit hässlichen Zufallswegen in der komplexen Zahlenebene
Abb. 12.14	Beim Beugungsbild des Doppelspaltes treten destruktive Interferenzen auch durch die einzelnen Spalte auf
Abb. 12.27	Radiale Wahrscheinlichkeitsdichte und Atomformfaktor im Modell des Natriumatoms

Monte-Carlo

▶ **Tim** Monte-Carlo-Verfahren werden am eindrucksvollsten für die Beugung von Wellen an Spalten, Blenden und dreidimensionalen Elektronenverteilungen eingesetzt.

▶ **Alac** Die Beugung am Doppelspalt in Abb. 2.14 können wir ganz allgemein berechnen. Unser Programm zeigt deutlich, dass destruktive Interferenzen unabhängig voneinander durch den Abstand der Spalte wie auch durch die Spaltbreite zustande kommen. In Lehrbüchern ist der Abstand zwischen den Spalten meist ein Vielfaches der Spaltbreite. Dann fallen die Winkel für die destruktiven Interferenzen zusammen.

▶ **Tim** Richtig. Die Beugungsfiguren sind auch noch besonders schön. Ich möchte trotzdem Abb. 12.11 (hier in Abb. 15.2d) zum Sieger erklären, weil mit Monte-Carlo die Schönheit der Cornu-Spirale entwertet wird.

▶ **Alac** Sonst gibst du der Schönheit immer einen Sonderpunkt.

▶ **Tim** In diesem Fall gehört die Schönheit nicht zum physikalischen Konzept. Die Cornu-Spirale ist allein rechentechnisch begründet. Sie entsteht nämlich nur, wenn die Knickpunkte der Elementarwellen vom Mittelpunkt des Fensters ausgehend der Reihe nach addiert werden. Ordnen wir sie zufällig im Fenster an, dann erhalten wir mit hässlichen Zufallswegen in der komplexen Zahlenebene denselben Verlauf der Intensität als Funktion der Fensterbreite (Abb. 15.2d).

▶ **Mag** Damit haben wir unsere Sieger in den acht Kategorien gekürt und überlassen die weitere Diskussion den Lesern.

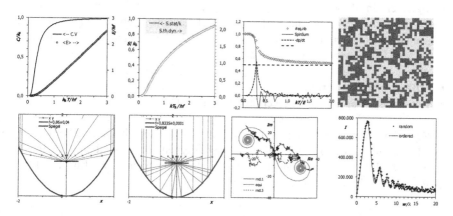

Abb. 15.2 a (oben links) Energie, Wärmekapazität und Entropie eines harmonischen Oszillators als Funktion der Temperatur (Abb. 13.4). **b** (oben rechts) Eigenschaften eines zweidimensionales Spingitters als Funktion der Temperatur im Ising-Modell (Abb. 10.19b und 10.21b). **c** (unten links) Brennpunkt eines Parabolspiegels durch Maximierung und Minimierung der optischen Weglänge (Abb. 8.10). **d** (unten rechts) Intensität eines Lichtbündels als Funktion der Blendenbreite (Abb. 12.11)

15.2   Was haben wir gelernt und wie kann es weiter gehen?

In unseren Übungen haben wir einfache numerische Verfahren angewandt und alle Routinen mit elementaren Konstrukten in VBA programmiert. Dabei haben wir nicht nur Programmiertechniken erlernt, sondern Erfahrung gesammelt, indem wir Fehler gemacht, entdeckt und behoben haben.

Überraschende Ergebnisse haben wir physikalisch gedeutet. Wir haben dabei mehrfach erfahren, dass Schlussfolgerungen widerlegt wurden und revidiert werden mussten, nachdem statistisch genauere Verfahren angewandt wurden. Dadurch haben wir die wissenschaftstheoretische Erkenntnis nachvollzogen, dass man mit Simulationen genauso wenig wie mit anderen empirischen Verfahren Hypothesen bestätigen kann, sondern immer nur vorläufig keinen Grund findet, an ihnen zu zweifeln. Beweisen kann man nur mit logischen Schlüssen aus den Grundgesetzen. Ob die Grundgesetze der Wirklichkeit entsprechen, kann dann wieder nur empirisch herausgefunden werden.

Wir haben an einzelnen Übungen gelernt und die Ergebnisse möglichst tiefgehend analysiert, haben aber kein geschlossenes theoretisches System abgeleitet. Für weitergehende Schlussfolgerungen sind mehr Kenntnisse nötig.

- Gezielt theoretische Physik lernen! Es gibt viele gute Bücher der theoretischen Physik, in denen etwa dasselbe drinsteht.
- Mit Ψ *Wir wissen alles und stellen uns dumm* können wir weite Gebiete der Wahrscheinlichkeitslehre und Statistik erobern.

Theoretische Physik ist für das Studium und das Weltbild wichtig. In der beruflichen Praxis werden nur wenige Physiker spezielle Methoden der theoretischen Physik einsetzen. Tabellenorganisation ist überall gefragt. Wir können unsere Fertigkeiten in dieser Hinsicht weiterentwickeln, um z. B. benutzerdefinierte Funktionen zu schreiben, die z. B. wie die eingebauten Tabellenfunktionen auf Eingabefehler reagieren, oder wir können die Tabellenrechnungen mit benutzerdefinierten Dialogen steuern. Es gilt also:

- VBA-Kenntnisse vertiefen![1]
- Kenntnisse über numerische Verfahren vertiefen![2]

▶ **Mag** Ein Rat zum Schluss: Suchen Sie sich Bücher für Physik und EXCEL aus, mit denen Sie *nach Ihren Maßstäben* gut weiterlernen können und entwickeln Sie eigene Simulationen! Und bedenken Sie bei allen Übungen dieses Buches: Ψ *So geht's, aber du kannst es vielleicht besser.*

---

[1]Der Autor hat gelernt mit dem Buch: Thomas Theis, *Einstieg in VBA mit Excel,* Verlag Galileo Computing, ISBN: 978-3-8362-1665-4, korrigierter Nachdruck 2012.
[2]Der Autor hat gelernt mit dem Buch: E. Joseph Billo, *Excel for Scientists and Engineers:* Numerical Methods, Wiley, ISBN: 978-0-470-12670-7, August 2007.

Sachverzeichnis

Printed in the United States
By Bookmasters